GREEN HYDROGEN
PRODUCTION TECHNOLOGY

GREEN HYDROGEN
PRODUCTION TECHNOLOGY

绿色制氢技术

毛宗强
王　诚
余　皓 等 编著

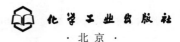

化学工业出版社
·北京·

内容简介

《绿色制氢技术》从完成碳中和的角度聚焦氢能全产业链的第一环节——制氢。本书详细介绍了零二氧化碳排放或近零二氧化碳排放的绿色制氢技术的原理、方法、应用和发展趋势，以及绿色制氢技术的重要性和可行性，多种绿色制氢技术的原理和优缺点，包括电解水制氢、海水电解制氢、光解水制氢、核能制氢、垃圾和废水制氢、生物质制氢、醇类制氢、烃类制氢、氨气制氢、金属制氢、硫化氢分解制氢等，最后对制氢过程 CO_2 排放估算及化石能源零 CO_2 排放制氢技术、液氢技术以及工业副产氢气纯化等进行了阐述，为读者提供了全面、深入的绿色制氢技术参考。

《绿色制氢技术》适合氢能领域制氢技术研究与工艺开发的技术人员，准备或者已经进入能源领域的研究人员和工程师、环保和可持续发展领域的专家，政策制定者、决策者以及企业家、投资者参考阅读。本书也适合对"双碳"目标感兴趣的大专院校教师、学生和普通读者阅读。

图书在版编目（CIP）数据

绿色制氢技术/毛宗强等编著 . —北京：化学工业出版社，2024.5
ISBN 978-7-122-44776-0

Ⅰ.①绿… Ⅱ.①毛… Ⅲ.①制氢-无污染技术 Ⅳ.①TE624.4

中国国家版本馆 CIP 数据核字（2024）第 034258 号

责任编辑：袁海燕　杜进祥　　　　　　　文字编辑：王文莉
责任校对：刘　一　　　　　　　　　　　装帧设计：王晓宇

出版发行：化学工业出版社
　　　　　（北京市东城区青年湖南街 13 号　邮政编码 100011）
印　　装：河北鑫兆源印刷有限公司
787mm×1092mm　1/16　印张 27¼　彩插 8　字数 692 千字
2024 年 6 月北京第 1 版第 1 次印刷

购书咨询：010-64518888　　　　　　　售后服务：010-64518899
网　　址：http://www.cip.com.cn
凡购买本书，如有缺损质量问题，本社销售中心负责调换。

定　　价：198.00 元　　　　　　　　　　版权所有　违者必究

自从我国确立"碳达峰"和"碳中和"目标之后，氢能的重要性得到全国各界的认可。国家发改委发布多个文件促进我国氢能发展，其中《氢能产业发展中长期规划（2021—2035 年）》更是明确指出：到 2025 年，我国燃料电池车辆保有量约 5 万辆，可再生能源制氢量达到 10 万～20 万吨/年，成为新增氢能消费的重要组成部分。到 2022 年底，全国已经有 35 个省市发布了地方氢能发展目标。回想我 2005 年在《求是》杂志发文"关注氢能　发展氢能"，呼吁我国重视氢能的提议，当时响应者寥寥；如今，全国热捧氢能、发展氢能，不禁感慨万分。据统计，2022 年国内相关"绿氢"项目（含签约、在建、投产等）总数已达 133 个，总投资近 1500 亿元。我国集中力量办大事的优越性使得我国氢能迅猛发展，难怪国家能源局前局长徐锭明先生认为：中国有条件打造"氢能帝国"。

氢位于元素周期表之首，是最轻的也是自然界含量最丰富的元素，大约占宇宙所有物质的 75%。它存在于所有类型的化石燃料中，存在于地球的主要能量来源——太阳中。太阳的能量来自氢原子的核聚变。氢能是清洁的能源载体，它来源于水，用毕又回归于水，无穷尽，无污染。因此可以说，氢能是人类未来的能源。氢能产业链包括氢的制、储、运、用。制氢是氢能产业链的源头，笔者十分重视氢的生产，2005 年出版的《氢能——21 世纪的绿色能源》一书 19 章中就有 6 章与制氢有关。后来又出版《氢气生产及热化学利用》（2015年）和《制氢工艺与技术》（2018 年）专门介绍制氢的专著。由于环境对制氢的要求变化，我总觉得以前的书化石能源制氢讲得多，可再生能源制氢讲得少，有缺憾。2021 年 5 月，恰逢中国化工学会组织编写"化工碳中和关键技术进展丛书"，编委会邀请我组织编写《绿色制氢技术》分册，于是欣然受命，组织国内著名机构和学者编写。

全书分为 17 章，每章标题及作者如下：

第 1 章　"碳中和"目标下的制氢技术（清华大学　毛宗强）；

第 2 章　电解水制氢技术（清华大学　王诚　张泽坪）；

第 3 章　海水电解制氢技术（清华大学　王诚　张泽坪）；

第 4 章　光化学分解水制氢技术（上海电力大学　姚伟峰）；

第 5 章　核能制氢技术（清华大学　张平）；

第 6 章　废水生物产氢（清华大学　王建龙　阴亚楠）；

第 7 章　垃圾制氢（清华大学　毛宗强）；

第 8 章　生物质发酵制氢技术（中国农业大学　刘志丹　张琳艳　钟添源）；

第 9 章　生物质热化学制氢（华南理工大学　余皓，广州大学　党成雄）；

第 10 章　醇类制氢（清华大学　毛宗强）；

第 11 章　烃类裂解制氢（清华大学　毛宗强）；

第 12 章　氨气制氢（北京华氢科技有限公司　毛志明）；

第 13 章　金属制氢（北京华氢科技有限公司　毛志明）；

第 14 章　硫化氢分解制氢（北京华氢科技有限公司　毛志明）；

第 15 章　制氢过程 CO_2 排放估算及化石能源零 CO_2 排放制氢技术（华北电力大学程友良）；

第 16 章　液氢（北京华氢科技有限公司　毛志明，清华大学　毛宗强）；

第 17 章　工业副产氢气纯化（北京华氢科技有限公司　毛志明）。

参与本书各章节撰写的作者都是氢能方面的专家，从专业出发承担相关章节编写，以更好地服务于读者。

本书第 1 章介绍了"双碳"目标下的制氢技术，首次提出"绿氢＝绿色供氢载体＋绿色供能载体"，给绿氢的界定以简洁明确的判据。呼吁发展制氢与人工智能 AI 以及 ChatGPT 的耦合。读者是否接受这些"过激"的提法，有待时间证明。

本书侧重"绿氢"生产工艺与技术，所以没有过多介绍目前主流的煤炭、天然气和石油制氢，因为我认为化石能源制氢过程排放大量 CO_2 和得到"灰氢"，即使加上碳捕获、利用与封存（CCUS）技术都不能将这样的"灰氢"变成"绿氢"。因此我非常关注不含碳的供氢载体，如水（淡水、海水和废水）、金属、氨气、硫化氢等。

在多种可再生能源中，生物质能是人类能源消费的重要组成部分，被称为是地球上唯一可再生碳源。据报道，2020 年我国主要生物质资源年生产量约为 34.94 亿吨，生物质资源作为能源利用的开发潜力为 4.6 亿吨标准煤。本书特别在第 8、9 章中予以介绍。

本书特别邀请了我国第一所培养氢能专业本科生的"双一流"建设高校——华北电力大学的程友良教授编写第 15 章，比较各种制氢方法的碳排放，供读者考虑制氢路线时参考。

绿氢制备的方式多种多样，制氢原料五花八门，由于篇幅限制不能都予收录，如在 2018 年出版的《制氢工艺与技术》分章介绍的生物甘油、生物甲酸、硼氢化钠制氢。再如为了方便氢的储存与运输而发展迅猛的氢制合成氨、氢制甲醇，虽然已经达到工业化规模，但也没有在本书中予以介绍。有兴趣的读者可以参考有关书籍。

50 年前，一批先知先觉者呼吁发展氢能、拯救地球，成立了国际氢能学会（IAHE）。2023 年 5 月 22～26 日 IAHE 和中国同行在广东佛山举办了"第十届世界氢能技术大会（WHTC2023）"，以中国为支点撬动世界氢能。本书作者谨以此书纪念 IAHE 成立五十周年。

借此机会感谢张家港富瑞氢能装备有限公司魏蔚女士，她对第 16 章的编写提供了有益的帮助。感谢中国科学院康宁先生、清华大学东莞中心孟祥宇博士、北京海槿新能源技术研究中心易明总经理，他们对氢能的深刻理解，对本书编著大有裨益。

感谢清华大学核能与新能源技术研究院的高帷韬、涂自强和殷屺男，感谢华北电力大学程友良教授的博士研究生张磊和硕士研究生续永杰、王凯、孟令辉等，他们为本书的编写做了很多繁琐而必要的工作。在本书出版过程中，还得到许多同事的鼓励和帮助，在此一并致谢。

我要感谢我的夫人方军（清华大学退休副教授），是她一如既往的全力支持，使我从病中康复的同时得以完成本书。

同时也感谢化学工业出版社杜进祥、袁海燕编辑的大力支持和各位作者的辛勤劳动，使本书顺利完成。

本书是从事氢能研究的各位专家集体编著的结晶，希望能对我国发展氢能有所贡献。氢能的内容十分广博而又在不断更新，新发明、新进展层出不穷。在编写过程中，本人尽量收集国内外最新资料，力求论述准确、理论结合实际。由于水平有限，书中不足之处难免，恳请读者批评指正。

2023 年 5 月 8 日于北京清华大学荷清苑

目 录

第3章 海水电解制氢技术

03-072

第4章 光化学分解水制氢技术

04-099

第9章 生物质热化学制氢

09-238

第17章 工业副产
17-403 氢气纯化

第1章
"碳中和"目标下的制氢技术

1.1 制氢为"碳中和"目标服务

2015年12月，在《联合国气候变化框架公约》第21次缔约方大会上，《巴黎协定》获得通过。《巴黎协定》的目标是将全球平均气温升幅控制在工业化前水平以上2℃以内，并努力限制在1.5℃以内。要实现这一目标，全球温室气体排放需要在2030年之前减少一半，在2050年左右达到净零排放，即"碳中和"[1]。我国"碳中和"目标的政策宣示[2]对中国未来社会经济发展有着非常深刻的影响和重大的意义。在这其中，氢能由于其具备的清洁、无污染、可再生、安全性等特点，逐渐成为国际、国内社会关注的热点。国家发展和改革委员会发布的《氢能产业发展中长期规划（2021—2035年）》[3]，确定了中国未来氢能发展的整体架构。

1.1.1 氢的"颜色"

在通常情况下，氢气是无色无味的气体[4]，这是氢气的天然物理特性。为了标记制氢过程的温室气体排放程度，国内通常根据制氢过程温室气体排放的多少，将氢气形象地分为"灰氢""蓝氢"和"绿氢"。由化石能源制取的氢气，因制氢过程排放二氧化碳等温室气体，故称为灰氢。化石能源制氢＋碳捕获与封存技术（CCS）获取的氢气称为蓝氢。由可再生能源通过电解水等手段获得的氢气称为绿氢。绿氢的制氢过程基本没有排放温室气体。

国外也采用类似的颜色标记氢气。有的组织采用的颜色特别多。例如北美货运效率委员会（NACFE）（一个推动北美货运业发展的行业组织）定义了棕色、灰色、蓝色、绿松石色、白色、黄色、粉色和绿色等十多种颜色的氢气，以表示氢气的不同来源和环保性[5]。具体含义举例如下：

绿氢：可再生能源发电＋电解水产生的氢气。

粉/紫/红氢：核能电解产生的氢气。

黄氢：利用电网电力电解产生的氢气。

白氢：工业过程的副产品。

绿松石氢：甲烷热裂解（甲烷热解）产生的氢气。

黑/灰氢：蒸汽-甲烷重整（SMR）法从天然气中提取的氢气。

蓝氢：黑/灰氢＋CCS。

棕氢：煤气化提取的氢。

为了准确定义制氢过程的排放，2020 年 12 月 29 日，中国氢能联盟发布全球首个"绿氢"行业标准：《低碳氢、清洁氢与可再生氢的标准与评价》（T/CAB 0078—2020）[5]。该行业标准指出，在单位质量氢气碳排放量方面，低碳氢的阈值为 $14.51\text{kgCO}_2\text{e}$ [❶]$/\text{kgH}_2$，清洁氢和可再生氢的阈值为 $4.9\text{kgCO}_2\text{e}/\text{kgH}_2$，可再生氢同时要求制氢能源为可再生能源。在笔者看来，该行业标准从氢气定义出发推动氢能全产业链绿色发展，值得肯定。不过，要将该行业标准上升为国家标准还有许多工作要做。将氢气形象地分为灰氢、蓝氢和绿氢，便于大众直观地了解氢与碳排放的关系，有利于推进"碳中和"目标，可以继续使用。

1.1.2　丰富多彩的制氢方法

氢能是一种二次能源。在地球上几乎没有现成的氢气，需将含氢物质加工后方能得到氢气。存量最丰富的含氢物质是水，类比将含有氧化铁（$\text{Fe}_3\text{O}_4＋\text{Fe}_2\text{O}_3$）的矿物称为铁矿，称水（$\text{H}_2\text{O}$）为氢矿恰如其分[4]。其次就是各种含氢物质，如煤、石油、天然气、硫化氢及各种生物质等。

所有的化石能源都既可以用于直接制氢，即经过与水的重整反应和变换反应得到氢气；也可以间接制氢，即先发电再电解水制氢气。目前，全世界 90％以上的氢气是用化石能源与水反应制得，主要是煤和天然气制氢。因为制氢过程排放大量温室气体，故这种方式制取的氢气称为灰氢或蓝氢。

可再生能源中，太阳能是最主要的制氢能源，制氢方法有许多种。太阳能既可以参与直接制氢，也可以参与间接制氢。有太阳和水就能制得氢，所以太阳能-氢系统受到特别重视。生物质能也是可以多途径制氢的介质，它既可以发酵或热裂解直接制氢，也可以先发电再电解水间接制氢，由于生物质生长过程吸收的 CO_2 与其制氢过程释放的 CO_2 相当，所以生物质制氢是气候碳中性制氢过程，不影响环境，极有发展前景；风能、水能、地热能和海洋能（不包括海洋植物和海洋生物）不能直接制氢，只能间接制氢，即先发电再电解水制氢。

核能和太阳能一样，可以直接或间接制氢。

理论上，所有的能源载体都可以用来制氢。电是最重要的能源载体。电解水制氢是非常重要的工业化制氢方法。汽油、柴油、甲醇、氨气等既是能源载体，也是重要的氢载体。综上所述，笔者在 2015 年首先根据原料划分的制氢方法，得出简单明了的工业制氢路径图[6]，后于 2018 年修改[7]，现在再次完善，如图 1-1。希望有助于读者比较直观地了解多种多样的制氢方法。

和 2018 年所画的框图相比，图 1-1 主要增加了垃圾制氢。垃圾（主要是固体废弃物，简称垃圾固废）成分复杂，可有三条路径制氢：一是焚烧垃圾发电，电解水制氢；二是填埋垃圾，用垃圾填埋气在蒸汽重整器中制氢；三是直接固废高温气化制氢。固废高温气化的工作原理是：原料垃圾和污泥经过连续压缩进料、无氧热解后进入气化炉，其中的有机物分解，生成 H_2 等气体，无机物形成熔渣从气化炉底部排出。根据生态环境部发布的消息，2019 年我国固废总产量超过 16.7 亿吨，统计范围内固废的综合利用量仅为 8.5 亿吨，若能将剩余部分加以利用，每亿吨固废可生产 300 万吨氢气[8]。应该指出，垃圾的成分十分复

---

❶　CO_2e 表示二氧化碳当量，即与一定质量（如 1kg）的某种温室气体具有相同温室效应的 CO_2 的质量。

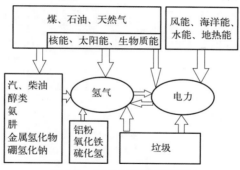

图 1-1 工业制氢路径框图

杂,其制氢的经济性和温室气体排放都有很大不确定性。从城市管理看,在处理城市垃圾的同时获得能源,一举两得,值得探索。

此处需要说明三点。

第一,图 1-1 是全部工业制氢路径示意图,仅表明各种制氢路径的相对关系,不反映制氢过程中温室气体排放量,也不反映制氢设备的进展。

第二,含氢化合物是氢的载体,也是制氢原料。此类制氢原料包括醇类(甲醇 CH_3OH、乙醇 C_2H_5OH)、烃类[包括链状烷烃 C_nH_{2n+2};链状烯烃和环烷烃 C_nH_{2n} ($n \geqslant 2$);链状炔烃 C_nH_{2n-2} ($n \geqslant 2$),芳香烃等]、胺类等。这里将氨、醇类和肼作为氢载体的代表,列于图 1-1 中。在氢能发展的现阶段,为了方便运输和储存,在一些大型的绿氢制造基地,使用绿氢制造绿色甲醇或绿色合成氨,既可作为直接化工原料使用,又可以根据需要,在用户端再由甲醇或氨制成氢气。所以,有必要了解这些含氢丰富的氢载体。

第三,化石能源制氢,排放大量 CO_2,即使联合 CCS 或 CCUS(碳捕获、利用与封存)也不是绿色制氢技术,故本书未予收录。仅将其基本信息列于表 1-1[4],并分别将煤炭、天然气和石油制氢简单介绍,不单独成章。

表 1-1 不同化石燃料制氢方法评述

制氢方法	理想反应方程	反应条件	催化剂	发展现状	方法评述
醇水蒸气重整	$C_nH_{2n+1}OH+(2n-1)H_2O \longrightarrow nCO_2+3nH_2$	$\leqslant 300℃$ 常压、中压	Cu 系、Cr-Zn 系	成熟	外供热,氢含量高,CO 含量低,适合车载制氢,需原料供给稳定、活性高、稳定性高的催化剂
醇部分氧化	$C_nH_{2n+1}OH+(n-1)/2O_2 \longrightarrow nCO+(n+1)H_2$	约 300℃常压、中压	Cu 系	成熟	外供热,CO 含量高,适合车载制氢,需原料供给稳定、活性高、稳定性高的催化剂,不适合车载制氢
醇自热重整制氢	$C_nH_{2n+1}OH+(n/2)H_2O+(3n/4-1/2)O_2 \longrightarrow nCO_2+(3n/2+1)H_2$	$\leqslant 300℃$常压、中压	Cu 系、Cr-Zn 系	国外成熟、国内研制	低温,自热,氢含量高,CO 含量低,适合车载制氢,需原料供给稳定、活性高、稳定性高的催化剂
甲烷蒸汽重整	$CH_4+H_2O \longrightarrow CO+3H_2$	$>800℃$ 常压、中压	Ni 系	商业化	温度高,需净化 CO,不宜车载制氢

续表

制氢方法	理想反应方程	反应条件	催化剂	发展现状	方法评述
烃部分氧化重整	$C_nH_m+n/2O_2\longrightarrow nCO+m/2H_2$	>500℃ 常压、中压	Cu系、Ni系	较为成熟	原料来源丰富,供给方便,催化剂易失活,需活性高、稳定性高的催化剂
烃自热重整	$C_nH_m+xH_2O+(n-x/2)O_2\longrightarrow$ $nCO_2+(m/2+x)H_2$	<800℃ 常压、中压		研究开发	自热、原料来源丰富,供给方便,宜车载制氢,需活性好、稳定性高的催化剂
石脑油蒸汽重整	$C_nH_m+2nH_2O\longrightarrow$ $nCO_2+(m/2+2n)H_2$ $C_nH_mO_p+(n-p/2-1/2)O_2+H_2O\longrightarrow$ $nCO_2+(m/2+1)H_2$	<800℃ 常压、中压	Ni系	成熟	原料来源丰富,外供热,需活性好、稳定性高的催化剂
汽油自热重整	$C_nH_m+H_2O+(n-1/2)O_2\longrightarrow$ $nCO_2+(m/2+1)H_2$ $C_nH_mO_p+(n-p/2-1/2)O_2+H_2O\longrightarrow$ $nCO_2+(m/2+1)H_2$	<800℃ 常压、中压		报道很少,高度保密	自热反应,原料来源丰富,供给方便,宜车载制氢,需活性好、稳定性高的催化剂
煤气化	$C+H_2O\longrightarrow CO+H_2$	>1000℃ 常压、中压		成熟	反应温度高、CO含量高,有硫和氮氧化物生成,不宜车载制氢
氨分解	$2NH_3\longrightarrow N_2+3H_2$		Fe系	研究开发	无CO,温度高,难储存,不宜车载制氢
肼分解	$N_2H_4\longrightarrow N_2+2H_2$			研究开发	无CO,自热反应,存在安全隐患,不宜车载制氢
柴油自热重整	$C_nH_m+H_2O+(n-1/2)O_2\longrightarrow$ $nCO_2+(m/2+1)H_2$ $C_nH_mO_p+(n-p/2-1/2)O_2+H_2O\longrightarrow$ $nCO_2+(m/2+1)H_2$	<800℃ 常压、中压		未见报道,高度保密	自热反应,原料来源丰富,供给方便,宜车载制氢,需活性好、稳定性高的催化剂

1.1.3　煤炭制氢

　　煤是我国最主要的化石能源,其主要成分是碳,也有很少的碳氢化合物。煤制氢的本质是以碳置换水中的氢,最终生成氢气和二氧化碳。

　　以煤为原料制取含氢气体的方法主要有两种[9]。一是煤的焦化（或称高温干馏）。煤在隔绝空气条件下,在900~1000℃制取焦炭,副产品为焦炉煤气。焦炉煤气组分中含氢气55%~60%（体积分数,下同）、甲烷23%~27%、一氧化碳5%~8%等。每吨煤可得焦炉煤气300~350m³,可用作城市燃气,亦是制取氢气的原料。二是煤气化制氢。使煤在高温常压或加压下,与水蒸气或氧气（空气）等反应转化成气体产物。气体产物中氢气的含量随不同气化方法而异。煤气化制氢是一种具有我国特点的制氢方法,其CO_2排放约为20kgCO_2/kgH_2。煤气化制氢技术工艺路线包括：气化反应、煤气净化、CO变换、变压吸附提纯。煤气化技术的形式多种多样,但按照煤料与气化剂在气化炉内流动过程中的不同接触方式，通常分成固定床气化、流化床气化、气流床气化。国内煤气化制氢装置最大的规模超过每小时 20 万立方米[10]。

1.1.4 天然气制氢

天然气制氢是以天然气为原料制取富氢混合气。天然气是国外制造氢气的主要原料，其中天然气蒸汽转化是较普遍的制造氢气的方法。

天然气的主要成分是甲烷（CH_4）。工业上甲烷蒸汽转化过程采用了镍催化剂，操作温度 $750 \sim 920℃$，操作压力 $2.17 \sim 2.86MPa$。较高的压力可以改善过程效率。反应是吸热的，热量通过燃烧室燃烧甲烷供给。甲烷蒸汽转化制得的合成气，经过高低温变换反应将一氧化碳转化为二氧化碳并产生额外的氢气。为了防止甲烷蒸汽转化过程析碳，反应进料中采用过量的水蒸气。最终氢气的收率与采用的技术路线有关。天然气制氢所得的氢大部分来自水，小部分氢来自天然气本身[8]。其 CO_2 排放约为 $10kgCO_2/kgH_2$。

近年来，甲烷分解制取氢气和炭黑方法因不向大气排放 CO_2 气体而受到重视。这样，可能形成负碳路线，即绿氢＋来自大气的 CO_2 生产绿色甲烷，甲烷热裂解得到氢气和固态碳，全过程的效果是将大气中的气态 CO_2 变成地表的固体碳，降低了大气中的 CO_2 浓度[7]。

1.1.5 重油制氢

重油是炼油过程中的残余物，可用来制造氢气。重油部分氧化过程中碳氢化合物与氧气、水蒸气反应生成氢气和二氧化碳。该过程在一定的压力下进行，可以采用催化剂，也可以不采用催化剂，这取决于所选原料与过程。催化部分氧化通常是将以甲烷或石脑油为主的低碳烃作为原料，而非催化部分氧化则以重油为原料，反应温度为 $1150 \sim 1315℃$。重油部分氧化制得的氢主要来自水蒸气[8]。

1.2 绿氢制备技术

氢气的生产需要同时具有供氢载体和供能载体。

绿氢的生产必须同时具备绿色供氢载体和绿色供能载体。

供氢载体是提供氢来源的物质，含氢是其必要条件。常见的供氢载体有水（H_2O）、甲烷（CH_4）、甲醇（CH_3OH）、乙醇（C_2H_5OH）、氨（NH_3）、硫化氢（H_2S）等。绿色供氢载体是指不含碳的供氢载体，如水、氨、硫化氢等。

供能载体为断裂供氢载体的共价键、释放氢气提供必要的能量。常见的供能载体有煤炭、电力等。绿色供能载体是指不含碳的供能载体，如各种可再生能源、核能。

有的物质是单纯的供氢载体，如水、H_2S。有的是单纯的供能载体，如核能、电和热。更多的物质可以兼任供能载体和供氢载体，如天然气、石油、煤炭和垃圾。它们都是复杂的混合物，都含有碳和氢，但组分变化很大。有些金属是特殊的供能载体如铝、镁、锌等，它们夺取酸和碱溶液中的氧而释放氢气。

从供氢载体的成分可知，使用含碳的供氢载体制氢时，一般都会释放 CO_2 气体。但采用裂解法时，并不排放气体 CO_2，而是得到固体碳和氢气。对于气候中性的含碳供氢载体，如生物质、绿色甲醇等则要仔细区分。这些含碳供氢载体，在制氢过程中会排放 CO_2 气体，

但这些排放的 CO_2 与其生长（或生产）过程中从外界捕获的 CO_2 相当。

判断一种氢气的制作过程是否排放 CO_2，需要综合考虑供氢载体和供能载体。常见制氢过程排放 CO_2 的情况列于表 1-2。

表 1-2 常见制氢过程排放 CO_2 一览

名称	供能载体	供氢载体	制氢过程有无排放 CO_2
煤炭重整制氢	煤炭	水、煤炭	有
天然气重整制氢	天然气	水、天然气	有
天然气热裂解制氢	天然气、绿电	天然气	没有
石油重整制氢	石油、绿电	石油	有
石油热裂解制氢	石油、绿电	石油	没有
水分解制氢	可再生能源	水	没有
可再生能源制氢	可再生能源	水	没有
太阳能光催化水解制氢	太阳光	水	没有
生物质发酵制氢	生物质	水、生物质	有
生物质热解制氢	生物质	生物质	有
核能制氢	核能	水、其他供氢载体	取决于产品
等离子体制氢	等离子体	碳氢化合物	取决于产品
汽柴油制氢	绿电	水、汽柴油	有
汽柴油热裂解制氢	绿电	汽柴油	没有
醇类重整制氢	绿电	水、醇类	有
甘油重整制氢	绿电	水、甘油	有
甲酸分解制氢	绿电	水、甲酸	有
氨制氢	绿电	氨	没有
烃类高温裂解制氢	绿电	烃类	没有
$NaBH_4$ 催化水解	绿电	水、$NaBH_4$	没有
硫化氢分解制氢	绿电	硫化氢	没有
金属粉末制氢	铝、镁、锌等金属	水	没有
液氢	绿电	绿氢	没有
工业副产氢气	绿电	副产氢气	有

制氢方法多种多样，其生产过程排放 CO_2 的情况各不相同，并且多有专著介绍。本书题名《绿色制氢技术》，则收纳的制氢技术一定是绿色的，即使其目前在经济上不及成熟的化石能源制氢技术。其次，收纳的技术是适用范围广的，即暂不收纳小众的制氢技术。再者，本书偏重与产业实际比较近的实用技术，暂不收纳一般基础研究的成果。

1.3 供氢载体

供氢载体指氧化还原反应中脱去氢被氧化的那个物质[11]。在制氢过程中，供氢载体提供氢，是氢源，其分子中一定含有 H。

1.3.1 "氢矿"及其他含氢化合物

水，分子式 H_2O，是地球上最常见最大量的供氢载体、名副其实的"氢矿"。地球上的水主要分布在海洋。地球上水的体积大约有 $1360000000km^3$。海洋占了 $1320000000km^3$（97%）；冰川和冰盖占了 $25000000km^3$（1.8%）；地下水占了 $13000000km^3$（0.96%）。湖泊和河流里的淡水占了 $250000km^3$（0.018%）；大气中约有水蒸气 $13000km^3$（0.001%）[12]。

其次的供氢载体就是甲烷（CH_4）、甲醇（CH_3OH）、乙醇（C_2H_5OH）、氨（NH_3）、硫化氢（H_2S）等。

1.3.2 液态阳光及其他

"液态阳光"指生产过程中碳排放极低或为零时制得的甲醇[13]，即"清洁甲醇"和"绿色甲醇"。"液态阳光"一词由中国科学院液态阳光研究组命制，并得到了国际学术界和同行的认可。

同时需指出的是，现有"液态阳光"特指绿色甲醇，定义较为单一，但其内涵和外延其实可以扩展至所有"绿色"有机液态化合物，如绿色乙醇、酸类等，均可用绿氢和 CO_2 合成。

"液态阳光"的制备及应用过程可简述为：首先利用可再生能源制绿氢，然后绿氢与捕集到的 CO_2 与水结合制甲醇。甲醇是基础有机原料之一，是关键的化工产品，在化工行业发挥着非常重要的基础材料支撑作用。甲醇易于储存，且运输方便，加之甲醇载氢量高达12.5%，可以有效避免单纯氢储运带来的难题，因此具有广阔的前景。

液态阳光技术是一种 CCUS 技术，然而，液态阳光是否能起到固碳的作用取决于绿色甲醇的应用场景，不同场景下的固碳效果如表 1-3 所示。

表 1-3 液态阳光的固碳效果

甲醇应用场合	固碳效果
化工原料,有机合成	中期固碳(根据产品特点,可达数十年)
染料、塑料、合成纤维	长期固碳(可达百年)
燃料	不固碳
制氢	不固碳
制氢＋CCS	中期固碳(根据 CCS 效果,可达数十年至百年)

如表 1-3 所示，液态阳光在不同的应用场合下具有不同的固碳效果。需说明的是，液态阳光在当作燃料时会释放 CO_2，不具备固碳效果。当液态阳光当作化工原料使用时能够实现较长期固碳，同时，由于利用可再生能源制甲醇代替了传统的煤制甲醇，实现了化工原料的煤炭替代，是一种绿色化工技术。在实现化工行业减碳的同时，也实现了 CO_2 的资源利用，具有多重协同效应。当前，液态阳光发展的瓶颈在于成本及 CO_2 的来源。

事实上，除液态阳光外，还可以定义："固态阳光"，即可用作生物质制氢的陆生与水生植物；"气态阳光"，即绿氢、绿色合成氨以及绿色天然气等。

以氨为例，由于液态氨在常温常压下的 H 元素的含量为 120g/L，而超低温加压液态氢的 H 元素含量为 71g/L，且合成氨的能耗与氢液化的能耗相当，因此氨被看作是氢的有效载体。绿氨和绿色甲醇被认为是全球氢能贸易最有潜力的氢气载体[14]。

生物质能可被认为是"固态太阳能"。文献[4]指出，太阳能经光合作用变成生物质能。再经过处理变成气态氢能或液态生物柴油、甲醇之类。氢气可以直接用于燃料电池发电，生成的水被生物再一次利用生成新的生物质。由生物质能变成的液态燃料可以供给发动机输出能量及 CO_2，这些生成的 CO_2 在生物的光合作用过程中被吸收，在燃烧时生成的 CO_2 与其生长过程吸收的 CO_2 相当。从整体看，生物质能在利用的过程中并不排放额外的 CO_2。生物质能在能量循环中的关系如图 1-2 所示。

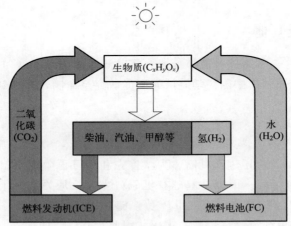

图 1-2   生物质能在能量循环中的关系[4]

1.4   供能载体

制氢过程就是从供氢载体中得到氢。以水为例，水分子中每一个 O—H 键的键能都是 498.7kJ/mol，就是说，要破坏 1mol 的 O—H 键需要 498.7kJ 的能量[15]。所以制氢需要能量，需要供能载体。常见的供能形式是热和电，常用的供能载体有化石能源、可再生能源和核能等。

1.4.1   化石能源

煤炭和天然气制氢属于化石能源制氢，是现阶段发展较为成熟、应用较为广泛的制氢方式。水或水蒸气是主要供氢载体；煤和天然气主要是供能载体，也起部分供氢载体作用。

煤制氢是我国目前的主要制氢途径。煤制氢以煤气化制氢为主，煤气化以煤或煤焦为原料，以氧气（空气、富氧或工业纯氧）、水蒸气为气化剂，在高温高压下通过化学反应将煤或煤焦中的可燃部分转化为可燃性气体。煤制氢过程 CO_2 排放量很大。

天然气制氢是国外目前主要的制氢方式。天然气制氢包括天然气水蒸气重整［即甲烷蒸汽重整（steam methane reforming，SMR）］制氢、绝热转化制氢、部分氧化制氢、高温裂解制氢、自热重整制氢以及脱硫制氢等技术路线，其中 SMR 工艺发展较为成熟。SMR 的工作原理是将脱硫后的天然气和水蒸气引入反应器，加热燃烧天然气和多余的空气，天然气被转化为氢和一氧化碳，然后通过水煤气变换（water-gas shift，WGS）反应器和变压吸附器将一氧化碳转化为氢和二氧化碳的变换反应，随后将氢气从合成气中分离出来。天然气制氢过程 CO_2 排放量也较大。

煤制氢和天然气制氢过程 CO_2 排放量大，与"碳中和"目标相违背，虽是目前工业化制氢的主要路径，却是要被淘汰的路径。

1.4.2　可再生能源

可再生能源包括太阳能、生物质能、风能、海洋能、水力能和地热能。在这些可再生能源中，风能、海洋能、水力能、地热能均不可以直接获得氢气，只有先发电，再利用用户或电网无法消纳的电能制氢。太阳能、生物质能既可以发电，也可以直接制氢。可再生能源制氢途径可用图 1-3 表示。

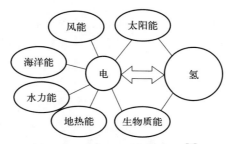

图 1-3　可再生能源制氢途径[7]

图 1-3 中的太阳能、风能、海洋能、水力能和地热能的作用都是为制氢过程提供能量，是供能载体。可再生能源提供的绿色能源，是生产绿氢的先决条件，没有可再生能源，就没有绿氢。生物质能比较特殊，主要作用是制氢的供能载体，也可以起供氢载体的作用。

胡焕庸线（Hu's Line），是我国地理学家胡焕庸提出的一条地理分界线，该线从黑龙江省黑河到云南省腾冲，在地图上大致为一条倾斜 45°的直线，将我国分成东西两区域。

胡焕庸线东南方向的区域占全国国土面积的 43.8%，古代以农耕为经济基础，经济发达，人口密度很高；线西北方向区域人口密度极低，主要为草原、沙漠和雪域高原，自古以来以游牧为主，经济发展水平较低。2020 上半年我国城市 GDP 20 强中，西线并未有城市上榜。在"一带一路"与建设川藏铁路的带动下，重庆（GDP 第 4）、成都（GDP 第 7）与西安（GDP 第 19）或可间接带动大西北的发展，降低东西部的贫富差距。

我国约 260 多万平方公里荒漠化土地，主要分布在胡焕庸线以西的大西北地区。这些地区的可再生能源如太阳能及风能资源丰富，可以有效开展可再生能源（如光伏、风电）制氢。

我国的沙漠面积（包含戈壁滩）总共约 128 万平方公里，笔者估计，沙漠面积的 3% 安装光伏和风电就足够我国用电需求。理论估算过程如下：

$1m^2$ 的太阳能板每小时能发电约 140～150W，以每天光照 10h 计算，则发电 1.4～1.5kW·h。约 130 万平方公里沙漠，按 1% 的面积计算，每天约发电 182 亿～195 亿千瓦时。2021 年全国发电装机容量约 24 亿千瓦，全国发电总量为 81122 亿千瓦时，平均每天 222.25 亿千瓦时（每年以 365 天计算）。可见若我国荒漠面积的 1% 安装太阳能板，就可以接近全国的总发电量[16]。但太阳能光伏发电不连续，不稳定，要保证24h连续供电，实际太阳能板需要量是理论量的2～3倍，再考虑到太阳能板的安装密度，总的安装面积可能增加到沙漠总面积的3%。

如果考虑风力发电的贡献，沙漠总面积的3%安装光伏和风电就足够我国电力需求。因此，胡焕庸线也可成为我国氢能产业发展的"氢能胡焕庸线"。即依托西北地区打造我国绿氢制造基地，向东南半壁供给绿氢，建设氢能的"西气东输"工程，利用绿氢实现我国东部地区的能源系统深度脱碳和工业体系降碳，从而为实现我国碳中和目标提供坚强支撑。

"氢能胡焕庸线"是笔者于2020年10月15～17日在我国兰州举行的"绿色氢能和液态阳光甲醇高端论坛"上首次提出的[17]，现在已被越来越多地引用。

1.4.3　核能

核能制氢就是利用核反应堆产生的热作为制氢的能源，通过选择合适的工艺，能够实现高效、大规模的制氢；同时减少甚至消除温室气体的排放。核能制氢原理示意如图1-4[7]。

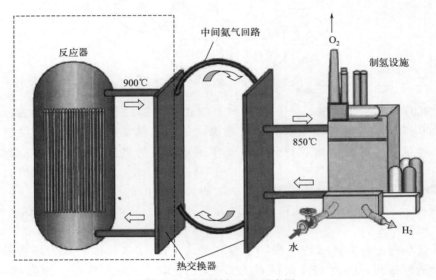

图1-4　核能制氢原理示意图

核能到氢能的转化途径较多，包括以水为原料经电解、热化学循环、高温蒸汽电解制氢，以硫化氢为原料裂解制氢，以天然气、煤、生物质为原料的热解制氢等。在上述流程中，可见核能的作用是提供制氢所需的能量，能量形式是热或者电。

清华大学在国家相关863计划支持下，已建成10MW高温气冷试验堆并实现满功率运行；在国家科技重大专项支持下建设的高温气冷堆——华能石岛湾高温气冷堆已于2021年12月20日成功并网发电，并计划于山东海阳辛安核电项目建设2台高温气冷堆[18]。

高温堆示范电站成功运行有利于核能制氢技术的发展，为未来氢气的大规模供应提供了一种有效的解决方案，同时可为高温堆工艺热应用开辟新的用途。因此对于实现我国未来的能源战略转变具有重大意义。

1.5 制氢技术展望

1.5.1 人工智能与制氢紧密耦合

人工智能（AI），指由人类制造出来的机器所展现出来的智能，试图通过计算机来模拟人的思维过程和行为。近年来，人工智能发展迅速。人工智能所带来的科技进步将提升工作效率，继而降低成本、增加需求、促进经济快速发展。人工智能将会对氢能发展起到推动作用。

以制氢环节为例，在"碳中和"目标下，我国可再生能源制氢将会是主流制氢路线。因完整的制氢系统十分复杂，而且我国地域广阔，各地生态环境、产业环境和经济环境差异大，增加了我国不同地域间制氢系统构建的复杂性。以光伏制氢系统为例，整个体系既包含用能端（电解制氢装置本身），还包含前端能量供应系统和终端氢气应用系统。相应地，制氢过程中涉及的参数众多，如供能系统的输出电压，电解槽的压力、液位、温度，末端氢气的产量、纯度，氧气纯度等均需合理控制，且其中诸多参数相互关联影响，进一步增加了制氢系统参数的控制难度。人工智能和机器学习技术可以为解决这一问题提供了新方案。人工智能的重要实现形式——计算智能对解决这类问题具有明显优势。

计算智能的最大特点是不需要建立问题本身的精确数学或逻辑模型，而是对目标的大量数据集具有出色的学习能力，能够通过对大量数据的学习和识别分析隐藏在数据中的复杂行为，从而对目标变量进行建模[19]。目前，计算智能的建模算法已经发展出了多种形式，在制氢中常用到的方法有人工神经网络（ANN）、模糊德尔菲法（F-D）、模糊层次分析法（FAHP）、多层感知法（MLP）、自适应神经模糊推理系统（ANFIS）、遗传算法（GA）等[20]。

Chang 等[21]结合我国台湾能源资源实际情况，利用 F-D 法对 SMR、CCS＋SMR、常规电网电解水制氢、光伏发电电解水制氢、风力发电电解水制氢、生物质气化制氢和生物质发酵制氢从技术性、环保性、经济性、社会性四个方面的 14 个指标进行了评估分析，结果表明，光伏发电电解水和风力发电电解水是适合台湾未来发展的两种制氢技术。

Yilmaz[22]采用遗传算法对地热能碱性电解水制氢系统进行了热经济优化和经济性分析。结果表明，该系统中电解装置、涡轮机和热交换器是主要的成本来源，可以通过减少设备数量降低制氢成本。

据《深圳商报》报道，2022 年 6 月 15 日，我国第一台智慧氢能系统产品顺利通过所有测试，并正式商用。据悉，这套智慧氢能系统产品以 AI 技术为依托，可对能源进行规划、建模、仿真和评价，并且可以设计氢能整体解决方案，并在规划阶段精准提供方案预算、产品性能、回收周期等内容，提供基于智能 PCS 控制技术的氢燃料电池系统方案及设备。

据报道，我国有公司利用智慧氢能管理系统解决系统大型化问题。碱性电解槽单体的产能尚处于兆瓦级，百兆瓦级甚至更大规模的制氢工程需要多台电解槽并联形成阵列，此时管理系统的关键性凸显。我国氢能公司的智慧氢能管理系统在风、光、网多种能源的控制，多台电解槽的投切及运行控制策略等方面积极地进行了技术创新，实现了制氢系统运行于最优效率区间、系统能耗大幅降低等目标，解决了大容量、多台套电解制氢的管理难题。

　　开发基于计算智能的能够精确模拟和预测多种制氢途径的多元智能系统、设计精确且强大的无监督自主学习制氢数据的智能平台是未来人工智能在制氢技术上应用的重要发展方向[20]。我国氢能产业正步入发展的关键时期，完整的产业链正在形成。此时，对制氢系统，甚至氢能产业链的评估和优化显得十分重要[23]。我国目前利用计算智能进行制氢系统研究处于起步阶段，报道还很有限。要认识到人工智能在制氢技术应用中的重要意义，在发展制氢技术的同时，投入相应 AI 研究，以及软件和硬件的开发，才能更好地推动我国氢能产业的发展。

1.5.2　ChatGPT 助力制氢发展

　　2023 年 ChatGPT 惊艳亮相，轰动世界。郑世林[24]指出：ChatGPT 作为新一代人工智能技术，将深刻地影响人类的经济和社会发展。ChatGPT 加速了生成式 AI 布局、劳动力市场结构演进和教育体系重塑，与此同时也带来了科技与学术伦理、价值渗透、信息泄露等问题。此外，ChatGPT 也存在着潜在威胁，其快速产业应用给传统产业带来了难以估量的"调整成本"。为充分利用好 ChatGPT 带来的发展红利，应该加速各种应用场景落地，并防范其可能引发诸多冲击和风险。

　　ChatGPT 会改变世界，包括氢能产业。所以，笔者认为要关注 ChatGPT 与氢能的耦合！

　　制氢与人工智能的结合是制氢环节发展的重要趋势，这种结合将为制氢产业带来以下优势。

　　① 提高生产效率：人工智能可以实时监控和优化制氢过程，提高生产效率，减少能源消耗和生产成本。

　　② 降低人力成本：人工智能和机器人技术可以实现制氢生产的自动化和智能化，降低人力成本和劳动强度。

　　③ 提高生产安全性：人工智能可以利用各种传感器和监控系统实时监测制氢设备的运行状况，提前发现并处理潜在安全隐患，降低生产事故发生率。

　　④ 预测性维护：通过分析制氢设备的运行数据，人工智能可以实现设备的预测性维护，降低计划外停机时间，提高设备利用率和生产效率。

　　⑤ 技术创新与研发：人工智能技术在制氢技术的研究和开发中具有广泛应用前景，有助于加快制氢技术的创新和进步。

　　⑥ 数据分析与决策支持：制氢工业中产生大量的数据，利用人工智能技术进行数据分析，可以为制氢产业的生产、管理和决策提供有力支持，帮助企业提高竞争力。

　　⑦ 提高环保水平：人工智能技术可以有效降低制氢过程的能耗和污染物排放，提高环保水平，助力实现碳中和目标。

　　总之，制氢与人工智能的结合将推动制氢产业向智能化、高效化、安全化和环保化方向发展，为全球氢能产业的发展提供强大支持。随着 ChatGPT 的推广应用，将在产业界发挥更大作用，因此，我们不满足在制氢过程中应用 AI，还要关注 ChatGPT。

1.5.3　电解水制氢技术前景光明

　　利用太阳能、风能等可再生能源进行电解水制氢，实现绿色制氢是发展潮流，其设备产能不断扩大，目前，电解水制氢的单槽产能已经达到 $3000m^3/h$。

　　笔者认为，该领域最重要的进展是直接海水制氢，将获得实际应用。

　　文献[25]报道了由深圳大学/四川大学谢和平院士团队的工作。该团队建立了全新的海水直接电解制氢理论方法，实现了无淡化过程、无副反应、无额外能耗的规模化高效海水原位直接电解制氢，解决了多年困扰科技界和产业界的难题。

据光明网 2023 年 6 月 2 日报道，全球首次海上风电无淡化海水原位直接电解制氢技术海上中试获得成功。由谢和平院士团队与东方电气集团联合研制的海上制氢平台"东福一号"连续稳定运行 10 天，在经受了 8 级大风、1 米高海浪、暴雨等海洋环境的考验后，连续稳定运行超过 240 小时，验证了由中国科学家原创的海水无淡化原位直接电解制氢原理与技术在真实海洋环境下的可行性和实用性。

除谢和平团队以外，直接海水制氢领域中，同时也出现了其他团队的可喜成果。

北京化工大学孙晓明教授团队近年来开展了系统性研究，突破了电解海水制氢的瓶颈问题，建立了高性能催化材料、纳米阵列超疏气电极结构、阳极抗腐蚀方法、促析盐电解质四大关键技术。提出并实现连续化的"氢氧盐"三联产[26-28]。

孙晓明团队于 2021～2022 年间，设计集成了首台 1kW 和 10kW 连续直接电解海水制氢装置，已完成 3000 小时连续稳定运行，氢气纯度 99.999%，平均小室电压 1.83V，平均直流电耗 $4.37kWh/m^3 H_2$，与传统碱液电解纯水制氢系统相比，能效提高 10%，稳定性满足工业需求。

不同于传统电解水制氢装置所需的纯水电解液，该装置所采用的是简单处理过的海水，即真实海水去除其中颗粒悬浮物、微生物和 Mg^{2+}、Ca^{2+} 等阳离子。电解工艺如图 1-5 所示：以海水为原料引入原料水箱，经过补液泵输入电解液系统，补充被电解消耗的水；电解槽中的电解液，在直流电的作用下被分解为氢气和氧气，并与循环电解液一起分别进入氢、氧分离器分离，洗涤器洗涤冷却。分离后的电解液与补充的电解液混合后，经碱液冷却器，碱液循环泵送回电解槽循环电解。通过调节碱液冷却器冷却水流量，控制回流碱液的温度，来控制电解槽的工作温度，使系统安全运行。为实现能量的高效利用，该团队研发了电解槽余热综合利用系统以回收废热。而针对电解设备连续长时间运行导致的氯化钠累积并结晶，团队自主设计了氯化钠析出模块，使氯化钠定向结晶析出。最终实现连续化的"氢氧盐"三联产。

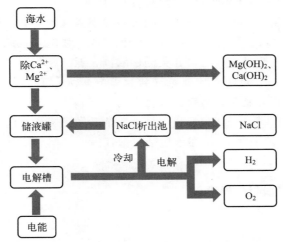

图 1-5　电解海水制氢工艺流程图

2023 年 9 月文献[29]报道：大连化学物理研究所研究员王二东团队研发的 $1m^3/h$ 直接电解海水制氢装置，连续稳定运行超 2000 小时，电解槽平均直流电耗 $4.04kWh/m^3 H_2$，实现了标方氢每小时级直接电解海水制氢装置长时间稳定运行。报道称：王二东研究团队实现了直接电解海水制氢从基础研究探索、关键材料研究到系统设计集成全链条研发。他们先后攻克了催化剂、电极反应过程、电极设计、电解液调节等系列关键科学技术问题，突破了高选择性耐氯析氧电极设计与制备技术、抗钙镁离子沉积析氢电极设计与制备技术、新型高效直接电解海水制氢电解槽设计与制造技术、智能全自动电解液浓度控制技术等系列关键技术，并且累计申请电解海水制氢相关专利 17 件，初步形成了电解海水制氢技术自主知识产权体系。

直接电解海水制氢的商业化运行将对电解水制氢行业产生深远的影响，主要包括以下几个方面：

① 扩大市场规模：直接电解海水制氢技术的商业化运行将扩大电解水制氢市场的规模，使其成为可再生能源领域的重要组成部分。

② 降低生产成本：随着技术的不断成熟和规模化生产，直接电解海水制氢的成本有望逐步降低，使其更具竞争力。

③ 促进技术进步与行业竞争：商业化运行将鼓励企业加大研发投入，推动电解水制氢技术的不断进步，提高制氢效率和降低成本。

④ 吸引投资：直接电解海水制氢的商业化运行将吸引更多投资进入电解水制氢领域，推动行业的快速发展。

尽管直接电解海水制氢的商业化运行面临一些挑战，但其潜在的市场前景和清洁能源解决方案的价值不容忽视。随着技术的不断进步和规模化生产，直接电解海水制氢将成为未来能源领域的重要支柱之一。

1.5.4　天然氢有可能商业化

1.5.4.1　天然氢信息由来已久

根据文献[30]介绍，早在 1888 年就发布了一篇有关氢气样品分析研究的文献，分析了乌克兰 Makiivka 市附近一座煤矿煤层裂缝逸出的气体成分。

但在过去的 100 多年中，虽有在很多不同区域发现氢气的文献，但直到 2020 年，Zgonnik[31] 才发表了综合所有陆上氢气分析数据的文献。通过对 331 个综合数据进行分析，发现天然氢在全球范围内的分布极为广泛，在美洲、欧洲、亚洲、非洲、大洋洲等陆上地区均有氢气发现，但不同地区、不同地质环境氢气含量差异较大，变化范围在 $1\% \sim 100\%$ 之间，由此表明"氢气系统"较为复杂，需要投入更多的调查和研究。

埃里克·汉德于 2023 年 2 月 17 日在《科学》杂志发表文章《隐藏的氢》综述了世界范围的天然氢信息[32]。田黔宁等[33]综述了包括我国在内的天然氢信息，对开发我国的天然氢有积极意义。

1.5.4.2　探索天然氢实践日趋规模化

近年，人们开展了有关天然氢的商用勘探活动。2012 年，在马里巴马科北部钻井作业时意外发现了纯度为 98% 的氢气（其余 2% 为甲烷）。这一浓度的天然氢可能具有全球意义。随后几年，加拿大 Petroma 公司在马里布尔克布古油田针对天然氢的钻探取得了成功，所完成的 25 口勘探井均发现了天然氢。2019 年，初创公司 Natural Hydrogen Energy 在美国内布拉斯加州 Fillmore 县的玉米和大豆田中钻探了美国第一口天然氢探井，并成功提取了氢气和氦气，再次为天然氢的进一步发展提供了支撑。除了探井外，Ellis 正在利用地球物理数据评估美国有前景的天然氢产氢地区。美国矿藏资源丰富，Ellis 认为美国有两条重要的产氢矿脉,富含丰富的含铁地幔岩,一处位于东海岸,另一处位于中西部地区。

在南澳州,当地政府 2021 年对石油法规进行了扩展,允许进行氢气的钻探。Titus 申请在约克半岛和袋鼠岛上勘探近 8000 平方公里的土地以寻找天然氢。该地区地质条件得天独厚,具备蛇纹反应的各项条件。

在欧洲西班牙,Munro 在比利牛斯山脉找到了一处可能富含天然氢的理想地,该山脉的核心是富含铁的海相岩石,同时具备深断层,深断层能够将深处的氢气向上输送到多孔的砂岩层。Munro 计划将在 2024 年底钻挖欧洲第一口天然氢深井。

2023 年法国在洛林矿盆地发现了高浓度的巨量天然氢,总储量可能高达 4600 万吨,是欧洲迄今为止发现的最大潜在天然氢,或可改变欧洲能源的市场规则,对欧洲乃至全球的能源转型和低碳发展都有着重要的意义。

除开展天然氢勘探实践,国外还组织了一些有关天然氢的研讨会。例如,2019 年 10 月,法国国家科学研究中心组织了天然氢研讨会。会议对所有已知来源的天然氢进行了重新评估。2019 年 12 月,美国俄亥俄州立大学能源研究与培训中心举办了题为"深度脱碳的能源解决方案——氢能"的研讨会,会议围绕"天然氢"进行了重点研讨,认为天然氢存在研究和勘探价值。

1.5.4.3 天然氢来源分析有待进一步确证

对天然氢来源的研究还很粗浅,根据目前的信息和认知,认为天然氢可能来源如下:

① 放射线分解水产生氢气(水生氢):岩石中的微量放射性元素会发出可以分裂水的辐射。这个过程很慢,所以越古老的岩石越有可能产生氢气。

② 蛇纹石化产氢气(矿生氢):在高温下,水与富含铁的岩石反应产生氢气。蛇纹石化的快速和可再生反应可能会推动氢气生产。

③ 地心释放氢气(地幔氢):来自地球核心或地幔的氢流可能沿着构造板块边界和断层上升。但这些庞大而深厚的氢气来源理论是有争议的。

1.5.4.4 天然氢发现对氢是二次能源的定义提出直接挑战

地球天然氢的发现,颠覆了科学界以前认为地球上没有气态氢气的认知,也对氢是二次能源的定义提出直接挑战。

① 对天然氢的评价,专家普遍持正面态度,需要更多的天然氢发现再下定论。如文献[7]的"绪论"中的评论是:"……在地球上发现自然氢气也不是什么值得大惊小怪的事情,只是希望看到更多的数据,最好是发现有商业开采价值的自然氢气源,那时人类会早日进入氢能社会。"

2023 年 5 月在"第十届世界氢能技术大会"上毛宗强在大会发言专门报告天然氢的现状,指出"氢气可能成为一次能源,但是需要更多数据支撑"[34]。

文献[35]指出"目前我们推测中国未来可能的天然氢气地区分布在渤海湾、松辽盆地、苏北盆地和南海等"。

② 大量廉价的天然氢投入市场,将会有力地推动氢能发展。有文献估计,天然氢的价格可能低至 $0.5\$/kgH_2$,大量廉价的氢气将推动氢能的应用。笔者以为:由于天然氢与天然气相似,天然气的化石能源特性也会在天然氢中表现出来,需要慎重评估天然氢的影响,以决定其是否有开采价值。天然氢和人造绿氢的比较如表 1-4:

表 1-4   天然氢与人造绿氢比较

项目	天然氢	人造绿氢
碳排放	有碳排放	无碳排放①
氢产地	受地质条件限制	不受限制
生产成本	可能低,取决天然氢矿品质	生产成本高于天然氢
运输成本	由于生产地不确定,运输成本高	高
对环境影响	有,提纯天然氢时有废物产生	无,不需提纯
对大气氧含量影响	使用时消耗大气中的氧,将导致大气氧含量逐步降低,对人类不利	不影响,与生产绿氢时生成的氧气平衡

① 仅就绿氢制备而言。

1.5.4.5   我国应该重视天然氢、制定天然氢勘探规划

① 我国需要系统性提高对天然氢的重视,加强天然氢潜力与机制研究,制定天然氢勘探规划、开展勘探活动。

在我国,目前针对天然氢的研究不是把氢气作为监测自然环境和油气资源方面的研究,仅是一些零星分散和"不自觉"的研究。真正有氢气检测数据的钻井也较少,氢气分布现状也未完全厘清。

文献[36]报道在松辽盆地的个别钻井中发现氢气含量高达 85.54%。文献[37]报道在柴达木盆地三湖地区 2 号井的岩屑罐顶气中,检测到了含量最高可达 99%的氢气。由此可见,在中国已有的油气沉积盆地内寻找天然氢具有较高的潜力。文献[38]讨论了我国天然气中伴生氢气的资源意义及其分布。文献[39]指出现有的天然氢生成量估算值（254±91)×$10^9 m^3$/年远低于实际矿藏量,天然氢有望成为全球清洁氢的主要来源。

可见,我国也有不少关于天然氢的可信线索,建议有关部门系统性提高对天然氢的重视,加强天然氢潜力与机制研究,开展在我国部署天然氢的勘探开发工作,在具有适合天然氢生成的地区进行天然氢调查和评价。

② 建议加强天然氢资料收集、整理工作。有必要对已有的与天然氢有关的地质资料、地质研究成果、钻探、样品分析数据等进行仔细分析,制定有效的勘探指南,把天然气中的氢气分析作为整个勘探行业的一项常规分析。笔者相信未来很有可能在我国发现潜在的天然氢储藏。

参 考 文 献

[1]   孟翔宇,陈铭韵,顾阿伦,等.“双碳”目标下中国氢能发展战略 [J]. 天然气工业,2022,42 (04):156-179.

[2]   新华网.习近平在第七十五届联合国大会一般性辩论上的讲话 [EB/OL]. [2020-09-22]. http://www. xinhua-net. com/2020-09/22/c_1126527652. htm.

[3]   国家发展改革委,国家能源局.氢能产业发展中长期规划（2021—2035 年）[R].2022.

[4]   毛宗强.氢能:21 世纪的绿色能源 [M].北京:化学工业出版社,2005.

[5]   全球首个“绿氢”标准《低碳氢、清洁氢与可再生能源氢的标准与评价》发布 [J].氯碱工业,2021,57 (01):46.

[6]   毛宗强,毛志明.氢能生产及热化学利用 [J].北京:化学工业出版社,2015.

[7]   毛宗强,毛志明,余皓,等.制氢工艺与技术 [J].北京:化学工业出版社,2018.

[8]   再协.2020 年全国大、中城市固体废物污染环境防治年报 [J].中国资源综合利用,2021,39 (01):4.

[9]   毛宗强.无碳能源:太阳氢 [J].百科知识,2009 (18):33-35.

[10]   贺潇翔宇.不同制氢工艺的成本对比 [R].川财 3060,2022-10-29.

[11] 周晶晶，周军，吴雷，等. 生物质供氢体协助低变质煤加氢热解提质的研究进展 [J]. 材料导报，2022，36（09）：72-79.

[12] Karato S. Water distribution across the mantle transition zone and its implications for global material circulation [J]. Earth and Planetary Science Letters，2011，301（3-4）：413-423.

[13] 施春风，Tao Zhang，Jinghai Li，等. "液态阳光"有望驱动未来世界 [J]. 科学新闻，2019（02）：142.

[14] Aliaksei P，Rahmat P. 牛津能源研究所报告：全球氢能贸易——长距离氢气运输最好的方式 [R]. 2022.

[15] O'Connell J P，Prausnitz J M. Intermolecular forces in water vapor [J]. Industrial & Engineering Chemistry Fundamentals，1969，8（3）：453-460.

[16] Boxwell M. Solar electricity handbook：A simple，practical guide to solar energy-designing and installing photovoltaic solar electric systems [M]. Greenstream publishing，2010.

[17] 毛宗强. 液态阳光甲醇：大规模长时间储存氢气的优秀介质 [R]. 绿色氢能和液态阳光甲醇高端论坛. 2020.

[18] 核电行业专题报告. https：//wenku. so. com/d/4dc fcbb0909cdec be3cae3eee923204a.

[19] 郭平，王可，罗阿理，等. 大数据分析中的计算智能研究现状与展望 [J]. 软件学报，2015，26（11）：3010.

[20] Ardabili S B，Najafi B，Shamshirband S，et al. Computational intelligence approach for modeling hydrogen production：a review [J]. Engineering Applications of Computational Fluid Mechanics，2018，12（1）：438-458.

[21] Chang P L，Hsu C W，Chang P C. Fuzzy Delphi method for evaluating hydrogen production technologies [J]. International Journal of Hydrogen Energy，2011，36（21）：14172-14179.

[22] Yilmaz C. Thermoeconomic modeling and optimization of a hydrogen production system using geothermal energy [J]. Geothermics，2017，65（jan.）：32-43.

[23] 曹军文，张文强，李一枫，等. 中国制氢技术的发展现状 [J]. 化学进展，2021，33（12）：2215-2244.

[24] 郑世林，姚守宇，王春峰. ChatGPT 新一代人工智能技术发展的经济和社会影响 [J]. 产业经济评论，2023-03-12.

[25] 关宗. 全球首个海水直接制氢技术中试成功 [R]. 中国石油和化工产业观察，2023-07-15.

[26] Kuang Y，Kenney M J，Meng Y T，Hung W-H，Liu Y J，Huang J E.，Prasanna R，Li P S，Li Y P，Wang L.，Lin M-C，McGehee M D，Sun X M，Dai H J. Solar-driven，highly sustained splitting of seawater into hydrogen and oxygen fuels [J]. Proceedings of the National Academy of Sciences，2019，116（14）：6624-6629.

[27] Li P S，Wang S Y，Samo I A，Zhang X H，Wang Z L，Wang C，Li Y，Du Y Y，Zhong Y，Cheng C T，Xu W W，Liu X J，Kuang Y，Lu Z Y，Sun X M. Common-ion Effect Triggered Highly Sustained Seawater Electrolysis with Additional NaCl Production [J]. Research，2020，2872141.

[28] Liu W，Yu J G，Sendeku M G，Li T S，Gao W Q，Yang G T，Kuang Y，Sun X M. Ferricyanide Armed Anodes Enable Stable Water Oxidation in Saturated Saline Water at 2A/cm^2 [J]. Angew. Chem. Int. Ed.，2023，202309882.

[29] 孙丹宁. 中国科学院大连化学物理研究所 直接电解海水制氢装置连续运行超 2000 [R]. 中国科学报，2023-09-11.

[30] Менделеев Д. Выписка из Протокола Заседания Отделения，Химии Русскогофизико—Химического Общества [M]. Санкт—Петербург：Журнал Русского Физико—Химического Общества，1888.

[31] Zgonnik V. The occurrence and geoscience of natural hydrogen：Acomprehensivereview [J]. Earth-Science Reviews，2020，203（4）：1-51.

[32] Eric Hand. Hidden hydrogen [J]. Science，2023，379（6633）：630-636.

[33] 田黔宁，等. 能源转型背景下不可忽视的新能源：天然氢 [J]. 中国地质调查，2022，9（1）：1-15.

[34] 毛宗强. 绿氢生产的几点思考 [R]. 第十届世界氢能技术大会，佛山，2023-05-22.

[35] 金之钧，王璐. 自然界有氢气藏吗？[J]. 地球科学，2022，47（10）：3858-3859.

[36] 黄福堂. 松辽盆地油气水地球化学 [M]. 北京：石油工业出版社，1999.

[37] Shuai Y H，Zhang S C，Su A G，et al. Geochemical evidence for strong ongoing methanogenesis in Sanhu region of Qaidam Ba-sin [J]. Science China：Earth Sciences，2010，53（1）：84-90.

[38] 孟庆强，金之钧，刘文汇，等. 天然气中伴生氢气的资源意义及其分布 [J]. 石油实验地质，2014，36（6）：712-717，724.

[39] 魏琪钊，朱如凯，杨智，等. 天然氢气藏地质特征、形成分布与资源前景 [J/OL]. 天然气地球科学：1-11 [2023-12-22]. http：//kns. cnki. net/kcms/detail/62. 1177. TE. 20231008. 1700. 008. html.

第2章
电解水制氢技术

据国际能源署（IEA）预测，世界能源供应需求仍将继续增长，到 2030 年，全球能源需求总量将达到 162 亿吨油当量。然而，化石燃料日益紧缺、且存在供应安全以及环境污染等问题，这都促使我国大力发展风能、太阳能等可再生能源。特别是在"碳达峰、碳中和"的时代背景下，化石燃料的主导地位正逐步被可再生能源（如太阳能、风能和水能）取代。鉴于可再生能源生产的间歇性，迫切需要先进的能量转换与存储方案。由于氢能清洁、高效，燃烧产物是水，且质量能量密度高，因此被认为是一种极具潜力的可再生能源储能载体。任何剩余的绿色电能都可通过电解水制氢的方式将其转化为易于存储的化学能形式，然后再将其转化为电能，或者用作清洁燃料。另一方面，随着风电、光电等成本的下降以及平价上网，制氢成本将持续下降。同时，利用弃风、弃光、弃水电力制氢可大大提升可再生能源利用效率，有效解决跨时间、跨空间的过剩能源消纳问题，实现绿色制氢。

2.1 电解水制氢技术介绍

2.1.1 电解水制氢技术基本原理

电解水制氢是由电能提供动力，将水分解为氢和氧的化学过程，总反应式和反应热力学数据（反应焓、熵、吉布斯自由能）如下：

$$H_2O \xrightarrow{电能} H_2 + \frac{1}{2}O_2 \tag{2-1}$$

$\Delta H^{\ominus}_{298K} = 285.84 kJ/mol$；$\Delta S^{\ominus}_{298K} = 0.163 kJ/(mol \cdot K)$；$\Delta G^{\ominus}_{298K} = 237.19 kJ/mol$。

在 25℃、常压下电解时，电解水理论电解电压即热力学电压如下式所示：

$$-E = \frac{\Delta G^{\ominus}}{nF} = \frac{237 \times 10^3 J/mol}{2 \times 96485 C/mol} = 1.23V \tag{2-2}$$

式中，n 为电子数；F 为法拉第常数。

在实际电解过程中，由于存在阳极极化（$\eta_{阳极}$）和阴极极化（$\eta_{阴极}$）以及电解质电阻（$R_{电解质}$）和线路及接触电阻（$R_{线路}$）造成的欧姆极化，实际电解电压必须高于热力学电压值才能实现电化学水分解反应的发生。因此，电解水的实际电压可以由下式进行描述：

$$V=E+\eta_{\text{阳极}}+\eta_{\text{阴极}}+IR_{\text{电解质}}+IR_{\text{线路}} \tag{2-3}$$

从上式可以清楚地看出，由于水分解过程中极化电压（又称过电位）的存在，会使得电解水反应效率降低，造成电能的浪费。

电解水反应效率 η 可由生产 $1m^3$ 氢气所需要的最小电能（理论能耗）W_f，除以实际电解过程中产生 $1m^3$ 氢气所消耗的电能 W 获得：

理论能耗：
$$W_f=-\Delta G_{298}^{\ominus}=nEF=\frac{2\times1.23\times96485}{22.4\times10^{-3}}\times\frac{1}{3.6\times10^6}=2.94(\text{kW}\cdot\text{h}) \tag{2-4}$$

式中，22.4×10^{-3} 为 $1mol$ 理想气体体积，3.6×10^6 为秒、瓦转换为小时、千瓦的换算比例。

电解效率：
$$\eta=\frac{W_f}{W}=\frac{2.94}{W} \tag{2-5}$$

如图 2-1（另见文后彩图）所示，水的电化学分解可以分为两个半反应：阳极的氧析出反应（oxygen evolution reaction，OER）和阴极的氢析出反应（hydrogen evolution reaction，HER）。它们根据电极表面的化学和电子特性、电解液酸碱性等因素的不同而遵循不同的反应路径。

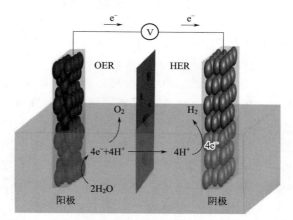

图 2-1　水在电化学分解过程中的析氢反应和析氧反应

在酸性电解液中，阴极析氢反应和阳极析氧反应分别为：

阴极：
$$4H^++4e^-\longrightarrow2H_2 \tag{2-6}$$

阳极：
$$2H_2O\longrightarrow O_2+4H^++4e^- \tag{2-7}$$

在碱性或中性电解液中，阴极析氢反应和阳极析氧反应分别为：

阴极：
$$4H_2O+4e^-\longrightarrow2H_2+4OH^- \tag{2-8}$$

阳极：
$$4OH^-\longrightarrow O_2+2H_2O+4e^- \tag{2-9}$$

2.1.1.1　析氢反应（HER）机理

HER 虽然是一类最简单的电化学反应，然而 HER 仍然是一个多步反应，包括电极表面的吸附、还原和解吸。在不同反应介质中 HER 历经的反应机理也不尽相同。根据电解液的不同，它有以下不同的反应路径。

酸性溶液中，具体电化学反应步骤如下：

第一步：$M + H^+ + e^- \longrightarrow M—H^*$（Volmer 反应），塔菲尔（Tafel）斜率 ≈ 120mV/dec ❶

第二步：$M—H^* + H^+ + e^- \longrightarrow M + H_2$ （Heyrovsky 反应），塔菲尔斜率 ≈ 40mV/dec

或 $2M—H^* \longrightarrow 2M + H_2$ （Heyrovsky 反应），塔菲尔斜率 ≈ 30mV/dec

碱性或中性溶液中，具体步骤如下：

第一步：$M + H_2O + e^- \longrightarrow M—H^* + OH^-$（Volmer 反应），塔菲尔斜率 ≈ 120mV/dec

第二步：$M—H^* + H_2O + e^- \longrightarrow M + OH^- + H_2$（Heyrovsky 反应），塔菲尔斜率 ≈ 40mV/dec

或 $2M—H^* \longrightarrow 2M + H_2$（Heyrovsky 反应），塔菲尔斜率 ≈ 30mV/dec

上述步骤中，M 代表催化电极；* 表示催化电极活性位点处的原子。

不论在酸性电解质中还是碱性电解质中，第一步都是氢原子在电极表面活性区域的吸附过程，也称为 Volmer 反应。第二步，通过单个电子转移过程，在吸附的氢原子和电极表面之间形成 $M—H^*$ 键，吸附的 H^* 原子通过电化学解吸（也称为 Heyrovsky 反应）或化学解吸（也称为 Tafel 反应）过程还原形成氢分子，并形成气态的 H_2，最终从电极表面释放。对于特定的 HER，可以通过评估 Tafel 斜率值来确定可能的决速步骤，该值可以从 HER 极化曲线获得[1]。

在 HER 反应中，氢结合能可用于预测电催化剂的活性和动力学特性。催化剂表面 H^* 吸附的吉布斯（Gibbs）自由能变化（ΔG_{H^*}）反映了氢的结合强度，可用于研究 H^* 的吸附和 H_2 的解吸行为[2]。根据 Sabtier 原理[3]，最佳的吸附/解吸强度将产生最佳的电化学性能。如果 $\Delta G_{H^*} > 0$，则 H 结合强度弱，反应物/中间体在催化剂表面上的活化困难，Volmer 步骤将是决速步骤，催化剂显示出较差的 HER 活性。如果 $\Delta G_{H^*} < 0$，则 H 结合强度很强，活性位点将全部被中间体所占据，从而引起催化剂中毒作用；同时，H_2 从催化剂表面解吸（通过 Heyrovsky 或 Tafel 步骤）不容易，这也限制了反应动力学。当 $\Delta G_{H^*} = 0$ 时，反应动力学（由交换电流密度 j_0 反映）在理论上可以达到最大值。基于微动力学模型的研究，已经得出了交换电流密度对数形式($\lg j_0$)的火山图，并以最佳的 0eV 的 ΔG_{H^*} 进行了 ΔG_{H^*} 的计算［如图 2-2(a)］。早在 1939 年，根据 Langmuir 吸附类型获得的火山图就被提出，并被沿用至今[4-5]。

2.1.1.2 析氧反应（OER）机理

OER 是一个四电子过程，机理十分复杂，对某些反应步骤甚至富有争议。目前，在 OER 反应机理的描述中，吸附物演化机理仍占主流。复杂的电化学反应过程使得 OER 动力学非常缓慢，进而引起很大的反应过电势，造成电解效率的降低。

酸性溶液中，总反应如式(2-7)所示，中间电化学反应步骤如下：

$$M + H_2O \longrightarrow M—OH^* + H^+ + e^-$$

$$M—OH^* \longrightarrow M—O^* + H^+ + e^-$$

---

❶ dec 是 decade（十进位）的缩写，物理意义是电流密度每增大或缩小 10 倍，电位发生的改变。

$$2M-O^* \longrightarrow 2M+O_2$$

或
$$M-O^*+H_2O \longrightarrow MOOH^*+H^++e^-$$

$$MOOH^*+2H_2O \longrightarrow M+2O_2+5H^++5e^-$$

碱性或中性溶液中，总反应如式（2-9）所示，中间电化学反应步骤如下：

$$M+OH^- \longrightarrow M-OH^*+e^-$$

$$M-OH^*+OH^- \longrightarrow M-O^*+H_2O+e^-$$

$$2M-O^* \longrightarrow 2M+O_2$$

或
$$M-O^*+OH^- \longrightarrow M-OOH^*+e^-$$

$$M-OOH^*+OH^- \longrightarrow M+O_2+H_2O+e^-$$

由上述反应步骤可以看出，不论是酸性还是碱性或中性电解液，OER 过程都会涉及 OH^*、O^* 和 OOH^* 反应中间体。这种多步骤的途径需要更多能量和更大的过电势，进而导致 OER 反应较低的活性和缓慢的动力学特性。在上述多步反应中，反应能垒最大的一步是 OER 反应过程的决速步骤，决定了催化剂的反应性能。该决策步骤可以通过 Tafel 斜率值进行判断。塔菲尔斜率值越大，表明反应动力学越慢，越可能是多步反应的决速步骤。另外，根据 Sabatier 原理，反应中间体与催化活性位的结合能力决定催化剂的 OER 活性，结合能力太强或太弱都不利于 OER 动力学过程[6]。$\Delta G_{O^*}-\Delta G_{OH^*}$ 被普遍作为评价各种催化剂 OER 活性的指标[7]。图 2-2（b）所示为 OER 催化剂的理论过电位与 $\Delta G_{O^*}-\Delta G_{OH^*}$ 间的火山曲线关系图。

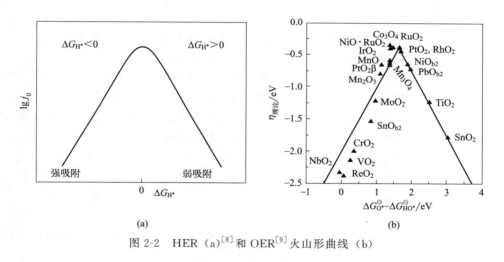

图 2-2　HER（a）[8] 和 OER[9] 火山形曲线（b）

2.1.2　电解水关键电化学参数

不论在酸性、中性还是碱性环境中，不同催化剂对 HER 和 OER 的催化活性均会有很大影响。为了更深刻地获取催化剂对 HER 和 OER 的反应热力学和动力学的信息，人们在研究和实践中总结了不同维度的评价参数，主要包括：过电位、Tafel 斜率、稳定性、转化频率（turnover frequency，TOF）及法拉第效率等。

2.1.2.1　过电位

过电位 η 是评价催化剂性能的一个重要指标，通常是指给定电流密度下的电势与 OER/

HER 的热力学电动势之间的电势差。对于一个电化学反应而言，给定电流密度下 η 越大，电解水过程中消耗的电能越多，电解水能量转换效率就越低[7]。当使用过电势 η 对催化剂性能进行表征或比较时，通常需要指定某一个电流密度。目前文献中大部分以电流密度为 $10mA/cm^2$ 对应的过电位（η_{10}）作为评价催化剂性能的基准。不过，也有文献以电流密度 $20mA/cm^2$、$50mA/cm^2$ 或者 $100mA/cm^2$ 时过电位（即 η_{20}、η_{50} 和 η_{100}）作为评价基准。值得说明的是，在工业碱性电解水工艺中，通常会采用 $200\sim400mA/cm^2$ 的大电流密度来实现氢气的连续制备[10]。然而，大电流密度下过电势 η 的大小不仅取决于催化剂本征活性，还受测试所用的工作电极以及催化剂表面性质的影响。因此，还需与其他评价参数相结合，来对催化剂的本征活性进行评价。

2.1.2.2　面积比活性和质量比活性

面积比活性和质量比活性是用于评估催化活性的两个重要定量参数。其中，面积比活性是指给定条件下催化剂单位表面积上的电流密度，通过对电流相对于电化学活性表面积（electrochemical surface area，ECSA）或 Brunauer-Emmett-Teller（BET）表面积进行归一化处理来获取。不过，由于 ECSA 对催化剂载量更为敏感，因此通常使用 ECSA（或粗糙度因子）来计算面积比活性。质量比活性是指给定条件下催化剂单位质量上的电流密度。该参数可通过对电流相对于催化剂质量进行归一化处理来获取。不过，对于非贵金属催化剂，由于价格低廉，质量比活性的评价效用不如面积比活性的评价效用高。

2.1.2.3　转化频率

转化频率 TOF 一般定义为给定操作电位下，催化剂上每个催化位点在单位时间内可产生氢/氧分子的量，也是评估电催化剂本征活性的一个重要定量参数。

由定义可知要计算 TOF 首先要确定活性位点的数量和产生气体的量。对于产生气体的量，目前主要有两种测量方法：一是通过气相色谱确定，二是通过水气置换法获得。然而，对于活性位点数量的确定，目前还没有一种十分准确的方法来精确测量。有些研究简单地根据总催化剂总负载量来计算 TOF 值，并假设所有的催化物质都具有电催化活性；有些研究假定只有表面原子参与了催化过程，而内部催化物质不参与。然而，这些计算方法均存在着较大的局限性。因此，如何精确获取 TOF 值仍然是一个很大的挑战。

2.1.2.4　Tafel 斜率

Tafel 描述了电流密度的对数与过电位的线性关系。Tafel 斜率越小，表明在相同电流密度下 η 值越小，反应动力学越快。对于理想的电催化剂而言，应具有较大的电流密度和较小的 Tafel 斜率。

Tafel 斜率的获取主要通过拟合实测极化曲线（通过线性伏安曲线变换得到的 $\lg|j|$ 与过电位 η 的曲线）的线性区域来确定。其计算公式为

$$\eta = a + b\lg(j)$$

式中，η、a、b 和 j 分别代表过电位、Tafel 常数、Tafel 斜率和电流密度。

由于 η 值较高时，会产生大量的气泡，导致电流密度偏离线性关系，因此线性通常位于 η 值较低的区域。

此外，Tafel 斜率为研究 HER/OER 电化学过程反应机理和决速步骤提供理论指导。例如，根据 Butler-Volmer 方程，当 Tafel 斜率为 $29mV/dec$、$38mV/dec$ 或 $116mV/dec$ 时，

说明 HER 反应中的决速步骤分别为 Tafel、Heyovsky 和 Volmer 过程。

2.1.2.5　法拉第效率

法拉第效率主要用来评价电子在电解水中参与生成 H_2 或 O_2 的效率，数值上等于实验过程中产生的实际气体量与理论气体量之比。实际产气量可通过水气置换法或气相色谱法检测，理论产气量可根据法拉第电解定律根据消耗的总电量计算得出。由于电解水过程中副反应的存在，实际催化剂的法拉第效率往往小于 100%。

2.1.2.6　电化学阻抗谱

电化学阻抗谱（electrochemical impedance spectroscopy，EIS）在探究电化学反应动力学过程具有显著的优越性，因此，常用于对 OER/HER 的动力学过程进行表征。在其测量中，频率范围通常为 100kHz～100mHz，激励电压幅值通常为 5～10mV。由于催化剂通常具有一定的起始电位（在该电位下，催化剂刚开始表现出一定的催化活性），因此，电压设置需大于该起始电位。

在 EIS 阻抗谱中，根据频率范围的不同可以获得的阻抗信息也会有所不同。例如，由于高频区域主要是非法拉第过程，且欧姆电阻与应用电位无关，因此高频阻抗主要反应的是基材和催化剂本体欧姆电阻以及基材与催化剂之间的接触电阻。阻抗谱中频区域主要反映的是催化剂材料中的电荷传输。阻抗谱低频区域主要反映的是催化反应的电荷转移阻抗（R_{ct}），即电子从催化剂表面转移到反应物的界面电荷转移过程的信息。R_{ct} 值越小，表明其电荷转移动力学越快，催化活性越好。

2.1.2.7　稳定性

催化剂评价参数中，除了上述关于催化活性的评价指标外，催化剂的长期稳定性是催化剂在实际应用中的另一个重要参数。评价催化剂稳定性的测试常用的有两种：一是循环伏安特性曲线（cyclic voltammetry，CV）和线性扫描伏安曲线（linear sweep voltammetry，LSV），即测试催化剂循环数千圈前后 CV 曲线和 LSV 曲线变化。稳定性测试前后电位或电流变化越小，说明催化剂的性能越好；二是计时电流/电位法（i-t 曲线），即测试恒定电流密度或电位随时间变化；稳定性测试中电流密度通常设置为 $10mA/cm^2$。此外，对稳定性的评价中也建议增设在更高电流密度下（如 $100mA/cm^2$ 或 $200mA/cm^2$）对稳定性的测试以更加全面地评价催化剂的稳定性。

2.1.3　电解水制氢技术分类和发展历史

电解水现象从 1789 年被首次发现并经过 1800 年 Nicholson 和 Carlisle 对这项技术的改进，到 1902 年工业电解槽数量就达到 400 多个，总产氢容量（标准状况下）就达到了 $10000m^3/h$，之后，经过 1948 年 Zdansk 和 Lonza 对电解槽进行的增压改进[11]，以及后来一大批科学家对相关技术的发展与创新，到 2022 年，电解水制氢产量在世界总氢气产量占比就达到了 4%[12]。目前，电解水制氢技术主要包括 3 种类型：碱性电解水制氢技术（alka-line water electrolysis，AEL）、质子交换膜电解水制氢技术（proton exchange membrane，PEM）和固体氧化物电解水制氢技术（solid oxide electrolyzer cell，SOEC）。

在电解水制氢技术的 200 多年历史里，电解水制氢主要经历了三个不同阶段：电解水现象的发现阶段、工业电解水的快速发展阶段以及近期利用可再生能源生产廉价氢气的阶段。

图 2-3 总结了电解水在其发展中的一些重要事件和里程碑。

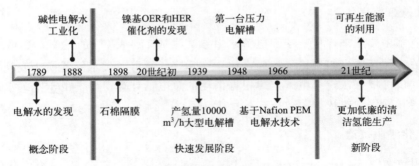

图 2-3　电解水发展历史

　　1789 年，荷兰化学家 Paets van Troostwijk 和 Deiman 利用静电发生器首次发现了电解水分解现象。1800 年，英国科学家 William Nicholson 和 Anthony Carlisle 利用意大利物理学家 Alessandro Volta 发明的伏打电堆成功地实现了较大体量的电解水。1833 年法拉第定律的提出，建立了电解水过程中电能消耗与气体产生量之间的定量关系，电解水的概念首次被科学地定义。之后，得益于直流发电机的发展，1888 年，俄国物理学家 Dmitry Lachinov 开发了碱性电解水制氢的工业方法，促使工业电解水技术的发展进入了全新的阶段。

　　从 19 世纪末到 21 世纪初，电解水技术进入了一个快速发展的"黄金时代"，见证了隔膜技术、催化剂制备技术和相关设备开发技术的大规模工业化应用。在碱性电解水方面，1890 年，石棉作为碱性电解槽隔膜首次用于商业化电解水领域。20 世纪初，具有高催化活性的镍氧化物和镍基合金碱性电解水催化剂被成功合成，成为碱性电解水催化 OER 和 HER 的最佳候选者，这极大地促进了碱性电解水技术的进一步发展，也使得电解水工业进入一个快速发展阶段。1900 年，施密特发明了第一台工业电解槽。仅仅 2 年，就有 400 台电解设备投入使用。1924 年，Noeggenrath 获得了第一台压力电解槽的专利，其压力电解槽可达 100bar（1bar＝0.1MPa）。1939 年，第一家大型水电解厂投入使用，该厂可生产 $10000m^3/h$ 的氢气（标准状况，下同）。1948 年，针对温度对系统效率的影响，E. A. Zdansky 开发出了具有高抗腐蚀性的电解槽材料，并成功推出了第一台高压工业电解槽。1951 年，Lurgi 使用了 Lonza 的技术，首次设计了 30bar 的压力电解槽。之后经过几十年的发展，商用 AEL 系统已实现模块化生产，单模块性能范围可实现 $1 \sim 1000m^3/h$ 制氢速率。另外，为了获得更大的产氢能力，将若干模块串联或并联起来的策略也被广泛采用。例如，埃及阿斯旺大坝通过将几个电解模块并联连接建成了最大的（无压）AEL 电解水工厂，产量为 156MW（相当于 $33000m^3/h$）；秘鲁库斯科建成了最大的加压电解槽厂，容量为 22MW（相当于 $4700m^3/h$）。

　　在质子交换膜电解水方面，20 世纪 40 年代，杜邦公司发明了一种兼具机械、热稳定性和良好质子传输性能的材料，使 PEM 电解水技术成为可能。20 世纪 60 年代初，为了满足太空和军事应用中的特殊能源需求，通用电气首次开发了基于 Nafion 的质子交换膜（PEM）电解水技术，并首先应用于航空、军事领域。然而，由于所用催化剂材料十分昂贵以及水热管理中面临的诸多困难，PEM 电解水的研究曾一度停滞。直到 20 世纪 90 年代初，新型的质子交换膜 Nafion 在 PEM 燃料电池上得以成功应用，使得 PEM 电解水制氢技术重新获得关注。同时，伴随着太空技术发展需求，美国国家航天宇航局将 PEM 电解水技术应用于国际空间站中，用于产生维持宇航员生命的氧气以及用于生产空间站轨道姿态控制的助推剂，这进一步促进了 PEM 电解水的发展以及其他国家在相关领域的跟进。例如，法国于 1985

年开展了 PEM 电解水研究；俄罗斯 Kurchatov 研究所也在同期展开了 PEM 电解水研究，制备了一系列不同产气量的电堆；日本也于 1993 年发布了"NewSunlight"计划及"WE-NET"计划，其中就将 PEM 电解水制氢技术列为重要发展内容。

在固体氧化物电解池方面，相关研究最早可追溯到 1899 年，Nernst[13] 就发现 ZrO_2 掺杂 Y_2O_3（YSZ）具有较高的氧离子迁移率和较低的激活能，这为后来开发固体氧化物燃料电池（solid oxide fuel cell，SOFC）和 SOEC 提供了材料基础。1937 年，Baur 与 Preis 在 Nernst 的基础上开发出世界上第一个可以工作的 SOFC。之后在 20 世纪 60 年代，Spacil 等[14-15] 首次提出利用固体氧化物 ZrO_2 作为电解质来实现电解水制氢的技术方案，并对高温水蒸气电解过程中的热力学和电化学过程进行了初步研究。同时，Spacil 等人也考察了电解池各部分组成材料、电解池结构和制备工艺等对电解性能的影响。20 世纪 80 年代初，Dönitz 等[16] 利用由 10 个单元电解池组成的管式 SOFC 电解管进行了制氢试验。该电解装置在 970℃下最大产氢速率为 6178L/h，并在此基础上制成了一个含 1000 个 SOEC 单体的电堆，其最大产氢速率可以达到 $0.6m^3/h$。但电解池长期运行的稳定性及热循环性能未见报道。西屋电气公司[17] 在 80 年代中期进行了 SOEC 的试验和研究，其管式电解池在 1000℃下最大产氢速率可达到 1716L/h。日本原子能研究所的 Hino 等[18] 于 90 年代末开始了高温水蒸气电解的研究。他们采用了管式和平板式两种固体氧化物电解池，其中管式电解池 950℃下实现了 $44cm^3/(cm^2 \cdot h)$ 的最大产氢密度，平板式电解池 850℃下实现了 $38cm^3/(cm^2 \cdot h)$ 的最大产氢密度。近些年来，受到化石能源短缺和环境污染的影响，SOEC 的研究也重新受到重视与关注。例如，2004 年正式启动的欧盟第六框架协议计划项目 Hi_2H_2，旨在成熟的 SOFC 技术基础上，对其电堆在电解模式下的性能进行研究，探讨其在制氢、化学能量载体制备和二氧化碳减排等方面的应用前景。

2.2　碱性电解水制氢技术

2.2.1　基本原理

碱性电解水是最早大规模应用的电解水技术，也是现阶段实际应用中最为广泛、最为成熟的电解水技术。碱性电解水的原理可简单描述为：当碱性电解槽两电极间施加直流电时，在阴极，水分子被分解为氢离子和氢氧根离子，氢离子得到电子生成氢原子，并进一步生成氢分子；氢氧根离子则在电场力作用下穿过隔膜，到达阳极，在阳极失去电子生成水分子和氧分子，电解反应如下（$\varphi^{\ominus}$ 为标准电极电位；$E^{\ominus}$ 为电解反应理论电压）：

阴极：$2H_2O + 2e^- \longrightarrow H_2 + 2OH^-$　　　$\varphi^{\ominus} = -0.83V$

阳极：　　$2OH^- \longrightarrow H_2O + 1/2O_2 + 2e^-$　　　$\varphi^{\ominus} = 0.4V$

总电解反应：$H_2O \longrightarrow H_2 + 1/2O_2$　　　$E^{\ominus} = 1.23V$

在常压下进行电解时，理论碱性电解电压 E_T 和温度 T（单位为 K）的关系为：

$$E_T = [1.5184 - 1.5421 \times 10^{-3}(T/K) - 9.523 \times 10^{-5}(T/K)\ln(T/K) + 9.84 \times 10^{-8}(T/K)^2]V$$

碱性电解槽结构简单，操作方便，价格较低，适用于大规模制氢。然而该方法也具有电解效率低、电能消耗大、体积和重量大、碱液有腐蚀性等缺点。另外，虽然碱性电解槽两极间有隔膜的存在，但由于隔膜材料的化学和机械稳定性较差，电解过程中，阳极产生的氧气很容易穿过隔膜，与阴极产生的氢气反应，这一方面会使得电解效率降低，另一方面还会带来严重的安全隐患。另外，由于液体电解质和隔膜的存在，使得碱性电解槽难以在高电流密度的条件下运行。虽然碱性电解水技术有明显的不足，但是由于其低廉的应用成本，该技术仍是工业应用中的重点。

2.2.2 AEL 电解槽组成和关键部件

2.2.2.1 系统与组成

作为一种成熟电解水制氢技术，碱性电解水早在 20 世纪初就已经应用于大规模的兆瓦级制氢。碱性电解水系统主要包括电解槽、电源系统、电解液循环系统、碱液补给系统、原料水补充系统、氧气/氢气处理系统以及冷却水系统等组成，其结构如图 2-4 所示（另见书后彩图）。水在电解槽内分解成氢气和氧气，氢气和碱液混合物借助循环泵的扬程和气体升力，经碱液换热器、进入气液分离器，并在重力的作用下实现氢气和碱液的分离；分离后的电解液回流至电解槽中，而氢气经冷却、洗涤、除雾等纯化处理后进行存储；相同地，氧气和碱液混合物经换热器、气液分离器分离出氧气，电解液回流至电解槽中，氧气经冷却、洗涤、除雾等纯化后，进入贮罐待用或进行放空处理。

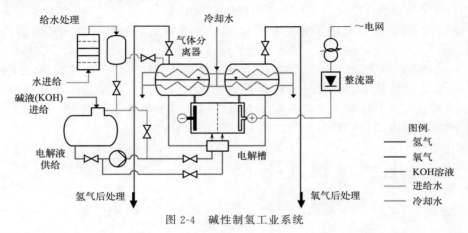

图 2-4　碱性制氢工业系统

在碱性制氢工业系统中，电解槽是碱性电解水系统的核心装置，主要由主极板、电极板、隔膜、端板及附件等构成，如图 2-5。根据电解槽结构的不同，碱性电解槽可以分为单

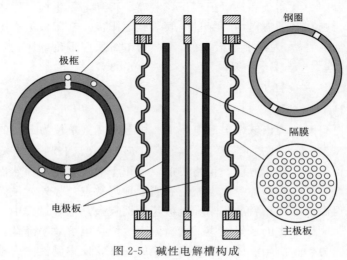

图 2-5　碱性电解槽构成

极性电解槽和双极性压滤式电解槽，如图 2-6 所示。

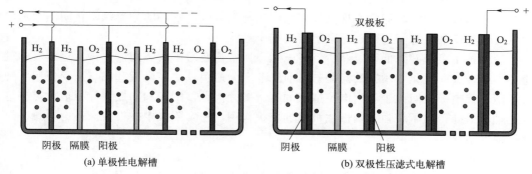

图 2-6　具有不同结构的碱性电解槽

　　在单极性电解槽中，每块极板只有一个极性，若干个彼此交替且平行的阳极板和阴极板构成电解槽的基本单元，若干个基本单元再通过外部并联形成电解槽整堆。单极性电解槽具有安装、维修简便的优点，但也存在着效率低、体积大等问题。

　　在双极性压滤式电解槽中，一块极板起着两种极性作用（也称双极板），若干个双极板以串联形式成组，并形成电解槽整堆。相对于单极电解槽，双极性压滤式电解槽具有体积小、效率高、能耗低、电解气体质量高等优点；另外，双极性压滤式电解槽型式可以在较高压力下运行，进而可以使得氢气在不需要氢压机的条件下进入氢气纯化和干燥装置，并进入储氢罐进行存储。同时，由于双极性压滤式电解槽密封性能好，允许间断操作，使用寿命可达 15～20 年。但该类型也存在着造价高、维修不便等缺点。不过相对 PEM 电解水和 SOEC 电解而言，双极性压滤式电解槽在成本方面仍存在巨大优势，因此，在碱性电解水方面仍是主流形式，应用十分广泛。

2.2.2.2　电解槽关键部件

　　在碱性电解槽中，主极板、电极板、隔膜、极框和垫片等构成了碱性电解水制氢的最小单元。其中主极板、电极板和隔膜对碱性电解水制氢效率起着决定性作用。

　　（1）主极板

　　在碱性电解槽中，主极板是最主要的重复性部件，具有 $1000m^3/h$ 制氢（标准状况）效率的电解槽一般需要 200～300 块极板。极板主要是由主极板和极框焊接后镀镍而成，其主要作用是传导电子，使极板上电解电流密度更均匀，同时减小极板与电极的接触电阻，增大电流密度，降低制氢能耗。以双极性压滤式电解槽为例，主极板位于一个最小制氢单元的两端，如图 2-5 所示，形成了阴极区域和阳极区域碱液流动的腔室，实现了阴极碱液与氢气和阳极碱液与氧气的分流，保证了电解槽运行的安全性。

　　在双极性压滤式电解槽中，主极板表面通常布有球形的凹凸结构（乳突板），这些凹凸结构一方面可以使隔膜两侧的极板能够以"顶对顶"的形式形成可靠的多点电接触，以降低单元内部构件间接触电阻；另一方面球凸球凹型结构构成了电解单元内部的容腔及循环通道，这不仅有利于增强流动的扰动程度，使电解液分布更均匀，从而降低电解设备的能耗，提高其长期运行的稳定性，而且也可以增强主机板结构强度，减少电解槽横置时竖直方向的变形。不过凹凸型主极板也存在着流动不均匀的问题，因此，也有研究采用菱形膨胀网的形式来替代极板的凹凸结构。

另外，在主极板外部通常焊有极框，且极框上端设置有两组气道孔，极框下端设置有一组液道孔。极框最外侧为锯齿状的密封线区，其余为隔膜和密封垫的重合区。除机械支撑与密封外，极框最重要的功能是实现阴极区电解液与阳极区电解液的分流以防止阴阳两极电解液中氢气和氧气的混合，进而确保电解槽的安全运行。

为了保护主极板并降低析氢和析氧过电压，通常需要对阳极和阴极主极板进行表面处理以避免不同金属间电化学腐蚀的问题。目前工业上为避免铁基主极板基底与广泛使用的纯镍网或者泡沫镍电极板间由于不同电位造成的接触腐蚀问题，阴极和阳极主极板通常需要进行镀镍处理。另外，为了增强对阴极主极板的保护作用，通常阴极主极板表面还会再镀一层二硫化三镍的活化层。

（2）电极板

与质子交换膜燃料电池中的催化层类似，电极板分为阳极极板和阴极极板，分别是碱性电解水的析氧反应和析氢反应的发生区域。碱性电解水制氢对电极材料的要求主要有三个方面：首先，必须具备快速的吸、脱附能力，并且材料性能与结构稳定，导电性良好；其次，必须具备高的比表面积，增大有效表观电解面积；此外，电极材料合成及制造成本不能过高，尽量使用非贵金属催化剂。目前，由于 Ni 网、Ni 毡、泡沫镍等产品制造工艺成熟、价格廉价并且在一定电压下能够展现出较高的电流密度，同时 Ni 网等在碱性溶液中具有较高耐腐蚀性和电解水活性，因此，被广泛地应用于大型碱性电解槽中。

（3）隔膜

隔膜是碱性电解池的关键部件之一，主要功能包括：①阻断内部电子传输，增强离子输运；②隔离电解产生的氢气和氧气，避免其混合。对于前者，由于隔膜的亲疏水性直接影响其离子电导率，因此隔膜与电解液之间的相容性很大程度上影响电解槽内阻和电解效率。另一方面，隔膜的疏水性越强，阴极和阳极生成的氢气和氧气就越容易在隔膜两侧聚集，这样不仅不利于离子的传输，还会降低小室出口气体的纯度。对于后者，氢气和氧气隔离效果好坏不仅影响着电解气体的纯度，还直接影响着电解槽的安全性。当氢气和氧气出现混合时，甚至会导致电解槽发生爆炸。因此，通常要求隔膜既能够防止气泡的渗透又能够保持良好的离子通透性。除此之外，隔膜还需具有足够高的机械强度以应对阴极和阳极间的压差和压力波动，另外，由于碱性电解液的强腐蚀性，隔膜还需具有高的化学稳定性，同时，还要求原料易得、无毒、无污染，废弃物易处理，原料各种物理特性和化学特性适用于制膜工艺要求和条件，能够实现工业化生产。

在碱性电解水制氢技术发展早期，由于石棉来源广泛、价格低廉，同时又耐腐蚀、耐高温，具有较高的机械强度和优异亲水性能，因此在工业上被长时间使用。然而，由于石棉在开采、制作以及应用过程中会对人体造成伤害，同时还由于石棉在碱性电解液中具有较大的溶胀性以及较高的气体渗透性，使得以石棉为基础的多孔隔膜到 20 世纪 70 年代被禁止使用。目前，为了进一步提高电解效率，同时避免强碱的腐蚀，提高操作安全性，具有良好化学和机械稳定性以及气体不易穿透的新型复合隔膜不断被开发，主要有纺织类的聚醚类隔膜、聚砜类隔膜等，纤维类的 PTFE（聚四氟乙烯）隔膜、PPS（聚苯硫醚）隔膜、ES（ES 是商品名）隔膜等，此外还有一些陶瓷类隔膜。

行业内广泛使用的隔膜主要为以 PPS 织物为基底的新型复合隔膜。其中，PPS 织物作为基底能够提供一定的物理支撑作用，同时 PPS 织物有着耐热性能优异、机械强度高、电性能优良的特点。但是 PPS 织物的亲水性太弱，如果只用 PPS 织物作为隔膜，会造成电解槽内阻过大，因此需要对 PPS 织物进行改性，增强其亲水性。目前对于 PPS 织物改性的方法主要有两种，一种是对 PPS 进行化学处理，在聚苯硫醚的分子链上接枝亲水性的官能团（—SO_3H、—$C=O$ 等），但是在后续的应用过程中发现接枝的官能团并不稳定，隔膜的耐久性不够好，这种方法逐渐被市场淘汰。还有一种方法是对 PPS 织物表面涂覆功能涂层来改善其亲水性，构成一种类似"三明治"结构的复合隔膜，此种复合隔膜也是目前市场上的主流产品。例如，Agfa 的 ZIRFON UTP 500＋隔膜。

2.2.3　催化剂

由于电解过程中，镍网等催化活性较低，HER 和 OER 过程引发的过电势较大，目前工业碱性电解水制氢的电解槽效率通常在 60% 左右，电解效率较低，能耗过大。因此，为提高电解槽电解效率，从催化剂方面来讲，需要进一步提高催化剂的催化活性，以降低 HER 和 OER 过程引发的过电势，进而提高电解槽的整体效率。

根据反应类型的不同，碱性催化剂可分为 OER 催化剂和 HER 催化剂。其中，由于 OER 是一个复杂的 4 电子转移反应过程，反应动力学缓慢，反应过电势较大，是影响电解水效率的决速步骤。目前，在碱性电解水方面已经报道了多种具有高效 OER 催化活性的催化剂，包括贵金属基催化剂、过渡金属基催化剂和碳基催化剂等。其中，Ru/Ir 氧化物被广泛认为具有最高 OER 催化活性。然而，它们在使用中存在两个主要缺点：一是高昂的成本和有限的资源储量（Ru 在地球上物质浓度仅为 $0.1\mu g/kg$，Ir 仅为 $0.05\mu g/kg$）[19-20]；二是较差的稳定性，Ru^{4+} 和 Ir^{4+} 会在高阳极电位下转化为高氧化态的 $Ru^{>4+}$ 和 $Ir^{>4+}$，进而导致其氧化物在碱性电解质中的溶解。这些问题都严重地阻碍了它们的广泛使用。对于碳基催化剂而言，虽然具有制造容易、成本低廉的优点，但在 OER 过程中较高的氧化电位作用下，碳基底很容易氧化为 CO_2，导致催化剂活性和稳定性较差，因此，难以成为合适的 OER 催化材料。相比之下，过渡金属基 OER 催化剂可以避免这些缺点，并具有成本低廉、催化活性高、稳定性好的优点，因此引起了研究人员的广泛关注。

另外，在催化剂设计中，提高催化剂性能的策略主要有两种：提高催化剂本征活性和增加催化剂暴露的活性位点数量。对于前一种策略，根据 Sabattier 原理，只有活性位点对氧中间体（OH^*、O^* 和 OOH^*）具有合适的吸附能时才能使得 OER 过电势最低[21]。过强的吸附能会使得氧中间体很难从活性位点上脱附，从而使得活性位点被掩埋，导致活性位点的使用效率降低；而过弱的吸附能，会使得活性位点难以被利用。为了增加催化剂本征活性，研究者通常采用杂原子掺杂、合金化、相工程、界面工程和缺陷工程等来改进催化剂活性位点的电子结构，进而优化活性位点与氧中间体的结合能。对于后一种策略，研究者主要通过构建纳米结构，催化颗粒与导电碳杂交以及在基板上沉积三维结构的方法，调控其导电性以及传质作用，从而增强催化剂性能。这两种策略已经被广泛地应用到了 OER 催化剂的制备与改进。例如：非贵金属氧化物（包括钙钛矿和类钙钛矿类化合物）、金属磷化物、金属硫化物、金属氮化物、单原子及金属氢氧化物等。

2.2.3.1　OER 催化剂

（1）非贵金属氧化物

20 世纪初，人们发现镍及其氧化物在碱性溶液中表现出较高的 OER 催化活性。此后，镍基材料因其丰富度和良好的耐久性成为工业碱性电解槽阳极催化剂的主要成分。与 Ni 类似，以 Co、Mn、Fe 为主的 3d 过渡金属也由于其丰富度、可及性和环境友好性，近年来受到了广泛关注。同时，由于该类金属中电荷、轨道、自旋以及配位自由度之间的相互耦合关系可以为晶体和电子结构提供一定的调控空间，因此，成为制备高效 OER 催化剂的优良候选者。同时结合相工程、晶面工程、缺陷工程和多金属工程，研究人员开发了多种具有高 OER 催化活性的催化剂。例如，Sargent 等[22]开发了 FeCoW 羟基氧化物，在 0.1mol/L KOH 中，实现了 $10mA/cm^2$ 的过电势为 191mV 的催化性能。DFT 计算结果表明 3d 过渡金属 W 替代了 Co^{4+} 位点，电子从 W 转移到 Co 位点上，形成高价态的 W^{6+} 使得 FeCoW 对 OER 氧中间体具有最佳的吸附能。Zhang 等[23]开发了具有分级结构的三维 $NiCo_2O_4$ 微管纳米线自组装催化剂。由于其可以有效调控活性位点的 3d 电子轨道分裂结构，优化 Co—O 键对 O^* 的吸附能。因此，$NiCo_2O_4$ 催化剂 OER 的 Tafel 斜率仅为 53mV/dec，电流密度为 $300mA/cm^2$ 时，过电势仅为 382mV。除此以外，钙钛矿类氧化物，如 $LaNiO_3$[24]、$CoAl_2O_4$[25] 等由于多金属之间的相互协同作用，也表现出了优异的 OER 催化活性。

（2）氢氧化物催化剂

由于氢氧化物具有高表面积、丰富的活性部位以及与氧中间体具有比较合适的结合能，使其对 OER 表现出优异的催化活性以及良好的化学稳定性，因此，过渡金属氢氧化物/羟基氧化物作为 OER 催化剂已受到广泛关注。同时，在过渡金属（羟基）氢氧化物中存在的不同价态的金属（通常在同一结构中共存）、不同结构和晶相为 OER 性能的调控提供了潜在的可能性，尤其是以 Ni、Co、Fe 基为主的氢氧化物被广大研究者所探索。在氢氧化物催化剂中，最为典型的 OER 催化剂是由两种不同异构体（例如，α 相和 β 相）组成的 $Ni(OH)_2$。关于 $Ni(OH)_2$ 在充放电过程中发生相变的最早研究是波德循环测试[26]。该循环表明，α-$Ni(OH)_2$ 和 β-$Ni(OH)_2$ 在阳极氧化过程中分别被氧化为 γ-NiOOH 和 β-NiOOH。然而，α-$Ni(OH)_2$ 老化后会转变为 β-$Ni(OH)_2$，β-NiOOH 在过充后被氧化为 γ-NiOOH。长期以来，β-NiOOH 被认为是 OER 的活性相[27]，而最近的研究表明 γ-NiOOH 也对 OER 具有催化活性[28]。Gao 等人[29]报道了 α-$Ni(OH)_2$ 和 β-$Ni(OH)_2$ 纳米晶体的合成物在相同的反应体系中可以避免如反应温度、反应时间和表面活性剂对 OER 催化活性的影响。同时，电化学测试表明，α-$Ni(OH)_2$ 在 OER 反应中的过电势 η、质量比活性或面积比活性均优于 β-$Ni(OH)_2$，这主要归因于 α-$Ni(OH)_2$ 在原位形成的 γ-NiOOH 相的催化作用。

此外，Boettcher[30]和 Bell[31]在研究中发现，在 $Ni(OH)_2$ 中掺杂少量的铁杂质中，可大大增强该催化剂在 KOH 电解质中的 OER 的活性和稳定性。为了更系统地研究其他金属对 $Ni(OH)_2$ 催化活性的影响，Koper 等人[32]设计了一系列 NiM-氢氧化物（M 为 Cr、Mn、Fe、Co、Cu、Zn）催化剂。结果发现 Co、Cu 和 Zn 降低了 $Ni(OH)_2$ 的 OER 活性，而 Cr、Mn 和 Fe 显著提高了 OER 活性，其中 NiFe-OH 的 OER 活性最好。

不过，值得说明的是氢氧化物催化剂通常为粉末状态，其导电性相对较差。为了改善其导电性，许多研究者以泡沫镍、泡沫铁及碳布等具有良好导电性的多孔材料为基底，通过电沉积、气相沉积等方法将其附着在多孔基底表面。如 Wang 等人[33]利用电沉积方法在泡沫镍上生长出具有双功能的纳米管阵列电极（FeCo-Ni-LDH-NWAs/NF），并在碱性电解质中表现出了良好的 OER 催化活性。

（3）过渡金属硫化物

由于过渡金属硫化物具有从绝缘体、半导体金属甚至超导体等极为丰富的性质，在各种能量转换场景的应用中受到了极大的关注。相较于金属氧化物，金属硫化物由于其较高的本征电导率，可能是一种具有更高的 OER 催化活性的材料。近年来，过渡金属硫化合物由于其较高的 OER 催化活性和较低的材料成本得到了广泛的研究，其中镍基和钴基硫化物的

OER 活性和稳定性尤为突出。

由于金属硫化物通常以矿物的形式存在于大多数变质矿石和变质岩中，如黄铁矿（FeS_2）、黑锌矿（Ni_3S_2）、辉铜矿（Cu_2S）等，金属硫化物的来源十分广泛且价格廉价。根据金属硫化物（TMS）结构的不同，可以分为层状的 MS_2（M 主要为 W 和 Mo）及非层状的 M_xS_y（M 主要为 Ni、Fe、Co、Zn、Cu 等）。典型的层状 MS_2 是一种三明治结构，一层金属与两层硫结合。非层状的 M_xS_y 具有与镁铁矿或黄铁矿类似的八面体结构。2013 年，Zhang 等人[34]首次在泡沫镍上沉积 Ni_3S_2 纳米棒，并显著地提高了 OER 活性，其 η_{10} 值仅为 187mV。之后，Zou 等[35]发现，Ni_3S_2 纳米片由于具有更高的暴露活性面积，对 OER 催化活性提高更为显著。DFT 计算表明，在 Ni_3S_2 中暴露的（210）位面上独特的原子阶梯可以降低 *OH 和 *O 中间体的吸附能，进而可以促进 OER 动力学活性。此外，其他 Co 基硫化物，如 Co_3S_4 纳米片[36]、$CoS_{4.6}O_{0.6}$ 纳米立方体[37]和金属硫化物异质结构，如 NiS_2/CoS_2 纳米线[38]和 Co_9S_8/MoS_2 纳米纤维[39]等，也表现出显著的 OER 活性。

在元素周期表中，S 和 Se 在ⅥA 族附近，S 和 Se 分别位于第三和第四周期。它们都有 6 个最外层电子，而且它们的氧化值也相似，这意味着金属硒化物与金属硫化物具有相似的化学反应活性。由于金属硫化物具有显著的 OER 活性，金属硒化物作为 OER 催化剂也引起了广泛的关注。代表性的 OER 催化剂有硒化钴（$CoSe_2$）和硒化镍，如 NiSe、Ni_3Se_2 和 $NiSe_2$。

（4）金属磷化物

过渡金属磷化物（TMP）是具有金属/共价化学键的晶体结构，其采用三角棱柱作为基本构造单元。在不同的磷（P）含量下，相同的金属磷化物可以表现出多种不同的相，例如 FeP 和 Fe_2P、CoP 和 Co_2P 以及 MoP 和 Mo_3P 等。因此，基于过渡金属磷化物（TMP）的催化剂能够表现出良好的电导率、优异的电化学性能。这使得该类材料在众多 OER 催化剂中脱颖而出。另外，在电解水过程中，金属磷化物中的 P 和金属原子分别充当质子和氢化物的受体位点。通过调整 P 与金属的化学计量比（P/M），可以提高其电导率并增加活性位点的暴露数量，从而可以进一步提高金属磷化物的 OER 性能。

1990 年，Kupka 和 Budniok[40]首次对金属磷化物的 OER 催化性能进行了研究。结果表明，非晶态和结晶态 $NiCoP_x$ 具有显著的 OER 活性。此后的一段时间内，关于金属磷化物作为 OER 催化剂少有报道。直到 2013 年，金属磷化物作为非常有前景的 HER 催化剂再次引起了人们的兴趣[41]。后来，Hu 等人发现金属磷化物可以作为双功能催化剂，能够有效地催化 OER 和 HER[42]。他们观察到在 OER 催化过程中 Ni_2P 表面会原位生成 NiO_x，而 NiO_x 活性层含有超细的纳米粒子和同时拥有极高的表面积，因此比传统方法合成的 Ni、NiO 和 $Ni(OH)_2$ 催化剂具有更好的 OER 活性。在另一项研究中，也发现类似的现象，与 Co_3O_4 催化剂相比，CoP 衍生的 CoO_x 具有增强的 OER 活性[43]。

（5）金属氮化物

在 OER 催化剂开发过程中，过渡金属氮化物的高导电性和化学稳定性也引起研究人员的极大关注。在过渡金属中引入 N 原子可以增加 d 电子密度，从而形成具有高金属特性的金属氮化物[44]。这使过渡金属氮化物成为很有前途的 OER 催化剂。目前已经发现许多对 OER 具有良好电催化活性的金属氮化物，诸如 Fe_xN、Co_4N、Ni_3N、H_fN 和 Ni_3FeN。除此以外，Jiang 等报道了一种垂直排列在三维结构的由双金属钴-氮化钼（$NPAu/CoMoN_x$）纳米片与连续纳米多孔 Au 组成的自支撑整体式混合电催化剂[45]。该催化剂在 1mol/L

KOH 中对 OER 的起始过电位为 166mV，Tafel 斜率低至 46mV/dec，并且当过电位为 370mV 时，其电流密度高达 1156mA/cm²，约是 CoMoN$_x$ 纳米片 OER 活性的 140 倍。高的活性面积显著增加了催化活性位点，纳米多孔的 Au 骨架促进了 OER 过程中的电子转移和质量传输，有效提高了碱性介质中 OER 缓慢的反应动力学特性，使其成为电解水 OER 催化剂中的有竞争力候选者。

在过去的 5 年中，低成本和高活性的 OER 催化剂的开发得到了快速的发展，出现了大量的以过渡金属基纳米材料为主的 OER 催化剂。在这些催化剂中，NiFe、CoFe、NiCoFe、NiFeCu、CoFeW 氧化物/氢氧化物，Ni/Co-基硫属化合物，NiFeP$_x$ 和 CoN$_x$ 的 η_{10} 均小于 300mV，其中一些甚至小于 200mV。这些新开发的催化剂有比 Ru 基和 Ir 基氧化物更好的 OER 活性，并且这些非贵重过渡金属基 OER 催化剂在催化活性和成本方面均具有十分明显的优势。

不过，在将来的 OER 催化剂开发中还面临着一些挑战。首先，尽管 OER 活性有了很大的提高，但阳极 OER 仍是水裂解的瓶颈反应。由于中间体 OH* 和 OOH* 的吸附强度遵循 $\Delta G_{OOH} = \Delta G_{OH} + 3.2eV$ 的比例关系，这就导致较大的理论过电势（约为 0.37V）。为了绕过 OER 的理论上限，研究人员提出了几种可能的方法，如纳米通道中反应中间体的限制[46]、多功能表面和界面的构建[47]、涉及 OER 催化的晶格氧设计[48]。其次，稳定性也是催化剂开发过程中需要重点考虑的重要问题。例如，杂质铁的引入会使得 NiFe（氧）氢氧化物在纯化 KOH 电解质中快速溶解；金属硫化物、磷化物和氮化物在 OER 过程中则会经常经历严重的表面重建，尽管相关催化剂在实验室条件下（1mol/L KOH，电流密度约为 10mA/cm²，温度为室温）测试表现出良好的稳定性，但这些催化剂在实际工业条件下（6～10mol/L KOH，电流密度大于 200mA/cm²，温度为 60～80℃）的活性和稳定性研究还非常少。因此，在催化剂开发过程中，面向工业应用条件下相关测试与研究值得重视。

2.2.3.2　HER 催化剂

电解水过程中 HER 和 OER 同时发生，但由于电解液中 H$^+$ 和 OH$^-$ 浓度差异（[H$^+$]·[OH$^-$]＝10^{-14}）导致催化剂对 HER 和 OER 很难同时获得较高的活性。通常情况下，酸性条件有利于 HER 过程，而碱性过程有利于 OER 过程，虽然 Pt/C 仍然是 HER 优良的电催化剂，但 Pt 基催化剂在碱性电解质中的 HER 活性也会较大程度地受到缓慢的水解离过程的制约。同时由于 Pt 的高成本、低丰度，Pt 的使用也会使其在碱性电解水中失去优势。因此开发出高性能低成本的 HER 催化剂也是碱性电解水开发的重要工作。

（1）过渡金属/合金及其异质结构

目前，碱性条件下，镍金属是商业化电解水制氢电解槽使用最为广泛的阴极催化剂。但目前所使用的镍催化剂活性不高，限制了该类催化剂的进一步应用。因此，寻找高效稳定的镍基 HER 催化剂是必要之举。

作为多相催化和电催化的一般解释范式，Sabatier 原理指出，对于反应的中间体，具有合适结合能的催化表面可获得最佳催化活性。目前，氢吸附自由能（ΔG_{H^*}）是一个相对合理且通用的表示催化剂 HER 活性的描述符。Parsons 等人首先提出，最优的 ΔG_{H^*} 应该接近于 0，氢在催化剂表面的吸附自由能的绝对值越小，HER 活性越高[49]。理论和实验结果已证明，在诸多非贵过渡金属中，镍的 $|\Delta G_{H^*}|$ 最小，且 HER 交换电流密度最大。Miles 和 Thomason 用循环伏安法对 31 种金属的 HER 催化活性进行了研究，发现对于非贵金属

催化剂，其 HER 活性遵循下面的顺序：Ni＞Mo＞Co＞W＞Fe＞Cu[50]。因此，许多研究人员将镍基催化剂的开发作为其研究重点。

与提高 OER 催化活性所用策略一样，增加活性位点的暴露数目和提高催化剂本征活性是提高镍基催化剂 HER 活性广泛使用的策略。

为了增加催化活性位点数，研究人员在纳米结构和表面工程方面做了很大的努力。例如，各种纳米尺寸的金属镍材料，例如三维有序的介孔镍，镍枝晶和海胆型镍纳米颗粒等，已经被合成并被证明具有很好的 HER 活性。另外，将孤立的镍原子锚定在碳基材料上制备单原子镍催化剂也是进一步提高金属镍催化效率的有效途径。例如，Qiu 等人合成了锚定在三维纳米多孔石墨烯上的单原子 Ni，该材料在酸性和碱性溶液中均表现出高催化活性和稳定性[51]。这主要是由于单原子镍和相邻碳之间存在着电荷转移并发生轨道杂化，产生一个靠近费米能级的杂化轨道。这样一个可以与 H* 原子发生化学键合的杂化轨道大大降低 $|\Delta G_{H^*}|$，产生高活性的催化位点。

提高本征活性是提高催化剂性能的另一重要策略。其中，向 Ni 的晶格结构中引入其他元素以构成 Ni 合金是调整 Ni 性能的有效手段。历史上，最著名的镍基合金是 Raney Ni，但由于其 HER 活性不足，使得其在碱性溶液中的催化性受到严重限制。1993 年，Raj 等人利用电沉积技术系统地研究了不同镍基二元合金在碱性介质中的 HER 催化活性[52]。作者发现，在 NiMo、NiZn、NiCo、NiFe、NiW 和 NiCr 六种合金以及 Ni 网中，HER 性能依次降低，并且镍钼合金具有最好的 HER 活性和稳定性。这主要是由于钼的加入大大降低了 HER 反应中 Volmer 过程的能量势垒，同时，镍和钼金属原子之间的协同效应也使得催化剂具有最佳中间态的吸附能，进而使得 HER 动力性能得到较大提升。

另外一种提高催化剂本征活性的策略是镍金属表面改性。与合金化策略不同，表面改性不会改变体相结构，但可以调整其化学和结构性质。例如，Zhao[53] 等人采用一步气相辅助工艺，通过掺杂不同比例的 N 杂原子来实现对 Ni 的选择性表面改性。研究结果显示，当 N 的覆盖率为 19％时，即 Ni-N0.19，催化剂性能远超过原始镍。其优异的 HER 活性与 N 改性后催化剂亲水性提高、Ni 晶格结构扭曲、Ni 表面粗糙增加以及表面 H* 吸附和 OH⁻ 脱附有关。另外，通过将镍合金与其他组分相结合形成异质结构界面也可以为电解水反应中间体提供更多吸附位点，进而提高催化剂活性。例如，Dai[54] 等人以 CNT 作为分散载体，通过低压还原法合成了一种具有高 HER 催化性能的镍基异质结构催化剂 NiO/Ni-CNT。该催化剂在 1mol/L KOH 溶液中，当电流密度为 $10mA/cm^2$ 时过电势仅为 80mV。这主要是由于 NiO 位点促进了水的解离和 OH⁻ 阴离子吸附，Ni 位点有助于氢的复合生成氢分子，CNT 提供了良好的电子通路；三者共同作用促进了该催化剂在碱性电解质中的 HER 活性。

（2）过渡金属硫化物

在酸性 HER 催化剂中，MoS_2 由于其独特的电子结构，表现出很好的催化活性，有望成为替代贵金属铂的新一代催化剂。人们普遍认为，MoS_2 的 HER 活性主要来自于 MoS_2 的硫边缘位点，而体相大部分是惰性的[55]。为此，减小 MoS_2 纳米颗粒尺寸以暴露更多硫边缘位点成为提高纳米 MoS_2 表面活性的主要策略。基于此，研究人员开发了许多具有不同纳米结构的 MoS_2 以最大限度地暴露边缘位点，如非晶态 MoS_2[56]、结晶 MoS_2[57]、MoS_2 基杂化材料[58] 等。然而，在碱性条件下 MoS_2 的 HER 催化活性较低，给定电流密度下的过电压较高。究其原因可能是 MoS_2 较差的水吸附和水解离性质导致的。据此，研究人员通过引入 Ni 和 Co 等其他过渡金属形成三元硫化物，已证明可以加速水解离步骤，从而提高该类催化剂在碱性电解液中的 HER 活性。例如，Jiang 等人[59]利用 Ni(OH)$_2$ 前体与 (MoS$_4$)$^{2-}$ 的反应，通过模板导向的阴离子交换途径开发了一种新的中空 NiMo$_3$S$_4$。NiMo$_3$S$_4$ 的三维骨架结构是由 Mo$_6$S$_8$ 团簇单元相互连接组成的，并且空腔中充满了 Ni 原子。电化学测试表明，NiMo$_3$S$_4$ 在 0.1mol/L KOH 下表现出良好的 HER 活性，η_{10} 值为 257mV，Tafel 斜率为 98mV/dec，明显优于不含 Ni 的纯 MoS$_2$ 材料。此外，MoS$_2$ 基异质结构，如 MoS$_2$/Ni$_3$S$_2$[60]、MoS$_2$/Ni(OH)$_2$[61] 和 MoS$_2$/NiCo LDH[62]，由于杂元素协同作用也显示出比原始 MoS$_2$ 更强的 HER 活性。另外，利用第一行过渡金属合成的金属硫化物也被广泛地用于提高 MoS$_2$ 在碱性电解质中的 HER 活性，如 CoSe$_2$[63]、NiS$_x$[64]、NiSe$_2$[65]、FeS$_2$[66]、FeSe$_2$[67] 等。

（3）过渡金属磷化物

2005 年，Liu 和 Rodriguez 通过 DFT 计算发现 Ni$_2$P（001）与［NiFe］氢化酶具有结构上的相似性，其中 Ni 和 P 位点分别在氢化物受体中心和质子受体中心，这一结果预测了 Ni$_2$P 将是一种非常有前途的 HER 的催化剂[68]。不过，直到 2013 年，Schaak 等人[69]通过实验才验证了这一预测。在他们的工作中，Ni$_2$P 纳米颗粒只需要 130mV 和 180mV 的过电势就可以在 0.5mol/L H$_2$SO$_4$ 中分别达到 20mA/cm^2 和 100mA/cm^2 的电流密度，是当时酸性介质中最好的非贵金属基 HER 催化剂。这一开创性的工作极大地推动了金属磷化物的发展，使其作为一类新型电催化剂受到了越来越多的关注。

过渡金属磷化物具有高的 HER 活性主要是因为在金属晶格中掺杂 P 原子可以极大地调节金属磷化物的导电性、耐蚀性和电子结构。不过，由于金属表面与吸附的氢结合较强，容易毒化位点，而 P 端表面在低覆盖度时结合氢，在高覆盖度时解离氢。因此，在实际应用中还需注意 P 与金属的化学计量对金属磷化物 HER 活性的重要作用，找到合适的化学计量比。同时，由于 P—P 键的电子离域受到限制，富金属磷化物通常表现出金属特性，而富磷磷化物通常具有半导体特性，因此，在调整 P 与金属的化学计量比时，还需注意对其导电性的影响。

需要指出的是，虽然早期关于金属磷化物 HER 活性的研究主要针对酸性电解质环境，但考虑到几乎所有非贵金属基 OER 催化剂都只能在碱性介质中工作良好，因此，金属磷化物催化剂对碱性 HER 催化活性也值得深入探索。目前，已有多种金属磷化物在碱性电解质中表现出较高的 HER 催化活性，如 CoP 纳米粒子[70-71]、Co$_2$P 纳米棒[72]、Ni$_2$P 纳米粒子[73]、Ni$_5$P$_4$ 微粒[74]、MoP 八面体[75]、Ni 掺杂 CoP 多面体[76]、Cu 掺杂 CoP$_x$ 多面体[77] 等。例如，Bao 等人[78]通过静电纺丝方法在 N 掺杂多孔碳纳米纤维中制备出了超细 Ni$_2$P 纳米颗粒（Ni$_2$P@NPCNFs）。得益于催化剂中碳基质的多孔结构的限域作用，高温热解过程中磷化物纳米颗粒不存在可逆融合和聚集的问题，从而增加暴露的活性位点，同时由于碳基材料的良好导电能力，使得 Ni$_2$P@NPCNFs 在 1mol/L KOH 中的 η_{10} 仅为 104mV，同时该催化剂也表现出良好的耐久性。此外，为了获取更好的导电性能以及暴露更多的活性位点，许多研究人员还将金属磷化物直接生长到 3D 导电集电器（如泡沫镍和碳布）上，从而进一步提高 HER 活性。

（4）过渡金属碳化物

在过去的几十年中，金属碳化物由于其特殊的类铂电子结构、高导电性和高耐酸碱腐蚀性，在多相催化剂应用受到了极大的关注。2012 年，Hu 等人[79]首次观察到商用碳化钼材料在 HER 方面具有显著的催化活性和稳定性。在其研究中，β-Mo$_2$C 微粒在碱性电解质中

η_{10} 值约为 200mV，Tafel 斜率约为 55mV/dec。DFT 计算表明，Mo_2C 中 Mo 金属的 d 轨道与碳的 s 和 p 轨道之间的杂化拓宽了 Mo 的 d 轨道，这使得 Mo_2C 与 Pt 金属有类似的 d 带结构[80]。同时，Mo_2C 中 d 带中心的下移可以降低氢结合能，从而有利于 HER 反应过程中氢的吸附、脱附[81]。

受到 Hu 等工作的启发，研究人员开发了许多具有不同结构和形态的金属碳化物。然而，由于金属元素在碳化过程中，高温退火处理会使得过渡金属碳化物暴露的活性位点减少，进而造成很多金属碳化物 HER 催化活性受到一定的限制。因此，为了进一步提高金属碳化物 HER 催化活性，各种通过增加活性位点的策略被提出。例如，Zou 等[82]通过在 Mo_2C 纳米颗粒中掺杂 N 原子合成了具有高本征活性的复合催化剂（$Mo_2C@NC$）。

另外，DFT 计算表明，在金属碳化物中，金属封端表面比碳封端表面更能有效地催化 HER[83]。然而，大多数金属碳化物是在富碳反应体系中合成的，因此金属碳化物的表面通常会被碳覆盖。表面碳的存在会阻碍催化反应物和碳化物表面之间的直接相互作用，对 HER 活性产生负面影响。因此，需要改善合成策略，提高金属碳化物表面质量，进而提高金属碳化物的 HER 活性。例如，Li 等人[84]以非挥发性固体 CNT 作为碳前驱体，采用一种改进的渗碳方法，将碳原子通过固体-固体界面缓慢地扩散到钨晶格中，形成清洁且高相纯的 W_2C 相，实现了 HER 催化活性的进一步提高。此外，金属碳化物主要集中在 Mo 和 W 基的碳化物上；其他具有高 HER 活性的非贵金属碳化物还少有报道，因此，探索其他金属碳化物将有助于筛选出 HER 催化活性更高、成本更为低廉的金属碳化物。

综上，在碱性 HER 催化剂开发过程中，研究人员开发了不同类型的催化剂，并采用纳米工程、合金工程、掺杂工程和异质结构工程等不同的合成策略，使得 HER 催化活性获得极大提高。其中 NiMo 合金、Ni/NiO 基异质结构、Co 或 Co 掺杂的 MoS_2、N 掺杂的 $NiCo_2S_4$、Ni 或 Co 基磷化物和 Mo_2C 等在碱性电解质中均表现出潜力十足的 HER 活性，$\eta_{10} < 50mV$。其中，部分催化剂甚至比 Pt/C 催化剂具有更高的 HER 活性，这都极大地促进了非铂催化剂的发展。

值得说明的是，尽管上述催化剂在碱性电解质中显示出高效的 HER 催化活性，但如下几方面仍需要重点考虑。首先，由于过电势值容易受到催化剂自氧化/还原反应电流、iR 校正和参比电极校准等因素的影响，因此在研究过程中需要注意过电势值的准确性。其次，部分研究过分追求较小的 η_{10} 值，但在工业应用过程中电流密度通常 $> 200mA/cm^2$，且在该电流范围内，催化剂表面会产生气泡，进而影响催化活性，然而，大部分文献并没有对高电流密度下的催化剂活性给予更多的关注。此外，许多先前研究只关注于原始催化剂的结构表征和 HER 活性测定，忽略了老化后催化剂结构变化引起的稳定性降低问题。同时，相关测试条件与真实碱性电解条件往往存在较大差异，工业相关条件下的催化剂衰老机理尚不清楚，因此，未来研究中需更多地集中于如何增加催化剂在高电流密度下的催化性能和长时间运行下的稳定性，进而满足碱性电解水在实际工业应用中的需求。

2.2.4　催化剂制备方法

在碱性电解水中，电极板催化剂是电解槽的核心部件，其性能的好坏直接决定电解槽的电解制氢效率。同时，由于催化剂性能一方面受本征活性的影响，另一方面受活性位点暴露数量的影响，因此，为了提高催化剂性能，研究者开发了多种制备方法以提高本征活性、增加活性位点的暴露数量。

在提高本征活性方面，研究者已经提出多种调控策略，包括杂原子掺杂、界面工程、缺陷工程等。

（1）杂原子掺杂

适当的原子掺杂被认为是调节材料物理化学特性的一种有效策略。杂原子掺杂往往不会产生新的相，但会导致晶格膨胀和电子结构的改变。因此，掺杂可以在不改变原材料的情况下，通过调整化合物的电子结构、配位环境、结合能等因素增加催化剂的活性位点、优化中间体的吸/脱附来改善其电催化活性[85]。已有报道证实，非金属原子（如 N、S 和 P）和金属原子（如 V、Cr、Mo、W 等）均可以掺入过渡金属催化剂的晶格之中，从而达到调控材料电子结构和改善催化剂导电性的目的。例如，Hu 等[86]在使用离子交换法制备碱式碳酸钴二维纳米片阵列的研究中发现，在合成过程中掺入 Mn 可以同时调节纳米片的形貌、电化学活性面积和电子结构，且当 Mn 与 Co 比例为 1∶1 时，纳米片能更密集地长在泡沫镍上，而无大量团聚。此外，杂原子的电性和电子亲和性，掺杂的构型和位置等也都对催化剂性能有着显著的影响。例如，与常规基底掺杂相比，位于边缘位（约 2.5Å）的杂原子掺杂更有利于获得更高的活性[87]。另外，第二种掺杂元素的引入制造双掺杂甚至三掺杂的纳米碳电催化剂也被证明能够进一步提高 OER/HER 的催化性能[88]。目前，掺杂碳电催化剂的制备方法发展得也比较成熟，从传统的水热处理和热解到先进的化学气相沉积，各种各样的杂原子掺杂实验方法已经被开发出来。

此外，异价金属掺入金属晶格中时，阳离子或阴离子掺杂剂附近往往会有缺陷形成。这些缺陷对电催化活性也起到关键作用。陈明伟课题组[89]使用化学气相沉积法，以纳米多孔镍、吡啶和噻吩为原料，制备了氮、硫共掺杂三维纳米多孔石墨烯催化剂。该三维纳米多孔石墨烯显示出双连续的纳米孔和高密度的缺陷石墨烯结构。特殊的结构和丰富的缺陷使其可能具有更高的电催化活性。实验结果表明，500℃制备的 NS500 具有最高的 HER 活性（10mA/cm² 过电位为 240mV）和最低的 Tafel 斜率（80.5mV/dec）。同时，DFT 计算结果表明，与氮相邻的—C—S—C—或—C＝S—位点上 ΔG_{H^*} 最接近于 0，最有可能是 HER 活性位点。

（2）界面工程

在电极反应过程中，催化剂-基底界面、催化剂内部界面、催化电极-电解液界面对催化电极的性能有着显著影响。这一方面是由于活性位点大多在催化剂表面；另一方面，反应三相界面间的反应物质和电荷传递速率直接关系着催化剂活性高低。因此，通过界面工程提升电催化性能也是一种有效方法。构建异质结构界面是同时调控催化剂电子结构和活性位点的一种有效策略。与相应的单组分相比，由于不同活性组分之间的成键或电子相互作用，异质结构可在界面处产生新的活性位点。在电解水中，HER 和 OER 过程动力学本质上是由前驱体分子（H_2O、OH^- 或 H^+）和反应中间体（*H、*OH、*O、*OOH 等）的吸/脱附控制的。因此，设计和构筑合理的异质结构可以增加活性位点数量、促进电子转移或优化前驱体分子或反应中间体的吸/脱附，加速 HER 和 OER 动力学。

在碱性介质中，HER 动力学过程由水的吸附、解离和催化剂表面 H* 的吸附决定。利用不同活性组分在界面处电子相互作用构建界面丰富的异质结构，可同时调控水的吸附、解离和 H* 的吸附，最终加速 HER 动力学过程。例如，针对硫化物水解离能力差、导电性差的问题，Ma 等人[90]采用界面工程策略，设计合成一种三组分多界面的 $CoNi_2S_4/WS_2/Co_9S_8$ 异质结构。该催化剂由垂直排列、相互交联的纳米片组成，其中大量的 $CoNi_2S_4/$

Co_9S_8 纳米颗粒均匀装饰在 WS_2 纳米片的表面。同时，多组分的分级结构使催化剂具有较多高度暴露的活性位点和丰富的异质界面，进而使得该催化剂在全 pH 范围内获得较好的 HER 活性。

此外，利用界面工程的策略可以将分别具有 HER 和 OER 的活性组分整合成为一种复合材料，进而提升整体全水解的电催化性能。例如，Li 等人[91]等将高活性的 OER 催化剂（CoS_x 和 NiS_x）与 MoS_2 复合，形成 $MoS_2/NiS_2/CoS_2$ 异质结构。该材料展现出较好的全水解性能，仅需 1.5V 电位就可以达到 $10mA/cm^2$。电化学分析和理论计算显示，界面效应和组分间电子相互作用有利于催化剂导电性和电化学活性面积的增加及含氢/氧中间体的吸附。

（3）缺陷工程

缺陷工程常用来调节材料电子结构，从而丰富材料的活性或吸附位点，促进材料的电荷转移/分离。这主要是源于引入缺陷过程中，往往会有原子从材料的晶格中分离出来，而这些空位附近的原子周围化学环境会发生相应的改变，从而实现电子结构的修饰。这种表面电子结构的修饰可以调控催化反应中间体在催化剂表面的吸附能，并促进电解质和电极之间的界面电荷转移。因此，催化剂表面形成缺陷是提高电化学性能的一种有效策略。引入缺陷的方法有热处理、等离子刻蚀、化学还原、碱刻蚀和元素掺杂等。

通过缺陷工程来调节表面电子结构主要包括引入阴离子和阳离子空位以及产生晶格畸变。Liu 等[92]利用模板法合成了二维纳米片组装的富氧空位的 NiFe-LDH（v-NiFe LDH）纳米片。DFT 结果显示，氧空位的引入可以将催化剂带隙由起始的 1.31eV 降低至 0.17eV，从而降低中间体 $^*O$ 的吸附能，促进了 $^*O$ 从催化剂表面的脱附，提高了催化剂的 OER 催化性能。另外，氧空位缺陷引入可以使得催化剂表面电子结构得到很好的调整，提高材料的导电性，从而使 OER 活性显著增强。

除上述不同类型的方法外，合金化、相工程等常用于提高催化剂本征活性，进而增强碱性电解水 OER/HER 性能，提高电解水制氢效率。

在增加活性位点的暴露数量方面，研究者已经提出构筑纳米结构，与高导电碳材料复合以及单原子催化等多种策略。

（1）构筑纳米结构

纳米结构具有高比表面积，在与电解液接触时可以充分地暴露表面存在的活性位点，有利于催化反应的发生。活性位点的暴露程度常通过电化学活性面积体现。为了增大电化学活性面积，构建空心结构和三维阵列结构是目前最为常见的两种纳米结构。

由于空心结构可提供较大的比表面积，这可使活性位点分散更均匀并大量暴露，表面的多孔结构和具有渗透性的壳层可以保证电解液与活性物质充分接触，保证较快的离子迁移速率，这些都有利于加快电催化分解水的反应速率。目前，构筑空心结构的主要方法包括湿化学法、喷雾法。其中湿化学法包含软模板法、硬模板法和自模板法。其中自模板法无须额外去除模板，就可将前驱体材料原位转化成复杂的空心结构。由于该类方法反应步骤少，形成的结构多种多样，在材料结构设计方面常被使用。

自模板法采用的策略主要有选择性刻蚀、向外扩散、非均匀收缩 3 种。选择性刻蚀是利用内外层结构不同的物理化学性质来定点去除内部物质，构造复杂的内部结构。向外扩散法含有奥斯瓦尔德（Ostwald）熟化、柯肯达尔效应、界面间离子交换等不同反应机理，模板内部物质持续性地向外迁移扩散为其形成空心结构的主要驱动力。柯肯达尔效应和离子交换法伴随着材料物相组成的变化。离子交换可以以阳离子交换、阴离子交换等方式合成多种组成的空心材料，拓宽空心材料的合成范围。非均匀收缩方法则是利用加热时前驱体中不同物质收缩和粘附速度不同而形成空心结构。实验中常通过调节升温速度来控制收缩速率，以金属有机框架材料、金属甘油酸盐、金属碱式碳酸盐等作为前驱物，制备出多种金属氧化物空心结构。

三维阵列结构也常出现在电催化剂的结构设计中，它具有以下几种优点：①这种结构往往直接生长在泡沫镍、泡沫铜、碳纤维布等导电基底上，制备电极时无须再加入黏结剂，避免黏结剂对性能的影响；②原位生长保证了材料与基底良好的接触，促进电子传输，同时有效抑制了材料在电解过程的脱落问题；③三维结构有利于活性位点与电解液充分接触，在电解时也有利于气泡的及时释放；④其制备方法多样，包括水热/溶剂热、电沉积、模板法、化学气相沉积等。基于此，大量过渡金属的不同组分、形貌的三维阵列结构被用于电催化分解水中。

（2）碳材料复合

针对电催化剂的材料设计，常采用的一种策略是将活性材料与高导电性的碳材料（以碳纳米管和石墨烯为主）复合增加其导电性和稳定性。同时，活性材料分散在碳材料上也可减少自身的团聚作用。另外，过渡金属化合物在与碳材料复合时常会发生电子调制现象，起到优化电子结构的作用。因此，过渡金属/碳材料复合结构也被广泛地应用于电催化剂的制备过程中。

Dai 等[93]在适度氧化的多壁碳纳米管上利用溶剂热法形核生长了 NiFe-LDH 纳米片，首次报道了结晶态 NiFe-LDH 在碱性环境的 OER 高催化性能。X 射线吸收近边结构表征（XANES）显示出这一复合结构出现了明显的羰基峰，表明这一复合结构形成了 M—O—C（M＝Ni、Fe）结构，金属和碳材料有较强的电子相互作用。这种作用促进电荷传输，有利于 OER 发生。实验结果也证明这一复合结构的 OER 催化性能优于直接合成的 NiFe-LDH 以及其与炭黑或碳纳米管直接物理混合的产物。这一工作也是高活性材料与高导电性碳材料的经典工作。

Fang 等[94]通过高温热处理得到包覆钴纳米颗粒的碳纳米管嫁接的石墨烯片，在酸性和碱性条件下 HER 均有较好的催化性能（驱动 $10mA/cm^2$ 所需过电位分别为 $87mV$ 和 $108mV$）。经共沉淀和冷冻干燥在合成的氧化石墨烯（GO）上生成 ZIF-8@GO 结构，并在此基础上包覆 ZIF-67，以 GO 包裹的核壳结构的锌钴双金属 ZIF 作为前驱体，在氮气气氛下 900℃高温煅烧，氧化石墨烯和 ZIF-67 被还原为氧化石墨烯和 Co 纳米颗粒，在 Co 的催化作用下，ZIF 中的有机配体转化为 N 掺杂的碳纳米管结构并将 Co 包覆。氧化石墨烯的锚定效应防止了颗粒的团聚，最终形成了多维结构共存的三维结构。这一特殊结构有着很大的比表面积（$384m^2/g$），Co—N—C 的耦合结构根据理论计算也降低了 ΔG_H，使其接近 0。这种特殊结构的优势带来了催化剂宽 pH 下的 HER 催化活性。

另外，随着表征技术以及先进的制备方法的快速发展，单原子催化剂（SACs）也得到越来越多的关注。单原子类催化极大地增加了催化剂活性位点的数目，而且也极大地提高了原子利用效率。不过由于单个原子的不稳定性，锚定在基底上的单原子很容易发生团聚，进而造成活性位点的减少以及催化活性的降低。

2.2.5   代表企业

在碱性电解水发展的 100 多年以来，国外涌现出众多著名碱性电解水制氢生产厂商，如挪威 Hydro 公司、德国 Lurgi 公司、比利时范登堡 IMET 公司、加拿大多伦多电解槽有限公司、意大利米兰 NeNora 公司、美国德立台等。其中，挪威 Hydro 公司制造了世界上第一台碱性电解槽，以及第一台无石棉隔膜碱水制氢电解槽。瑞士 IHT 公司制作了第一台压力型电解槽，该公司生产的中压电解槽产氢量可达 $760m^3/h$，是世界上最大的加压电解槽。

目前，我国也已发展成为名副其实的电解水制氢产品生产大国，产品数量及规格种类在国际上均位居前列，拥有中船重工第 718 所、天津大陆制氢设备有限公司及苏州竞立制氢设备有限公司等 10 多家企业。中船重工第 718 所成功研制无石棉隔膜，并于 2009 年研制成功产氢（标准状况，下同）量为 $5m^3/h$ 的固体氧化物电解水制氢设备。2014 年苏州竞立制氢有限公司研制成功单台产氢量 $1000m^3/h$ 碱性电解水制氢设备（5MW），成本约为国际厂商的一半。我国在"十四五"规划中计划研制出单台 $3000m^3/h$ 碱性电解水制氢设备（15MW）。主要厂家的产品及结构形式如表 2-1。

表 2-1 主要厂家的碱性电解槽产品及结构形式

项目	蒂森克虏伯	中船 718	苏州竞立	天津大陆	中电丰业
图例					
隔膜	涂覆	石棉/织物（聚苯硫醚）	织物	石棉/织物	织物
催化剂	镍钴铁	镍网	镍网	镍网	镍网
流场	菱形＋膨胀网	乳突	乳突	乳突	乳突
极板	镍网	不锈钢	不锈钢	不锈钢	不锈钢
紧固方式	液压加紧	螺栓紧固	螺栓紧固	螺栓紧固	螺栓紧固
集成方式	分体式	分体式/一体式/集装箱	分体式/一体式	分体式/一体式/集装箱	—

2.3 质子交换膜电解水制氢技术

2.3.1 基本原理

质子交换膜（PEM）电解水的原理与在酸性溶液中电解水的原理相同：阳极水电解生成氧气和质子，质子在电场力作用下迁移至阴极，然后在阴极还原生成氢气。PEM 电解水的反应方程如式(2-6)、式(2-7) 所示，其过程如图 2-7（另见书后彩图）所示。PEM 电解水技术的出现归功于固体聚合物电解质制备技术的发展，尤其是质子交换膜 PEM 的开发，良好的化学稳定性、高效的质子传导性和优异的气体分离性等使得 PEM 电解槽能够承受更大的电流密度，从而增大了电解效率，同时，PEM 膜良好的物理化学性质也使得阴阳极间的距离缩减到几百微米甚至几十微米，显著地减少了由离子迁移引起的这一部分能耗，进而提升了系统的电解效率。

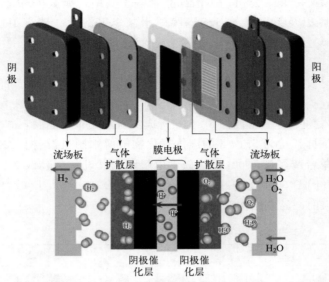

图 2-7 PEM 电解水原理和组件示意图

PEM 电解水理论电解电压 V_0 和温度 T（单位为 K）、电解产生的氢气和氧气压力的关系为：

$$V_0 = 1.23 - 0.9 \times 10^{-3}(T-298) + 2.3 \times \frac{RT}{4F} \lg(P_{H_2}^2 P_{O_2})$$

一般情况下，PEM 电解水方式的运行槽压在 2.0V 左右，虽然槽压并没有显著降低，但其运行电流密度远高于碱性电解水，因此，总体能耗上更具竞争力。同时，PEM 电解槽只需纯水，不需电解液，比碱性电解池安全和可靠。

2.3.2 PEM 电解槽组成和关键部件

如图 2-8（a）（另见书后彩图）所示，质子交换膜电解水制氢系统主要包括：电解槽、电源系统、去离子水循环系统、制氢干燥纯化系统、冷却系统等。其中，电解槽作为物料传输以及电化学反应的主场所是 PEM 电解槽的核心部件。与氢燃料电池类似，PEM 电解槽主要部件包括：膜电极组件、集电器、双极板、密封部件、端板及附件等，如图 2-8（b）。其中，端板起固定电解池组件，引导电传递与水气分配等作用；扩散层起集流、促进气液传递等作用；催化层是电化学反应发生的核心场所，为阳极和阴极反应提供三相界面；质子交换膜作为固体电解质主要起传导质子、阻隔电子和隔绝气体的作用。

2.3.2.1 双极板

为了从电解槽系统获得一定的氢气输出量并与商业电源电压实现较好的匹配，在 PEM 电解槽中多个电解单元通常以串联形式进行堆叠。其中，双极板（BPP）是分隔相邻电解单元并能实现电子导通的关键部件。为保证电解水安全、稳定、高效地运行，通常要求双极板：①能够提供均匀且压降适当的流场以保证反应物充分而均匀地向催化剂层进行有效的物质传输；②能够可靠地分隔电解单元以避免气体混合，同时提供良好的机械支撑防止电解槽横置时发生变形；③需具有良好的导热导电能力，以消散反应过程中产生的热量以及降低电子传递过程的电能损失。另外，在实际运行中，由于电解槽阳极侧氧化电位可能会超过 2V，

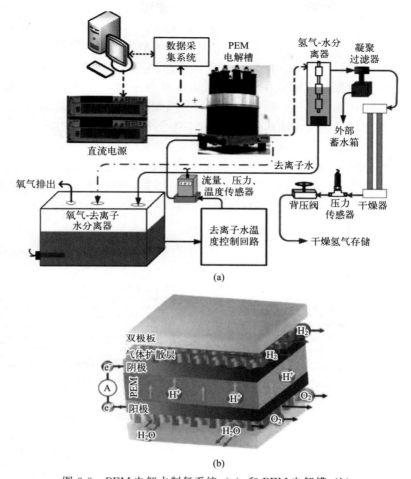

图 2-8　PEM 电解水制氢系统（a）和 PEM 电解槽（b）

极易造成极板的氧化腐蚀，因此双极板还需具有良好的化学稳定性以防止双极板发生化学和电化学腐蚀。

　　区别于氢燃料电池的"两板三场"，由于 PEM 电解水制氢系统本身就存在水的循环，因此，PEM 电解槽的双极板去掉了中间冷却水的流场，形成了"一板两场"的构造。同时，由于电解槽阳极的高氧化电位会造成大部分材料的氧化，因此燃料电池中尚能选择的石墨、不锈钢、铜等材料在没有额外防护措施的条件下无法用于 PEM 电解槽双极板的制造。在 PEM 电解槽极板材料的选择中，金属钛由于其强度高、电阻率低、热导率高和氢渗透性低等优点，常作为 PEM 电解槽的极板材料，但阳极侧高的氧化电位也使其极易氧化，形成一层钝化膜。为了避免这种情况，可以应用镀层技术来对其表面进行防护，如铂等贵金属。但这也会导致极板的成本进一步增加。因此，开发低廉的涂层材料也是极板开发过程中一项重要的研究内容。

　　流道结构是双极板最重要的特征，直接影响反应物分布的均匀性和气体运输的有效性。根据类型的不同，流道可分为常规流道和新型流道。常规流道包括平行流道、蛇形流道、插指型流道；新型流道主要包括基于仿生学的仿生流道、螺旋流道和 3D 流道等。

　　对于常规流道，具有加工简单、技术成熟、成本低廉等优点，因此目前研究和应用均较为广泛，然而，该类型的流道中往往有着明显的缺点。对于某种流道结构，一方面性能的提升往往意味着另一方面性能的下降，许多设计参数对总体电解效率会产生相互矛盾的影响，设计一个高效流道并非易事。相较于常规流道，新型流道的提出在兼具多方特性方面展现出了突出的优势和巨大的发展潜力。例如，在燃料电池中，丰田燃料电池的 3D 流道双极板，在有效提高电池质量传输的同时，能够促进液态水从电池中的排出。然而，相较于传统流道，新型流道结构往往比较复杂、制造难度较大。因此，未来结合制造工艺发展和不同的需求，选择更合适的流场板，实现结构-工艺-性能一体化设计，将是上述新构型流道发展和应用的核心所在。

　　PEM 电解槽双极板一般有两种形式：一种是通过成型工艺对钛板进行加工形成有流道形式的双极板，其结构如图 2-9（a）所示；一种是采用替代结构形成无流道形式的双极板，其结构如图 2-9（b）所示。目前，由于有流道形式双极板具有制造简单、工艺成熟、成本低廉等优点而被广泛采用。

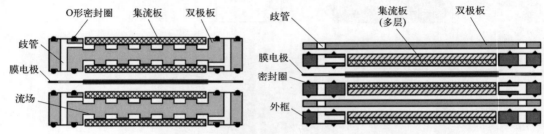

图 2-9　有流道形式的双极板（a）和无流道形式的双极板（b）

　　金属双极板的成型工艺主要有冲压成型工艺、液压成型工艺、橡胶垫成型工艺等。冲压工艺是用压力装置和刚性模具对板材施加一定的外力，使其产生塑性变形，从而获得所需形状或尺寸的一种方法。其中，冲压工艺具有生产成本低、生产率高、可加工基板薄（低至0.051mm）、成型后极板厚度均匀、强度高的优点，在实际生产中应用最为广泛；液压成型工艺是一种利用液体或模具作为传力介质加工成产品的一种塑性加工技术。与冲压工艺相比，液压成型在尺寸和表面质量方面优于冲压工艺。另外，液压成型对模具需求量少，能够降低前期成本。不过，在生产效率方面，冲压工艺则优于液压成型工艺。橡胶垫成型，也称为柔性成型工艺，是一种用于微/中型流道成型的新型冲压方法，该方法可以解决冲压和液压成型过程中的裂纹、皱纹和表面波纹的问题；另外，橡胶垫和刚性模具不需要在成型过程中精确组装，从而可以大大减少时间和成本[21]。不过，这种成型工艺也存在着橡胶垫使用寿命短、需要经常更换等缺点[21]。

　　如前所述，电解过程中，阳极的高电位极易造成极板的氧化，从而引起导电性的下降，因此，耐腐蚀性和导电性是双极板的两个重要评价指标。其中，评价极板耐腐蚀性的方法有计时电流法、循环伏安法以及拉曼光谱等；评价极板导电性的参数主要有电导和接触电阻。对于 OER 侧极板而言，由于氧化电位较高，钛基极板通常需要进行表面涂层处理才能被长久地使用。目前钛基板表面涂层主要有贵金属涂层、金属碳化物或氮化物涂层及金属氧化物涂层等；而对于 HER 侧的极板而言，由于电位相对较低，涂层材料的选择除金属基涂层外，还可以选择石墨基涂层。另外，从涂层的实现工艺来看，目前主要有 4 类不同的工艺路线：电镀、化学镀（例如：热浸镀、涂料喷装、喷涂）、化学气相沉积（CVD）、物理气相沉积（PVD）。目前，国内在金属板涂层方面应用更多是 PVD 工艺。采用 PVD 工艺的涂层纯度高、致密性好，涂层与基体结合牢固，涂层不受基体材料的影响，是比较理想的金属双极板表面改性技术。

2.3.2.2　集电器

与燃料电池的气体扩散层类似，为了让反应物料水均匀地分散在电极表面，并把产生的氢气或者氧气从电解单元中及时地分离开来，同时让电流更加均匀地分布于电极之上，电解槽中常常设置有集电器。除此之外，集电器对电极也有一定的承载作用，尤其在阴极，使用碳纸或者碳布等机械强度较低的气体扩散层时，需要一定的支撑才能避免电极在压力装槽时发生形变或者破裂[95]。根据集电器所需的功能可知，集电器的选取既要有多孔的形式满足气体的释放，又要有优异的导电性能用于传导电流，同时还要有一定的机械强度用于电极支撑。因此，在材料选择上，集电器的孔径参数、导电性、机械强度以及抗腐蚀性等是其几个重要筛选因素[96]。

与双极板类似，由于阳极高氧化电位的影响，燃料电池中尚能选择的石墨、不锈钢、铜等材料，在电解水体系中却不能稳定存在，因此在无额外防护措施时，不能直接选用该类材料。集电器比较普遍的做法是将粉末状态下的钛压制成多孔的板状，但在酸性且高氧化电位的 PEM 电解水体系中，多孔钛还需要特殊处理以减少阴极氢脆和阳极氧化对其稳定性的影响。目前，在阳极侧，为提高集电器的抗腐蚀能力，通常做法是在多孔钛表面包裹或者烧结一层 Pt 或者 Au 等贵金属；在阴极侧，虽然不需要进行抗腐蚀处理，但仍需其他防护手段，以防止其发生氢脆。此外，集电器由于其多孔特性，在电解槽中还兼具气体扩散层作用，因此有些文献中，也将集电器称为气体扩散层。

2.3.2.3　膜电极

膜电极（membrane electrode assemblies，MEA）是电化学反应发生的场所，是电解槽的核心部分组件。膜电极性能的好坏对电解槽制氢效率起着至关重要的作用。膜电极组件通常包括：阳极气体扩散层、阳极催化层、电解质膜、阴极催化层和阴极气体扩散层。膜电极组件就是把这 5 个部分按照三明治的方式堆叠起来，其中气体扩散层为大孔层，催化层为微孔层。

（1）气体扩散层

根据电解单元极性的不同，气体扩散层包括阳极气体扩散层和阴极气体扩散层。对于阳极气体扩散层而言，高氧化电位和酸性环境使得其材料的选择严重受限。与阳极集电器类似，由于钛金属良好的物理化学性质，因此通常采用有防护措施的多孔钛板作为气体扩散层。与之对应的阴极气体扩散层，由于其较低的电位，则可选择碳材料，且已经有多种型号的商业化碳纸可供选择。

关于电解水体系中气体扩散层的报道较少。Bystron 等[97]的研究曾指出，多孔钛在经过酸刻蚀后可以在表面形成一层 TiH_x 保护层，从而提高多孔钛的稳定性。但该研究仅测试了 108h，远远不够稳定运行数万小时的目标。另外，有研究[98]在催化层和多孔钛之间添加一层有 Sb 掺杂 SnO_2（antimony-doped tin oxide，ATO）的中孔层以提高多孔钛的稳定性，但由于 ATO 覆盖的区域非常有限，在高温大电流的运行条件下，其氧化可以深入到端板，造成内部集流体的氧化腐蚀。基于此，P. Lettenmeier 等[99]提出了多孔钛充分包覆抗腐蚀材料的措施，实现了高温大电流运行条件下多孔钛抗腐蚀性的提高。不过，相比于 PEM 燃料电池体系，关于 PEM 电解水中阳极气体扩散层以及阴极气体扩散层的防护的报道仍然很少，需引起人们的进一步关注。

（2）质子交换膜

质子交换膜是电解槽的核心部件之一，它的存在代替了传统的液态电解质，为阴阳极间的物质传输提供了高效的质子传导通道，同时也有效地降低了阳极和阴极间的气体透过率。这些优良的物理化学性质使得 PEM 电解槽能够承受更大的电流密度，从而增大了电解效率。

目前，最常用的质子交换膜是全氟烷基磺酸聚合物膜（PFSA），以商业化的 Nafion 膜为例，其结构如图 2-10 所示。该聚合物主链类似于聚四氟乙烯，这使得膜具有一定的疏水性；同时，由于中间的碳碳主链被 F 原子包围，F 具有较大的原子半径以及较高的电负性，故可以有效地减少电子对主链中 C—C 键的攻击，有利于提高膜的热稳定和电子稳定性。在支链末端，含有丰富的亲水的磺酸基团，使得膜具有一定的亲水性，也正是因为它的存在，使得膜对阳离子的亲和度更高，因此也可当作阳离子交换膜[100]。通常，膜的厚度和离子交换容量是衡量膜的两个重要参数。例如，商品编号为 117 的 Nafion 膜：前面的两位数 "11" 代表了离子交换容量，即每克干膜与外界溶液中相应离子的交换量为 1100mmol；7 则代表了厚度，厚度约为 $175\mu m$，数值越大，膜越厚。

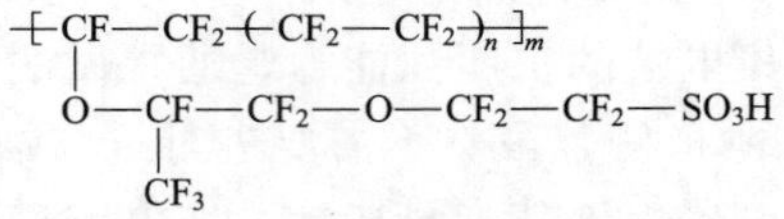

$$+CF-CF_2+CF_2-CF_2\,)_n\,]_m$$
$$O-CF-CF_2-O-CF_2-CF_2-SO_3H$$
$$CF_3$$

图 2-10　Nafion 膜的化学式结构示意图

在电解水制氢过程中，膜充当着固体电解质的作用，负责质子在膜内的传输作用。目前，质子在膜内的主要包括两种传输机理：一种是 Grotthuss 机理，也叫跳跃机理（hopping mechanism）；一种为扩散机理（diffusion mechanism）。前者认为质子以水合氢离子的状态存在，紧靠着支链中磺酸基团，质子从一个磺酸基团的水分子上跳跃到下一个磺酸基团的水分子上，磺酸基团上的水分子组成一座桥，质子在上面跳跃从而实现迁移。当磺酸基团上的水分子越多时，"水桥梁" 便会越通畅，质子迁移也会越快[101]；后者认为在膜的两侧，水分子的化学势不同，从而促使水的迁移。相比较而言，前者受到更多的支持，且将质子的传递表述得更为具体。另外，Grotthuss 机理也很好地解释了当膜不含水时，质子无法移动的问题，同时也说明了为什么在 PEM 燃料电池中强调温度和湿度的影响，低温时膜的含量水低，质子传递不佳，温度太高时，膜内水挥发加快，即膜的质子传导和膜的含水量有密不可分的联系。

目前，已经商业化的质子交换膜有很多种，例如，美国杜邦（Dupont）公司生产的 Nafion 膜、陶氏（Dow）化工生产的 Dow 膜、日本旭硝子（Asahi）公司生产的 Flemion 膜。其中，Nafion 膜的应用最为广泛，发展也最为成熟，但该产品也存在着价格高、对温度和湿度敏感的缺点，比如在温度大于 80℃ 或湿度较低时，该膜存在着质子传导路径不佳、质子传导效率降低的问题。目前，有相当一部分研究致力于提高 Nafion 膜的性能或开发 Nafion 加强膜[102]，抑或是可代替 Nafion 膜的其他膜，比如目前研究的聚醚酮（polyether ether ketone，PEEK）膜和聚苯并咪唑（polybenzimidazole，PBI）膜及其复合膜等[103]。但在这些膜中，大多数仅在燃料电池体系中进行测试，针对电解水体系提出的改性膜的报道非常少。

表 2-2 为国内外主要质子交换膜产品性能指标。长期被国外少数厂家垄断，质子交换膜

每平方米价格高达几百至几千美元。为降低膜成本，提高膜性能，国内外重点攻关改性全氟磺酸质子交换膜、有机/无机纳米复合质子交换膜和无氟质子交换膜。目前，全氟磺酸膜改性的研究主要聚焦于聚合物改性、膜表面刻蚀改性以及膜表面贵金属催化剂沉积 3 种途径。Ballard 公司开发出部分氟化磺酸型质子交换膜 BAM3G，热稳定性、化学稳定性、机械强度等指标性能与 Nafion@ 系列膜接近，但价格明显下降，有可能替代 Nafion@ 膜。通过引入无机组分来制备有机/无机纳米复合质子交换膜，使其兼具有机膜的柔韧性和无机膜良好的化学和热稳定性以及优异的力学性能，已经成为近几年的研究热点。另外选用聚芳醚酮和聚砜等廉价材料制备无氟质子交换膜，也是质子交换膜的发展趋势。

表 2-2　国内外主要质子交换膜产品性能指标

厂家	膜型号	厚度/μm	磷酸盐基团的 EW 值[①] /(g/mol)	特点
科慕	NafionTM 系列膜	25～250	1100～1200	全氟型磺酸膜，市场占有率最高，高湿度下导电率高，低温下电流密度大，质子传导电阻小，化学稳定性强，机械强度高
陶氏	XUS-B204 膜	125	800	含氟侧链短，难合成，价格高
戈尔	GORE-SELECT®	—	—	基于膨体聚四氟乙烯的专有增强膜技术形成的改性全氟型磺酸膜，具有超薄、耐用、高功率复合膜密度的特性，适用燃料电池
旭硝子	Flemion® 系列膜	50～120	1000	支链较长，性能接近 Nafion 膜
旭化成	Aciplex®-S 膜	25～1000	1000～1200	支链较长，性能接近 Nafion 膜
东岳集团	DF988/DF2801	50～150	800～1200	短链全氟磺酸膜，适用电解水制氢、燃料电池

① EW (equivalent weight) 为离子交换当量。

（3）催化层

催化层是电化学反应发生的主要场所，直接决定着电解槽性能的好坏、能耗的高低以及寿命的长短。1967 年，M. Carmo 等[104] 总结了一系列金属单质在 0.1mol/L H_2SO_4 中的析氢析氧能力。对于析氧反应活性遵循 Ir＞Ru＞Pd＞Rh＞Pt＞Au＞Nb，对于析氢反应活性则遵循 Pd＞Pt＞Rh＞Ir＞Re＞Os＞Ru＞Ni。然而，在催化层中，并不是仅存在电催化剂（提供活性位点和电子传输载体），通常还包括高分子聚合物（如 Nafion，质子传递载体）以及疏水剂（如 PTFE，使催化层内部形成气体通道，提供气体传输）。催化层中这三大组成密不可分，构成了催化层中的三相界面[105]。一个性能优异的电解槽一定离不开催化层中合理分布的三相界面，而一个高性能三相界面和这三部分的成分、构成比例以及制备方法等息息相关。

理想电催化剂应具有抗腐蚀性、良好的比表面积、气孔率、催化活性、电子导电性、电化学稳定性以及成本低廉、环境友好等特征。虽然阴极析氢电催化剂处于强酸性工作环境，易发生腐蚀、团聚、流失等问题，但其电位较低，阴极催化剂的选择可直接参考 PEM 燃料电池的阴极催化剂，如 Pt、Pd 等贵金属及其合金。然而，对于阳极催化剂而言，由于阳极电位较高，可用催化剂与 PEM 燃料电池存在很大不同。

1）阳极催化剂

由于阳极电位较高，且通常会大于 2V，尽管前文给了不少元素的 OER 活性排列，但在如此高电位作用下，其中的大部分材料不能稳定存在，可应用在 PEM 电解水体系的催化剂实际上非常少，主要以 Ir 和 Ru 为主。不过，虽然 Ru 基的催化活性更高，但其稳定性不好，在电解过程中会形成 RuO_4 从而增加接触电阻；另外，生成的 RuO_4 在催化剂表面也会阻挡一部分催化位点，影响催化剂性能。因此，通常将 Ru 和 Ir 一起使用或者单独使用 Ir 基催化剂。目前，PEM 电解槽 Ir 用量通常高于 $2mg/cm^2$。

与制备高活性碱性 OER 催化剂一样，制备高活性酸性 OER 催化剂的主要实现途径包括：一是提高 Ir 的利用率（增加裸露的活性位点）；二是增加催化剂本征活性，合成活性更高的 Ir 基催化剂。其中，提高催化剂利用率的方法包括纳米工程、与导电碳混合、构筑 3D 结构等；增加催化剂本征活性的主要途径包括相位工程、缺陷工程、晶体面工程、合金工程等；除此之外，也可以同时使用上述方法中的两种或多种来共同提高催化剂活性以及稳定性。

制备催化剂是电催化领域中非常重要的一步，目前对于 Ir 基催化剂制备工艺主要包括：热分解法、化学还原法、溶胶凝胶法等。热分解法主要是将 Ir 盐或者和其他辅助成分混合形成溶液状态，再在高温下热分解生成氧化物。其中，一种典型的方法是亚当斯法，其具体操作是将催化剂前驱体或者加上载体材料，混合后加入过量的 $NaNO_3$ 研磨均匀，然后在适当的温度下烧结，该制备过程中涉及的化学反应方程如下：

$$H_2IrCl_6 + 6NaNO_3 \longrightarrow 6NaCl + Ir(NO_3)_4 + 2HNO_3$$
$$Ir(NO_3)_4 \longrightarrow IrO_2 + 4NO_2 + O_2$$

Siracusano 等[106]利用亚当斯法合成了大小仅为 5nm 的 IrO_x 和 $IrRuO_x$，纳米粒径的催化剂可以拥有更高的比表面积而提升催化剂的利用率。

此外，化学还原法的应用也较为广泛。化学还原法主要是利用合适的还原剂将催化剂还原。该方法制备催化剂需要的温度较低，有利于一些具有特殊结构的催化剂的制备。另外，溶胶凝胶法在制备酸性 OER 催化剂中也受到广泛关注。然而，溶胶凝胶法中描述更多的是前驱体的状态，即将待分解的前驱体配制成溶胶凝胶，然后再进行热分解或者化学还原。溶胶凝胶法的优势在于可以更好地分散前驱体的组分，从而减少团聚现象的发生，有利于获得具有更高分散性的催化剂，进而可以获得更高的导电性和结晶度，降低电解过程中的过电位。然而，这类方法获得的催化剂通常为粉末态，不能够直接被使用，需要制备成多孔电极或与多孔电极结合才能被使用。通过溅射方法可以将粉末态的金属或金属氧化物溅射到基底上去，但溅射方法对设备的依赖性较高，对于制备大型电解槽，相关设备的使用和成本将是一个很大的限制因素。电沉积是另外一种能够将 IrO_2 附着在多孔电极上的有效方法，研究表明，通过电沉积方法能够显著地降低催化剂载量。除此之外，模板法也被广泛应用到一些具有特殊结构的催化剂制备过程中。利用该方法，可以较为容易地调控催化剂的形貌与结构，提高催化剂的活性。此外，为了使催化剂兼具不同方法在制备过程中有优点，将几种方法联合使用，共同改进催化剂性能是一种经常使用的策略。

催化剂根据组分的不同可以分为单相催化剂和多相催化剂。其中，单相催化剂主要指包含单一催化元素的催化剂，如 Ir 或 RuO_2 等；多相催化剂主要指包含两种或多种催化元素的催化剂，如 $Ru_{0.85}Ir_{0.05}Sn_{0.1}O_2$ 等。由于不同催化元素间的协同作用，多相催化剂可以融合各相催化剂的优点，并能够有助于催化剂结构和表面性能的改进，从而使得催化剂活性得到增强。同时，多相催化剂的使用也可以适当降低贵金属的载量，降低电解槽的成本。然而，多相催化剂的使用也会增加催化剂的接触电阻，造成氧化过电位的升高、影响部分电解效率。不过，相较于贵金属载量的降低，接触电阻的微量增大是可以被接受的。

掺杂也是提高催化剂电化学性能与稳定性的主要手段之一。例如，对具有导电缺陷的催化剂掺杂一些惰性金属氧化物，如 Ta_2O_5[107]、MnO_2[108]、ZrO_2[109]、Nb_2O_5[110] 等，可以提高阳极催化剂性能或在不降低催化剂性能的同时降低贵金属的载量。这均对降低 PEM 电解水技术的成本起到促进作用。除了金属氧化物，F 等一些其他元素的掺杂也可以提升阳极催化剂性能，增强催化剂的稳定性，例如，S. D. Dhadge 等[111]利用亚当斯法在 IrO_2 中掺杂了 F 元素，结果表明当 F 含量为 10% 时，催化剂性能最好，稳定性也更高。

另外，制备特殊结构催化剂也是提升催化剂性能的常见方法。例如，利用牺牲模板法制备垂直排列的 F 掺杂的 $(Sn_{0.8}Ir_{0.2})O_2$ 薄膜作为 OER 催化剂[111]；利用电流置换反应制备 Ir-Ni 纳米笼；利用连续多元醇法制备核壳结构的 $Ru@IrO_x$[112]；利用湿化学法制备 3D 结构纳米 Ir 晶体[113]等。

值得说明的是，尽管有不少关于阳极催化剂的报道，但大部分研究仅对催化剂进行了电化学测试，缺乏装槽测试，因此，并不能代表催化剂在 PEM 水电解槽上的实际情况。虽然也有部分研究对催化剂在电解槽上的性能进行了测试表征，但测试时间有限，最长仅达 1000h，远不能达到应用的目标，因此相关催化剂的长期稳定性还有待进一步探究。此外，大部分合成方法，尤其是应用复杂方法制备的催化剂，虽然电化学性能较好，但合成方法的复杂性也会增加额外成本，从而限制了方法在实际中的使用，因此，催化剂的选择需要考虑多方面的因素。

2）阴极催化剂

为保证电解槽性能和寿命，析氢催化剂材料选择主要以兼具抗耐腐蚀性和高催化活性的 Pt、Pd 及其合金为主。现有商业化析氢催化剂 Pt 载量通常在 $0.4\sim0.6mg/cm^2$，贵金属材料的高成本，严重阻碍 PEM 电解水制氢技术的快速推广与应用。为此降低贵金属 Pt、Pd 载量，开发适应酸性环境的非贵金属析氢催化剂成为研究热点。

相较于阳极催化剂，阴极催化剂由于受高电位影响较低，材料选择相对较多。总体来说，阳极催化剂可以分为 Pt 基催化剂和非 Pt 基催化剂。由于 HER 是 HOR（hydrogen oxygen reaction）的反过程，PEM 电解水 HER 催化剂的制备和工艺与 PEM 燃料电池基本相同，因此，可参考 PEM 燃料电池的相关报道来制备 HER 催化剂。

与燃料电池类似，Pt 基催化剂是 HER 催化剂中应用最为广泛的催化剂，同样由于较高的价格，促使人们开发各种方法以提高 Pt 的利用效率，降低 Pt 的载量。在催化剂制备上，提高催化剂本征活性和增加催化剂活性位点暴露数量是提高催化剂活性的主要途径。对于前者，Cu、Ni、Co、Fe、W、V 等非贵金属常常与 Pt 结合，制备成具有特殊结构的催化剂，例如 PtCu 纳米簇[114]、PtCu 核壳结构[115]、八面体的 PtNi[116]等。另外，也有部分研究将 Pt 与一些贵金属 Au、Ru、Pd 等混合在一起，用以制备各种结构特异 Pt 基催化剂[117]。对于后者，将 Pt 分散在高比表面积的材料上是一种常用手段。其中，碳材料因为价格便宜又有多种形式，常常被用作 Pt 的载体材料。目前有多种已商业化的 Pt/C，如 Johnson-Matthey 公司的 Hispec 系列、Cabot 公司的 Vulcan XC-72、巴斯夫公司的 20% 炭黑载 Pt、Tanaka Kikinzoku 公司的 30% 炭黑载 Pt（TEC10E30E）和石墨载 Pt（TEC10EA30E）等。另外，其他形式的碳载体材料也常用于 HER 催化剂的制备当中，如炭黑和改性的炭黑[118]、乙炔黑[119]、碳纳米管[120]和多层碳纳米管[121]、介孔碳以及一些其他氧化物载体。

对于非 Pt 基催化剂，一些非贵金属和非金属材料也被用作析氢材料，如过渡金属及其化合物，过渡金属碳化物、磷化物、氮化物、硫化物等如 MoS_2[122]、WC[123]，掺杂碳或是改性碳等[124]也有不少的研究报道。

总之，和阳极催化剂一样，获得高分散、高催化活性、高稳定性的非贵金属替代物均是制备高性能电催化剂的目标。遗憾的是，关于电解水体系中的报道并不多，且相关测试仅对催化剂进行表征，实际在电解槽中的测试很少，一些在电解槽层次进行测试的研究，也常常只给出短时间的性能，远远不能满足实际应用的需求。

2.3.3　关键部件制备方法

2.3.3.1　膜电极制备方法

作为 PEM 电解槽的核心部件，膜电极的组成和制备方法对电解槽性能与耐久性有重要影响。在膜电极制备过程中，由于 PEM 膜制备的复杂性，目前主要是采用少数几家的商业化膜通过裁剪和活化处理直接使用。其中，活化的主要步骤是先将膜放在低浓度的 H_2O_2 溶液中进行处理，然后再在合适浓度的 H_2SO_4 溶液中浸泡，使得质子可以充分交换，最后将 PEM 膜充分冲洗至中性并将其放置在纯水中保存。

在膜电极制备过程中，根据催化层支撑体的不同，可将电极的制备分为两大类，一类是催化剂涂敷基底（catalyst coated substrate，CCS）型 MEA 制备方法，即：将催化剂活性组分分别涂覆在阴极和阳极的气体扩散层（GDL）上，形成气体扩散电极（gas diffusion electrode，GDE），然后通过热压法将两个 GDL 压制在 PEM 两侧得到 MEA，如图 2-11（另见书后彩图）（a）所示；另一类是催化剂涂覆膜（catalyst coated membrane，CCM）型 MEA，即：将催化层剂活性组分分别涂覆在 PEM 膜上，再将阴极和阳极 GDL 分别贴在两侧的 CLs 上经热压得到 MEA，如图 2-11（b）所示。此外，有序化 MEA 制备技术和一体化 MEA 制备技术也有较大发展。

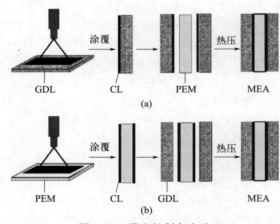

图 2-11　膜电极制备方法

CCS 法制备膜电极具有工艺简单、技术成熟等优点，而且制备过程有利于气孔形成，PEM 膜也不会因为吸附溶剂而发生溶胀进而产生褶皱变形等问题。但缺点是制备过程中催化剂容易渗透进 GDL 中，造成催化剂利用率降低。另外，催化层和 PEM 之间的结合力也通常较差，界面阻力较大，MEA 的综合性能相对不足。

相比 CCS，CCM 通常将催化剂浆料直接涂覆在 PEM 膜上或者涂覆在基底材料上再转印至 PEM 膜上，因此该类制备方法能够将催化层与 PEM 膜更紧密地结合，进而有效地降低两者间的界面电阻，提高质子传输能力，提升 MEA 的性能。然而，该制备方法对于燃料电池而言容易产生水淹问题，对于 PEM 电解槽而言，虽然不存在水淹问题，但也会对析出氢气和氧气的排出造成影响。

　　MEA 有序化制备，主要是将催化剂、离聚物以及疏水剂等物质有序分布，以建立良好的多相传输通道。该制备工艺能够极大地提高催化层的比表面积，改善质子、电子、气体在三相界面的传输效率，提高催化剂利用率。但该制备工艺下获得的纳米结构稳定性较差，电极的耐久性较低。例如，3M 公司以有序晶须作为模板，通过磁控溅射技术在晶须表面溅射催化剂材料，开发了如图 2-12 所示的有序化 MEA。该催化剂虽然实现了较高的催化性能，但其寿命仅为 656～1864h，远低于美国能源部（DOE）2020 年公布的耐久性大于 5000h 的指标要求[125]。

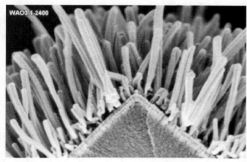

图 2-12　有序化 MEA 的 SEM 图

　　一体化 MEA 制备技术是指在催化层上喷涂电解质溶液，干燥后直接形成 PEM，然后在 PEM 上直接涂覆第二催化层，并通过热压方法将其与 GDL 相结合，或直接将另一片 GDE 热压到 PEM 膜上。由于该制备技术不需要独立的 PEM 膜制备过程，因此，该工艺有望减少 MEA 的制备时间和制备步骤，从而提高制备效率。同时，由于该制备技术直接将电解质溶液沉积在催化层上，因此催化层与 PEM 间具有良好的界面接触，能够有效地增加质子传导能力，降低界面电阻，提升性能输出。然而，该制备方法获得的 PEM 一般较薄且容易受 GDE 表面裂纹和粗糙度影响，增加了 PEM 两侧的氢氧互串，降低了电解效率和氢氧产气纯度。

2.3.3.2　催化剂层的制备方法

　　影响膜电极性能的因素，除了膜电极层次的制备方法之外，还有催化层层次的制备方法和结构设计。为了提高 MEA 性能，许多研究者也从不同方面对 MEA 的制备方法进行了研究。

　　催化剂层的制备本质是将催化剂浆料组分以不同方式均匀地分散在 PEM 膜上。目前，主要方法有涂布法、刮涂法、喷涂法、转印法、沉积法以及溅射法等。

　　涂布法主要是在一定压力下，通过模具缝隙将催化剂浆料涂覆到基材上的一种涂布技术，该制备方法具有生产效率高、催化层厚度、尺寸均匀可控、涂布缺陷少等优点。同时，通过调整槽膜挤出浆料的组成可以实现对不同功能层的涂覆，但涂布过程中涉及的控制参数，如压力、浆料黏度、流速等，对设备精度以及浆料特性等要求较高。不过总体来说，涂布法制备催化剂层具有高均匀性和重现性，能够保证后续产品的一致性和膜电极的可靠性。

　　刮涂法是另外一种生产效率高、重现性好的催化层制备方法。它主要是通过使用刮刀、线棒等工具，将催化剂浆料均匀地涂覆在底膜或 PEM 膜上，催化层具有厚度均匀性好、载量控制精准等优点。不过与涂布法类似，浆料特性和控制条件对刮涂效果具有很大影响，因此，在选定该方法制备催化剂层时需对浆料配比、溶剂选择和制备条件有着充分的了解。

　　喷涂法是一种适用于实验室规模制备膜电极的常用方法，具有操作简单、易于控制、制备成本低等特点。喷涂法主要是通过配置合适的催化剂浆料，经充分分散后，通过喷枪直接喷涂在 PEM 两侧或气体扩散层上，待溶剂挥发完全后，通过热压等方法与含有微孔层的 GDL 相或 PEM 膜相结合，最后形成膜电极。喷涂法可以实现对催化剂载量的精确控制，并能够制备更薄的催化剂层，但溶剂选择不当或者浆料配制不均时容易引起催化剂和离聚物发生团聚，进而影响 MEA 性能。在喷涂法的基础之上，Millington 等人[126]开发了喷涂效果更加均匀的超声喷涂法；德国航天中心提出了可以避免膜溶胀效应的干法喷涂[127]等。

　　转印法主要是通过将制备均匀的催化剂浆料涂覆在模板上（比如 PTFE），然后经过烘干、与 PEM 膜叠加热压、去除模板等工艺步骤制备薄层 MEA。利用该方法可以通过对模板的表面结构刻蚀实现催化层的有序设计，从而改善电解槽中水的传输和生成气体的排出。另外，转印法制备 MEA 的过程中，质子交换膜不跟任何液体接触，能够有效地避免膜的溶胀问题，因此被认为是膜电极大规模生产的可靠方法之一。不过，转印法制备 MEA 存在着催化剂浆料与转印膜的适应性问题。用于转印的浆料既要易于铺展，与转印膜有一定的"亲和力"，又要在热压后使得催化层与转印膜易于剥离，要同时实现这两点而不增加其他步骤，则需制备特定的浆料和转印膜，因而一定程度上也限制了该方法的广泛应用。

　　沉积法主要是通过将前驱体中的 Pt 离子还原为金属 Pt 原子，然后直接沉积在 PEM 膜上，形成膜电极。该方法能有效减少 PEM 膜和催化层之间的界面电阻，提高 Pt 的利用率，改善电解槽性能。根据 Pt 还原方式的不同，沉积法包括化学沉积和电化学沉积。其中，化学沉积法主要是将 PEM 膜固定在两个独立腔室之间，在需要沉积 Pt 的一侧倒入 Pt 离子溶液（一般为 H_2PtCl_6 溶液），由于膜的本质是离子交换膜，因此膜内会随着时间的延长交换上 Pt 离子，再在另外一侧倒入还原性的溶液，如 $NaBH_4$、N_2H_4 或是甲醛溶液，溶液渗透到膜内，从而将 Pt 离子还原在膜上，完成整个沉积过程。电沉积则是利用电子将膜内的 Pt 离子还原，电沉积的好处在于可以精准控制电参数，在短时间内实现活性材料的均匀生长和负载，并且通过改变电解液的组成和技术工艺，能够得到理想的纳米结构化合物。

　　此外，随着真空溅射技术的发展以及制备超薄催化层的需求，电子束辅助物理气相沉积技术和直流磁控管溅射技术也被应用于燃料电池催化剂层和 PEM 电解水催化剂层的制备工艺之中。利用该类技术，不仅可以实现 5nm 催化层厚度的电极，还可以配合其他的电极制备方法制备复合电解和多层催化层的电极。

2.3.4　失效机理

　　PEM 电解槽长时间运行时的稳定性是影响 PEM 电解槽推广的另外一个重要因素，同时也是降低单位运行成本的主要途径。因此，增强 PEM 电解槽稳定性，延长 PEM 电解槽使用寿命也是 PEM 电解槽研究中需要重点关注的内容。在电解槽的稳定性研究中，了解 PEM 电解槽失效机理，是提高 PEM 电解槽稳定性的前提。影响电解槽使用寿命的主要因素包括：膜的降解破裂，阴阳极催化剂的团聚、脱落或中毒，集电器和流场板的氢脆（阴极）和钝化（阳极）等可以预见的问题，同时，还包括供水不纯、运行中突然断电等意外问题。

2.3.4.1　膜降解

　　PEM 膜是电解槽中最为薄弱的部分，其降解是不可逆转且不可避免的。膜降解直接结果是膜的变薄。虽然这可以缩短质子的传输路径、降低质子传输极化、使得槽压降低，但这也使得气体穿透率上升，产出氢气纯度降低。更为严重的是，这可能造成导致膜的破裂，发生短路现象或者更为严重的安全隐患。根据机理的不同，膜降解主要可以分为机械降解、化学降解和热降解。

　　机械降解是膜降解中最容易发生的失效形式。它主要是受到外界不均匀应力造成的，通常来说，这种失效形式主要发生在电解槽的组装过程中，且不易察觉。当膜在组装过程中出现划伤或是气体扩散层凹凸不平，抑或是未平均分散压力导致组件偏离时，在电解槽启动运行时，水流、气体的冲击持续作用在膜上，特别是在高温大电流密度下运行时，膜被撕裂的风险更高[128]。另外，膜的应力不均也会导致电流分布不均，造成局部电流过大，极化增强，发热严重，进而进一步加剧膜的降解。因此，为了避免类似事件发生，组装时务必规范操作。同时，通过选用硬度较大的气体扩散层或集电器作为膜电极的支撑是一种常用的措施。另外，膜的溶胀和收缩也会对膜的力学性能造成影响。例如，膜电极在制备过程中的有机溶剂残留、运行过程中的水分分散不均匀可能造成膜发生不规则溶胀，进而造成膜机械降解的加剧。

　　化学降解是膜降解的另一个主要失效形式。这主要是由于阴阳两极发生气体互串时，H_2 和 O_2 可能会发生二电子反应，生成 H_2O_2 或者活性中间体 HO_2^* 和 OH^*。这些物质具有很强的氧化性，会对 PEM 膜进行攻击，破坏膜内高分子离聚物的长链和骨架，进而造成膜的降解甚至破损，尤其在高温大电流密度运行条件下，这种状况会被进一步加剧。不过，相对于 PEM 燃料电池，PEM 电解水过程中的化学降解相对轻微，这主要是由于水的存在，降低了这些氧化粒子对膜的损害[129]。此外，由于 H_2O_2 和 Fe^{3+} 之间存在着芬顿反应，当膜电极受到铁系离子污染时，H_2O_2 会释放更多的活性颗粒，加剧膜的氧化降解。表 2-3 总结了膜化学降解过程涉及的自由基反应。

表 2-3　膜化学降解过程涉及的自由基反应

反应	速率常数
(1) $H_2O_2 \longrightarrow 2HO\cdot$	$k_1 = 1.2 \times 10^{-7}\,s^{-1}$
(2) $H_2O_2 + Fe^{2+} \longrightarrow Fe^{3+} + HO\cdot + HO^-$	$k_2 = 1.05 \times 10^8 \exp[-9460/(RT)]\,L/(mol\cdot s)$
(3) $H_2O_2 + Fe^{3+} \longrightarrow Fe^{2+} + HOO\cdot + H^+$	$k_3 = 4 \times 10^{-5}\,L/(mol\cdot s)$
(4) $HO\cdot + Fe^{2+} \longrightarrow HO^- + Fe^{3+}$	$k_4 = 2.3 \times 10^8\,L/(mol\cdot s)$
(5) $HO\cdot + H_2O_2 \longrightarrow HOO\cdot + H_2O$	$k_5 = 2.7 \times 10^7\,L/(mol\cdot s)$
(6) $HOO\cdot + Fe^{3+} \longrightarrow Fe^{2+} + O_2 + H^+$	$k_6 = 2 \times 10^4\,L/(mol\cdot s)$
(7) $HOO\cdot + Fe^{2+} + H^+ \longrightarrow Fe^{3+} + H_2O_2$	$k_7 = 1.2 \times 10^6\,L/(mol\cdot s)$
(8) $HO\cdot + Rf\text{-}CF_2\text{-}COOH \longrightarrow$ 产物	$k_8 \leqslant 10^6\,L/(mol\cdot s)$

　　另外，温度也是影响膜降解速率的一个重要因素。这主要是由于 PEM 膜能够承受的温度范围有限，过高的温度虽然有利于提高质子传导效率，但这也会加速膜的热分解，例如，当温度从 55℃ 提高到 150℃ 时，膜内 F 元素的流失速率会加快约 2 个数量级，目前 PEM 膜的综合性能最好的温度大概为 80℃。

　　综上所述，为尽量减少膜降解带来的消极影响，可以从以下三个方面着手：第一，应尽可能避免机械损伤，设计更为合理的电解槽结构和组件，规范电解槽装配过程的工艺流程，减少应力对膜造成的损伤；第二，增加电解槽组件的防护举措，避免杂质离子的引入，降低杂质离子引入对膜降解的影响；第三，完善电解槽运行环境，确保电解槽在适宜的温度、电流密度和压力下运行，延长电解槽使用寿命。

2.3.4.2　催化剂降解

由于 PEM 电解槽阳极的高电位特性，可供选择的阳极催化剂非常少，主要以 Ir 和 Ru 为主。虽然 Ru 基催化剂催活性更高，但稳定性较差，故不能作为析氧催化剂的主体；相较而言，虽然 Ir 基催化剂催化活性较弱，但稳定性却比 Ru 基催化剂要好。不过，在析氧的电催化过程中，随着反应的进行，Ir 基催化剂仍会发生如图 2-13(a) 所示的副反应过程，从而生成可溶性的三价的 $Ir(OH)_3$ 或是 Ir_2O_3，造成催化剂的流失。另外，从图 2-13(b) 可知，当阳极电势达到 1.8V 时，Ir 催化剂即出现溶解，而催化剂的溶解会直接导致电化学反应表面积下降，电化学极化增强，槽压升高，造成电解效率下降。同时，槽压升高也会对膜的耐久性产生不利影响。

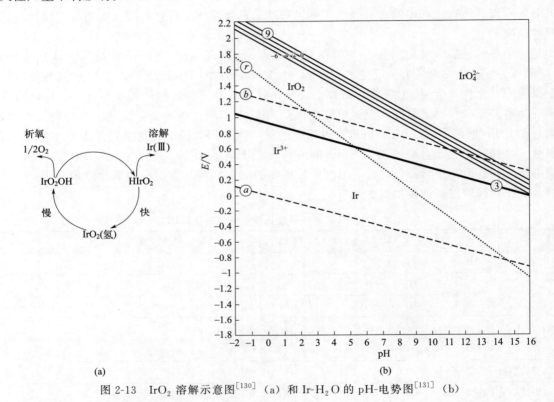

图 2-13　IrO_2 溶解示意图[130]（a）和 $Ir-H_2O$ 的 pH-电势图[131]（b）

相较于阳极电位，阴极电位较低，Pt 基催化剂即能够较为稳定地存在，但这并不意味着 Pt 基催化剂完美无缺。Pt 基催化剂最为常见的老化机理便是奥斯瓦尔德（Ostwald）熟化（也称第二相粒子粗化），即小尺寸粒子周围母相组元浓度高于大粒子周围母相组元浓度，两处母相组元浓度梯度导致了组元向低浓度区扩散，从而为大粒子继续吸收过饱和组元而继续长大提供物质供应，这过程致使小粒子溶解消失，组元转移到大粒子里面，进而使得颗粒大小不均，发生聚集，电化学反应表面积下降，其过程如图 2-14（另见书后彩图）所示。因此，虽然拥有更小粒径的催化剂粒子具有更高的催化活性，但由于 Ostwald 熟化机理的存在，其稳定性并不理想[132]。

除 Ostwald 熟化外，催化粒子的溶解、剥落和迁移也是催化剂降解的主要方式，如图 2-15（另见书后彩图）所示。对于阳极催化剂而言，高氧化电位使得载体很容易被腐蚀溶解，进而导致催化粒子的剥落；对于阴极催化剂，当电解槽进行开启和关停时，较大的电流冲击，也非常容易造成 Pt/C 催化剂中的碳载体的氧化腐蚀，进而造成 Pt 流失的加重。另外，高氧化电位本身也使得大多数金属的稳定性变差，甚至发生溶解。即使对于稳定性很好的 Ir/Ru 催化剂来说，在高电位下也容易被氧化，进而造成溶解，导致催化粒子的数量减少，例如，当阳极电势达到 1.8V 时，阳极 Ir 催化剂即会被氧化，并出现溶解。另外，在催化剂制备中，为了增加催化剂暴露位点数量，纳米催化剂颗粒尺寸不断减小，甚至达到原子级催化，虽然这可以极大地增加活性位点，提高原子利用效率，但也使得催化剂粒子与载体基底的结合能力减弱，催化粒子很容易发生迁移，进而发生团聚，使得催化剂活性降低。

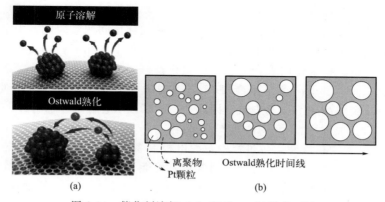

图 2-14　催化剂溶解（a）和 Ostwald 熟化（b）

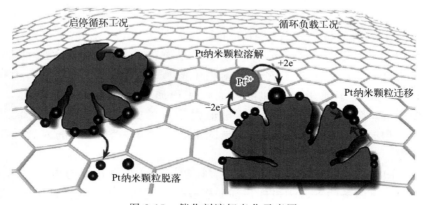

图 2-15　催化剂溶解老化示意图

除了催化粒子自身的溶解和聚集外，载体对催化剂的稳定性也有重要影响。特别对于阳极催化剂而言，高氧化电位使得普通金属载体难以长时间稳定存在，进而被腐蚀溶解。即使对于稳定性很好的钛来说，高析氧电位和富氧环境也需要对钛载体进行改性，例如开发具有稳定性良好的过渡金属氧化物，如 TiO_2、Ta_2O_5 等材料，以及改性的过渡金属氧化物，如 Nb 掺杂的 TiO_2、Sb 掺杂的 SnO_2 等。此外，PEM 电解槽中的集电器、流场板和端板组件也非常容易发生降解。在阳极侧靠近 PEM 膜负极，pH 可到 2～4，氧化电位可到 1.5～2.0V，同时，阳极侧还具有高氧含量、高湿度等特点，这就使得 Ti 在没有任何防护措施的条件很容易钝化，在表面生成一层不利于电子导通的氧化膜，从而造成欧姆阻抗增加。另外，氧化后生成的 Ti^{4+} 进入 PEM 膜内可能会导致 PEM 膜中毒，造成质子传导下降，影响电解效率，甚至引发更为严重的安全事故。在阴极侧，虽然没有阳极侧那么高的氧化电位，但阴极侧富氢环境会造成金属极板或金属载体发生氢脆现象，并在金属表面形成一层金属氢化合物，导致金属极板或载体变脆，出现裂痕，造成承载力下降。另外，高湿高温高压高酸的环境会使得氢脆引发的稳定性降低问题进一步加剧。因此，为了保持 PEM 电解槽长时间稳定地运行，对集电器或流场板进行有效的防护是一种重要的途径。

目前，针对 PEM 电解槽中组件防护的报道还很少，不过有很多关于 PEM 燃料电池中双极板防护的研究工作可以参考。在 PEM 燃料电池中，由于金属双极板具有机械强度高、导电与导热性能良好等优点，且能够大幅提高电堆比功率，因而得到了广泛应用。然而，高湿高温高压的酸性环境使得金属双极板也面临着溶解或钝化问题。因此，为了防止双极板被腐蚀且保证双极板的导电性，往往采用电沉积、物理或化学气相沉积以及高能微弧合金化技术等在金属表面制备一些致密的聚合物、金属氮化物（CrN、TiN 等）或贵金属涂层来对双极板进行防护。然而，值得注意的是，PEM 电解槽阳极的高氧化电位可能使得 PEM 燃料电池中聚合物和非金属涂层等技术失效，因此，针对 PEM 电解水还需开发与之匹配的涂层技术以维护组件的长久运行。

另外，PEM 电解槽在长期运行过程中，膜电极制备、组装过程中的不洁净操作，运行过程中组件腐蚀老化以及电解水不纯净等因素均有可能引入杂质离子。这些杂质离子不仅会对电解槽中关键组件的性能产生影响，而且还可能造成相关组件老化的加速，寿命的缩短。例如，电解水过程中可能产生的 F^-、Cl^-、SO_4^{2-} 等离子可能会造成极板材料的加速溶解；Fe^{3+} 的引入会与 OER 过程中可能产生的 H_2O_2 发生芬顿反应，进而加剧膜的氧化降解。其他常见的杂质离子还有 Na^+、Ca^{2+}、NH_4^+、Co^{2+}、Cu^{2+}、Ni^{2+}、Al^{3+}、Cr^{3+}、Mg^{2+} 等。虽然不同离子作用的机理和程度有所不同，但总体来说，阳离子带来的影响大于阴离子带来的影响，这是因为质子电解质膜本质上是阳离子交换膜，而膜对其他阳离子的亲和性比质子更高，这样杂质离子就会占据膜中的质子位点，而且杂质离子在膜中的迁移速度相对较慢，加剧了质子的传递的障碍，使得质子传输极化显著上升，槽压上涨，从而影响电解槽的电解效率和稳定性。不过值得庆幸的是，虽然杂质离子的污染会影响电解槽的性能，但是这种影响并不是不能消除的，适当的方法如水洗或者酸洗都可以使性能大部分恢复。

除此之外，PEM 电解水使用工况的好坏和控制策略的优良也会对电解槽相关组件寿命有很大影响，例如启停条件下，阴极催化剂的碳载体会受到较大的电流冲击，并发生氧化腐蚀，导致催化粒子的剥离和团聚，进而造成催化效率的降低。因此，为了降低使用工况和不合理控制策略对相关组件使用时的不良影响，合理的"水-热-电"管理策略和相关控制方法也是保障 PEM 电解槽长久稳定运行的必要条件。

2.3.5　代表企业

目前，许多国家在 PEM 电解水技术的开发中取得长足的进步。日本于 1993 年发布了"NewSunlight"计划及"WE-NET"计划，其中将 PEM 电解水制氢技术列为重要发展内容，目标是在世界范围内构建制氢、运输和应用氢能的能源网络。2003 年，"WE-NET 计划"研制的电极面积已达 $1\sim3m^2$，电流密度为 $25000A/m^2$，单池电压为 1.705V，温度为

120℃，压力为 0.44MPa。2018 年年初，为配合燃料电池车的商业推广，日本氢能企业联盟的 11 家公司宣布成立日本 H$_2$ Mobility，全面开发日本燃料电池加氢站以加快日本加氢站建设。截止 2022 年 2 月，日本已建成 152 座加氢站。

在欧洲，法国于 1985 年开展了 PEM 电解水研究。俄罗斯的 Kurchatov 研究所也在同期展开了 PEM 电解水研究，制备了一系列不同产气量的电堆。由欧盟委员会资助的 GenHyPEM 计划投资 260 万欧元，专门研究 PEM 电解水技术，其成员包括德国、法国、美国、俄罗斯等国家的 11 所大学及研究所，目标是开发出高电流密度（$>1A/cm^2$）、高工作压力（$>5MPa$）和高电解效率的 PEM 水电解池。其研制的 GenHy$^®$ 系列产品电解效率能达90%，系统效率为 70%～80%。由 Sintef、University of Reading、Statoil 和 Mumatech 等联合开展的 NEXPEL 项目，总投资 335 万欧元，致力于新型 PEM 水电解池制氢技术的研究，目标降低制氢成本（5000 欧元/m^3），电解装置寿命达到 40000h。

在美国，ProtonOnsite、Hamilton、Giner Electrochemical Systems、Schatz Energy Research Center、Lynntec 等公司在 PEM 水电解池的研究与制造方面处于领先地位。Hamilton 公司所生产的 PEM 水电解槽，产氢量达 30m^3/h（标准状况，下同），氢气纯度达到 99.999%。Giner Electrochemical Systems 公司研制的 50kW 水电解池样机高压运行的累计时间已超过 150000h，该样机能在高电流密度、高工作压力下运行，且不需要使用高压泵给水。ProtonOnsite 公司是世界上 PEM 电解水制氢的首要氢气供应商，其产品广泛应用于实验室、加氢站、军事及航空等领域。ProtonOnsite 公司在全球 72 个国家有 2000多套 PEM 电解水制氢装置，占据了世界上 PEM 电解水制氢 70% 的市场。该公司的 HOGEN-S 和 HOGEN-H 型电解池的产气量为 0.5～6m^3/h，氢气纯度可达 99.9995%，不用压缩机气体压力达 1.5MPa。最新开发的 HOGEN$^®$ C 系列主要应用于加氢站，能耗为 5.8～6.2kW·h/m^3，单台产氢量为 30m^3/h（65kg/d），是 H 系列产氢量的 5 倍，所占空间只有 H 系列的 1.5 倍。2006 年，英格兰首个加氢站投入使用，由 ProtonOnsite 的 HOGEN$^®$ H 系列电解池与气体压缩装置所组成，日产氢量为 12kg。该加氢站与 65kW 风力发电机配套使用。2009 年该公司研发的 PEM 水电解池在操作压力约 16.5MPa 的高压环境下运行超过 18000h，报道的 PEM 电解槽寿命超过 60000h。2015 年，ProtonOnsite 公司又推出了适合于储能要求的 M 系列的产品，产氢能力达 400m^3/h，成为世界首套兆瓦级质子交换膜水电解池，日产氢气可达 1000kg，有望适应日益增长的大规模储能需求。

近年来，随着能源危机和碳中和的迫切要求，全球可再生能源 PEM 电解水制氢项目发展更为快速，项目数量和装机规模也不断上升，装机规模已迈入 10MW 级别。2021 年 7 月，壳牌公司的 10MW PEM 电解制绿氢项目在德国莱茵兰炼油厂投运，电解槽由 ITM Power 提供，每年可生产约 1300t 氢气。同年，康明斯与液化空气合作建设的 20MW 的 PEM 电解槽在加拿大魁北克投入商业运营，该项目为目前世界上规模最大的 PEM 制氢项目，年产约 3000t 氢气。最近，康明斯宣布将为美国佛罗里达电力照明公司提供 25MW 的 PEM 电解水制氢系统，该系统由 5 台 HyLYZER-1000 设备组成，每天可生产 10.8t 氢气。西门子公司将为从欧洲能源公司（European Energy）的电转甲醇项目的 50MW 电解工厂提供 PEM 电解槽。ITM 与林德公司计划在德国建厂生产 24MW 的世界上最大的 PEM 电解槽。此外，ITM Power、西门子等公司也在计划启动 GW 级规模的 PEM 制氢设备的自动化、规模化生产线。表 2-4 总结了国外主要公司 PEM 电解槽技术参数。

表 2-4　主要公司 PEM 电解槽技术参数

公司	产品系列	工作压力/bar	产氢速率/(m³/h)	系统能耗/(kW·h/m³ H₂)	负载范围/%
Proton NEL	HOGEN S	14	0.25～1.0	6.7	0～100
	HOGEN H	15～30	2～6	6.8～7.3	0～100
	HOGEN C	30	10～30	5.8～6.2	0～100
Giner Electroch. Systems	High pressure	85	3.7	5.4	—
	30kW	85	5.6	5.4	—
CET H₂	E5-E40	14	5～240	5	—
H-TEC Systems	EL30	30	0.3～40	5.0～5.5	0～100
康明斯	HyLYZER	25	1～2	4.9(堆) 6.7(系统)	0～100
	GEN3 (1MW)	30	250	—	0～150
ITM Power	Hpac,Hcore, Hbox,Hfuel	15	0.6～35	4.8～5.0 (系统)	—
Siemens	100kW (300kW peak)	50	20～50	—	0～300

　　与国外相比,国内的 PEM 电解水技术在技术成熟度、装机规模、关键材料性能和可靠性验证等方面还存在一定差距。PEM 电解水制氢应用示范项目的部署也相对缓慢,近年来,国内 PEM 电解水设备的产业化和市场应用才有所突,开始出现 MW 级示范项目(表 2-5)。2021 年 10 月,中国科学院大化所研制的兆瓦级 PEM 电解水制氢系统在国网安徽公司氢综合利用站实现满功率运行。该系统额定产氢 220m³/h,峰值产氢达到 275m³/h。2022 年 2 月,中石化联手康明斯在广东佛山启动 GW 级产线的建设,生产 HyLYZER® 系列的 PEM 电解水制氢设备,将于 2023 年一期实现年产 500MW 的能力。

表 2-5　主要公司 PEM 电解槽技术参数

项目名称	规模	时间地点	开发商	PEM 设备供应商
氢能创新产业园	1.25MW	2020 北京	国家电投	西门子
兆瓦级可再生电力电解水制氢示范项目	2.5MW	2021 河南濮阳	中石化中原油田	康明斯
"源网荷储一体化"示范项目	2.5MW	2021 内蒙古乌兰察布	中国三峡集团	康明斯
兆瓦级质子交换膜 PEM 电解制氢项目	1MW	2021 安徽六安	国网安徽公司	大连化物所
MW 级 PEM 膜电解水制氢技术研发项目	1MW	2022 北京	北京燕山石化	中石化

　　目前聚焦技术研发和设备生产的科研机构和公司主要有中国科学院大化所、山东赛克赛斯、中船 718 所、淳华氢能等。近两年,阳光电源、国电投和中石化等企业也开始布局 PEM 电解槽的研发和生产。在基础材料方面,国内 PEM 电解槽材料企业最近也开始进行国产化替代的尝试。武汉理工氢电已实现膜电极的小批量对外供货,鸿基创能已布局 PEM 电解槽的膜电极产线。中科科创催化剂已批量进行对外供货,玖昱科技、浙江菲尔特等企业

实现了阳极钛毡气体扩散层的批量化供货，上海治臻也开始推出 PEM 电解槽专用的钛板双极板。随着国产燃料电池产业化的提速和成本下降，未来其成本下降的效益可以被 PEM 制氢设备共享。预计未来对大型 PEM 电解水制氢设备的需求将进一步增加，随着产能扩大、设备国产化和技术提升，国产 PEM 制氢系统的成本有望下降 50％以上。

2.4　固体氧化物电解水制氢技术

2.4.1　基本原理

固体氧化物电解池（SOEC）是一种利用电能和热能，使水、二氧化碳等原料发生电化学还原生成燃料气体（化学能）的装置。SOEC 是固体氧化物燃料电池（solid oxide fuel cell，SOFC）的逆过程装置。与 SOFC 一样，SOEC 具有能量转化率高、腐蚀性低、运行稳定等优点，并且其全固态结构也使得 SOEC 装置便于携带运输与模块化设计。同时，SOEC 和 SOFC 的组合可以解决风能、太阳能等新兴清洁能源间歇式发电等问题。

根据电解质传导的电荷类型不同，SOEC 的电极反应有所差别。当 SOEC 施加电压且水蒸气通入燃料气室（阴极气室），H_2O 分子在阴极的催化作用下，发生裂解和还原反应，生成氢气（H_2）和氧离子（O^{2-}），O^{2-} 在电动势驱动下经由电解质传输到阳极，在阳极一侧失去电子形成氧气（O_2）释放出去，该传导方式下电解池称为 O-SOEC，其原理如图 2-16（另见书后彩图）(a) 所示。其反应方程式如下：

阴极反应
$$H_2O + 2e^- \longrightarrow H_2 + O^{2-}$$

阳极反应
$$O^{2-} \longrightarrow \frac{1}{2}O_2 + 2e^-$$

当 SOEC 施加电压且水蒸气通入空气电极（阳极气室），H_2O 分子在阳极的催化作用下解离成 O^{2-} 和 H^+，O^{2-} 直接在空气电极侧失去电子生成 O_2，生成的 H^+ 经过电解质传导至燃料电极，在燃料电极得到电子生成纯净的 H_2，该传导方式下电解池称为 H-SOEC，其原理如图 2-16(b) 所示。其反应方程式如下：

阳极反应
$$H_2O \longrightarrow 2H^+ + \frac{1}{2}O_2 + 2e^-$$

阴极反应
$$2H^+ + 2e^- \longrightarrow H_2$$

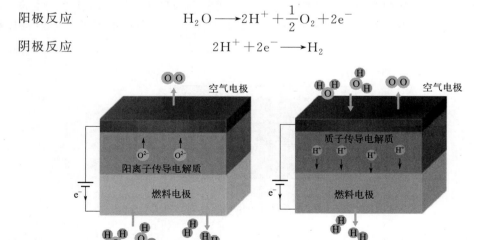

(a) O-SOEC　　　　(b) H-SOEC

图 2-16　SOEC 进行水蒸气电解的工作原理示意图

另外，根据运行过程中热力学状态的不同，SOEC 可以分为热中性模式、吸热模式和放热模式。当 SOEC 运行在热平衡条件时，即为热中性模式，此时反应中的电能输入与反应焓变等同，气体输出的温度和输入的温度相同，且电能到化学能的转化效率为 100%，反应物裂解所需的熵变与电解池反应损耗产生的热量等同。在放热模式下，电能的输入超过了反应的焓变，导致电能转化效率低于 100%。在吸热模式下，电能的输入量低于反应的焓变，即电解池电压低于热中性电压，此时，必须有足够的外部加热来维持电解池的反应温度，且电能到化学能的转化效率高于 100%。

为了获得较高的能量转换效率，SOEC 通常运行于 700～1000℃。这主要是因为高温加热能够为水蒸气裂解提供部分能量，相比其他产氢方式，SOEC 在获得较高的产氢速率时，也能消耗较少的电能。另外，在实际应用中，由于 H_2 可以作为保护气来防止阴极材料的氧化和性能衰退，因此阴极气室通入的多为一定比例的 H_2O/H_2 混合气体[133]。除此之外，混合气体中 H_2 的添加还可以加强某些钙钛矿阴极材料的电导率和催化活性[134]。事实上，如果阴极材料在水蒸气气氛中能够稳定工作，则可向阴极气室通入 H_2O 气体，去除还原保护气 H_2，即为 DHTSE 工作模式。DHTSE 模式可以简化 SOEC 的设计和制作成本，还可以从根本上防止运行时气体供应中断或突发状况对电解池结构造成的损坏。因此，SOEC 具有能量转化率高、全固态结构、不存在器件腐蚀问题、便于携带运输和便于模块化设计等优点，已经成为时下研究的热门课题之一。另外，由于 SOEC 通常运行于高温区 700～1000℃，SOEC 如果采用可再生能源或先进核反应堆作为能量来源，有望实现氢气的高效、清洁、大规模制备。

除此之外，SOEC 还可以用来电解二氧化碳（CO_2），生成一氧化碳（CO），以此作为二次燃料，同时减少温室气体排放。由于相关内容不是本文关注的重点，因此，SOEC 用于 CO_2 电解的相关内容暂不详谈。

2.4.2 SOEC 电解槽组成和关键部件

SOEC 的基本组成如图 2-17 所示，中间是致密的电解质层，两边为多孔的氢电极和氧电极。电解质的主要作用是隔开氧气和燃料气体，并传导氧离子或质子，因此一般要求电解质致密且具有高离子电导率和可忽略的电子电导。电极一般为多孔结构，以利于气体的扩散和传输。此外，平板式 SOEC 还需要密封材料，多个单体电解池组成电堆还需要连接体材料等。

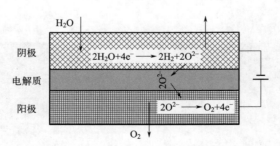

图 2-17 SOEC 进行水蒸气电解的工作原理示意图

根据结构的不同，SOEC 可分为管式、平板式和扁管式。最早用于高温电解制氢研究的是管式构造的 SOEC，其主要特点是不需要密封，且电池连接简单，具有较高的机械和热稳定性；但也存在能量密度低、加工成本昂贵等缺点。近年来研究人员开发了具有不同结构的管式 SOEC 电堆，有连续电解质型、分离电解质型等等。然而，管式 SOEC 单位面积的电解性能较低，制造成本较高，因此该结构形式的 SOEC 电堆的应用与推广受到了一定的限制。相比于管式电解槽，平板式的电解槽不仅具有更高的电流密度、功率密度，而且更适于多种形式的应用装置开发。另外，通过使用现代陶瓷工艺中的相关制造技术，板式电解槽的制造成本能够得到大幅降低，因此，该形式的 SOEC 目前应用最多，并且从纽扣电池制备到电堆设计与装配均已经有了更深入的研究。不过与管式 SOEC 不同，平板式 SOEC 除了电池本身，还需要辅以密封材料和连接材料的使用。

平板式 SOEC 按支撑体类型可以分为电解质支撑、阳极支撑、阴极支撑和连接体（双极板）支撑几种类型。其中，研究最早是的电解质支撑的 SOEC，其制备工艺较为简单，一般通过流延法将正负极材料涂覆在电解质膜两侧，形成电极薄层，有助于降低界面电阻和扩散阻力，提高电解效率。然而，由于电解质膜通常较厚，离子电导率相对较低，电解质支撑型电池通常要求在较高的温度下工作，这不仅对电池的密封材料的选择提出了苛刻的要求，而且加剧了电池组件间副反应的发生，影响电池的寿命，使电池成本较高，从而限制了该技术的市场化发展。

由于电极支撑的平板式 SOEC 可使电解质薄膜化（几微米到几十微米），这不仅可以显著地降低电池内阻，而且还有利于降低电池的工作温度，并保持较高的输出功率，因此目前多采用电极支撑型 SOEC。与 SOFC 类似，电极支撑型 SOEC 根据阴阳极的不同可以分为阳极支撑型 SOEC 和阴极支撑型 SOEC。其中，阴极支撑型 SOEC 通常认为是最佳选择，也是当前的大部分 SOEC 研究所采用的构型。不过，Leung 等人[135]基于浓差过电势的理论分析表明，在 SOEC 中燃料电极更易受浓差过电势和极限电流密度的影响，因此阳极电极支撑型 SOEC 可能更符合实际应用。此外，Chelmehsara 等人[136]根据 SOFC 的模拟结果指出，在单侧电极支撑型 SOFC 中，最大局部电流密度趋向于发生在非支撑侧电极。由于 SOEC 与 SOFC 互为逆过程，具有与 SOFC 相似的性质，因此，SOEC 中也通常认为会有类似现象发生，由此提出对称电极支撑的 SOEC 构型。对称电极支撑 SOEC 则由于其对称结构可以获得相对均一的电流分布，相对于单一侧电极支撑型 SOEC，对称电极支撑 SOEC 在制备上更为简便，不仅能够降低制造成本，而且还能将电极、电解质兼容性问题降到最低。此外，对称电池还能通过简单地交换电极气氛的方式来解决硫中毒、碳沉积等问题[137]。因此，对称型 SOEC 在可逆固体氧化物电池（R-SOC）中具有更广泛的潜在应用。

SOEC 单电池主要包括电解质、阴极材料和阳极材料。除此之外，用于封接单个电池的空气电极和相邻电池的燃料电极的连接体材料和密封材料对 SOEC 也至关重要。由于 SOEC 运行温度较高（600～900℃），对电极、电解质、连接体材料的要求非常严格，故既要有高的电导率和匹配的热膨胀系数，还要在高温下有良好的机械、化学、热稳定性。

（1）电解质材料

电解质材料是 SOEC 的核心部件，电解质不仅负责将 O^{2-} 从阴极传导至阳极，还将两侧的氧化性气体和还原性气体完全隔开。因此，对 SOEC 电解质材料一般有以下要求：高离子电导率（≈0.1S/cm）、可忽略的电子迁移数（$<10^{-3}$）、在宽氧分压范围内（1～10^{-22}atm❶）的化学稳定性、可靠的力学性能等。与 SOFC 类似，最常见的 SOEC 氧离子导体电解质材料主要有萤石结构的 ZrO_2、CeO_2 和 Bi_2O_3 基氧化物以及钙钛矿结构的 $LaGaO_3$ 基氧化物等。不过，CeO_2 基电解质因为 Ce 元素变价容易产生电子而引发"漏电现象"，

---

❶　1atm=101.325kPa。

Bi_2O_3 基电解质则在低氧分压下极易还原产生电子电导，两者都不能单独用作 SOEC 电解质。使用双层电解质的方法可以将它们应用于 SOEC，但这增加了制备难度且电解质之间的热膨胀系数也难以匹配。此外，基于钙钛矿结构的 $BaCeO_3$ 和 $BaZrO_3$ 基的质子导体电解质，近年来也在 H-SOEC 方面得到了广泛关注，但其稳定性还有待探究。

（2）阳极材料

SOEC 的多孔阳极（即空气极）是发生氧析出反应的场所，一般要求具有理想的混合离子电子电导率、优异的化学稳定性以及高的 OER 催化活性等。阳极材料目前主要是钙钛矿材料，其中以 Co 基钙钛矿表现最为优异，因为 Co 元素的配位灵活，Co 基钙钛矿有良好的 O^{2-} 迁移和 ORR/OER 催化活性，当 B 位被部分 Fe 取代后，可以提高 Co 在低氧化态时的稳定性，进一步增强材料的 OER 活性和稳定性[138]。目前阳极钙钛矿材料主要有以 $Ln_{1-x}(Ca,Sr,Ba)_xCo_{1-y}Fe_yO_{3-\delta}$ 和 $Ln_{2-x}(Ca,Sr,Ba)_xCo_{2-y}M_yO_{6-\delta}$（Ln：镧系元素，M：过渡金属）系列为主的 Co 基钙钛矿和双钙钛矿材料。除了 Co 基钙钛矿氧化物外，A、B 位共掺杂的 $LaMnO_{3-\delta}$ 和 $LaFeO_{3-\delta}$ 也有较高的电导率和良好的 OER 催化活性，也是一类潜在的阳极材料。不过，在 SOEC 中，因为运行温度较高（750～900℃），阳极材料的极化阻抗一般都比较低，制约 SOEC 性能的主要是阴极材料，因此，阴极材料是目前的研究重点之一。

（3）阴极材料

SOEC 的多孔阴极（即燃料电极）提供用于 CO_2 和 H_2O 电化学还原的活性位点，一般应具有以下特征：①足够高的电子和离子导电性；②对 CO_2 和 H_2O 电解还原的高催化活性；③化学和机械稳定性；④与电解质的相容性[48]。常见的阴极材料有金属陶瓷基阴极材料、钙钛矿基阴极等材料。在金属陶瓷基材料中，Ni-YSZ 具有优异的电化学性能和电解的高稳定性，是研究最早、应用也最广泛的阴极材料。不过，Ni-YSZ 基燃料电极在 SOEC 长期运行过程中的钝化、活性降低以及 Ni 的迁移、团聚和长大都会造成 SOEC 性能降低。因此，了解其长期降解机理，进一步优化电极的微观结构以提高其长期稳定性是其研究中重要内容。相比于金属陶瓷基阴极材料，钙钛矿材料由于本身具有的离子和电子混合导电性，以及良好的氧化还原稳定性、抗积碳和抗硫中毒等性能也受到广泛关注。典型的钙钛矿基阴极材料有 $La_{0.6}Sr_{0.4}Fe_{0.8}Mn_{0.2}O_{3-\delta}$[139]、$La_{0.3}Sr_{0.7}Fe_{0.7}Ti_{0.3}O_{3-\delta}$[140]、$La_{0.9}Ca_{0.1}Fe_{0.9}Nb_{0.1}O_{3-\delta}$[141] 等。然而，这些钙钛矿阴极的电化学性能要逊于传统的 Ni-YSZ 阴极，需要通过金属掺杂、原位脱溶等方法来提高钙钛矿阴极的催化活性。

另外，在一系列阳极、阴极材料中，有一些材料能同时满足阳极和阴极的要求，在氧化和还原条件下均具有良好的稳定性和电导率，同时具有 CO_2/H_2O 电化学还原和 OER 催化活性，因此，这些材料可以作为对称型 SOEC 的电极，进而简化电极制备流程，降低制造成本，同时能够改善电极、电解质兼容性问题。目前，多数对称电极材料都是基于掺杂 $LaFeO_3$、$LaCrO_3$、$LaMnO_3$ 基氧化物体系，这些钙钛矿材料不仅具有良好的氧化还原稳定性，而且在氧化性气氛和还原性气氛中有良好的电导率。

（4）连接件和密封件

在 SOEC 中，连接体材料又称为双极板，主要作用有：①在电池单元间起连接和导电作用；②将阴极侧的被电解气体、燃料气体与阳极侧的氧化气体隔离开。目前使用的连接体材料主要有两类：$LaCrO_3$ 基陶瓷材料和高温合金材料[32]。在不同构型的 SOEC 中，管式结构的 SOEC 不需要彼此封接，平板式结构的则需要可靠的密封连接。平板式 SOEC 密封材料的研究主要集中在以硅酸盐、硼酸盐、磷酸盐为基础的玻璃体系、云母玻璃密封体系、玻璃陶瓷复合密封体系、陶瓷复合密封材料。此外，还有借助外力的压力密封、耐高温金属密封和自适应密封等。与 SOFC 相比，在 SOEC 进气中水蒸气的含量很大，选择密封材料时还需要特别注意高温高湿环境的影响。

在 SOEC 相关部件的选择和设计上，由于 SOEC 可以看作是 SOFC 的逆过程，因此相关材料选择可以从已经发展比较成熟的 SOFC 电极材料中来选择。SOEC 对其组成材料的一般要求与 SOFC 相似：在燃料电池或电解池工作条件下具有较好的热稳定性和化学稳定性，并且应该和其他组件兼容；相态和晶体结构稳定；不同组件间的热膨胀系数匹配；对于结构组件如电解质和电极，应该具有一定的强度和抗热冲击能力；易于加工、成本尽可能低等。不过值得注意的是，尽管 SOFC 在许多方面可供 SOEC 借鉴，但是两者研究的侧重点仍存在着如下两点区别：

① 由于工作环境和模式的改变，相较 SOFC，SOEC 对材料有特殊要求。对于氢电极，由于 SOEC 的进气中 H_2O 的含量远高于 SOFC，高温高湿环境对于材料稳定性能提出了更高的要求。常用的 NiPYSZ 电解材料在高温高湿下 Ni 更容易被氧化生成钝化层而失去活性，其性能衰减机理和微观结构调控需要进一步研究。对于氧电极，常规材料在电解模式下发生严重的阳极极化，氧电极的极化能量损失远高于氢电极和电解质，因此有必要开发新材料以降低极化损失，并且 O_2 的析出反应电极过程机理也需要进一步研究。相对于电极材料，电解和电池模式对电解质材料的影响较小，主要研究方向着重于电解质的薄膜化技术。此外，在高温高湿恶劣环境下现有的陶瓷密封材料的寿命也会降低，需要进一步研究和改进。

② SOEC 制氢系统较 SOFC 更为复杂。例如，在高温电解制氢回路中的 H_2O 容易冷凝，其传输、控制和测量需要专门的设备，并需要设置多个监测点在线随时控制和调整温度、压力、湿度、气体流量、电流和电压等多个参数。SOEC 电解制氢体系不断产生高温的 H_2 和 O_2，需要冷却和热交换装置以保证热能的有效利用。此外，大量的 H_2 产生对 SOEC 制氢装置的气密性要求更高。

2.4.3　关键部件制备方法

除相关材料选择外，SOEC 各主要部件的制备方法和工艺对 SOEC 性能、寿命、生产效率、工艺稳定等有很大影响。

（1）电解质制备方法

为了降低电解过程中阴阳两极间的离子传输，除探索具有高离子导电性的新型电解质材料外，制备薄膜化 SOEC 电解质层是降低电解质电阻的一个重要途径。

理想的成膜工艺应具备以下特征：膜结构能够符合性能要求且性能稳定；工艺可操作性强，重复性好；成膜效率高，成本低廉，污染小，且适用于大规模商业化生产。通常薄膜制备方法可以分为物理方法、化学方法和陶瓷方法。前两者通常适于制备厚度在数微米或以下的薄膜，虽然膜的性能优异，但制备成本高。结合软化学技术的陶瓷薄膜制备方法成本低，应用方便，已成为 SOFC 和 SOEC 薄膜制备领域中最具活力的制备技术。

另外，对于不同类型的 SOEC 电极，其电解质层的制备方法略有不同。在以电解质支撑的平板式 SOEC 中，电解质一般采用流延法制备。这种方法具有成本较低、生产周期短、产量大、性能稳定、成膜效果好等优点，适于制备大面积的平板式 SOEC 部件，是电子陶瓷工业中广泛应用的成熟工艺，适合大规模商业化生产。在电极支撑平板式 SOEC 电解质薄膜制备过程中，除使用流延法，还有干压法、丝网印刷法、化学气相沉积法、粉浆浇铸法等。其中，化学气相沉积法（CVD）通过化学反应使沉淀剂在整个溶液中缓慢生成，因此具有均匀、重复性好等特点。同时，良好的均匀性也有利于制备很薄的电解质膜，但该技术也存在着成本高、难以放大等问题。相比之下，干压法具有操作简单、可重复性强、成本低廉等优点，并且有文献报道采用干压法[142]也成功制备出了 $8\mu m$ 厚的铈基电解质膜。另外，为了制备更薄的电解质薄膜以提高 SOEC 或 SOFC 的电化学性能，空气等离子喷涂法、磁控溅射方法等也被提出，但因使用成本较高，在大规模商业化生产中较少使用。

（2）电极制备方法

在 SOEC 电解槽中，阴极和阳极电极支撑体是另外两个关键部件。虽然阳极和阴极支撑体在材料选择上均与电解质有所不同，但三者均为固态电极，因此，其制备方法与电解质制备方法具有许多相同之处。电解质薄膜制备中的大部分方法也可以用于制备 SOEC 电极支撑体。例如干压成型法、流延成型法、丝网印刷法等。在 SOEC 电极支撑体的制备方法中，干压法常用于制备小型纽扣电池，大面积 SOEC 的电极制备则一般采用流延成型法。不过流延成型法根据工艺的不同又可分为常规流延法和相转化流延法。其中，相转化流延一般只用来制备多孔支撑体，致密电解质膜则通常采用常规流延法制备，即将均匀分散的稳定料浆在流延机上流延生膜。在利用相转化流延法制备 SOEC 电极支撑体中，通过将支撑体浸入含有非溶剂的凝结液中，利用溶剂和非溶剂的交换沉淀作用实现电极制备的浸没沉淀方法是一种常采用的方法。利用相转化流延法制备的电极支撑体通常具有开放直孔结构，能够充分暴露电极反应活性位点，并能够显著促进气相物质的扩散输运，因此是一种极具潜力的制备方法。另外，该制备方法工艺简单，成本低廉，成膜效率高，适用于大规模商业化生产。

2.4.4 失效机理

固体氧化物电解池电堆寿命影响着系统的制氢成本，更长的寿命带来更长的电堆更换周期，进而能够大幅降低系统运行成本。电堆衰减率决定了电堆寿命，更低的衰减率带来更长的电堆寿命。目前固体氧化物电解池电堆衰减率一般为 $1\%/1000h$，折算寿命 20000h，远远达不到商业化要求。

在电解池层面，衰减主要来源于输入介质中的杂质以及电解池内部的结构变化。输入介质内混入的硫、硅等杂质对氢电极催化剂有毒害作用，因此保证输入介质的纯净度，能够降低电堆衰减率，延长电堆寿命。在电解池长期运行过程中，其内部微观结构也不断演变。在氢电极与电解质层接触处的催化剂颗粒在电场作用下易发生迁移，导致阻抗上升，引发电解池性能衰减。在氧电极中，过高的电解速率将引起 O^{2-} 转换为 O_2 的速率增快，导致 O_2 分子的逸散困难，引发氧电极分层，破坏电极微观结构，故必须从微观结构与界面的设计与控制上进行改进。

在电解池层面，性能衰减除了来源于电解池性能衰减外，还来源于连接体、密封材料、集流板等。连接体连接上下两个单电池的电极，并为介质提供流道，一般为金属材质，在使用过程中出现的腐蚀与损伤，会导致连接体阻抗增加，同时不锈钢连接体中的铬元素的脱离，也对电解池有毒害作用。目前为了抑制连接体腐蚀对电堆性能的影响，一般在连接体上喷涂防护涂层来抑制这些现象。另外，密封材料晶化导致的密封失效以及集流板接触电阻增加也会造成电堆性能衰减。导致电堆性能衰减的因素相互关联，因此须从电堆整体出发，持续优化电堆设计与制备工艺，提高电堆寿命。

在微观方面，SOEC 性能衰退的来源主要有：电极颗粒的粗化/平滑[143]、动力学分层和 Kirkendall 空洞或微孔的形成[144]、材料物相不稳定[145]、界面偏析[146]、金属催化剂挥发[147]、反应活性区上杂质的积累[148]、界面相互扩散[149]、氧电极/电解质界面的分层和微结构破坏[150]等诸多因素。因此，为实现 SOEC 寿命的根本提升，需要更深入地了解电解池内部老化机理，进而获取相关抑制方法。

2.4.5 代表企业

虽然固体氧化电解制氢技术还面临着上述诸多问题，但近年来也得到了极大的发展。在电解池方面，电解电流密度已从 2006 年的 $0.4A/cm^2$ 提升至 $1.4A/cm^2$，衰减率从 2005 年的约 2%/1000h 降至 0.4%/1000h；单堆容量（标准状况，下同）已达到 $3m^3/h$，衰减率可控制在 1%/1000h 以下[151]。在系统方面，目前国内外已推出了不同功率的制氢装置并进行应用示范。

国际上，日本、美国、欧洲的公司布局较早，已经实现从基础理论到示范性应用的过渡。日本的三菱重工、东芝、京瓷等公司的研究团队在发展千瓦级 SOFC 电堆的基础上对 SOEC 的电极、电解质、连接体等材料和部件等方面开展了研究。美国 Idaho 国家实验室、Bloom Energy、丹麦托普索燃料电池公司、韩国能源研究所以及欧盟 Relhy 高温电解项目也对 SOEC 技术开展了研究，研究方向由电解池材料研究逐渐转向电解池堆和系统集成。例如，德国的 Sunfire 公司推出了 150kW 的固体氧化物电解水制氢装置，该装置氢气产率为 $40m^3/h$，输入工质为 150℃ 蒸汽，系统电耗为 $3.7kW \cdot h/m^3$，运行范围为 0~125%，分别在欧洲的钢铁厂与可再生燃料厂进行了氢冶金与电解合成燃料应用示范。美国的 Idaho 实验室开发了 20kW 的固体氧化物电解制氢系统，将在美国能源部的支持下，开展核能耦合制氢应用示范。

国内的清华大学、中国科学技术大学、中国科学院大连化学物理研究所、上海硅酸盐研究所、上海应用物理研究所、宁波材料技术与工程研究所等研究机构在 SOFC 研究的基础上，开展了 SOEC 的探索。目前，国内对 SOEC 的研究主要集中在新材料开发、微观结构调控、性能衰减机理等基础理论研究方面。在 SOEC 的大面积制备方面，清华大学核研院 2009 年初步完成了 $7cm \times 7cm$ 的平板单体电池的制备；2011 年，电池有效面积增加到 $9cm \times 9cm$，2 片电池堆产氢率为 5.6L/h；2014 年，10 片电池堆连续稳定运行 115h，产氢率达到 105L/h。宁波材料所 SOFC 团队采用自主设计与研制的平板式固体氧化物燃料电池 30 单元电堆标准模块进行高温电解水制氢，单体电池有效面积为 $70cm^2$，电解堆在 800℃ 下运行，水蒸气电解转化率维持在 73.5%，产氢速率为 94.1L/h。中国科学院上硅所和应物所合作研制的含 50 片 $20cm \times 20cm$ 电池的电堆，在 750℃ 下运行，产氢率达到 $1.37m^3/h$，每 1000h 衰减不超过 2%，其耗电量约为 $3.4kW \cdot h/m^3$，能耗远低于目前商业化的碱性电解和质子交换膜电解系统。2018 年，中国科学院上海应用物理研究所开展了 20kW 级的固体氧化物电解制氢加氢站装置研制，并计划于 2021 年建成国际首个基于熔盐堆的核能制氢验证装置，设计制氢速率达到 $50m^3/h$。不过，总体说来国内对 SOEC 的关键材料与部件、电解池测试装置和测试方法等还需深入研究，并逐步解决高温 SOEC 电解技术的材料与电堆结构设计问题，实现高效 SOEC 的示范应用。

2.5 不同技术路线的比较

从前文可知，电解水制氢技术的三种技术路线各具特点，为了更全面、直观地比较三种技术路线特点以及适用范围，表 2-6 总结了三种电解水制氢路线的关键技术参数与特点。

表 2-6　三种电解水制氢路线的对比分析

指标		碱性电解（AEC）	质子交换膜电解（PEMEC）	固体氧化物电解（SOEC）
性能参数	电解池能耗/(kW·h/m³)	4.2～4.8	4.4～5.0	3
	系统能耗/(kW·h/m³)	5.0～5.9	5.2～5.9	3.7～3.9
	电解池效率(LHV)/%	63～71	60～68	≈100
	系统效率(LHV)/%	51～60	46～60	76～81
	负荷弹性(额定负载)/%	20～100	0～120	−100～100
	冷启动时间	1～2h	5～10min	数小时
	热启动时间	1～5min	<5s	15min
工作参数	电流密度/(A/cm²)	0.25～0.45	1.0～2.0	0.2～1.0
	电解槽温度/℃	60～95	50～80	700～900
	产业化工作压力/MPa	0.1～3	0.1～5	0.1～1.5
	科研上工作压力/MPa	0.1～10	0.1～70	0.1～1.5
成本寿命	生命周期/h	(55～120)×10³	(60～100)×10³	(8～20)×10³
	投资成本/(元/kW)	3000～9000	8000～13800	>16000
	典型商业化规格	5MW	1MW	约10kW

　　碱性电解水制氢技术相对比较成熟，工艺比较简单，成本比较低廉，但瓶颈在于工作电流密度比较低（低于 $0.5A/cm^2$）、电解槽效率（63%～71%）还有待于提高，负荷操作范围仅为 20%～100%，大规模状态下多设备协调控制策略复杂、体积大，并且碱性电解液有腐蚀性、难处理。另外，由于目前碱性隔膜不能完全阻止气体通过，会出现阴阳极气体交叉扩散现象，导致氢气纯度较低。

　　质子交换膜电解水制氢（PEM）比碱性电解水制氢有更高的电流密度（$1～2A/cm^2$），结构更紧凑，更加安全可靠，输出氢气纯度较高，压力大，动态响应速度快、负荷范围广，容易与可再生能源中具有间歇性、周期性、地域性特点的风和光资源配合（超功率极限为 160%），但隔膜和电极价格昂贵。国内单台最大产量仅为 $200m^3/h$，电解槽效率（60%～68%）和系统效率有待提升。

　　SOEC 被誉为电解水制氢技术发展的终端产品，在 500～800℃ 的中高温下，电解池能耗能降低至 $3kW·h/m^3$，能与 SOFC 共用一套装置，实现 −100%～100% 范围的切换，满足制氢和发电双重需求，但由于高温下材料耐久性不足；并且高温条件增强气体扩散，易出现气体交叉污染。因此，SOEC 产品还处于实验室阶段，基本上为千瓦级别，但随着技术的升级和发展，SOEC 产品也会进入市场参与竞争和实现商用化。

参 考 文 献

[1]　Conway B E，Tilak B V. Interfacial processes involving electrocatalytic evolution and oxidation of H_2，and the role of chemisorbed H [J]. Electrochimica acta，2002，47（22-23）：3571-3594.

[2]　Hossain M D，Liu Z，Zhuang M，et al. Rational design of graphene-supported single atom catalysts for hydrogen evolution reaction [J]. Advanced Energy Materials，2019，9（10）：1803689.

[3]　Nørskov J K，Bligaard T，Rossmeisl J，et al. Towards the computational design of solid catalysts [J]. Nature Chemistry，2009，1（1）：37-46.

[4]　Eyring H，Glasstone S，Laidler K J. Application of the theory of absolute reaction rates to overvoltage [J]. The Jour-

nal of Chemical Physics，1939，7（11）：1053-1065.

[5]　JO'M B，Minevski Z S. Electrocatalysis：past，present and future［J］. Electrochimica acta，1994，39（11-12）：1471-1479.

[6]　Gao L，Cui X，Sewell C D，et al. Recent advances in activating surface reconstruction for the high-efficiency oxygen evolution reaction［J］. Chemical Society Reviews，2021.

[7]　Lu F，Zhou M，Zhou Y，et al. First-row transition metal based catalysts for the oxygen evolution reaction under alkaline conditions：basic principles and recent advances［J］. Small，2017，13（45）：1701931.

[8]　Parsons R. The rate of electrolytic hydrogen evolution and the heat of adsorption of hydrogen［J］. Transactions of the Faraday Society，1958，54：1053-1063.

[9]　You B，Tang M T，Tsai C，et al. Enhancing electrocatalytic water splitting by strain engineering［J］. Adv Mater，2019，31（17）：1807001.

[10]　Zeng K，Zhang D. Recent progress in alkaline water electrolysis for hydrogen production and applications［J］. Progress in Energy and Combustion Science，2010，36（3）：307-326.

[11]　Tseung A C C. Electrochemical hydrogen technologies：Electrochemical production and combustion of hydrogen［M］. Elsevier Science Limited，1990.

[12]　万志鹏. 制氢方法研究进展［J］. 化工管理，2019（15）：20-21.

[13]　Nakagawa N，Sakurai H，Kondo K，et al. Evaluation of the effective reaction zone at Ni（NiO）/zirconia anode by using an electrode with a novel structure［J］. Journal of the Electrochemical Society，1995，142（10）：3474.

[14]　Spacil H S，Tedmon C S. Electrochemical dissociation of water vapor in solid oxide electrolyte cells：I. thermodynamics and cell characteristics［J］. Journal of the Electrochemical Society，1969，116（12）：1618.

[15]　Spacil H S，Tedmon C S. Electrochemical dissociation of water vapor in solid oxide electrolyte cells：II. Materials，fabrication，and properties［J］. Journal of The Electrochemical Society，1969，116（12）：1627.

[16]　Dönitz W，Erdle E. High-temperature electrolysis of water vapor-status of development and perspectives for application［J］. International Journal of Hydrogen Energy，1985，10（5）：291-295.

[17]　Maskalick N J. High temperature electrolysis cell performance characterization［J］. International Journal of Hydrogen Energy，1986，11（9）：563-570.

[18]　Hino R，Haga K，Aita H，et al. 38. R&D on hydrogen production by high-temperature electrolysis of steam［J］. Nuclear Engineering and Design，2004，233（1-3）：363-375.

[19]　Kong X，Xu K，Zhang C，et al. Free-standing two-dimensional Ru nanosheets with high activity toward water splitting［J］. Acs Catalysis，2016，6（3）：1487-1492.

[20]　Wedepohl K H. The composition of the continental crust［J］. Geochimica et cosmochimica Acta，1995，59（7）：1217-1232.

[21]　Hansen H A，Rossmeisl J，Nørskov J K. Surface Pourbaix diagrams and oxygen reduction activity of Pt，Ag and Ni（111）surfaces studied by DFT［J］. Physical Chemistry Chemical Physics，2008，10（25）：3722-3730.

[22]　Zhang B，Zheng X，Voznyy O，et al. Homogeneously dispersed multimetal oxygen-evolving catalysts［J］. Science，2016，352（6283）：333-337.

[23]　Gao X，Zhang H，Li Q，et al. Hierarchical $NiCo_2O_4$ hollow microcuboids as bifunctional electrocatalysts for overall water-splitting［J］. Angewandte Chemie International Edition，2016，55（21）：6290-6294.

[24]　Baeumer C，Li J，Lu Q，et al. Tuning electrochemically driven surface transformation in atomically flat $LaNiO_3$ thin films for enhanced water electrolysis［J］. Nature materials，2021，20（5）：674-682.

[25]　Wu T，Sun S，Song J，et al. Iron-facilitated dynamic active-site generation on spinel $CoAl_2O_4$ with self-termination of surface reconstruction for water oxidation［J］. Nature Catalysis，2019，2（9）：763-772.

[26]　Bode H，Dehmelt K，Witte J. Zur kenntnis der nickelhydroxidelektrode—I. Über das nickel（II）-hydroxidhydrat［J］. Electrochimica Acta，1966，11（8）：1079-1087.

[27]　Lu P W T，Srinivasan S. Electrochemical-ellipsometric studies of oxide film formed on nickel during oxygen evolution［J］. Journal of the Electrochemical Society，1978，125（9）：1416.

[28]　Bediako D K，Lassalle-Kaiser B，Surendranath Y，et al. Structure-activity correlations in a nickel-borate oxygen evolution catalyst［J］. Journal of the American Chemical Society，2012，134（15）：6801-6809.

[29]　Gao M，Sheng W，Zhuang Z，et al. Efficient water oxidation using nanostructured α-nickel-hydroxide as an electro-

catalyst [J]. Journal of the American Chemical Society, 2014, 136 (19): 7077-7084.

[30] Trotochaud L, Young S L, Ranney J K, et al. Nickel-iron oxyhydroxide oxygen-evolution electrocatalysts: the role of intentional and incidental iron incorporation [J]. Journal of the American Chemical Society, 2014, 136 (18): 6744-6753.

[31] Klaus S, Cai Y, Louie M W, et al. Effects of Fe electrolyte impurities on Ni(OH)$_2$/NiOOH structure and oxygen evolution activity [J]. The Journal of Physical Chemistry C, 2015, 119 (13): 7243-7254.

[32] Diaz-Morales O, Ledezma-Yanez I, Koper M T M, et al. Guidelines for the Rational Design of Ni-Based Double Hydroxide Electrocatalysts for the Oxygen Evolution Reaction [J]. Acs Catalysis, 2015, 5 (9): 5380-5387. DOI: 10. 1021/acscatal. 5b01638.

[33] Li H, Chen S, Zhang Y, et al. Systematic design of superaerophobic nanotube-array electrode comprised of transition-metal sulfides for overall water splitting [J]. Nat Commun, 2018, 9 (1): 2452.

[34] Zhou W, Wu X J, Cao X, et al. Ni$_3$S$_2$ nanorods/Ni foam composite electrode with low overpotential for electrocatalytic oxygen evolution [J]. Energy & Environmental Science, 2013, 6 (10): 2921-2924.

[35] Feng L L, Yu G, Wu Y, et al. High-index faceted Ni$_3$S$_2$ nanosheet arrays as highly active and ultrastable electrocatalysts for water splitting [J]. Journal of the American Chemical Society, 2015, 137 (44): 14023-14026.

[36] Liu Y, Xiao C, Lyu M, et al. Ultrathin Co$_3$S$_4$ nanosheets that synergistically engineer spin states and exposed polyhedra that promote water oxidation under neutral conditions [J]. Angewandte Chemie, 2015, 127 (38): 11383-11387.

[37] Cai P, Huang J, Chen J, et al. Oxygen-containing amorphous cobalt sulfide porous nanocubes as high-activity electrocatalysts for the oxygen evolution reaction in an alkaline/neutral medium [J]. Angew Chem Int Ed Engl, 2017, 56 (17): 4858-4861.

[38] Yin J, Li Y, Lv F, et al. Oxygen vacancies dominated NiS$_2$/CoS$_2$ interface porous nanowires for portable Zn-Air batteries driven water splitting devices [J]. Adv Mater, 2017, 29 (47): 1704681. 1-1704681. 8.

[39] Zhu H, Zhang J, Yanzhang R, et al. When cubic cobalt sulfide meets layered molybdenum disulfide: a core-shell system toward synergetic electrocatalytic water splitting [J]. Advanced Materials, 2015, 27 (32): 4752-4759.

[40] Kupka J, Budniok A. Electrolytic oxygen evolution on Ni-Co-P alloys [J]. Journal of applied electrochemistry, 1990, 20 (6): 1015-1020.

[41] Popczun E J, McKone J R, Read C G, et al. Nanostructured nickel phosphide as an electrocatalyst for the hydrogen evolution reaction [J]. Journal of the American Chemical Society, 2013, 135 (25): 9267-9270.

[42] Stern L A, Feng L, Song F, et al. Ni$_2$P as a Janus catalyst for water splitting: the oxygen evolution activity of Ni$_2$P nanoparticles [J]. Energy & Environmental Science, 2015, 8 (8): 2347-2351.

[43] Ryu J, Jung N, Jang J H, et al. In situ transformation of hydrogen-evolving CoP nanoparticles: toward efficient oxygen evolution catalysts bearing dispersed morphologies with co-oxo/hydroxo molecular units [J]. ACS Catalysis, 2015, 5 (7): 4066-4074.

[44] Chen P, Xu K, Fang Z, et al. Metallic Co$_4$N porous nanowire arrays activated by surface oxidation as electrocatalysts for the oxygen evolution reaction [J]. Angew Chem Int Ed Engl, 2015, 54 (49): 14710-14714.

[45] Yao R Q, Shi H, Wan W B, et al. Flexible Co-Mo-N/Au electrodes with a hierarchical nanoporous architecture as highly efficient electrocatalysts for oxygen evolution reaction [J]. Adv Mater, 2020, 32 (10): e1907214.

[46] Doyle A D, Montoya J H, Vojvodic A. Improving oxygen electrochemistry through nanoscopic confinement [J]. ChemCatChem, 2015, 7 (5): 738-742.

[47] Vojvodic A, Nørskov J K. New design paradigm for heterogeneous catalysts [J]. National Science Review, 2015, 2 (2): 140-143.

[48] Huang Z F, Song J, Du Y, et al. Chemical and structural origin of lattice oxygen oxidation in Co-Zn oxyhydroxide oxygen evolution electrocatalysts [J]. Nature Energy, 2019, 4 (4): 329-338.

[49] Parsons R. The rate of electrolytic hydrogen evolution and the heat of adsorption of hydrogen [J]. Transactions of the Faraday Society, 1958, 54: 1053-1063.

[50] Miles M H, Thomason M A. Periodic variations of overvoltages for water electrolysis in acid solutions from cyclic voltammetric studies [J]. Journal of the Electrochemical Society, 1976, 123 (10): 1459.

[51] Qiu H J, Ito Y, Cong W, et al. Nanoporous graphene with single-atom nickel dopants: an efficient and stable cata-

lyst for electrochemical hydrogen production [J]. Angewandte Chemie International Edition，2015，54（47）：14031-14035.

[52]　Raj I A. Nickel-based，binary-composite electrocatalysts for the cathodes in the energy-efficient industrial production of hydrogen from alkaline-water electrolytic cells [J]. Journal of Materials Science，1993，28（16）：4375-4382.

[53]　Li Y，Tan X，Chen S，et al. Processable surface modification of nickel-heteroatom（N，S）bridge sites for promoted alkaline hydrogen evolution [J]. Angewandte Chemie International Edition，2019，58（2）：461-466.

[54]　Gong M，Zhou W，Tsai M C，et al. Nanoscale nickel oxide/nickel heterostructures for active hydrogen evolution electrocatalysis [J]. Nature communications，2014，5（1）：1-6.

[55]　Karunadasa H I，Montalvo E，Sun Y，et al. A molecular MoS_2 edge site mimic for catalytic hydrogen generation [J]. Science，2012，335（6069）：698-702.

[56]　Morales-Guio C G，Hu X. Amorphous molybdenum sulfides as hydrogen evolution catalysts [J]. Accounts of chemical research，2014，47（8）：2671-2681.

[57]　Kibsgaard J，Chen Z，Reinecke B N，et al. Engineering the surface structure of MoS_2 to preferentially expose active edge sites for electrocatalysis [J]. Nature materials，2012，11（11）：963-969.

[58]　Zou X，Zhang Y. Noble metal-free hydrogen evolution catalysts for water splitting [J]. Chemical Society Reviews，2015，44（15）：5148-5180.

[59]　Jiang J，Gao M，Sheng W，et al. Hollow Chevrel-phase $NiMo_3S_4$ for hydrogen evolution in alkaline electrolytes [J]. Angewandte Chemie，2016，128（49）：15466-15471.

[60]　Zhang J，Wang T，Pohl D，et al. Interface engineering of MoS_2/Ni_3S_2 heterostructures for highly enhanced electrochemical overall-water-splitting activity [J]. Angewandte Chemie，2016，128（23）：6814-6819.

[61]　Zhang B，Liu J，Wang J，et al. Interface engineering: the $Ni(OH)_2/MoS_2$ heterostructure for highly efficient alkaline hydrogen evolution [J]. Nano Energy，2017，37：74-80.

[62]　Hu J，Zhang C，Jiang L，et al. Nanohybridization of MoS_2 with layered double hydroxides efficiently synergizes the hydrogen evolution in alkaline media [J]. Joule，2017，1（2）：383-393.

[63]　Zheng Y R，Wu P，Gao M R，et al. Doping-induced structural phase transition in cobalt diselenide enables enhanced hydrogen evolution catalysis [J]. Nature communications，2018，9（1）：1-9.

[64]　Feng L L，Yu G，Wu Y，et al. High-index faceted Ni_3S_2 nanosheet arrays as highly active and ultrastable electrocatalysts for water splitting [J]. Journal of the American Chemical Society，2015，137（44）：14023-14026.

[65]　Tang C，Cheng N，Pu Z，et al. NiSe nanowire film supported on nickel foam：an efficient and stable 3D bifunctional electrode for full water splitting [J]. Angewandte Chemie，2015，127（32）：9483-9487.

[66]　Miao R，Dutta B，Sahoo S，et al. Mesoporous iron sulfide for highly efficient electrocatalytic hydrogen evolution [J]. Journal of the American Chemical Society，2017，139（39）：13604-13607.

[67]　Panda C，Menezes P W，Walter C，et al. From a molecular 2Fe-2Se precursor to a highly efficient iron diselenide electrocatalyst for overall water splitting [J]. Angewandte Chemie，2017，129（35）：10642-10646.

[68]　Liu P，Rodriguez J A. Catalysts for hydrogen evolution from the [NiFe] hydrogenase to the Ni2P（001）surface：the importance of ensemble effect [J]. Journal of the American Chemical Society，2005，127（42）：14871-14878.

[69]　Popczun E J，McKone J R，Read C G，et al. Nanostructured nickel phosphide as an electrocatalyst for the hydrogen evolution reaction [J]. Journal of the American Chemical Society，2013，135（25）：9267-9270.

[70]　Tabassum H，Guo W，Meng W，et al. Metal-organic frameworks derived cobalt phosphide architecture encapsulated into B/N Co-doped graphene nanotubes for all pH value electrochemical hydrogen evolution [J]. Adv Energy Mater，2017，7（9）：1601671.

[71]　Yang F，Chen Y，Cheng G，et al. Ultrathin nitrogen-doped carbon coated with CoP for efficient hydrogen evolution [J]. ACS Catalysis，2017，7（6）：3824-3831.

[72]　Huang Z，Chen Z，Chen Z，et al. Cobalt phosphide nanorods as an efficient electrocatalyst for the hydrogen evolution reaction [J]. Nano Energy，2014，9：373-382.

[73]　Popczun E J，McKone J R，Read C G，et al. Nanostructured nickel phosphide as an electrocatalyst for the hydrogen evolution reaction [J]. Journal of the American Chemical Society，2013，135（25）：9267-9270.

[74]　Laursen A B，Patraju K R，Whitaker M J，et al. Nanocrystalline Ni_5P_4：a hydrogen evolution electrocatalyst of exceptional efficiency in both alkaline and acidic media [J]. Energy & Environmental Science，2015，8（3）：

1027-1034.

[75] Yang J, Zhang F, Wang X, et al. Porous molybdenum phosphide nano-octahedrons derived from confined phosphorization in UIO-66 for efficient hydrogen evolution [J]. Angewandte Chemie, 2016, 128 (41): 13046-13050.

[76] Pan Y, Sun K, Lin Y, et al. Electronic structure and d-band center control engineering over M-doped CoP (M= Ni, Mn, Fe) hollow polyhedron frames for boosting hydrogen production [J]. Nano energy, 2019, 56: 411-419.

[77] Song J, Zhu C, Xu B Z, et al. Bimetallic cobalt-based phosphide zeolitic imidazolate framework: CoP_x phase-dependent electrical conductivity and hydrogen atom adsorption energy for efficient overall water splitting [J]. Advanced Energy Materials, 2017, 7 (2): 1601555.

[78] Wang M Q, Ye C, Liu H, et al. Nanosized metal phosphides embedded in nitrogen-doped porous carbon nanofibers for enhanced hydrogen evolution at all pH values [J]. Angewandte Chemie, 2018, 130 (7): 1981-1985.

[79] Vrubel H, Hu X. Molybdenum boride and carbide catalyze hydrogen evolution in both acidic and basic solutions [J]. Angewandte Chemie International Edition, 2012, 51 (ARTICLE): 12703-12706.

[80] Kitchin J R, Nørskov J K, Barteau M A, et al. Trends in the chemical properties of early transition metal carbide surfaces: A density functional study [J]. Catalysis Today, 2005, 105 (1): 66-73.

[81] Nørskov J K, Abild-Pedersen F, Studt F, et al. Density functional theory in surface chemistry and catalysis [J]. Proceedings of the National Academy of Sciences, 2011, 108 (3): 937-943.

[82] Wu H B, Xia B Y, Yu L, et al. Porous molybdenum carbide nano-octahedrons synthesized via confined carburization in metal-organic frameworks for efficient hydrogen production [J]. Nature communications, 2015, 6 (1): 1-8.

[83] Yang Y, Zhang W, Xiao Y, et al. $CoNiSe_2$ heteronanorods decorated with layered-double-hydroxides for efficient hydrogen evolution [J]. Applied Catalysis B: Environmental, 2019, 242: 132-139.

[84] Gong Q, Wang Y, Hu Q, et al. Ultrasmall and phase-pure W_2C nanoparticles for efficient electrocatalytic and photoelectrochemical hydrogen evolution [J]. Nature communications, 2016, 7 (1): 1-8.

[85] Ge R, Huo J, Sun M, et al. Surface and interface engineering: molybdenum carbide-based nanomaterials for electrochemical energy conversion [J]. Small, 2021, 17 (9): 1903380.

[86] Tang T, Jiang W J, Niu S, et al. Electronic and morphological dual modulation of cobalt carbonate hydroxides by Mn doping toward highly efficient and stable bifunctional electrocatalysts for overall water splitting [J]. Journal of the American Chemical Society, 2017, 139 (24): 8320-8328.

[87] Li M, Zhang L, Xu Q, et al. N-doped graphene as catalysts for oxygen reduction and oxygen evolution reactions: Theoretical considerations [J]. Journal of Catalysis, 2014, 314: 66-72.

[88] Wei L, Karahan H E, Zhai S, et al. Microbe-derived carbon materials for electrical energy storage and conversion [J]. Journal of Energy Chemistry, 2016, 25 (2): 191-198.

[89] Ito Y, Cong W, Fujita T, et al. High catalytic activity of nitrogen and sulfur co-doped nanoporous graphene in the hydrogen evolution reaction [J]. Angewandte Chemie, 2015, 127 (7): 2159-2164.

[90] Ma M, Xu J, Wang H, et al. Multi-interfacial engineering of hierarchical $CoNi_2S_4/WS_2/Co_9S_8$ hybrid frameworks for robust all-pH electrocatalytic hydrogen evolution [J]. Applied Catalysis B: Environmental, 2021, 297: 120455.

[91] Yin Z, Liu X, Chen S, et al. Interface engineering of the $MoS_2/NiS_2/CoS_2$ nanotube as a highly efficient bifunctional electrocatalyst for overall water splitting. Mater, Today Nano, 2022, 17: 100156.

[92] Liu S, Zhang H, Hu E, et al. Boosting oxygen evolution activity of NiFe-LDH using oxygen vacancies and morphological engineering [J]. Journal of Materials Chemistry A, 2021, 9 (41): 23697-23702.

[93] Gong M, Li Y, Wang H, et al. An advanced Ni—Fe layered double hydroxide electrocatalyst for water oxidation [J]. Journal of the American Chemical Society, 2013, 135 (23): 8452-8455.

[94] Chen Z, Wu R, Liu Y, et al. Ultrafine co nanoparticles encapsulated in carbon-nanotubes-grafted graphene sheets as advanced electrocatalysts for the hydrogen evolution reaction [J]. Adv Mater, 2018, 30 (30): e1802011.

[95] Mo J, Steen S, Kang Z, et al. Study on corrosion migrations within catalyst-coated membranes of proton exchange membrane electrolyzer cells [J]. International Journal of Hydrogen Energy, 2017, 42 (44): 27343-27349.

[96] Ito H, Maeda T, Nakano A, et al. Influence of pore structural properties of current collectors on the performance of proton exchange membrane electrolyzer [J]. Electrochimica Acta, 2013, 100: 242-248.

[97] Bystron T, Vesely M, Paidar M, et al. Enhancing PEM water electrolysis efficiency by reducing the extent of Ti gas

diffusion layer passivation [J]. Journal of Applied Electrochemistry, 2018, 48 (6): 713-723.

[98] Polonský J, Kodým R, Vágner P, et al. Anodic microporous layer for polymer electrolyte membrane water electrolysers [J]. Journal of Applied Electrochemistry, 2017, 47 (10): 1137-1146.

[99] Lettenmeier P, Kolb S, Burggraf F, et al. Towards developing a backing layer for proton exchange membrane electrolyzers [J]. Journal of Power Sources, 2016, 311: 153-158.

[100] Lettenmeier P, Kolb S, Burggraf F, et al. Towards developing a backing layer for proton exchange membrane electrolyzers [J]. Journal of Power Sources, 2016, 311: 153-158.

[101] Siracusano S, Oldani C, Navarra M A, et al. Chemically stabilised extruded and recast short side chain Aquivion® proton exchange membranes for high current density operation in water electrolysis [J]. Journal of Membrane Science, 2019, 578: 136-148.

[102] Treekamol Y, Schieda M, Robitaille L, et al. Nafion®/ODF-silica composite membranes for medium temperature proton exchange membrane fuel cells [J]. Journal of Power Sources, 2014, 246: 950-959.

[103] Singha S, Jana T, Modestra J A, et al. Highly efficient sulfonated polybenzimidazole as a proton exchange membrane for microbial fuel cells [J]. Journal of Power Sources, 2016, 317: 143-152.

[104] Carmo M, Fritz D L, Mergel J, et al. A comprehensive review on PEM water electrolysis [J]. International Journal of Hydrogen Energy, 2013, 38 (12): 4901-4934.

[105] Babic U, Suermann M, Büchi F N, et al. Critical review—identifying critical gaps for polymer electrolyte water electrolysis development [J]. Journal of The Electrochemical Society, 2017, 164 (4): F387.

[106] Siracusano S, Van Dijk N, Payne-Johnson E, et al. Nanosized IrO_x and $IrRuO_x$ electrocatalysts for the O_2 evolution reaction in PEM water electrolysers [J]. Applied Catalysis B: Environmental, 2015, 164: 488-495.

[107] Vercesi G P, Salamin J Y, Comninellis C. Morphological and microstructural the Ti/Ir O_2-Ta_2O_5 electrode: effect of the preparation temperature [J]. Electrochimica Acta 1991, 36: 991-998.

[108] Takashima T, Hashimoto K, Nakamura R. Mechanisms of pH-dependent activity for water oxidation to molecular oxygen by MnO_2 electrocatalysts [J]. Journal of American Chemistry Society 134 (2011) 1519-1527.

[109] Benedetti A, Riello P, Battaglin G, et al. Physicochemical properties of thermally prepared Ti supported IrO_2 + ZrO_2 electrocatalysts [J]. Journal of Electroanalyst Chemistry 376 (1994) 195-202.

[110] D'Alkaine C V, de Souza L M M, Nart F C. The anodic behaviour of niobium—I. The state of the art [J]. Corrosion Science, 1993, 34: 109-115.

[111] Ghadge S D, Patel P P, Datta M K, et al. First report of vertically aligned (Sn, Ir) O_2: F solid solution nanotubes: Highly efficient and robust oxygen evolution electrocatalysts for proton exchange membrane based water electrolysis [J]. Journal of Power Sources, 2018, 392: 139-149.

[112] Shan J, Guo C, Zhu Y, et al. Charge-redistribution-enhanced nanocrystalline Ru@ IrO_x electrocatalysts for oxygen evolution in acidic media [J]. Chem, 2019, 5 (2): 445-459.

[113] Pi Y, Zhang N, Guo S, et al. Ultrathin laminar Ir superstructure as highly efficient oxygen evolution electrocatalyst in broad pH range [J]. Nano Letters, 2016, 16 (7): 4424-4430.

[114] Huang Y Y, Zhao T S, Zhao G, et al. Manganese-tuned chemical etching of a platinum-copper nanocatalyst with platinum-rich surfaces [J]. Journal of Power Sources, 2016, 304: 74-80.

[115] Jovanovič P, Šelih V S, Šala M, et al. Electrochemical in-situ dissolution study of structurally ordered, disordered and gold doped $PtCu_3$ nanoparticles on carbon composites [J]. Journal of Power Sources, 2016, 327: 675-680.

[116] Wang J, Li B, Gao X, et al. From rotating disk electrode to single cell: Exploration of PtNi/C octahedral nanocrystal as practical proton exchange membrane fuel cell cathode catalyst [J]. Journal of Power Sources, 2018, 406: 118-127.

[117] Fu T, Huang J, Lai S, et al. Pt skin coated hollow Ag-Pt bimetallic nanoparticles with high catalytic activity for oxygen reduction reaction [J]. Journal of Power Sources, 2017, 365: 17-25.

[118] Takei C, Kakinuma K, Kawashima K, et al. Load cycle durability of a graphitized carbon black-supported platinum catalyst in polymer electrolyte fuel cell cathodes [J]. Journal of Power Sources, 2016, 324: 729-737.

[119] Chung S, Shin D, Choun M, et al. Improved water management of Pt/C cathode modified by graphitized carbon nanofiber in proton exchange membrane fuel cell [J]. Journal of Power Sources, 2018, 399: 350-356.

[120] Chan S, Jankovic J, Susac D, et al. Electrospun carbon nanofiber catalyst layers for polymer electrolyte membrane

fuel cells: fabrication and optimization [J]. Journal of Materials Science, 2018, 53 (16): 11633-11647.

[121] Liu S, Wang Y, Liu L, et al. One-pot synthesis of Pd@ PtNi core-shell nanoflowers supported on the multi-walled carbon nanotubes with boosting activity toward oxygen reduction in alkaline electrolyte [J]. Journal of Power Sources, 2017, 365: 26-33.

[122] Ahn B W, Kim T Y, Kim S H, et al. Amorphous MoS_2 nanosheets grown on copper@ nickel-phosphorous dendritic structures for hydrogen evolution reaction [J]. Applied Surface Science, 2018, 432: 183-189.

[123] Tang C, Wang D, Wu Z, et al. Tungsten carbide hollow microspheres as electrocatalyst and platinum support for hydrogen evolution reaction [J]. International Journal of Hydrogen Energy, 2015, 40 (8): 3229-3237.

[124] Deng Y, Xie Y, Zou K, et al. Review on recent advances in nitrogen-doped carbons: preparations and applications in supercapacitors [J]. Journal of Materials Chemistry A, 2016, 4 (4): 1144-1173.

[125] 邢以晶, 刘芳, 张雅琳, 等. 质子交换膜燃料电池膜电极制备方法的研究进展 [J]. 化工进展, 2021, 40 (S1): 281-290.

[126] Huang T H, Shen H L, Jao T C, et al. Ultra-low Pt loading for proton exchange membrane fuel cells by catalyst coating technique with ultrasonic spray coating machine [J]. International Journal of Hydrogen Energy, 2012, 37 (18): 13872-13879.

[127] Gülzow E, Kaz T. New results of PEFC electrodes produced by the DLR dry preparation technique [J]. Journal of Power Sources, 2002, 106 (1-2): 122-125.

[128] Chandesris M, Médeau V, Guillet N, et al. Membrane degradation in PEM water electrolyzer: Numerical modeling and experimental evidence of the influence of temperature and current density [J]. International Journal of Hydrogen Energy, 2015, 40 (3): 1353-1366.

[129] Millet P, Ranjbari A, De Guglielmo F, et al. Cell failure mechanisms in PEM water electrolyzers [J]. International Journal of Hydrogen Energy, 2012, 37 (22): 17478-17487.

[130] Cherevko S, Geiger S, Kasian O, et al. Oxygen evolution activity and stability of iridium in acidic media. Part 2. Electrochemically grown hydrous iridium oxide [J]. Journal of Electroanalytical Chemistry, 2016, 774: 102-110.

[131] Feng Q, Liu G, Wei B, et al. A review of proton exchange membrane water electrolysis on degradation mechanisms and mitigation strategies [J]. Journal of Power Sources, 2017, 366: 33-55.

[132] Lettenmeier P, Wang R, Abouatallah R, et al. Durable membrane electrode assemblies for proton exchange membrane electrolyzer systems operating at high current densities [J]. Electrochimica Acta, 2016, 210: 502-511.

[133] Tsekouras G, Irvine J T S. The role of defect chemistry in strontium titanates utilised for high temperature steam electrolysis [J]. Journal of Materials Chemistry, 2011, 21 (25): 9367-9376.

[134] Zhang J, Xie K, Gan Y, et al. Composite titanate cathode enhanced with in situ grown nickel nanocatalyst for direct steam electrolysis [J]. New Journal of Chemistry, 2014, 38 (8): 3434-3442.

[135] Ni M, Leung M K H, Leung D Y C. A modeling study on concentration overpotentials of a reversible solid oxide fuel cell [J]. Journal of Power Sources, 2006, 163 (1): 460-466.

[136] Chelmehsara M E, Mahmoudimehr J. Techno-economic comparison of anode-supported, cathode-supported, and electrolyte-supported SOFCs [J]. International Journal of Hydrogen Energy, 2018, 43 (32): 15521-15530.

[137] Ruiz-Morales J C, Marrero-López D, Canales-Vázquez J, et al. Symmetric and reversible solid oxide fuel cells [J]. Rsc Advances, 2011, 1 (8): 1403-1414.

[138] Kim B J, Fabbri E, Abbott D F, et al. Functional role of Fe-doping in Co-based perovskite oxide catalysts for oxygen evolution reaction [J]. Journal of the American Chemical Society, 2019, 141 (13): 5231-5240.

[139] Ishihara T, Wu K T, Wang S. High temperature CO_2 electrolysis on La(Sr)Fe(Mn)O_3 oxide cathode by using $LaGaO_3$ based electrolyte [J]. ECS Transactions, 2015, 66 (2): 197.

[140] Cao Z, Wei B, Miao J, et al. Efficient electrolysis of CO_2 in symmetrical solid oxide electrolysis cell with highly active $La_{0.3}Sr_{0.7}Fe_{0.7}Ti_{0.3}O_3$ electrode material [J]. Electrochemistry Communications, 2016, 69: 80-83.

[141] Bastidas D M, Tao S, Irvine J T S. A symmetrical solid oxide fuel cell demonstrating redox stable perovskite electrodes [J]. Journal of Materials Chemistry, 2006, 16 (17): 1603-1605.

[142] Xia C, Liu M. Low-temperature SOFCs based on Gd, Ce, O, Fabricated by Dry Pressing [J]. Solid State Ionics, 144: 3-4.

[143] Tanasini P, Cannarozzo M, Costamagna P, et al. Experimental and theoretical investigation of degradation mechanisms by

particle coarsening in SOFC electrodes ［J］. Fuel cells，2009，9（5）：740-752.

［144］　Kuznecov M，Otschik P，Obenaus P，et al. Diffusion controlled oxygen transport and stability at the perovskite/electrolyte interface ［J］. Solid State Ionics，2003，157（1-4）：371-378.

［145］　Yokokawa H，Sakai N，Kawada T，et al. Thermodynamic stabilities of perovskite oxides for electrodes and other electrochemical materials ［J］. Solid State Ionics，1992，52（1-3）：43-56.

［146］　Desu S B，Payne D A. Interfacial segregation in perovskites：II，experimental evidence ［J］. Journal of the American Ceramic Society，1990，73（11）：3398-3406.

［147］　Knibbe R，Hauch A，Hjelm J，et al. Durability of solid oxide cells ［J］. Green，2011.

［148］　Hauch A，Ebbesen S D，Jensen S H，et al. Solid oxide electrolysis cells：microstructure and degradation of the Ni/yttria-stabilized zirconia electrode ［J］. Journal of the Electrochemical Society，2008，155（11）：B1184.

［149］　Uhlenbruck S，Moskalewicz T，Jordan N，et al. Element interdiffusion at electrolyte-cathode interfaces in ceramic high-temperature fuel cells ［J］. Solid State Ionics，2009，180（4-5）：418-423.

［150］　Virkar A V. Mechanism of oxygen electrode delamination in solid oxide electrolyzer cells ［J］. International Journal of Hydrogen Energy，2010，35（18）：9527-9543.

［151］　位召祥，张淑兴，刘世学. 固体氧化物电解制氢技术现状及面临问题分析 ［J］. 科技创新与应用，2021.

H_2

第3章
海水电解制氢技术

　　绿氢（H_2）是一种可持续的能源载体，它可以通过电解水直接生产，有可能取代传统的化石燃料实现碳中和。目前，无论是已商业化的电解水制氢技术，还是水制氢试验性研究，都是以淡水为原料，然而淡水资源稀缺，只占地球水资源的1%，并且在世界各地分布不均。与之相比，地球上海水资源储量十分丰富，约占地球全部水量的96.5%。由于海水资源丰富，由可再生电力驱动的海水制氢技术被认为是实现能源可持续性的有力候选者。

　　与第2章所介绍的电解水制氢技术类似，海水制氢也是一种将水电解为氢气和氧气的制氢技术。不过，由于海水成分异常复杂，海水电解制氢在电催化反应机理、催化剂设计以及制氢装置开发等方面与碱性、酸性以及固体氧化物电解水有着很大不同。目前，国内外海水制氢技术研究较之其他电解水制氢技术还相对较少，主要关于海水光/电解制氢催化机理、催化剂设计与开发、制氢装置与成本效率等方面的研究。本章首先对海水制氢的分类与相关原理进行介绍，然后对海水制氢中面临的关键问题进行分析之后，对海水制氢的电能来源、海上风电制氢系统与应用案例进行介绍，最后对海水制氢的经济性进行分析。

3.1　海水电解制氢分类与原理

　　近年来，利用海水电解制氢越来越受到关注。如图3-1所示，海水制氢技术不仅可以储存可再生氢能，同时也大大缓解了当地淡水短缺问题。此外，在干旱地区，直接使用海水代替蒸馏水或淡水并利用太阳能驱动光电化学装置制氢显示出众多优势[1]。

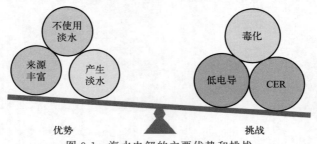

图 3-1　海水电解的主要优势和挑战

利用海水通过电化学分解水生产 H_2 具有以下特点：

① 海水是最丰富的资源（约占地球水资源总量的 96.5%），也被证明具有相当均匀的地理分布，有利于直接电解海水，缓解和人们日常生活中对淡水使用的竞争。

② 与模拟海水相比，在真实海水中可以获得更高的产氢率。这主要是由于真实海水中 Na^+、Mg^{2+}、Ca^{2+}、K^+ 和 B^{3+} 等阳离子的存在可以有效提高离子电导；此外，电解质的电导率会随着海水盐度的增加而增加，进而有利于产氢效率的提高。因此，可以通过选择海水盐度高的海域，提高海水制氢的产氢率。

③ 随着风力、光伏发电向深远海发展，单个电场的装机容量越来越大，从以往陆上 50MW 规模，逐渐扩展到 300MW、400MW 甚至 600MW 的水平。由于海上无法长距离架设输电杆塔，只能采用特高压电缆传输，如果使用交流电，会因为电缆的电容问题严重限制输电容量和距离。如 220kV 交流海底电缆输电，在 300MW 水平上的输电距离上限约为 80km，使得深远海的新能源电力无法输送至陆地。现阶段发展的柔性直流输电系统，可以有效解决海缆电容的问题，但是目前设备价格还十分昂贵，运行可靠性还需要时间的检验。因此，深远海可再生电力加之就地海水制氢或是未来新能源利用的理想发展模式。

海水电解制氢根据实现方式的不同主要可分为两种方法：一种是基于天然海水直接进行电解制氢，如图 3-2（a）（另见书后彩图）；一种是先对海水进行淡化并去除杂质元素形成淡水后进行常规电解，称之为间接海水制氢，如图 3-2（b）。事实上，此概念早在 1975 年，Williams 等[2] 就已提出，并通过采用双碳电极进行了初步的海水电解实验，展现了较好的电解性能，并引起了人们较为广泛的关注。

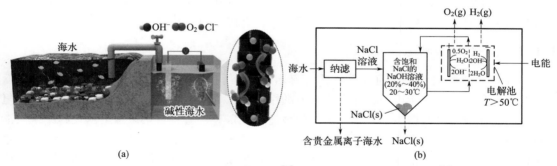

图 3-2　直接海水制氢示意图（a）[3] 和间接海水制氢示意图（b）[4]

3.1.1　直接海水制氢

与碱性电解水和酸性电解水类似，直接海水制氢的电化学反应过程也主要包括两个半反应：双电子转移的析氢反应（HER）过程和四电子转移的析氧（OER）过程。对于阴极发生的析氢反应（HER），根据电解质酸碱性的不同，其电化学反应分别如式(2-6) 和式(2-8)。然而对于阳极电化学反应而言，虽然在酸性或碱性条件下依然存在如式(2-7) 和式(2-9) 所示的析氧反应（OER），但由于海水中存在大量杂质离子（主要成分如表 3-1 所示），故也容易存在与 OER 竞争的副反应。

表 3-1　海水中主要离子及其浓度

成分	钠	镁	钾	钙	氯	溴	硫酸根	碳酸氢根
浓度/(mg/L)	10900	1310	390	410	19700	65	2740	152

尤其是氯离子，虽然其氧化电位略高于 OER 反应，但 OER 复杂的多步四电子反应路径，使其需要较高电压驱动反应进行；而 Cl^- 的氧化多涉及二电子反应，在动力学上具有绝对优势，因此，在海水电解过程中易与 OER 发生竞争反应，降低直接海水制氢电解效率。根据电解液 pH 值的不同，Cl^- 在阳极侧的氧化主要分为氯析出反应（chlorine evolution reaction，ClER）和次氯酸盐（ClO^-）的生成。具体反应如下：

ClER（酸）： $2Cl^- \longrightarrow Cl_2 + 2e^-$ （$E^\ominus = 1.36V$,相对于 RHE）   (3-1)

次氯酸盐生产（碱性）：

$$Cl^- + 2OH^- \longrightarrow ClO^- + H_2O + 2e^-$$ （$E^\ominus = 0.89V$,相对于 RHE）   (3-2)

另外，除了 ClER 与 OER 之间的竞争反应，海水中 Cl^- 的存在对催化剂和电极，特别是对于过渡金属基活性材料具有强腐蚀作用。Cl^- 强大的穿透性和去钝化能力可以直接与过渡金属反应，从而改变催化剂的组成。具体反应（式中下角标 ads 表示吸附）如下：

$$M + Cl^- \longrightarrow MCl_{ads} + e^-$$ (3-3)

$$MCl_{ads} + Cl^- \longrightarrow MCl_x^-$$ (3-4)

$$MCl_x^- + OH^- \longrightarrow M(OH)_x + Cl^-$$ (3-5)

另外，对于直接海水电解制氢而言，海水本身除了直接参与反应外，还充当着电解质的角色。由于海水中 Na^+ 与 Cl^- 的含量最高，因此，直接海水制氢的电解机理在化学工业中也常被视为与氯碱工艺相同。在该过程中，氢气常被视为副产品。其具体反应方程式为：

$$2NaCl + 2H_2O \longrightarrow Cl_2 + H_2 + 2NaOH$$ (3-6)

不过由于氯碱工艺（电解电压在 4V 左右）中，常用盐水替代海水，并且其离子电导高于海水离子电导，因此海水电解常被认为需要更高的电解电压才能实现。

3.1.2   间接海水制氢

间接海水制氢主要是先通过反渗透等海水淡化技术对海水进行淡化除杂获得高纯度淡水，然后再利用第 2 章所述的碱性电解水或酸性电解水等设备进行电解。虽然间接海水制氢中海水淡化环节的设置增加了系统成本，但该途径可以有效避免直接海水电解过程中杂质离子对电极的损害，进而提高了电解槽的制氢效率，延长了电解槽使用寿命。并且，随着海水淡化技术的提高和相关市场的发展，海水净化成本不断降低。据文献报道，在利用可再生能源实现间接海水制氢中，海水淡化设备仅占绿色氢价格的一小部分（<0.1 美元/kg H_2）[5]。

间接海水制氢工艺中净化后的淡水电解其电化学反应过程与酸性或碱性电解水完全相同的，相关内容可参看第 2 章内容，此处不再赘述。相较而言，间接海水制氢中海水淡化技术也是提高海水制氢效率的重要环节，笔者将对此进行简单介绍。

目前常用的海水淡化技术主要包括反式渗透膜（reverse osmosis，RO）、多效蒸馏（multi-effect distillation，MED）、多级闪蒸（multi-stage flash，MSF）、电渗透（electrodialysis，ED）以及压缩蒸馏（vapor compression，VC）等。其中，反渗透 RO 是目前应用最广泛的海水淡化技术，约占全球已建容量的 65%；RO 工艺最大水转化率为 50%（TDS<70000mg/L）。不过由于反渗透 RO 存在的污垢效应，需限制盐浓度（TDS 总溶解固体，约 70000mg/L）以及需要对盐水进行预处理（如软化、pH 调节、超滤、离子交换等），因此对能源需求较高，属于能源密集型海水淡化工艺，比能耗为 1.85~36.3kW·h/m³。不过，在过去几十年中，随着 RO 工艺水平的提高，RO 脱盐的能源需求从 9~10kW·h/m³

已逐步下降至小于 $3kW \cdot h/m^3$。这也促使了 RO 生产淡水成本从 2.2 美元/m^3 降至 0.6 美元/m^3，并使得全球生产淡水量增加了 6.5 倍（图 3-3）[6]。截至 2020 年，全球海水淡化总产能达到 4.1 亿立方米/天，其中 70% 基于反渗透。根据计划和正在建设的工厂，预计在未来几十年，产能的增长将遵循同样的趋势。

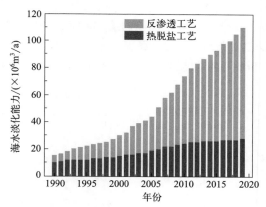

图 3-3　反渗透（RO）和热脱盐工艺的年全球容量[6]

MSF 和 MSD 是海水淡化的另外两种主流工艺，其最大淡水转化率为 85%～90%。其中，MSF 生产淡水成本约为 1.40 美元/m^3，MSD 生产淡水的成本约为 1.10 美元/m^3；不过，多级闪蒸 MSF 和多效蒸发 MSD 需要不锈钢或钛等成本较高的材料来避免预处理过程（软化、pH 调节、超滤、离子交换等）的腐蚀；同时也需避免结垢以及外部能量来源（如化石燃料、废能、核能、太阳能等）为系统供给电能用以驱动系统泵或其他电气部件，系统的比能耗为 $13.5～25.5kW \cdot h/m^3$。

3.2　海水制氢关键

由于间接海水制氢中电解槽主体与第 2 章所述酸性或碱性电解槽一致，相关材料选择等内容可以参考第 2 章所述内容，此处不再赘述。然而对于直接电解海水制氢，由于海水中复杂的化学环境，催化剂尤其是面向缓慢四电子阳极析氧反应的催化剂的开发，面临着更多的额外挑战，比如催化剂活性差、易污染失活、析氯气腐蚀阳极等。相较于高纯水电解制氢技术，相关技术更是处于起步阶段、亟待开展开发工作。针对海水制氢中面临的关键瓶颈问题，开发可适用于海水环境下的高效稳定催化剂，同时设计兼具长寿命和高可靠性的制氢系统是发展直接海水制氢技术关键所在。因此，本节针对直接海水制氢中面临的关键瓶颈问题，从电解池设计、阴极催化剂和阳极催化剂开发三个方面进行介绍。

3.2.1　关键瓶颈问题

如表 3-1 所示，海水中包含大量的阳离子、阴离子以及各类微生物和小颗粒等杂质。在直接海水制氢过程中，这些杂离子容易在电极表面生成不溶性化合物，阻塞、毒化电极材料，使其失活，严重降低关键材料的活性与稳定性。复杂的化学环境使得海水电解制氢技术在实际应用过程中面临着众多瓶颈性难题，主要包括电极氯腐蚀、电极毒化与腐蚀、电极表面阻塞效应等[7]。

3.2.1.1 析氯反应

氯离子是海水中存在最多的杂质阴离子。虽然氯离子氧化电位略高于 OER 反应，但 Cl^- 氧化多涉及二电子反应，在动力学上较之四电子的 OER 反应具有明显优势，因此，海水电解过程中，氯离子在阳极易被氧化产生氯气或次氯酸根，如式（3-1）、式（3-2）所示，与析氧反应形成竞争关系，降低电解效率的同时会对阴极和阳极催化剂造成严重的氯腐蚀。另外，阳极氯析出反应形式和产物与 pH、温度和氯离子浓度等因素息息相关。Fabio 等[8]对阳极海水电解过程中的析氧反应与氯氧化反应之间的竞争关系进行了深入的研究，提出了 Pourbaix 图，如图 3-4。

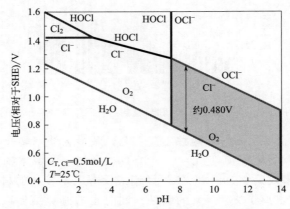

图 3-4   OER 的 Pourbaix 图和盐水电解质中的氯化物化学反应[8]

从该图可知，当溶液 pH 低于 3 时，氯离子的氧化形式主要为析氯反应［式（3-1）］，其理论电位不随 pH 变化而改变，恒定为 1.36V（相对于 SHE）。虽然从热力学上，析氯反应平衡电势比析氧反应平衡电势高 130mV，但是析氯反应是二电子转移过程，动力学性质优于涉及四电子转移的析氧反应，因此在 pH＜3 的酸性溶液中，阳极主要发生析氯副反应而非析氧反应。随着 pH 增大，次氯酸根的生成反应［式（3-2）］逐渐成为主导；当溶液 pH 高于 7.5 时，次氯酸根生成反应为碱性条件下 OER 的主要竞争反应；在碱性条件下，氯氧化反应的热力学电位比 OER 约高 480mV，通过使用过电位小于 480mV 的析氧反应催化剂可以有效避免氯氧化副反应，实现 100% 的 OER 选择性。不过与 pH＜3 时的析氯反应相同，虽然在碱性条件下，析氧反应的热力学电位要低于氯氧化反应，但是其动力学速率低于氯氧化反应。因此，在海水电解制氢过程中，开发高反应活性的 OER 催化剂对于抑制氯氧化副反应、避免电极氯腐蚀、提高电极稳定性和效率也至关重要。

3.2.1.2 电极毒化与腐蚀

海水中含有的大量氯离子除了可能与 OER 形成竞争反应，还会与催化剂表面活性位点相互作用，这一方面会阻碍反应物分子或离子在催化剂表面的吸附与活化，另一方面甚至会造成催化剂的腐蚀与溶解以及电极反应性能下降。例如，海水中的氯离子会通过离子络合作用对过渡金属催化剂造成腐蚀，在其表面生成金属氢氧化物，造成电极失活，其副反应机理如式（3-3）～式（3-5）所示。另外，氯离子对贵金属催化剂同样具有严重的腐蚀效应。贵金属 Pt 是目前析氢活性最高的催化剂，但在海水环境中，商业化 20%（质量分数）Pt/C 催化剂工作仅 5～8h 即开始失活[9]。海水中的杂离子也会影响电极集流体的稳定性，尤其是阳极，在高氧化电位下，即使是钛板或不锈钢等金属基底也容易被腐蚀产生金属阳离子而污染电解液，或者表面被部分氧化形成金属氧化物薄层，造成电极表面载流子传输能力衰退。

3.2.1.3　电极表面的堵塞和中毒

海水中除了氯离子等大量杂质阴离子的影响外，海水中存在的 Mg^{2+}、Ca^{2+} 等阳离子在电解过程中可能会在阴极/阳极表面形成白色不溶性沉淀物，与微生物和其他固体颗粒杂质一起造成电极表面的阻塞，进而造成催化剂活性的降低以及寿命的衰减。另外，由于海水中缺乏缓冲介质，在水分解过程中，即使在小于 $10mA/cm^2$ 的电流密度下，电极附近溶液 pH 也会发生剧烈波动，波动大小可达 $5～9$[10-11]。其中，阳极处发生的析氧反应消耗大量 OH^-，导致阳极附近电解液 pH 局部降低；而阴极处发生的析氢反应生成大量的 OH^-，造成阴极附近电解液 pH 局部升高，剧烈的 pH 波动可能会直接导致催化剂的分解。此外，海水中存在大量的 Mg^{2+} 和 Ca^{2+}，阴极附近溶液 pH 升高的同时，会引发 $Mg(OH)_2$ 和 $Ca(OH)_2$ 沉淀析出并附着在阴极催化剂表面，阻碍活性位点的暴露，进而降低电极的催化活性和稳定性。

要实现长期的海水电解，必须解决剧烈的 pH 值波动问题。目前，有两种可能的解决方案：①在海水电解系统中添加 pH 缓冲剂以稳定 pH 波动；②设计合适的海水电解槽，实现沉积物与阴极表面的分离。

近日，深圳大学/四川大学谢和平院士与南京工业大学邵宗平教授在 *Nature* 上联合提出了一种直接海水电解制氢的方法[12]。作者通过应用疏水性多孔聚四氟乙烯（PTFE）基防水透气膜作为气路界面，并采用浓氢氧化钾（KOH）溶液作为自润湿电解质（SDE）实现了基于自驱动相变机理的原位水净化过程与海水电解，其集成装置如图 3-5(a)（另见书后彩图）所示。该装置利用水蒸气压力差实现海水的自发蒸发，实现了杂质的完全分离，从根本上解决了海水电解腐蚀和副反应的问题。

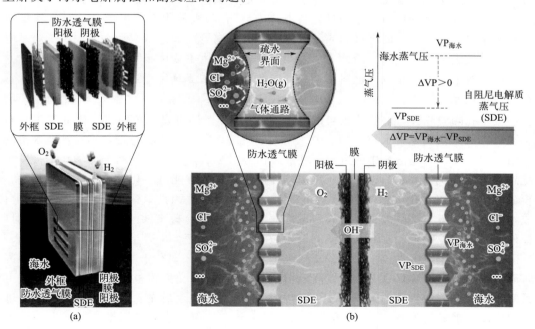

图 3-5　典型 SES 示意图（a）和基于液-气-液相变的水净化和迁移过程的迁移机理和驱动力[12]（b）

具体地，该装置在操作过程中，海水和 SDE 之间跨膜的水蒸气压力差为海水侧的自发海水汽化（蒸发）以及水蒸气通过膜内的短气体路径扩散到 SDE 侧提供了驱动力，在 SDE 侧，水蒸气通过 SDE 的吸收重新液化。这种相变迁移过程允许从海水以 100% 的离子阻挡效率原位生成电解用纯水，同时 SDE 中电解所消耗的淡水成功地保持了界面压差。因此，当水迁移速率等于电解速率时，海水和 SDE 之间建立了新的热力学平衡，通过"液-气-液"机制实现了连续稳定的水迁移，为电解提供淡水，如图 3-5(b)。

3.2.2　电解池设计

如第 2 章所述，目前工业上成熟的低温电解水技术主要包括碱性电解水和质子交换膜电解水。这些电解技术使用的电解液为超纯去离子水（电阻率为 $18.2M\Omega \cdot cm$）或 20%～30%（质量分数）的 KOH 溶液（杂质低于 10^{-6} 级别），旨在避免电解液中杂质对电极、离子选择性交换膜和电解池装置的影响。但是，当电解液为海水时，需要选择与设计合适的电解池结构，避免电解液中杂离子对电极的毒化与腐蚀，提高直接海水电解制氢技术的能量效率与稳定性。

质子交换膜电解水技术通常使用单侧进料的方式，高纯去离子水从阳极侧进入电解池内部，被氧化为氧气的同时生成 H^+，H^+ 通过质子交换膜迁移到阴极侧，被还原为氢气。当质子交换膜电解池用于海水电解制氢时，由于阳极侧电解液为酸性，更容易发生氯氧化副反应，析氧反应的选择性相应降低。此外，电解池通常使用的 Nafion 膜很容易受到杂离子特别是阳离子的影响，杂离子在膜内被截留浓缩，导致质子导率严重下降，电解池性能随之衰减。虽然阳极进料的方式可以避免海水中大部分的杂质进入阴极侧，但是 Ca^{2+} 和 Mg^{2+} 等阳离子仍然能够通过质子交换膜扩散至阴极侧，影响阴极催化剂的析氢活性与稳定性[13]。如果采用阴极侧进料的方式，海水中的水分子通过质子交换膜扩散到阳极被氧化为 O_2，生成的 H^+ 通过扩散至阴极被还原为 H_2。这种进料方式虽然可以避免氯离子与阳极催化剂的接触，进而有效避免氯氧化副反应的发生，但是部分杂离子仍会扩散至阳极侧，影响阳极催化剂的析氧活性与选择性。上述两种进料方式中，阴/阳极催化剂不可避免地与水体中可溶性杂质发生接触，所造成的电极和质子交换膜表面阻塞负面效应难以消除，限制了海水电解制氢效率与使役寿命的提升。因此，质子交换膜电解技术不适用于直接电解海水制氢。

碱性电解水技术采用双侧进料的方式，电解液为高浓氢氧化钾溶液。电解过程中，水分子在阴极被还原产生 H_2 和 OH^-，OH^- 通过隔膜到达阳极侧被氧化生成 O_2，阴极和阳极催化剂被多孔隔膜隔开，隔膜不仅可以自由传输 OH^-，还可以避免两极产生的氢气和氧气交叉混合。虽然碱性电解水技术的隔膜比阳离子或阴离子交换膜更稳定，不易被海水中的杂离子堵塞和污染，但是溶液中所有离子均能自由穿过隔膜，意味着氯离子能够在阳极发生氯氧化副反应生成次氯酸根，造成析氧反应选择性和电解过程能量转化效率的降低，不过，使用析氧过电势<480mV 的阳极催化剂可以缓解这一问题。因此，采用高活性、高稳定性、低成本的海水电解关键电极材料，构造碱性海水电解池，有望解决水体中氯物种氧化对阴/阳极催化剂的腐蚀问题，在海水电解制氢领域具有独特的优势，近年来备受关注。

阴离子交换膜电解水技术和质子交换膜电解水相比，区别在于其阴/阳电极之间的固态电解质为阴离子交换膜，OH^- 可通过膜进行传输。和质子交换膜电解水类似，电解液可由阴极侧或阳极侧单独进入电解槽内部，H_2O 在阴极被还原生成 H_2 和 OH^-，OH^- 穿过膜到达阳极侧，被氧化为 O_2。阴离子交换膜电解水和碱性电解水的局限性相同，即无论采用何种进料方式，阳极都可能发生氯氧化副反应，但是在碱性条件下，氯氧化副反应活化势垒较高，通过限制阳极过电位低于 480mV 可以实现析氧反应 100％的选择性，使得碱性电解水和阴离子交换膜电解水技术更适用于海水电解水制氢。

高温电解水技术包括质子导电陶瓷电解水（150～400℃）和固体氧化物电解水（800～1000℃），在电解过程中，水蒸发形成水蒸气在阴极被还原生成 H_2 和 O^{2-}，而 O^{2-} 通过固体氧化物或陶瓷膜扩散至阳极被氧化生成 O_2。高温电解水技术的氢源为水蒸气，以海水为电解液时，进入电解池前同样被转换为水蒸气，水体中的固体颗粒和杂离子等无法接触到电极和膜，避免了杂质对电解池性能的影响，有望满足海水电解制氢无氯腐蚀和高能量转化效率的双重要求。但是该技术需要在高温下进行操作，相比于低温电解水技术（＜100℃）运行成本和能耗更高，电极材料的选择和运行控制难度较大，难以在沿海地区大规模应用和部署[14]。此外，上述四种电解水制氢技术用于海水电解制氢时面临着同样的难题。一方面，水体中含有大量的固体杂质、沉淀物和微生物等，会对催化剂和隔膜造成物理堵塞，因此，在电解前需要对低品位水体进行简单过滤处理。一段时间后，若离子交换膜传质能力下降，通过间歇性关闭电解池的方式，可以一定程度上恢复离子交换膜因杂离子阻塞而造成的活性损失。另一方面，由于海水中存在大量的腐蚀性离子，尤其是氯离子，在这种环境下，金属集流体或极板很容易被腐蚀。借鉴于氯碱工业，所有与氯离子接触的部件均可采用高稳定的钛金属为原材料，包括阴阳极催化剂的集流体和电解池的极板。

3.2.3　析氧催化剂设计

与常规的电解纯水制氢技术相比，海水电解制氢面临许多挑战，包括海水中复杂的离子组成和化学环境。其中，阳极氯氧化副反应是主要问题之一。在电解过程中，海水中的氯离子容易被氧化生成氯气或次氯酸根离子，这会极大地降低催化剂催化活性和稳定性，并导致电极的腐蚀。因此，急需在深入理解海水环境中析氧和氯氧化反应机理的基础上，开发出适用于海水电解的高活性和高稳定性的电化学析氧反应催化剂。目前，可用于海水电解制氢的阳极催化剂设计策略主要有以下 3 种。

3.2.3.1　碱性析氧催化剂设计基准

由于海水缺乏缓冲介质，电解过程中阴阳极周围溶液的 pH 会发生剧烈波动，这是催化剂失活的重要原因之一。因此，维持电解液 pH 稳定成为首要任务。此外，热力学研究显示，在碱性条件（pH＞7.5）下，氯氧化反应和析氧反应的热力学电位差最大。控制阳极的析氧反应过电位低于 480mV 可以避免氯氧化副反应的发生，有利于实现稳定高效的海水分解制氢，这是碱性析氧催化剂设计的基准。此外，尽管氯氧化反应的活化能垒比析氧反应高，但其动力学性能优于涉及四电子反应步骤的析氧反应。因此，开发高活性、高稳定性和低成本的海水电解析氧催化剂，使其在低于 480mV 过电位下保持高活性（电流密度 500～2000mA/cm²）并保持长时间的物理化学稳定性（100～1000h），是目前碱性海水电解析氧催化剂设计的关键。

在碱性条件下，层状双金属氢氧化物（layered double hydroxides，LDH）是目前析氧活性最高的催化剂之一。研究者发现 NiFe LDH 满足海水电解析氧催化剂的设计基准，在模拟碱性海水（pH＝13，0.1mol/L KOH＋0.5mol/L NaCl）中表现出出色的 OER 活性和稳定性。它仅需要 359mV 的过电位即可达到 10mA/cm² 的电流密度，法拉第效率接近 100％，验证了碱性析氧催化剂设计原则的可行性。基于这一发现，研究者还以 NiFe LDH 作为阳极催化剂构建了阴离子交换膜电解池，用于碱性海水电解制氢研究。该电解池使用

0.5mol/L KOH 和 0.5mol/L NaCl 混合溶液作为电解液，在 1.6V 的槽压下可达到 150mA/cm² 的电流密度。经过 100h 的运行后，电流密度下降 50%～70%。原位 X 射线吸收光谱测试表明，电解池性能衰减的主要原因是阴离子交换膜的 OH⁻ 传导率下降，而非催化剂毒化失活。这项工作为碱性海水电解析氧催化剂的设计和构筑奠定了良好的基础。

3.2.3.2 析氧反应选择性位点

通过设计和构筑具有高选择性的析氧反应活性位点以及精细调控催化剂活性中心与析氧反应中间体的吸脱附行为，可以从根本上提高催化剂的析氧反应活性和选择性，适用于广泛 pH 范围内的海水电解析氧催化剂的开发。然而，理论研究表明，金红石相金属氧化物的 (110) 晶面对氯离子和氧原子的吸附能力呈正相关，导致在相同条件下氯氧化反应的过电位甚至低于析氧反应。因此，目前能够高效催化氯氧化反应并适用于海水电解的高选择性析氧催化剂非常有限[15]。

在以前的研究中，钴基和钌基催化剂在中性盐水环境下显示出良好的析氧催化活性。2009 年，Daniel G. Nocera 使用电泳沉积技术在磷酸盐溶液中合成了 Co-Pi 催化剂。在 1.3V（相对于标准氢电极，SHE）电压下，在 0.5mol/L NaCl 溶液中持续电解 16h 后，催化剂用于氯氧化反应的电量仅占 2.4%，表明 Co-Pi 材料具有较高的析氧反应选择性[16]。此外，海水中含有的多种杂离子可以通过调节电子转移反应过程，协同促进催化剂在复杂海水离子环境中的析氧性能，典型的例子是 Co-Fe LDH 催化剂。在模拟海水电解液中，Co-Fe LDH 表现出优于仅含单一盐（如 MgCl₂、NaCl 或 Na₂SO₄）的中性电解液的析氧性能，其法拉第效率为 94%±4%，在 560mV 的过电位下工作 8h 后，仅有 0.06% 的电荷被用于氯物种氧化，适用于中性海水电解[17]。

当前，构筑高选择性、高反应活性的电解海水析氧催化剂仍然是一个亟待研究的领域。为了解决海水电解制氢技术中阳极氯腐蚀的难题，需要同时从理论和实验两个层面探索催化剂高析氧选择性的机理，通过综合利用理论模拟和原位分析等方法，研究电解海水过程中阳极催化剂的结构和化学状态变化，揭示析氧反应和氯氧化反应的反应机理，建立高析氧活性的催化位点以及开发新的材料创制理论和技术，解决制约海水电解制氢技术实用化面临的阳极氯腐蚀瓶颈难题[18-21]。

3.2.3.3 构筑 Cl⁻ 阻隔层

通过在催化剂表面构筑 Cl⁻ 阻隔层，可以同时确保 H₂O/OH⁻ 在催化活性界面的扩散和传输性质，并降低催化剂活性界面处 Cl⁻ 的浓度，从而抑制氯氧化副反应，提高催化剂的析氧反应选择性和耐氯腐蚀能力。这为构筑高活性、高选择性的析氧催化剂提供了新思路[22-24]。Bennett 等人首先发现 MnO₂ 作为阳极催化剂在海水电解过程中能够保持 99% 的高选择性[25]。随后，Koper 等研究人员发现 MnOₓ 能够有效隔离 Cl⁻ 扩散到催化剂表面。在负载了 MnOₓ 薄膜的 IrOₓ 材料上，在含有 30mmol/L Cl⁻ 的电解液中（pH 约为 0.9），催化剂的氯氧化反应选择性从 86% 降至 7% 以下，实现了高选择性的析氧反应催化剂构建[26]。Sun 等合成了由 NiFe-LDH 和 NiSₓ 构成的多层复合催化剂（NiFe/NiSₓ-Ni）。在海水电解过程中，电极表面原位生成富含硫酸根和碳酸根离子的阴离子钝化层，能够在保持催化剂的析氧活性的同时排斥海水中的 Cl⁻，具有较强的耐氯腐蚀性。将其作为阳极构建碱性海水全电解池，在 0.4～1.0A/cm² 的电流密度下能够稳定运行 1000h 以上[27]。此外，二氧化铈（CeO$_2$）涂层和质子选择性薄膜材料（Nafion）同样可以有效抑制氯氧化副反应。CeO$_2$ 材料涂层能够阻挡 Cl$^-$ 和铁氰根等离子，提高 NiFeO$_x$ 和 CoO$_x$ 催化剂的析氧选择性。通过在 IrO$_2$/Ti 电极上包覆 Nafion 薄膜涂层，所得催化剂甚至在 0.5mol/L NaCl（pH = 8.3）溶液中实现了约 100% 的析氧选择性[28-29]。

尽管在海水电解过程中构筑氯离子隔层可以有效提高析氧催化剂的选择性，但这种策略对催化剂的本征催化活性也带来了一定的影响。因此，所得到的复合材料的析氧活性无法满足大规模海水电解制氢的需求。目前，基于构筑氯离子阻隔层的策略仍需要进一步研究和开发，以创造更高选择性的析氧催化剂，从而满足实际应用中的需求[30-32]。

3.2.4　析氢催化剂设计

与海水电解过程中阳极催化剂面临的低析氧选择性问题不同，阴极析氢催化剂面临的关键科学问题是催化剂较差的长循环稳定性，如图 3-6(a)（另见书后彩图）。海水中存在大量的杂离子、微生物等杂质，容易通过物理和化学阻塞效应对电极造成严重的毒化和腐蚀。目前，用于海水电解制氢的阴极催化剂设计策略主要包括以下 3 种，如图 3-6(b)～(d)：

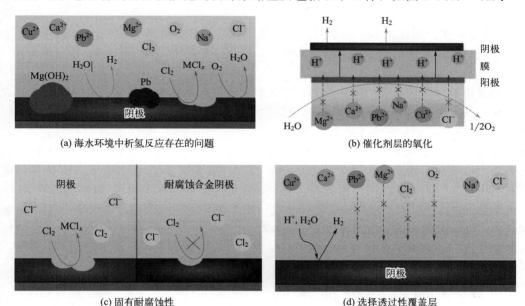

(a) 海水环境中析氢反应存在的问题　　(b) 催化剂层的氧化

(c) 固有耐腐蚀性　　(d) 选择透过性覆盖层

图 3-6　低品位水电解析氢催化剂面临的挑战（a）、选用合适的离子膜或通过反应器设计将催化剂与水源分离（b）、开发具有本征耐腐蚀性或选择性表面化学的催化剂（c）以及在催化剂或在离子膜上构筑离子/分子选择性隔层[33]（d）

3.2.4.1　碱性析氢催化剂设计基准

相较于中性或碱性电解液，在酸性环境中，析氢催化剂展现出更佳的动力学特性。因此，在电解海水时，采用质子交换膜电解池可以实现更高的能量转换效率。此外，质子交换膜还能有效隔离杂离子如 Na$^+$、Ca^{2+}、Mg^{2+} 和 Cu^{2+}，以避免对阴极材料产生负面影响。然而，酸性环境中生成的强酸性条件反而有利于氯气的析出反应，从而影响阳极材料的稳定性。综合考虑，碱性电解水和阴离子交换膜电解水技术更适用于海水电解制氢领域。碱性设计标准同样适用于析氢催化剂的设计和构筑，为基于过渡金属元素（如 Ni、Co、Mn 和 Fe

等）的高活性非贵金属析氢催化剂提供了更好的应用平台[34-35]。柏林大学 Arne Thomas 课题组采用有机-多金属氧酸盐共晶为前驱体，经过碳化处理制备了二维介孔钼基碳化物和氮化物异质结材料（Mo_2C/Mo_2N）。该材料具有高度可调的微纳米结构和丰富的纳米晶体与异质结，在中性和碱性海水介质中表现出突出的析氢活性。在碱性海水中，仅需 197mV 的过电位即可达到 $10mA/cm^2$ 的电流密度，Tafel 斜率为 67.6mV/dec，在该电流密度下能够持续工作 20h，相当于商业化贵金属 Pt/C 催化剂的 5 倍[36]。

3.2.4.2　提高耐氯腐蚀性

在海水电解过程中，阳极可能会生成氯离子氧化产物（如 Cl_2 或 ClO^-），并向阴极迁移，这不仅会影响离子交换膜的性能，还会腐蚀阴极催化剂。此外，海水中的 Cl^- 也会导致电极腐蚀失活，因此提高阴极催化剂的耐氯腐蚀性对于海水电解制氢至关重要。研究表明，通过合金化的方法可以有效提高 Pt 基或 Ni 基金属催化剂的耐氯腐蚀性和循环寿命。常用的合金元素包括 Cr、Fe、Co 和 Mo 等。在氯腐蚀过程中，合金元素与基体元素之间形成竞争关系，有助于提高复合材料的整体耐氯腐蚀性。例如，PtMo 合金和 PtRuMo 合金催化剂在海水中可以稳定运行 172h，性能衰减不超过 10%[37]。此外，Ge 等还发现非贵金属合金如 NiMo 合金在海水中对于析氢反应展现出优异的催化活性和稳定性[38]。

3.2.4.3　构筑 Cl^- 阻隔层

与阳极析氧催化剂的优化策略类似，通过在阴极催化剂表面构筑 Cl^- 阻隔层，可以有效提高催化剂的抗腐蚀性能。在 Pt 电极表面负载一层超薄的 $Cr(OH)_3$ 催化剂作为 Cl^- 阻隔层能够有效地抑制次氯酸根的还原副反应，提高催化剂在析氢过程中的选择性。类似地，MnO_x 也具有相似的效果[39-40]。Li 等人使用聚金属氧酸盐作为前驱体，在 CoMoP 纳米颗粒表面通过一步热解法原位包覆氮掺杂石墨化炭层，制备了 CoMoP@C 复合催化剂。该催化剂在 pH 为 0~14 的全范围内都具有出色的 HER 性能，在海水中可以稳定运行 10h，法拉第效率达到 92.5%[24]。尽管在催化剂活性位点上包覆 Cl^- 阻隔层可能会阻碍电极的电荷传输通路，从而减缓反应动力学特性，但它有助于提高催化剂的抗离子污染性和耐氯腐蚀性，在用于海水电解制氢催化剂中表现出优异的电化学稳定性。

3.3　海水制氢的电能来源

电力成本是电解水制氢的重要组成部分。海水制氢的电能来源主要包括两部分：海洋能源和海上风能。

3.3.1　海洋能源

地球上海洋占地表 71%，而陆地则只有 29%，海洋蕴藏丰富的资源与能量，并且许多都市均靠近海洋，充分利用海洋能源为人类提供新的可再生能源，是人类解决能源危机的一个很好的选择[41]。海洋能源主要是利用海洋运动过程生产出来的能源，这些能量包括潮汐能、波浪能、海流能、海洋温差能和海水盐差能等。具体分类如表 3-2 所示。海洋能源具有储量大、分布范围广和清洁可再生等特点。但其较低的能量分布密度、时空分布差异以及不稳定不连续的发电功率输出限制了其大规模开发和能源系统组网。在"双碳"战略驱动能源转型的背景下，通过多种途径对海洋能源进行利用，将其转化为可移动、可便携、可储存的氢储能，是充分利用可再生能源特性的理想解决方案。不过由于相关技术、成本限制，利用海洋能源产生电力然后再电解制氢发展还十分缓慢，相关应用案例还相对较少。相较而言，利用海上风能产生电力制氢则随着风机技术的发展，展现出更大的潜力。

表 3-2　海洋能源利用技术汇总

分类	机械能			化学能	热能
方法	潮汐能	洋流	波浪	盐度梯度	海洋热能转换
图例					
储量	$\approx 1200(TW \cdot h/年)$	$\approx 500(TW \cdot h/年)$	$295000(TW \cdot h/年)$	$1650(TW \cdot h/年)$	$44000(TW \cdot h/年)$
现状	商业规模的开发	少数试点	少数试点	实验室	实验室
优缺点	优点：环境友好；可预测；高能量密度；运行和维护成本低　缺点：前期建厂成本高	优点：环境友好；可预测；高能量密度　缺点：成本高、维护难；可能对海洋生物造成影响	优点：环境友好；资源丰富且广泛可用；高能量密度　缺点：成本高、维护难；可能对海洋生物造成影响	优点：环境友好；发电稳定　缺点：转换效率低	优点：环境友好，不会改变海洋热分布；发电连续稳定　缺点：需要大质量流量和大尺寸的组件；设置制造维护成本高

3.3.2　海上风能

在过去几年中，风力发电一直是增长最快的可再生能源形式。风能作为一种丰富、清洁、可再生的能源，近年来在世界范围内受到高度重视，发展速度空前，仅 2022 年全球风电新增装机容量为 85.7GW，其中陆上风电装机 76.6GW，海上风电装机 9.1GW。根据政府间气候变化专门委员会（IPCC）的报告，到 2050 年，全球 80% 的能源供应可能来自可再生能源，而风能将在 2050 年的发电中发挥主要作用。随着风能市场的不断增长以及陆用空间不断减少的限制，海上风电场的发展将变得越来越重要。

陆上风电场的开发通常受到土地可用性的限制，风电机组噪声及其对自然环境的视觉影响等问题都是人们拒绝在居民区附近建设陆上风电机组的主要原因。相比之下，虽然海上风力涡轮机的运行方式与陆上风力涡轮机相同，但在海上安装有许多优势：可用空间更多，噪声和视觉干扰更少。此外，水面上的风通常比陆地上的风更强、更稳定、更平稳。沿海地区通常是经济最发达的地区，电力需求量大，开发海上风能不仅有助于缓解这些地区的电力供应压力，还有助于减少温室气体排放。因此，海上风电成为当今发展最快的能源技术之一，也将成为未来世界许多国家的发展重点。然而，与陆上风电场相比，海上多变和波涛汹涌的海况使风力涡轮机的安装和维护更加困难；海面上高湿、高盐气候条件也对风机寿命产生影响。目前，大规模部署海上风电的最主要障碍还是海上风电设施成本高。然而，通过使用未来的先进技术优化开发、制造、安装和运营的每个阶段，可以显著降低海上风电行业的成本[42]。

海上风电在我国的发展潜力巨大。根据中国风能协会的一项研究显示，我国海上风电资源超过 7.5 亿千瓦，远高于陆上资源的 2.53 亿千瓦。其中，福建、广州、江苏、海南、山东和浙江是 30 米以下浅水区海上风能发电潜力最大的省份（43％）[43]。图 3-7 显示了中国一些主要沿海省市的海上风资源估算。优良的海风资源以及海上风机技术水平的提高极大程度地促进了我国海上风电的发展。国家能源局发布的最新数据显示，2021 年我国风电和光伏发电新增装机容量达到 1.01 亿千瓦，其中风电新增装机容量达到 4757 万千瓦。海上风电异军突起，全年新增装机容量为 1690 万千瓦，是此前累计建成总规模的 1.8 倍，目前累计装机容量达到 2638 万千瓦，超过英国，跃居世界第一，接近全球海上风电累计装机容量的一半。预计至 2030 年年底，中国海上风电累计并网装机容量将达到 0.97 亿千瓦，平准化度电成本将比 2021 年水平下降 46％[44]。然而，随着海上风电的发展，海上风电消纳难、电力输送成本高等问题也日益显露。因此，利用海上风电电解海水制氢的技术路线被提出。

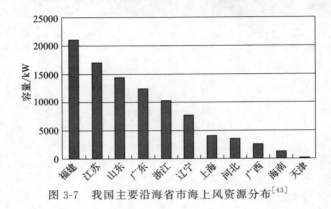

图 3-7　我国主要沿海省市海上风资源分布[43]

3.4　海上风电制氢系统与应用示范案例

3.4.1　海上风电制氢系统方案

海上风电制氢是解决海上风电大规模并网消纳难、深远海电力送出成本高等问题的有效手段。根据电解水制氢系统所处的位置不同，海上风电制氢系统方案主要包括陆上电解水制氢方案［如图 3-8(a)］和海上电解水制氢方案［如图 3-8(b)、(c)］。而根据海上电解水制氢系统形式的不同，后者又可进一步分为集中式电解水制氢［如图 3-8(b)］和分布式电解水制氢［如图 3-8(c)］两种系统方案。

陆上电解水制氢主要通过海上风电机组产生的电力，经过海底电缆和升压站等设施输送至陆上电解水制氢系统。这种方案灵活性较高，制氢系统可以有效地用于电网调峰[45]。同时，制氢和储运工作都可以在陆地上完成，具备方便的系统安装和维护优势。然而，随着我国海上风电开发向远海深入的趋势不断发展，海底电缆的成本以及海上升压站或换流站的建设和运维成本也会不断增加。此外，在电力传输过程中的能量损耗也会大幅增加。对于海上高压交流（HVAC）输电系统，在风电场装机容量为 500～1000MW、离岸距离为 50～100km 的情况下，海缆损耗为 1％～5％。而对于海上高压直流（HVDC）输电系统，考虑到不同的风电场容量和离岸距离，海缆损耗为 2％～4％[46-47]。相比之下，海上输气管道的传输损耗低于 0.1％，同时，与传输相同能量的等效海缆相比，海上管道的建设成本更低[48]。因此，海上电解水制氢方案备受关注，海上风电制氢正逐渐从输电向输氢方向转变。

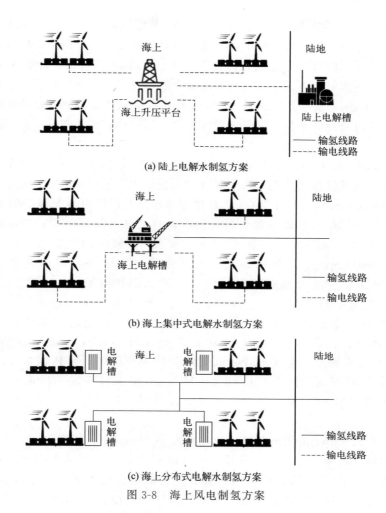

(a) 陆上电解水制氢方案

(b) 海上集中式电解水制氢方案

(c) 海上分布式电解水制氢方案

图 3-8　海上风电制氢方案

　　在海上集中式电解水制氢方案中，海上风电机组产生的电力通过风电场集电海缆汇集到海上电解水制氢平台，在该平台完成制氢后，经由输气管道传输至岸上[49-50]。其优点是可以借助已有的海上油气平台或油气管道，将油气平台改造为制氢平台，有效降低项目投资成本。而在海上分布式电解水制氢方案中，不需要建设海上电解水制氢平台，取而代之的是在每台风电机组塔底平台上安装模块化的制氢设备，直接在风电机组侧制氢，产生的氢气通过小尺寸输气管道汇集到收集歧管，在这里压缩或直接通过更大直径管道传输至岸上。该方案最大程度地用输氢管道替换了海上输电设施，降低了能量送出成本，但风电机组侧模块化电解水制氢技术还有待进一步优化。

3.4.2　海水风电制氢项目案例

3.4.2.1　国外海上风电制氢典型项目

　　目前，国外海上风电制氢的典型项目主要集中在欧洲[51-54]，北海海域有大量的已建或待建海上风电项目作为支撑，最先进的绿氢全产业链技术在这里持续孵化。

　　荷兰的 $NortH_2$ 项目是截至目前全球规模最大的海上风电制氢项目之一，该项目计划到

2030 年在北海建成 3~4GW 的海上风电场，完全用于绿氢生产，并在荷兰北部港口埃姆斯哈文或其近海区域建设一座大型电解水制氢站；计划到 2040 年实现 10GW 海上风电装机规模和年产 100 万吨绿氢的目标。除此之外，荷兰 PosHYdon 项目是全球首个海上风电制氢示范项目，为了实现海上风电、天然气和氢能综合能源系统的一体化运行，选择海王星能源公司（Neptune Energy）完全电气化的 Q13a-A 平台作为试点，计划安装 1MW 电解槽，验证海上风电制氢的可行性，并将氢气与天然气混合，通过现有的天然气管道馈入国家天然气管网。

类似地，德国的 AquaVentus 项目旨在 2035 年就达成 10GW 海上风电装机和年产 100 万吨绿氢的目标。该项目包括了关于海上绿氢"制储输用"全产业链上的多个子项目，其中第 1 个子项目 AquaPrimus 计划于 2025 年在德国赫尔戈兰海岸附近安装 2 个 14MW 的海上风电机组，每台风电机组的基础平台上都安装独立的电解水制氢装置；AquaSector 子项目建设德国首个大型海上氢园区，计划到 2028 年安装 300MW 的电解槽，年产 2 万吨海上绿氢，并通过 AquaDuctus 子项目铺设的海底管道将绿氢输送到赫尔戈兰。另外，德国 Westküste 100 项目于 2020 年从德国联邦经济和能源部获得了 3000 万欧元的资金支持，其目标是通过海上风电制氢使工业、航空、建筑和供暖在未来更加可持续。该项目第 1 阶段计划建造 30MW 电解槽，最终目标是实现包括 700MW 电解槽系统在内的大规模行业耦合。除此之外，西门子能源牵头一个为期 4 年的 Power-to-X 研究项目，名为"H₂Mare"，旨在研究海上风电就地转化低碳能源的全产业链，具体包含 4 个子项目，其中，OffgridWind 子项目研究海上风电机组，H₂Wind 子项目开发一种适合近海环境并能够适配海上风电机组的 PEM 电解水制氢系统。该项目获得了德国联邦教育及研究部 1 亿欧元的资金支持。

瑞典大瀑布集团 Vattenfall 正在加紧开展名为 Hydrogen Turbine 1（HT1）的海上风电就地制氢示范项目。该项目计划在欧洲海上风电部署中心 B06 号风电机组的过渡段扩展平台上放置长度约 12m 的集装箱，集装箱内安装一套氢电解槽、海水淡化设备以及压缩机，产生的氢气再通过海底管线输送到岸上。该项目预计最早在 2024 年投入运营，运营时间为 8~10 年。

挪威 Deep Purple 项目是全球首个漂浮式海上风电制氢项目，旨在利用漂浮式海上风电技术生产绿氢并储存在海底储罐中，从而使用氢燃料电池替代大型燃气轮机，为石油天然气平台提供稳定的可再生电力供应，并为其他行业提供氢气。计划到 2024 年基本实现挪威油气生产的零排放。

英国 Dolphyn 项目是目前规模最大的漂浮式海上风电分布式制氢项目，计划在北海开发 4GW 漂浮式海上风电场，拟采用 10MW 机型，每个漂浮式平台都安装单独的电解槽，产生的氢气通过管道外送，不需要海底电缆或海上制氢站。风电机组内部配备足够的备用电源，以保证检修、停机后重启的需求。该项目计划于 2026 年前实现在 10MW 机型上制氢。

丹麦风电巨头沃旭能源宣布了 SeaH₂Land 项目，计划到 2030 年建造总容量 1GW 的电解槽，并与荷兰北海计划中 2GW 海上风电场直接连接，生产的绿氢将通过位于荷兰和比利时之间的跨境管道进行分配。SeaH₂Land 一期工程包括 500MW 的电解槽容量，第 2 阶段将扩展到 1GW，届时需要连接到国家氢主干网。

欧洲 OYSTER 项目在欧盟委员会推出的"燃料电池和氢能联合计划"资助下，开展了将海上风电机组与分布式电解槽直接连接，以及将绿氢运输到岸的可行性研究。该电解槽系统采用紧凑型设计，集成海水淡化和处理工艺并安装在海上风电机组基础平台上。该项目计划于 2024 年底投产。

3.4.2.2　国内海上风电制氢典型项目

我国海上风电制氢从 2020 年起步[55-56]，但在"双碳"目标和相关政策指引下，各级政府以及企业加快相关布局，海上风电制氢项目也正蓄势待发。

2020 年 6 月，首个国家级深远海融合示范风电场项目，青岛深远海 200 万千瓦海上风电融合示范风电场项目启动。该项目将全面开展海上风电＋海洋牧场融合应用和新型技术装备等应用，推动包括海上风电制氢储氢在内的多样化融合试验与示范应用，打造世界一流的"海上风电＋"融合项目的示范基地。

2022 年由明阳集团主导的全国首个"海上风电＋海洋牧场＋海水制氢"融合项目在广东动工[57]，该项目装机总容量为 500MW，拟布置 25 台 MySE11-230 机组、18 台 MySE12-242 机组和 1 台 16.6MW 的漂浮式机组，为目前国内海上风电量产机型中单机容量最大、风轮直径最长，并投入国内首创的漂浮式技术。预计项目在 2023 年年底建成投产后，每年可提供清洁能源发电量约 18.3 亿千瓦时，在火电机组同等条件下能够节约 57 万吨燃煤，减排 1.1 万吨 SO_2、140 万吨 CO_2。同时，为进一步提升海域利用和项目整体效率，项目拟采用世界首创的"导管架＋网衣融合"开发技术，配套建设风电制氢项目，有望成为全国首个"海上风电＋海洋牧场＋海水制氢"融合项目。

2023 年 6 月，基于自驱动相变机制的原位水净化直接电解海水制氢装置，如图 3-5（a）所示，东方电气集团与深圳大学/四川大学谢和平院士团队在福建兴化湾海上风电场联合开展的海上中试并取得了成功。另外，其他企业也纷纷合作，积极布局海上风电制氢项目。如，国家能源投资集团有限责任公司与山东省港口集团签署战略合作协议，联合探索"海上风电＋海洋牧场＋海水制氢"融合发展模式；如东县人民政府、国家能源集团国华能源投资有限公司、国家能源集团北京低碳清洁能源研究院、江苏中天科技股份有限公司签订氢能产业项目四方战略合作协议，共同打造绿氢产业链；华能集团与漳州市政府签署协议，将着力引进海上风电、氢能应用等相关装备制造龙头企业；中国海洋石油总公司与林德合作并成立氢能运输联盟，与同济大学共同开展海上风电制氢工艺流程及技术经济可行性研究；中国船舶集团风电发展有限公司与大船集团、中国科学院大连化学物理研究所、国创氢能科技有限公司四方签约，共同推进海上风电制氢/氨及其储运技术与装备的研发及产业化。大连市太平湾与三峡集团、金风科技联合宣布将共同建设新能源产业园，重点发展以海上风电、氢能为主的新能源产业，计划通过风电制氢、储氢、运氢以及氢能海洋牧场利用等培育氢能产业链条。

除此之外，我国各地方政府也纷纷出台相关政策推动海上风电制氢发展。广东省印发《促进海上风电有序开发和相关产业可持续发展的实施方案》，提出推动海上风电项目开发与海洋牧场、海水制氢等相结合；福建省漳州市印发《漳州市国民经济和社会发展第十四个五年规划和二〇三五年远景目标纲要》，提出将加快开发漳州外海浅滩千万千瓦级海上风电，布局海上风电制氢等氢能产业基地，发展氢燃料水陆智能运输装备，构建形成"制氢-加氢-储氢"的产业链；《浙江省可再生能源发展"十四五"规划》提出，集约化打造海上风电＋海洋能＋储能＋制氢＋海洋牧场＋陆上产业基地的示范项目；《山东省能源发展"十四五"规划》提出，积极推进可再生能源制氢和低谷电力制氢试点示范，培育风光＋氢储能一体化应用模式。

3.5 海水制氢经济分析

3.5.1 理论能量估算

$$H_2(g) + \frac{1}{2}O_2(g) \longrightarrow H_2O(l) \quad \Delta H = -285.84kJ/mol \tag{3-7}$$

根据氢气的燃烧热方程式，标况下 1mol 的 H_2 完全燃烧生成液态水可放出 285.84kJ 的热量，根据能量守恒定律，电解水生成氢气所需的能量等于氢气完全燃烧放出的能量，因此电解 1mol 的液态水理论上需消耗 285.84kJ 的能量，电解 1kg 的水需要消耗 15878kJ 的能量。而海水淡化过程的本质是放热反应，但该过程属于熵减反应，其热力学下限与过程无关，只与溶质从溶液中分离的温度与浓度有关。就反渗透技术而言，海水淡化过程中的热力学能量消耗等于溶液的渗透压，其遵循范托夫（Van't Hoff）定律：

$$\tau = CRT \tag{3-8}$$

式中，τ 为渗透压，Pa；C 为海水中溶质离子的摩尔浓度，mol/L；T 为海水温度，K；R 为摩尔气体常数，8.314J/(K·mol)。故在标况下 1kg 海水淡化的能量消耗为 $(35/58.5) \times 2 \times 8.314 \times 273.15 = 2.72kJ$。在不考虑外在条件的约束下，采用反渗透方式进行海水淡化所需能量仅为水分解所需电量的 0.02%。在实际应用中，电解过程中会有部分的电能转化为热能而散失，目前商业应用的电解槽效率大多在 80% 左右。因此，实际运行过程中电解 1kg 的水需要消耗大约 19847kJ 的电能。而目前的反渗透技术电力消耗为 4kW·h/m³ 左右（14.4kJ/kg 水），且单位电耗随着产水规模的增大而减小。因此，与水电解相比，海水淡化所消耗的能量仅为其 0.07%。

3.5.2 海水淡化成本分析

目前，我国已建成的海水淡化工程有 123 个，全国海水淡化总能力约为每日 165 万吨。国家发改委日前印发的《海水淡化利用发展行动计划（2021—2025 年）》提出，到 2025 年，全国海水淡化总规模达到每日 290 万吨以上，新增海水淡化规模为 125 万吨/天以上，其中沿海城市新增海水淡化规模为 105 万吨/天以上，海岛地区新增海水淡化规模为 20 万吨/天以上。

以反渗透技术为例，其电耗范围为 2~5kW·h/m³，电耗占反渗透运行成本的 50%~75%，产水成本的 40%~60%，因此电力价格变化对海水淡化的成本影响较大。目前，海水淡化的成本已经可以控制在 4~4.5 元/t，其经济性已经初步显现。与海水直接电解相比，海水淡化虽然增加了水净化处理单元，在一定程度上增加了空间占用以及后期运维成本，但是海水预处理能够极大地提高电解效率、增加电解槽稳定性。考虑到海水电解槽各组件长时间运行的可靠性，水净化单元相对于电解槽运维来说是成本极小的一部分。

3.5.3 海上风电制氢成本分析

随着海上风机技术的发展，海上风电制氢被认为是当下大规模开发氢能的最佳选择[58]。海上风电制氢成本组成中，风力发电的平准化成本（LCOE）、利用风能淡化海水的平准化成本（LCOW）、风力制氢的平准化成本（LCOH）和回收期（PBP）是决定海上风电制氢项目是否有利可图和可行的最决定性因素。

（1）LCOE

LCOH 具有重要价值，因为它为投资者提供了关键信息。LCOH 代表着获得 1kg 氢气的成本，其计算公式如下

$$LCOH = \frac{C_{电解槽} + C_{电} + C_{海水淡化}}{\sum_1^t M_{H_2}} \tag{3-9}$$

式中，$\sum_1^t M_{H_2}$ 为电解槽的整个寿命内获得的氢的总量；$C_{海水淡化}$ 是海水淡化的成本；$C_{电解槽}$ 是水电解槽系统的成本；$C_{电}$ 是使用风力涡轮机的风力发电的成本。分别通过式（3-10）～式（3-12）计算：

$$C_{海水淡化} = LCOW \times \frac{\sum_{i=1}^n M_{H_2O,i}}{n} \tag{3-10}$$

$$C_{电解槽} = C_{u,电解槽} \times \frac{M_{H_2} \times E_{电解槽}}{t \times 8760 \times CF \times \eta_{电解槽}} \tag{3-11}$$

$$C_{电} = LCOE \times \frac{\sum_{i=1}^n EWT_i}{n} \tag{3-12}$$

式中，$M_{H_2O,i}$ 表示第 i 年内由风力发电的脱盐系统脱盐的海水量；n 表示项目寿命；$C_{u,电解槽}$、$E_{电解槽}$ 和 $\eta_{电解槽}$ 分别是电解槽的单位成本、电解槽所需的能量及其整流器效率。t 为温度；CF 为风机容量系数；8760 为生产小时数；EWT_i 是指第 i 年涡轮机产生的电量。LCOE 是通过式（3-13）预测的。

$$LCOE = \frac{CI + \sum_{i=1}^n \dfrac{OM + REP + ENV}{(1+f)^i}}{\sum_{i=1}^n \dfrac{EWT}{(1+d)^i}} \tag{3-13}$$

式中，CI、OM、REP 和 ENV 分别为资本投资、运营和维护成本、重置成本和排放 CO_2 的环境相关处罚；f 是通货膨胀率与利率之差；d 表示风力发电厂的退化率。式（3-14）用于计算 LCOW：

$$LCOW = \frac{CWD + C_{电}}{\sum_{i=1}^n M_{H_2O,i}} \tag{3-14}$$

式中，CWD 代表购买海水淡化系统的价格。

（2）PBP

从这个因素可以推断出，收回资本投资需要多少时间。通过式（3-15）计算

$$PBP = \frac{CI}{EUAI - EUAC} \tag{3-15}$$

式中，EUAI 和 EUAC 分别表示等效的统一年收入和等效的统一年度成本。由于折现率的原因，每年的收入和成本并不相同，事实上它们遵循一个几何级数，因此使用式（3-16）～

式(3-18)使其一致。

$$PWI=\begin{cases} AI_1 \times \left[\dfrac{1-(1+d)^n \times (1+f)^{-n}}{f-d} \right], d \neq f \\[3mm] \dfrac{n \times AI_1}{1+f}, d=f \end{cases} \tag{3-16}$$

$$PWC = \frac{n \times AC_1}{1+f} \tag{3-17}$$

$$EUAI-EUAC = (PWI-PWC) \times \left[\frac{f \times (1+f)^n}{(1+f)^n-1} \right] \xrightarrow{\text{若}f=0} \frac{(PWI-PWC)}{n} \tag{3-18}$$

式中，PWI 和 PWC 分别表示收入和成本的现值；AI_1 和 AC_1 分别是第一年年初的收入和成本金额。

（3）假设

① 购买高额定功率的风力涡轮机将花费约 500 美元/kW（标称功率）。

② 与安装风力涡轮机相关的主要成本，包括运输成本、关税和电网整合，将相当于风力涡轮机价格的 40%。

③ KACO 逆变器，Powador 60.0TL3 XL 型，成本约 6364 美元，使用寿命 10 年。

④ 运行和维护风力涡轮机的可能成本，包括工资、税收、保险和地租，将为风力涡轮机价格的 6%。

⑤ 排放 1t 二氧化碳将导致 36.3 美元的罚款。

⑥ 使用从燃油和天然气发电厂获得的电力，每千瓦功率将分别排放 $0.277kCO_2$ 和 $0.20\ kCO_2$。因此，应评估两种情况：a. 用风能代替燃油电；b. 用风能替代天然气电。

⑦ 货膨胀率和利率之间的差额，几乎为 5%。

⑧ 在拟建系统的寿命期内可能会发生一些不可预见的情况，从而降低风力涡轮机的性能。为此，计算中应将 0、0.01、0.02、0.03 和 0.04 这 5 个值作为 d。

⑨ 需要 $5kW \cdot h/m^3$ 电力的 BWRO-2S-130/75 海水淡化系统的初始成本为 81000 美元。

⑩ 假设使用反渗透（RO）海水淡化系统，但它可能无法为电解槽提供所需的纯净蒸馏水。因此，还假设正在研究的反渗透海水淡化输出处的脱盐水被送至机械蒸汽再压缩（MVP）水净化厂，以获得最可能的纯净水；

⑪ 电解槽的单位成本为 1500 美元/kW；

⑫ 政府购买风力发电的价格为 0.12 美元$/(kW \cdot h)$；

⑬ 未来几年，购买可再生氢的价格将相当于 10 美元；

⑭ 为了计算与制氢相关的 PBP，由于电解槽的寿命为 7 年，因此涡轮机初始价格的 65% 将构成残值。之所以选择这 65%，是因为电解槽终止后，涡轮机将再工作 13 年，所以涡轮机的寿命几乎剩下 65%。

（4）LCOH 计算

考虑到上述假设后，结果表明，当 $d=0$ 时，使用一台额定功率为 660kW 的风机将在项目寿命期内提供约 $22779400kW \cdot h$ 的电力。如果 d 升至 0.04，该值将大幅下降至 $16098133kW \cdot h$。对于额定功率为 750kW 和 900kW 的风轮机，总输出能量分别从 $28159000kW \cdot h$ 减少到 $19899880kW \cdot h$，从 $46310600kW \cdot h$ 降低到 $32727561kW \cdot h$。

基于上述计算公式与假设，图 3-9 给出了与风电场建设相关的成本和可再生电力销售收入。值得注意的是，如果我们必须在第 11 年为逆变器支付 6364 美元，那么第 0 年这笔资金

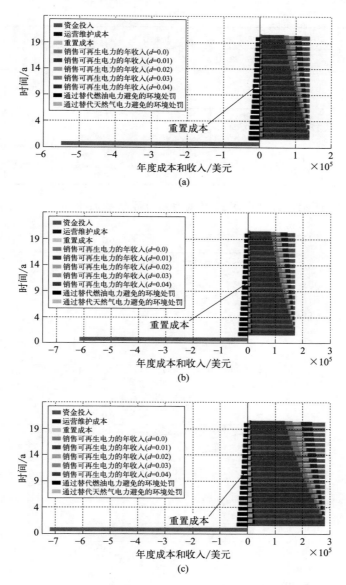

图 3-9　Gamesa G47/660（a）、AWE 52/750（b）和 EWT 52/900（c）三种风力涡轮机
产生的五个 d 值的电力后，项目寿命期内产生的所有成本和收入（另见书后彩图）

的现值将为 3721 美元。

　　在估算 LCOH 之前，应预测不同的 d 值和两种方案（方案 1：风力发电代替燃油发电；方案 2：风力发电代替天然气发电）下的 LCOE 和 LCOW。计算表明：在使用方案 1 时，Gamesa G47/660 涡轮机的 LCOE 将在 0.0358～0.0506 美元/（kW·h）之间变化；在使用方案 2 时将从 0.0375 美元/（kW·h）变化到 0.053 美元/（kW·h）。很明显，涡轮机的额定功率越大，LCOE 的量越少。表 3-3 显示了当 $f = 5\%$ 时，两种方案在五个 d 值下的 LCOE 量。

表 3-3 *f* 为 5% 时三种风力涡轮机使用两种方案在五个 *d* 值下的 LCOE

单位：美元/(kW·h)

涡轮机	方案 1					方案 2				
	$d=0$	$d=0.01$	$d=0.02$	$d=0.03$	$d=0.04$	$d=0$	$d=0.01$	$d=0.02$	$d=0.03$	$d=0.04$
Gamesa G47/660	0.0358	0.0393	0.0429	0.0467	0.0506	0.0375	0.0411	0.0450	0.0489	0.0530
AWE 52/750	0.0317	0.0347	0.0380	0.0413	0.0448	0.0334	0.0366	0.0400	0.0435	0.0472
EWT 52/900	0.0208	0.0228	0.0249	0.0271	0.0294	0.0225	0.0247	0.0269	0.0293	0.0318

随后，如图 3-10 所示，评估了可利用风力发电脱盐的海水量。

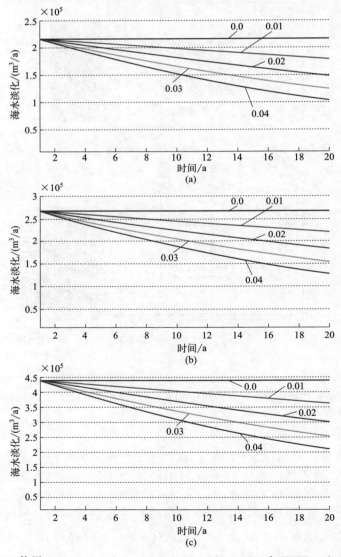

图 3-10 使用 Gamesa G47/660（a）、AWE 52/750（b）和 EWT 52/900（c）
三种风力涡轮机进行 5 个 *d* 值的海水淡化（另见书后彩图）

然后，计算了表示海水淡化成本的 LCOW。研究结果表明，在方案 1 的情况下，使用一套 Gamesa G47/660 进行海水淡化，当 $d=0$ 时，将产生几乎 0.0281 美元/m³ 的费用。在检查 AWE 52/750 和 EWT 52/900 风力涡轮机时，该值分别降至 0.0235 美元/m³ 和 0.0147 美元/m³。方案 2 的情况下，当 $d=0$ 时，LCOW 值分别为 0.0286 美元/m³、0.0239 美元/m³ 和 0.0151 美元/m³。表 3-4 包括在计算中考虑 2 种方案和 5 种降解率时的所有预计 LCOW 量。

表 3-4　不同情况下脱盐系统的 LCOW　　　　　单位：美元/m³

涡轮机	方案 1					方案 2				
	$d=0$	$d=0.01$	$d=0.02$	$d=0.03$	$d=0.04$	$d=0$	$d=0.01$	$d=0.02$	$d=0.03$	$d=0.04$
Gamesa G47/660	0.0281	0.0309	0.0337	0.0367	0.0398	0.0286	0.0314	0.0343	0.0373	0.0404
AWE 52/750	0.0235	0.0258	0.0281	0.0306	0.0332	0.0239	0.0262	0.0287	0.0312	0.0338
EWT 52/900	0.0147	0.0161	0.0176	0.0191	0.0208	0.0151	0.0166	0.0181	0.0197	0.0214

然后，计算在所有检查情况下电解槽的寿命内将获得多少氢气。图 3-11 显示了使用上述风力涡轮机和研究的电解槽 7 年来的氢气产量。

在计算了估算制氢成本的所有必要值后，估算了所需的 LCOH 量。根据计算结果，随着风力涡轮机额定功率的增加，使用脱盐海水生产可再生氢的成本也降低了。表 3-5 中的数

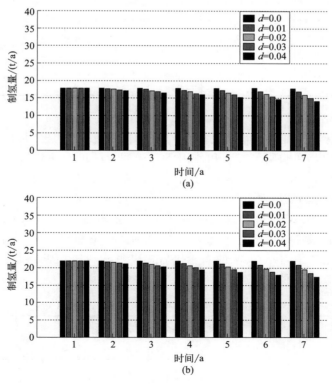

图 3-11

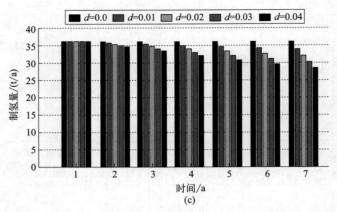

图 3-11   使用 Gamesa G47/660（a）、AWE 52/750（b）和 EWT 52/900（c）
风力涡轮机进行 5 个 d 值的制氢（另见书后彩图）

字表明，在部署 Gamesa G47/660、AWE 52/750 和 EWT 52/900 风力涡轮机时，方案 1 的
LCOH 分别为 10.5023～10.5483 美元/kg、9.6389～9.6792 美元/kg 和 7.0074～7.0337 美
元/kg。在使用方案 2 时，与方案 1 相比仅增加了几美分。

表 3-5   不同情况下系统的 LCOH   单位：美元/kg

涡轮机	方案 1					方案 2				
	$d=0$	$d=0.01$	$d=0.02$	$d=0.03$	$d=0.04$	$d=0$	$d=0.01$	$d=0.02$	$d=0.03$	$d=0.04$
Gamesa G47/660	10.5023	10.5137	10.5252	10.5367	10.5483	10.5188	10.5307	10.5426	10.5546	10.5667
AWE 52/750	9.6389	9.6489	9.6589	9.6690	9.6792	9.6553	9.6658	9.6764	9.6870	9.6976
EWT 52/900	7.0074	7.0139	7.0205	7.0271	7.0337	7.0239	7.0309	7.0379	7.0450	7.0521

（5）PBP 的评估

项目投资人希望项目能够尽快实现盈利。式(3-15)～式(3-18)可用于预测获得利润所
需的时间。结果表明，在购买、安装和使用所有受调查的风力涡轮机后，销售风力发电的
PBP 将不到其寿命的一半。以方案 1 为例，预计在第 4 年开始前：当 d 为 0 时，利用
Gamesa G47/660 风力涡轮机发电的所有初始投资都将全部收回；当 d 从 0 增加到 0.01 时，
这一时期翻了一番，达到 5.8 年。这是因为涡轮机的发电量从 22779400kW·h 大幅下降到
20758877kW·h。在最坏的情况下，当 d 为 0.04 时，PBP 将等于 7.8 年，这远远小于项目
寿命。在评估了额定功率为 900kW 的涡轮机后，很明显，其 PBP 将是最具吸引力的一个。
表 3-6 说明了 PBP 的所有值。

表 3-6   不同情况下使用风力涡轮机的风力发电 PBP   单位：年

涡轮机	方案 1					方案 2				
	$d=0$	$d=0.01$	$d=0.02$	$d=0.03$	$d=0.04$	$d=0$	$d=0.01$	$d=0.02$	$d=0.03$	$d=0.04$
Gamesa G47/660	2.9	5.8	6.4	7.1	7.8	3.0	6.1	6.7	7.5	8.4

涡轮机	方案 1					方案 2				
	$d=0$	$d=0.01$	$d=0.02$	$d=0.03$	$d=0.04$	$d=0$	$d=0.01$	$d=0.02$	$d=0.03$	$d=0.04$
AWE 52/750	2.6	5.0	5.5	6.0	6.6	2.6	5.2	5.8	6.4	7.0
EWT 52/900	1.7	3.1	3.4	3.7	4.0	1.8	3.3	3.6	3.9	4.3

　　使用上述计算公式计算了与氢气生产有关的 PBP。在方案 1 下使用 Gamesa G47/660 风力涡轮机，当 $d=0$ 时，预计 PBP 为 21 年；当评估最坏情况时，这一时间增至 36.1 年。在方案 2 下，这一范围在 21.8～38.6 年之间略有增加。因此，为此目的使用前两种风力涡轮机不能被认为是合理的。总的来说，EWT 52/900 涡轮机是这三种涡轮机中用于制氢的最佳选择，因为其所有 PBP 远低于其他两种类型。表 3-7 提供了使用三种风力涡轮机对海水进行脱盐后制氢的 PBP。

表 3-7　不同情况下使用系统生产可再生氢的 PBP　　　　单位：年

涡轮机	方案 1					方案 2				
	$d=0$	$d=0.01$	$d=0.02$	$d=0.03$	$d=0.04$	$d=0$	$d=0.01$	$d=0.02$	$d=0.03$	$d=0.04$
Gamesa G47/660	21.0	34.1	34.7	35.4	36.1	21.8	36.2	36.9	37.7	38.6
AWE 52/750	17.3	26.4	26.8	27.3	27.8	17.9	27.8	28.3	28.8	29.4
EWT 52/900	9.7	13.3	13.4	13.6	13.7	10.0	13.7	13.9	14.1	14.3

3.5.4　结论

　　① 如果使用风力发电代替燃油发电厂发电，则当 $d=0.04$ 时，Gamesa G47/660、AWE 52/750 和 EWT 52/900 涡轮机的 LCOE 分别为 0.0506 美元/(kW·h)、0.0448 美元/(kW·h)和 0.0294 美元/(kW·h)。当 $d=0$ 时，这些值分别降至 0.0358 美元/(kW·h)、0.0317 美元/(kW·h)和 0.0208 美元/(kW·h)；

　　② 在第 2 种情况下，用风力发电代替天然气发电，当 $d=0.04$ 时，上述涡轮机的 LCOE 分别为 0.0530 美元/(kW·h)、0.0472 美元/(kW·h)和 0.0318 美元/(kW·h)，当 $d=0$ 时，LCOE 下降至 0.0375 美元/(kW·h)、0.0334 美元/(kW·h)和 0.0225 美元/(kW·h)；

　　③ 当可再生电力的价格为 0.12 美元/(kW·h)，LCOE 是盈利的；

　　④ 评估第 1 种情况时，当使用额定功率分别为 660kW、750kW 和 900kW 的涡轮机发电时，LCOW 将在 0.0281～0.0398 美元/m³、0.0235～0.0332 美元/m³ 和 0.0147～0.0208 美元/m³ 之间变化；

　　⑤ 考虑到第 2 种情况，LCOW 的范围分别为 0.0286～0.0404 美元/m³、0.0239～0.0338 美元/m³ 和 0.0151～0.0214 美元/m³；

⑥ 方案 1 的 LCOH 范围计算为 10.5023～10.5483 美元/kg、9.6389～9.6792 美元/kg 和 7.0074～7.0337 美元/kg。此外，当使用方案 2 时，与方案 1 相比略微增加了几美分。

参 考 文 献

[1]　Wang C，Shang H，Jin L，et al. Advances in hydrogen production from electrocatalytic seawater splitting [J]. Nanoscale，2021，13 (17)：7897-7912.

[2]　Williams L O. Electrolysis of sea water [J]. Hydrogen energy：part A，1975：417-424.

[3]　Song H J，Yoon H，Ju B，et al. Electrocatalytic selective oxygen evolution of carbon-coated $Na_2Co_{1-x}Fe_xP_2O_7$ nanoparticles for alkaline seawater electrolysis [J]. ACS Catalysis，2019，10 (1)：702-709.

[4]　Amikam G，Nativ P，Gendel Y. Chlorine-free alkaline seawater electrolysis for hydrogen production [J]. International Journal of Hydrogen Energy，2018，43 (13)：6504-6514.

[5]　Khan M A，Al-Attas T，Roy S，et al. Seawater electrolysis for hydrogen production：a solution looking for a problem? [J]. Energy & Environmental Science，2021，14 (9)：4831-4839.

[6]　Ghaffour N，Missimer T M，Amy G L. Technical review and evaluation of the economics of water desalination：current and future challenges for better water supply sustainability [J]. Desalination，2013，309：197-207.

[7]　孙富. 用于低品位水的 MXene 基电催化剂设计与低能耗制氢性能研究 [D]. 大连：大连理工大学，2022.

[8]　Dionigi F，Reiger T，Pawolek Z，et al. Design criteria，operating conditions，and nickel-iron hydroxide catalyst meterials for selective seawater electrolysis [J]. Chem Sus Chem，2016，9 (9)：962-972. Mohammed-Ibrahim J，Moussab H. Recent advances on hydrogen production through seawater electrolysis [J]. Materials Science for Energy Technologies，2020，3：780-807.

[9]　Wu X H，Zhou S，Wang Z Y，et al. Engineering multifunctional collaborative catalytic interface enabling efficient hydrogen evolution in all pH range and seawater [J]. Advanced Energy Materials，2019，9：1901333.

[10]　Dionigi F，Reier T，Pawolek Z，et al. Design criteria，operating conditions，and nickel iron hydroxide catalyst materials for selective seawater electrolysis [J]. ChemSusChem，2016，9：962-972.

[11]　Auinger M，Katsounaros I，Meier J C，et al. Near-surface ion distribution and buffer effects during electrochemical reactions [J]. Physical Chemistry Chemical Physics，2011，13：16384-16394.

[12]　Xie H，Zhao Z，Liu T，et al. A membrane-based seawater electrolyser for hydrogen generation [J]. Nature，2022：1-6.

[13]　Carmo M，Fritz D L，Mergel J，et al. A comprehensive review on PEM water electrolysis [J]. International Journal of Hydrogen Energy，2013，38 (12)：4901-4934.

[14]　Lim C K，Liu Q，Zhou J，et al. High-temperature electrolysis of synthetic seawater using solid oxide electrolyzer cells [J]. Journal of Power Sources，2017，342：79-87.

[15]　Hansen H A，Man I C，Studt F，et al. Electrochemical chlorine evolution at rutile oxide (110) surfaces [J]. Physical Chemistry Chemical Physics，2010，12 (1)：283-290.

[16]　Surendranath Y，Dinca M，Nocera D G. Electrolyte-dependent electrosynthesis and activity of cobalt-based water oxidation catalysts [J]. Journal of the American Chemical Society，2009，131 (7)：2615-2620.

[17]　Cheng F，Feng X，Chen X，et al. Synergistic action of Co-Fe layered double hydroxide electrocatalyst and multiple ions of sea salt for efficient seawater oxidation at near-neutral pH [J]. Electrochimica Acta，2017，251：336-343.

[18]　Petrykin V，Macounova K，Shlyakhtin O A，et al. Tailoring the selectivity for electrocatalytic oxygen evolution on ruthenium oxides by zinc substitution [J]. Angewandte Chemie，2010，122 (28)：4923-4925.

[19]　Nong H N，Reier T，Oh H S，et al. A unique oxygen ligand environment facilitates water oxidation in hole-doped $IrNiO_x$ core-shell electrocatalysts [J]. Nature Catalysis，2018，1 (11)：841-851.

[20]　Beermann V，Holtz M E，Padgett E，et al. Real-time imaging of activation and degradation of carbon supported octahedral Pt-Ni alloy fuel cell catalysts at the nanoscale using in situ electrochemical liquid cell STEM [J]. Energy & Environmental Science，2019，12 (8)：2476-2485.

[21]　Kang J，Qiu X，Hu Q，et al. Valence oscillation and dynamic active sites in monolayer NiCo hydroxides for water oxidation [J]. Nature Catalysis，2021，4 (12)：1050-1058.

[22]　Izumiya K，Akiyama E，Habazaki H，et al. Anodically deposited manganese oxide and manganese-tungsten oxide

electrodes for oxygen evolution from seawater [J]. Electrochimica Acta，1998，43（21-22）：3303-3312.

[23]　Fujimura K，Matsui T，Habazaki H，et al. The durability of manganese-molybdenum oxidea nodes for oxygen evolution in seawater electrolysis [J]. Electrochimica acta，2000，45（14）：2297-2303.

[24]　Ma Y Y，Wu C X，Feng X J，et al. Highly efficient hydrogen evolution from seawater by a low-cost and stable CoMoP@ C electrocatalyst superior to Pt/C [J]. Energy & Environmental Science，2017，10（3）：788-798.

[25]　Bennett J E. Electrodes for generation of hydrogen and oxygen from seawater [J]. International Journal of Hydrogen Energy，1980，5（4）：401-408.

[26]　Vos J G，Wezendonk T A，Jeremiasse A W，et al. MnO_x/IrO_x as selective oxygen evolution electrocatalyst in acidic chloride solution [J]. Journal of the American Chemical Society，2018，140（32）：10270-10281.

[27]　Kuang Y，Kenney M J，Meng Y，et al. Solar-driven，highly sustained splitting of seawater into hydrogen and oxygen fuels [J]. Proceedings of the National Academy of Sciences，2019，116（14）：6624-6629.

[28]　Balaji R，Kannan B S，Lakshmi J，et al. An alternative approach to selective sea water oxidation for hydrogen production [J]. Electrochemistry Communications，2009，11（8）：1700-1702.

[29]　Obata K，Takanabe K. A permselective CeO_x coating to improve the stability of oxygen evolution electrocatalysts [J]. Angewandte Chemie，2018，130（6）：1632-1636.

[30]　Ma T，Xu W，Li B，et al. The critical role of additive sulfate for stable alkaline seawater oxidation on nickel-based electrodes [J]. Angewandte Chemie，2021，133（42）：22922-22926.

[31]　Jadhav A R，Kumar A，Lee J，et al. Stable complete seawater electrolysis by using interfacial chloride ion blocking layer on catalyst surface [J]. Journal of Materials Chemistry A，2020，8（46）：24501-24514.

[32]　Li J，Liu Y，Chen H，et al. Design of a multilayered oxygen-evolution electrode with high catalytic activity and corrosion resistance for saline water splitting [J]. Advanced Functional Materials，2021，31（27）：2101820.

[33]　Tong W，Forster M，Dionigi F，et al. Electrolysis of low-grade and saline surface water [J]. Nature Energy，2020，5（5）：367-377.

[34]　Yao Y，Zhu Y，Pan C，et al. Interfacial sp C-O-Mo hybridization originated high-current density hydrogen evolution [J]. Journal of the American Chemical Society，2021，143（23）：8720-8730.

[35]　Chen H，Zou Y，Li J，et al. Wood aerogel-derived sandwich-like layered nanoelectrodes for alkaline overall seawater electrosplitting [J]. Applied Catalysis B：Environmental，2021，293：120215.

[36]　Li S，Zhao Z，Ma T，et al. Superstructures of organic-polyoxometalate co-crystals as precursors for hydrogen evolution electrocatalysts [J]. Angewandte Chemie International Edition，2022，61（3）：e202112298.

[37]　Li H，Tang Q，He B，et al. Robust electrocatalysts from an alloyed Pt—Ru—M（M＝Cr，Fe，Co，Ni，Mo）-decorated Ti mesh for hydrogen evolution by seawater splitting [J]. Journal of Materials Chemistry A，2016，4（17）：6513-6520.

[38]　Golgovici F，Pumnea A，Petica A，et al. Ni—Mo alloy nanostructures as cathodic materials for hydrogen evolution reaction during seawater electrolysis [J]. Chemical Papers，2018，72：1889-1903.

[39]　Vos J G，Koper M T M. Measurement of competition between oxygen evolution and chlorine evolution using rotating ring-disk electrode voltammetry [J]. Journal of Electroanalytical Chemistry，2018，819：260-268.

[40]　Endrödi B，Sandin S，Smulders V，et al. Towards sustainable chlorate production：The effect of permanganate addition on current efficiency [J]. Journal of cleaner production，2018，182：529-537.

[41]　Lonngren K E，Bai E W. On the global warming problem due to carbon dioxide [J]. Energy Policy，2008，36（4）：1567-1568.

[42]　Edwards I，Dalry C D. Overcoming challenges for the offshore wind industry and learning from the oil and gas industry [J]. Natural Power，Dalry，2011.

[43]　Enslow R. China，Norway and offshore wind development：a win-win relationship [C]∥offshore wind China conference and exhibition. Available from：http：∥www. norway. cn/PageFiles/391359/Azure% 20International，2010.

[44]　李雪临，袁凌. 海上风电制氢技术发展现状与建议 [J]. 发电技术，2022，43（02）：198-206.

[45]　Calado G，Castro R. Hydrogen production from offshore wind parks：Current situation and future perspectives [J]. Applied Sciences，2021，11（12）：5561.

[46]　Negra N B，Todorovic J，Ackermann T. Loss evaluation of HVAC and HVDC transmission solutions for large

offshore wind farms [J]. Electric power systems research, 2006, 76 (11): 916-927.

[47]　Papadopoulos A, Rodrigues S, Kontos E, et al. Collection and transmission losses of offshore wind farms for optimization purposes [C] // 2015 IEEE Energy Conversion Congress and Exposition (ECCE). IEEE, 2015: 6724-6732.

[48]　Miao B, Giordano L, Chan S H. Long-distance renewable hydrogen transmission via cables and pipelines [J]. International journal of hydrogen energy, 2021, 46 (36): 18699-18718.

[49]　Franco B A, Baptista P, Neto R C, et al. Assessment of offloading pathways for wind-powered offshore hydrogen production: Energy and economic analysis [J]. Applied Energy, 2021, 286: 116553.

[50]　Babarit A, Gilloteaux J C, Clodic G, et al. Techno-economic feasibility of fleets of far offshore hydrogen-producing wind energy converters [J]. International Journal of Hydrogen Energy, 2018, 43 (15): 7266-7289.

[51]　Musial W, Spitsen P, Duffy P, et al. Offshore Wind Market Report: 2022 Edition [R]. National Renewable Energy Lab. (NREL), Golden, CO (United States), 2022.

[52]　孙一琳. 海上风电＋制氢, Gigastack 项目进展如何? [J]. 风能, 2020 (03): 48-50.

[53]　吴瑾, 焦文强, 田倩, 等. 海洋氢能发展现状综述 [J]. 科技风, 2021 (19): 129-131.

[54]　Wu Y, Liu F, Wu J, et al. Barrier identification and analysis framework to the development of offshore wind-to-hydrogen projects [J]. Energy, 2022, 239: 122077.

[55]　张长令. 国外氢能产业导向、进展及我国氢能产业发展的思考 [J]. 中国发展观察, 2020 (1): 116-119.

[56]　张丽, 陈硕翼. 风电制氢技术国内外发展现状及对策建议 [J]. 科技中国, 2020 (1): 13-16.

[57]　全国首个"海上风电＋海洋牧场＋海水制氢"融合项目在广东动工 [J]. 上海节能, 2022 (09): 1225.

[58]　Rezaei M, Mostafaeipour A, Jahangiri M. Economic assessment of hydrogen production from sea water using wind energy: A case study [J]. Wind Engineering, 2021, 45 (4): 1002-1019.

第4章
光化学分解水制氢技术

在可再生能源资源中，太阳能是可以满足当前和未来人类能源需求最大的可利用资源，到达地球表面太阳能的 0.015% 已足以支持人类社会的正常发展。因此，收集和转换太阳能资源用于进一步的能源供应，是解决当前人类面临的能源危机问题的一个重要途径。光催化可以将低密度的太阳光能转化为高密度的化学能、电能，利用光催化技术分解水制氢，充分利用廉价并且"绿色"的太阳能，对实现我国二氧化碳排放力争于 2030 年达到峰值，努力争取 2060 年实现碳中和的"双碳"战略目标具有重要意义[1-3]。有研究表明如果光解水制氢的能量转换效率（STH）达到 10%，太阳能制氢成本（包括生产和运输）达到 2～4 美元/kgH_2，这项技术就能走向大规模应用[4]。但太阳能-氢能转化受诸多动力学和热力学因素的限制，目前光解水 STH 效率距离实际应用要求还有很大差距[5-6]，要解决此瓶颈问题，关键在于提高光催化剂的分解水制氢活性。

4.1 光催化研究开端

早在 20 世纪 30 年代，就有研究者发现在有氧或真空状态下，TiO_2 在紫外光照下对染料都具有漂白作用，人们还知道在此过程中 TiO_2 自身不发生改变，尽管当时 TiO_2 被称为光敏剂（photosensitizer）而不是光催化剂（photocatalyst）[7]。到了 20 世纪 50 年代，Mashio 等人利用 TiO_2 进行光催化氧化处理有机物的实验，并把 TiO_2 定义为光催化剂，但当时并没有引起人们的广泛关注[8]。光催化分解水研究历史可以追溯到 20 世纪 60 年代后期，Fujishima 等人在 1969 年利用光电池装置，在近紫外光照射下，实现 n 型半导体 TiO_2 表面光解水制氢（图 4-1）。随后于 1972 年，Fujishima 和 Honda 在 *Nature* 杂志报道了相关实验结果[9]。恰好 70 年代时期，原油价格突然上涨，未来原油的缺乏是一个严重的问题，因此，Fujishima 和 Honda 的论文引起了人们广泛的关注，这种将太阳能转化为化学能的方法迅速成为极具吸引力的研究方向，相关研究得以快速发展。

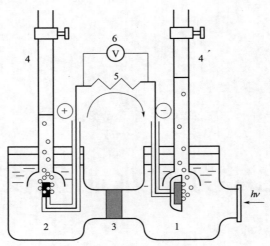

图 4-1　电化学光电池示意图[8]

1—n型 TiO$_2$ 电极；2—铂黑对电极；3—离子导电分隔器；

4—气体滴定管；5—负载电阻；6—电压表

4.2　光催化水分解的基本原理

水是一种相对比较稳定的化合物。水分解生成氢气和氧气的过程，是一个吉布斯自由能增加的过程（$\Delta G > 0$），也就是说从热力学角度考虑，水分解反应是一个非自发反应，必须有外加能量才能进行。光催化分解水制氢反应，就是利用光子的能量推动水分解反应的发生，然后转化为化学能。具有高能量的远紫外光（波长小于 190nm）可以直接分解水，然而此类远紫外光难以到达地球表面，所以普通太阳光的照射难以实现水分解制氢。

光催化分解水制氢是利用一些半导体材料的吸光特性，比如 TiO$_2$，实现光解水反应的发生，这类半导体材料就被称为光催化剂。半导体光催化剂的能带结构由充满电子的价带和空的导带构成，价带和导带之间为禁带，其宽度称为能隙。当光照射半导体光催化剂时，如果光子的能量高于半导体的禁带宽度，则半导体的价带电子从价带跃迁到导带，产生光生电子和空穴。被激发的电子和空穴迁移到半导体催化剂的表面，并与水发生氧化还原反应，从而产生氢气和氧气。光解水生成氢气和氧气的反应，其实质是一个光能到化学能的转变过程[10]。但必须指出的是，并非所有的光生电子和空穴都能分解水。从理论上讲，要使水完全分解，半导体的能带结构需要具有比氢的电极电位更负的导电电位和比氧电极电位更正的价带电位，并且该半导体材料的带隙要尽可能地窄，这样才能保证最大限度地利用太阳光的能量。合适的能带结构是材料具有光催化分解水能力必须满足的热力学要求，另外还有多种因素，例如光生电子-空穴的产生、分离、迁移和寿命等也会影响催化剂光解水的性能。

4.2.1　光催化水分解过程

光催化分解水产氢的物理化学过程主要包括以下几个，如图 4-2 所示：

① 光催化剂材料吸收一定能量的光子以后，产生电子和空穴对；

② 电子-空穴对分离，向光催化剂表面移动；

③ 迁移到半导体表面的电子，与水反应产生氢气；

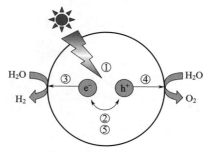

图 4-2 光催化分解水基本过程示意图

④ 迁移到半导体表面的空穴，与水反应产生氧气；

⑤ 部分电子和空穴复合，转化成对产氢无意义的热能或荧光；

水在受光激发的半导体材料表面，在光生电子和空穴的作用下发生电离，生成氢气和氧气。光生电子将 H^+ 还原成氢原子，而光生空穴将 OH^- 氧化成氧原子。这一过程可用下述方程式来表示，以 TiO_2 光催化剂为例：

光催化剂：

$$TiO_2 \xrightarrow{h\nu} e^- + h^+ \qquad (4\text{-}1)$$

水分子解离：

$$H_2O \longrightarrow H^+ + OH^- \qquad (4\text{-}2)$$

氧化还原反应：

$$2e^- + 2H^+ \longrightarrow H_2 \qquad (4\text{-}3)$$

$$2h^+ + 2OH^- \longrightarrow H_2O + \frac{1}{2}O_2 \qquad (4\text{-}4)$$

总反应：

$$H_2O + 2TiO_2 \xrightarrow{h\nu} H_2 + \frac{1}{2}O_2 \qquad (4\text{-}5)$$

半导体光催化剂受光激发产生的光生电子和空穴，容易在材料内部和表面复合，以光或者热能的形式释放能量，因此加速电子和空穴对的分离，减少二者的复合，是提高光催化分解水制氢效率的关键因素。

4.2.2 光催化水分解反应热力学

通常光催化反应分为能量增高的上坡反应和能量降低的下坡反应两大类，前者以光催化分解水为代表，后者常见光催化氧化有机污染物。水是一种非常稳定的化合物，在标准状态下，分解 1mol 的水需要 285.84J 的能量 [式(2-1)]。

从热力学上分析，分解水的能量转化必须满足的要求：

① 作为一种电解质，水是可以发生电解离的。在 pH=7 的中性溶液中，H^+/H_2 的标准氧化还原电位为 $-0.41V$，而 H_2O/O_2 的标准氧化还原电位为 $0.82V$。理论上将 1 个水分子解离成氢气和氧气最少需要 1.23eV。因此，在光催化分解水反应中，要实现水分子中一个电子发生转移，激发光的光子能量必须大于或等于 1.23eV。

② 不是所有的半导体光催化剂都可以实现光催化分解水。理论上，要实现光催化分解水，光催化剂的禁带宽度应大于或等于 1.23eV（$\lambda<1000nm$）[11]。实际上由于过电势的存在，半导体光催化剂的禁带宽度通常要大于 1.8eV。对于能够吸收可见光的光催化剂来说，其禁带宽度还要小于 3.0eV（$\lambda>415nm$）[12]。

③ 对光催化剂的导带和价带位置也有要求，光激发产生的电子和空穴必须具有足够的氧化还原能力，即光催化剂的导带底应比标准氢还原电位更负，而其价带顶位置比氧的电极

电位更正。因此，催化剂的能带位置必须同时满足水的氧化和还原电极电位。图 4-3 为部分半导体材料的导带和价带位置及与水的分解电位之间的相对关系[13]。

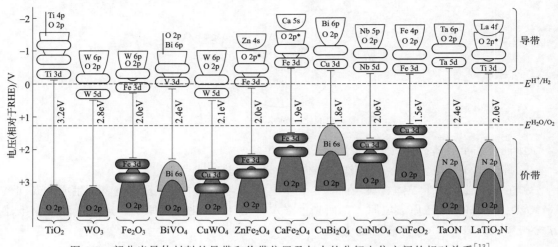

图 4-3　部分半导体材料的导带和价带位置及与水的分解电位之间的相对关系[13]

由热力学分析可以看出，光催化剂的能带结构和位置决定了光催化分解水是否进行，也影响光催化剂对太阳光谱的吸收范围，因此是影响光催化剂的光能转换效率和产氢能力的重要因素。

4.2.3　光催化水分解反应动力学

然而，合适的热力学性质（包括光催化剂的带隙和能带位置）不能保证良好的光催化效率。这是因为半导体光催化剂的光催化性能还受许多其他因素的显著影响，包括微米级和纳米级微观结构、吸附能力、表面/界面形态、助催化剂以及催化剂的结晶度和组成等[14]。复杂的电荷载流子动力学和表面反应动力学导致光催化分解水反应效率非常低[15]。人们普遍认为光催化分解水反应是由四个连续过程组成：①光吸收；②光生电子和空穴分离；③电子转移；④表面电催化还原和氧化反应[16]。因此光催化反应的最终效率是由这 4 个反应步骤的效率之积所决定的，可以用下式来表示[14]：

$$\eta_c = \eta_{abs} \times \eta_{cs} \times \eta_{cmt} \times \eta_{cu} \tag{4-6}$$

式中，η_c 是太阳能转换效率；η_{abs} 是光吸收效率；η_{cs} 是光生载流子激发和分离效率；η_{cmt} 是电荷迁移和运输效率；η_{cu} 是光催化剂的表面电催化氧化还原效率。显然，每个步骤部分效率的损失都会降低整体光催化效率。因此，为了提高光解水的效率，必然要充分考虑影响光解水效率的诸多因素，克服或抑制光解水的不利因素，以期获得高效率的光催化分解水制氢效率。

4.3　光催化水分解研究进展

4.3.1　水分解光催化剂的主要特征

开发高效光催化剂是光催化分解水制氢研究的核心，现总结高效产氢光催化剂的主要特征如下：

① 具有较宽的太阳光响应范围。太阳光的能量主要集中于可见光区和红外光区。其中

可见光占比约 43%，红外光占比约 53%。因此，开发可见光甚至是红外光响应光催化剂，对于充分利用太阳能实现高效的能量转化意义重大。

② 具有较高的光生电子和空穴分离效率。高效产氢光催化剂应该具有快速的电子传递路径等有利于光生电子和空穴分离的因素，使光催化剂可以在光催化反应中保持高的光量子效率。

③ 具有合适的表面反应活性位。光生电子和空穴经过分离和迁移等步骤，迁移到催化剂表面活性位进行水分子的还原氧化反应。高活性的表面活性位点可以降低催化反应势垒，保证光解水制氢反应的高效进行。

④ 能够有效抑制光解水反应的逆反应。水解产生的氢气和氧气在催化剂表面可以发生反应生成水，高效的光催化剂应满足水分解制氢反应进行而抑制氢氧结合逆反应的发生。

⑤ 具有较好的稳定性。光催化剂能否保持良好的稳定性是光催化剂能否重复使用的前提，也是光催化剂走向实用化的关键。

4.3.2　水分解光催化剂研究进展

4.3.2.1　紫外光响应水分解光催化剂

有较多半导体材料被报道具有紫外光分解水的光催化活性，它们主要是具有 d^0 电子构型如 Ti^{4+}、Zr^{4+}、Nb^{5+}、Ta^{5+} 等过渡金属以及 d^{10} 电子构型（如 In^{3+}、Ga^{3+}、Ge^{4+}、Sn^{4+}、Sb^{5+}）的 p 区金属构成的一元/多元氧化物。其中研究比较多的有钛酸盐、钽酸盐、铌酸盐等。

TiO_2 是最早被报道具有分解水制氢活性的光催化材料[9]。TiO_2 可以催化水蒸气、纯水、水溶液等多种反应物生成氢气或氧气。Grätzel 等发现在紫外光照射下，负载 Pt 和 RuO_2 的 TiO_2，在 pH 为 1.5 的酸性溶液中，可以化学计量比分解水制备出的氢气和氧气[17]。$SrTiO_3$ 因为具有比 TiO_2 更负的导带位置，其光生电子具有更强的还原能力。Domen 等[18]利用 $NiO/SrTiO_3$ 粉体光催化剂在紫外光照射下分解水制备出氢气和氧气。Konta 等[19]利用 Mn、Ru、Rh 等金属离子对 $SrTiO_3$ 光催化剂进行掺杂改性，发现离子掺杂在 $SrTiO_3$ 禁带内形成不连续的掺杂能级，使 $SrTiO_3$ 具有可见光吸收能力，并表现出相应的可见光分解水制氢活性。Tsubota 等[20]报道了 S、C 阳离子共掺杂的 $SrTiO_3$ 催化剂，其吸收边带从 400nm 红移到 700nm，具备可见光响应。

$K_4Nb_6O_{17}$ 和 $Rb_4Nb_6O_{17}$ 是 Nb 基光催化材料中具有代表性的光催化剂[21,22]，这些材料具有典型的二维层状结构，其碱金属离子可以与 H^+ 发生交换反应，从而大幅提高催化剂的光催化活性。另外，此类材料的二维层状结构有利于电子空穴在其材料结构的内电场的作用下发生分离，并使生氢反应和生氧反应位置发生分离，从而使催化剂表现出较高的光催化活性。$MCo_{1/3}Nb_{2/3}O_3$（M＝Ca、Sr、Ba）具有钙钛矿结构，其中 Co 和 Nb 共同占据 ABO_3 钙钛矿结构的 B 位。该材料的能带结构价带由 Co 3d 轨道，而导带由 Nb 4d 轨道构成，在甲醇水溶液中具有可见光分解水产氢活性[23]。

因为具有比 Nb 基光催化材料更高的导带位置，Ta 基光催化材料通常表现出较好的光解水制氢活性。$InTaO_4$ 是一类具有单斜晶体结构的光催化剂，其带宽为 2.6eV，可以吸收 480nm 以下的可见光。Zou 等研究发现 Ni 金属掺杂可以明显提高 $InTaO_4$ 的可见光催化活性。Ni 掺杂在 $InTaO_4$ 禁带内形成一个新的能级。Ni 掺杂制备的 $In_{0.9}Ni_{0.1}TaO_4$ 的带隙仅为 2.3eV，可以吸收 550nm 以下的可见光。在其表面沉积 NiO 和 RuO_2 后，可以直接将纯水分解产生氢气和氧气。其在 402nm 处的光量子效率达到 0.66%[24]。NiO/NaTaO₃ 是钽酸盐光催化材料中分解水制氢活性比较高的一类材料，Kato 等[25]发现 La 离子掺杂可大幅提高 NiO/NaTaO₃ 分解水制氢活性，其分解纯水制氢的光量子效率达到 56%。La 离子掺杂可以在 NaTaO₃ 催化剂表面形成规则的纳米台阶，这些纳米台阶被认为是水分解反应的活性点，有利于电子和空穴的分离并防止氧气和氢气再结合逆反应的进行，从而使催化剂表现出非常高的光解水制氢活性。

部分具有 d¹⁰ 电子构型的金属氧化物如 ZnO 和 In₂O₃ 常被用于光催化反应，但是因为光腐蚀和导带位置较低等因素，这些材料并不适合用于光解水制氢。Inoue 等[26-30]发现一些由 d¹⁰ 电子构型（如 In³⁺、Ga³⁺、Ge⁴⁺、Sn⁴⁺、Sb⁵⁺）的 p 区金属构成的一元/多元氧化物在紫外光照射下具有分解水制氢的光催化活性。值得注意的是，此类材料（Ga₂O₃ 除外）只有负载 RuO₂ 助催化剂之后才能表现出完全分解水制出氢气和氧气，并且 RuO₂ 的负载方法也会影响催化剂的制氢活性。

此类 p 区金属光催化材料主要包括 ZnGa₂O₄[27]、MIn₂O₄（M＝Ca、Sr）[29]、ZnGe₂O₄[30]、M₂Sb₂O₇（M＝Ca、Sr）[31]等。这些材料在进行适当的改性（如贵金属、RuO₂、NiOₓ 负载）后，可以实现纯水分解或者在牺牲剂存在下表现出较高的产氧活性。

4.3.2.2 可见光响应水分解光催化剂

一般情况下，氧化物光催化剂的禁带宽度较宽，不能吸收可见光。Borgarello 等发现掺杂 Cr⁵⁺，驱使 TiO₂ 的吸光特性扩展到 400～550nm 可见光区，掺杂的 TiO₂ 具有可见光分解水制氢的能力[32]。Choi 等人研究了金属离子掺杂对 TiO₂ 光催化性能的影响，发现光催化活性与掺杂离子的电子轨道结构有关。在考察了 21 种不同金属掺杂离子对 TiO₂ 光催化活性的影响之后，研究人员发现 Fe、Mo、Ru、Os、Re、V 和 Rh 离子掺杂，显著提高光催化活性，而 Co 和 Al 离子掺杂降低 TiO₂ 的光催化活性。金属离子掺杂改变光催化剂内部载流子复合和电子转移效率，所以才导致光催化活性的大幅改变[33]。

InTaO₄ 是一类具有单斜晶体结构的光催化剂，其带宽为 2.6eV，可以吸收 480nm 以下的可见光。Zou 等人研究发现 Ni 金属掺杂可以明显提高 InTaO₄ 的可见光催化活性。Ni 掺杂在 InTaO₄ 禁带内形成一个新的能级。Ni 掺杂制备的 In₀.₉Ni₀.₁TaO₄ 的带隙仅为 2.3eV，可以吸收 550nm 以下的可见光。在其表面沉积 NiO 和 RuO₂ 后，可以直接将纯水分解产生氢气和氧气。其在 402nm 处的光量子效率达到 0.66%[24]。MCo₁/₃Nb₂/₃O₃（M＝Ca、Sr、Ba）具有钙钛矿结构，其中 Co 和 Nb 共同占据 ABO₃ 钙钛矿结构的 B 位。该材料的能带结构价带由 Co 3d 轨道，而导带由 Nb 4d 轨道构成，在甲醇水溶液中具有可见光分解水产氢活性[23]。

由于 N 元素的 2p 轨道的作用，部分含氮化合物具有可见光吸收能力，可用于光催化分解水制氢。Domen 等利用氨气对 Ta₂O₅ 粉体进行氮化反应，制备颜色为黄绿色的 β-TaON 光催化剂。该材料的带宽约为 2.49eV，可以吸收波长 500nm 以下的可见光。元素分析显示其组成结构为 TaO₁.₂₄N₀.₈₄，表明该材料晶体结构中存在缺陷。当在其表面沉积质量分数 3% 的 Pt 时，在 420～500nm 可见光照射下，β-TaON 分解甲醇水溶液制氢光量子效率达到 0.2%，而其分解硝酸银水溶液制氧的光量子效率，达到 34%[34]。

Maeda 等发现 GaN：ZnO 固溶体在可见光照射下能够有效地分解纯水制备出氢气和氧气[35]。实验结果显示，GaN：ZnO 固溶体可以吸收波长 460nm 以下的可见光，其在 300～

480nm 的光照范围内，分解纯水的光量子效率达到 0.14％。较低的光量子效率与所制备的 GaN：ZnO 固溶体高缺陷密度有关。Maeda 等人对 GaN：ZnO 固溶体进行改进，利用 $Rh_{2-y}Cr_yO_3$ 混合氧化物为助催化剂，实现 410nm 光线照射下，分解水制氢效率达到 5.2％[36]。

Lee 等人开发出 $Zn_{1.44}GeN_{2.08}O_{0.38}$ 光催化剂，该材料具有类似于 α-ZnS 的纤锌矿型结构。其带宽为 2.7eV，对 480nm 以下的可见光具有光吸收能力。该材料自身表现出较低分解水制氢能力，当添加质量分数为 5％的 RuO_2 为助催化剂时，$Zn_{1.44}GeN_{2.08}O_{0.38}$ 才表现出较高的分解水制氢活性。在紫外光照射下，反应 30h 产生 2.3mmol 的氢气，远远大于催化剂的用量 0.99mmol，表明该材料的稳定性[37]。

CdS 是一种非常有代表性的适用于分解水制氢的可见光催化剂[38]，由于具有适宜的电子能带结构，CdS 在已知可见光催化剂中表现出最高的可见光分解水制氢能力。虽然 CdS 在其稳定性方面有所欠缺，但大量的研究表明，在添加牺牲剂（如硫化钠或亚硫酸钠）之后，光解水制氢反应中 CdS 的稳定性得到了大幅度的提高。Yao 等利用亚硫酸铵为牺牲剂，开发出一种 CdS 光刻蚀处理方法，不仅大幅提高其制氢活性，还改善了其稳定性，其光解水制氢活性 60 多个小时没有明显降低[39]。近期，Yao 等人开发出系列助催化剂提高 CdS 可见光分解水制氢性能[40-44]。

近年来，从降低成本考虑，非金属光催化剂的研发引起人们的广泛关注。作为氮化碳化合物最稳定的一种结构，类石墨型氮化碳（$g-C_3N_4$）被报道具有可见光催化活性[45-46]。$g-C_3N_4$ 光催化剂的带宽为 2.7eV，可以吸收 460nm 以下的可见光。其导带位置位于 -1.1eV 而价带位置处于 +1.6eV，在热力学上满足分解水制氢的要求。然而，纯 $g-C_3N_4$ 的光解水制氢活性非常小，由于光生电子和空穴在 $g-C_3N_4$ 内部容易快速再复合，以热量或光能的形式释放，造成纯 $g-C_3N_4$ 光催化剂分解水制氢活性非常小。此外，分解水生成氧气的反应是一个四电子转移的反应，相比较制氢反应，需要更大的电动势来驱动反应的进行。在水解反应中，有比较多的副反应与产氧反应发生竞争，比如需要双电子转移的水解产生 H_2O_2 的反应更容易发生。在分解水制氢反应中，$g-C_3N_4$ 容易受到 H_2O_2 的破坏，造成 $g-C_3N_4$ 光催化活性失活。所以利用 $g-C_3N_4$ 光解水产氢，通常需要添加牺牲试剂，避免 H_2O_2 的产生[47]。

Liu 等利用碳量子点与 $g-C_3N_4$ 复合制备出 $C_{Dots}-C_3N_4$ 纳米复合材料，该材料表现出较高的可见光裂解水制氢活性[48]。在 420nm 光线照射下，$C_{Dots}-C_3N_4$ 光催化剂分解水制氢的光量子效率达到 16％，这是目前报道的可见光完全裂解水制氢的最高光量子效率。在 600nm 的光线照射下，该材料的光量子效率也达到了 4.42％，整体太阳能转换效率达到 2.0％。研究发现，与常规分解水制氢途径不同，$C_{Dots}-C_3N_4$ 材料体系分解水制氢过程为：

$$2H_2O \longrightarrow H_2 + H_2O_2 \tag{4-7}$$

$$2H_2O_2 \longrightarrow 2H_2O + O_2 \tag{4-8}$$

C_3N_4 作为光催化剂实现水分解生成 H_2 和 H_2O_2 的反应 [式(4-7)]，而碳量子点作为普通催化剂实现 H_2O_2 到 O_2 的转变 [式(4-8)]。复合催化剂的紧密复合结构特性，使 C_3N_4 表面水解产生的 H_2O_2 容易吸附到碳量子点催化剂，从而造成 H_2O_2 到 O_2 的第二阶段反应非常有效，避免 C_3N_4 表面 H_2O_2 过量富集，引起 C_3N_4 光催化剂中毒失效的现象发生。所制备 $C_{Dots}-C_3N_4$ 表现出非常高的分解水制氢活性稳定性，在超过 200 天将近 200 次的回收和再利用，仍然保持非常高的分解水制氢和制氧活性，表明该材料作为可见光水分解光催化剂的巨大潜力[48]。g-C$_3$N$_4$ 表面助催化剂负载改性提高光催化分解水制氢性能也有很大进展，因为具有类石墨烯的二维结构，g-C$_3$N$_4$ 负载助催化剂更为便利，Yao 等利用液相法制备出 Mo-Mo$_2$C、Co 掺杂 Mo-Mo$_2$C 等新型助催化剂大幅提高 g-C$_3$N$_4$ 分解水制氢活性[43,49-50]。

4.3.2.3   红外光响应水分解光催化剂

将光催化剂的光谱吸收范围从紫外区扩展到近红外区，是有效利用太阳能、提高其整体转换效率的途径。红外光响应光催化剂可以通过扩大光催化体系的光吸收范围，利用上转换效应将红外光转换为紫外光和可见光，以及光热效应辅助光催化反应。构建近红外响应的光催化系统是有效利用太阳能、提高太阳能转换效率的可行方案。然而由于近红外光的光子能量很低，大多数窄带半导体并不具有近红外光催化活性，此外在近红外光照射下光生载流子的复合率很高，其光催化效率也相对较低。因此，探索能够有效利用近红外光实现高效电荷分离并促进光催化反应的光催化材料具有很大的挑战性[51]。

Cu$_2$(OH)PO$_4$ 是第一个实现近红外光催化反应的窄带隙半导体材料。Huang 等发现 Cu$_2$(OH)PO$_4$ 能够捕获近红外光，吸收边宽达到 2000nm，在近红外光激发下具有明显的光催化性能[52]。过渡金属硫化物和过渡金属氧化物这些窄带隙半导体由于其对近红外光的高效吸收而被认为是很有前途的红外光响应光催化剂候选材料。在过渡金属硫化物中，半导体材料如 WS$_2$、Ag$_2$S 和 Bi$_2$S$_3$ 受到越来越多的关注。Sang 等报道 WS$_2$ 带隙能为 1.35eV，可以将光吸收区域扩展到 910nm。基于 WS$_2$ 半导体具有相对较正的价带能级电势（1.71eV，相对于 NHE）[53]，它可能适合于光解水产氧。与过渡金属硫化物相比，具有近红外光吸收的过渡金属氧化物较少。在近红外光照射下，窄禁带宽度为 1.2eV 的 Ag$_2$O 已被证明是一种高效的光催化剂，表现出较高的近红外光吸收能力[54]。

除过渡金属化合物外，二维材料黑磷在光催化领域也受到了极大的关注[55]。黑磷在 0.3~2.0eV 范围内的可调控带隙可以充分用于近红外区域的光吸收，表明其作为近红外激活材料在光催化领域的应用潜力。Sa 等人基于密度泛函理论计算，证明了黑磷作为近红外响应型光催化剂的潜在应用。他们发现可以利用应变工程通过调整黑磷的带隙来改善光催化性能，以利于对可见光和近红外光的吸收，从而提高水中光催化制氢的效率[56]。由于黑磷具有适合的光学、电学和化学特性，它在水的光催化分解中具有很好的应用前景[57]。

4.3.3   提高光催化剂分解水制氢效率的方法

如前文所述，半导体光催化制氢过程包括了光吸收、载流子分离与迁移以及活性位点上的氧化还原反应过程。因此，光催化分解水制氢效率的优化途径也主要是从这几个过程入手。

4.3.3.1   光吸收

到达地球表面的太阳光谱范围广泛，但最强烈的太阳光辐射发生在可见光范围内，大约 43% 的太阳光能量为 400~700nm 波长的可见光。有研究表明，光解水的能量转换效率（STH）理论极限值与所利用的太阳光范围直接相关。仅利用 400nm 以下的太阳光，STH 最大也只能达到 2%[58]。而扩展到 700nm 和 1000nm 范围内的太阳光，其理论 STH 最大值分别可达到 25% 和 47%。要满足光解水制氢技术规模化应用的最低要求 STH（10%），太阳光利用范围需要扩展到 520nm 以上的光吸收[6]。因此，扩展光催化剂的光吸收范围、提高光催化剂的光吸收能力是提高光解水 STH 以及光解水技术实用化的必要途径。

（1）量子尺寸效应

半导体的光吸收能力与其材料带宽、缺陷能级位置以及表面态密切相关。当半导体材料某个维度的尺寸小于激子玻尔半径时，半导体的带宽发生明显改变，导带和价带位置发生改变，这种现象被称为纳米材料的量子效应。量子效应是调控半导体带隙的重要手段，为光催化材料的设计带来新契机[59]。此外量子点在可见光或近红外光谱区允许多次激发，也就是单光子吸收可以产生多个电子与空穴，这一现象已在 PbS、PbSe、CdSe 和 Si 等量子点得到验证[60]。因此，量子点作为吸光材料在光解水制氢的应用引起人们的广泛关注。

Holmes 等研究发现 CdSe 纳米材料的制氢能力，受其自身颗粒大小的显著影响。在相同实验条件下，颗粒直径为 3.49nm 的 CdSe 纳米材料，没有光解水产氢能力。而当 CdSe 粒径为 3.05～1.75nm 时，CdSe 纳米材料表现出明显的光解水能力。这是因为 CdSe 块材的导带底比 H^+/H_2 更正，不能直接进行光解水产氢，而 CdSe 的激子玻尔半径为 5.6nm，控制 CdSe 纳米晶的尺寸，可以提高导带底位置，从而驱使 CdSe 具有分解水制氢的能力，如图 4-4 所示[59]。

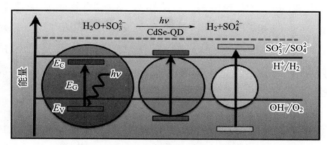

图 4-4　CdSe 颗粒大小对其能带结构的影响示意图[59]

助催化剂量子点也明显改变光解水制氢活性。Yao 等[16]采用分离制备的策略，首先制备出暴露特定晶面和不同粒径尺寸的铂纳米颗粒，随后再利用到光催化剂表面的方式，形成高活性的光催化催化剂。研究发现贵金属纳米颗粒负载改性光催化剂的光催化活性与贵金属纳米颗粒自身电催化活性保持一致，贵金属纳米颗粒电催化活性越高，复合光催化剂的光催化制氢活性也越大，此结果也表明，金属/半导体光催化体系的光催化活性与金属电催化活性具有内在的联系。非贵金属助催化剂也具有类似的量子尺寸效应，Yao 等人利用液相剥离的方法制备出 MoS_2 量子点，研究发现其可以大幅提高 CdS 的光解水制氢性能，约为负载 MoS_2 纳米颗粒的 2.3 倍[61]。

（2）掺杂改性

掺杂是调控半导体电子结构的有效途径。如图 4-5 所示，利用离子半径与主体材料接近的离子进行掺杂，可以在靠近导带或者价带位置引入杂质能级，从而实现材料对可见光的吸收。在靠近导带位置引入的杂质能级可以接受电子，而靠近价带的杂质能级可以提供电子，这样可以降低半导体中的电子激发所需的能量，进而扩展半导体材料的光吸收范围。

研究发现很多金属离子掺杂，如 Cr^{3+}、Fe^{3+}、Ni^{2+}、V^{4+}、Rh^+ 和 Mn^{3+}，可以有效促进 TiO_2 可见光分解水制氢[62]。Nishikawa 等人利用 DV-Xα 软件程序对 V^{3+}、V^{4+}、V^{5+}、Cr^{3+}、Mn^{3+}、Fe^{3+}、Co^{3+}、Ni^{2+}、Ni^{3+} 和 Rh^{3+} 等离子掺杂的 TiO_2 进行了系统的研究，确定了催化剂吸收边红移程度与掺杂离子半径有关。简言之，随着阳离子半径的减

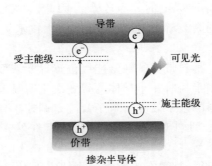

图 4-5　离子掺杂改变半导体光吸收机理示意图

小，吸收边的移动量逐渐增大[63]。而阴离子掺杂可调节半导体导带位置，扩大材料的光响应范围，并避免在禁带中引入深缺陷能级，引起光催化活性的降低。对 TiO_2 进行氮元素掺杂，N 的 p 轨道和 O 的 2p 轨道共同构成价带，造成价带位置上移。N 掺杂 TiO_2 的可见光催化活性，已被广泛报道和应用[64]。

材料自掺杂形成缺陷同样可以改变催化剂的吸光特性。与异质原子掺杂不同，形成结构缺陷在改变半导体催化剂的光吸收和电导率的同时，不影响载流子迁移率，可有效降低掺杂带来的电子空穴复合[65]。例如，对 TiO_2 进行还原处理形成 Ti^{3+} 或者氧空穴等结构缺陷，可以在低于导带位置 $0.75 \sim 1.18eV$ 处形成局域态能级[66-67]。Ti^{3+} 无论是在 TiO_2 表面还是内部，通常都是不稳定的，因为它们很容易被氧化，甚至被水中的溶解氧所氧化。Zuo 等人通过一种简单的一步燃烧法还原二氧化钛制备出 Ti^{3+} 离子富集的 TiO_2，在空气或水的辐照过程中表现出高度的稳定性[68]。电子顺磁共振光谱证实了 Ti^{3+} 的存在。紫外可见吸收光谱分析表明，Ti^{3+} 的存在将 TiO_2 的光响应范围从紫外区扩展到可见光区，并在甲醇水溶液中成功实现可见光催化分解水制氢。$NaTaO_3$ 自掺杂也展现出类似光吸收范围增大的现象。Ta^{4+} 引入导致 $NaTaO_3$ 吸收边从 315nm 转移到 730nm，并使其展现出较高的可见光催化活性[69]。

去除部分组成原子形成结构缺陷同样可以改变催化剂的吸光特性。氧空位是氧化物半导体的常见缺陷，引入的氧空位可以在 TiO_2 导带底引入施主能级，因此有效地把 TiO_2 的光吸收范围拓展到可见光区[70]。Chen 等人利用氢气处理 TiO_2，在 TiO_2 表面引入结构畸变和缺陷，成功地将 TiO_2 的光吸收范围拓宽到近红外区[71]。

（3）能带调控改变光吸收

将两种或两种以上半导体在纳米尺度耦合在一起形成复合半导体结构，其光化学、光物理方面的性质都会发生很大的改变，这是因为两个半导体之间的能级差别，有利于电子转移延长光生载流子的寿命。如图 4-6 所示，通过宽带隙、低能导带的半导体和窄带隙、高能导带的半导体微粒的复合可以实现半导体响应光谱的改变，同时降低电子-空穴对复合，是提高光催化效率的一个有效途径[72]。

复合两种不同的半导体主要考虑不同半导体的禁带宽度、价带、导带能级位置以及晶型的匹配等因素。此外，复合半导体各组分的比例、制备方法和制备步骤的不同也对其光催化活性有一定的影响。CdS/TiO_2 是研究得比较多的一类复合半导体光催化剂。当 CdS/TiO_2 催化剂体系受到可见光激发，CdS 发生带间跃迁，所产生的光生电子迁移到 TiO_2 的导带，而光生空穴则留在 CdS 的价带中，这样光生载流子得到了分离，从而提高了量子效率[73]。

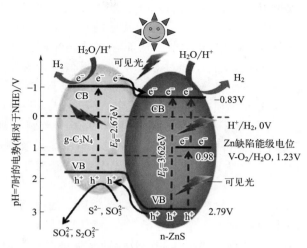

图 4-6 可见光激发 $ZnS/g-C_3N_4$ 复合半导体光生电子分离示意图[72]

$g-C_3N_4$—石墨相氮化碳；CB—导带；VB—价带

与其他的改性方法相比，复合半导体具有以下优点：通过改变粒子的大小，可以较容易地调节半导体的带隙和光谱吸收范围；通过粒子的表面改性可增加其光稳定性。

构筑固溶体材料容易发生不同原子之间的轨道杂交和金属-氧多面体单元的扭曲，进而导致能带结构的变化，可以实现对半导体的带隙和带边位置进行精确控制。如图 4-7 所示，由于结构相近，$CaMoO_4$ 与 $BiVO_4$ 可以形成完全固溶体。$(CaMoO_4)_{1-x}$-$(BiVO_4)_x$ 固溶体的光吸收范围随着 $CaMoO_4$ 与 $BiVO_4$ 在固溶体中的占比改变而发生连续变化[74]。至今已有较多固溶体光催化材料被开发用于光解水，比如 $(Ga_{1-x}Zn_x)(N_{1-x}O_x)$[35,75]、$(Zn_{1+x}Ge)(N_2O_x)$[37]、$BaZr_{1-x}Sn_xO_3$[76]、$Na_{0.5}Bi_{1.5}VMoO_8$[77] 等。

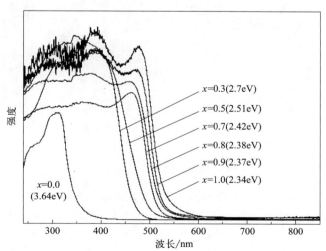

图 4-7 $(CaMoO_4)_{1-x}$-$(BiVO_4)_x$ 固溶体改变半导体材料光吸收[74]

（4）金属纳米颗粒表面等离子效应

利用金属纳米粒子的局域表面等离子体共振效应，可以有效改善宽禁带光催化剂缺乏可见光吸收能力的问题[78-81]。等离子体共振效应是金属纳米团簇上的电子云与入射光的电场共振振荡的一种光学现象。这种效应导致高度光散射，并在金属纳米颗粒表面产生强烈的电场，引起尖锐的光谱吸收和散射峰值[82-83]。这种共振的频率可以通过改变纳米颗粒的大小和形状以及改变金属纳米团簇的构型来调节，从而在可见光光谱内产生尽可能宽的吸收范围[82、84]。在这种机制中，金属纳米粒子通过等离子体共振效应而不是通过半导体禁带的激发来捕获可见光。金属纳米粒子中被激发的电子随后被注入半导体的导带中，之后再迁移到催化剂表面的助催化剂上，并驱动质子的还原生成氢气[85]。Furube 和 Du 等人利用飞秒尺度的瞬时吸收光谱观察到了等离子体激发诱导的电子从金纳米颗粒到二氧化钛的直接转移[85-86]。研究结果表明电子注入可以在 50 飞秒内完成，电子注入效率在 20%～50%的范围内。此外，金纳米颗粒与二氧化钛界面间的光致电荷分离也得到开尔文探测力显微镜结果验证[87]。

Halas 等利用铝纳米粒子的局域表面等离子体共振效应，通过用可见光激发悬浮在溶液中的铝纳米晶体的等离子体共振来产生溶质电子[88]，使还原性有机化学反应以可量化和可控制的方式被驱动。针对金属表面等离子体共振效应通常提供单一类型反应活性位点，仅适用于相对简单光催化反应的特点，如图 4-8（另见书后彩图）所示，Halas 等采用多元金属等离子体复合，以 90°和 180°的三聚体结构制造的模式对铝纳米粒子进行表面改性，构造出基于 Al-Fe-Pd 的等离子体纳米反应器光催化剂，实现金属表面等离子体共振效应在复杂光催化反应中的应用[89]。

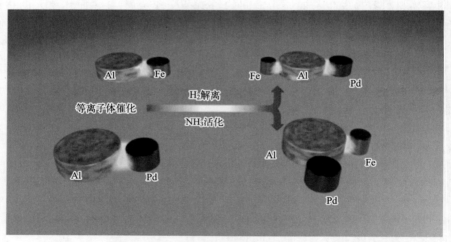

图 4-8　Al-Fe-Pd 的等离子体纳米反应器光催化剂的构造示意图[89]

4.3.3.2　载流子的分离和转移过程的优化途径

光照产生的电子-空穴对，需要迁移到半导体光催化剂表面才能进行分解水的氧化还原反应。然而半导体激发态的寿命很短，90%的光生载流子在 10ns 内发生复合[90]，因此抑制载流子复合、实现载流子的快速迁移也是决定光催化效率的关键问题。

降低半导体的尺寸，缩短载流子的迁移距离，使更多的载流子参与化学反应，是抑制载流子复合，实现载流子分离的有效手段之一。催化剂合成方法和实验条件以及原始材料的选择对光催化剂粒径大小都有很大影响。La 掺杂 $NaTaO_3$ 工作提供了一个很好的事例。研究发现 La 掺杂可以明显减小 $NaTaO_3$ 的颗粒大小，但不影响其结晶度。La 掺杂前后 $NaTaO_3$ 分解水制氢活性差别有 9 倍之多[25]。在这种催化剂中生成的载体能够在短距离内高效地迁移到表面的活性中心，而不会发生复合。改变载流子扩散长度的另一种策略是促使载流子在材料表面产生。一种方法是通过构建核/壳结构，在这种结构中材料颗粒表面富含光响应组分。这一策略已被证明是克服短流子扩散长度的一种有效方法。Wang 等使用透明球形二氧化硅作为硬模板，利用此策略获得厚度约为 40nm 的单分散 Ta_3N_5 中空球，有效提高了其光解水制氢活性[91]。

电导率低是限制光催化剂活性的一个重要因素。较低的电导率会导致载流子的聚集，从而使复合概率提高。掺杂可以提高导电性改变材料的表面性能，一定程度上可以抑制载流子的体相复合。Yao 等利用 Mo 对 $BiVO_4$ 进行掺杂改性，发现 Mo 掺杂的 $BiVO_4$ 光催化活性有大幅的提高。其 420nm 可见光分解水效率达到了 31%，而没有 Mo 掺杂的 $BiVO_4$ 分解水光量子效率只有 2%[92]。有研究表明 Mo、W 等元素掺杂可以显著提高 $BiVO_4$ 材料的导电性，从而抑制载流子的体相复合[93-94]。随后，Yao 等利用 Mo 金属富集改善 Mo_2C 的电导率的方法，制备具有优良电化学性能的 $Mo\text{-}Mo_2C$ 助催化剂大幅提高 CdS 分解水制氢活性[43,49-50]。

长载流子寿命是光驱动多电子反应一个不可缺少的要求，这通常需要载流子跨界面的空间分离。金属负载于半导体表面是促进载流子分离的一个有效手段。Garcia-Esparza 等人[95]开发的一个简化的二维数值模型表明，电荷分离电位梯度只存在于半导体表面附近的有限区域。因此，在金属和半导体、不同间隙半导体以及电解质和半导体之间的界面接触对光催化性能影响较大。金属负载于半导体表面形成肖特基势垒还是欧姆接触是由金属功函数与半导体费米能级的相对位置决定的。通常只有功函数大于半导体费米能级的金属与 p 型半导体形成欧姆接触。因此，具有较大功函数的金、铂和铑等贵金属更容易与半导体形成欧姆接触。但是由于 p 型光催化剂的费米能级位置较深，故即使是铂金负载，通常也会产生肖特基势垒。对于 n 型半导体而言，欧姆接触可以在功函数小于半导体费米能级的金属与半导体之间形成，有利于载流子在半导体与金属之间的转移[6]。这一策略已成功地用于制造光阳极，在光阳极中，金属充当接触层，并从半导体中提取电子。

（1）减少缺陷

虽然部分缺陷被认为可以作为捕获位或活性中心改善电荷分离及光催化性能[96]，但减少体相和表面的缺陷仍然被认为是提高水分裂光催化剂性能的主要手段[97]。这是因为许多缺陷已经被证实充当光生载流子的复合中心而降低光催化性能。缺陷的浓度和类型都受到合成过程的影响。Wu 等人[98]利用 $g\text{-}C_3N_4$ 研究了结构缺陷对光催化剂光电压产生和质子还原能力的影响，发现随着材料合成温度的升高，光电压单调下降，此结果与材料光生载流子的损失和费米能级的降低是一致的。表面光电压和荧光测试结果不仅在 $g\text{-}C_3N_4$ 的导带和价带附近发现了两种类型的缺陷，而且还提供了这些缺陷作为光生电子和空穴复合中心阻碍了光催化产氢的证据。可以使用熔盐法改进 $g\text{-}C_3N_4$ 的聚合反应，据报道加入 NaCl/KCl 混合盐可以改变 $g\text{-}C_3N_4$ 合成材料的结晶度和晶界结构，并限制缺陷的形成。

（2）构建复合材料

另一种从半导体中提取光激电子以减少载流子复合概率的常用策略是与其他半导体构建复合材料。同质结是指在两个紧密接触的不同相之间的界面区域中促进电荷载流子转移和分离的相结，例如在二氧化钛的情况下，表面锐钛矿型纳米粒子与底层金红石粒子之间形成的相结被认为提高了 TiO_2 光催化性能[99]。而 p 型半导体和 n 型半导体接触后，如果半导体的费米能级不匹配，则电子会发生转移直至两者的费米面相等，形成由 n 型半导体指向 p 型半导体的电场，可以促使光生载流子发生分离。Paracchino 等利用 p 型 Cu_2O 和 n 型 TiO_2

形成 p-n 结实现高效分解水制氢，所制备 p-Cu$_2$O/n-TiO$_2$ 在光催化分解水过程中，也表现出较高的稳定性，制氢反应的法拉第效率接近 100%[100]。Tsai 等把 Cu$_2$O 负载到 TiO$_2$ 纳米线上，构成 Cu$_2$O/TiO$_2$ p-n 结，发现光催化活性有明显的提高[101]。金属半导体形成的肖特基结也有利于载流子的分离，同时金属是产氢的活性位点，两者协同作用进一步提高了光催化效率[16,102-103]。

4.3.3.3   表面催化反应活性位点调控

光生载流子迁移到催化剂表面之后，与催化剂表面吸附的水分子发生析氢（HER）和析氧（OER）等氧化还原反应。显然，OER 和 HER 过程的动力学对光催化剂的性能影响很大。从热力学角度看，以光催化分解水为代表的能量增高的上坡反应，涉及高活化能或过电位，通常会有低活性的问题。特别是 OER 中的多步质子耦合电子转移过程在动力学上是非常缓慢的。瞬态吸收光谱测试数据表明，TiO$_2$ 表面氧气生成的时间尺度要比氢气大很多，前者为秒级，而后者只需要几百微秒。另外，酸性和碱性条件下的 HER 和 OER 反应机理也变化很大，由水分解反应本征动力学分析而知，酸性条件下是析氧半反应受限于水分子解离，而碱性条件下则是析氢半反应受限于水分子解离。因此调控催化剂表面 HER 和 OER 活性位点的数量与性能是影响光催化反应活性的重要因素。

在半导体材料的晶体结构中，不同晶面上原子组成和分布有明显的差异，造成催化剂不同晶面上的催化反应活性位数量也有很大差异，所以光催化剂的不同晶面也表现出迥异的光催化活性。例如，研究发现，在光催化反应过程中，锐钛矿相 TiO$_2$ 的（001）晶面和（101）晶面，分别富集空穴和光生电子，因此可分别作为光催化氧化反应和光催化还原反应的发生场所。调控锐钛矿相 TiO$_2$ 暴露的晶面，控制载流子分离及特定化学反应的发生，相应的已成为提高 TiO$_2$ 光催化活性的一个热点方向[104]。

一个有效的光解水材料体系，除了能吸收太阳光产生光生电子-空穴对的半导体材料作为主催化剂之外，在半导体材料表面负载助催化剂常常是必不可少的。助催化剂的引入可以有效降低反应的活化能，同时抑制载流子复合，从而提高光催化分解水制氢活性。常见的助催化剂有贵金属、氧化物、硫化物、磷化物，如 Pt、Cr$_2$O$_3$、MoS$_2$、WP 等[105-106]，其中贵金属助催化剂更适合于没有氧气生成的分解水制氢半反应（添加供电子牺牲剂，如甲醇、硫离子、亚硫酸根离子等），因为完全裂解水产生的氢气和氧气容易在贵金属颗粒表面再结合，从而会降低光解水制氢效率。

利用无定形（氧）羟基化合物，如 Cr$_2$O$_3$、TiO$_2$、Nb$_2$O$_5$、Ta$_2$O$_5$、氧化镧（Ⅲ）、SiO$_2$ 和 MoO$_x$ 等覆盖贵金属助催化剂或光催化剂颗粒的表面，形成类似 Cr$_2$O$_3$@Rh 的核/壳结构，可以成功地抑制贵金属析氢助催化剂上的逆反应，并且不干扰析氢反应[107-110]。以 Cr$_2$O$_3$@Rh 助催化剂为例，其中 Cr$_2$O$_3$ 层（约 2nm）是通过光沉积在金属 Rh 颗粒表面负载形成的。Cr$_2$O$_3$ 层被证明提供活性位点，将吸附的质子还原成 H$_2$，而贵金属承担将载流子从半导体中提取的作用。更重要的是，Cr$_2$O$_3$ 层对质子和产生的氢分子是可渗透的，但对氧气则不可渗透，因而减少了贵金属上氢氧再结合的逆反应。研究表明 Ti、Ta、Nb 等无定形（氧）羟基化合物涂层也能明显提高全水分解效率。

Li 等重点研究了光催化完全分解水体系中助催化剂表面的氢氧逆反应，通过原子层沉积（ALD）将 Al$_2$O$_3$ 沉积负载到 Rh/GaN-ZnO 光催化剂的反应中心表面，明显改善了光催化完全分解水的活性[111]。研究发现，通过 ALD 将 Al$_2$O$_3$ 选择性地沉积在 Rh 表面的低配体位点上，有效地阻止了氢氧逆反应，从而使 Rh/GaN-ZnO 上可见光催化完全分解水的量子效率从 0.3% 提高到 7.1%。光谱表征结合理论模拟表明，Al_2O_3 主要沉积在 Rh 纳米粒子表面的低配位上，揭示了 Rh 表面的低配位是氢氧逆反应的主要反应位点。此外，这项工作还发现，ALD 选择性氧化物沉积的策略也适用于其他贵金属助催化剂，证明了这一策略的普遍性。

Mi 等开发了一种高性能的催化剂策略[112]，模仿自然界中光合作用的关键步骤，通过高强度聚焦太阳光产生的红外热效应在 InGaN/GaN 表面的光催化全解水过程中不仅促进了正向水分解反应，而且抑制逆向的氢氧复合反应。该策略使 InGaN 纳米线表现出了超高的光催化全解水效率。通过分子束外延生长技术，在商业硅片上制备了具有高结晶度和宽可见光响应范围（<632nm）的 InGaN/GaN 纳米线光催化剂，利用纯水和聚焦太阳光，实现了高达 9.2% 的 STH 效率，已非常接近商业化生产要求的 10% STH 阈值[4]。户外测试表明，在 4cm×4cm 商业硅片上的 InGaN/GaN 纳米线不仅可以在高光强和高温条件下稳定地存在，而且展示出了 6.2% 的平均 STH 效率，这是迄今为止同类自然光光催化全解水反应体系最高的效率，同时也为光催化全解水装置的工业化应用提供了可能性。

调控助催化剂结构形貌并驱使其暴露高活性晶面，也是提高光解水制氢性能的一种非常有效的途径，相关的构效关系和反应活性增强机制备受重视，然而却一直存有争议。其难点主要在于常规助催化剂制备方法，光还原与浸渍负载等方法，难以实现助催化剂的颗粒大小和形貌的精确控制。Yao 等采用分离制备的策略，首先制备出暴露特定晶面的贵金属纳米颗粒，随后再组装到光催化剂表面的方式，形成高活性的光催化剂[16,42,102,103,113]。研究发现贵金属纳米颗粒的暴露晶面和晶粒尺寸明显影响贵金属/光催化剂的光催化活性。

4.3.4　光催化分解水制氢反应器

在光催化分解水体系中，光催化剂与水混合形成一个均相或者多相混合的悬浊液体系。光催化分解水通常是在这种悬浊液体系中进行的，Tachibana 等称之为基于半导体粉体材料的光催化分解水设备[114]。从理论的角度来看，可靠的光催化反应器应具有在损失最小光能的基础上，有效地吸收大部分的光能，并促进光催化反应的发生。另外，从实际应用或者工业化生产角度考虑，制氢反应器设立的技术难题和制氢成本控制在反应器设计过程中是同等重要的[115]。

与水处理光反应器不同，为了保护反应物免受空气影响和避免氢气的泄漏损失，光催化分解水反应器需要良好的密封装置。把耐热玻璃容器与气体收集器连接起来，就形成一个简易光催化分解水装置。图 4-9 为 Mangrulkar 等的光催化分解水装置图[116]。将所有反应物转移到管式耐热玻璃反应器后，将冷凝器施加在该反应器顶部并将反应器与气体收集器连

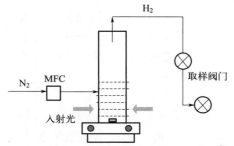

图 4-9　一个简易光催化分解水装置示意图[116]

MFC—微生物燃料电池

接。反应后，将气体收集器从反应器中分离出，然后连接到气相色谱（GC）以检测氢气的含量和纯度[116]。

4.3.4.1　间歇式光催化反应器

目前最常见的光催化反应器是间歇式反应器。图 4-10 显示一个典型的间歇式反应器示意图[114]。在这种反应器装置中，反应浆料悬浊液置于反应罐（由不锈钢、Pyrex、石英等材料构成），利用磁力搅拌器充分搅拌浆料，阻止催化剂颗粒沉积。反应器周围有冷却水冷却，从而将反应过程保持在一定温度。反应器顶部有石英窗口，用于光源照射[115]。除了上述典型的间歇式光反应器外，完整的光催化分解水系统还需整合以下部件：光源、抽空系统、样品/产品收集装置和气体检测仪器。

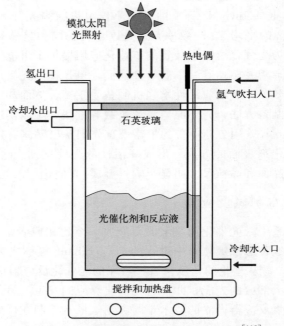

图 4-10　间歇式光催化分解水装置示意图[115]

不同的研究人员所使用的间歇式光催化分解水装置也有显著的差别，主要是所使用的抽空装置、取样装置和检测系统不同。例如，Chen 等[117]选用侧面入光的耐热玻璃反应器进行制氢，以氙灯为光源，照射光范围为波长大于 400nm 的可见光。Mukherji 等[118]则用石英反应器，选用配备 AM 1.5 过滤片的太阳光模拟器为光源。在光解水制氢反应开始前，二者都是用氩气来去除溶液中的溶解氧，但产氢量的测试方法有明显的区别。Chen 等人利用 GC 测量氢气的含量，而 Mukherji 等是用四级杆质谱仪测量产氢量。间歇式光催化分解水装置的差异，也造成光催化分解水性能的评价标准很难统一[119]。

4.3.4.2　非间歇式光催化反应器

尽管间歇式光催化反应器具有简单、易操作等优点，但它在应用角度还有很多限制。比如，在间歇式光催化反应器中进行光催化反应过程需要使用磁力搅拌器进行不间断的搅拌，以防止粉体光催化剂发生沉积，造成催化剂受光不均匀，引起光催化活性降低的现象。但在大规模工业化生产制氢时，出于成本考虑，很难利用磁力搅拌对反应液进行搅拌。对于大规模生产制氢来说，需要开发比磁力搅拌更为合适的对光催化剂均匀照射的方法。Huang 等人提出两种方案实现粉体和液体的均匀混合方式：①把催化剂涂抹到大比表面积的三维结构材料上，填充到反应器中；②在反应器的进口和出口部位形成湍流，防止催化剂粉体的沉积[115]。一般来说，除了光催化剂自身光催化性能之外，光催化分解水系统总的光解水速率还受光催化反应器的光吸收、催化剂表面水分解的逆反应以及催化剂表面氢气的脱离等因素的影响[120]。基于这些因素考虑，部分新型光催化分解水设备逐渐被开发出来。

通常，对于涉及两个半导体的 Z 型光催化水分解材料体系，制氢和制氧光催化剂是在单个反应器中混合以实现水的分解，产生的氢气和氧气很容易发生氢氧结合的反应，造成水分解反应的实际效率很低。Lo 等[121]开发出一种双反应器，实现水分解制氢和制氧反应分离，以阻止氢氧结合逆反应的发生。如图 4-11 所示，在此类双反应器系统中，将制氢光催化剂和制氧光催化剂放置在双反应器的不同隔室中，隔室之间通过 Nafion 膜连接，阻止氢气与氧气的混合。当使用 Fe^{2+}/Fe^{3+} 为氧化还原对时，厚度为 $178\mu m$ 的 Nafion 膜可以保证 Fe^{2+} 和 Fe^{3+} 离子的渗透。使用前，渗透膜需要利用不同的酸和碱进行清洁，生成的 H_2 和 O_2 通过交替切换阀在线交替采样收集。为了避免气体交叉污染，在抽样过程中，气体管线需事先抽空并用氩气吹扫。

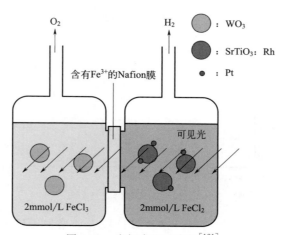

图 4-11　光解水双反应器[121]

为了扩大水分解光反应器的实用性，在间歇式反应器的基础上设计出分批式循环反应器[115,122-123]。分批循环反应器中一般包括反应器、储液罐和循环泵。图 4-12 为 Huang 等人设计的一个典型的分批式循环反应器的示意图[115]。如图所示，系统中包含一个循环泵用来使反应液在反应器与储液罐中流动。光反应容器由不锈钢制成，加工成锥形内部，斜坡 10°～15°。反应混合液从边缘进入光反应器并在底部的中心离开（图 4-12）。该配置提供了一种实现反应液被动混合的方法，允许粉体催化剂在水中的高度混合，阻止颗粒沉积和流体死区的形成。

为了解决光催化剂颗粒表面产生的氢气和氧气气泡脱离的问题，人们开发出连续环形光反应器[124-125]。如图 4-13 所示，连续环形光反应器由一个光源处于中心位置的环形反应器所构成。将反应器放置在填充有氮气的封闭壳体中以将反应器与外部的空气分离。将 Ar 气连续鼓泡通过反应混合液，驱使反应液处于良好的混合状态。产生的氢气，部分被引入气

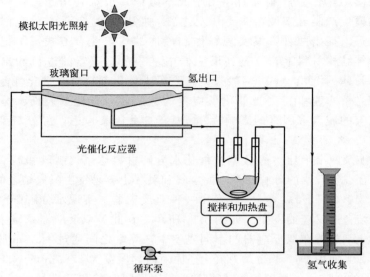

图 4-12   光解水分批式循环反应器[115]

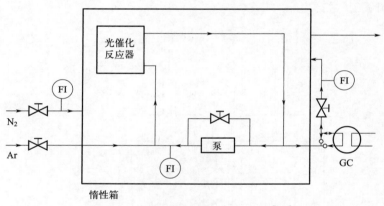

图 4-13   光解水连续环形光反应器[124]

阀，随后通过 GC 分析测试含量和纯度。这种设计极大地增加了液-气界面面积，从而促进光催化剂表面产生的气泡的脱离。该反应器的缺点是由于光源处于环形反应器中心，反应器中光子分布不均匀，反应内部比外部周边可接受更多的光子。

4.3.4.3   规模化应用型光解水反应器

即使光催化分解水已经研究了几十年，但仍主要局限于实验室规模的研究。利用室外太阳光进行规模化产氢的应用实例较少。主要是规模化应用型光解水反应器的设计和使用受到很多限制。首先，规模化产氢需要使用大量的水，因而很难降低光解水反应器的制作成本。比如，即使只有 1cm 的水深，反应器中水的质量也达到了 $10kg/m^2$，所以这些光解水反应器通常是比较笨重并且昂贵的，因而会导致整体制氢成本过高。其次，粉体光催化剂通常会聚集到反应器的下部，因此不能有效地接受入射光，除非把反应器设计成扁平化或者进行搅拌。最后，通过过滤或离心法回收悬浮的催化粉末也非常耗能和耗时。考虑到光催化水分离系统的大占地面积，废旧光催化剂更换相关的过程应该更简单。

Jing 等将管状反应器与复合抛物面聚光器（CPC）结合在一起，在有牺牲性试剂的情况下，对光催化氢气进化反应的大规模户外操作进行研究[126,127]。图 4-14 为 Jing 等利用 CPC 设计的光解水制氢反应器。他们把 CPC 与一个内循环光反应器耦合，以获得更高的太阳能强度。CPC 设计被认为可以使太阳光照射到整个反应器，而不仅仅是反应器的"前端"。原则上，CPC 不需要每天跟踪太阳光。为了从阳光中捕获最大光子，CPC 的孔径尽可能地垂直于入射光。在 Jing 等人的工作中，CPCs 的最大半入射角为 14°，孔径长度为 0.4m，总长度为 1.5m，并使用了 1.6m 长的 Pyrex 玻璃制成的反应器管。这种配置导致浓度系数为 4。然而，反应器中的湍流必须通过抽水来保持，这样可以避免光催化剂的沉淀导致无效的光吸收。

图 4-14　复合抛物面聚光器组合光解水反应器[127]

混合反应液中催化剂颗粒的分布是决定反应器光吸收的重要因素。测试结果表明，催化剂颗粒在混合反应液中的分布，依赖于反应液压力梯度、催化剂浓度、反应液流动速度等条件。Jing 等在室外太阳光照射下得到的最大产氢速率为 1.88L/h，能量转换效率为 0.47%[127]。尽管活性较低，但 Jing 等人的实验表明此类 CPC 组合型光催化分解水反应器具有潜在的大规模实际应用可行性。

Schröder 等报告了一种基于 C_3N_4 光催化剂的平板式光催化反应器，使用三乙醇胺作为牺牲性电子供体，受光面积为 $0.76m^2$[128]。Schröder 等使用的平板反应器由以下主要部分组成：由聚四氟乙烯板刻蚀而成的反应器主体（深度为 6mm）、有光催化剂涂覆的可交换不锈钢板（利用 Nafion 胶黏剂）、有机玻璃窗（厚度为 8mm）、反应液储存器（体积分数为 10% 的三乙醇胺水溶液）和溶液循环泵（图 4-15，另见书后彩图）。装置中光催化剂的用量约为 $13g/m^2$。由于反应器中的静水压力很高，窗户是通过纵向支撑来稳定的。研究发现在连续运行 30 天的过程中，光催化析氢产率下降了 40%。由于没有考虑到牺牲试剂的氧化反应电位，该装置的 STH 值没有被准确计算。此外，水溶液的强制对流也增加了维持系统所需的能量。

Domen 等使用板式反应器，探索规模化太阳光分解水制氢。他们在东京大学 Kakioka 研究机构建立了一个 $100m^2$ 规模的太阳能光催化制氢系统[5]。如图 4-16（另见书后彩图）所示，该系统是由 1600 个单元反应器所构成，每个单元反应器的受光面积为 $625cm^2$。紫外线透明玻璃窗和光催化剂薄片之间的间隙调整为 0.1mm［见图 4-16(a)，(b)］，以尽量减少水的负荷并防止水解产物氢气和氧气的积累和点燃。图 4-16(c) 为此水分离光催化反应器阵列的俯视图，包括 33 1/3 个模块组成，每个模块 $3m^2$。他们使用已建立的 $100m^2$ 的面板反

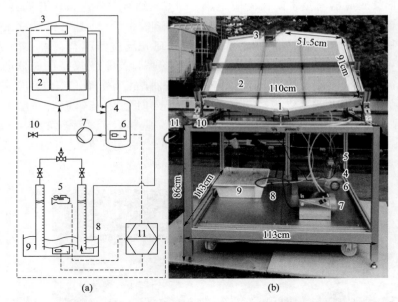

图 4-15　一种基于非移动光催化剂的规模化产氢平板式光催化反应器[128]

1—反应器入口；2—反应器；3—光传感器；4—储氢罐；5—摄像头；6—热电偶；7—蠕动泵；
8—气管；9—体积定量系统；10—用于吹扫的双向阀；11—记录数据的计算机

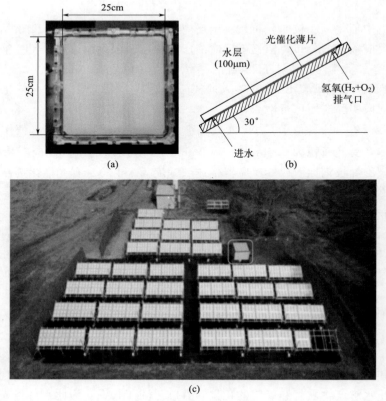

图 4-16　东京大学 Kakioka 研究机构建立的 100m² 规模的室外太阳能光催化制氢系统[5]

应器阵列进行了几个月的安全生产，并使用商用聚酰亚胺膜从潮湿的气体产品混合物中自主回收氢气，其产氢能量转移效率达到了 0.76%[5]。他们的结果表明，安全、大规模的光催化水分离和气体收集与分离是可行的。为了使该技术具有实际应用价值，下一个重要步骤是优化反应器和工艺，以大大降低成本并提高能量转移效率。

4.3.4.4　光解水反应器影响因素

与一般化学反应器不同，光催化反应器的几何形状决定着反应体系对光子收集的效率，对光催化反应的影响非常大。人们已开发出具有各种形状的光催化反应器。部分研究人员希望通过理论计算模拟对光催化反应器的辐射吸收和利用[129-132]。但是，反应器内不均匀的光强分布和复杂的物理因素，造成反应器内部辐射吸收和利用的模拟非常困难。光催化反应器内部光强分布，决定了光子吸收率和光化学反应速率。光强分布可能受到反应器和粉末催化剂的反射和散射的影响。此外，光源的位置对光强分布影响很大。例如，在典型的圆柱形光反应器中，光源放置在反应器顶部还是侧面照射，光强分布有明显的不同。在光反应器内部，有强照射区域（靠近灯泡）、弱照射区域（远离灯泡）和暗区域等三种可能区域，而光催化反应只能在前两个区域发生[132]。因此，光催化反应器的几何形状的优化对光解水反应在实验室研究和规模化生产应用都非常重要。对于实验室小规模的研究，建议使用圆柱形反应容器，因为它允许相对均匀的搅拌。而对于潜在的规模化生产应用，具有聚光功能的几何形状如复合抛物线聚光器（CPC）是优选的，因为在实际条件下可以获得较高的光强。

（1）反应器罐体可以由不锈钢[115]、耐热玻璃[117,121]和石英[118]等不同材料制成。反应器罐体材料对光催化反应效率也有明显的影响，因为罐体材料决定了光的透射率。石英具有最为理想的透光率，但是考虑石英材料的价格，石英材料并不适合大量使用。不锈钢可以有效地阻挡周围环境的漫射光，从而可以相对精确地控制照明面积和入射光强度。然而，由于成本问题和本身不透光，也不适合大规模放大应用。Pyrex 耐热玻璃是一种硼硅酸盐玻璃，具有较低的热膨胀系数和折射率，与熔融二氧化硅相比，成本相对较低。由于其良好的物理和光学性能，Pyrex 耐热玻璃是比较常用的光反应器材料。但是使用 Pyrex 耐热玻璃做反应器罐体的一个缺点是环境光也可以进入系统，容易对光催化反应的精确分析造成困扰。

（2）反应器窗口材料在光催化体系中对反应器内的入射光的强度和分布影响较大，因此需要使用具有较高透光率并且价格低廉的材料作为透光窗口材料。几乎所有使用的光反应器窗口都是由石英或石英玻璃制成的。石英玻璃是一种二氧化硅熔融并冷却而制备的非晶玻璃，具有非常高的紫外光透过率[115]。但是尽管光学性能良好，石英玻璃昂贵的价格，限制了其在大规模生产制氢工艺中的应用。为了找到具有良好透光率的低成本透光材料来替代石英玻璃，Huang 等人测试了 8 种不同的窗口材料，包括石英玻璃、Aclar 薄膜、Kynar PVDF 薄膜、Mylar Dupont Teijin 薄膜、PET 薄膜、PVC 薄膜、Pyrex 耐热玻璃和热镜玻璃，研究发现 Aclar 薄膜比 Pyrex 耐热玻璃更有效。相比较 Pyrex 耐热玻璃，Aclar 薄膜低廉的价格更适合作为窗口材料大规模使用[115]。

（3）反应温度是光催化反应中的一个重要指标。由于光催化反应是被光子激发而引起的，所以反应的真实活化能可忽略不计，但其表观活化能通常受某些因素的影响[133]。比如，在较高的温度下，溶液的黏度会降低，有利于催化剂粉末表面产物气泡的脱离[115]。此外，在较高的温度下，光生载流子的分离更容易进行[134]。然而，温度升高对反应物在催化剂表面吸附不利[133]，会引起催化剂表面反应物浓度降低，从而降低光催化活性。相反，较低的温度将有利于反应物的吸附和不利于产物的脱附。冷却系统对于光反应器是必不可少的，特别是在催化剂性能比较研究中，需要保证反应是在恒定温度下进行的。水套通常位于光反应器外面，通过使用循环冷却水，促使光催化实验在恒定温度下进行。部分报道的光催化实验是保持在室温温度 25℃ 下进行的[117,123]。

光催化分解水制氢实验的最终目的是实现在太阳光直接照射下产氢。因此，在光催化试验中，通常使用太阳光模拟器用作光催化反应的光源。例如，Huang 等使用 1000W 无臭氧氙气灯（配 AM1.5 滤片）的太阳光模拟器为光源[115]。除了太阳能模拟器，诸如氙灯[16,135]、汞灯[120,124]、卤素灯[121]、LED 灯[41]等也常被用作光催化反应的光源。由于不同的光源将产生不同的光谱，所以选择合适的光源对光催化分解水制氢反应非常重要。光源发射光谱与半导体的吸收性能的匹配可以提高水分解反应的整体效率。反应器内入射光的光强可以通过一些仪器监测比如辐射计[121]、流明仪[117]、校准的光谱仪[115]和激光功率计[136]等。多数情况下，反应器窗口前的光照强度能更好地代表光解水反应器内部的入射光强。

在光催化分解水反应进行之前，需要对系统进行抽真空处理，以去除系统中的空气。一种方法是用惰性气体，如超纯氮气[123]或氩气[115,137]，对反应体系进行鼓泡吹扫一段时间。Chen 等人[117]在开展水分解实验前，首先将溶液加热至 50℃ 并排空，并用氩气吹扫并随后重新抽真空。为了进一步消除空气的影响，通过气相色谱测量剩余空气的量。另一种方法是将反应容器连接到封闭的气体循环和排空系统，通过外部泵抽真空，可以有效地驱除反应系统中所含的空气[16,102-103]。

在从混合反应液中制备出氢气或/和氧气之后，需要对气体产物进行收集和测试分析。产生的气体可以利用排水法收集在容器中，其体积可以通过排出的水量来确定[115]。然而，为了准确检查气体产物的物质的量、种类和纯度，通常使用气相色谱（GC）来测量。GC 配有导热检测器（TCD）和分子筛填充柱，选用惰性气体（氩气等）作为载气运行[16,19,37,92]。除了 GC 之外，也可利用四极质谱仪来获得产物的分压和摩尔数[118,138]。

4.3.5　光解水反应系统标准测试体系

太阳能光催化分解水制氢是国际科学领域的前沿科学课题，备受世界范围科学家的关注，其基础科学问题涉及光电转化、光化学转化和光生电荷动力学等多方面，该过程一旦取得突破，将有可能从根本上变革能源和化工行业现有结构，对缓解人类目前面临的气候变化、能源安全以及生态环境可持续发展等问题具有重要意义。过去几十年内，太阳能光催化分解水制氢研究领域已经发表了数万篇学术论文，且发表文章数逐年呈指数增长。然而，太阳能光催化分解水制氢研究领域国际和国内缺乏统一的效率认证和评价标准，造成该领域发表的学术论文中存在各类效率名目多、数据可比性差等问题，亟须建立规范统一的标准测试方法及效率认证中心，以更好地规范该领域健康发展。

西安交通大学郭烈锦院士联合国内多个单位于 2011 年和 2020 年先后起草了太阳能光催化分解水制氢体系的能量转化效率与量子产率计算[139]以及积分球法测量悬浮式液固光催化制氢反应等两个推荐性国家标准[140]，提出了规范的光催化分解水制氢反应标准测试方法。2021 年催化基础国家重点实验室李灿院士向国际学术界提出倡议，建立太阳能光催化分解水标准测试方法和效率认证中心[141]。该倡议从澄清光催化基本概念出发，指出颗粒光催化剂分解水研究中现存的误差来源，阐明不同效率表现方式的利弊，并提出了规范太阳能光催化性能的比较方法，尤其对于太阳能光催化分解水研究领域的两个重要指标——量子效率和太阳能制氢效率，提出了规范的标准测试方法，并建议将其作为国际重要期刊发表相关文章的依据[141]。为了提高光催化剂实验室规模的标准化评估，需要注意的几个方面有：

① 光源：作为光催化水分解研究的最终目标是在太阳光照射下产生氢气，最佳光源是与匹配 AM 1.5 的太阳模拟器，其产生与太阳光具有相似光谱的光束，光照强度约为 $1000W/m^2$。

② 反应器：建议使用具有圆柱形状的间歇式反应器，因为其可以实现相对均匀的搅拌。光源可以位于反应器壁的顶部或壁上，但是光反应器的"窗口"需要被固定，使得光进入光反应器的区域是恒定的。窗口材料的最佳选择是石英，光反应器的其他部分应该被掩蔽。

③ 反应物的量：催化剂的量应该适合于反应溶液和整个光反应器的体积。例如，当反应溶液的总体积为约 300mL 时，通常使用 100mg 的光催化剂。此外，必须严格控制助催化剂和牺牲剂的量，因为过量的助催化剂可能阻挡半导体的光子吸收。另外，不同的助催化剂可以实现不同半导体的最佳性能，这也使光催化剂性能的标准化测试的设定变得相对困难。

④ 真空度：高真空度对水分光解评估至关重要。光催化反应器内含有大量的剩余空气，不仅会极大地影响气体产物的检测，而且还会影响内部压力，从而影响光解水产物从催化剂表面吸附到气相的转移[142-143]。所有光解水产氢，优选真空泵的方式而不是气体吹扫，主要因为前者更容易排除空气对光解水制氢反应的干扰。

4.4　结论与展望

光催化分解水制氢是新能源研究探索的热点课题，具有广阔的应用前景。但由于光催化分解水反应动力学与光催化剂的特定物理-化学性能、晶体结构等因素密切相关，通常需要复杂的技术手段来实现高活性光催化材料制备，也限制了此技术的快速发展。要使太阳能氢燃料与化石燃料竞争，光解水系统必须在制氢效率和耐久性方面都有实质性的改善，这是一个具有挑战性但可以实现的目标。利用光解水制氢的基本原理来设计和建造人工光催化系统是可行的。在光催化水分解过程中发生的多步骤过程是连续和连贯的，因此光解水系统的整体效率由每个基本步骤的效率所决定。

为了评估一种催化剂是否适合高效光解水制氢，必须对材料的固有特性有足够的了解，包括吸收系数、载流子寿命和载流子扩散长度。影响光解水制氢效率的要素包括：①吸收系数（吸收深度），②空间电荷区的宽度，③电荷载流子的扩散长度和寿命，④光激发载流子的迁移率，⑤载流子的重组率，⑥载流子的分布，⑦体积和表面缺陷的浓度，以及⑧表面活性位点的数量。这些要素应指导光催化装置的设计决策，如光谱吸收增强、减小颗粒尺寸或形成表面结等。

目前，光催化分解水还有很多问题需要解决，需要加强基础理论研究，促进该领域的发展。如高活性半导体光催化剂的设计与合成、光生载流子的分离机理、光催化剂的稳定性、光催化分解水的反应机理、光催化反应效率提高等等。此外，光催化分解水牵涉多学科交叉，在绿色技术、化学工程、材料科学和应用物理等领域建立了密切的关系。探索新的研究手段和方法，开发具有可见光响应的高效光催化剂，构建新型高效的分解水制氢反应体系，促进太阳能规模制氢技术的发展，将是今后重要的研究方向。

目前，太阳能光催化分解水制氢研究领域国际和国内缺乏统一的效率认证和评价标准，也使得该领域发表的学术论文中存在各类效率名目多、数据可比性差等问题，亟须建立规范统一的标准测试方法及效率认证中心，以更好地规范该领域健康发展。另外，仔细规划实验和避免人为因素对任何研究的成功都至关重要，这对光催化研究也不例外。由于杂质、选择的程序和/或仪器设置，在实验测量中可能会出现失真，故开展对照实验对于检查每个结论的有效性至关重要。研究人员在从实验成果中得出结论之前，要寻找其他的解释并验证真相。

参 考 文 献

[1] 邹志刚，赵进才，付贤智，等. 光催化太阳能转换及环境净化材料的现状和发展趋势 [J]. 功能材料信息，2005，6：15-20.

[2] 李仁贵，李灿. 太阳能光催化分解水研究进展 [J]. 科技导报，2020，38 (23)：49-61.

[3] 安攀，张庆慧，杨状，等. 双碳目标下太阳能制氢技术的研究进展 [J]. 化学学报，2022：1-15.

[4] Hisatomi T，Domen K. Reaction systems for solar hydrogen production via water splitting with particulate semiconductor photocatalysts [J]. Nature Catalysis，2019，2 (5)：387-399.

[5] Nishiyama H，Yamada T，Nakabayashi M，et al. Photocatalytic solar hydrogen production from water on a 100m^2 scale [J]. Nature，2021，598 (7880)：304-307.

[6] Wang Q，Domen K. Particulate photocatalysts for light-driven water splitting：mechanisms，challenges，and design strategies [J]. Chem Rev，2020，120 (2)：919-985.

[7] Goodeve C F，Kitchener J A. The mechanism of photosensitisation by solids [J]. Transactions of the Faraday Society，1938，34：902-908.

[8] Hashimoto K，Irie H，Fujishima A. TiO$_2$ photocatalysis：a historical overview and future prospects [J]. Japanese Journal of Applied Physics，2005，44 (12)：8269-8285.

[9] Fujishima A，Honda K. Electrochemical photolysis of water at a semiconductor electrode [J]. Nature，1972，238 (5358)：37-38.

[10] 祁育，章福祥. 太阳能光催化分解水制氢 [J]. 化学学报，2022，80 (06)：827-838.

[11] Osterloh F E. Inorganic materials as catalysts for photochemical splitting of water [J]. Chemistry of Materials，2007，20 (1)：35-54.

[12] Kudo A，Miseki Y. Heterogeneous photocatalyst materials for water splitting [J]. Chem Soc Rev，2009，38 (1)：253-278.

[13] Takanabe K. Photocatalytic water splitting：quantitative approaches toward photocatalyst by design [J]. ACS Catalysis，2017，7 (11)：8006-8022.

[14] Li X，Yu J，Jaroniec M. Hierarchical photocatalysts [J]. Chem Soc Rev，2016，45 (9)：2603-2636.

[15] Tada H，Jin Q，Iwaszuk A，et al. Molecular-scale transition metal oxide nanocluster surface-modified titanium dioxide as solar-activated environmental catalysts [J]. The Journal of Physical Chemistry C，2014，118 (23)：12077-12086.

[16] Luo M，Yao W，Huang C，et al. Shape effects of Pt nanoparticles on hydrogen production via Pt/CdS photocatalysts under visible light [J]. Journal of Materials Chemistry A，2015，3 (26)：13884-13891.

[17] Duonghong D，Borgarello E，Graetzel M. Dynamics of light-induced water cleavage in colloidal systems [J]. Journal of the American Chemical Society，2002，103 (16)：4685-4690.

[18] Domen K，Naito S，Soma M，et al. Photocatalytic decomposition of water vapour on an NiO-SrTiO$_3$ catalyst [J]. J Chem Soc Chem Commun，1980 (12)：543-544.

[19] Konta R，Ishii T，Kato H，et al. Photocatalytic activities of noble metal ion doped SrTiO$_3$ under visible light irradiation [J]. The Journal of Physical Chemistry B，2004，108 (26)：8992-8995.

[20] Ohno T，Tsubota T，Nakamura Y，et al. Preparation of S，C cation-codoped SrTiO$_3$ and its photocatalytic activity under visible light [J]. Applied Catalysis A：General，2005，288 (1-2)：74-79.

[21] Kudo A. Photocatalytic decomposition of water over NiO/K$_4$Nb$_6$O$_{17}$ catalyst [J]. Journal of Catalysis，1988，111 (1)：67-76.

[22] Kudo A，Sayama K，Tanaka A，et al. Nickel-loaded K$_4$Nb$_6$O$_{17}$ photocatalyst in the decomposition of H$_2$O into H$_2$ and O$_2$：Structure and reaction mechanism [J]. Journal of Catalysis，1989，120 (2)：337-352.

[23] Yin J，Zou Z，Ye J. A novel series of the new visible-light-driven photocatalysts MCo$_{1/3}$Nb$_{2/3}$O$_3$ (M = Ca，Sr，and Ba) with special electronic structures [J]. The Journal of Physical Chemistry B，2003，107 (21)：4936-4941.

[24]　Zou Z，Ye J，Sayama K，et al. Direct splitting of water under visible light irradiation with an oxide semiconductor photocatalyst [J]. Nature，2001，414 (6864)：625-627.

[25]　Kato H，Asakura K，Kudo A. Highly efficient water splitting into H_2 and O_2 over lanthanum-doped $NaTaO_3$ photocatalysts with high crystallinity and surface nanostructure [J]. J Am Chem Soc，2003，125 (10)：3082-3089.

[26]　Sato J，Saito N，Nishiyama H，et al. New photocatalyst group for water decomposition of RuO_2-Loaded p-Block Metal (In，Sn，and Sb) oxides with d^{10} configuration [J]. The Journal of Physical Chemistry B，2001，105 (26)：6061-6063.

[27]　Ikarashi K，Sato J，Kobayashi H，et al. Photocatalysis for water decomposition by RuO_2-dispersed $ZnGa_2O_4$ with d^{10} configuration [J]. The Journal of Physical Chemistry B，2002，106 (35)：9048-9053.

[28]　Sato J，Kobayashi H，Inoue Y. Photocatalytic activity for water decomposition of indates with octahedrally coordinated d^{10} configuration. Ⅱ. Roles of geometric and electronic structures [J]. The Journal of Physical Chemistry B，2003，107 (31)：7970-7975.

[29]　Sato J，Kobayashi H，Saito N，et al. Photocatalytic activities for water decomposition of RuO_2-loaded $AInO_2$ (A= Li，Na) with d^{10} configuration [J]. Journal of Photochemistry and Photobiology A：Chemistry，2003，158 (2-3)：139-144.

[30]　Sato J，Kobayashi H，Ikarashi K，et al. Photocatalytic activity for water decomposition of RuO_2-dispersed Zn_2GeO_4 with d^{10} configuration [J]. The Journal of Physical Chemistry B，2004，108 (14)：4369-4375.

[31]　Sato J，Saito N，Nishiyama H，et al. Photocatalytic water decomposition by RuO_2-loaded antimonates，$M_2Sb_2O_7$ (M=Ca，Sr)，$CaSb_2O_6$ and $NaSbO_3$，with d^{10} configuration [J]. Journal of Photochemistry and Photobiology A：Chemistry，2002，148 (1-3)：85-89.

[32]　Borgarello E，Kiwi J，Graetzel M，et al. Visible light induced water cleavage in colloidal solutions of chromium-doped titanium dioxide particles [J]. Journal of the American Chemical Society，2002，104 (11)：2996-3002.

[33]　Choi W，Termin A，Hoffmann M R. The role of metal ion dopants in quantum-Sized TiO_2：correlation between photoreactivity and charge carrier recombination dynamics [J]. The Journal of Physical Chemistry，2002，98 (51)：13669-13679.

[34]　Hitoki G，Takata T，Kondo J N，et al. An oxynitride，TaON，as an efficient water oxidation photocatalyst under visible light irradiation ($\lambda \leqslant 500nm$) [J]. Chem Commun (Camb)，2002 (16)：1698-1699.

[35]　Maeda K，Takata T，Hara M，et al. GaN：ZnO solid solution as a photocatalyst for visible-light-driven overall water splitting [J]. J Am Chem Soc，2005，127 (23)：8286-8287.

[36]　Maeda K，Teramura K，Lu D，et al. Characterization of Rh-Cr mixed-oxide nanoparticles dispersed on $(Ga_{1-x}Zn_x)(N_{1-x}O_x)$ as a cocatalyst for visible-light-driven overall water splitting [J]. J Phys Chem B，2006，110 (28)：13753-13758.

[37]　Lee Y，Terashima H，Shimodaira Y，et al. Zinc Germanium oxynitride as a photocatalyst for overall water splitting under visible light [J]. The Journal of Physical Chemistry C，2006，111 (2)：1042-1048.

[38]　Meng X，Wang S，Zhang C，et al. Boosting hydrogen evolution performance of a CdS-based photocatalyst：in situ transition from type Ⅰ to type Ⅱ heterojunction during photocatalysis [J]. ACS Catalysis，2022，12 (16)：10115-10126.

[39]　Yao W，Song X，Huang C，et al. Enhancing solar hydrogen production via modified photochemical treatment of Pt/CdS photocatalyst [J]. Catalysis Today，2013，199：42-47.

[40]　Yu B，Chen X，Huang C，et al. 2D CdS functionalized by NiS_2-doped carbon nanosheets for photocatalytic H_2 evolution [J]. Applied Surface Science，2022，592：153259.

[41]　Sun J，Li S，Zhao Q，et al. Atomically confined calcium in nitrogen-doped graphene as an efficient heterogeneous catalyst for hydrogen evolution [J]. iScience，2021，24 (7)：102728.

[42]　Cheng W，Xue L，Wang J，et al. Surface-engineered $Ni(OH)_2$/PtNi nanocubes as cocatalysts for photocatalytic hydrogen production [J]. ACS Applied Nano Materials，2021，4 (8)：8390-8398.

[43]　Zheng Y，Dong J，Huang C，et al. Co-doped Mo-Mo_2C cocatalyst for enhanced g-C_3N_4 photocatalytic H_2 evolution [J]. Applied Catalysis B：Environmental，2020，260：118220.

[44]　Shi Y，Lei X F，Xia L G，et al. Enhanced photocatalytic hydrogen production activity of CdS coated with Zn-

anchored carbon layer [J]. Chemical Engineering Journal, 2020, 393: 124751.

[45] Wang X, Maeda K, Thomas A, et al. A metal-free polymeric photocatalyst for hydrogen production from water under visible light [J]. Nat Mater, 2009, 8 (1): 76-80.

[46] Zhang Q, Chen J, Che H, et al. Recent advances in g-C_3N_4-based donor-acceptor photocatalysts for photocatalytic hydrogen evolution: an exquisite molecular structure engineering [J]. ACS Materials Letters, 2022, 4 (11): 2166-2186.

[47] Liu J, Zhang Y, Lu L, et al. Self-regenerated solar-driven photocatalytic water-splitting by urea derived graphitic carbon nitride with platinum nanoparticles [J]. Chem Commun, 2012, 48 (70): 8826-8828.

[48] Liu J, Liu Y, Liu N, et al. Water splitting. Metal-free efficient photocatalyst for stable visible water splitting via a two-electron pathway [J]. Science, 2015, 347 (6225): 970-974.

[49] Dong J, Shi Y, Huang C, et al. A New and stable Mo-Mo_2C modified g-C_3N_4 photocatalyst for efficient visible light photocatalytic H_2 production [J]. Applied Catalysis B: Environmental, 2019, 243: 27-35.

[50] Dong J, Wu Q, Huang C, et al. Cost effective Mo rich Mo_2C electrocatalysts for the hydrogen evolution reaction [J]. Journal of Materials Chemistry A, 2018, 6 (21): 10028-10035.

[51] Wang Z, Yang Z, Fang R, et al. A State-of-the-art review on action mechanism of photothermal catalytic reduction of CO_2 in full solar spectrum [J]. Chemical Engineering Journal, 2022, 429.

[52] Wang G, Huang B, Ma X, et al. $Cu_2(OH)PO_4$, a near-infrared-activated photocatalyst [J]. Angew Chem Int Ed Engl, 2013, 52 (18): 4810-4813.

[53] Sang Y, Zhao Z, Zhao M, et al. From UV to near-infrared, WS_2 nanosheet: a novel photocatalyst for full solar light spectrum photodegradation [J]. Adv Mater, 2015, 27 (2): 363-9.

[54] Li H, Chen T, Wang Y, et al. Surface-sulfurized Ag_2O nanoparticles with stable full-solar-spectrum photocatalytic activity [J]. Chinese Journal of Catalysis, 2017, 38 (6): 1063-1071.

[55] Fung C M, Er C C, Tan L L, et al. Red phosphorus: An up-and-coming photocatalyst on the horizon for sustainable energy development and environmental remediation [J]. Chem Rev, 2022, 122 (3): 3879-3965.

[56] Sa B, Li Y L, Qi J, et al. Strain engineering for phosphorene: the potential application as a photocatalyst [J]. The Journal of Physical Chemistry C, 2014, 118 (46): 26560-26568.

[57] Rahman M Z, Kwong C W, Davey K, et al. 2D phosphorene as a water splitting photocatalyst: fundamentals to applications [J]. Energy & Environmental Science, 2016, 9 (3): 709-728.

[58] Abe R. Recent progress on photocatalytic and photoelectrochemical water splitting under visible light irradiation [J]. Journal of Photochemistry and Photobiology C: Photochemistry Reviews, 2010, 11 (4): 179-209.

[59] Holmes M A, Townsend T K, Osterloh F E. Quantum confinement controlled photocatalytic water splitting by suspended CdSe nanocrystals [J]. Chem Commun (Camb), 2012, 48 (3): 371-373.

[60] Vayssieres L. On Solar Hydrogen & Nanotechnology [M]. John Wiley & Sons (Asia) Pte Ltd, 2010: 523-558.

[61] Sun J, Duan L, Wu Q, et al. Synthesis of MoS_2 quantum dots cocatalysts and their efficient photocatalytic performance for hydrogen evolution [J]. Chemical Engineering Journal, 2018, 332: 449-455.

[62] Asahi R, Morikawa T, Irie H, et al. Nitrogen-doped titanium dioxide as visible-light-sensitive photocatalyst: designs, developments, and prospects [J]. Chem Rev, 2014, 114 (19): 9824-9852.

[63] Nishikawa T, Shinohara Y, Nakajima T, et al. Prospect of activating a photocatalyst by sunlight-a quantum chemical study of isomorphically substituted titania [J]. Chemistry Letters, 1999, 28 (11): 1133-1134.

[64] Asahi R, Morikawa T, Ohwaki T, et al. Visible-light photocatalysis in nitrogen-doped titanium oxides [J]. Science, 2001, 293 (5528): 269-271.

[65] Muller D A, Nakagawa N, Ohtomo A, et al. Atomic-scale imaging of nanoengineered oxygen vacancy profiles in $SrTiO_3$ [J]. Nature, 2004, 430 (7000): 657-661.

[66] Zhu Q, Peng Y, Lin L, et al. Stable blue TiO_{2-x} nanoparticles for efficient visible light photocatalysts [J]. Journal of Materials Chemistry A, 2014, 2 (12): 4429.

[67] Fu G, Zhou P, Zhao M, et al. Carbon coating stabilized Ti^{3+}-doped TiO_2 for photocatalytic hydrogen generation under visible light irradiation [J]. Dalton Trans, 2015, 44 (28): 12812-12817.

[68] Zuo F, Wang L, Wu T, et al. Self-doped Ti^{3+} enhanced photocatalyst for hydrogen production under visible light [J]. J Am Chem Soc, 2010, 132 (34): 11856-11857.

[69]　Wang J，Su S，Liu B，et al. One-pot，low-temperature synthesis of self-doped NaTaO$_3$ nanoclusters for visible-light-driven photocatalysis [J]. Chem Commun，2013，49（71）：7830-7832.

[70]　Cronemeyer D C. Infrared absorption of reduced rutile TiO$_2$ single crystals [J]. Physical Review，1959，113（5）：1222-1226.

[71]　Chen X，Liu L，Yu P Y，et al. Increasing solar absorption for photocatalysis with black hydrogenated titanium dioxide nanocrystals [J]. Science，2011，331（6018）：746-750.

[72]　Hao X，Zhou J，Cui Z，et al. Zn-vacancy mediated electron-hole separation in ZnS/g-C$_3$N$_4$ heterojunction for efficient visible-light photocatalytic hydrogen production [J]. Applied Catalysis B：Environmental，2018，229：41-51.

[73]　Baker D R，Kamat P V. Photosensitization of TiO$_2$ nanostructures with CdS quantum dots：particulate versus tubular support architectures [J]. Advanced Functional Materials，2009，19（5）：805-811.

[74]　Yao W，Ye J. Photophysical and photocatalytic properties of Ca$_{1-x}$Bi$_x$V$_x$Mo$_{1-x}$O$_4$ solid solutions [J]. J Phys Chem B，2006，110（23）：11188-11195.

[75]　Maeda K，Teramura K，Lu D，et al. Photocatalyst releasing hydrogen from water [J]. Nature，2006，440（7082）：295.

[76]　Yuan Y，Zhao Z，Zheng J，et al. Polymerizable complex synthesis of BaZr$_{1-x}$Sn$_x$O$_3$ photocatalysts：Role of Sn^{4+} in the band structure and their photocatalytic water splitting activities [J]. Journal of Materials Chemistry，2010，20（32）：6772.

[77]　Yao W，Ye J. A new efficient visible-light-driven photocatalyst Na$_{0.5}$Bi$_{1.5}$VMoO$_8$ for oxygen evolution [J]. Chemical Physics Letters，2008，450（4-6）：370-374.

[78]　Fang H，Wilhelm M J，Ma J，et al. Quantitative modeling of electron dynamics and the effect of diffusion in photosensitized semiconductor nanocomposites [J]. Accounts of Chemical Research，2022，55（14）：1879-1888.

[79]　Bayles A，Tian S，Zhou J，et al. Al@TiO$_2$ core-shell nanoparticles for plasmonic photocatalysis [J]. ACS Nano，2022，16（4）：5839-5850.

[80]　Wy Y，Jung H，Hong J W，et al. Exploiting plasmonic hot spots in Au-based nanostructures for sensing and photocatalysis [J]. Acc Chem Res，2022，55（6）：831-843.

[81]　Zhou L，Swearer D F，Zhang C，et al. Quantifying hot carrier and thermal contributions in plasmonic photocatalysis [J]. Science，2018，362（6410）：69-72.

[82]　Hou W，Cronin S B. A Review of surface plasmon resonance-enhanced photocatalysis [J]. Advanced Functional Materials，2013，23（13）：1612-1619.

[83]　Liu L，Zhang X，Yang L，et al. Metal nanoparticles induced photocatalysis [J]. National Science Review，2017，4（5）：761-780.

[84]　罗志斌，王小博，裴爱国. 等离激元效应促进的光催化分解水制氢 [J]. 南方能源建设，2020，7（02）：20-27.

[85]　Furube A，Du L，Hara K，et al. Ultrafast plasmon-induced electron transfer from gold nanodots into TiO$_2$ nanoparticles [J]. J Am Chem Soc，2007，129（48）：14852-14853.

[86]　Du L，Furube A，Yamamoto K，et al. Plasmon-induced charge separation and recombination dynamics in Gold-TiO$_2$ nanoparticle systems：dependence on TiO$_2$ particle size [J]. The Journal of Physical Chemistry C，2009，113（16）：6454-6462.

[87]　Kazuma E，Tatsuma T. In situ nanoimaging of photoinduced charge separation at the plasmonic Au nanoparticle-TiO$_2$ interface [J]. Advanced Materials Interfaces，2014，1（3）.

[88]　Solti D，Chapkin K D，Renard D，et al. Plasmon-generated solvated electrons for chemical transformations [J]. J Am Chem Soc，2022，144（44）：20183-20189.

[89]　Yuan L，Zhou J，Zhang M，et al. Plasmonic photocatalysis with chemically and spatially specific antenna-dual reactor complexes [J]. ACS Nano，2022，16（10）：17365-17375.

[90]　Serpone N，Lawless D，Khairutdinov R，et al. Subnanosecond relaxation dynamics in TiO$_2$ colloidal sols（particle sizes R$_p$= 1.0～13.4 nm）. Relevance to heterogeneous photocatalysis [J]. The Journal of Physical Chemistry，1995，99（45）：16655-16661.

[91]　Wang D，Hisatomi T，Takata T，et al. Core/shell photocatalyst with spatially separated co-catalysts for efficient reduction and oxidation of water [J]. Angew Chem Int Ed Engl，2013，52（43）：11252-11256.

[92] Yao W, Iwai H, Ye J. Effects of molybdenum substitution on the photocatalytic behavior of BiVO₄ [J]. Dalton Trans, 2008 (11): 1426-1430.

[93] Zhong D K, Choi S, Gamelin D R. Near-complete suppression of surface recombination in solar photoelectrolysis by "Co-Pi" catalyst-modified W: BiVO₄ [J]. J Am Chem Soc, 2011, 133 (45): 18370-18377.

[94] Jo W J, Jang J W, Kong K J, et al. Phosphate doping into monoclinic BiVO₄ for enhanced photoelectrochemical water oxidation activity [J]. Angew Chem Int Ed Engl, 2012, 51 (13): 3147-3151.

[95] Garcia-Esparza A T, Takanabe K. A simplified theoretical guideline for overall water splitting using photocatalyst particles [J]. Journal of Materials Chemistry A, 2016, 4 (8): 2894-2908.

[96] Lai Z, Chaturvedi A, Wang Y, et al. Preparation of 1T′-phase ReS$_{2x}$Se$_{2(1-x)}$ ($x = 0 \sim 1$) nanodots for highly efficient electrocatalytic hydrogen evolution reaction [J]. J Am Chem Soc, 2018, 140 (27): 8563-8568.

[97] Xu Y, Li A, Yao T, et al. Strategies for efficient charge separation and transfer in artificial photosynthesis of solar fuels [J]. ChemSusChem, 2017, 10 (22): 4277-4305.

[98] Wu P, Wang J, Zhao J, et al. Structure defects in g-C₃N₄ limit visible light driven hydrogen evolution and photovoltage [J]. J. Mater. Chem. A, 2014, 2 (47): 20338-20344.

[99] Zhang J, Xu Q, Feng Z, et al. Importance of the relationship between surface phases and photocatalytic activity of TiO₂ [J]. Angew Chem Int Ed Engl, 2008, 47 (9): 1766-1769.

[100] Paracchino A, Laporte V, Sivula K, et al. Highly active oxide photocathode for photoelectrochemical water reduction [J]. Nat Mater, 2011, 10 (6): 456-461.

[101] Tsai T Y, Chang S J, Hsueh T J, et al. p-Cu₂O-shell/n-TiO₂-nanowire-core heterostucture photodiodes [J]. Nanoscale Res Lett, 2011, 6 (1): 575.

[102] Luo M, Lu P, Yao W, et al. Shape and composition effects on photocatalytic hydrogen production for Pt-Pd alloy cocatalysts [J]. ACS Appl Mater Interfaces, 2016, 8 (32): 20667-20674.

[103] Luo M, Yao W, Huang C, et al. Shape-controlled synthesis of Pd nanoparticles for effective photocatalytic hydrogen production [J]. RSC Advances, 2015, 5 (51): 40892-40898.

[104] Han X, Kuang Q, Jin M, et al. Synthesis of titania nanosheets with a high percentage of exposed (001) facets and related photocatalytic properties [J]. J Am Chem Soc, 2009, 131 (9): 3152-3153.

[105] Yao W, Huang C, Muradov N, et al. A novel Pd-Cr₂O₃/CdS photocatalyst for solar hydrogen production using a regenerable sacrificial donor [J]. International Journal of Hydrogen Energy, 2011, 36 (8): 4710-4715.

[106] Zhang J, Yao W, Huang C, et al. High efficiency and stable tungsten phosphide cocatalysts for photocatalytic hydrogen production [J]. Journal of Materials Chemistry A, 2017, 5 (24): 12513-12519.

[107] Maeda K, Teramura K, Lu D, et al. Noble-metal/Cr₂O₃ core/shell nanoparticles as a cocatalyst for photocatalytic overall water splitting [J]. Angew Chem Int Ed Engl, 2006, 45 (46): 7806-7809.

[108] Takata T, Pan C, Nakabayashi M, et al. Fabrication of a core-shell-type photocatalyst via photodeposition of group Ⅳ and Ⅴ transition metal oxyhydroxides: an effective surface modification method for overall water splitting [J]. J Am Chem Soc, 2015, 137 (30): 9627-9634.

[109] Bau J A, Takanabe K. Ultrathin microporous SiO₂ membranes photodeposited on hydrogen evolving catalysts enabling overall water splitting [J]. ACS Catalysis, 2017, 7 (11): 7931-7940.

[110] Garcia-Esparza A T, Shinagawa T, Ould-Chikh S, et al. An Oxygen-insensitive hydrogen evolution catalyst coated by a molybdenum-based layer for overall water splitting [J]. Angewandte Chemie, 2017, 129 (21): 5874-5878.

[111] Li Z, Li R, Jing H, et al. Blocking the reverse reactions of overall water splitting on a Rh/GaN-ZnO photocatalyst modified with Al₂O₃ [J]. Nature Catalysis, 2023, 6 (1): 80-88.

[112] Zhou P, Navid I A, Ma Y, et al. Solar-to-hydrogen efficiency of more than 9% in photocatalytic water splitting [J]. Nature, 2023, 613 (7942): 66-70.

[113] Yao J, Zheng Y, Jia X, et al. Highly active Pt₃Sn{110}-excavated nanocube cocatalysts for photocatalytic hydrogen production [J]. ACS Appl Mater Interfaces, 2019, 11 (29): 25844-25853.

[114] Tachibana Y, Vayssieres L, Durrant J R. Artificial photosynthesis for solar water-splitting [J]. Nature Photonics, 2012, 6 (8): 511-518.

[115] Huang C, Yao W, T-Raissi A, et al. Development of efficient photoreactors for solar hydrogen production [J]. Solar Energy, 2011, 85 (1): 19-27.

[116] Mangrulkar P A, Polshettiwar V, Labhsetwar N K, et al. Nano-ferrites for water splitting: unprecedented high photocatalytic hydrogen production under visible light [J]. Nanoscale, 2012, 4 (16): 5202-5209.

[117] Chen J-J, Wu J C S, Wu P C, et al. Plasmonic photocatalyst for H_2 evolution in photocatalytic water splitting [J]. The Journal of Physical Chemistry C, 2010, 115 (1): 210-216.

[118] Marschall R, Mukherji A, Tanksale A, et al. Preparation of new sulfur-doped and sulfur/nitrogen co-doped $CsTaWO_6$ photocatalysts for hydrogen production from water under visible light [J]. Journal of Materials Chemistry, 2011, 21 (24): 8871-8879.

[119] Xing Z, Zong X, Pan J, et al. On the engineering part of solar hydrogen production from water splitting: Photoreactor design [J]. Chemical Engineering Science, 2013, 104: 125-146.

[120] Escudero J C, Simarro R, Cervera-March S, et al. Rate-controlling steps in a three-phase (solid-liquid-gas) photoreactor: a phenomenological approach applied to hydrogen photoprodution using Pt-TiO_2 aqueous suspensions [J]. Chemical Engineering Science, 1989, 44 (3): 583-593.

[121] Lo C C, Huang C W, Liao C H, et al. Novel twin reactor for separate evolution of hydrogen and oxygen in photocatalytic water splitting [J]. International Journal of Hydrogen Energy, 2010, 35 (4): 1523-1529.

[122] Oralli E, Dincer I, Naterer G F. Solar photocatalytic reactor performance for hydrogen production from incident ultraviolet radiation [J]. International Journal of Hydrogen Energy, 2011, 36 (16): 9446-9452.

[123] Priya R, Kanmani S. Batch slurry photocatalytic reactors for the generation of hydrogen from sulfide and sulfite waste streams under solar irradiation [J]. Solar Energy, 2009, 83 (10): 1802-1805.

[124] Escudero J C, Cervera-March S, Giménez J, et al. Preparation and characterization of Pt(RuO_2)/TiO_2 catalysts: Test in a continuous water photolysis system [J]. Journal of Catalysis, 1990, 123 (2): 319-332.

[125] Esplugas S, Cervera S, Simarro R. A reactor model for water photolysis experimental studies in the liquid phase with suspensions of catalytic particles [J]. Chemical Engineering Communications, 2007, 51 (1-6): 221-232.

[126] Jing D, Liu H, Zhang X, et al. Photocatalytic hydrogen production under direct solar light in a CPC based solar reactor: Reactor design and preliminary results [J]. Energy Conversion and Management, 2009, 50 (12): 2919-2926.

[127] Jing D, Guo L, Zhao L, et al. Efficient solar hydrogen production by photocatalytic water splitting: From fundamental study to pilot demonstration [J]. International Journal of Hydrogen Energy, 2010, 35 (13): 7087-7097.

[128] Schröder M, Kailasam K, Borgmeyer J, et al. Hydrogen evolution reaction in a large-scale reactor using a carbon nitride photocatalyst under natural sunlight Irradiation [J]. Energy Technology, 2015, 3 (10): 1014-1017.

[129] Alfano O M, Bahnemann D, Cassano A E, et al. Photocatalysis in water environments using artificial and solar light [J]. Catalysis Today, 2000, 58 (2-3): 199-230.

[130] Brandi R J, Alfano O M, Cassano A E. Evaluation of radiation absorption in slurry photocatalytic reactors. 2. experimental verification of the proposed method [J]. Environmental Science & Technology, 2000, 34 (12): 2631-2639.

[131] Romero R L, Alfano O M, Cassano A E. Cylindrical photocatalytic reactors. radiation absorption and scattering effects produced by suspended fine particles in an annular space [J]. Industrial & Engineering Chemistry Research, 1997, 36 (8): 3094-3109.

[132] Huang Q, Liu T, Yang J, et al. Evaluation of radiative transfer using the finite volume method in cylindrical photoreactors [J]. Chemical Engineering Science, 2011, 66 (17): 3930-3940.

[133] Herrmann J M. Heterogeneous photocatalysis: state of the art and present applications In honor of Pr. R. L. Burwell Jr. (1912-2003), Former Head of Ipatieff Laboratories, Northwestern University, Evanston (Ill) [J]. Topics in Catalysis, 2005, 34 (1-4): 49-65.

[134] Hisatomi T, Maeda K, Takanabe K, et al. Aspects of the Water Splitting Mechanism on ($Ga_{1-x}Zn_x$) ($N_{1-x}O_x$) Photocatalyst Modified with $Rh_{2-y}Cr_yO_3$ Cocatalyst [J]. The Journal of Physical Chemistry C, 2009, 113 (51): 21458-21466.

[135] Bai L, Sun H, Wu Q, et al. Supported Ru single atoms and clusters on P-doped carbon nitride as an efficient photocatalyst for H_2O_2 production [J]. ChemCatChem, 2022, 14 (15): e202101954.

[136] Sabaté J, Cervera-March S, Simarro R, et al. Photocatalytic production of hydrogen from sulfide and sulfite waste

streams: a kinetic model for reactions occurring in illuminating suspensions of CdS [J]. Chemical Engineering Science, 1990, 45 (10): 3089-3096.

[137] Escudero J C, Giménez J, Simarro R, et al. Physical characteristics of photocatalysts affecting the performance of a process in a continuous photoreactor [J]. Solar Energy Materials, 1988, 17 (3): 151-163.

[138] Mukherji A, Marschall R, Tanksale A, et al. N-doped $CsTaWO_6$ as a new photocatalyst for hydrogen production from water splitting under solar irradiation [J]. Advanced Functional Materials, 2011, 21 (1): 126-132.

[139] 中华人民共和国国家标准. 太阳能光催化分解水制氢体系的能量转化效率与量子产率计算 [S]. GB/T 26915—2011, 2011.

[140] 中华人民共和国国家标准. 积分球法测量悬浮式液固光催化制氢反应 [S]. GB/T 39359—2020, 2020.

[141] Wang Z, Hisatomi T, Li R, et al. Efficiency accreditation and testing protocols for particulate photocatalysts toward solar fuel production [J]. Joule, 2021, 5 (2): 344-359.

[142] Maeda K, Teramura K, Masuda H, et al. Efficient overall water splitting under visible-light irradiation on $(Ga_{1-x}Zn_x)(N_{1-x}O_x)$ dispersed with Rh-Cr mixed-oxide nanoparticles: Effect of reaction conditions on photocatalytic activity [J]. J Phys Chem B, 2006, 110 (26): 13107-13112.

[143] Sayama K, Arakawa H. Effect of carbonate salt addition on the photocatalytic decomposition of liquid water over Pt-TiO_2 catalyst [J]. Journal of the Chemical Society, Faraday Transactions, 1997, 93 (8): 1647-1654.

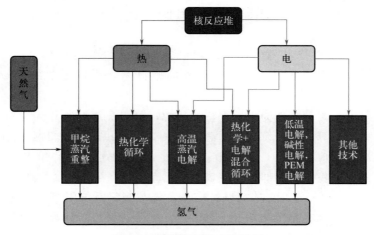

第5章
核能制氢技术

5.1 概述

核能是指核裂变反应或核聚变反应产生的能量。在核裂变反应中，U235、Th232、Pu239 等重原子吸收中子后分裂为两或三个较轻的原子，并释放出大量能量。核聚变反应则是两个或多个氢及其同位素（氘、氚）原子结合形成较重的原子，伴随着大量能量释放。核反应中释放的能量是反应产物质量损失的结果，其值由质能方程给出。

基于核裂变反应的核反应堆技术已经完全成熟，截止到 2022 年底，我国商用机组数量达到 55 台，总装机容量约为 5699 万千瓦。在建核电机组共 21 台，总装机容量约为 2409 万千瓦，在运和在建核电总装机容量位居全球第二。

作为一种清洁能源，核能的产生和使用不向环境排放 CO_2 和其他污染物；以核能作为一次能源，通过电解和热化学循环分解水制氢，可实现高效、无排放、大规模制氢。如果将核能与甲烷重整制氢结合，可以大幅度减少传统甲烷重整技术的碳排放。

核反应的能量可以以热能、电能和辐射能的方式向外界提供，与不同制氢技术或工艺相结合，可以形成多种核能制氢技术。图 5-1 给出了核能到氢能的转换路线示意图。

图 5-1 核能制氢技术路线图

5.2   基于核能的制氢技术

按照利用能源的方式，核能制氢方法包括核热辅助的核电常温电解、甲烷蒸汽重整、热化学循环分解水、混合循环、高温蒸汽电解等。

5.2.1   甲烷重整

甲烷重整过程包括蒸汽重整、部分氧化、自热重整、干重整以及甲烷裂解等。

蒸汽重整是最主要的甲烷制氢方法，已有近百年的工业应用历史。甲烷和水蒸气在高温环境中（一般为850℃、2.5～5MPa压力）与催化剂作用，转变为合成气。为提高氢气收率，可通过水煤气变换反应，使合成气中的CO与水进一步反应生成 H_2 和 CO_2。该过程涉及的主要化学反应如下：

重整反应：$\qquad CH_4 + H_2O \longrightarrow CO + 3H_2 (\Delta H_0 = +206 kJ/mol)$ (5-1)

变换反应：$\qquad CO + H_2O \longrightarrow CO_2 + H_2 (\Delta H_0 = -41 kJ/mol)$ (5-2)

总反应：$\qquad CH_4 + 2H_2O \longrightarrow CO_2 + 4H_2 (\Delta H_0 = +165 kJ/mol)$ (5-3)

图 5-2 是甲烷蒸汽重整过程的流程示意图。

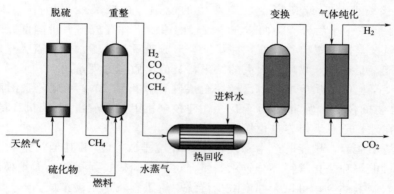

图 5-2   甲烷蒸汽重整制氢流程示意图

如图所示，重整单元中的脱硫设备除去进料天然气中的含硫杂质，重整器中发生甲烷和水蒸气的催化重整反应，热交换器冷却产物并回收热量。在变换单元中发生变换反应，并完成气体纯化。

目前天然气蒸汽重整技术每生产 1kg 氢气需要消耗 3.5kg 天然气，产生大约 8.8kg CO_2。由于重整过程为强吸热反应，需要额外的燃料燃烧提供需要的热，也产生大量的 CO_2 排放。

如果用高温气冷堆工艺热作为甲烷重整的热源，可以显著减少作为燃料的天然气用量。根据日本原子力机构计算，与传统蒸汽重整过程相比，可以减少约34％的用作燃烧燃料的天然气用量，也减少相应份额的 CO_2 排放。图 5-3（另见书后彩图）给出了利用核热进行甲烷蒸汽重整的示意图。左侧阴影部分为核热系统，高温堆产生 950℃ 的高温热，经一次换热器后温度降为 905℃，再经过高温隔离阀，使核系统与制氢系统隔离；并将 880℃ 的热传递到甲烷重整制氢系统。日本原子力机构（JAEA）曾计划利用其高温工程实验堆作为热源，发展蒸汽重整技术制氢。由于该制氢系统采用传统制氢技术，减少而不是消除 CO_2 排放，所以代表的是近期核热制氢技术；要解决的关键问题包括氢气加热的甲烷重整器研发、核系统与制氢系统的耦合等。对于日本和其他天然气成本较高的国家，经济分析表明用核反应堆产生的热进行天然气重整制氢具有较强的经济竞争性。这是日本发展该项目的重要原因。

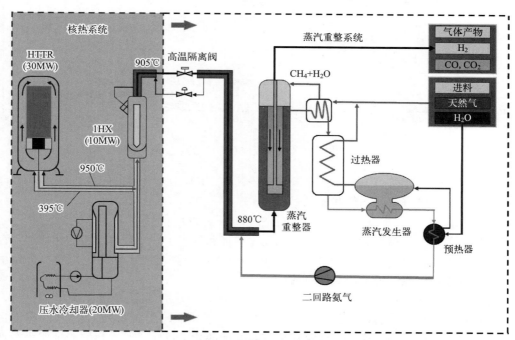

图 5-3　核能经蒸汽重整制氢流程示意图
HTTR—高温试验反应堆

5.2.2　热化学循环分解水

5.2.2.1　热化学循环原理及评价[1]

　　水是自然界含量最多的含氢物质，是氢气制备最重要的原料来源。最简单的热化学分解水过程就是将水加热到足够高的温度，然后将产生的氢气从平衡混合物中分离出来。在标准状态下（25℃、1atm）水分解反应的热化学性质变化如下：

$$H_2O(l) \longrightarrow H_2(g) + 1/2O_2(g)$$

$$\Delta H = 285.84kJ/mol; \Delta G = 237.19kJ/mol; \Delta S = 0.163kJ/(mol \cdot K)$$

　　熵变的值很小。图 5-4 给出了水分解的热力学参数随温度变化及常压下水分解体系中分子组成随温度的变化。由计算可知，直到温度上升到 4700K 左右时，反应的吉布斯（Gibbs）自由能变化才能为 0；Kogan 等研究表明，在温度高于 2500K 时，水的分解才比较明显，而在此条件下的材料和分离问题都很难解决。因此，水的直接分解在工程上基本是不可行的。

　　Funk 和 Reinstrom 等于 1964 年最早提出了利用热化学循环过程分解水制氢的概念。引入新的在过程中循环使用的反应物种，将水分解反应分成几个不同的反应，并组成如下所示的循环过程：

$$H_2O + X \longrightarrow XO + H_2$$

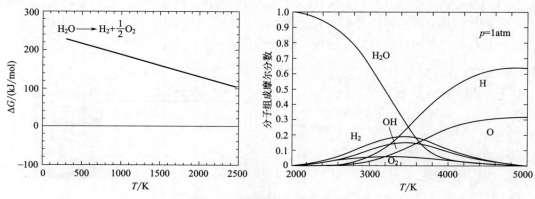

图 5-4　水分解反应热力学参数

$$XO \longrightarrow X + 1/2O_2$$

其净结果是水分解产生氢气和氧气：

$$H_2O \longrightarrow H_2 + 1/2O_2$$

各步反应的熵变、焓变和 Gibbs 自由能变化的加和等于水直接分解反应的相应值；而每步反应都有可能在相对较低的温度下进行。在整个过程中只消耗水，其他物质在体系中循环，这样就可以达到热分解水制氢的目的。

热化学循环分解水的研究始于 20 世纪 60 年代末，70～80 年代发表了大量的文献，提出了许多循环，过程包含的反应最少为 2 个，最多可达 8 个，大部分为 3～6 个。研究过程一般先通过热力学计算和理论可行性论证来寻找合适的化学反应；其次用实验证实可行性并对动力学过程进行评价；此外对于过程中的关键反应步骤，需要材料验证实验；最后进行经济性评价。由于热化学循环种类繁多，美国和欧洲分别提出了对其优劣进行评价的准则和指标。美国提出的理想热化学循环应具有的特征包括：过程高效且成本有优势；化学反应步骤最少；循环过程中分离步骤少；涉及元素在地壳、海洋或大气中的丰度高；尽量少用到昂贵的材料；固态物流尽可能少；具有高的输入温度；已经顺利通过了中等或大规模验证；已经有多个机构和作者进行过大量研究，发表了很多论文。

欧洲 Ispra 项目的评价指标包括：热效率、制氢效率、化学反应转化率、副反应、涉及的元素和化合物的毒性、涉及化学物质的成本及可用性、材料分离、腐蚀问题、材料处理、过程最高温度、传热问题等。

在研发阶段最重要的指标是制氢效率。它不但代表制氢过程能耗，也和制氢成本密切相关，其大小是一个热化学循环是否有价值的前提。由于利用反应堆发电再经水电解制氢过程的总体效率为 26%～30%，所以制氢效率大于 30% 是选择热化学循环制氢的起码条件。但在从实验室研发向中试、商业化生产迈进过程中，其他指标也都体现出其重要的价值。因此，对热化学循环制氢过程进行评价需要全面分析、综合考虑。

5.2.2.2　典型的热化学循环体系

按照涉及的元素和物料，热化学循环制氢体系可分为氧化物体系、含硫体系和卤化物体系。

氧化物体系[2]是利用较活泼的金属与其氧化物之间的互相转换或者不同价态的金属氧化物之间进行氧化还原反应的二步骤循环：一是高价氧化物（MO$_{ox}$）在高温下分解成低价

氧化物（MO_{red}），放出氧气；二是 MO_{red} 被水蒸气氧化成 MO_{ox} 并放出氢气。这两步反应的熵变相反。

$$MO_{ox} \longrightarrow MO_{red}\text{-}M + 1/2O_2$$
$$MO_{red}\text{-}M + H_2O \longrightarrow MO_{ox} + H_2$$

研究的整比金属氧化物包括 Fe_3O_4/Fe_2O_3、Zn/ZnO、MnO/Mn_2O_3 等体系，因为整比氧化物分解反应温度高，一般都在 1400℃ 以上甚至更高，实现工程应用的难度很大。相比而言，化学计量不确定的氧化物（非整比）因其分解温度较低，有可能用在较温和的条件下分解水制氢。Ehrensberge 等研究了 Fe_3O_4 中部分 Fe 被 Co、Mn 或 Mg 等取代后形成的 $(Fe_{1-x}Mn_x)_{1-y}O$ 固体材料对还原温度的影响。Kojima 等验证了太阳能用在 1000K 左右经 2 步反应分解水制氢的可能，在高于 1173K 时形成阳离子过剩的（Ni；Mn）Fe 氧化物（或铁酸盐），在低于 1073K 下分解水；但水分解反应仅由铁酸盐不饱和氧引起，因此氢气产量较低。

金属氧化物经热化学循环分解水制氢时，氧化物分解反应能较快进行所需的温度较高，所以一般考虑与高温太阳能热源耦合，期望实现太阳能光热分解水制氢。这一类循环的显著优点在于过程步骤比较简单，氢气和氧气在不同步骤生成，因此不存在高温气体分离问题。但由于过程温度高，工程材料选择有很大难度。另外在高低温转换、物料输运等过程实现连续操作较为困难，热量损失较多，导致热效率较低。

含硫体系是研究最广泛的一类热化学循环，基本都以硫酸吸热分解作为吸收高温热能的反应。研究最广泛的是碘硫（也称硫碘）循环。

碘硫循环由美国通用原子（GA）公司于 20 世纪 70 年代发明，且进行了大量研究，因此又被称为 GA 流程。除美国外，日本、法国也都选择碘硫循环作为未来核能制氢，尤其是高温气冷堆制氢的首选流程进行深入研究。

碘硫循环由如下 3 个化学反应组成：

Bunsen 反应　　　　　$SO_2 + I_2 + 2H_2O \Longrightarrow H_2SO_4 + 2HI$（约 80℃）

硫酸分解反应　　　　$H_2SO_4 \Longrightarrow SO_2 + 1/2O_2 + H_2O$（约 850℃）

氢碘酸分解反应　　　　　　$2HI \Longrightarrow H_2 + I_2$（约 450℃）

三个反应的净反应为水分解：$H_2O \Longrightarrow H_2 + 1/2O_2$

虽然碘硫循环过程原理比较简单，但在实际过程进行时由于反应热力学、动力学、分离特性等多方面的限制，要实现循环闭合及连续操作还需要三个反应外的多个分离单元。图 5-5 给出了一个典型的碘硫循环流程的组成单元。

按照涉及的反应可将碘硫循环流程分为三个单元。在 Bunsen 单元中，来自其他两个单元的碘、SO_2 与加入的水反应，生成硫酸和氢碘酸。GA 早期的研究发现，在过量碘存在的条件下，HI 酸和 H_2SO_4 可以自发分离成两个互不相溶的液相；这是由溶剂化作用以及碘在这两种酸中溶解度显著差异造成的。分离后的两相分别进入后续单元；在硫酸分解单元，含有微量 HI 和 I_2 的硫酸通过逆 Bunsen 反应除去杂质，然后经硫酸浓缩、蒸发、分解及 SO_3 催化分解后生成 SO_2、O_2 和 H_2O。O_2 作为产物移出循环体系，SO_2 和 H_2O 则返回 Bunsen 反应单元继续作为反应物参与反应。在氢碘酸分解单元，含有微量硫酸的 HI_x 相（即 $HI + I_2 + H_2O$）也同样先通过逆 Bunsen 反应除去杂质，经浓缩、HI 分离，HI 催化分解生成 H_2 和 I_2；H_2 作为产物移出循环，而 I_2 返回 Bunsen 部分继续参与反应，由此形成闭合循环。

碘硫循环的闭合连续、稳定运行及实现过程高效制氢依赖于各单元的精密配合及诸多关

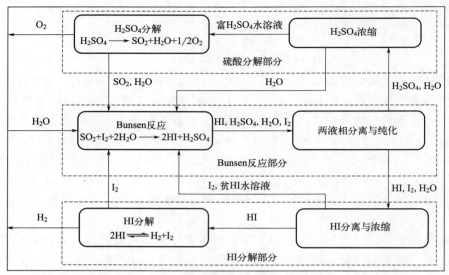

图 5-5　碘硫热化学循环制氢过程示意图

键基础和工艺问题的解决。

在 Bunsen 单元，循环过程返回的物料组成对产物相平衡和两相分离有重要影响。对反应物组成、温度、I_2 在 HI 中的溶解等因素对相平衡和相态的影响进行了系统研究，以期在反应后得到双水相，避免形成均相或者析出固体碘，影响流程连续运行。

在 HI 酸单元，由于 HI 和水可形成伪共沸（pseudo-azeotropic）体系（HI：$H_2O=$ 1：5），常规的精馏方法难以得到高浓的 HI 酸或 HI 气体，大部分 HI 酸需要回流，导致热负荷增加，热效率降低。研究者们提出了多种打破伪共沸的方法，包括磷酸萃取、反应精馏、电解渗析等。此外，由于 HI 分解反应速率慢、平衡转化率低，研究者们对高性能催化剂进行了大量研究，并提出用膜分离等方法提高平衡转化率。

在硫酸单元，由于物料的强腐蚀性及高温反应条件，SO_3 分解催化剂的稳定性是关键问题之一。对催化剂已进行了大量研究工作，主要包括贵金属和金属氧化物两大类；前者需要解决载体因硫酸化作用失效问题，后者则要解决氧化物在长时间使用中的失活等问题。

耐腐蚀材料的筛选是碘硫循环实现工程化要解决的问题。在整个碘硫循环的操作环境中，H_2SO_4 在 400℃ 的沸腾蒸发是腐蚀最严重的步骤。GA 和 JAEA 筛选了几种材料，包括 Fe-Si 合金 SiC、Si-SiC、Si_3N_4 等；研究了它们在浓度不同的硫酸蒸发和汽化条件下的抗腐蚀性能。研究表明，含硅陶瓷材料如 SiC、Si-SiC、Si_3N_4 等都表现出良好的抗硫酸腐蚀性；对于 Fe-Si 合金，Si 含量对抗腐蚀性能起决定作用。在 95%（质量分数，下同）的 H_2SO_4 沸腾条件下，材料表面形成钝化层的临界硅含量为 10%；而在 50%H_2SO_4 中，Si 临界含量为 15%。材料表面的 Si 形成硅氧化物钝化膜，可以阻止腐蚀。但 Si-Fe 合金的缺点是脆性大，目前正在研究用化学气相沉积、离心铸造等表面修饰技术，使合金表面中 Si 含量较高而基体中较低；这样得到的材料表现出良好的延展性和耐腐蚀性。

尽管存在诸多挑战，但由于碘硫循环的化学过程都经过了验证，过程可以连续操作、预期效率可以达到 50%、过程容易放大、热需求与高温气冷堆的供热特性匹配很好等优点，仍被认为是最有工业应用前景的利用高温气冷堆工艺热的制氢工艺。

卤化物体系主要用到 Cl、Br、I 等元素的化合物，主要是金属卤化物。其中氢气的生成反应可以表示为：

$$3MeX_2 + 4H_2O \longrightarrow Me_3O_4 + 6HX + H_2$$

式中，Me 可以为 Mn 和 Fe；X 可以为 Cl、Br 和 I。

本体系中最著名的循环为日本东京大学发明的绝热 UT-3 循环，金属选用 Ca，卤素选用 Br。循环过程包括 4 个化学反应步骤：

$$CaBr_2 + H_2O \longrightarrow CaO + 2HBr$$

$$CaO + Br_2 \longrightarrow CaBr_2 + 1/2O_2$$

$$Fe_3O_4 + 8HBr \longrightarrow 3FeBr_2 + 4H_2O + Br_2$$

$$3FeBr_2 + 4H_2O \longrightarrow Fe_3O_4 + 6HBr + H_2$$

美国阿贡国家实验室也对该过程进行了研究和发展，其主要改进是用电解法或"冷"等离子体法使 HBr 分解生成 H_2 和单质 Br_2，反应温度约 100℃。

$$2HBr \xrightarrow{\text{电解}} H_2 + Br_2$$

$$2HBr \xrightarrow{\text{"冷"等离子体}} H_2 + Br_2$$

UT-3 循环的预期热效率为 35%～40%，如果同时发电，总体效率可以提高 10%；过程热力学非常有利；两步关键反应都为气-固反应，简化了产物与反应物的分离；整个过程中所用的元素都廉价易得，没有用到贵金属。过程只涉及固态和气态的反应物与产物，分离问题较少。但由于过程涉及固液反应，固体物料输送问题不宜解决；同样需要筛选耐 HBr 腐蚀的材料；另外由于 CaO 和 $CaBr_2$ 在反应过程中可能发生不可逆的晶型转变，造成有效物料的损失等确定，近年来相关的研究报道已很少。

5.2.3　混合循环

混合循环过程是指热化学过程与电解反应的联合过程，引入电解反应可使流程简化。研究的混合循环主要流程包括混合硫（HyS）循环和铜氯（Cu-Cl）循环。

5.2.3.1　HyS 循环

HyS 循环利用 SO_2 去极化电解分解水产生硫酸和氢，利用高温热分解硫酸产生 SO_2 再用于电解反应组成循环，所需热和电可由太阳能或核能以热和电的方式提供，从而实现大规模无 CO_2 排放制氢。此外，利用 HyS 循环可将从煤燃烧、石油精炼等过程中回收的 SO_2 转化成需求不断增长的终端产品硫酸和氢气，具有良好的环境和经济效益。

混合硫循环由如下两步反应组成：

热解反应：　　　　$H_2SO_4 \longrightarrow H_2O + SO_2 + \frac{1}{2}O_2$　　约 850℃

电解反应：　　　　$SO_2 + 2H_2O \longrightarrow H_2SO_4 + H_2$　　80～120℃

SO_2 去极化电解（SDE）的半电池反应为：

阳极：　　　$2H_2O(l) + SO_2(aq) \longrightarrow H_2SO_4(aq) + 2H^+ + 2e^-$

阴极：　　　　　　　$2H^+ + 2e^- \longrightarrow H_2(g)$

总反应：　　　$2H_2O(l) + SO_2(aq) \longrightarrow H_2SO_4(aq) + H_2(g)$

阳极反应标准电池电势 $E=-0.158V(25℃)$，显著低于水电解可逆电动势（$-1.229V$），实际条件下所需电能可降低 70%，显著提高制氢效率。

HyS 循环中的硫酸分解过程与碘硫循环完全相同，因此相关研发主要集中于 SDE 过程。SDE 过程核心是构建高性能、长寿命电解池并实现高效电解。1980 年以来开发了不同材料和结构的电解池；近年来随着质子交换膜（PEM）燃料电池技术快速发展，其研究成果为 SDE 借鉴；以 PEM 为隔离材料、膜电解组件（MEA）为主的电解池成为 SDE 的主导形式。其基本结构和电解反应如图 5-6 所示。

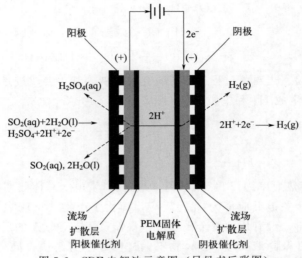

图 5-6　SDE 电解池示意图（另见书后彩图）

美国萨凡纳河国家实验室（SRNL）和南卡大学对 HyS 循环进行了大量研发，经优化后的电解池可在 0.7V 电压下操作，电流密度达到 $500mA/cm^2$。法国、日本、韩国以及欧洲的研究机构都开展了相关研究。国内清华大学开发了 SDE 电解池并成功验证了去极化电解过程。目前针对 SDE 的性能提高仍在进行研究，关键问题包括：① SO_2 在阳极催化剂表面的氧化动力学；② SO_2 跨膜扩散到阴极后还原成硫，沉积在阴极表面造成催化剂中毒；③ SDE 能耗与硫酸分解能耗的影响因素相互作用；④ 高性能低成本催化剂的研制。

5.2.3.2　Cu-Cl 循环

Cu-Cl 循环是另一类广泛研究的混合循环制氢工艺，它利用铜和氯的化合物作为过程循环物质实现水分解制氢的目的。相关研究主要在加拿大开展。

典型的 Cu-Cl 循环为四步组成：

电解反应	$2CuCl(aq)+2HCl(aq)\Longrightarrow 2CuCl_2(aq)+H_2(g)$	约 100℃
分离过程	$CuCl_2(aq)\Longrightarrow CuCl_2(s)$	$<100℃$
水解反应	$2CuCl_2(s)+H_2O(g)\Longrightarrow Cu_2OCl_2(s)+2HCl(g)$	350~400℃
分解反应	$Cu_2OCl_2(s)\Longrightarrow 2CuCl+1/2O_2$	550℃

Cu-Cl 循环过程最高温度约 550℃，可以用加拿大重点开发的、冷却剂出口温度在

500～600℃的超临界水堆作为热源，利用热-电联合实现水分解；预期实现制氢效率为43%，要显著高于反应堆发电-电解水制氢过程。

图 5-7 示意了 Cu-Cl 循环的主要反应组成及热回收单元。

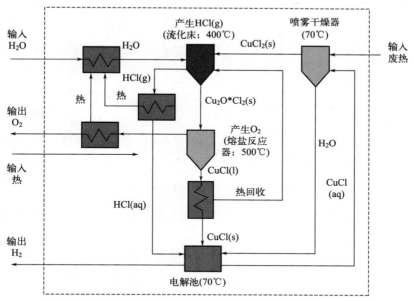

图 5-7　Cu-Cl 循环示意图

5.2.4　高温蒸汽电解

电解技术适用于可以得到廉价电能或者需要高纯氢气的场合，一般来说电解反应需要大量的电能，具体取决于反应焓、熵和反应温度。

标准状况下水电解分解的理想电压（可逆）为 1.229V。由于实际过程不可逆和产生热量等原因，分解电势要高于可逆电势。要达到较高的电解效率，过电势要尽可能小。典型的电解池电压为 1.85～2.02V，效率为 72%～80%。在标准条件下电解制氢（标准状况）的电能消耗约为 4.5kW·h/m³。

在高温条件下，水电解所需要的电能可以减少。高温电解过程中热力学参数变化如下：

$$\Delta H = \Delta G + T \Delta S$$

$$E = -\frac{\Delta G}{nF}$$

$$\Delta H = \Delta H_{298K} + \int_{298K}^{T} C_p \, \mathrm{d}T$$

$$\Delta S = \Delta S_{298K} + \int_{298K}^{T} \frac{C_p}{T} \, \mathrm{d}T$$

式中，ΔH 为反应焓变，代表电解所需的总能量；ΔG 为反应的 Gibbs 自由能变，对应电解所需电能；ΔS 为反应熵变；$T \Delta S$ 对应高温热能；E 为不同温度下水的理论分解电压；C_p 为不同气体的总定压摩尔热容。根据以上公式，可计算不同温度下各部分能量大小，结果如图 5-8 所示。由图可见，电解所需电能 ΔG 随着温度升高而降低，水的理论分解电压也降低，热能所占比例增大。

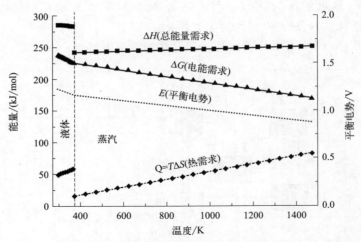

图 5-8   高温电解过程所需能量与温度关系

随着金属氧化物隔膜固体和氧离子传导电极的发展，高温水蒸气电解有可能通过固体氧化物电解（SOEC）过程实现，其原理如图 5-9 所示。

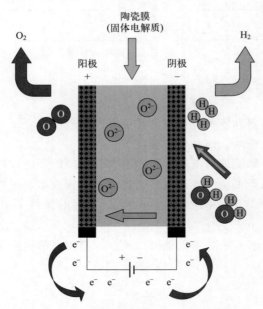

图 5-9   SOEC 过程原理图（另见书后彩图）

高温电解过程典型操作温度为 800℃，产氢耗电量为 3.5kW·h/m³ 氢气（标准状况）。选择的金属氧化物隔膜为锆基陶瓷膜，在操作温度下氧离子传导率很高；在 1000℃ 下操作时耗电减少 30%。蒸汽高温电解的过程为固体氧化物燃料电池的逆过程。目前研究的目标是发展低成本、高效、可靠、耐用的电解池。

如果用高温气冷堆或者太阳能技术给系统提供高温热或低温热或蒸汽，电能消耗可以大幅降低，实现高温（800~1000℃）电解，其优点是：①热力学上需要的电能减少；②电极表面反应的活化能能垒易于克服，可以提高效率；③电解过程动力学可以得到改善。

5.2.5　常规电解水

如前所述，目前广泛应用的核反应堆为压水堆，由于其蒸汽出口温度约 320℃，难以与热化学循环、高温电解、甲烷蒸汽重整等需要高温热的方法耦合，但可以利用核电经碱性电解水或 PEM 电解水实现制氢。在电力过剩、核电经济性好或者需要高纯氢气的场合，可采用核能发电-常规电解水方法制氢。在这种情况下，反应堆与制氢过程耦合不需要像其他方法那样流体-热力学连接，仅通过方便的电力传输即可实现。

5.2.6　其他技术

5.2.6.1　与其他制氢技术耦合

化石燃料和生物质都可以通过蒸汽重整或汽化转化为 H_2 和 CO。煤制氢技术是煤清洁利用的重要途径之一，主要包括煤气化、煤焦化和煤的超临界水气化三种工艺。煤气化制氢目前成本最低，但存在大量碳排放，严重污染环境。若耦合 CCS 技术捕集 CO_2 实现清洁化制氢，成本会显著上升。超临界水气化制氢技术环保性好，在我国已进入示范工程阶段。考虑到我国现有资源禀赋特点以及可再生能源发展现状，煤制氢依然会是我国近期的主要氢气来源。随着 CCS 和超临界水气化技术不断成熟，"煤气化＋CCS"和"超临界水煤气化制氢"有望成为近期成本较低、环保性较好的制氢技术。

德国在 20 世纪 70 年代曾实施过 PNP 计划（prototype nuclear process heat），该计划涵盖了基于德国煤炭与核电结合的能源系统的发展、设计和建设，包括输出温度 950℃的核热生产系统、中间回路、热提取、煤气化过程与核交通。与常规工艺相比，核热与蒸汽重整或煤气化系统耦合是实现化石燃料转化为精制产品经济的手段，可以节省大约 35％的化石燃料原料，并可以在后续的过程中得到较高价值的产品，例如氢、氨、甲醇和其他液态燃料。

生物质是种类多样、来源广泛的可再生能源，可通过热解制氢，也可以通过厌氧发酵产生富含甲烷的气体，再经过重整制氢。生物质中氢含量一般为 6％～7％。

碳氢化合物与生物质转化制氢都需要吸收大量能量，如果对反应堆的高温热进行梯级利用，实现制氢、发电和供热，则可在实现核能高效利用的同时，减少碳氢化合物与生物质制氢过程中的碳排放。

5.2.6.2　水辐射分解

不同类型的电离辐射（α、β、γ）与水的相互作用也可以产生分子氢。目前在工业领域中已有辐射应用，如辐照灭菌、食物辐照、辐射治疗、聚合物生产、水资源修复等。图 5-10 给出了水分子辐照分解示意图。如图所示，水分子通过激发和电离发生分解；电离形成 H_2O^+ 阳离子和电子，阳离子与周围的水分子反应形成氢氧自由基·OH；部分激发的水分子分解形成氢自由基、氧自由基或氢分子和氧原子，因此水辐照分解的产物包括 e_{aq}、H、OH、H_3O^+、H_2 和 H_2O_2 等。这些产物中的自由基、电子、氢原子等都具有较高活性，可继续发生反应，最后产物主要为 H_2 和 H_2O_2。

水辐照分解反应的氢气产额较低，每吸收 100eV 的辐射能量，会有约 4.1 个水分子分解，有 0.41 个氢分子产生。这主要是由于辐照形成的物种的快速复合，造成水的净分解产率较低，分子产物只能积累到一个较低的平衡浓度。如果可以形成防止辐射降解物种快速复合或促进化学平衡的物理条件，或存在储存能量的杂质，则氢气的净产率可以大幅提高。

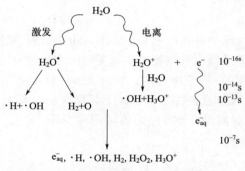

图 5-10　水分子辐照分解过程示意图

由于辐射的控制、防护、有效利用都有很多困难，而且目前以铀为主的核燃料中铀只有 α 放射性，能量很低，利用价值不高。其他放射源（如钴源）γ 射线虽然能量相对较高，但用于分解水也相对较弱；例如 γ 射线辐射纯水，分子产物浓度只有 $10^{-6} \sim 10^{-5} \, mol/L$。综上可见，利用核辐射分解水能很难实现有效制氢。

5.3　用于制氢的核能系统

5.3.1　商用核电技术

核能制氢技术利用核反应堆产生核能作为一次能源。按照国际原子能机构的数据，到2021 年为止，全世界共有 437 座商用反应堆在投入运行，总装机 389.5GWe。表 5-1 给出了目前商用堆的类型、数量、所用燃料类型及发电量。

表 5-1　目前世界商用反应堆概况

反应堆类型	数量	燃料	装机功率/GW
加压轻水慢化轻水冷却堆（PWR）	303	浓缩 UO_2	288.167
沸腾轻水冷却轻水慢化反应堆（BWR）	61	浓缩 UO	61.849
加压重水慢化重水冷却反应堆（PHWR）	47	天然 UO_2	24.314
CO_2 气体冷却石墨慢化堆（GCR）	11	天然 UO_2	6.145
轻水冷却石墨慢化反应堆（LWGR）	11	浓缩 UO_2	7.433
快中子增殖液态钠冷反应堆（FBR）	3	浓缩 UO	1.4
高温气冷反应堆（HTGR）	1	浓缩 UO_2	0.2
合计	437	—	389.508

第四代核能系统提出钠冷快堆、气冷快堆、铅冷快堆、熔盐堆、超临界水堆、超/高温气冷堆等六种堆型作为将来发展的堆型；除了经济性、安全性、可持续性等目标外，希望能有效拓展核能在非发电领域的应用，尤其是制氢。

5.3.2　核能制氢对反应堆的要求

除了核能本身要求的安全性、经济性能要求外，利用核能制氢对反应堆还有以下几个方面的要求：

① 最高出口温度：蒸汽重整、高温电解和热化学循环分解水制氢的过程最高温度范围分别为 500～900℃、700～900℃、750～900℃；要提高制氢效率，希望温度尽可能高。因此，需要反应堆的最高输出温度能够和制氢过程的最高温度相匹配。

② 输出热的温度范围：在制氢过程中所有涉及的高温化学反应都是分解反应，在近似恒温下操作。因此要求温度波动范围很小，使反应过程波动尽可能小。

③ 反应堆功率：典型的核能应用的反应堆功率为 100～1000MW（e），可以很好地适应制氢过程和设施的规模。

④ 压力：涉及的化学反应可在较低压力下完成。高压不利于所需反应的完成。制氢过程与核能输送的接口也应该是低压氛围，以降低化学过程由高压带来的危险，并降低对高温材料的强度要求。

⑤ 隔离：核设施与化学设施应该分离开，以使一个设施中出现的扰动不至于影响另外一个。应使氚产生量尽可能小，并防止其进入制氢设施。

无论甲烷蒸汽重整、高温电解，还是热化学循环分解水制氢，对反应堆的要求都是相似的。

考虑到以上制氢过程对反应堆堆型的要求，可以对现有的反应堆体系进行改进，也可以研究发展新的反应堆体系用于制氢。美国 Sandia 国家实验室评估了可能适合于热化学分解水反应制氢的反应堆，评估的类型包括压水冷却、沸水冷却、有机冷却、碱金属冷却、重金属冷却、气体冷却、融盐冷却、液核和气核等。评价认为，氦气冷却堆，重金属（铅-铋）冷却堆和熔盐冷却堆适合于核能制氢。

图 5-11 示意了不同的工业过程需要的温度范围以及不同类型的反应堆可提供的热源的温度。要达到较高的效率，就需要较高的温度。而在提供核热的反应堆中，只有高温气冷堆（HTGR）和超高温堆（VHTR）可以提供高达 850℃甚至更高的温度，满足核能高温工艺制氢的要求。

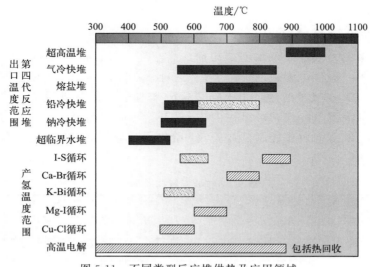

图 5-11 不同类型反应堆供热及应用领域

在目前研究的堆型中，只有氦气冷却的高温反应堆可以提供足够高的温度，来驱动制氢体系。高温气冷堆使用高压氦气做冷却剂，可用于发电；但在高温堆发展初期，就考虑了未来将其用于高温制氢过程，主要是因为它具有以下优点：

① 高温陶瓷包覆燃料具有很高的安全性；

② 可允许的冷却剂温度高，可达 850～950℃。最高出口温度有望达到 950℃，可以很好地与热化学循环过程的最高温度相匹配；

③ 可以与气体透平耦合发电，效率达 48%；

④ 与热化学水分解循环过程耦合，制氢效率可以达 50%。

由于这些特点，高温气冷堆被一致认为是最适合核能制氢的堆型；当然也可以考虑研究新的堆型专门满足制氢的需要，如美国提出的先进高温反应堆（AHTR），可采用液态金属冷却或者气体冷却。

我国在国家 863 计划支持下，已建成 10MW 高温气冷试验堆（HTR-10）并实现满功率运行（图 5-12）。在国家科技重大专项支持下，我国建成了高温堆示范电站，并于 2022 年达到初始满功率运行。对核能制氢技术的研发，既有利于保持我国高温气冷堆技术的国际领先优势，也为未来氢气的大规模供应提供了一种有效的解决方案，同时可为高温堆工艺热应用开辟新的用途，对于实现我国未来的能源战略转变具有重大意义。

图 5-12   我国建成的 10MW 高温气冷试验堆

5.3.3   核氢系统耦合及经济性

目前运行最多的轻水堆或重水堆冷却剂最高温度一般都低于 350℃，若要实现制氢，只能通过低温电解（碱性电解或 PEM 电解）进行。在此情形下，主要考虑经济性和安全性问题，几乎没有其他技术问题，也不需要额外增加过多的基础设施。使用其他冷却的第四代反应堆，如高温气冷堆，可以提供 750℃ 甚至更高的高温工艺热，可通过热化学过程或高温电解工艺实现高效核能制氢。表 5-2 给出了适应不同反应堆的制氢工艺的一些特性比较。

表 5-2   核能制氢技术路线

特性	电解		热化学	
	常规	高温电解	SMR	水分解
所需温度			>700℃	
过程效率	75%～80%	85%～95%	70%～80%	>45%（跟温度相关）
与 LWR 耦合的制氢效率	约 27%	约 30%	不适用	不适用
与高温反应堆耦合的制氢效率	30%～32%	40%～60%（跟温度相关）	>70%	40%～60%（跟温度相关）

续表

特性	电解		热化学	
	常规	高温电解	SMR	水分解
优点	成熟技术,可直接利用 LWR 核电消除 CO_2 排放	高效,灵活,可与中高温出口温度的反应堆耦合消除 CO_2 排放	成熟技术减少约 30% CO_2 排放	高效消除 CO_2 排放
缺点	效率较低	需要高温热源,需要开发耐久性好的 HTSE 单元	未完全消除 CO_2 排放经济性和甲烷价格相关	过程较复杂技术成熟度不够

由于压水堆发电-电解制氢不产生耦合方面的技术问题,所以后续耦合与安全性讨论主要针对利用高温反应堆的热和/或电实现制氢的方案展开。

5.4　耦合技术与安全问题

5.4.1　核反应堆与制氢厂耦合方案

制氢系统与反应堆的耦合在设计理念、安全及操作方面会产生一些新的考虑和需求。首先,为有效利用反应堆的热,制氢厂与反应堆不能相距太远,以免热损过大降低整体效率。其次,为不改变核系统的安全特性,需要保证制氢系统的任何潜在风险都能被反应堆安全分析所涵盖;为此需要实现核设施和制氢设施热传递方面的物理隔离,以确保两者之间的相对独立。这些要求对不同的制氢工艺都是统一的。针对不同的制氢工艺,在耦合技术方面还有特殊考虑和要求。图 5-13 为高温反应堆与热化学碘硫循环制氢厂耦合的概念示意图。

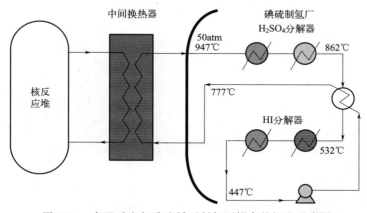

图 5-13　高温反应与碘硫循环制氢厂耦合的概念示意图

以高温气冷堆为例,核反应产生的热利用氦气带出,供给制氢系统。按照有关法规和安全性的要求,反应堆一回路的热不能直接用于制氢过程,需要通过含有中间换热器(IHX)的换热回路(简称为二回路)供给。反应堆出来的高温氦气在 IHX 中将热传给二回路中的氦气,降低温度后返回反应堆继续加热。二回路的高温氦气依次通过并把热量传递给硫酸分解器、氢碘酸分解器、蒸发器之后,在 IHX 中继续取热循环。通过这种方式,实现利用反应堆的热分解水制氢的目的。

具体的设计方案取决于反应堆类型、能量转换系统及制氢技术。高温气冷堆出口温度可达 950℃，高温工艺热的梯级利用可实现产氢、发电、供热多重功能，在总热利用效率、经济性、应用场景等方面都将具有明显优势。

5.4.2　系统安全 [3]

核氢厂（核能制氢工厂）既有核设施又生产氢，安全问题至关重要，因此必须及早考虑。

对未来的核氢系统的安全管理的目标是确保公众健康与安全并保护环境。涉及核反应堆和制氢设施耦合的安全问题有 3 类：①制氢厂发生的事故和造成的释放。要考虑在事故状态下造成的氢气或化学物质释放对核设施的系统、结构和部件造成的伤害，包括爆炸形成的冲击波、火灾、化学品腐蚀等，核设施的运行人员也可能面临这些威胁。②热交换系统中的事件和失效。核氢耦合的特点就是利用连接反应堆一回路冷却剂和制氢工艺设施的 IHX，其失效可能为放射性物质的释放提供通道，或者使中间回路的流体进入堆芯。③核设施中发生的事件会影响制氢厂，并有可能形成放射性释放的途径。反应堆运行时产生的氚有可能通过热交换器迁移，形成进入制氢厂的途径，包括进入产品氢。因此核氢设施的设计要考虑的问题包括核反应堆与制氢厂的安全布置、核反应堆与制氢厂的耦合界面、中间热交换器安全设计、核反应堆与制氢厂的运行匹配以及氚的风险等。

在核氢厂的概念设计中，对反应堆和制氢厂的实体采取了充分隔离的措施，以消除制氢厂可能发生的爆炸和化学泄漏对反应堆造成伤害，同时也保证制氢厂的放射性水平足够低，从而使制氢厂归于非核系统。氢的同位素氕（H）、氘（D）和氚（T）原则上能够通过金属渗透，需要对氢进入一回路及堆芯中的氚进入二回路进行评价，参考民用燃气（如天然气）国家标准中对放射性的许可标准确定是否需要进行必要处理。图 5-14（另见书后彩图）是反应堆经碘硫循环制氢的核氢设施的一种安全布置。

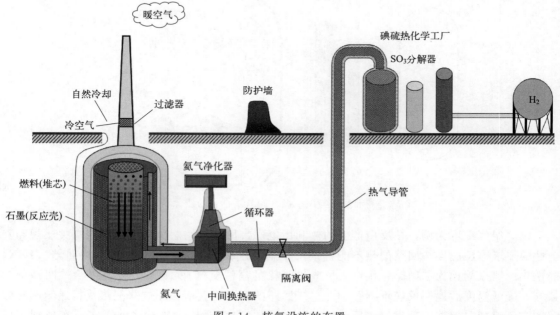

图 5-14　核氢设施的布置

5.4.3　经济性初步评价

5.4.2.1　经济性评价工具

核能制氢技术能否实现商业利用，不仅取决于技术本身的发展，还取决于所能实现的制氢效率和生产的氢的价格能否被市场所接受。正因为如此，尽管核能制氢技术还处在发展的前期，但其未来的可能实现的制氢价格受到广泛的关注。目前，美国、法国等大力发展核能制氢技术的国家和国际原子能机构（IAEA）都开展了核氢经济性的研究。

IAEA 开发了氢经济性评估程序（HEEP），要通过评估给出产品氢的平准化成本。HEEP 软件进行经济计算的原理是基于现金流量贴现法。核电厂的运行寿命一般较长，通常为 40 年左右，而收益和支出在不同的时间点发生，因此有必要考虑资金的时间价值，规定贴现率，将不同时期发生的收益和支出相对于指定参考年进行现金流量的贴现。从现在起第 i 年发生的收入或支出终值 FV 与现值 PV 之间的计算关系如下，其中 d 代表贴现率。

$$PV = \frac{FV}{(1+d)^i}$$

HEEP 软件在计算时采用氢气平准化成本的概念，平准化成本是一个统一不变的价格，在核电厂和制氢厂运行的整个寿期内，以此价格出售氢气，获得的收益现值与所有支出的现值相等。当出售氢气的价格高于平准化成本时，则可以获取利润。因此计算出的氢气平准化成本越低，盈利空间越大，该方案的经济性越好。

当核电厂既提供热能也提供电能时，若总支出为 C_2，产生热能为 E_2，产生电能为 W_e，产生每千瓦热的支出为 C，则单位电能成本计算为：

$$C_{ele} = \frac{C_2 - E_2 C}{W_e}$$

HEEP 计算出核电厂的单位热能成本与单位电能成本后，基于制氢厂的耗热或耗电量计算核电厂提供给制氢厂的输入能量成本。HEEP 输入的经济参数还有税率、借款利率、资产负债比等。

HEEP 程序的计算既包括成熟技术蒸汽重整和低温电解，也包括正在发展的新技术——热化学循环（S-I、HyS、Cu-Cl 等）。与制氢厂耦合的反应堆包括 PWR-PHWR（较低温度）、SCWR（中温度）和 VHTR-FBR-MSR（高温）。目前 HEEP 主要用于评估核能制氢成本，未来拟将其他制氢方法也纳入其中，并将氢的储存、输送与分配价格，与核氢安全问题相关的费用也包括在 HEEP 中。

5.4.2.2　不同机构的经济性初步评价结果

美国能源部的核氢创新计划中开展了核氢经济分析，对制氢工艺的费用进行评估，以作为决定工艺示范次序和进一步决策的依据，了解相关费用和风险作为研发资源分配的依据，对相关的市场问题和风险进行评价。

选择热化学碘硫循环、高温蒸汽电解和混合硫循环（HyS）进行评估，以确定的制氢工艺投资和运行费用作为输入条件，经过计算得到氢经济评价的数据。得到的氢的价格范围是3.00～3.50 美元/kg，评估结果列于表 5-3。

表 5-3   NHI 经济分析 2007 年评估结果

制氢工艺	制氢效率/%	氢销售价格/(美元/kgH₂)
碘硫循环		
HI 部分采用萃取精馏	40	3.41
HI 部分采用反应精馏	39	3.05
高温电解（HTSE）	44	3.22
混合硫循环（HyS）	43	2.94

2008 年又组织西屋、PBMR 和 Shaw 公司进行评估，由 Shaw 公司领导。在评估中，反应堆系统采用高温气冷堆（HTGR），假设核供热系统（NHSS）产热 550MW，输送 910℃的氦给工艺耦合热交换器，返回 NHSS 的氦气的温度是 275～350℃。一座反应堆配置一个制氢厂，制氢厂的规模考虑目前石化工业的需求，大约为 175000m³/h（标准状况）。如果制氢厂采用高温电解工艺，则 HTGR 除了为制氢厂供热之外，多余的热采用 Rankine 循环和蒸汽透平发电，所发的电供电解使用，多余电力上网。核热的价格输入为 30 美元/(MW·h)，核电的输入价格为 75 美元/(MW·h)。2008 年得到的评估结果列于表 5-4。

表 5-4   NHI 经济分析 2008 年评估结果

制氢工艺	制氢效率/%	氢销售价格/(美元/kgH₂)
碘硫循环		
HI 部分：反应精馏	42	3.57
高温电解（HTSE）	37	3.85
混合硫循环（HyS）	38	4.40

IAEA 组织 10 多个国家的科学家用 HEEP 对核能制氢成本进行了评价，比较的基准案例包括不同规模的压水堆发电常规电解制氢（案例 3）、高温气冷堆耦合碘硫循环制氢（案例 4）、高温堆耦合高温电解制氢（案例 5）。并与美国开发的 H2A 程序的评估结果进行了比较，结果列于表 5-5。

表 5-5   IAEA 组织的核能制氢成本评估结果

基准案例	HEEP 结果/(美元/kgH₂)	H2A 评估结果/(美元/kgH₂)
案例 1	5.44	5.32
案例 2	4.13	4.03
案例 3	3.48	3.39
案例 4	2.54	2.21
案例 5	2.97	2.53

目前的评估存在的主要问题是新技术的流程和模拟模型的不确定性，此外还有工艺性能的稳定性以及设备维修和更换费用等问题，因此与其他制氢技术的经济性进行直接比较还有一些困难，另外核热和核电的价格目前也是不确定的，因为还没有建成商业运行的高温气冷堆。

5.5   核能制氢研发国内外进展[4]

由于核能制氢具有显著的独特优势，可实现无碳排放的大规模氢气制备，受到许多国家的广泛重视。从 20 世纪 70 年代至今，美国、日本、韩国、加拿大、中国等都开展了相关研究。

5.5.1　美国

进入 21 世纪美国重新重视并开展核能制氢研究，在出台的一系列氢能发展计划，如国家氢能技术路线图、氢燃料计划、核氢启动计划，以及下一代核电站计划（NGNP）中都包含核能制氢相关内容。研发集中在由先进核系统驱动的高温水分解技术及相关基础科学，包括碘硫循环［图 5-15（另见书后彩图）］、混合硫循环和高温电解。美国由通用原子公司（GA）最先提出的碘硫循环被认为是最有希望实现工业应用的核能制氢流程。碘硫循环的研究由 GA、桑迪亚国家实验室和法国原子能委员会合作进行，在 2009 年建成了工程材料制造的小型台架并进行了实验。混合硫循环由萨凡纳河国家实验室和一些大学联合开发，研发成功了 SO_2 去极化电解装置。高温蒸汽电解［图 5-16（另见书后彩图）］主要在 Idaho 国家实验室进行，开发了 10 千瓦级电解堆并在高温电解设施上进行了考验。

图 5-15　美国和法国合作建立的板块式碘硫循环台架

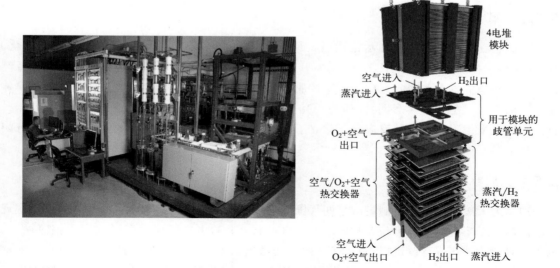

图 5-16　美国 Idaho 国家实验室高温蒸汽电解制氢设施

5.5.2　日本

日本对高温气冷堆和核能制氢的研究非常活跃，20世纪80年代至今日本原子力机构（JAEA）一直在进行高温气冷堆和碘硫循环制氢的研究。开发的30MW高温气冷试验堆（HTTR）反应堆出口温度在2004年提高到950℃，重点应用领域为核能制氢和氦气透平。JAEA先后建成了碘硫循环原理验证台架［图5-17（另见书后彩图）］和实验室规模台架，实现了过程连续运行。目前正在进行碘硫循环的过程工程研究，主要进行材料和组件开发，建立用工程材料制造的组件和单元回路，考察设备的可制造性和在苛刻环境中的性能；并研究提高过程效率的强化技术；同时进行了过程的动态模拟、核氢安全等多方面研究。后续计划利用HTTR对核氢技术进行示范，同时JAEA还在进行多功能商用高温堆示范设计，用于制氢、发电和海水淡化。此外进行了核氢炼钢的应用可行性研究。

图 5-17　日本建成的碘硫循环台架

5.5.3　韩国

韩国正在进行核氢研发和示范项目，最终目标是在2030年以后实现核氢技术商业化。从2004年起韩国开始执行NHDD（核氢开发与示范）计划，确定了利用高温气冷堆进行经济、高效制氢的技术路线，完成了商用核能制氢厂的前期概念设计。核氢工艺主要选择碘硫循环（图5-18，另见书后彩图）。相关研究由韩国原子能研究院负责，多家研究机构参与。目前在研发采用工程材料的反应器，建立了产氢率50L/h（标准状况）的回路，正在进行闭合循环实验。

5.5.4　加拿大

加拿大天然资源委员会制定的第四代国家计划中要发展超临界水堆，其用途之一是实现制氢。制氢工艺主要选择可与超临界水堆（SCWR）最高出口温度相匹配的中温铜氯循环，也正在对碘硫循环进行改进以适应SCWR的较低出口温度，由安大略理工大学负责，加拿大国家核实验室（CNL）、美国阿贡国家实验室等机构参与。此外，CNL也在开展HTSE的模型建立及电解的初步工作。

第2单元(5bar)　　　　第1单元　　　　第3单元(5bar)

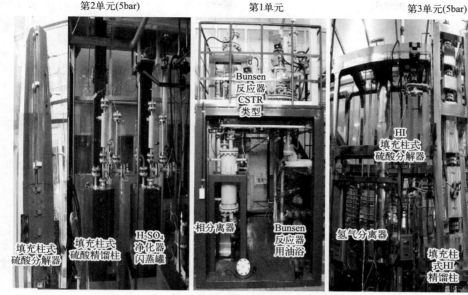

图 5-18　韩国碘硫循环台架

1bar=0.1MPa

5.5.5　中国[5]

我国核能制氢的起步于"十一五"初期,对核能制氢的两种主要工艺——碘硫热化学循环分解水制氢和高温蒸汽电解制氢进行了基础研究,建成了两种工艺的原理验证设施并进行了初步运行试验,验证了工艺可行性。

"十二五"期间,国家科技重大专项"先进压水堆与高温气冷堆核电站"中设置了前瞻性研究课题——高温堆制氢工艺关键技术,并在"高温气冷堆重大专项总体实施方案"中提出开展氦气透平直接循环发电及高温堆制氢等技术研究,为发展第四代核电技术奠定基础。主要目标是掌握碘硫循环和高温蒸汽电解的工艺关键技术,建成集成实验室规模碘硫循环台架(图 5-19,另见书后彩图),实现闭合连续运行;同时建成高温电解设施并进行电解实验。

清华大学核研院对碘硫循环的化学反应和分离过程进行了系统研究,包括多相反应动力

图 5-19　清华大学建成的集成实验室规模碘硫循环台架

学、相平衡、催化剂、电解渗析、反应精馏等多领域；同时解决了循环闭合运行涉及过程模拟与优化，强腐蚀性、高密度浆料输送，在线测量与控制等多方面工程难题；在工艺关键技术方面取得了多项成果，包括如下几项。

① 建立了碘硫循环涉及的主要物种的四元体系的四面体相图，提出相态判据，建立了组成预测模型，并开发为相态判断的软件，可为循环闭合操作时的相态及组成预测提供指导。

② 开发了可在高温、强腐蚀环境下使用的高性能硫酸和氢碘酸分解催化剂，可实现两种酸的高效分解，且催化剂在100h寿命试验中性能无明显衰减。

③ 开发了用于氢碘酸浓缩的电解渗析堆及物性预测、传质、操作电压计算的模型与软件，可成功用于解决氢碘酸浓缩的难题。

④ 建立了碘硫循环全流程模拟模型并开发为过程稳态模拟软件，并经过实验验证了可靠性（图5-20）；该软件可用于进行碘硫循环流程设计优化与效率评估。

⑤ 建成了产氢能力100NL/h的集成实验室规模台架，提出了关于系统开停车、稳态运行、典型故障排除等多方面的运行策略，并成功实现了计划的产氢率60NL/h、60h连续稳定运行，证实了碘硫循环制氢技术的工艺可靠性。

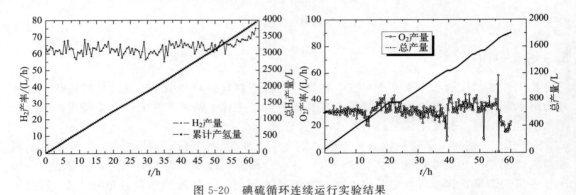

图5-20　碘硫循环连续运行实验结果

"十三五"期间，主要开展了用氦气加热的碘硫循环的关键设备硫酸分解器和氢碘酸分解器的样机研制，并建立高温氦气回路模拟高温气冷堆供热，进行设备样机的性能研究与验证。之后将开展中试规模热化学循环制氢示范。

水蒸气高温电解是另一项有希望用于核能制氢的制氢工艺，具有过程简单、高效的优点（参见图5-21，另见书后彩图）。固体氧化物电解池（SOEC）电堆是高温电解制氢技术的核心装置，由陶瓷电解池片、金属密封框、双极板、集流网、底板、顶板等多个组件构成；各个组件的材料组成、化学、物理及力学性能各异；且工作环境为高温（830℃）、高湿（水蒸气含量＞70％）的苛刻条件。在对高温水蒸气电解特性深入研究的基础上，采用了创新性电堆结构设计、结合关键材料筛选、运行工艺摸索，解决了电堆组件热膨胀系数匹配、电堆密封、电堆电性能改进、电堆机械定位等多项技术难题，成功设计和制备出性能优良的电解堆。还完成了实验室规模的高温水蒸气电解制氢实验系统的设计、建造和运行调试。解决了水蒸气稳定供应和精准控制等难题，建立了可实现高温电解长期稳定运行的运行程序。在该测试平台上成功实现了10片电堆（电池片面积10cm×10cm）的高效连续稳定运行，系统运行时间115h，稳定产氢60h，产氢速率105L/h。研发的电堆可以满足高温蒸汽电解高温、高湿环境的苛刻要求，电池堆结构设计具有创新性和技术可靠性，测试系统运行正常、过程控制稳定。

图 5-21　高温蒸汽电解实验设施

5.5.6　国际组织

核能制氢的国际合作也比较活跃。第四代核能系统论坛中的高温堆系统设置了制氢项目管理部，定期召开会议讨论研发进展和问题，目前清华大学作为我国代表全面参与高温堆系统及各项目部的活动。国际原子能机构设置了核能制氢经济性相关的协调项目，有 10 多个国家共同参与进行核能制氢技术经济的评价；清华大学核研院也成功申请该课题资助并全面参与相关研究。

5.6　核能制氢的综合应用前景

5.6.1　核能制氢-氢冶金

氢冶金就是在还原冶炼过程中主要使用氢气作为还原剂。在用氢气进行铁氧化物的气-固还原反应时，产物主要是金属铁和水蒸气；还原后尾气对环境没有不利影响，可以明显减轻排放。

氢直接还原工艺的主要反应为：

$$Fe_2O_3（矿石）+3H_2 \longrightarrow 2Fe+3H_2O$$

法国提出的氢气直接还原炼铁原理示意图如图 5-22 所示。

利用氢气直接还原具有以下优点：

① 氢冶金可以得到直接还原铁，由于其产品纯净、质量稳定、冶金特性优良等优点，成为生产优质钢、纯净钢不可缺少的原料，是国际钢铁市场最紧俏的商品之一，国内需求非常旺盛，市场容量大；

② 与现有高炉炼铁技术相比能减少 80% 的 CO_2 排放；

③ 由于氢气分子小，比 CO 分子更容易渗透到铁矿石粉内部，渗透速率约是 CO 气体的 5 倍，因此用氢气作还原剂理论上可以显著提高还原速率。

因此所用设备与碳或 CO 还原相比，设备尺寸可以大幅减小。

氢冶金技术也存在诸多挑战。与碳还原相比，氢气还原反应为吸热反应，如果氢气含量增加，则高炉内供热量不足，需要补充热量。氢气的成本也是制约氢冶金经济性的重要因

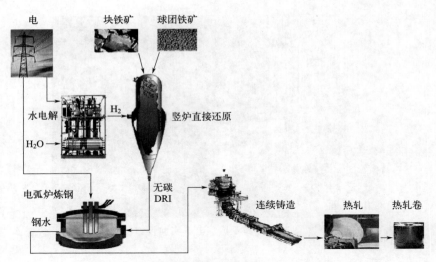

图 5-22   氢气直接还原炼铁示意图（另见书后彩图）

素；另外如果氢气仍然以传统的化石燃料转化或火电电解制备，则 CO_2 排放的问题仍然难以解决。

高温气冷堆核能制氢技术的发展为氢冶金发展提供了一种备选方案。与其他制氢方式相比，核能制氢可实现氢气的高效、大规模、无排放的制备；高温气冷堆联产方案可以同时提供氢冶金技术所需的热、电、氢、氧等能源和材料，可实现核能的高效综合利用。图 5-23 给出了高温堆制氢-炼钢工艺的原理示意图。

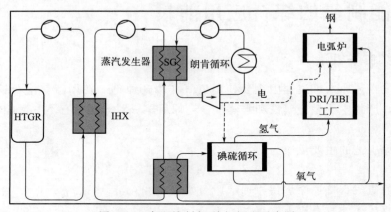

图 5-23   高温堆制氢-炼钢概念示意图

对高温堆制氢及在氢冶金中应用进行研究的机构主要是日本原子力机构；此外韩国原子能研究院、南非西北大学、我国清华大学核研院等机构也进行了一些概念研究。

JAEA 多年来一直在进行高温气冷堆技术的开发。除反应堆技术外，在核能制氢方面进行了大量研究，近年来在核氢炼钢应用可行性方面进行了深入研究。利用其设计的 GTHTR300C 核电厂（300MWe 热电联产高温气冷堆）进行与炼钢系统的匹配，目标是由 GTHTR300C 生产核裂变能供热和供电、利用热化学过程制备氢和氧，用于铁矿石的吸热还原及钢的精炼，从而可为炼钢厂提供除铁矿石外的所有材料，不再需要利用碳氢化物作反应剂和燃料，因而不产生和排放副产物 CO_2。研究选择了每个生产环节的适用技术，进行了系统的优化布置，为了降低风险和能在近期实现利用，在设计中采用了现有材料和设备技术。

JAEA 基于日本的情况对核氢炼钢进行了初步的经济性评价。2000~2010 年，钢的 10 年平均价为 670 美元/t（焦炭高炉工艺）和 675 美元/t（天然气还原法），虽然氢还原炼钢还没有实现商业化，但可从所报道的直接还原炼钢的价格进行推算，将天然气的供应价格及重整器的投资费用核氢的价格代替，再减去碳固存费用即可。所得结果表示为氢价的函数，并与常规的过程进行比较见图 5-24。

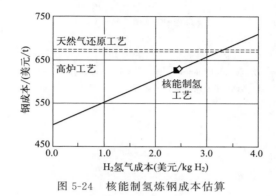

图 5-24　核能制氢炼钢成本估算

估算得到的核氢价格为 2.45 美元/kg，氢还原的核能炼钢价格为：628 美元/t，可以与常规工艺相竞争。

研究表明 GTHTR300C 核炼钢系统适合近期利用，在这个系统中，由核电厂提供炼钢厂除了铁矿石之外的所有消耗，通过高温核反应堆的有效联产和原料气的有效热化学生产，预期系统具有良好的经济性。由于系统的安全特性，特别是核安全特性，可以不采取主动措施就能应对任何事故，因此可以将核电厂与炼钢厂同地建设（但分开运行），系统的发展只要求将可用技术进行深度研发。系统的生产参数见表 5-6，将核反应堆单元单独列出。

表 5-6　JAEA 核能制氢厂主要参数

工厂参数	数值
反应堆功率	600MWt
冷却剂出口温度	950℃
冷却剂压力	5.2MPa
透平入口温度	750℃
产热	343MWt（900℃）
发电	103MWe
氢产量	109t/d
氧产量	807t/d
钢产量	62.8 万吨/年
钢价格	628 美元/t
CO_2 排放	13.8kg/t

与常规工艺相比，炼钢费用具有竞争性。最重要的优势是过程 CO_2 排放降低到仅为现有排放水平的大约 1%。

5.6.2   其他

除氢冶金行业外，以核能制氢为主的高温堆氢、电、热综合供应在煤液化、石油精炼、生物质精炼等领域也有良好的应用前景，可大规模减少这些行业对化石资源的使用和相应带来的 CO_2 排放，为实现"双碳"战略目标提供技术支撑。

参 考 文 献

[1]   张平，于波，陈靖，等．热化学循环分解水制氢研究进展 [J]．化学进展，2005，17（04）：643-650.

[2]   张平，于波，张磊．铁酸铜在形成氧缺位体过程中的失氧机理 [J]．中国科学，2008，38（7）：624-630.

[3]   张平，于波，徐景明．核能制氢技术的发展 [J]．核化学与放射化学，2011，33（4）：193-203.

[4]   张平，徐景明，石磊，等．中国高温气冷堆制氢发展战略研究 [J]．中国工程科学，2019，21（1）：20-28.

[5]   Zhang P，Wang L J，Chen S Z，et al. Progress of nuclear hydrogen production through the iodine-sulfur process in China [J]. Renewable and Sustainable Energy Reviews，2018，81：1802-1812.

H_2

第 **6** 章
废水生物产氢

6.1　概述

　　废水的来源主要包括生活污水、工业废水和雨水。其中，生活污水和雨水通常直接排放进入生活污水处理厂，而工业废水受到不同生产原料、生产工艺和产品的影响，废水的性质差异较大，往往需要经过特定的处理后排放。统计发现，全球废水的产生量在逐年增加。目前，全球的废水产生量约为 3800 亿立方米/年。预计到 2050 年，全球废水产生量将超过 5700 亿立方米/年[1]。随着我国经济水平和城镇化水平的提升，废水的排放量和处理量持续增加。截止到 2020 年，我国废水排放量已达到 571.4 亿立方米/年，随着废水处理率和处理标准的提高，废水处理量仍有很大的增量空间。

　　传统的废水处理主要专注于废水中污染物的去除。然而，高浓度有机废水的处理工艺复杂，能耗大。在"双碳"背景下，高能耗的废水处理行业开始积极谋求低碳转型之路。除了发展废水处理的降耗降本技术，废水的资源化与能源化技术近年来受到了广泛关注。通过微生物代谢从废水中回收燃料和化学品，具有反应条件温和、反应装置简单、环境效益高等优点，是实现废水低碳资源化的优选方案。

　　已有研究探索了废水制备多种生物燃料和化学品，如氢气、甲烷、聚羟基脂肪酸（PHA）等[2]。其中，氢气不仅是一种重要的化工原料，在能源领域也极具应用潜力。作为唯一的无碳能源，氢气具有能量密度高（142kJ/g）、燃烧热值高、燃烧产物清洁等优点，是一种理想的能源载体和燃料。利用废水生物产氢，可以实现废水处理和清洁能源生产的双重效益。

6.2　废水生物产氢技术

　　生物产氢是指通过微生物的新陈代谢来生产氢气的方法。基于反应类型和能量来源的不同，生物产氢方法可以分为生物光解产氢、生物发酵产氢和生物电解产氢（图 6-1）。其中，生物光解和光发酵均依赖于太阳能，反应器结构相对复杂，且难以在自然条件下实现连续产氢。此外，由于微生物光合作用产生氧气，会破坏产氢所需的厌氧条件，两种生物过程的互相抑制导致系统得到的产氢速率往往较低。生物电解是近年来发展的一种产氢方法，但由于产电菌种类、电极材料等限制，该技术运行成本较高，还有待进一步的研究。与之相比，暗发酵产氢能够以有机物为唯一能量来源，不依赖光源或电源，反应器结构简单，操作方便，产氢效率较高，是目前最接近实际应用的生物产氢技术[3]。

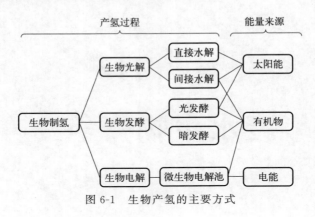

图 6-1　生物产氢的主要方式

6.2.1　暗发酵产氢

暗发酵技术在甲烷生产中得到了广泛的研究和应用，实现了有机废物处理和燃料生产的双重效益。暗发酵过程中，有机质首先通过水解反应，将大分子物质如多糖、蛋白质和脂质分解成小分子有机物如单糖、氨基酸和脂肪酸，再进一步通过酸化作用将小分子有机物转化为挥发性脂肪酸和氢气，挥发性脂肪酸和氢气在产甲烷菌的作用下，进一步转化生成甲烷。

20 世纪 70 年代，Karube 等首次报道了暗发酵产氢[4]。研究发现，通过抑制发酵体系内甲烷菌的活性，将有机物的转化过程停留在酸化产氢阶段，即可以将传统的暗发酵制甲烷系统变成暗发酵产氢系统（如图 6-2）。

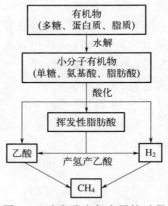

图 6-2　暗发酵产氢产甲烷过程

6.2.1.1　暗发酵产氢的微生物代谢途径

微生物暗发酵产氢的主要代谢途径如图 6-3 所示。从图中可以看出，暗发酵产氢代谢与丙酮酸的代谢密切相关，多种有机物均需要首先转化为丙酮酸，才能进一步分解生成氢气。

多糖是产氢的主要底物来源，其中以己糖最为常见。反应过程中，己糖通过糖酵解途径

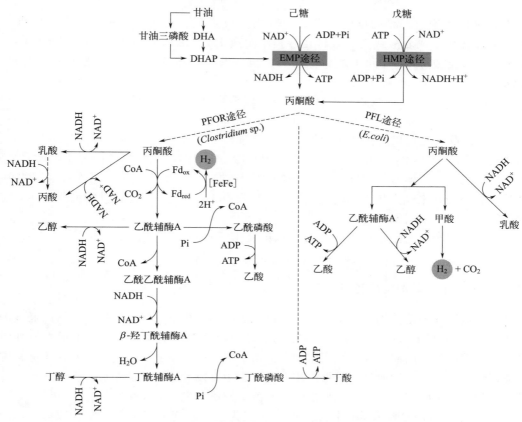

图 6-3　微生物暗发酵产氢的代谢途径

Pi—磷酸；Fd—铁氧还蛋白

〔又称 EMP（embden-Meyerhoff-Parnas，EMP）途径〕形成丙酮酸，同时生成三磷酸腺苷（adenosine triphosphate，ATP）和烟酰胺腺嘌呤二核苷酸（nicotinamide-adenine dinucleotide，NADH）。与己糖不同，戊糖通过己糖单磷酸途径（hexose monophophate pathway，HMP）形成丙酮酸，同时消耗三个 ATP，并将烟酰胺腺嘌呤二核苷酸（nicotinamide-adenine dinucleotide，NAD^+）还原为 NADH。可以看出，HMP 比 EMP 途径多消耗 4 个 ATP，决定了己糖比戊糖更适用于发酵产氢，且己糖的能量转化效率更高[5]。

当底物为甘油时，甘油可以通过甘油三磷酸（glycerol-3-phosphate）或二羟基丙酮（dihydroxyacetone，DHA）转化为二羟基丙酮磷酸（dihydroxyacetone phosphate，DHAP）后，进入 EMP 途径，生成丙酮酸[6]。

在后续反应中，根据反应体系内微生物群落的不同，丙酮酸主要通过两条途径进一步转化。在严格厌氧的梭菌属微生物（Clostridium sp.）中，丙酮酸通过丙酮酸铁氧还蛋白氧化还原（pyruvate ferredoxin oxidoreductase，PFOR）途径转化；而在兼性厌氧的肠杆菌属微生物（Enterobacter sp.）中，丙酮酸通过丙酮酸甲酸裂解（pyruvate formatelyase，PFL）途径转化。

在 PFOR 途径中，丙酮酸被氧化生成乙酰辅酶 A（acetyl-CoA）和 CO_2，同时释放的电子通过铁氧还蛋白（ferredoxin，Fd）转移到氢化酶，从而催化还原 H^+ 得到 H_2 分子。

$$\text{丙酮酸} + \text{辅酶 A} + 2Fd_{ox} \longrightarrow \text{乙酰辅酶 A} + 2Fd_{red} + CO_2 \qquad (6\text{-}1)$$

$$4H^+ + 2Fd_{red} \longrightarrow 2H_2 + 2Fd_{ox} \tag{6-2}$$

乙酰辅酶 A 通过一系列反应，进一步转化生成乙醇、乙酸、丁醇和丁酸。此外，丙酮酸还可以转化生成乳酸或丙酸，转化过程不生成 H_2。在 PFL 途径中，丙酮酸可以与辅酶 A 反应生成乙酰辅酶 A 和甲酸，甲酸可以进一步在甲酸裂解酶的催化作用下生成 H_2 和 CO_2。

$$\text{丙酮酸} + \text{辅酶 A} \longrightarrow \text{乙酰辅酶 A} + HCOOH \tag{6-3}$$

$$HCOOH \longrightarrow CO_2 + H_2 \tag{6-4}$$

此外，丙酮酸也可以直接转化为乳酸，转化过程不生成 H_2。

从式(6-1)、式(6-2)可见，丙酮酸通过 PFOR 途径产氢是通过 PFL 途径产氢的 2 倍，说明严格厌氧产氢微生物的产氢效率高于兼性厌氧的产氢微生物。而不管 PFOR 途径还是 PFL 途径，当液相末端产物为乳酸或丙酸时，均没有 H_2 生成。因此，乳酸型代谢和丙酸型代谢往往被认为是不利于产氢的。

除上述几种产氢途径外，NADH 也可以被氧化释放 H_2：

$$NADH + H^+ \longrightarrow H_2 + NAD^+ \tag{6-5}$$

6.2.2.2　暗发酵产氢的发酵类型

己糖向氢气的理论转化率为 12mol H_2/mol 己糖，但在暗发酵反应中，己糖向氢气的理论转化率仅为 4mol H_2/mol 己糖。这是因为在暗发酵产氢反应中，会伴随生成挥发性脂肪酸等液相末端产物。因此，挥发性脂肪酸作为暗发酵产氢的重要副产物，也被用于分析发酵和表征暗发酵产氢的代谢途径。根据液相末端产物中挥发性脂肪酸的组成和含量，可以将暗发酵产氢分为：丁酸型发酵、丙酸型发酵、乙醇型发酵和混合酸发酵[7]。

① 丁酸型发酵的液相末端产物以乙酸和丁酸为主。以葡萄糖为例，发酵过程中，葡萄糖通过糖酵解生成丙酮酸（图 6-3），丙酮酸脱羧生成 H_2、CO_2 和乙酰辅酶 A，乙酰辅酶 A 再经过一系列的反应生成丁酸、乙酸和 H_2，理论上生成丁酸与乙酸的比值为 2[如式(6-6)]。研究发现，梭状芽孢杆菌的产氢类型通常为丁酸型发酵。

$$5C_6H_{12}O_6 + 12H_2O + 2NAD^+ + 16ADP + 16Pi \longrightarrow$$
$$4[Bu] + 2[Ac] + 10HCO_3^- + 2NADH + 18H^+ + 10H_2 + 16ATP \tag{6-6}$$
$$\Delta G = -252.3kJ/mol \text{ 葡萄糖 （pH=7，} T=298.15K）$$

此外，研究还发现，丁酸型发酵过程中，生成乙酸的含量越高，对应得到的产氢效率越高。

$$C_6H_{12}O_6 + 2H_2O \longrightarrow 2CH_3COOH + 4H_2 + 2CO_2 \tag{6-7}$$

$$C_6H_{12}O_6 \longrightarrow CH_3CH_2CH_2COOH + 2H_2 + 2CO_2 \tag{6-8}$$

然而，在生物发酵中，以乙酸为唯一的液相末端产物会导致大量 $NADH + H^+$ 的积累，从而造成反应系统的 pH 迅速下降。因此，微生物常通过生成丁酸来缓解 $NADH + H^+$ 的积累。

② 丙酸型发酵的液相末端产物主要是丙酸和乙酸。丙酸型发酵过程是消耗 $NADH + H^+$ 的过程。以葡萄糖为例，乙酰辅酶 A 产乙酸生成的 $NADH + H^+$ 通过与产丙酸途径耦合再生，最终生成的乙酸和丙酸的比值为 1[如式(6-9)]。丙酸型发酵的产氢量非常小，因此，研究中常通过调节反应器运行条件来抑制丙酸型发酵。

$$C_6H_{12}O_6 + H_2O + 3ADP \longrightarrow CH_3COO^- + CH_3CH_2COO^- + HCO_3^- + 3H^+ + H_2 + 3ATP$$
$$\tag{6-9}$$

③ 乙醇型发酵的液相末端产物主要是乙醇和乙酸。乙醇型发酵也是消耗 $NADH+H^+$ 并维持其含量平衡的过程。在乙醇型发酵过程中，丙酮酸通过乙酰辅酶 A 旁路转化为乙醛，乙醛通过加氢作用，将 $NADH+H^+$ 转化为 NAD^+，同时生成乙醇和乙酸[8]。

④ 混合酸发酵的液相末端产物没有明显的特征，是多种发酵类型同时存在时的状态。混合酸发酵主要发生在混合菌群产氢系统的启动阶段，此时还没有出现明显的优势菌群。混合酸发酵并没有独立的微生物代谢理论，只是一种人为的界定，用来描述发酵过程不确定、生成产物无优势的状态。

6.2.2　光发酵产氢

光发酵产氢最早由 Benemann 等提出[9]。在光照环境中，光发酵微生物可以通过微生物的光合中心从有机碳源中得到电子，再通过电子转移链和铁氧还蛋白将电子转移到固氮酶中，还原 H^+ 得到 H_2 分子（图 6-4）[10]。

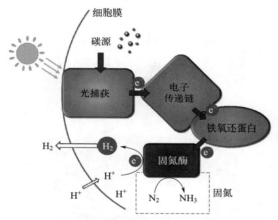

图 6-4　光发酵产氢反应示意图

光发酵产氢反应中，固氮酶的活性直接影响 H_2 的生成效率。研究发现，光照可以显著提升固氮酶的活性，从而促进 H_2 的生成。因此，可以通过控制光强来强化光发酵产氢[11]。与产氢酶类似，固氮酶对 O_2 非常敏感，因此光发酵产氢需要在厌氧条件下进行。此外，固氮酶还受到反应体系内氮元素的影响。当反应体系内存在过量的 N_2 时，会诱发 N_2 还原生成 NH_3，而 NH_3 的积累会抑制固氮酶的活性，从而抑制光发酵产氢反应。因此，低 N/C 比的有机物更利于光发酵产氢。

与暗发酵产氢相比，光发酵产氢的底物来源更加广泛。碳水化合物和小分子有机物（如挥发性脂肪酸等）均可用于光发酵产氢，且短链脂肪酸可以更有效地通过光发酵反应转化为氢气。有机底物的要求更低，可以利用小分子有机物（如挥发性脂肪酸等）物质产氢。以乙酸、丙酸、丁酸和乳酸为底物，光发酵产氢的反应见式(6-10)～式(6-13)[12]。

$$CH_3COOH+2H_2O \xrightarrow{\text{光照}} 4H_2+2CO_2 \tag{6-10}$$

$$CH_3CH_2COOH+4H_2O \xrightarrow{\text{光照}} 7H_2+3CO_2 \tag{6-11}$$

$$CH_3CH_2CH_2COOH+6H_2O \xrightarrow{\text{光照}} 10H_2+4CO_2 \tag{6-12}$$

$$CH_3CHOHCOOH+3H_2O \xrightarrow{\text{光照}} 6H_2+3CO_2 \tag{6-13}$$

可用于光发酵产氢的底物范围非常广泛，多种有机废水均可用于光发酵产氢，包括暗发酵产氢的出水。但是光发酵产氢需要在光照条件下反应，为了得到良好的光分布，反应器和反应操作均更加复杂；此外，当复杂的有机废水作为底物时，废水的透光率也会显著影响光发酵反应的效率。因此，发酵系统的光传输是限制光发酵产氢技术应用的主要因素[12]。

6.2.3　其他生物产氢技术

6.2.3.1　生物光解产氢

生物光解产氢是指微生物在光照条件下，将水分解生成 H_2 和 O_2。生物光解产氢因其可以利用自然界中丰富的水资源和光能生产清洁能源 H_2 而备受关注。

在生物光解过程中，微生物可以捕获 $400 \sim 700nm$ 波长的太阳辐射，通过光系统Ⅱ（PSⅡ）的作用，从水中提取电子，生成 O_2、H^+ 和电子[式(6-14)]。随后，电子进入光系统Ⅰ（PSⅠ），在铁氧还蛋白的作用下，将 H^+、$NADP^+$ 或 O_2 分别还原为 H_2、NADPH 或 H_2O（图 6-5）。

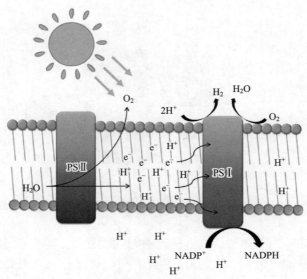

图 6-5　光解产氢反应示意图

$$2H_2O \xrightarrow{\text{光照}} O_2 + 4H^+ + 4e^- \tag{6-14}$$

根据生物光解产氢的反应过程不同，生物光解产氢可以细分为直接光解产氢和间接光解产氢。直接光解产氢过程中，PSⅡ上得到的电子可以直接通过铁氧还蛋白转移到质子上，并在铁氢化酶的作用下形成 H_2 分子[式(6-15)]。由于铁氢化酶对 O_2 非常敏感，H_2 分子的生成需要严格的厌氧条件，而 PSⅡ上生成的 O_2 会显著铁氢化酶的活性，从而抑制 H_2 分子的生成。因此，直接光解产氢都是在明暗交替的条件下进行的，即光照刺激 PSⅡ分解水得到 O_2 和电子，再撤去光源停止 PSⅡ析氧，为 PSⅠ中 H_2 分子的生成提供厌氧环境。

$$2H_2O \xrightarrow{\text{光照}} O_2 + 2H_2 \tag{6-15}$$

间接生物光解过程中，PSⅡ上得到的电子会通过铁氧还蛋白将 $NADP^+$ 还原为 NADPH，NADPH 进一步通过还原无机碳（CO_2）合成碳水化合物[式(6-16)]。后续的反应类似光发酵过程，即合成的碳水化合物在光照、厌氧条件下转化生成 H_2 和 CO_2[式(6-17)]。与直接光解产氢类似，间接光解产氢过程中 H_2 分子的生成也会受到 PS Ⅱ 产生的 O_2 的抑制。Wykoff 等发现，硫饥饿可以有效抑制 PS Ⅱ 中 O_2 的生成[13]。随后，Melis 等通过设置硫饥饿条件，实现了绿藻（莱氏衣藻）在连续光照条件下的持续生物光解产氢[14]。

$$6CO_2 + 6H_2O \xrightarrow{\text{光照}} C_6H_{12}O_6 + 6O_2 \tag{6-16}$$

$$C_6H_{12}O_6 + 6H_2O \xrightarrow{\text{光照}} 12H_2 + 6CO_2 \tag{6-17}$$

除了上述 O_2 的影响，生物光解产氢的另一重要影响因素是光能利用率。据研究，光照中的光合成有效辐射不超过 50%，加上反应过程中不可避免的能量转化损失和光遮挡损失，生物光解的有效能量利用率不超过 6%。因此，较低的光能利用率是生物光解产氢应用的主要限制因素。

6.2.3.2　微生物电解产氢

电解水是一种高效的氢气生产方式，但由于电解水产氢所需的电压较高［1.23V，式(6-18)]，反应系统的能耗较高。微生物电解产氢技术是在传统电解水产氢的基础上，引入生物阳极，通过构建微生物电解池（microbial electrolysis cell，MEC），实现低能耗的电解水产氢。

$$H_2O \xrightarrow{1.23V} H_2 + \frac{1}{2}O_2 \tag{6-18}$$

微生物电解产氢的能量来源包括两部分：MEC 阳极室中的有机物和外加电源。由于外加电压的作用，MEC 对有机质的要求很低，包括挥发性脂肪酸、醇等在内的小分子物质均可作为微生物电解产氢的有机质来源。鉴于 MEC 对有机质的低选择性，有机废水成为很好的有机质来源。当有机废水作为有机质来源进行微生物电解产氢时，反应系统可以实现废水处理和清洁能源生产的双重效益。此外，与暗发酵相比，MEC 系统对废水中有机质的降解更加彻底。此外，通过生物阳极氧化有机质的作用，可以显著降低电解水所需的外源电压。

以 MEC 阳极室中的有机质为乙酸为例，在热力学上，乙酸难以自发分解生成 H_2（$\Delta G > 0$）：

$$CH_3COO^- + 4H_2O \longrightarrow 2HCO_3^- + H^+ + 4H_2 \quad \Delta G = +104.6kJ/mol \tag{6-19}$$

因此，为了使该反应发生，需要外加一个电压，使反应的 $\Delta G < 0$。外加的电压值通过式(6-20) 计算：

$$E = -\frac{\Delta G}{nF} = -\frac{104.6 \times 10^3}{8 \times 96485} = -0.14(V) \tag{6-20}$$

式中，F 是法拉第常数（$F = 96485C/mol$）；n 为反应中的电子数（$n = 8mol/mol$ 乙酸）。式(6-20) 计算结果显示，在 25℃、pH 7、常压条件下，乙酸水解生成 H_2 所需的外加电压为 $-0.14V$。

由于反应过程中能量的损失，反应实际所需的电压通常大于理论计算值。反应过程中的能量损失主要包括不同电子在不同反应相之间传递的能量损失、微生物自身生长代谢造成的能量损失和反应器的欧姆损耗。研究显示，传统电解水所需的理论电压为 $-1.23V$，而实际操作中往往需要 $1.8 \sim 2.0V$；MEC 系统中如式（6-20）计算得到的理论外加电压为 $-0.14V$，而实际操作中，MEC 所需的电压通常为 $0.2 \sim 0.6V$。即便反应系统中的能量损耗难以避免，MEC 系统生物电解水产氢与传统的电解水相比，也极大地降低了外源电压需求，从而为利用低品质电能电解水产氢提供了可能。

当微生物燃料电池（microbial fuel cell，MFC）所需的有机质来自有机废水时，外源电压的能量来源成为决定 MEC 产氢的经济和环境效益的关键因素。为了使 MEC 产氢途径完全可持续，已有研究探索了多种可再生能源为 MEC 供能。例如，Sun 等采用 MEC 提供外源电压，将 MFC 产生电能直接用于 MEC 产氢[15]；Chae 等[16]和 Ajayi 等[17]以太阳能电池提供外源电压，实现了有机质能与太阳能协同产氢；Jain 等[18]采用烟气废热发电为 MEC 提供外源电压，并通过热电机与生物阳极的水力连接显著提升了 MEC 的产氢效果。

自 2005 年 MEC 的概念被首次提出以来，MEC 产氢技术得到了快速的发展。MEC 产氢技术具有有机底物范围广、底物利用率高、产氢效率高、产氢纯度高等优点，是一种很有前景的产氢方法。作为一个新兴的产氢技术，想要实现 MEC 在废水处理和产氢中的广泛应用，以下几个方面还有待进一步研究：

① 针对不同来源的实际废水，MEC 对废水的处理能力和相应的产氢能力还有待进一步研究。研究较多的 MEC 阳极有机物主要有甲酸、乙酸、乙醇等，而 MEC 利用实际废水产氢的研究还比较匮乏，取得的产氢效率显著低于单一的小分子底物。因此，需要更多的研究探索提升 MEC 利用实际废水产氢效果的方法。

② MEC 反应器的电极材料还需进一步研究以实现 MEC 低成本高效率产氢。目前，电极是 MEC 反应器成本的主要决定因素。铂是公认的催化产氢效果最好的电极材料，然而铂电极昂贵的价格极大地限制了其应用规模。近年来，已有大量研究针对电极材料的改进进行了探索，例如过渡金属磷化物、氮化物和碳化物等均表现出了较好的氢还原活性，然而新材料的研究与应用仍有很长的路要走。

③ MEC 反应器设计还需进一步研究以简化反应器结构、降低反应器内电阻和提升 H_2 回收率。MEC 产氢过程中，生物阳极的接种过程以及废水等底物的加入难免会引入耗氢菌，消耗阴极生成的氢气。因此，需要探索 MEC 系统内甲烷菌等耗氢菌的抑制方法，减少反应系统中微生物对 MEC 产氢的抑制。用质子交换膜分隔的双室 MEC 可以有效地避免产耗氢菌对产氢过程的抑制，同时提升气体产物的纯度和回收效率，然而质子交换膜会极大地增加反应器的内电阻，同时也会进一步提高 MEC 的成本。因此，需要研发传质效果更好、价格更低廉的质子交换膜以减少双室 MEC 的内电阻和成本。此外，也有研究通过设计独特的 MEC 结构以实现 MEC 高效产氢[19]。因此，通过 MEC 反应器结构和组件的进一步设计优化，有望实现 MEC 的高效产氢与大规模应用。

④ MEC 系统内的微生物及其代谢机理还有待进一步深入研究。由于 MEC 系统中的阳极反应与 MFC 的反应相同，MEC 与 MFC 中的产电微生物也非常相似。因此，常常通过 MFC 的方式培养和驯化微生物，待得到稳定的电流后将 MFC 直接转变为 MEC 运行。当富含微生物的废水，如市政污水、食品废水、啤酒废水等作为底物时，底物可以直接作为微生物来源。在 MEC 或 MFC 运行过程中，主要通过产电微生物实现电子从有机质向电极的传递。虽然产电微生物在 MFC 和 MEC 已有大量应用，但对产电微生物的了解仍然不足，主要表现在：首先，目前已知的产电微生物仍然较少，产电微生物的种类还有待进一步扩展；其次，产电微生物的导电机制还有待进一步深入研究；最后，MEC 阳极反应室中除了产电微生物，还存在大量的其他微生物，多种微生物之间的协作关系及能量和电子的传递机理还有待深入解析。

虽然 MEC 的很多技术和理论尚不成熟，但其在生物产氢领域的应用潜力已得到了广泛认可。考虑到 MEC 是从 MFC 技术演变而来，MEC 面临的很多问题或许可以从研究历史更久的 MFC 中学习与借鉴，例如对新型电极材料和质子交换膜的探索、导电微生物的分析等。此外，鉴于 MEC 更广的底物来源和对有机质更高的降解效率，可以将 MEC 与其他生物产氢方法联合产氢，进一步提升有机质的转化效率。

6.2.3.3　组合工艺生物产氢

单一的生物产氢技术均有其各自的优势与不足，将不同生物产氢技术组合应用可以充分发挥不同技术的优势并弥补各自不足，实现底物向氢能更高程度的转化。组合工艺生物产氢主要有两种产氢技术组合工艺和三种产氢技术组合工艺，组合方式如图 6-6 所示。

图 6-6　组合工艺生物产氢示意图

生物光解与暗发酵产氢组合时（图 6-6①），废水可以作为营养源培养藻类，培养过程中藻类可以生物光解产氢，培养得到的藻类生物质可以进一步作为底物用于暗发酵产氢[20]。

单一的暗发酵产氢技术，由于大量能量存在于液相末端产物中，导致有机质的总能量转化效率较低，理论最大能量转化效率仅 4mol H_2/mol 己糖。当暗发酵产氢与光发酵产氢组合时（图 6-6②），暗发酵的液相末端产物（如挥发性脂肪酸、醇等）可以作为光发酵产氢的有机物来源，通过光发酵反应进一步转化为氢气，使有机物的理论转化效率达到 12mol H_2/mol 己糖，显著提高产氢效率[21]。例如，Chen 等利用暗发酵-光发酵组合系统产氢，使产氢效率从单一暗发酵产氢的 3.8mol H_2/mol 蔗糖提高到了 14.2mol H_2/mol 蔗糖[22]。Saḡır 等利用暗发酵-光发酵组合系统产氢得到的产氢效率达到 7.8mol H_2/mol 葡萄糖[23]。除了提升产氢效率，暗发酵-光发酵组合系统还可以显著提升有机质的降解率，这对废水治理具有重要意义。Meky 等利用明胶废水产氢，发现暗发酵-光发酵组合系统可以避免高浓度蛋白质水解酸化产物对产氢微生物的抑制，在提升产氢效率的同时，废水中的 COD 和有机氮的去除率分别达到了 82％和 95％[24]。Seifert 等的研究显示暗发酵-光发酵组合系统可以使有机废物的降解率从单一暗发酵的 30％提高到 50％[25]。此外，在暗发酵-光发酵组合系统还可以进一步与 MEC 组合，利用 MEC 系统可以进一步分解难以被微生物利用的化合物，如硫化物、苯酚和甲苯等[26]（图 6-6③）。

将暗发酵产氢技术与微生物电解产氢技术组合（图 6-6④），不仅可以实现对暗发酵液相末端产物的进一步转化，还有可以分解难以被微生物利用的有机质为产氢提供电子，进而显著提升废水中有机物的转化率和降解率[27-28]。暗发酵-MEC 组合工艺有两种操作方式：直接在暗发酵系统中增加电极形成暗发酵-MEC 单级组合系统和构建暗发酵-MEC 二级组合系统。Nguyen 等比较了单一暗发酵产氢、暗发酵-MEC 单级组合系统和暗发酵-MEC 二级组合系统的产氢效果，结果显示组合系统的产氢量与单一暗发酵系统相比提升了 6.4～7倍[27]；三个系统的产氢效率排序依次为：暗发酵-MEC 单级组合系统＞暗发酵-MEC 二级组合系统＞单一暗发酵系统。Hassanein 等利用暗发酵-MEC 单级组合系统使有机废物的降解率比单一暗发酵系统提高了 12％[29]。Zhang 等采用 MEC 系统将暗发酵出水中挥发性脂肪酸的降解率超过了 78.4％[28]。Wang 等采用由暗发酵、MEC 和 MFC 组成的一体化体系，将暗发酵出水作为 MEC 和 MFC 的底物，MFC 作为 MEC 的动力源，组合系统的综合产氢效率与单一暗发酵系统相比提高了 41％，并实现了能源完全自给[30]。

6.3   废水生物产氢微生物

6.3.1   光发酵系统中的微生物

光发酵系统中的产氢微生物可以称之为光合细菌。光合细菌广泛存在于土壤、水体等自然环境中。利用光合细菌产氢的相关研究始于 19 世纪 30 年代，但观察到的产氢过程均在黑暗、厌氧条件下。直到 1949 年，Gest 等[31]首次报道了光合细菌红螺菌（*Rhodospirillum rubrum*）在黑暗、厌氧环境下产氢的现象，并发现微生物在光合产氢的同时还具有固氮作用，引起了大量研究者的关注。光发酵产氢被认为是解决未来能源问题的潜在方法之一。

随着光发酵产氢研究的大量开展，多种微生物均被发现具有光发酵产氢能力，主要包括紫色细菌（*Chromatium* sp. 和 *Rhodobacter* sp.）和绿色细菌（*Chlorobium* sp. 和 *Chloroflexus* sp.），具体包括紫色非硫细菌、荚膜红杆菌、球形红杆菌和沼泽红假单胞菌等。其中以紫色非硫细菌的研究最为广泛[32]。

紫色非硫细菌含有细菌叶绿素和类胡萝卜素，作为捕光复合物和反应中心。紫色非硫细菌能够利用的光谱范围为 400～900nm。紫色非硫细菌，能在有氧环境、无氧环境，有光照、无光照等不同环境下生长。大部分紫色非硫细菌利用小分子有机物，如挥发性脂肪酸等异养生长，部分紫色非硫细菌以硫酸盐、硫化物作为电子供体、进行光能自养型生长。广泛应用的紫色非硫细菌主要有：红螺菌属（*Rhodospirillum R.*），红细菌属（*Rhodobacter Rb.*），红假单胞菌属（*Rhodopseudomonas Rps.*），红球形菌（*Rhodopila Rp.*）和红微菌属（*Rhodomicrobium Rm.*），这些微生物都属于变形菌门的 α 和 β 分支。

紫色非硫细菌有荚膜红杆菌、球形红杆菌和沼泽红假单胞菌。

6.3.2   暗发酵系统中的微生物

目前，已报道的具有产氢能力的菌种很多，研究中最常用的包括：梭菌属（*Clostridium* sp.），如丁酸梭菌（*Clostridium butyricum*）、拜氏梭菌（*Clostridium beijerinckii*）、巴氏梭菌（*Clostridium pasteurianum*）等；肠杆菌属（*Enterobacter* sp.），如产气肠杆菌（*Enterobacter aerogenes*）、阿氏肠杆菌（*Enterobacter asburiae*）等。此外，还有很多菌种也被证实具有产氢能力，包括：嗜温菌，如产乙醇杆菌（*Ethanoligenens*）、芽孢杆菌（*Bacillus*）、埃氏巨型球菌（*Megasphaera*）等；嗜热菌，如嗜热产氢菌（*Thermohydrogenium*）、克雷伯氏杆菌（*Klebsiella*）、嗜热厌氧菌（*Thermoanaerobacterium*）等；以及嗜冷菌，如单胞菌（*Polaromonas*）、拉恩氏菌（*Rahnella*）等。其中，以梭菌属的研究最为广泛[33]。表 6-1 列出了一些常见产氢菌的特性和产氢效果。

表 6-1   一些常见的暗发酵产氢纯菌

产氢菌	特性	代表菌种	产氢效率 /(mol H₂/mol 己糖)	参考文献
嗜温微生物				
梭菌属	严格厌氧，可生成芽孢。产氢效率高，可利用多种底物产氢。产氢适应条件：30～43℃，pH 5.0～8.5	*Clostridium butyricum*	0.23～3.47	[34-37]
		Clostridium tyrobutyricum	2	[38]
		Clostridium beijerinckii	0.6～2.52	[39-41]
		Clostridium pasteurianum	0.96～3.0	[42-43]

续表

产氢菌	特性	代表菌种	产氢效率/(mol H$_2$/mol 己糖)	参考文献
嗜温微生物				
肠杆菌属	兼性厌氧,可为系统提供厌氧环境。其中一些表现出耐酸特性。产氢适应条件:30～40℃,pH 4.0～7.5	*Enterobacter aerogenes*	0.1～0.3	[43-44]
		Enterobacter asburiae	0.54	[45]
		Enterobacter cloacae	1.3～1.8	[46-47]
		Enterobacter aerogenes	0.1～0.3	[43-44]
		Enterobacter asburiae	0.54	[45]
		Enterobacter cloacae	1.3～1.8	[46-47]
芽孢杆菌属	兼性厌氧,可为系统提供厌氧环境。善于将复杂底物水解为简单糖类。产氢适应条件:35～40℃,pH 5.3～7.4	*Bacillus firmus*	1.1～1.3	[48]
		Bacillus amyloliquefaciens	2.26	[49]
其他菌属	严格或兼性厌氧,在发酵产氢领域应用不广泛	*Ethanoligenens harbinense*	2.2～3.1	[50-51]
		Citrobacter freundii	0.83～2.49	[52-53]
		Rhodopseudomonas palustris	1～2.76	[54]
嗜热微生物				
嗜热厌氧菌属	严格或兼性厌氧,具有较高的产氢速率和产氢效率。产氢适应条件:40～60℃,pH 6.2～8.0	*Thermoanaerobacterium thermosaccharolyticum*	2.42～2.53	[55-57]
克雷伯氏杆菌		*Klebsiella pneumoniae*	0.43	[58]
嗜低温微生物				
单胞菌属	严格或兼性厌氧,反应器无需加热,运行成本低。产氢适应条件:20～25℃,pH 6.5	*Polaromonas rhizosphaerae*	1.3～1.7	[59]
拉恩氏菌属		*Rahnella aquatilis*	1.8～3.4	[60]

虽然目前的研究已经得到了多种产氢纯菌,但对高效产氢纯菌的探索仍在进行,尤其是可以利用多种有机物为底物的产氢纯菌[61]。

虽然利用纯菌产氢得到的产氢效率较高,但是纯菌产氢系统存在运行维护困难、底物来源限制较大等问题。特别是当底物来源为实际废物时,反应系统中的纯菌环境很难维持。因此,混合菌群发酵体系更具有实际应用价值。

产氢混合菌群的来源非常广泛,消化污泥、泥土、禽畜粪便、垃圾渗滤液等富含微生物的物质均可以作为产氢混菌群的接种来源。利用混合菌群进行产氢具有反应易控制、底物来源广等优点。但是混合菌群中的群落结构复杂,不仅含有发酵产氢需要的产氢菌(表 6-1),还含有非产氢菌,包括耗氢菌如甲烷菌、同型产乙酸菌,以及与产氢菌争夺底物的其他菌群。表 6-2 总结了一些常见的非产氢菌及其特性。

表 6-2 暗发酵产氢系统中常见的非产氢菌

非产氢菌	特点	代表菌种	参考文献
甲烷菌	严格厌氧;中温菌;对 pH 敏感度较高。可以消耗 H$_2$ 生成 CH$_4$	*Methanobacterium* sp. *Methanococcus* sp. etc.	[62-64]

续表

非产氢菌	特点	代表菌种	参考文献
同型产乙酸菌	严格厌氧;芽孢菌。 利用 H_2 作为电子供体生成脂肪酸,或还原羧酸生成其对应的醇	*Clostridium carboxidivorans* *Clostridium ragsdalei* *Clostridium ljungdahlii* etc.	[65-68]
底物争夺菌	严格或兼性厌氧菌。 与产氢菌争夺碳源	*Enterococcus* sp. *Thermoanaerobacterium* sp. etc.	[69-72]
有益菌	严格或兼性厌氧菌。 帮助系统维持厌氧环境;破解复杂底物,为产氢菌提供简单碳源	*Bifidobacterium* sp. *Enterococcus* sp. *Bifidobacterium* sp. etc.	[73]

非产氢菌的存在会对产氢系统造成一定的影响。如表 6-2,有益菌可以通过破解复杂底物来提高产氢菌的产氢效率,而非有益菌(特别是耗氢菌)的存在势必会降低发酵系统的产氢效率。因此,为了提高系统的产氢能力,需要对混合接种源进行一定的预处理来抑制或杀死非产氢菌,富集产氢菌[74]。

然而,不同的混合菌群来源中含有的微生物结构差异很大,其对处理条件的要求也会存在很大差异[75]。因此,人们进行了一系列的研究来探索不同的预处理方法对混合菌群的处理效果,及其对产氢效果的影响。这些方法包括:热处理、酸/碱处理、投加化学抑制剂、曝气、超声处理、微波处理等。

6.4　废水生物产氢反应器

对应不同的产氢技术,发展出了不同的生物产氢反应器。反应器的结构和运行方式会直接影响生物产氢的效果和稳定性。因此,生物产氢技术的大规模应用离不开生物产氢反应器的发展。对于暗发酵产氢系统,反应器的设计重点在于如何提升产氢速率;对于需要依赖光源的光发酵产氢系统和生物光解产氢系统,反应器的设计重点在于如何提升光利用效率;对于 MEC 产氢系统,反应器的结构和材料直接影响系统的产氢效率、能量转化率以及该技术的应用潜力,因此反应器设计成为了该技术的研究重点。下面将对不同产氢技术中反应器的研究进展进行逐一介绍。

6.4.1　暗反应器

用于暗发酵产氢的反应器主要有连续搅拌釜反应器(continuous stirred tank reactor,CSTR)、厌氧流化床反应器(anaerobic fluidized bed reactor,AFBR)、填充床反应器(packed bed reactor,PBR)、上流式厌氧污泥床反应器(upflow anaerobic sludge blanket reactor,UASBR)和膨胀颗粒污泥床反应器(expanded granular sludge bed reactor,EGSBR)。不同反应器的优缺点总结见表 6-3[76]。

表 6-3　不同暗反应器的优缺点

反应器类型	优点	缺点	
连续搅拌釜反应器(CSTR)	结构简单,易于操作运行	生物保留量低	

反应器类型	优点	缺点
序批式反应器(SBR)	结构简单,灵活性强,易于操作运行	出水还需进一步处理
膜生物反应器(AnMBR)	生物保留量高	膜污染问题难以避免
厌氧流化床反应器(AFBR)	生物保留量高,搅拌效率高,物质传递效率高	能耗较高,强剪切力容易导致生物剥离
填充床反应器(PBR)	生物保留量高	容易阻塞
上流式厌氧污泥床反应器(UASBR)	生物保留量高	污泥颗粒形成时间较长,反应器启动时间较长
膨胀颗粒污泥床反应器(EGSBR)	生物保留量高,物质传递效率高	污泥颗粒形成时间较长,反应器启动时间较长

6.4.1.1　连续搅拌釜反应器

连续搅拌釜反应器（CSTR）是最常用的一种生物反应器。在 CSTR 运行过程中，底物和产物以相同的流速分别被连续输入和输出反应器，以保持反应器内发酵液体积恒定。反应器内的发酵液在机械搅拌的作用下混合均匀，即出水成分与反应器内发酵液成分一致（包括微生物含量）。因此，反应器内的固体停留时间（solid retention time，SRT）与水力停留时间（hydraulic retention time，HRT）一致。生物产氢反应中，为了保证反应器的正常运行，需要较长的 SRT 以维持反应器内合适的生物量；而为了得到更高的产氢速率，则需要较短的 HRT 以保证底物的充足供应。因此，SRT 与 HRT 成为传统的 CSTR 中难以调和的矛盾。研究显示，传统的 CSTR 的产氢速率往往不超过 $0.2L/(L \cdot h)$[77]。

为了实现更高的产氢速率，则需要打破 SRT 与 HRT 之间的等效关联。可取的方法主要包括两个方面：①通过反应器结构的改进，提升反应器内的生物量。例如，在 CSTR 后串联沉淀池，将出水中的微生物沉淀收集，并设置回流系统将收集的微生物回流进入 CSTR 中。Hafez 等利用废水产氢的研究显示，与传统的 CSTR 相比，CSTR 与沉淀池串联可以使反应系统的产氢速率从 $0.55 \sim 1.8L/(L \cdot d)$ 提高到 $2.4 \sim 9.6L/(L \cdot d)$[78-79]。此外，CSTR 与沉淀池串联系统还被成功运用于有机废物和生物质的高效连续产氢[80]。②通过微生物固定化的方法提升低 HRT 条件下 CSTR 中的生物量，如提供适宜的条件使微生物自发形成颗粒污泥，或投加供微生物附着生长的载体等。Keskin 等采用陶瓷球固定化微生物，实现了低 HRT 条件下的高效产氢，在 10g/L 蔗糖和 HRT 为 3h 的条件下，得到的最大产氢速率为 $2.71L/(L \cdot d)$[81]；Wu 等采用硅胶固定化微生物，通过高浓度底物（$30 \sim 40g$ COD/L）和短 HRT（0.5h）显著提高了 CSTR 的生物产氢速率，得到的最大产氢速率为 $369L/(L \cdot d)$[82-83]。Zhao 等比较了菌丝球和海藻酸钠固定的微生物对 CSTR 产氢的影响，发现菌丝球和海藻酸钠固定的微生物使系统的产氢速率分别提高了 40.8% 和 60.7%[84]。当 HRT 为 $8 \sim 12h$，海藻酸钠固定化微生物得到的产氢速率最高达到 $1693L/(L \cdot d)$。Sivagurunathan 等采用实际饮料废水产氢，通过固定化微生物使 HRT 降低到了 1.5h，得到的最大产氢速率为 $37.5L/(L \cdot d)$[85]。进一步地，Jung 等采用食物残渣发酵产氢，通过固定化微生物有效提高反应系统的有机负荷率，得到的最高产氢速率达到 $9.82L/(L \cdot d)$[86]。

6.4.1.2　序批式反应器

在序批式反应器（sequencing batch reactor，SBR）中，发酵在单槽中进行，包括加料、反应、沉淀、提取和闲置 5 个步骤。SBR 具有灵活性强、好控制、操作简单、成本低等优点[87]。在 SBR 中，可以控制反应时间和沉淀时间，来分别控制反应器的微生物量和有机负荷，从而实现更高的产氢效果。Andreani 等[88]和 Won 等[89]分别探索了棕榈油废水和糖蜜废水利用 SBR 产氢的最优条件，发现有机负荷率和水力停留时间对产氢效率起到至关重要的作用，较低的有机负荷率和较长的水力停留时间得到的产氢效率更高。因此，分批补料有利于 SBR 更高效地产氢。此外，通过两级 SBR 反应器，可以显著提高碳源的利用率，并进一步提升反应器的稳定性。Maaroff 等[90]用棕榈油厂废水产氢的研究结果显示，采用两级 SBR 反应器使系统的产氢速率从 8.54mmol/(L·h) 提高到 10.34mmol/(L·h)，对废水中糖的利用率达到了 88.62%。

6.4.1.3　膜生物反应器

厌氧膜生物反应器（anaerobic membrane bioreactor reactor，AnMBR）是传统的厌氧反应器与膜技术相结合的新型反应器。根据膜组件位置的不同，AnMBR 可以分为外循环 AnMBR 和浸没式 AnMBR。在外循环 AnMBR 中，膜组件从外部与发酵反应器相连接，用于过滤和处理发酵液；在浸没式 AnMBR 中，膜组件浸没在发酵反应器中。其中，外循环 AnMBR 具有膜组件容易清洗、更换的优点，但是因为需要实现发酵液的循环流动，其运行的能耗更高。浸没式 AnMBR 的运行能耗显著低于外循环 AnMBR，但是需要更大的膜表面积来保证足够高的渗透通量[91]。

AnMBR 中的膜主要采用 PE（聚乙烯）、PP（聚丙烯）、PVDF（聚偏氟乙烯）等聚合物膜。此外，中空纤维膜由于其高的堆积密度也受到了广泛的关注。AnMBR 中，膜污染是反应器运行的主要问题。通常情况下，AnMBR 主要由膜组件和 CSTR 组合而成。AnMBR 具有与 CSTR 相关的各种设计、反应器尺寸、形状、操作条件、污泥回流和曝气等。膜反应器内的曝气有助于缓解膜污染，并提升气液之间的传质，促进溶液中氢气的排出，从而减少溶解氢对产氢微生物的抑制。除了与 CSTR 相结合，一些研究也探索了颗粒污泥床反应器与膜组件的组合。

6.4.1.4　流化床反应器

厌氧流化床反应器（anaerobic fluidized bed reactor，AFBR）在结构上与 CSTR 相似，是由 CSTR 衍生出的基于微生物固定化技术的连续流反应器。AFBR 与 CSTR 相比，具有更大的高径比（H/D），反应器内流体的循环速率更高。AFBR 中的微生物以自絮凝颗粒或附着在载体的形式存在，在反应器内流体的高速循环作用下在反应器内保持悬浮。更大的高径比（H/D）有利于最小化反应器内微生物颗粒高效流化所需的液体循环速率。由于反应器内微生物颗粒固有的流态化，AFBR 比 CSTRs 实现更好的混合和污泥-基质充分接触，从而实现高速率的生物产氢。

Zhang 等首次采用颗粒活性炭固定化微生物在 AFBR 内发酵产氢，得到的生物量高达 21.5g VS/L（VS 即挥发性悬浮物），最大产氢速率和产氢效率达到 2.36L/(L·h) 和 4.34mmol/(gVS·h)[92]。除了颗粒活性炭，聚苯乙烯、膨胀黏土等也被用于 AFBR 中微生物的固定化。除了向反应器中投加载体以促进生物颗粒的生成外，还可以通过控制一定的反应条件让微生物自絮凝形成颗粒污泥。与传统的悬浮态颗粒污泥相比，AFBR 内的高流速环境更有利于氢气的传质，从而有助于提升产氢菌的活性。

AFBR 由其生物含量高、传质性能好而可以实现较高的产氢速率。反应器内的流体流速是 AFBR 高效稳定运行的关键：高流速在维持生物颗粒流化状态的同时，也会导致微生物的解体和活性的降低，从而增加出水水质中的悬浮态生物质，增加反应器出水的后处理难度；而流速过低则会难以维持反应器的流化状态，降低体系的产氢效果和运行稳定性。然而，反应器内保持颗粒污泥悬浮的高流速所需的能耗较高，导致反应器的运行成本较高。

6.4.1.5　填充床反应器

填充床反应器（packed bed reactor，PBR）与 AFBR 不同，反应器内的支撑材料呈固定态，为微生物提供附着生长的载体。用于生物质氢的填充床反应器主要包括两个类型：厌氧接触反应器和厌氧滴滤反应器。

厌氧接触反应器类似于低流速状态下的 AFBR，微生物载体以静态的模式沉降在孔板上，与低流速通过的基质接触和反应。与 AFBR 相比，厌氧接触反应器的结构更加紧凑，反应器尺寸更小，生物量高且不需要高流速循环来扰动微生物载体。支撑材料的性能会显著影响厌氧接触反应器的运行效果，活性炭颗粒由于其良好的吸附性、机械稳定性和低成本性，成为厌氧接触反应器最常用的支撑材料[93]。此外，厌氧接触反应器的支撑材料还可以选择膨胀黏土、丝瓜海绵、聚氨酯泡沫和多孔塑料球等材料[94-95]。Lee 等采用颗粒活性炭为支撑材料，实现了反应器的快速启动，最大产氢速率达到 7.3L/（h·L）[93]；Jo 等采用聚氨酯泡沫为支撑材料，得到的最大产氢速率为 7.21L/（L·h）[96]。除了填充材料，反应体系的 pH、水力停留时间（HRT）、底物的有机质浓度、接种微生物和运行方式等也会影响反应器的产氢效果。Vija-yaraghavan 等探索了厌氧接触反应器采用棕榈油废水产氢，发现 pH 会显著影响系统的产氢效果，而不同的水力停留时间和底物浓度条件对产氢效果影响较少[94]。Penteado 等的研究结果显示，接种微生物的处理条件会显著影响产氢效率和反应器运行的稳定性，其中热处理接种微生物得到的产氢效率最高，酸处理接种微生物的反应器运行更加稳定[95]。Fontes 等通过设置出水回流，使厌氧接触反应器兼顾了最大产氢速率和最大产氢效率[97]。

厌氧滴滤反应器是另一种重要的 PBR。与厌氧接触反应器不同，厌氧滴滤反应器中的流体在中立的作用下从填充床的顶部流向底部。厌氧滴滤反应器中的基质的气体含量更低，有助于产氢过程中氢气的气液分离，可以在缓解氢气抑制的同时减少气液窜流，使反应基质可以更好地与微生物接触，促进微生物与反应基质之间的传质。Oh 等研究了以聚偏二氯乙烯为支撑材料的厌氧滴滤反应器中嗜热微生物的产氢过程，进水从反应器顶部进入，滴滤通过填充材料后，在出口处调节 pH 并回流混入进水，得到的最大产氢速率和产氢效率为 1.05mol/（L·d）和 1.11mol/mol 己糖[98]。

与 AFBR 相比，PBR 的优势是基质流速低更利于微生物的保留和低能耗运行，但一定程度上牺牲了基质的混合效率；此外，PBR 中随着微生物的生长和悬浮物的积累，填充材料容易堵塞，因此不适用于悬浮物浓度高的废水。

6.4.1.6　颗粒污泥床反应器

造粒技术是通过减少微生物细胞的流失，提升生物量的有力手段之一。具有颗粒污泥的反应器通常被称为颗粒污泥床反应器。上流式厌氧污泥床（upflow anaerobic sludge blan-ket，UASB）反应器是典型的颗粒污泥床反应器，随着颗粒污泥床反应器的发展，又衍生出了膨胀颗粒污泥床（expanded granular sludge bed，EGSB）反应器。

UASB 由柱状反应器和三相分离器组成，反应器的配置类似 AFBR，但与 AFBR 不同的是，UASB 不通过流体的快速流动来实现颗粒污泥的流态化，而是通过反应生成的气体带动颗粒污泥向上运动。Yu 等首次探索了利用 UASB 发酵产氢，以米酒废水为基质，发现系统的产氢速率随着温度和基质中有机物浓度的升高，以及水力停留时间的降低而升高，得到的最大产氢速率为 9.33L/(L·d)[99]。Gavala 等比较了 UASB 和 CSTR 的产氢效果，发现 UASB 的产氢速率[19.05mol/(L·h)]显著高于 CSTR[8.42mmol/(L·h)]，而 CSTR 的产氢效率更高[100]。Ribeiro 等比较了 UASB 和 PBR 用乳酪废水产氢，发现 UASB 得到的产氢效率更高（5.8mol/mol 蔗糖，PBR 产氢速率为 3.0mol/mol 蔗糖）[101]。Dessi 等发现通过原位提取发酵液中的挥发性脂肪酸（volatile fatty acid，VFA），可以进一步提升 UASB 的产氢效率[102]。

膨胀颗粒污泥床（expanded granular sludge bed，EGSB）反应器是典型 UASB 的变体。与 UASB 相比，EGSB 通过出水再循环提升了基质通过污泥床向上流动的速度，从而导致了颗粒污泥床的膨胀。此外，EGSB 还会采用更高的柱状结构以进一步提高基质流速，从而提升微生物和基质的传质效率。

颗粒污泥床反应器结合了 AFBR 和 PBR 的高生物量和高传质效率的优势，但较长的启动时间成为限制其实际应用的关键因素。研究表明，颗粒污泥床中形成稳定的高效产氢颗粒污泥需要长达几个月时间，实际应用中往往难以接受如此漫长的启动过程[87]。

6.4.2　光反应器

光发酵产氢可以更有效地将有机物转化为氢，但光发酵产氢对光源的依赖性对反应器的设计也提出了特殊的要求。光反应器设计的关键即提升微生物接触光的效率。光反应器通常采用透明材料制作以保证光线的充分穿透，同时还会控制反应器内混合液的浊度（如基质的悬浮物、微生物的浓度）以保证反应器内微生物能受到充分的光照[103]。此外，还通过设计反应器的结构、调整照明模式等提升光利用率。根据结构和照明模式的差异，光反应器可以分为管式反应器、平板式反应器和内照式反应器[87]。

6.4.2.1　管式反应器

传统的 CSTR 用作光反应器时，由于反应器的比表面积较低，外照光源的透光率往往较低，加上光发酵微生物的生长速率较低。受到微生物生长速率和光转换效率的双重限制限制，反应器的产氢效果往往较差。通过将反应器设计成细管状，可以有效地提升反应器的比表面积、增加透光率，提升反应器的产氢效果。

根据管的方向和形状不同，管式反应器分为垂直管式反应器、水平管式反应器和三维螺旋管式反应器。其中，垂直管式反应器是应用最广泛的光生物反应器之一，通常由几个垂直的透明管组成，通过底物鼓泡实现反应器内基质的搅拌。垂直管式反应器的优点是良好的透光、基质混合和气体交换性能。但是，底部惰性气体鼓泡会稀释氢气流，降低氢气纯度；而产生的氢气循环鼓泡则容易对产氢过程造成反馈抑制。

与垂直型配置相比，水平管式反应器通过超薄的结构为微生物提供最佳的透光能力。然而，在水平管式反应器的温度很难控制。此外，水平管中还容易积累微生物，导致传质效率低。三维螺旋管式反应器集合了垂直式管式反应器和水平式管式反应器的优点，可以显著提升产氢速率。然而，三维螺旋管式反应器也存在微生物沉积的问题[104]。

6.4.2.2　平板式反应器

平板式反应器由两个堆叠板组成，反应基质和微生物填充在两个板之间，光照直射或倾斜照射在堆叠板上，为板中的微生物供能。平板式反应器的特点是通过缩小反应器厚度和开放气体传输来提高光发酵产氢效果。与管式反应器相比平板反应器具有结构简单、操作灵活、性价比高的优点。但是，平板式反应器也受到搅拌和控温难度高的限制。平板式反应器常用的搅拌技术是喷淋，此外磁搅拌、叶轮搅拌和挡板搅拌等方法也可以用于平板反应器的搅拌，但是平板式反应器的搅拌能耗较高。可利用海洋和湖泊的波动来实现平板式反应器的搅拌和控温，为平板式反应器的实际应用提供更好的前景。

Oncel 等比较了管式反应器和平板式反应器的产氢效率，研究采用绿色微藻莱茵衣藻菌株进行二阶段发酵产氢[105]。研究结果显示，在第一阶段好氧微生物培养过程中，管式反应器的生物生长情况更佳，生物质生产效率比平板式反应器高 11%；而第二阶段厌氧产氢过程中，平板式反应器的产氢效率更高，产氢速率达到了 1.3mL/(L·h)，是管式反应器产氢速率的 1.24 倍。因此，可以根据反应的不同阶段采用不同的反应器。

6.4.2.3　内照式反应器

在传统的管式或板式反应器中，光源位于反应器外部，光照容易被反应器的结构遮蔽，导致光的转化率较低。相比之下，将光源置于反映其内部，微生物得到的光照更多，从而有助于促进微生物的生长和产氢。内照式反应器主要有光纤辅助式和漫射式。

Chen 等报道了将光纤辅助照明系统应用于光生物反应器中，形成内照式反应器可以显著提高光反应器的产氢效果[106]。虽然研究采用人工光源探索光发酵产氢，但光发酵产氢的本意是利用太阳光能产氢。因此，研究者进一步开发了一种靠太阳能激发的光纤[107]，15天内的产氢速率可以达到 32.4mL/(L·h)。

漫射式内部照明是提高光利用率的另一种选择。研究发现，光的空间分布对光生物反应器的光转换效率有显著影响。Kondo 等构建了一种改善光分布的多层光生物反应器。在该反应器中，细胞悬浮层和透明介质层由透明薄膜隔开，交替排列[108]。这种多层结构能够在反应器内部形成光的漫反射，增强反应器内光的利用率，得到的产氢速率为 2.0L/(m³·h)，与传统外照平板式反应器相比提高了 38%。

除了以上几种典型的光反应器，光反应器的设计还有螺旋式反应器、α 形反应器、齿槽形反应器、摇动式平板反应器、环形反应器等[109]。虽然光反应器已经衍生出多种形式，但与暗反应器相比仍然处于发展阶段。光反应器在设计和运行方面还有许多问题需要解决：

① 光转换率低。虽然通过反应器结构的设计、材料的改进、光源位置的调整等方式可以提升光反应系统的光转换率，但目前得到的光转换效率仍难以超过 10%。光转换率还有很大的提升空间。

② 兼具高透光率、高化学稳定性、低透水率的反应器往往造价昂贵，还需要进一步开发性能优异且廉价的材料、优化反应器设计以使光反应产氢在技术上和经济上均可行。

6.4.3　微生物电解池

微生物电解池（microbial electrolysis cell，MEC）由反应室、阴极、阳极和外电路组成。反应过程中，有机质在阳极发生氧化反应，电子通过外电路传导到阴极完成还原反应。

常见的 MEC 有双室 MEC 和单室 MEC。

双室 MEC 包括阳极室和阴极室，两室之间用质子交换膜（PEM）隔开。反应过程中，电子从阳极经过外电路传递到阴极，质子从阳极室经过 PEM 转移到阴极室。由于 PEM 的传质限制，PEM 是造成双室 MEC 能量损失的主要因素。随着反应过程中微生物的繁殖和污水中悬浮污染物的积累，膜污染会进一步加剧 MEC 的能量损失。一些研究尝试探索新的膜材料以降低 MEC 系统的能量损失，如陶瓷膜、渗透膜、反渗透膜和阴离子交换膜等，但是新型的膜材料均面临成本高的问题，而且仍然是无法避免膜污染的问题。因此，PEM 仍然是 MEC 系统中最常用的膜[110]。

单室 MEC 中没有膜区分阳极室、阴极室，从根本上解决了双室 MEC 中膜引起的问题[111]。单室 MEC 的产氢效率显著高于双室 MEC，然而缺乏膜的隔离，生成的氢气与阴阳极作用于有机物产生的其他气体（如 CO_2，H_2S）混合，导致氢气纯度较低，还需要配合氢气分离的设施。一些研究通过改进 MEC 的结构来提升收集氢气的纯度，如上流式 MEC 系统，使阴极置于反应器顶部，从而更好地收集氢气[112]；开发气体扩散式阴极，直接从阴极侧收集氢气，提升气体产物的纯度[111]等。

除了膜以外，电极是 MEC 系统中的关键组成部分。碳基材料是 MEC 系统中常用的阳极，如碳纸、碳布、碳纤维、石墨刷和石墨毡等。一些研究也通过对阳极材料进行改性以提高阳极上的微生物密度，从而改善阳极的性能。处理方法包括提高阳极的比表面积，化学修饰使表面更有利于微生物附着等。铂基材料由于其出色的催化性能，是 MEC 系统中常见的阴极催化材料[110]。大量研究证明铂基材料在产氢过程中的高活性是碳基材料难以替代的[113]。然而，铂的广泛应用受到成本高、环境效益低的限制。此外，当体系内含有硫化物时，容易发生铂基催化剂的中毒，进一步限制了铂基催化剂在以有机废物为底物的 MEC 系统中的应用。因此，研究者们针对适用于阴极催化剂的新型材料展开了大量研究，如金属纳米复合材料改性碳（被测试的金属包括 Cu、Ni、Co 和 Ti）、泡沫镍/板、不锈钢网等[114]。除了探索不同的电极材质，一些研究尝试将光敏材料用于制作电极，这些材料可以吸收光后产生和释放电子，弥补电回路中的电子损耗，提高产氢率[115]。

除了探索不同的电极材料，一些研究将具有电化学活性的微生物固定在电极上，形成生物电极，以提高系统的产氢效果。Fu 等的研究显示，采用生物阴极的反应器得到的产氢率是采用传统电极的反应器产氢率的 10 倍[116]。Jafary 等开发了一种兼具生物阳极和生物阴极的全生物 MEC，实现了高效的氧化和还原效率[117]。生物电极具有成本低、环保效益高、性能好等优点，具有取代传统电极的潜力。

6.5   废水生物产氢的影响因素

6.5.1   废水来源

已有研究探索了多种废水产氢的可行性，如市政污水、酿酒废水、乳制品废水、饮料废水、生物柴油废水、垃圾渗滤液等。废水的不同来源决定了废水的不同组成成分和性质。大量研究显示，高效的废水产氢需要底物中有机质含量高且容易被微生物利用。多种废水中，生物柴油废水、酿酒废水和乳制品废水具有量大、有机质丰富、可生化性好，被广泛用于生物产氢领域的研究。

6.5.1.1　生物柴油废水

生物柴油是一种由生物质制成的可替代柴油。在生物柴油生产过程中，动物脂肪和植物油在碱性催化剂的作用下与甲醇一起转化为生物柴油，产生大量的废油衍生粗甘油作为副产物[118]。因此，许多研究探索了残余甘油转化为增值代谢物，如氢气[119]、乙醇[120]和1,3-丙二醇[121]等。

为了从生物柴油废弃物中高效产氢，研究者们从微生物驯化、底物改性和工艺探索等方面做了大量的工作。由于甘油转化的代谢途径不同于广泛研究的多糖和蛋白质，将甘油转化为氢气的微生物也与常用的产氢菌存在差异。研究发现，只有含有特定酶甘油氢化酶的微生物才能够以甘油为底物发酵产氢，包括大 *E. coli*、*Enterobacter* sp.、*Klebsiella pneumoniae*、*Clostridium sporogenes*、*Halanaerobium saccharolyticum* 和 *Citrobacter freundii* 等[119]。此外，由于生物柴油废水的 pH 往往较高，耐碱性微生物更适宜于利用生物柴油废水产氢[122]。Chen 等发现将微生物固定化可以有效提高其甘油的利用能力，得到的最大产氢量和产氢效率达到 64mL/100mL 和 0.52mol/mol 甘油，比悬浮微生物的对照组分别提高了 611.1% 和 79.3%[123]。

在底物改性方面，将生物柴油废水与偏酸性底物共发酵可以缓解生物柴油废水碱性对微生物的抑制，提升产氢效率，还可以同时处理多种废水。Lovato 等将生物柴油废水与乳酪废水共发酵，获得的最大产氢速率为 129.0mol/(m³·d)[124]。将生物柴油废水与生活污水共发酵，得到的产氢效率为 3.01mol/mol 甘油[125]。

近年来，生物电化学系统的发展为碱性废水的转化提供了有利条件。碱性生物电化学系统可以获得更高的电流强度。研究显示，微生物燃料电池和微生物电解电池均可以取得较高的甘油转化率[122]。此外，通过联合厌氧消化和微生物燃料电池还可以实现生物柴油废水的氢电联产[126]。

6.5.1.2　酿酒废水

酿酒废水是指酒品酿制过程中产生的废水。酿酒过程主要以甘蔗汁、甘蔗糖蜜、玉米、小麦、木薯、水稻或大麦等为原料。据统计，每酿造 1t 酒，会产生 5～25t 酿酒废水。酿酒废水的成分很大程度取决于原料的来源，通常含有的成分包括糖、木质素、半纤维素、氨基酸和有机酸等，富含多种营养元素，如硫、氮、磷、铁等，还含有类黑精等有毒物质。酿酒废水的生化需氧量（BOD）和化学需氧量（COD）分别为 40～50g/L 和 80～100g/L[127]。

酿酒废水由于其量大、有机物浓度高、可生化性强等特点，是生产生物能源的理想底物[128]。早期的研究探索了利用酿酒废水发酵生产沼气，近年来，酿酒废水发酵产氢也引起了人们的广泛关注。

暗发酵技术是酿酒废水产氢最常用的技术。Mohan 等以酿酒废水为底物，利用 SBR 工艺产氢，发现 pH 为 6.0 时得到的产氢速率最高，为 6.98mmol/(kg COD·d)[129]。Intanoo 等也以酿酒废水为底物，利用 SBR 工艺产氢，发现高温发酵的产氢速率和产氢效率均显著高于中温发酵[130]。Fernandes 等比较了利用不同来源的废水发酵产氢，得到的结果显示，从生活污水、酿酒废水和生物柴油废水得到的产氢效率分别为 200mL/g COD，579mL/g COD 和 200mL/g COD，其中酿酒废水的产氢效果最佳[131]。

除了暗发酵，其他产氢工艺也被用于酿酒废水产氢。例如，Wu 等比较了光发酵工艺利用不同废水产氢的效果，发现酿酒废水得到的产氢量为 0.1～0.22L/L 废水，远低于生物柴油废水（8.0～13.9L/L 废水）和乳制品废水（1.2～3.2L/L 废水）[132]。表明光发酵工艺不适于酿酒废水产氢。Blanco-Canqui 等探索了以酿酒废水为底物，利用微生物电解池（MEC）技术产氢，结果显示在电流密度分别为 811.7 20mA/m² 和 908.32mA/m² 时，传统双室和改良单室 MEC 系统的累积产氢量分别为 40.5mL 和 30.12mL[133]。

为了提升酿酒废水的发酵产氢效率，研究者们从反应条件的优化、添加剂的影响和多种底物共发酵、多种工艺的结合等方面进行了大量的探索。例如，Carrillo-Reyes 等研究了多种营养元素，包括氨氮、Mg、Fe、Co、Mn、I、Ni 和 Zn 对酿酒废水发酵产氢的影响，发现营养元素的添加促进了反应过程中挥发性脂肪酸的生成，而抑制产氢。多种废水共发酵可以稀释单一废水中存在的抑制物，并形成营养元素互补[134]。Singh 等将酿酒废水与糖蜜废水和淀粉废水混合，得到的产氢量比单一酿酒废水、糖蜜废水或淀粉废水的产氢量分别提高了 1.1、12.1 和 6.6 倍[135]。Zagrodnik 等以小麦酿酒废水为底物，利用暗发酵-光发酵二级发酵系统产氢与单一暗发酵系统相比，产氢量从 0.88L H_2/L 废水提高到了 4.47L H_2/L 废水[136]。

6.5.1.3 乳制品废水

与酿酒业相似，乳制品加工业也是用水量很大的产业。在乳制品的加工过程中，产生的废水是产品的 2～3 倍。乳制品废水可以通过混凝、吸附、膜分离和电化学等方法处理。此外，由于乳制品废水的可生化性强（BOD/COD>0.5），生物法尤其适用于乳制品废水的处理[137]。乳制品废水中富含蛋白和乳糖，可以为微生物生长代谢提供必要的营养物质，是发酵产氢很好的底物来源。

已有很多研究探索了利用实际乳制品废水产氢过程，包括干乳清、脱脂奶、乳清废水等。其中，乳清废水的研究最多。研究主要通过反应条件优化、底物预处理、多工艺结合、产物在线分离等方式探索乳制品废水的高效产氢方法。例如，Ottaviano 等研究了水力停留时间和废水浓度对发酵产氢的影响，优化后得到的最大产氢速率和产氢效率为 4.1L H_2/(L·h) 和 2.64mol H_2/mol 乳糖[138]；Akhlaghi 等采用响应曲面法对反应 pH 和接种比进行优化，得到的最大产氢效率为 371L H_2/kg TOC[139]。Gadhe 等采用超声处理乳制品废水，发现处理后废水的最大产氢效率和产氢速率达到了 15.33mmol H_2/g COD 和 31.38mmol H_2/(g VS·d)，与无处理组相比分别提升了 27% 和 51%[140]。Dessi 等通过 VFA 的实时分离，使酿酒废水的产氢速率提高到了 2.0L H_2/(L·d)[141]。Almeida 等探索了乳清废水与甘油的共发酵，发现当有机负荷率为 90g COD/(L·d) 时，循环流化床反应器的最大产氢速率和产氢效率达到 3.9L H_2/(L·d) 和 1.7mmol H_2/g COD[142]。

虽然已经探索了多种提升乳制品废水发酵产氢的方法，但是由于乳制品废水不仅含有糖，还含有丰富的蛋白质，发酵产氢过程对蛋白质的利用率仍然偏低，导致系统的能量回收效率较低。因此，一些研究开始探索乳制品废水同时发酵产氢产酸，例如 Dessi 等在 UASB 以乳制品废水发酵产氢的同时，回收反应体系生成的挥发性脂肪酸，不仅促进了氢气的生成，回收得到的挥发性脂肪酸也提升了整个反应系统的经济性[141]。

6.5.2 营养元素

由于废水的成分非常复杂，富含多种营养元素，包括金属离子（如 Fe、Mn、Ni 等）和非金属元素（如氮、磷、硫等），这些营养元素会影响产氢微生物的代谢活性，从而影响废水发酵产氢效果。下面将对废水中的金属类和非金属类营养元素进行详细的介绍。

6.5.2.1　金属离子

金属离子在厌氧生物过程中起着重要作用。反应系统内的金属离子主要通过影响微生物胞内和种间电子传递和影响微生物功能酶的生成两个方面影响产氢系统的反应效率。已报道的对生物产氢有影响的金属离子有 Fe^{2+}、Ni^{2+}、Mg^{2+}、Ca^{2+} 和 Na^+ 等。

铁是氢化酶和铁氧还蛋白的组成元素，对生物产氢具有至关重要的作用。适量的亚铁离子（Fe^{2+}）可以促进微生物中氢化酶的生成，从而促进析氢反应，生成氢气分子。此外，Fe^{2+} 还能促进生成产氢功能酶的基因表达，进一步强化微生物的产氢能力[143]。由于不同来源废水的性质差异，不同研究报道的最佳 Fe^{2+} 浓度差异很大。例如，Zhao 等的研究显示，当 Fe^{2+} 浓度为 20.1mg/L 时，产氢效率可以达到 1.97mol H_2/mol 葡萄糖，比对照组提高了 12.6%[143]。Eroglu 等利用橄榄油厂废水产氢，发现 Fe 的添加使废水的产氢量和 COD 降解率分别提升了 2.12 倍和 59.3%[144]。Yogeswari 等研究了 $0\sim0.25$g/L Fe^{2+} 对糖果废水发酵产氢的影响，发现当 Fe^{2+} 浓度为 0.15g/L 时，得到的产氢量最大（2475mL），比对照组提高了 36%[145]。Yin 和 Wang 报道的利用市政污水污泥发酵产氢的最佳 Fe^{2+} 剂量为 800mg/L，得到的产氢量是对照组的 2 倍[146]。Malik 等以纳米零价铁（nZVI）作为铁离子来源，探索其对糖蜜废水发酵产氢的影响。发现当 nZVI 剂量为 0.7g/L 时，最大产氢量达到 387mL，比对照组提高了 71%[147]。除了废水来源的差异，Zhang 和 Shen[148] 发现操作温度会显著影响暗发酵中 Fe^{2+} 的最佳投加量。25、35 和 40℃ 条件下的最佳用量分别为 294.7、73.7 和 9.2mg/L。因此，需要根据发酵反应器中特定的底物、接种物和操作条件来确定产氢的最佳铁离子浓度。

镍离子（Ni^{2+}）是 [Ni-Fe] 氢化酶的重要组成部分，因此 Ni^{2+} 也对发酵产氢效果起着重要作用。研究发现，Ni^{2+} 的存在也可以提高废水的产氢效果。Elreedy 等研究了 Ni^{2+} 对富含乙基乙二醇的工业废水发酵产氢的影响，发现 20mg/L NiO 使废水的产氢量提高了 30%[149]。与 Fe^{2+} 类似，不同研究得到的最佳 Ni^{2+} 浓度差异很大，暗发酵中报道的最佳 Ni^{2+} 浓度在 $0.1\sim25$mg/L 之间[150]。

镁离子（Mg^{2+}）也在产氢细菌的代谢过程中起着重要作用。在产氢过程中，ATP 分子首先与 Mg^{2+}（Mg-ATP）结合，然后将磷酸基团传递给葡萄糖，形成活性葡萄糖-x-磷酸，再进入产氢代谢途径。此外，许多电子载体的中心原子是 Mg^{2+}，如细胞色素和蛋白质复合物等[150]。另外，Mg^{2+} 还是细胞膜的组成部分，也是多种酶的激活剂[151]。因此，适量 Mg^{2+} 的存在也有助于生物产氢过程。Srikanth 等的研究发现，Mg^{2+} 使废水的产氢效率从 14.76mol H_2/kg COD 提高到了 18.23mol H_2/kg COD，虽然与 Fe^{2+} 相比，产氢量提高较弱，但是显著提升了底物的降解率[152]。虽然 Mg^{2+} 对实际废水发酵产氢影响的研究较少，但其他各类底物的研究中 Mg^{2+} 的最佳用量也与 Fe^{2+} 和 Ni^{2+} 一样有很大差异，在 $11.8\sim70.9$mg/L 之间[150]。

钙离子（Ca^{2+}）可能是一种细胞外聚合物成分，也会一定程度地影响微生物的性能。Lee 等发现，反应系统中 Ca^{2+} 的存在能显著提高反应体系内的生物量浓度，从而使产氢效率提高了近 5 倍[153]。Ca^{2+} 对废水发酵产氢的研究较少，但基于其对微生物生长的促进作用，其在废水发酵产氢特别是高浓度、有毒性废水中的应用值得探究。

钠离子（Na^+）是微生物生长必需的营养元素，对微生物细胞膜的渗透压有显著影响。同时，钠离子可以形成 Na-K-ATP 酶泵，影响底物（如葡萄糖）从胞外向胞内的转移，从而影响生物产氢效率[154]。值得注意的是，过量的 Na^+ 会由于培养基渗透压过高而导致微生物活性下降。Lee 等研究发现，Na^+ 对微生物产氢的阈值为 2g/L，当 Na^+ 浓度超过 2g/L 时，会显著抑制微生物的产氢活性[155]。Kim 等的研究显示，当 Na^+ 浓度超过 6g/L 时，会激发乳酸型代谢[156]。已有报道的生物产氢最佳 Na^+ 浓度为 1000~2000mg/L[150]。因此，对于高含盐废水，需要对其稀释后再用于生物产氢。

6.5.2.2 非金属元素

氮（N）是蛋白质、核酸、酶的基本组成元素，底物中 N 的含量对产氢微生物的生长代谢具有重要影响。底物中 N 主要存在于蛋白质、脂质和氨中。不同研究中报道的最佳 N 浓度存在很大差异（0.01~7.0g/L）[157]。磷（P）是核酸的重要组成成分，对微生物繁殖、代谢具有重要作用。此外，由于磷酸盐的多价态特性，反应系统内的 P 还能起到缓冲 pH 的作用。研究发现，N 和 P 往往不是单独影响产氢过程，C/N 和 C/P 的比例（质量比）是影响产氢效果的关键。研究显示，暗发酵产氢的最佳 C/N 比和 C/P 比分别为 40~200 和 500~1000。因此，对于富含蛋白质和脂质的废水，如乳制品废水，需要外加碳源以使其达到适宜的 C/N 比和 C/P 比，而对于缺乏氮源和磷源的废水，如糖蜜废水，则需要外加适量的 N 和 P。将不同来源的废水混合也是调节底物最佳 C/N 比和 C/P 比的好方法。

硫（S）主要在光水解制氢过程中发挥作用。研究发现，在缺 S 条件下，微生物光合作用合成氧气的能力被抑制，从而可以消除氧气对产氢酶的抑制作用，进而使微生物有效地分解水生成氢气[13]。利用此原理，Melis 等利用绿藻（*Chlamydomonas reinhardtii*）在缺 S 条件下实现了持续的光水解制氢[14]。

6.5.3 反应条件

为了实现高效的生物产氢，有必要对产氢系统的关键反应条件进行优化。研究显示，温度、pH 值、水力停留时间、氢分压等理化因素对废水生物产氢效率起着至关重要的作用。

6.5.3.1 温度

温度是影响微生物活性的重要因素之一。研究表明，在一定范围内，系统发酵产氢的效率随着温度的升高而升高。但是过高的温度则会对微生物造成不可逆的损害，抑制产氢效果。根据微生物种类的不同，系统的最适温度也不同。采用梭菌属（*Clostridium* sp.）发酵产氢的温度范围为 30~39℃，其中以 37℃ 应用最广，肠杆菌属（*Enterobacter* sp.）发酵产氢采用的温度范围为 30~39℃，而 30℃ 应用最广。一些高温菌如克雷伯氏菌属（*Klebsiella* sp.）和热厌氧杆菌属（*Thermoanaerobacterium* sp.）采用的温度范围为 40~60℃。而混合菌群的最适温度范围与菌群的来源、采用的预处理方法等有关。此外，底物类型、底物浓度及反应器设计的不同，都会影响系统的最适产氢温度。

由于产氢系统的最适温度受到多个因素的影响，因此需要针对特定的产氢系统和采用的接种物来研究其最适产氢温度。

6.5.3.2 pH 值

pH 会影响细胞膜上的电荷分布，进而影响微生物细胞的代谢途径和活性。研究显示，弱酸性 pH 值（5.5~6.0）条件更利于发酵产氢，原因是弱酸条件可以抑制甲烷菌的活性，从而促进产氢微生物的生长代谢[158]。此外，也有一些研究发现，在一定范围内，系统的累积产氢量和底物降解率随初始 pH 的提高而提高。不同研究得到的不同结果主要由不同的操作条件（如不同的微生物、底物和反应器类型等）导致。因此，需要针对特定的产氢系统研究其最适 pH 条件。

一般情况下，在批式反应中，最佳 pH 值通常为中性偏碱性（pH 7.0～9.0）；在连续流反应中，最佳 pH 值通常为偏酸性条件（pH 5.5～6.5）[34]。随着发酵产氢反应的进行，会生成乙酸、丙酸、丁酸等挥发性脂肪酸，这些挥发性脂肪酸的积累会导致 pH 的降低。当反应体系的 pH 低于 4.0 时，会彻底抑制产氢微生物的活性。研究发现，通过间歇性地调节反应体系的 pH，使其维持在合适的范围内，即可以有效地提升氢气产量[159]。

6.5.3.3　水力停留时间（HRT）和有机负荷率（OLR）

水力停留时间（HRT）可以定义为反应器内可获得底物进行生化转化的时间，可以用反应器体积除以进水流量计算得到。HRT 是影响连续产氢过程的关键参数。HRT 对反应器内微生物群落结构起着关键作用。当 HRT 大于微生物的生长时间时，反应器内会积累微生物；当 HRT 小于微生物的生长时间时，反应器内的微生物会被冲出。因此，可以通过控制反应器的 HRT，选择性地保留和冲出微生物。在产氢体系内，通常通过控制合适的 HRT 来保留产氢菌，冲出甲烷菌[160-161]。对不同研究生物产氢的分析结果显示，暗发酵产氢效果随着 HRT 的增加而降低，当系统 HRT 较低时（＜10h），可以取得较高的产氢效率（＞245mL H_2/g COD）和产氢速率［＞3L/(L・d)］。例如，Silva-Illanes 等利用棕榈油废水产氢的研究结果显示，可以通过控制反应体系的 HRT 来影响微生物的群落结构，进而影响系统的产氢效率[162]。当 HRT 从 14h 降低到 12h 时，得到的产氢效率提高了 28.5 倍。然而，Azbar 等的研究结果显示，当底物浓度较高时，较高的产氢效率需要较高的 HRT 来实现[163]。因此，在连续产氢系统中，反应体系的产氢效果不仅取决于 HRT，还取决于底物的浓度。

有机负荷率（OLR）由底物浓度和 HRT 共同决定，可以通过增加底物浓度或缩短 HRT 来提升 ORL。Silva-Illanes 等的分析结果显示，OLR 的增加会提升生物质速率但会降低生物产氢效率[162]。当 OLR 较高时，微生物可利用的底物更多，能够更快地生成氢气，从而取得较高的产氢速率。但是较高的 OLR 也会导致底物利用不充分和液相末端产物的快速积累，从而限制底物向氢气的转化效率，导致产氢效率降低。

6.5.3.4　氢分压

氢气作为发酵产氢的末端产物，其在反应器内的分压对发酵产氢过程具有直接影响。根据勒夏特列原理，通过降低生物反应器顶空的氢分压，可以改善溶解氢从液相向气相的传质，从而促进体系产氢[164-165]。此外，当氢分压增加时，细菌的代谢会倾向于合成更多的还原产物[166]。因此，在暗发酵过程中，生物反应器内保持较低的氢分压至关重要。降低氢气分压最常见的方法是不断地从反应器中分离和收集氢气，或向反应器内曝气（氮气或二氧化碳）促进氢气从液相分离[167]。此外，还可以通过制造真空环境，降低反应器系统的总压力；或使用氢渗透膜从发酵液中提取溶解的氢气[168]。

RamKumar 等采用糖蜜废水发酵产氢的研究结果显示，通过降低反应器的氢气分压，使氢气的产量从 46mmol/L 提高到了 73mmol/L（提升 58.7%）[165]；Nunes 等研究了反应器总压力（80～120kPa）对糖蜜废水发酵产氢的影响，发现 80kPa 条件下得到的产氢速率和产氢效率最高，分别为 406mL/h 和 4.51mol/mol 蔗糖[164]。

6.6   提升废水生物产氢的方法

发酵产氢是一个非常复杂的过程，受接种量、底物、反应器类型、温度和 pH 等多种因素的影响。已有大量研究探索了这些因素对产氢的影响，但是不同研究中对特定因素在生物产氢的最佳条件存在分歧，还需要考虑多方面的因素，具体情况具体分析。

6.6.1   强化微生物

微生物是生物产氢系统的主要作用者，体系内的微生物群落结构和活性直接影响系统的产氢效果。当以实际废水为底物时，采用混合菌群发酵系统产氢更实际。对于混合菌群产氢能力的提升主要包括三个方面：①微生物预处理；②生物强化；③生物固定化。

6.6.1.1   微生物预处理

混合菌群的来源主要有剩余污泥、禽畜粪便、土壤等。混合菌群中不仅含有产氢微生物，还含有非产氢的微生物。这些微生物的存在可能会抑制系统的产氢效果，例如一些产酸菌会与产氢菌争夺底物，从而降低产氢效率；一些微生物（如甲烷菌、同型产乙酸菌）会消耗氢气合成其他产物，降低系统的产氢量。因此，为了提高系统的产氢能力，需要对混合接种源进行一定的预处理来抑制或杀死非产氢菌，富集产氢菌。

大多数预处理方法都是利用产氢芽孢菌对恶劣环境更强的耐受性，而通过控制不适宜微生物生存的环境选择性地抑制非产氢微生物，保留产氢微生物的活性。已报道的微生物预处理方法有物理处理法（如热处理、曝气处理和电离辐照处理等）、化学处理法（如酸处理、碱处理、甲烷菌抑制剂等）和联合处理法（如热处理-酸/碱处理、热处理-曝气处理、热处理-超声处理等）。根据混合菌群中微生物群落结构的不同，选择不同的预处理方法。

O-Thong 等比较了 5 种预处理方法（热处理、酸处理、碱处理、2-溴乙烷磺酸处理和有机负荷冲击处理）对混合菌群产氢能力的影响，发现有机负荷冲击处理得到的混合菌群的产氢能力最佳[169]；Yin 等比较了 4 种预处理方法（热处理、酸处理、碱处理、电离辐照处理）对混合菌群产氢能力的影响，得到的混合菌群产氢能力的排序为电离辐照处理＞碱处理＞热处理＞酸处理[170]；Rafieenia 等比较了 4 种处理方法（热处理、碱处理、曝气处理和废弃油脂处理）对混合菌群产氢能力的影响，发现废弃油脂处理得到的混合菌群产氢能力最佳，热处理次之，而碱处理和曝气处理对甲烷菌没有达到彻底的抑制[171]。可以看出，不同研究中得到的最佳预处理方法存在差异，主要的原因是不同研究的混合菌群来源不同、产氢所用的底物不同。因此，在实际应用中，需要根据不同的菌群来源和底物来源，确定适宜的混合菌群预处理方法。

6.6.1.2   生物强化

生物强化是指通过添加细菌或古菌来提高微生物反应系统的功能。当以实际废物为底物时，生物强化选择的微生物主要有具有高效水解能力的功能微生物和具有高效产氢能力的功能微生物。

Nkemka 等通过向玉米青贮发酵产氢体系内投加一种厌氧真菌（*Piromyces rhizinflata* YM600）以促进底物的水解，进而提升系统的产氢效果[172]；Huang 等向甘蔗渣发酵产氢体系内投加一种热解糖热厌氧杆菌（*Thermoanaerobacterium thermosaccharolyticum* MJ2）

和生物炭，投加的功能微生物显著影响了反应体系的微生物群落结构，并在生物炭的作用下被高效富集成为优势菌群，使系统的产氢能力提升了 95.31%[173]；Ortigueira 等向餐厨垃圾发酵产氢体系内投加高效产氢菌丁酸梭菌（*Clostridium butyricum*），同时提升了系统的产氢速率和产氢效率[174]。Villanueva-Galindo 等在餐厨垃圾发酵产氢的研究中，比较了采用高效水解微生物［多黏类芽孢杆菌（*Paenibacillus polymyxa*）和枯草芽孢杆菌（*Bacillus subtilis*）］和高效产氢微生物［糖丁基梭菌（*Clostridium saccharobutylicum*）和拜氏梭菌（*Clostridium beijerinckii*）］强化体系的产氢效果，发现高效水解为生物强化的反应体系的产氢效果最佳，说明水解是餐厨垃圾发酵产氢的关键限速步骤[175]。因此，针对不同的废水成分和接种微生物的菌群结构，分析反应体系的关键限速步骤，可以帮助研究者们更好地选择用于生物强化的高效功能菌株。

6.6.1.3 生物固定化

通过将微生物固定在一些特点的载体上，一方面可以减少悬浮微生物在反应器操作上的限制；另一方面也可以为微生物创造适宜的微环境，减少外界环境变化的冲击作用。此外，一些微生物固定基质还可以起到 pH 的作用[123]。

常用的微生物固定化方法有吸附法、包埋法、共价键结合法和交联法等。用于微生物固定的基质有多孔聚合物（如聚氨酯泡沫等）、多孔碳基材料（如活性炭、生物炭、碳布等）、生物质（如木质纤维素等）等。Yin 等[176]和 Chen 等[123]采用 PVA 包埋固定微生物，有效提升了微生物发酵产氢的稳定性；Gandu 等采用壳聚糖和海藻酸盐将微生物固定在 MEC 阳极上，有效提升了 MEC 的产氢效率[177]。Salem 等在以蔗糖废水产氢的研究中，比较了不同的微生物固定化方法（生物颗粒、赤铁矿纳米颗粒和生物膜载体）对产氢效果的影响，发现生物颗粒和赤铁矿纳米颗粒固定化均有效地提升了系统的产氢速率和产氢效率，其中形成生物颗粒得到的产氢速率最高[178]。而生物膜载体固定化微生物得到的产氢速率低于对照组，生物膜载体固定化方法不适用于该体系。可见，针对不同的反应底物和反应器结构，需要选择适宜的微生物固定化方法，才能实现更好的产氢效果。

6.6.2 底物预处理

对于成分复杂的废水，如印染废水、木薯加工废水、玉米淀粉废水、豆腐加工废水等，需要对其进行预处理，强化其水解效果。底物的预处理方法有物理法（如热处理、超声处理、微波处理、电离辐射处理等）、化学法（如酸处理、碱处理、氧化处理等）、生物法（酶解、生物水解等），以及多种方法的组合等[179]。每一种预处理方法都有其特性和独特的适用性，不同方法的选取要由不同废水的性质决定。

Eroglu 等采用陶土处理橄榄油厂废水，有效降低了废水的色度和酚浓度，使后续的光发酵产氢量从 16L H_2/L 废水提高到了 31.5L H_2/L 废水，提高了 96.9%[180]。Li 等采用活性炭处理印染废水，有效降低了废水中的生物毒性抑制物，得到的最大产氢效率为 1.37mol/mol 还原糖[181]。Uyub 等采用热处理酿酒废水，使废水的最大产氢效率提高到了 63.0476ml/mol 葡萄糖[182]。Askari 等采用 MEC 系统对橄榄油厂废水进行生物处理并同时产氢，在电流密度为 362mA/m 的条件下，得到的产氢速率和 COD 去除率为 0.053L/(L·d) 和 62%[183]。

预处理虽然可以有效地促进废水中有机物的水解，从而提升废水产氢的效果。但是预处理往往也会导致产氢系统运行成本的增加。如物理处理往往对能耗的需求较高，而化学处理投加的化学试剂也为发酵液的后续处理处置增加了困难。特别需要注意控制预处理过程中产生的生物毒性类物质（如呋喃、酚等）的生成[184]。因此，需要针对特定的废水，针对性地探索低能耗、低残留、高效促进产氢的处理方法。

6.6.3　添加剂

如本章第 5 节所述，底物的组成成分对生物产氢至关重要。除了碳水化合物作为必要的底物，金属离子、N、P、S、维生素、矿物质等均是产氢微生物生长代谢的必要营养物质。针对不同的废水组成成分，补充添加必要的营养元素，可以有效地提高生物产氢效果。大量的研究探索了不同的添加剂对生物产氢的作用效果。研究中用到的添加剂包括金属类（如金属单质、金属离子、金属氧化物）、微生物载体物质（如碳基材料、多孔聚合物材料等）、微量元素（如 L-半胱氨酸等）、生物制剂（如纤维素酶、半纤维素酶等）[150]。

Elreedy 等研究了多种金属氧化物等纳米颗粒对工业废水发酵产氢的影响，结果显示 Fe_2O_3（200mg/L）、NiO（20mg/L）和 ZnO NPs（10mg/L）使废水的产氢量分别提升了 41%、30% 和 29%[185]。Azbar 等研究了多种金属离子和微量元素对乳制品废水发酵产氢的影响，通过优化多种添加剂的添加量，最大产氢效率达到了 3.5mol/mol 乳糖[186]。

虽然添加剂的投加可以有效地提升微生物的代谢活性并促进废水发酵产氢，但也会增加反应系统的运行成本。在实际应用中，可以选择富含重金属和微量元素物质替代人工合成的添加剂，例如石灰渣、渗滤液、矿灰等，用更低的成本实现废水的高效产氢。

6.6.4　运行条件优化

如上所述，反应条件会显著影响废水生物产氢的效果。通过运行条件的优化，可以有效地提升废水生物产氢效果。运行条件优化的方法包括单因素条件优化法和多因素条件优化法。其中，多因素条件优化法可以同时优化多个因素，避免了多个影响因素之间的相互作用对优化结果造成的影响。常用的多因素条件优化法有 Plackett-Burman 设计和响应曲面法（response surface methodology）。

Plackett-Burman 试验设计方法主要通过对每个因子取 2 水平来进行分析，通过比较各个因子两水平的差异与整体的差异来确定因子的显著性。筛选试验设计不能区分主效应与交互作用的影响，但对显著影响的因子可以确定出来，从而达到筛选的目的，避免在后期的优化试验中由于因子数太多或部分因子不显著而浪费试验资源。响应曲面法（response surface methodology，RSM）是一种优化生物过程的统计学试验设计，采用该法以建立连续变量曲面模型，对影响生物过程的因子及其交互作用进行评价，确定最佳水平范围。

Pan 等先采用 Plackett-Burman 设计从影响发酵产氢的 8 个因素中筛选出了 3 个主要的影响因素（糖浓度、磷酸盐缓冲液和维生素浓度），进而采用响应曲面法的 Box-Behnken 设计进行了 3 因素 3 水平的优化，最终得到最佳的产氢条件[187]。Wadjeam 等利用响应曲面法的中心合成设计（central composite design，CCD）研究了碳酸氢钠、初始 pH 和 COD/N 三个因素对木薯淀粉废水发酵产氢的影响，得到的最佳反应条件为 2.84g/L NaHCO₃，初始 pH 6.7、7h 和 COD/N 为 42.36，最大产氢潜力为 1787mL/L 废水[188]。Lee 等探索了糖蜜废水和剩余污泥共发酵产氢，利用响应曲面法优化了底物的 2 种稀释倍数和混合比例，发现当 VS 浓度为 10～12g/L 时，糖蜜废水与污泥在所有试验的混合比条件下均可以得到较高的产氢速率；而当剩余污泥在底物中的比例为 10%、VS 为 10g/L 时，最大产氢效率为 50mL/g VS[189]。

运行条件优化可以通过试验设计使反应体系达到最佳的运行状态。与预处理和外加添加剂相比，运行条件优化不会产生过多的能耗和成本负担，是实际应用中不可缺少的步骤。

6.7　废水生物产氢的技术经济分析

生物产氢的成本受到一系列因素的影响，如氢气的需求、氢气的生产成本、存储成本、运输成本以及环境和社会影响。在所有这些因素中，生产成本被认为是最关键的因素[190]。因此，生物产氢技术的经济性决定了生物产氢技术的应用潜力。生物产氢的生产成本主要包括资本投资和运营成本。

6.7.1　投资成本

投资成本（capitalized cost，CP）包括两类：①设备成本（equipment cost，EC），②附加成本（additional costs，AC），如设施建设、泵和管道成本等。

$$投资成本＝设备成本＋附加成本 \tag{6-21}$$

6.7.2　运营成本

运营成本（operating cost，OC）由年度工作成本和年度生产成本组成，主要包括物料成本、人工成本、系统维护成本、生物气净化成本等。

6.7.3　成本效益分析

产氢装置的年度总成本包括年度运营成本和年度折旧成本，折旧成本是将总投资成本平分到系统生命周期的每一年。

$$年度总成本＝OC＋\frac{CP}{n}＝OC＋\left(\frac{EC}{n_1}＋\frac{AC}{n_2}\right) \tag{6-22}$$

式中，n_1 和 n_2 分别是设备和附加设施的寿命。

生物产氢过程的利润是指生物能源的利润，包括氢气的利润和其他副产物如乙醇、甲烷、二氧化碳等的利润。当废物用作基质时，环境效益也可以考虑在内。

产氢厂的年利润为生物产氢年利润减去年总成本。此外，为了找出影响工艺利润的关键因素，通常会对各个因素进行敏感性分析。

6.7.4　案例分析

不同方法产氢的经济性分析比较表明，生物产氢成本为 1.2～4.3 欧元/kg。与传统的化石燃料产氢，如天然气/煤的重整产氢（0.8～1.6 欧元/kg）相比，在成本上没有竞争力[191]。此外，生物产氢技术比其他可再生能源产氢技术更有优势，如利用风电、水电或光电电解水产氢（3.8～8.8 欧元/kg）[192]。在所有的生物产氢方法中，暗发酵产氢和生物光解产氢比光发酵、暗发酵-光发酵两级产氢成本更高[192]。但是，Romagnoli 等的分析没有考虑暗发酵产氢过程中得到的附加产物利润，以及利用废物发酵产氢时得到的环境效益。

Akkerman 等以 140 公顷的开放池塘和 14 公顷光生物反应器为数据来源分析了光生物产氢的经济性，结果表明设备成本和年运营成本分别为 4300 万美元和 1200 万美元，生物产氢可以覆盖年成本的 25%[193]。Han 等对暗发酵产氢的分析结果显示，系统的设备成本需要 31.88 万美元，此外，附加成本是设备成本的 50%，暗发酵产氢反应系统总的投资成本为 47.82 万美元[190]。系统的运营成本和产氢所得的利润随反应器体积的增大而增加，净利润分析计算发现，反应系统的规模越大，净利润越高，系统的经济性越好。当反应器体积大于 30m³ 时能够产生正利润，当反应器体积大于 40m³ 时，投资可在 10 年内收回成本。

除了反应器的规模，反应器的类型和设计也会显著影响生物产氢成本。分析结果显示，用于光生物产氢的面积为 $11 \times 10^4 \mathrm{m}^2$、深度 10cm、产氢量为 300kg/d 的池塘的总投资成本为 516.8 万美元。因此，有必要设计更实惠的反应器以削减生物产氢的设备成本[194]。

研究发现暗发酵的副产物可以进一步增加反应系统的利润。Varrone 等在利用粗甘油发酵产氢的过程中得到乙醇副产物，该过程的经济分析结果表明，该工艺中生物乙醇的收益即可收回成本，生产得到的氢气可以贡献净利润[195]。类似地，研究发现暗发酵产氢过程中产生的乙醇、甲烷也提升了反应体系的经济性[196-197]。此外，当废物作为底物时，废物处理的环境效益也可以折算成反应系统的利润。例如，Elreedy 等探索了利用石化废水暗发酵产氢，计算出废水处理的环境效益是生物能源生产的 1.1～3.5 倍，从而实现了更高的净利润[198]。

生物产氢设备的寿命通常为 6～10 年。敏感性分析结果表明，氢气价格和原料成本对生物产氢工艺净利润有显著影响。当有机废物作为底物时，可显著降低底物成本，增加环境效益，从而提高系统利润。操作条件对产氢效率具有显著影响，进而影响净利润。风险最大的是年度生产成本，这主要由不断增加的人力成本导致。研究显示，光生物产氢单元的造价约为 15000 美元每公顷，而对应的人工费高达 26000 美元。随着全自动化工艺的普及，人力成本的降低将使生物产氢工艺的操作更加高效和稳定[194,199]。

参 考 文 献

[1] Qadir M，Drechsel P，Jiménez Cisneros B，et al. Global and regional potential of wastewater as a water，nutrient and energy source [J]. Natural Resources Forum，2020，44 (1)：40-51.

[2] Li W，Yu H. From wastewater to bioenergy and biochemicals via two-stage bioconversion processes：A future paradigm [J]. Biotechnology Advances，2011，29 (6)：972-982.

[3] 喻玮昱. 有机废弃物生物制氢研究 [J]. 化工管理，2017 (25)：68.

[4] Karube I，Matsunaga T，Tsuru S，et al. Continous hydrogen production by immobilized whole cells of *Clostridium butyricum* [J]. Biochimica et Biophysica Acta (BBA)-General Subjects，1976，444 (2)：338-343.

[5] Liu X，Zhu Y，Yang S. Construction and characterization of ack deleted mutant of *Clostridium tyrobutyricum* for enhanced butyric acid and hydrogen production [J]. Biotechnology Progress，2006，22 (5)：1265-1275.

[6] Gungormusler-Yilmaz M，Shamshurin D，Grigoryan M，et al. Reduced catabolic protein expression in *Clostridium butyricum* DSM 10702 correlate with reduced 1，3-propanediol synthesis at high glycerol loading [J]. AMB Express，2014，4：63.

[7] 张露思. 不同代谢类型细菌的产氢效能及作用机制研究 [D]. 哈尔滨：哈尔滨工业大学，2011.

[8] 刘晓烨，张洪，李永峰. 水力停留时间对复合式厌氧折流板反应器乙醇型发酵制氢系统的影响 [J]. 环境科学，2014 (06)：2433-2438.

[9] Benemann J R，Berenson J A，Kaplan N O，et al. Hydrogen evolution by a chloroplast-ferredoxin-hydrogenase system [J]. Proceedings of the National Academy of Sciences，1973，70 (70)：2317-2320.

[10] Trchounian K，Mueller N，Schink B，et al. Glycerol and mixture of carbon sources conversion to hydrogen by *Clostridium beijerinckii* DSM79 1 and effects of various heavy metals on hydrogenase activity [J]. International Journal of Hydrogen Energy，2017，42 (12)：7875-7882.

[11] Koku H，Eroğlu O，Gündüz U，et al. Aspects of metabolism of hydrogen production by *Rhodobacter sphaeroides* [J]. International Journal of Hydrogen Energy，2002，27 (11)：1315-1329.

[12] Baeyens J，Zhang H，Nie J，et al. Reviewing the potential of bio-hydrogen production by fermentation [J]. Renewable and Sustainable Energy Reviews，2020，131：110023.

[13] Wykoff D D，Davies J P，Melis A，et al. The regulation of photosynthetic electron transport during nutrient deprivation in *Chlamydomonas reinhardtii* [J]. Plant Physiology，1998.

[14] Melis A，Zhang L，Forestier M，et al. Sustained photobiological hydrogen gas production upon reversible inactiva-

tion of oxygen evolution in the green alga *Chlamydomonas reinhardtii* [J]. Plant Physiology, 2000, 122 (1): 127-135.

[15] Sun M, Sheng G, Zhang L, et al. An MEC-MFC-Coupled system for biohydrogen production from acetate [J]. Environmental Science & Technology, 2008, 42 (21): 8095-8100.

[16] Chae K, Choi M, Kim K, et al. A Solar-powered microbial electrolysis cell with a platinum catalyst-free cathode to produce hydrogen [J]. Environmental Science & Technology, 2009, 43 (24): 9525-9530.

[17] Ajayi F F, Kim K, Chae K, et al. Optimization studies of bio-hydrogen production in a coupled microbial electrolysis-dye sensitized solar cell system [J]. Photochemical & Photobiological Sciences, 2010, 9 (3): 349.

[18] Jain A, He Z. Improving hydrogen production in microbial electrolysis cells through hydraulic connection with thermoelectric generators [J]. Process Biochemistry, 2020, 94: 51-57.

[19] Zhao N, Liang D, Liu H, et al. Efficient H_2 production in a novel separator electrode assembly (SEA) microbial electrolysis cell [J]. Chemical Engineering Journal, 2023, 451: 138561.

[20] Kumar Sharma A, Kumar Ghodke P, Manna S, et al. Emerging technologies for sustainable production of biohydrogen production from microalgae: A state-of-the-art review of upstream and downstream processes [J]. Bioresource Technology, 2021, 342: 126057.

[21] Trchounian K, Sawers R G, Trchounian A. Improving biohydrogen productivity by microbial dark- and photo-fermentations: Novel data and future approaches [J]. Renewable & Sustainable Energy Reviews, 2017, 80: 1201-1216.

[22] Chen C, Yang M, Yeh K, et al. Biohydrogen production using sequential two-stage dark and photo fermentation processes [J]. International Journal of Hydrogen Energy, 2008, 33 (18): 4755-4762.

[23] Sağır E, Yucel M, Hallenbeck P C, et al. Demonstration and optimization of sequential microaerobic dark-and photo-fermentation biohydrogen production by immobilized *Rhodobacter capsulatus* JP91 [J]. Bioresource Technology, 2018, 250: 43-52.

[24] Meky N, Ibrahim M G, Fujii M, et al. Integrated dark-photo fermentative hydrogen production from synthetic gelatinaceous wastewater via cost-effective hybrid reactor at ambient temperature [J]. Energy Conversion and Management, 2020, 203: 112250.

[25] Seifert K, Zagrodnik R, Stodolny M, et al. Biohydrogen production from chewing gum manufacturing residue in a two-step process of dark fermentation and photofermentation [J]. Renewable Energy, 2018, 122: 526-532.

[26] Zeng X, Borole A P, Pavlostathis S G. Biotransformation of furanic and phenolic compounds with hydrogen gas production in a microbial electrolysis cell [J]. Environmental Science & Technology, 2015, 49 (22): 13667-13675.

[27] Nguyen P K T, Das G, Kim J, et al. Hydrogen production from macroalgae by simultaneous dark fermentation and microbial cell [J]. Bioresource Technology, 2020, 315: 123795.

[28] Zhang J, Chang H, Li X, et al. Boosting hydrogen production from fermentation effluent of biomass wastes in cylindrical single-chamber microbial electrolysis cell [J]. Environmental Science and Pollution Research, 2022, 29: 89727-89737.

[29] Hassanein A, Witarsa F, Guo X, et al. Next generation digestion: Complementing anaerobic digestion (AD) with a novel microbial electrolysis cell (MEC) design [J]. International Journal of Hydrogen Energy, 2017, 42 (8): 28681-28689.

[30] Wang A, Sun D, Cao G, et al. Integrated hydrogen production process from cellulose by combining dark fermentation, microbial fuel cells, and a microbial electrolysis cell [J]. Bioresource Technology, 2011, 102 (5): 4137-4143.

[31] Gest H, Kamen M D. Photoproduction of molecular hydrogen by *rhodospirillum-rubrum* [J]. Science, 1949, 109 (2840): 558-559.

[32] Yin Y N, Wang J L. Chapter 8-production of biohydrogen, in Biofuels and Biorefining, F. I. Gómez Castro and C. Gutiérrez-Antonio Editors [J]. Elsevier: Amsterdam, 2022: 283-337.

[33] Wang J L, Yin Y N. Clostridium species for fermentative hydrogen production: An overview [J]. International Journal of Hydrogen Energy, 2021, 46 (70): 34599-34625.

[34] Beckers L, Masset J, Hamilton C, et al. Investigation of the links between mass transfer conditions, dissolved hydrogen concentration and biohydrogen production by the pure strain *Clostridium butyricum* CWBI1009 [J]. Biochemical Engineering Journal, 2015, 98 (0): 18-28.

[35] Calusinska M，Hamilton C，Monsieurs P，et al. Genome-wide transcriptional analysis suggests hydrogenase- and ni-trogenase-mediated hydrogen production in *Clostridium butyricum* CWBI 1009 [J]. Boptechnology for Biofuels，2015，8：27.

[36] Ortigueira J，Alves L，Gouveia L，et al. Third generation biohydrogen production by *Clostridium butyricum* and adapted mixed cultures from *Scenedesmus obliquus* microalga biomass [J]. Fuel，2015，153：128-134.

[37] Rafieenia R，Chaganti S R. Flux balance analysis of different carbon source fermentation with hydrogen producing *Clostridium butyricum* using Cell Net Analyzer [J]. Bioresource Technology，2015，175：613-618.

[38] Jo J H，Lee D S，Park D，et al. Statistical optimization of key process variables for enhanced hydrogen production by newly isolated *Clostridium tyrobutyricum* JM1 [J]. International Journal of Hydrogen Energy，2008，33 (19)：5176-5183.

[39] Pan C M，Fan Y T，Zhao P，et al. Fermentative hydrogen production by the newly isolated *Clostridium beijerinckii* Fanp3 [J]. International Journal of Hydrogen Energy，2008，33 (20)：5383-5391.

[40] Zhao X，Xing D F，Fu N，et al. Hydrogen production by the newly isolated *Clostridium beijerinckii* RZF-1108 [J]. Bioresource Technology，2011，102 (18)：8432-8436.

[41] An D，Li Q，Wang X Q，et al. Characterization on hydrogen production performance of a newly isolated *Clostridium beijerinckii* YA001 using xylose [J]. International Journal of Hydrogen Energy，2014，39 (35)：19928-19936.

[42] Cheng C L，Chang J S. Hydrolysis of lignocellulosic feedstock by novel cellulases originating from *Pseudomonas* sp. CL3 for fermentative hydrogen production [J]. Bioresource Technology，2011，102 (18)：8628-8634.

[43] Hu C C，Giannis A，Chen C L，et al. Comparative study of biohydrogen production by four dark fermentative bacteria [J]. International Journal of Hydrogen Energy，2013，38 (35)：15686-15692.

[44] Batista A P，Moura P，Marques PASS，et al. *Scenedesmus obliquus* as feedstock for biohydrogen production by *Enterobacter aerogenes* and *Clostridium butyricum* [J]. Fuel，2014，117，Part A：537-543.

[45] Shin J H，Hyun Yoon J，Eun K A，et al. Fermentative hydrogen production by the newly isolated *Enterobacter asburiae* SNU-1 [J]. International Journal of Hydrogen Energy，2007，32 (2)：192-199.

[46] Harun I，Jahim J M，Anuar N，et al. Hydrogen production performance by *Enterobacter cloacae* KBH₃ isolated from termite guts [J]. International Journal of Hydrogen Energy，2012，37 (20)：15052-15061.

[47] Mishra P，Das D. Biohydrogen production from *Enterobacter cloacae* IIT-BT 08 using distillery effluent [J]. International Journal of Hydrogen Energy，2014，39 (14)：7496-7507.

[48] Sinha P，Pandey A. Biohydrogen production from various feedstocks by *Bacillus firmus* NMBL-03 [J]. International Journal of Hydrogen Energy，2014，39 (14)：7518-7525.

[49] Song Z X，Li W W，Li X H，et al. Isolation and characterization of a new hydrogen-producing strain *Bacillus* sp FS2011 [J]. International Journal of Hydrogen Energy，2013，38 (8)：3206-3212.

[50] Xie G J，Feng L B，Ren N Q，et al. Control strategies for hydrogen production through co-culture of *Ethanoligenens harbinense* B49 and immobilized *Rhodopseudomonas faecalis* RLD-53 [J]. International Journal of Hydrogen Energy，2010，35 (5)：1929-1935.

[51] Zhang L，Chung J S，Ren N Q，et al. Effects of the ecological factors on hydrogen production and [Fe-Fe] -hydrogenase activity in *Ethanoligenens harbinense* YUAN-3 [J]. International Journal of Hydrogen Energy，2015，40 (21)：6792-6797.

[52] Oh Y K，Seol E H，Kim J R，et al. Fermentative biohydrogen production by a new chemoheterotrophic bacterium *Citrobacter* sp. Y19 [J]. International Journal of Hydrogen Energy，2003，28 (12)：1353-1359.

[53] Hamilton C，Hiligsmann S，Beckers L，et al. Optimization of culture conditions for biological hydrogen production by *Citrobacter freundii* CWBI952 in batch，sequenced-batch and semicontinuous operating mode [J]. International Journal of Hydrogen Energy，2010，35 (3)：1089-1098.

[54] Oh Y K，Seol E H，Lee E Y，et al. Fermentative hydrogen production by a new chemoheterotrophic bacterium *Rhodopseudomonas Palustris* P4 [J]. International Journal of Hydrogen Energy，2002，27 (11-12)：1373-1379.

[55] O-Thong S，Prasertsan P，Karakashev D，et al. Thermophilic fermentative hydrogen production by the newly isolated *Thermoanaerobacterium thermosaccharolyticum* PSU-2 [J]. International Journal of Hydrogen Energy，2008，33 (4)：1204-1214.

[56] Ren N Q，Cao G L，Wang A J，et al. Dark fermentation of xylose and glucose mix using isolated *Thermoanaerobacterium thermosaccharolyticum* W16 [J]. International Journal of Hydrogen Energy，2008，33 (21)：6124-6132.

［57］ Singh S，Sarma P M，Lal B. Biohydrogen production by *Thermoanaerobacterium thermosaccharolyticum* TERI S7 from oil reservoir flow pipeline ［J］. International Journal of Hydrogen Energy，2014，39（9）：4206-4214.

［58］ Chookaew T，O-Thong S，Prasertsan P. Fermentative production of hydrogen and soluble metabolites from crude glycerol of biodiesel plant by the newly isolated thermotolerant *Klebsiella pneumoniae* TR17 ［J］. International Journal of Hydrogen Energy，2012，37（18）：13314-13322.

［59］ Alvarez-Guzmán C L，Oceguera-Contreras E，Ornelas-Salas J T，et al. Biohydrogen production by the psychrophilic G088 strain using single carbohydrates as substrate ［J］. International Journal of Hydrogen Energy，2016，41（19）：8092-8100.

［60］ Debowski M，Korzeniewska E，Filipkowska Z，et al. Possibility of hydrogen production during cheese whey fermentation process by different strains of psychrophilic bacteria ［J］. International Journal of Hydrogen Energy，2014，39（5）：1972-1978.

［61］ 刘洪艳. 厌氧发酵产氢菌筛选及产氢菌突变体库构建 ［D］. 中国科学院研究生院（海洋研究所），2010.

［62］ Moosbrugger R E，Wentzel M C，Ekama G A，et al. Weak acid bases and ph control in anaerobic systems - a review ［J］. WATER SA，1993，19（1）：1-10.

［63］ Whitman W B，Bowen T L，Boone D R. The methanogenic bacteria ［J］. The Prokaryotes，2006，3：165-207.

［64］ Ray S，Saady N，Lalman J. Diverting electron fluxes to hydrogen in mixed anaerobic communities fed with glucose and unsaturated C_{18} long chain fatty acids ［J］. Journal of Environmental Engineering，2009，136（6）：568-575.

［65］ Kundiyana D K，Wilkins M R，Maddipati P，et al. Effect of temperature，pH and buffer presence on ethanol production from synthesis gas by "*Clostridium ragsdalei*" ［J］. Bioresource Technology，2011，102（10）：5794-5799.

［66］ Perez J M，Richter H，Loftus S E，et al. Biocatalytic reduction of short-chain carboxylic acids into their corresponding alcohols with syngas fermentation ［J］. Biotechnology and Bioengineering，2013，110（4）：1066-1077.

［67］ Ramachandriya K D，Kundiyana D K，Wilkins M R，et al. Carbon dioxide conversion to fuels and chemicals using a hybrid green process ［J］. Applied Energy，2013，112：289-299.

［68］ Phillips J R，Atiyeh H K，Tanner R S，et al. Butanol and hexanol production in *Clostridium carboxidivorans* syngas fermentation：Medium development and culture techniques ［J］. Bioresource Technology，2015，190：114-121.

［69］ Lu W，Wen J，Chen Y，et al. Synergistic effect of *Candida maltosa* HY-35 and *Enterobacter aerogenes* W-23 on hydrogen production ［J］. International Journal of Hydrogen Energy，2007，32（8）：1059-1066.

［70］ Adav S S，Lee D，Wang A，et al. Functional consortium for hydrogen production from cellobiose：Concentration-to-extinction approach ［J］. Bioresource Technology，2009，100（9）：2546-2550.

［71］ Li Q，Liu C. Co-culture of *Clostridium thermocellum* and *Clostridium thermosaccharolyticum* for enhancing hydrogen production via thermophilic fermentation of cornstalk waste ［J］. International Journal of Hydrogen Energy，2012，37（14）：10648-10654.

［72］ Valdez-Vazquez I，Pérez-Rangel M，Tapia A，et al. Hydrogen and butanol production from native wheat straw by synthetic microbial consortia integrated by species of *Enterococcus* and *Clostridium* ［J］. Fuel，2015，159：214-222.

［73］ Hung C H，Chang Y T，Chang Y J. Roles of microorganisms other than *Clostridium* and *Enterobacter* in anaerobic fermentative biohydrogen production systems-A review ［J］. Bioresource Technology，2011，102（18）：8437-8444.

［74］ 邢德峰，任南琪，宫曼丽，PCR-DGGE 技术解析生物制氢反应器微生物多样性 ［J］. 环境科学，2005（02）：172-176.

［75］ Wang J L，Yin Y N. Principle and application of different pretreatment methods for enriching hydrogen-producing bacteria from mixed cultures ［J］. International Journal of Hydrogen Energy，2017，42（8）：4804-4823.

［76］ Ferreira Rosa P R，Silva E L. Review of continuous fermentative hydrogen-producing bioreactors from complex wastewater ［J］. 2017：257-284.

［77］ Pandey A，Larroche C，Ricke S C，et al. Biofuels：alternative feedstocks and conversion processes ［J］. Tectonics，2011，29（3）：3040.

［78］ Hafez H，Baghchehsaraee B，Nakhla G，et al. Comparative assessment of decoupling of biomass and hydraulic retention times in hydrogen production bioreactors ［J］. International Journal of Hydrogen Energy，2009，34（18）：7603-7611.

[79]　Hafez H，Nakhla G，El Naggar H. An integrated system for hydrogen and methane production during landfill leachate treatment [J]. International Journal of Hydrogen Energy，2010，35（10SI）：5010-5014.

[80]　Hafez H M，El Naggar M H，Nakhla G F. Integrated system for hydrogen and methane production from industrial organic wastes and biomass [P]. US 20180127697 [2023-08-28].

[81]　Keskin T，Giusti L，Azbar N. Continuous biohydrogen production in immobilized biofilm system versus suspended cell culture [J]. International Journal of Hydrogen Energy，2012，37（2）：1418-1424.

[82]　Wu S Y，Hung C H，Lin C N，et al. Fermentative hydrogen production and bacterial community structure in high-rate anaerobic bioreactors containing silicone-immobilized and self-flocculated sludge [J]. Biotechnology and Bioengineering，2006，93（5）：934-946.

[83]　Wu S，Chu C，Yeh W. Aspect ratio effect of bioreactor on fermentative hydrogen production with immobilized sludge [J]. International Journal of Hydrogen Energy，2013，38（14）：6154-6160.

[84]　Zhao L，Cao G，Wang A，et al. Enhanced bio-hydrogen production by immobilized *Clostridium* sp T₂ on a new biological carrier. International Journal of Hydrogen Energy，2012，37（1）：162-166.

[85]　Sivagurunathan P，Lin C. Enhanced biohydrogen production from beverage wastewater：process performance during various hydraulic retention times and their microbial insights [J]. RSC Advances，2016，6（5）：4160-4169.

[86]　Jung J，Sim Y，Baik J，et al. High-rate mesophilic hydrogen production from food waste using hybrid immobilized microbiome [J]. Bioresource Technology，2021，320：124279A.

[87]　Carolin Christopher F，Kumar P S，Vo D N，et al. A review on critical assessment of advanced bioreactor options for sustainable hydrogen production [J]. International Journal of Hydrogen Energy，2021，46（10）：7113-7136.

[88]　Andreani C L，Tonello T U，Mari A G，et al. Impact of operational conditions on development of the hydrogen-producing microbial consortium in an AnSBBR from cassava wastewater rich in lactic acid [J]. International Journal of Hydrogen Energy，2019，44（3）：1474-1482.

[89]　Won S G，Baldwin S A，Lau A K，et al. Optimal operational conditions for biohydrogen production from sugar refinery wastewater in an ASBR [J]. International Journal of Hydrogen Energy，2013，38（32）：13895-13906.

[90]　Maaroff R M，Md Jahim J，Azahar A M，et al. Biohydrogen production from palm oil mill effluent（POME）by two stage anaerobic sequencing batch reactor（ASBR）system for better utilization of carbon sources in POME [J]. International Journal of Hydrogen Energy，2019，44（6）：3395-3406.

[91]　Bakonyi P，Nemestothy N，Simon V，et al. Fermentative hydrogen production in anaerobic membrane bioreactors：A review [J]. Bioresource Technology，2014，156：357-363.

[92]　Zhang Z，Tay J，Show K，et al. Biohydrogen production in a granular activated carbon anaerobic fluidized bed reactor [J]. International Journal of Hydrogen Energy，2007，32（2）：185-191.

[93]　Lee K S，Wu J F，Lo Y S，et al. Anaerobic hydrogen production with an efficient carrier-induced granular sludge bed bioreactor [J]. Biotechnology and Bioengineering，2004，87（5）：648-657.

[94]　Vijayaraghavan K，Ahmad D. Biohydrogen generation from palm oil mill effluent using anaerobic contact filter [J]. International Journal of Hydrogen Energy，2006，（10）：1284-1291.

[95]　Penteado E D，Lazaro C Z，Sakamoto I K，et al. Influence of seed sludge and pretreatment method on hydrogen production in packed-bed anaerobic reactors [J]. International Journal of Hydrogen Energy，2013，38（14）：6137-6145.

[96]　Jo J H，Lee D S，Park D，et al. Biological hydrogen production by immobilized cells of *Clostridium tyrobutyricum* JM1 isolated from a food waste treatment process [J]. Bioresource Technology，2008，99（14）：6666-6672.

[97]　Fontes Lima D M，Zaiat M. The influence of the degree of back-mixing on hydrogen production in an anaerobic fixed-bed reactor [J]. International Journal of Hydrogen Energy，2012，37（12）：9630-9635.

[98]　Oh Y K，Kim S H，Kim M S，et al. Thermophilic biohydrogen production from glucose with trickling biofilter [J]. Biotechnology and Bioengineering，2004，88（6）：690-698.

[99]　Yu H Q，Zhu Z H，Hu W R，et al. Hydrogen production from rice winery wastewater in an upflow anaerobic reactor by using mixed anaerobic cultures. International Journal of Hydrogen Energy，2002，27（11/12）：1359-1365.

[100]　Gavala H N，Skiadas I V，Ahring B K. Biological hydrogen production in suspended and attached growth anaerobic reactor systems [J]. International Journal of Hydrogen Energy，2006，31（9）：1164-1175.

[101]　Ribeiro J C，Mota V T，de Oliveira V M，et al. Hydrogen and organic acid production from dark fermentation of cheese whey without buffers under mesophilic condition [J]. Journal of Environmental Management，2022，

304：114253.

[102]　Dessi P，Asunis F，Ravishankar H，et al. Fermentative hydrogen production from cheese whey with in-line，concentration gradient-driven acid extraction [J]. International Journal of Hydrogen Energy，2020，45（46）：24453-24466.

[103]　温汉泉，任宏宇，曹广丽，等. 生物膜法光发酵制氢的研究现状与展望 [J]. 环境科学学报，2020. 40（10）：3539-3548.

[104]　Slegers P M，van Beveren P J M，Wijffels R H，et al. Scenario analysis of large scale algae production in tubular photobioreactors [J]. Applied Energy，2013，105：395-406.

[105]　Oncel S，Kose A. Comparison of tubular and panel type photobioreactors for biohydrogen production utilizing *Chlamydomonas reinhardtii* considering mixing time and light intensity [J]. Bioresource Technology，2014，151：265-270.

[106]　Chen C，Chang J. Enhancing phototropic hydrogen production by solid-carrier assisted fermentation and internal optical-fiber illumination [J]. Process Biochemistry，2006，41（9）：2041-2049.

[107]　Chen C，Saratale G，Lee C，et al. Phototrophic hydrogen production in photobioreactors coupled with solar-energy-excited optical fibers [J]. International Journal of Hydrogen Energy，2008，33（23）：6886-6895.

[108]　Kondo T，Wakayama T，Miyake J. Efficient hydrogen production using a multi-layered photobioreactor and a photosynthetic bacterium mutant with reduced pigment [J]. International Journal of Hydrogen Energy，2006，31（11）：1522-1526.

[109]　Dasgupta C N，Jose Gilbert J，Lindblad P，et al. Recent trends on the development of photobiological processes and photobioreactors for the improvement of hydrogen production [J]. International Journal of Hydrogen Energy，2010，35（19）：10218-10238.

[110]　Zhang Y，Angelidaki I. Microbial electrolysis cells turning to be versatile technology：Recent advances and future challenges [J]. Water Research，2014，56：11-25.

[111]　Rozendal R A，Hamelers H V M，Molenkmp R J，et al. Performance of single chamber biocatalyzed electrolysis with different types of ion exchange membranes [J]. Water Research，2007，41（9）：1984-1994.

[112]　Lee H，Torres C I，Parameswaran P，et al. Fate of H_2 in an upflow single-chamber microbial electrolysis cell using a metal-catalyst-free cathode. Environmental Science & Technology，2009，43（20）：7971-7976.

[113]　Kundu A，Sahu J N，Redzwan G，et al. An overview of cathode material and catalysts suitable for generating hydrogen in microbial electrolysis cell [J]. International Journal of Hydrogen Energy，2013，38（4）：1745-1757.

[114]　Saravanan A，Karishma S，Kumar P S，et al. Microbial electrolysis cells and microbial fuel cells for biohydrogen production：current advances and emerging challenges [J]. Biomass Conversion and Biorefinery，2020.

[115]　Kim K N，Lee S H，Kim H，et al. Improved microbial electrolysis cell hydrogen production by hybridization with a TiO_2 nanotube array photoanode [J]. Energies，2018，11：318411.

[116]　Fu Q，Kobayashi H，Kuramochi Y，et al. Bioelectrochemical analyses of a thermophilic biocathode catalyzing sustainable hydrogen production [J]. International Journal of Hydrogen Energy，2013，38（35）：15638-15645.

[117]　Jafary T，Daud W R W，Ghasemi M，et al. Clean hydrogen production in a full biological microbial electrolysis cell [J]. International Journal of Hydrogen Energy，2019，44（58SI）：30524-30531.

[118]　Suzuki T，Nishikawa C，Seta K，et al. Ethanol production from glycerol-containing biodiesel waste by *Klebsiella variicola* shows maximum productivity under alkaline conditions [J]. New Biotechnology，2014，31（3）：246-253.

[119]　Trchounian K，Trchounian A. Hydrogen production from glycerol by *Escherichia coli* and other bacteria：An overview and perspectives [J]. Applied Energy，2015，156：174-184.

[120]　Maru S T，Lopez F，Kengen S W M，et al. Dark fermentative hydrogen and ethanol production from biodiesel waste glycerol using a co-culture of Escherichia coli and Enterobacter sp [J]. Fuel，2016，186：375-384.

[121]　Wang Y，Lorenzini F，Rebros M，et al. Combining bio-and chemo-catalysis for the conversion of bio-renewable alcohols：homogeneous iridium catalysed hydrogen transfer initiated dehydration of 1,3-propanediol to aldehydes [J]. Green Chemistry，2016，18（6）：1751-1761.

[122]　Badia-Fabregat M，Rago L，Baeza J A，et al. Hydrogen production from crude glycerol in an alkaline microbial electrolysis cell [J]. International Journal of Hydrogen Energy，2019，44（32SI）：17204-17213.

[123]　Chen Y，Yin Y N，Wang J L. Comparison of fermentative hydrogen production from glycerol using immobilized and

suspended mixed cultures [J]. International Journal of Hydrogen Energy, 2021, 46 (13): 8986-8994.

[124] Lovato G, Albanez R, Stracieri L, et al. Hydrogen production by co-digesting cheese whey and glycerin in an An-SBBR: Temperature effect [J]. Biochemical Engineering Journal, 2018, 138: 81-90.

[125] Rodrigues C V, Santana K O, Nespeca M G, et al. Energy valorization of crude glycerol and sanitary sewage in hydrogen generation by biological processes [J]. International Journal of Hydrogen Energy, 2020, 45 (21): 11943-11953.

[126] Kondaveeti S, Kim I, Otari S, et al. Co-generation of hydrogen and electricity from biodiesel process effluents. International Journal of Hydrogen Energy, 2019, 44 (50): 27285-27296.

[127] Kaushik A, Mona S. Preet R, Biohydrogen from distillery wastewater: opportunities and feasibility [J]. Organic Waste to Biohydrogen, 2022: 93-121.

[128] Aravind Kumar J, Sathish S, Krithiga T, et al. A comprehensive review on bio-hydrogen production from brewery industrial wastewater and its treatment methodologies [J]. Fuel, 2022, 319: 123594.

[129] Mohan S V, Babu V L, Sarma P N. Effect of various pretreatment methods on anaerobic mixed microflora to enhance biohydrogen production utilizing dairy wastewater as substrate [J]. Bioresource Technology, 2008, 99 (1): 59-67.

[130] Intanoo P, Rangsunvigit P, Namprohm W, et al. Hydrogen production from alcohol wastewater by an anaerobic sequencing batch reactor under thermophilic operation: Nitrogen and phosphorous uptakes and transformation [J]. International Journal of Hydrogen Energy, 2012, 37 (15): 11104-11112.

[131] Fernandes B S, Peixoto G, Albrecht F R, et al. Potential to produce biohydrogen from various wastewaters [J]. Energy for Sustainable Development, 2010, 14 (2): 143-148.

[132] Wu T Y, Hay J X W, Kong L B, et al. Recent advances in reuse of waste material as substrate to produce biohydrogen by purple non-sulfur (PNS) bacteria [J]. Renewable and Sustainable Energy Reviews, 2012, 16 (5): 3117-3122.

[133] Blanco-Canqui H, Lal R. Crop residue removal impacts on soil productivity and environmental quality [J]. Critical Reviews in Plant Sciences, 2009, 28 (PII 9102954433): 139-163.

[134] Carrillo-Reyes J, Aide Albarran-Contreras B, Buitron G. Influence of added nutrients and substrate concentration in biohydrogen production from winery wastewaters coupled to methane production. Applied Biochemistry and Biotechnology, 2019, 187 (1): 140-151.

[135] Singh V, Yadav S, Sen R, et al. Concomitant hydrogen and butanol production via co-digestion of organic wastewater and nitrogenous residues [J]. International Journal of Hydrogen Energy, 2020, 45 (46): 24477-24490.

[136] Zagrodnik R, Seifert K, Stodolny M, et al. Producing hydrogen in sequential dark and photofermentation from four different distillery wastewaters [J]. Polish Journal of Environmental Studies, 2020, 29 (4): 2935-2944.

[137] Karadag D, Köroğlu O E, Ozkaya B, et al. A review on fermentative hydrogen production from dairy industry wastewater [J]. Journal of Chemical Technology & Biotechnology, 2014, 89 (11): 1627-1636.

[138] Ottaviano L M, Ramos L R, Botta L S, et al. Continuous thermophilic hydrogen production from cheese whey powder solution in an anaerobic fluidized bed reactor: Effect of hydraulic retention time and initial substrate concentration [J]. International Journal of Hydrogen Energy, 2017, 42 (8): 4848-4860.

[139] Akhlaghi M, Boni M R, De Gioannis G, et al. A parametric response surface study of fermentative hydrogen production from cheese whey [J]. Bioresource Technology, 2017, 244 (1): 473-483.

[140] Gadhe A, Sonawane S S, Varma M N. Enhanced biohydrogen production from dark fermentation of complex dairy wastewater by sonolysis [J]. International Journal of Hydrogen Energy, 2015, 40 (32): 9942-9951.

[141] Dessi P, Asunis F, Ravishankar H, et al. Fermentative hydrogen production from cheese whey with in-line, concentration gradient-driven acid extraction [J]. International Journal of Hydrogen Energy, 2020, 45 (46): 24453-24466.

[142] Almeida P D S, de Menezes C A, Camargo F P, et al. Producing hydrogen from the fermentation of cheese whey and glycerol as cosubstrates in an anaerobic fluidized bed reactor [J]. International Journal of Hydrogen Energy, 2022, 47 (31): 14243-14256.

[143] Zhao X, Xing D, Qi N, et al. Deeply mechanism analysis of hydrogen production enhancement of *Ethanoligenens harbinense* by Fe^{2+} and Mg^{2+}: Monitoring at growth and transcription levels [J]. International Journal of Hydrogen Energy, 2017, 42 (31): 19695-19700.

［144］ Eroglu E，Gunduz U，Yucel M，et al. Effect of iron andmolybdenum addition on photofermentative hydrogen production from olive mill wastewater ［J］. International Journal of Hydrogen Energy，2011，36（10）：5895-5903.

［145］ Yogeswari M K，Dharmalingam K，Ross P R，et al. Role of iron concentration on hydrogen production using confectionery wastewater ［J］. Journal of Environmental Engineering，2016，142（9）：C4015017.

［146］ Yin Y N，Wang J L. Enhanced sewage sludge disintegration and hydrogen production by ionizing radiation pretreatment in the presence of Fe^{2+} ［J］. ACS Sustainable Chemistry & Engineering，2019，7（18）：15548-15557.

［147］ Malik S N，Rena，Kumar S. Enhancement effect of zero-valent iron nanoparticle and iron oxide nanoparticles on dark fermentative hydrogen production from molasses-based distillery wastewater ［J］. International Journal of Hydrogen Energy，2021，46（58）：29812-29821.

［148］ Zhang Y，Shen J. Effect of temperature and iron concentration on the growth and hydrogen production of mixed bacteria ［J］. International Journal of Hydrogen Energy，2006，31（4）：441-446.

［149］ Elreedy A，Fujii M，Koyama M，et al. Enhanced fermentative hydrogen production from industrial wastewater using mixed culture bacteria incorporated with iron，nickel，and zinc-based nanoparticles ［J］. Water Research，2019，151：349-361.

［150］ Yang G，Wang J. Various additives for improving dark fermentative hydrogen production：A review ［J］. Renewable and Sustainable Energy Reviews，2018，95：130-146.

［151］ Bao M D，Su H J，Tan T W. Dark fermentative bio-hydrogen production：Effects of substrate pre-treatment and addition of metal ions or L-cysteine ［J］. Fuel，2013，112：38-44.

［152］ Srikanth S，Mohan S V. Regulatory function of divalent cations in controlling the acidogenic biohydrogen production process ［J］. RSC advances，2012，2（16）：6576.

［153］ Lee K，Lo Y S，Lo Y C. Operation strategies for biohydrogen production with a high-rate anaerobic granular sludge bed bioreactor ［J］. Enzyme and Microbial Technology，2004，35（6-7）：605-612.

［154］ Cao X，Zhao Y. The influence of sodium on biohydrogen production from food waste by anaerobic fermentation ［J］. Journal of Material Cycles and Waste Management，2009，11（3）：244-250.

［155］ Lee M J，Kim T H，Min B，et al. Sodium（Na^{+}）concentration effects on metabolic pathway and estimation of ATP use in dark fermentation hydrogen production through stoichiometric analysis ［J］. Journal of Environmental Management，2012，108：22-26.

［156］ Kim D，Kim S，Shin H. Sodium inhibition of fermentative hydrogen production ［J］. International Journal of Hydrogen Energy，2009，34（8）：3295-3304.

［157］ Wang J L，Wan W. Factors influencing fermentative hydrogen production：A review ［J］. International Journal of Hydrogen Energy，2009，34（2）：799-811.

［158］ Ginkel S V，Sung S W，Jiunnjyi L. Biohydrogen production as a function of pH and substrate concentration ［J］. Environmental Science & Technology，2001，35（24）：4726-4730.

［159］ Das D. Fundamentals of biofuel production processes ［M］. Boca Raton：Taylor & Francis，CRC Press. 2019.

［160］ Ghimire A，Frunzo L，Pirozzi F，et al. A review on dark fermentative biohydrogen production from organic biomass：Process parameters and use of by-products ［J］. Applied Energy，2015，144：73-95.

［161］ Lin C Y，Lay C H，Sen B，et al. Fermentative hydrogen production from wastewaters：A review and prognosis ［J］. International Journal of Hydrogen Energy，2012，37（20）：15632-15642.

［162］ Silva-Illanes F，Tapia-Venegas E，Schiappacasse M C，et al. Impact of hydraulic retention time（HRT）and pH on dark fermentative hydrogen production from glycerol ［J］. Energy，2017，141：358-367.

［163］ Azbar N，Dokgoz F T C，Keskin T，et al. Continuous fermentative hydrogen production from cheese whey wastewater under thermophilic anaerobic conditions ［J］. International Journal of Hydrogen Energy，2009，34（17）：7441-7447.

［164］ Nunes Ferraz Junior A D，Pages C，Latrille E，et al. Biogas sequestration from the headspace of a fermentative system enhances hydrogen production rate and yield ［J］. International Journal of Hydrogen Energy，2020，45（19）：11011-11023.

［165］ RamKumar N，Anupama P D，Nayak T，et al. Scale up of biohydrogen production by a pure strain：*Clostridium butyricum* TM-9A at regulated pH under decreased partial pressure ［J］. Renewable Energy，2021，170：1178-1185.

［166］ Cazier E A，Trably E，Steyer J P，et al. Biomass hydrolysis inhibition at high hydrogen partial pressure in solid-state anaerobic digestion [J]. Bioresource Technology, 2015, 190: 106-113.

[167] Mizuno O, Dinsdale R, Hawkes F R, et al. Enhancement of hydrogen production from glucose by nitrogen gas sparging [J]. Bioresource Technology, 2000, 73 (1): 59-65.

[168] Sonnleitner A, Peintner C, Wukovits W, et al. Process investigations of extreme thermophilic fermentations for hydrogen production: Effect of bubble induction and reduced pressure [J]. Bioresource Technology, 2012, 118: 170-176.

[169] O-Thong S, Prasertsan P, Birkeland N. Evaluation of methods for preparing hydrogen-producing seed inocula under thermophilic condition by process performance and microbial community analysis [J]. Bioresource Technology, 2009, 100 (2): 909-918.

[170] Yin Y N, Hu J, Wang J L. Enriching hydrogen-producing bacteria from digested sludge by different pretreatment methods [J]. International Journal of Hydrogen Energy, 2014, 39 (25): 13550-13556.

[171] Rafieenia R, Pivato A, Lavagnolo M C. Effect of inoculum pre-treatment on mesophilic hydrogen and methane production from food waste using two-stage anaerobic digestion [J]. International Journal of Hydrogen Energy, 2018, 43 (27): 12013-12022.

[172] Nkemka V N, Gilroyed B, Yanke J, Gruninger R, et al. Bioaugmentation with an anaerobic fungus in a two-stage process for biohydrogen and biogas production using corn silage and cattail [J]. Bioresource Technology, 2015, 185: 79-88.

[173] Huang J, Chen X, Hu B, et al. Bioaugmentation combined with biochar to enhance thermophilic hydrogen production from sugarcane bagasse [J]. Bioresource Technology, 2022, 348: 126790.

[174] Ortigueira J, Martins L, Pacheco M, et al. Improving the non-sterile food waste bioconversion to hydrogen by microwave pretreatment and bioaugmentation with Clostridium butyricum [J]. Waste Management, 2019, 88: 226-235.

[175] Villanueva-Galindo E, Moreno-Andrade I. Bioaugmentation on hydrogen production from food waste [J]. International Journal of Hydrogen Energy, 2021, 46 (51): 25985-25994.

[176] Yin Y N, Zhuang S T, Wang J L. Enhanced fermentative hydrogen production using gamma irradiated sludge immobilized in polyvinyl alcohol (PVA) gels [J]. Environmental Progress & Sustainable Energy, 2017, 37 (3): 1183-1190.

[177] Gandu B, Rozenfeld S, Hirsch L O, et al. Immobilization of bacterial cells on carbon-cloth anode using alginate for hydrogen generation in a microbial electrolysis cell [J]. Journal of Power Sources, 2020, 455: 227986.

[178] Salem A H, Mietzel T, Brunstermann R, et al. Effect of cell immobilization, hematite nanoparticles and formation of hydrogen-producing granules on biohydrogen production from sucrose wastewater [J]. International Journal of Hydrogen Energy, 2017, 42 (40): 25225-25233.

[179] Wang J L, Yin Y N. Fermentative hydrogen production using various biomass-based materials as feedstock [J]. Renewable and Sustainable Energy Reviews, 2018, 92: 284-306.

[180] Eroglu E, Eroglu I, Guenduez U, et al. Effect of clay pretreatment on photofermentative hydrogen production from olive mill wastewater [J]. Bioresource Technology, 2008, 99 (15): 6799-6808.

[181] Li Y, Chu C, Wu S, et al. Feasible pretreatment of textile wastewater for dark fermentative hydrogen production [J]. International Journal of Hydrogen Energy, 2012, 37 (20): 15511-15517.

[182] Uyub S Z, Mohd N S, Ibrahim S. Heat pre-treatment of beverages wastewater on hydrogen production [J]. International Technical Postgraduate Conference, 2017. 210: 12023.

[183] Askari A, Taherkhani M, Vahabzadeh F. Bioelectrochemical treatment of olive oil mill wastewater using an optimized microbial electrolysis cell to produce hydrogen [J]. Korean Journal of Chemical Engineering, 2022, 39 (8): 2148-2155.

[184] Chen Y, Yin Y, Wang J. Recent advance in inhibition of dark fermentative hydrogen production [J]. International Journal of Hydrogen Energy, 2021, 46 (7): 5053-5073.

[185] Elreedy A, Fujii M, Koyama M, et al. Enhanced fermentative hydrogen production from industrial wastewater using mixed culture bacteria incorporated with iron, nickel, and zinc-based nanoparticles [J]. Water Research, 2019, 151: 349-361.

[186] Azbar N, Dokgoz F T C, Peker Z. Optimization of basal medium for fermentative hydrogen production from cheese whey wastewater [J]. International Journal of Green Energy, 2009, 6 (4): 371-380.

[187] Pan C M, Fan Y T, Xing Y, et al. Statistical optimization of process parameters on biohydrogen production from

glucose by *Clostridium* sp Fanp2 [J]. Bioresource Technology，2008，99（8）：3146-3154.

[188] Wadjeam P，Reungsang A，Imai T，et al. Co-digestion of cassava starch wastewater with buffalo dung for bio-hydrogen production [J]. International Journal of Hydrogen Energy，2019，44（29）：14694-14706.

[189] Lee J，Wee D，Cho K. Effects of volatile solid concentration and mixing ratio on hydrogen production by co-digesting molasses wastewater and sewage sludge [J]. Journal of Microbiology and Biotechnology，2014，24（11）：1542-1550.

[190] Han W，Liu Z，Fang J，et al. Techno-economic analysis of dark fermentative hydrogen production from molasses in a continuous mixed immobilized sludge reactor [J]. Journal of Cleaner Production，2016，127：567-572.

[191] Nazir H，Louis C，Jose S，et al. Is the H_2 economy realizable in the foreseeable future? Part I：H_2 production methods [J]. International Journal of Hydrogen Energy，2020，45（27）：13777-13788.

[192] Romagnoli F，Blumberga D，Pilicka I. Life cycle assessment of biohydrogen production in photosynthetic processes [J]. International Journal of Hydrogen Energy，2011，36（13）：7866-7871.

[193] Akkerman I，Janssen M，Rocha J，Photobiological hydrogen production：photochemical efficiency and bioreactor design [J]. International Journal of Hydrogen Energy，2002，27（11）：1195-1208.

[194] Sirohi R，Kumar Pandey A，Ranganathan P，et al. Design and applications of photobioreactors-a review [J]. Bioresource Technology，2022，349：126858.

[195] Varrone C，Liberatore R，Crescenzi T，et al. The valorization of glycerol：Economic assessment of an innovative process for the bioconversion of crude glycerol into ethanol and hydrogen [J]. Applied Energy，2013，105：349-357.

[196] Ljunggren M，Zacchi G. Techno-economic analysis of a two-step biological process producing hydrogen and methane [J]. Bioresource Technology 2010，101（20）：7780-7788.

[197] Ljunggren M，Wallberg O，Zacchi G. Techno-economic comparison of a biological hydrogen process and a 2nd generation ethanol process using barley straw as feedstock [J]. Bioresource Technology，2011，102（20）：9524-9531.

[198] Elreedy A，Fujii M，Tawfik A. Psychrophilic hydrogen production from petrochemical wastewater via anaerobic sequencing batch reactor：techno-economic assessment and kinetic modelling [J]. International Journal of Hydrogen Energy，2019，44（11SI）：5189-5202.

[199] Sathyaprakasan P，Kannan G. Economics of bio-hydrogen production [J]. International Journal of Environmental Science and Development，2015，6（4）：352-356.

第7章
垃圾制氢

什么是垃圾？垃圾是失去使用价值、是一般人无法利用的废弃物品，是物质循环的重要环节，是不被需要或无用的固体、流体物质[1]。从另一角度看，垃圾是所有商品全生命周期走向消亡的一个必经环节，社会要求处理垃圾，这样垃圾也就成为一种资源。

7.1 垃圾制氢意义

根据垃圾来源，可分为厨余垃圾、可回收垃圾、有毒有害垃圾和不可回收垃圾等。本文重点讨论城市生活垃圾。

垃圾是一种混合物，由多种特性迥然的物质组成，所以垃圾不存在固定的物理性质和化学性质。通过分类，垃圾分为厨余垃圾、纸张、塑料、一般垃圾等，分类后的同一类别垃圾的宏观性质大致相同，便于进一步的垃圾处理。

7.1.1 垃圾是放错地方的资源

我国垃圾产量巨大。据全国人大相关报告[2]指出，2020 年全国城市生活垃圾清运量为 2.35 亿吨，如果未来全部用于制氢，按照每吨城市生活垃圾产氢 40 千克计算，每年可生产氢气 940 万吨，约为 2019 年我国氢气总产量的 28%。

根据世界权威科学杂志 *Science* 发布的数据，中国由于塑料加工工业发达，塑料制品应用广泛，废弃塑料产生量位居全球首位，占比高达 28%。2020 年，中国塑料废弃量为 3840 万吨，占塑料用量的 42.3%[3]，如果未被回收利用的 3840 万吨塑料垃圾全部用于制氢，按照每吨塑料产氢 70 千克计算，每年可生产氢气 270 万吨，约为 2019 年我国氢气总产量的 8%。

所以说，垃圾是放错地方的资源。

垃圾制氢技术还具有重要现实意义：一是助推垃圾处理减量化、资源化、无害化。与填埋、堆肥和焚烧等传统垃圾处理方式相比，气化占地面积小，不产生二噁英等有毒有害物质，处理后的气体和残渣均可利用；二是缓解局部资源短缺导致的制氢瓶颈。鉴于部分地区垃圾量大、分布广泛，以垃圾为原材料制氢，有助于各地区补充氢能来源、增加氢气供给。

目前，国内与垃圾制氢直接相关的研究主要集中在餐厨垃圾厌氧发酵制氢、垃圾渗滤液超临界水气化制氢、生物质制氢、高温气化制氢技术领域，实验室基础研究较多，工程性项目研究缺乏。

7.1.2　目前垃圾处理方法

当前城市生活垃圾的处理技术主要有如下几类[4]：

① 循环回收。主要用于循环再生利用或者配合其他资源化技术利用，如各类玻璃或者金属容器、大件家具电器、包装材料、废旧电池、纸、塑料、金属等。

② 填埋处理。填埋处理历史久远，是最简单和实际的固体废弃物处理方法，是目前主要的垃圾处理方法。填埋是从传统的堆放和土地处置发展起来的一种最终处理技术，以垃圾的堆、填、埋为处置手段的综合性科学方法。填埋法会产生大量垃圾填埋气和垃圾渗滤液。

垃圾填埋气是指来源于垃圾填埋场中垃圾经历垃圾层和覆土层而形成的一种高浓度的气体。根据填埋垃圾的来源和组成不同，填埋气体中含有 30%～55%（体积分数）的甲烷，含有 30%～45%（体积分数）的二氧化碳，此外，还含有少量的空气、恶臭气体和其他微量气体[5]。

垃圾渗滤液是指来源于垃圾填埋场中垃圾本身含有的水分、进入填埋场的雨雪水及其他水分，扣除垃圾、覆土层的饱和持水量，并经历垃圾层和覆土层而形成的一种高浓度的有机废水[6]。垃圾渗滤液中的化学需氧量 COD 和生物需氧量 BOD_5 浓度最高可达几万毫克每升[7]。

垃圾填埋产生的垃圾填埋气和垃圾渗滤液必须得到处理，也就成为垃圾制氢的原料。

③ 热分解。热处理属于从垃圾转化为能源的一个主要途径。它是在高温条件下对垃圾进行热分解，实现快速、显著的减容，热处理后，垃圾质量减少 70%～80%，体积减小约80%～90%[8]。近年来发展迅速。

④ 堆肥处理。堆肥处理实际上就是基质的微生物发酵过程，制得的成品叫"堆肥"，也称为"腐殖土"。堆肥工艺比较简单，适合于易腐且有机质含量较高的城市生活垃圾处理。

⑤ 制备垃圾衍生燃料。垃圾衍生燃料是指将城市生活垃圾经破碎，筛选后所得的以废塑料、纸屑等可燃物为主的废弃物，再进一步粉碎、干燥、成型而制得的固体燃料。

以上垃圾处理方法中，以填埋和热分解最为常用。

7.2　垃圾制氢方法

垃圾制氢方法与垃圾现有的处理方法密切相关，即主要基于热分解和垃圾填埋处理。

7.2.1　热分解法垃圾制氢

高温条件下对垃圾进行热分解，能快速、显著地减容，垃圾质量减少约 80%，体积减小约 90%，所以发展很快。

基于热化学过程的垃圾热解制氢技术，原理是有机物在缺氧、高温条件下被分解为以氢气、一氧化碳、甲烷为主的合成气；合成气经水汽重整得到氢气和二氧化碳气体。无机物则被熔化成金属和玻璃体渣，用于路基、建材等的原材料。

典型的热化学过程包括热解和气化。

热解工艺包括进料系统、反应器、回收净化系统、控制系统等几大部分。其中，反应器部分是整个工艺的核心，其类型决定了整个热解反应的方式以及热解产物的成分。

① 按反应器类型的分类：固定床反应器、流化床反应器、烧蚀反应器、旋转锥反应器、移动床反应器、夹带流式反应器和真空热解反应器等。

② 按供热方式的分类：直接加热法、间接加热法。

③ 按热解温度的分类：高温热解的温度一般都在 1000℃ 以上，中温热解的温度一般在 600～700℃ 之间，低温热解的热解温度一般在 600℃ 以下。

④ 按热解升温速率的分类：常规热解、快速热解和闪解。

7.2.2　填埋垃圾制氢

7.2.2.1　超临界水气化垃圾渗滤液制氢

处理垃圾渗滤液的工作由来已久，许多研究者做了大量工作，发表了许多文章。但是利用垃圾渗滤液制氢不多。

超临界水气化（supercritical water gasification，SCWG）是 20 世纪 70 年代中期由美国麻省理工学院（MIT）的 Modell 提出的新型制氢技术。超临界水（SCW）是指温度和压力均高于其临界点（温度 374.15℃，压力 22.12MPa）的具有特殊性质的水。SCWG 是利用超临界水强大的溶解能力，将生物质中的各种有机物溶解，生成高密度、低黏度的液体，然后在高温、高压反应条件下快速气化，生成富含氢气的混合气体[9]。许多报道都提出了在超临界水条件下，利用废弃物和生物质气化制氢，制氢效率高[10-15]。

对垃圾渗滤液为超临界气化原料，其主要产物有 CO、CO_2、CH_4、H_2 以及微量的多碳气体，包括焦油在内的液体物质，以及焦炭的固体物质。所得到的混合气体需经过工业中成熟的气体分离和压缩工艺提取较纯的氢气。

李宾宾[16] 使用订制的间歇式的高温高压反应釜，最高加热温度 600℃，反应空间 545mL，设计压力 40MPa，安全压力 32MPa，每次进样最大量为 210mL。对利用垃圾填埋场渗滤液超临界水气化制氢进行了基础研究，对影响氢气产量的因素进行讨论和研究。影响因素有垃圾渗滤液进料浓度、催化剂、催化剂添加量、温度、压力和停留时间。发现以下结果：

① 渗滤液 COD 浓度影响：垃圾渗滤液 COD 浓度从 1.66×10^{-3} mg/L 至 4.02×10^{-4} mg/L 时氢气的产率从 57.22% 下降至 36.63%。虽然氢气产率发生了下降，但是产气量的升高使氢气的产量也有明显的上升，从 277.4mL 升至 563.0mL。

② 催化剂影响：渗滤液为原料，比较 NaOH、KOH、Na_2CO_3 和 K_2CO_3 四种碱类催化剂，NaOH 催化制氢的效果最好，当 NaOH 添加量为 5.05%（质量分数）时产率达到最高的 56.40%，也最有利于有机物的去除。催化剂的添加量对氢气产生影响较大，但对有机物的降解率影响不大。

③ 温度影响：随着温度从 380℃ 增加至 480℃，加入催化剂后单位有机物产生的气体产量从 132.98mL 升至 810.91mL，氢气产量从 99.71mL 升至 333.85mL。

④ 压力影响：压力升高的过程中，加入催化剂后单位有机物产生的氢气产量先升高后降低，从 189.83mL 升至 342.12mL，继续升高压力氢气产量降至 232.20mL。COD 去除率从 81.66% 降至 56.78%，压力的升高并不利于氢气的产生和有机物的降解。

⑤ 反应时间影响：停留时间从 5min 延长至 20min 时氢气产率变化不大，为 45%±5% 左右，有机物降解率有小幅度的升高，但也只从 51.42% 升高至 62.11%，这说明停留时间

对反应结果影响不大。

⑥ 动力学结果：参考有关文献[17-19]，对反应结果进行动力学研究，建立了动力学模型。经过比较，当使用 NaOH 为催化剂时氢气的产率和产量最高。下式为 NaOH 催化剂对氢气产率的动力学分析：

$$X_{H_2} = \frac{A e^{-\frac{E}{RT}} [COD]_0^{a_1} [NaOH]^{c_1} t}{V_g}$$

$$\ln k = \ln A - \frac{E}{RT}$$

式中，X_{H_2}，氢气产率；k，速率常数；A，指前因子，与 k 具有相同的量纲；E，经验活化能，一般可视为与温度无关的常数，kJ/mol；R，摩尔气体常数，$R = 8.314 J/(mol \cdot K)$；$V_g$，气体体积；$T$，热力学温度，K；$a_1$，[COD] 浓度系数；$c_1$，NaOH 浓度系数；$t$ 时间，s。

浙江大学邹道安[20]以垃圾渗滤液和飞灰为研究对象，在间歇式反应器上探索超临界水氧化反应中持久性有机污染物和重金属协同去除的机理和影响因素，还在连续式超临界水反应器上进行了渗滤液的试验研究，与间歇式试验结果进行了对比。

超临界气化生物质制氢的主要实验设备有 2 种：间歇式反应釜和连续式反应釜[21-22]。

连续式超临界水反应装置[20]示意图见图 7-1。设计的反应系统最高温度和压力分别为 650℃和 40MPa。整个实验系统由加料清洗系统、预热系统、反应系统、冷却系统和样品采集系统 5 部分组成。反应物料经高压计量泵打入反应系统；反应器由长 600mm、直径 16×4.5mm 的 316L 不锈钢管制成，并采用 5kW 功率电炉加热。反应器中间部位的外壁面布置了一个 K 型热电偶，实验反应温度为该热电偶测得的温度，该温度由温控柜通过调节输出电压以实现温控。反应系统升温同时调节背压阀，使反应系统达到实验所需的反应条件，包括反应温度、压力和停留时间。

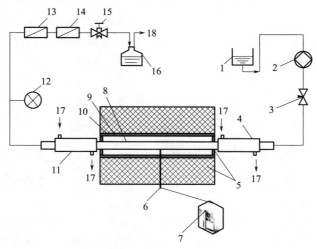

图 7-1　连续式超临界水氧化系统

1—进料罐；2—单柱塞高压计量泵；3—针形阀；4—前置冷却器；5—隔热保温材料；6—K 型热电偶；
7—温控柜；8—反应段；9—电炉丝；10—陶瓷管；11—后置冷却器；12—压力表；13—50μm 过滤器；
14—5μm 过滤器；15—背压阀；16—气液分离器；17—冷却水；18—出料口

7.2.2.2　气化垃圾填埋气制氢

生活垃圾填埋后，在填埋场内被微生物分解，产生的以甲烷和二氧化碳为主要成分的混合气体。填埋气体中含有 30%～55%（体积分数）的甲烷，含有 30%～45%（体积分数）的二氧化碳，此外，还含有少量的空气、恶臭气体和其他微量气体[23]。

目前，垃圾填埋气基本用于燃烧发电。如果需制氢，可方便地应用电解水制氢。另一途径采用填埋气净化加上甲烷制氢的方法。由于经济性考虑，填埋气可以发电消纳，而且成熟可行，所以利用填埋气制氢的信息很少。据报道[24]，美国 FuelCell 能源公司的燃料电池系统将生产可再生电力和可再生氢气，目标氢气产量为每天 1200～2400kg。美国 FuelCell 能源公司 2019 年 1 月 8 日宣布，与美国 Orange 县就加州纽波特海滩 Coyote Canyon 垃圾填埋场填埋气的利用问题签署了一项独家期权协议，发起了一个燃料电池项目。项目内容为开发填埋气作为可再生生物燃料为燃料电池发电设施提供能源。

7.2.2.3　餐厨垃圾制氢

餐厨垃圾来源于家庭、食堂及餐饮业，长时间堆放易腐烂、滋生蚊虫细菌，我国每年城市产生的餐厨垃圾就高达 9000 多万吨[25]。

在餐厨垃圾的处理中大多选用掩埋处理，掩埋容易造成环境污染，影响城市规划。食堂餐厨垃圾中主要有肉类、蔬菜类、米饭、油脂及餐巾纸等，成分所占比例：蛋白质约 15%，脂肪约 17%，碳水化合物约 48%，蔬菜约 20%，其中蔬菜和餐巾纸较多，主要成分多为纤维素[26]。纤维素中含有大量的碳氢元素，是制氢的廉价原料。

（1）餐厨垃圾发酵法制氢

生物质水热水解及厌氧发酵制氢[27-28]研究者多，而且时间久远。近年来，由于氢能的兴起，有研究者开始研究餐厨垃圾制氢。其中发酵法较多[29-40]。

赵明星等人[40]研究了不同含固率条件下餐厨垃圾厌氧干发酵制氢的情况，研究表明干发酵的最佳含固率为 22%；餐厨垃圾中碳水化合物优先被降解，各组的降解率为 51.17%～69.24%，其中含固率 22% 组碳水化合物降解率最高；当含固率＞27% 时，反应体系对蛋白质和溶解性化学需氧量的降解能力下降，出现溶解性蛋白质和 SCOD 累积现象；各组的挥发性脂肪酸主要成分为乙酸和丁酸，为丁酸型发酵；向反应体系内添加活性炭能够提高干发酵产氢率，其中活性炭添加量为 0.20%（质量分数）时产氢量最高，达到 26.94mL/g 总固体。

杨占春开展工作较早，当时国内相关文献报道较少。论文[39]主要研究餐厨垃圾产氢工艺，并对反应器进行改进，提高其产氢能力。杨利用预处理过的活性污泥，在自制的连续厌氧发酵反应器中降解餐厨垃圾制取氢气。袁玉玉[37]研究餐厨垃圾厌氧发酵制氢添加剂。得出如下结论：

① 接种污泥酸碱预处理可起到富集产氢菌和灭活耗氢菌的双重作用，40% 接种率，90% 含水率和 36℃下，污泥浸泡 pH 值分别为 4 和 12 时，泔脚产氢率分别为 11.9mL/gVS 和 17mL/gVS，较正常发酵提高 15 倍左右；

② pH 值是厌氧消化过程中需要控制的最重要参数之一。泔脚直接发酵产生的大量有机酸导致系统 pH 值迅速下降（4.0 以下），产氢菌活性受到抑制。碱剂中适量的缓冲成分和碱性物质可将体系 pH 值控制在适合产氢菌活动的范围（5.0～6.0）；

③ 碱剂最佳添加量为泔脚干重的 20%，最佳接种率、含水率和发酵温度分别为 30%、90% 和 36℃。最优条件下氢气体积浓度最高达 51.78%，泔脚产氢率为 117.4mL/gVS；

④ Fe 粉添加量分别为泔脚干重的 6%、10% 和 20% 时，泔脚产氢率分别为 74.2、61.7 和 86.6mL/gVS，分别是空白对照（53.8mL/gVS）的 1.40、1.15 和 1.61 倍。$Fe_2(SO_4)_3$ 对泔脚产氢有明显的抑制作用；

⑤ 酵母浸膏是很好的有机氮源，添加量分别为泔脚干重的 10%、20% 和 30% 时，泔脚产氢率分别为 57.4、71.9 和 104.9mL/gVS，分别是空白对照（51.5mL/gVS）的 1.11、1.40 和 2.03 倍。尿素对氢气产生的滞后时间达 20h 以上；

⑥ 碱剂可起到促进产氢和抑制甲烷菌活性双重作用。碱剂作用下泔脚、米饭、白菜和鸡蛋体系中 H_2 产量分别是无碱剂对照组的 240.0、53.0、3.34 和 20.0 倍，且甲烷产量低于 14mL；无碱剂对照组则有大量甲烷生成。米饭、泔脚和白菜是适合的产氢基质。

余瑞彰[31] 研究添加剂和初始条件对餐厨垃圾厌氧暗发酵产氢的影响。以餐厨垃圾作为生物制氢的基质，接种污水处理厂厌氧颗粒污泥，以矿化垃圾作为餐厨垃圾生物制氢体系的添加剂，利用矿化垃圾的多孔结构和丰富的微生物含量提高产氢性能。主要研究矿化垃圾和碱性添加剂的作用效果和作用机理、关键影响因子（接种率、含水率、pH）对产氢性能的影响、发酵液回流对产氢性能的影响。

孟飞琴[32] 研究金属离子对餐厨垃圾厌氧暗发酵产氢的影响。主要研究结论如下：① 单质铁、镁离子、镍离子和钼酸根离子 4 种金属离子单独作用时，与不添加金属离子的对照组相比较，实验组的比产氢率都有明显的提高，其中在单质铁添加浓度为 750mg/L 时，比产氢率最大提高 188.17%；镁离子添加浓度为 225mg/L 时，比产氢率最大提高 659.19%；镍离子添加浓度为 0.5mg/L 时，比产氢率最大提高 235.68%；钼酸根离子添加浓度为 0.4mg/L 时，比产氢率最大提高 279.60%。从拟合的结果来看，不同浓度的单质铁（0～1000mg/L）、镁离子（0～300mg/L）、镍离子（0～2mg/L）和钼酸根离子（0～1.6mg/L）的添加量，不同程度地提高了体系的最大产氢潜力，缩短了发酵的延滞时间，从而促进了体系产氢量的增加。② 不同浓度的二元金属混合物对餐厨垃圾厌氧发酵产氢体系的影响不同。分别拟合了 6 个累积氢气产量与金属浓度的回归模型，其中单质铁和镁离子、单质铁和镍离子的拟合结果经检验显著（$P<0.01$）且拟合效果好（相关系数 R 为 0.810～0.844）；其余 4 个拟合结果效果一般（R 为 0.422～0.674）。本实验条件下，二元金属混合物的联合影响效应因两种金属离子的浓度区间而异。③ 不同浓度的三元金属混合物对餐厨垃圾厌氧发酵产氢体系的影响不同。分别拟合了 3 个累积氢气产量与金属浓度的回归模型，其中单质铁、镁离子和镍离子的拟合结果经检验显著（$P<0.01$）且拟合效果好（R 为 0.921）；其余 2 个拟合结果效果一般（R 为 0.488～0.720）。本实验条件下，三元金属混合物的联合影响效应，因 3 种金属离子的浓度区间而异。④ 用统计学方法研究了单质铁、镁离子、镍离子和钼酸根离子四元金属混合物对产氢的影响，结果表明，不同浓度的四元金属混合物对产氢发酵的效应不同，拟合效果一般（R 为 0.535）。对累积氢气产量影响最大的是单质铁，其次是镁离子，影响最小的是钼酸根离子和镍离子。在本实验条件下，单质铁、镁离子、钼酸根离子和镍离子四种金属离子混合物的影响效应因四种金属离子的浓度区间而异。

赵丹[33] 研究了餐厨垃圾制氢体系产氢菌分离及微生物群落结构。从产氢菌的分离、制氢体系条件优化以及微生物群落结构差异分析等方面对餐厨垃圾制氢体系进行研究，结论如下：① 采用 5 种培养基，共分离得到 48 株菌。经产氢检验，其中有 10 株为产氢菌。分别是 HBZ103、HBZ104、HBZ108、HBZ110、HBZ203、HBZ204、HBZ305、HBZ502、HBZ504 和 HBZ514。经 16S rDNA 鉴定，均属于乳酸杆菌属。② 选取产氢较好的两株菌 HBZ108 和 HBZ203 进行生长性质研究。结果表明，菌株 HBZ108 和 HBZ203 为严格厌氧革兰氏阳性杆菌。HBZ108 和 HBZ203 的生长最适 pH 分别为 7.0 和 6.0，最佳生长温度均为 35℃。HBZ108 和 HBZ203 均可利用多种碳源。其中，HBZ108 和 HBZ203 的最适碳源分别是甘露醇和葡萄糖。③ 碱剂 XYF 和矿化垃圾的添加实验表明，XYF 和矿化垃圾能够提高餐厨垃圾产氢系统的产氢性能。DGGE-PCR 图谱表明,在反应过程中,厌氧活性污泥微生物群落结构存在演替过程,优势种群的功能地位处于动态变化中。在各反应阶段,A 组(对照组)、B 组(添加矿化垃圾的实验组)的带型较为接近,而 C 组(添加碱剂 XYF 的实验组)和 D 组(添加碱剂 XYF 和矿化垃圾的实验组)的带型较为相似。④通过添加灭菌矿化垃圾和未灭菌矿化垃圾探讨矿化垃圾促进产氢的作用机制。结果显示,矿化垃圾的投加改变了体系的微生物群落结构,提高了产氢能力,同时发酵类型也由乙醇型变为丁酸型。矿化垃圾含有的丰富的微生物是提高产氢性能的重要因素,同时矿化垃圾的多孔结构可能也起到重要作用。ERIC 指纹图谱显示 A 组与 B 组带型相似,C 组条带较 A、B 组少。从图谱分析,未灭菌矿化垃圾的添加并未增加体系 DNA 条带的多样性,但带型有所变化,矿化垃圾的添加可能是由于优化了微生物群落的结构促进产氢。

赵修涛[34]利用餐厨垃圾生物制氢的实验研究及仿真模拟。即利用改进型连续搅拌釜式反应器(CSTR),以餐厨垃圾作为底物进行厌氧发酵制氢。通过实验研究了容积负荷、碱度、pH 值、ORP 等参数对系统产氢能力的影响:产氢速率随容积负荷增加而增大;碱度和产气速率呈正相关性关系;系统适宜的 pH 值为 4~6;反应器运行良好时,ORP 稳定在一定范围内。实验连续运行 21d,可以实现发酵类型从混合酸型发酵到乙醇型发酵的转变。

一些研究者对餐厨垃圾厌氧发酵生物制氢的设备进行了探究。郭强[36]自行设计研发了滚筒式发酵制氢反应器,还进行了包括启动方式的选择、运行参数的调控、与常规制氢反应器的对比等一系列研究,取得了较好的运行效果。杨力[30]进行垃圾厌氧发酵生物制氢试验。在连续搅拌釜式反应器(CSTR)中进行的连续流试验探索了系统的启动、污泥的培养和驯化、污泥酸化的恢复、反应器暂停运行之后的二次启动等工作状态,并考察了 COD 有机负荷、接种污泥预处理、进水碱度等因素对产氢特性的影响。经过 214 天的培养和驯化,CSTR 反应器顺利启动,通过连续流产氢试验,得到的结果表明 COD 负荷对餐厨垃圾厌氧发酵的氢气产量、氢气产率、COD 去除率、液相发酵产物、产氢类型等均有影响。

（2）餐厨垃圾亚临界水热制氢

研究生物质超临界水热制氢比较多,但是研究餐厨垃圾超临界水热制氢不多。

董国华[41]合成 Ni-BN/Al₂O₃ 催化剂(简称 BN)并探究其在亚临界水中催化餐厨垃圾产氢效果。对餐厨垃圾的气化研究有:首先,选择纤维素作为餐厨垃圾模型化合物用于气化初步研究。发现催化剂 BN 的添加可以有效提高 20Ni/Al₂O₃ 催化剂的催化活性,当负载 3%(质量分数)BN 时,H_2 的产率达到最大值的 82.52%(摩尔分数),气化效率为 86.86%,且水相产物中总有机碳(TOC)浓度最低,为 28.15mg/L。

7.2.3　其他垃圾制氢方法

也有研究者探索用其他方法进行垃圾制氢。这些文献的数量更少,比如生活垃圾等离子体制氢。郭振飞[42]提出等离子体气化制备富氢气体的思路,选取生活垃圾典型单一组分及混合垃圾(纸张 8.5%、织物 25.1%、木屑 51.6%、塑料 11.8%)作为主要研究对象。采用等离子体水蒸气气化技术,将生活垃圾气化为富氢气体。发现结论如下:

① 原料的热重实验显示,4 种典型组分原料和混合原料的主要失重温度区间均在 250~512℃。该过程典型组分的失重率在 75% 以上,混合原料失重率为 84.17%。混合原料中的塑料组分,有利于强化其他原料的裂解效果。

② 经过典型组分间歇性进料实验,结果显示:四种单组分原料的 H_2 产率均可达到 51.46~73.97g H_2/kg(原料)。纸张和塑料典型组分实验的 H_2 产率分别为 51.46g H_2/kg

和 68.56g H_2/kg；织物和木屑的 H_2 产率分别为 73.85g H_2/kg 和 73.97g H_2/kg。

③ 经过混合组分间歇性进料实验，进料量为 300g，发现实验最佳运行工况为：等离子体功率为 16kW，水蒸气通入量为 0.7kg/h，此时 H_2 产率达 70.88g H_2/kg MSW，碳转化率为 86.91%。

④ 经过混合组分连续进料实验，等离子体运行功率设定为 16kW，水蒸气通入量设定为 0.7kg/h，发现当进料量为 55~65g/min 时，实验效果最好：H_2（体积分数）为 36.30%~38.08%，CO（体积分数）为 20.85%~21.87%，气体热值为 8.10~9.03MJ/m^3，其余主要为 N_2 工作气体，含量为 29.44%~31.56%。

7.3 垃圾制氢进展

7.3.1 垃圾制氢国际进展

随着氢能重要性的提升，多国政府发布支持政策。英国政府已明确提出从国家层面支持垃圾制氢发展。2022 年 1 月 12 日，英国政府宣布启动新的氢能生物质配备碳捕集封存创新项目，并提供 500 万英镑专项资金，支持垃圾等生物质生产清洁氢方面的研究和产业化[43]。企业、研究机构和大学都有资格提出申请，每个项目最高可获得 25 万欧元支持。

近年来一些初创企业、垃圾处理企业和氢能企业开始探索垃圾制氢产业化。初创企业典型代表有美国 Ways2H 和 SGH2、英国 Waste2Tricity、比利时 BosonE nergy 等。垃圾处理企业的典型代表有英国 Power House Energy 等。氢能企业典型代表有丰田、岩谷产业、德国氢气存储公司 H_2-Industries 等。据文献[44]，全球已有 16 个垃圾制氢产业化项目，主要分布在欧洲、美国、日本等，并给出详情列表。从项目进展看，这些项目大都处于规划或建设阶段。美国 Ways2H 参与建设的东京垃圾制氢厂进展较快，已于 2021 年 4 月完成建设。Ways2H 东京垃圾制氢厂位于东京湾附近，处理的垃圾原料为废水、污泥，设计日处理能力 1t 干污泥、氢气产量 40~50kg，生产出的氢气用于附近氢燃料电池乘用车和发电，可满足 10 辆氢燃料电池乘用车的日常需求[45]。该工厂采用热解与蒸汽重整气化 2 阶段反应方式。在热解炉中，以氧化铝球为热载体，加热使氧化铝与污水、污泥等生物质材料接触，产生含有氢、CO、CO_2 和甲烷的热解气体。随后，热解气体进入重整器，在更高温度下与水蒸气发生反应，产生氢气分压更高的富氢气体。

据报道[46]美国生物科技集团最近推出全新计划，将在洛杉矶北部城市兰开斯特创建世界最大规模的垃圾制氢厂。该厂可把废弃塑胶、纸张、轮胎与纺织品转化成氢气，预计在 2023 年全面生产。该厂采用的技术是在高温电浆炬中注入富氧气体，让废弃物在气化反应区的催化室被分解成分子化合物，逐渐冷却后生成富含氢气的合成气。集团预计，该厂每天可以制造 11000kg 绿氢。

7.3.2 垃圾制氢国内进展

（1）垃圾制氢国内基础研究进展

国内学者进行了一些垃圾制氢的基础研究工作。在众多的研究生论文中，一些博士论文的研究比较深入。

钱小青[47]首先从泔脚处理迅速工程化的角度，系统研究了泔脚的组成、脱水及酸化特性，厌氧发酵的影响因素和启动优化条件，发酵的温度、负荷、营养物、相分离的过程影响，优化工艺的扩大中型试验，沼液的农用影响等工程化必需条件参数。再根据有机废物处理的技术发展趋势，创新性地进行了污泥热处理程序、矿化垃圾等多孔介质对泔脚发酵产氢的影响研究，试验探讨了矿化垃圾协同泔脚产氢的内在机制，掌握了泔脚发酵生物产氢的初步条件，取得了较高的生物氢产率。在小型试验的基础上，进行了总容积 1300L 的预酸化两相连续发酵的中试设备构建设计；运行试验结果表明，在中温发酵条件下，泔脚废物的预酸化两相处理，在较优负荷 1.66kg/（m³·d）时，废物最大停留时间为 50d，每吨泔脚能产生 102m³ 的沼气。

戚峰[48]针对农业废弃生物质秸秆以及世界十大恶性杂草之一的水葫芦进行了厌氧发酵产氢实验研究。首先针对稻草秸秆，在比较酶水解和酸水解优缺点的基础上，确定了纤维素酶水解的绿色工艺。研究了预处理方法、反应时间、水解温度及 pH 值等因素对稻草秸秆纤维素酶水解的还原糖转化率的影响规律，确定了稻草秸秆微生物发酵产氢前采用纤维素酶水解时，pH 值为 4.8 以及反应温度为 50℃的较佳工况点。稻草秸秆的水解效果是发酵产氢的关键点之一，提出了生物质超临界水高效降解以及微生物发酵产氢，采用稻草秸秆近临界水解在 280℃和 20MPa 等优化条件下获得了较高的还原糖转化率。并分别讨论了物料浓度、水解温度、水解压力以及水解反应时间等参数对稻草秸秆近临界水降解还原糖转化率的影响。

贺茂云[49]进行了纳米镍基催化剂的制备及其对城市生活垃圾裂解气化的催化性能研究：首先，以 Ni(NO₃)₂·6H₂O 和氨水为原料，采用配位均匀沉淀法制备纳米 NiO 前驱体，对前驱体制备过程中的反应温度、反应时间、用水量及镍氨比等影响因素进行了深入的探讨。然后，将制备的负载型纳米 NiO/Al₂O₃ 催化剂用于城市生活垃圾裂解气化，以评估其催化活性，并和煅烧白云石催化活性进行比较，实验结果表明，两者就去除焦油和提高 H₂ 产率而言，负载型纳米 NiO/Al₂O₃ 催化剂的催化活性优于煅烧白云石。同时，在添加煅烧白云石和负载型纳米 NiO/Al₂O₃ 催化剂的条件下，研究城市生活垃圾裂解和气化特性发现，温度和升温速率对垃圾催化裂解影响非常显著，高温和快速加热能降低催化裂解过程中焦油产率，提高 H₂ 产率；在城市生活垃圾催化气化过程中，高温和高 S/M 值（水蒸气垃圾质量比）有利于降低催化气化过程中焦油产率，提高 H₂ 产率。在添加煅烧白云石的条件下，对比垃圾催化气化产气各组分含量和由 GasEq model 软件的计算结果表明，垃圾催化气化产气达到了热力学平衡，拟合的垃圾催化气化动力学可以很好地描述碳转化率、氢气产率和水蒸气垃圾质量比之间的关系。最后，采用热重/差热分析法对垃圾焦油进行催化裂解实验，得到垃圾焦油的催化裂解动力学方程，并评价催化剂对垃圾焦油裂解的催化活性，发现添加纳米 NiO 和煅烧白云石都能显著降低焦油裂解活化能。根据动力学方程，分析了垃圾焦油催化裂解的反应机理。

赵亚[50]研究生物发酵制氢技术，以一氧化碳（CO）作为发酵底物，利用纯菌种生氢氧化碳嗜热菌（*Carboxydothermus hydrogenoformans*）作菌源，分别在间歇进料和连续进料的培养条件下，通过厌氧发酵反应产生氢气（H₂）。对菌株的发酵制氢机理、生长特性、底物消耗速率以及 CO 抑制浓度等因素进行深入研究，并考察在中空纤维膜反应器（HFMBR）内进行连续操作条件下，不同操作参数对产氢性能的影响。

王晶博[51]用含水城市生活垃圾作为气化原料，利用其本身所含有的水分在高温热解时挥发成蒸汽，形成一个自发的蒸汽氛围，产生的蒸汽作为后续城市生活垃圾气化时所需的气化剂；并在城市生活垃圾原料中添加一定的 CaO 对气化过程中产生的 CO₂ 进行高温原位吸附以及对焦油进行一定的原位催化裂解，提高氢气产率；针对在该条件下焦油含量较高的问题，研制了一种新型的改性白云石载镍催化剂使得城市生活垃圾原位水蒸气催化气化过程中产生的焦油进一步催化裂解和促进富氢燃气的产生。在小型管式炉固定床反应器上对城市生活垃圾原位水蒸气气化特性进行了系统的研究，实验结果表明，快加热方式有利于提高燃气品质和减低焦油含量；随着反应温度的增加，气体产物含量增加，而焦油含量和半焦含量下降，气体组分中 H_2 和 CO 含量升高，ClO_2、CH_4 和 C_2 烃类气体含量降低；当城市生活垃圾中的含水率为 39.45％（质量分数）时，气体成分中 H_2 的含量达到最高值为 25.8％（体积分数，下同）；通过 N_2 流速来间接反映气相停留时间，随着 N_2 流速的降低产生的气体中氢气含量从 22.84％升高到 28.49％；在该工艺条件下得到的物料平衡误差为 6.80％，通过能量分析得到产气效率、能源回收率和稳态理论能耗比分别为 54.24％、85.56％ 和 2.78。研制了一种以改性白云石为载体，采用沉淀-沉积法负载氧化镍，制备新型的改性白云石载镍催化剂，在自行设计的两段式固定床反应器上对城市生活垃圾原位水蒸气催化气化制氢特性进行研究。

南京农业大学 Chaudhry Arslan 进行了餐厨垃圾厌氧消化的生物制氢研究[52]，研究中应用 550mL 实验室规模的沼气池，在不同 pH 值和温度控制下，采用餐厨垃圾与热冲击污泥等比例混合进行氢气的生产。生物制氢期间，研究了培养期的化学需氧量（COD）、挥发性固体（VS）、pH 下降值、葡萄糖消耗量和挥发性脂肪酸生成。使用经修正的 Gompertz 方程来研究生物产氢的动力学参数。

孙驰贺[53]首先针对生物质有机质传递受限及微生物生化转化效率低等问题，开展了生物质胞内碳水化合物、蛋白质和油脂水热析出与解聚特性研究，明确了水解残渣细胞形态、官能团和有机质组分的演变规律，及其对菌/酶底物传递和生化转化的影响规律。研究获得的主要结论如下：①生物质胞内蛋白的水解析出和解聚作用弱于碳水化合物。②以 β-环糊精和聚氯乙烯为原料，采用热解炭化-磺化方法制备的吸附型碳基固体酸催化剂是具有一定石墨化结构的无定形芳香碳片，碳前驱体存在大量的脂肪侧链和桥键结构。③呋喃类水解副产物糠醛的微生物降解过程为"糠醛-糠醇-糠酸"的生化转化路径，制氢抑制作用主要发生在"醛-醇"转化阶段，而相关酶和微生物的缺失导致"醇-酸"转化成为关键限速步骤，产氢发酵 96h 后仍有 49％～70％的糠醇未降解。低分子量且脂溶性高的糠酸可能更易通过易化扩散的方式传递至细胞内部，利用乙酸型代谢路径促进发酵制氢，其最大氢气得率提高 6％～15.3％。④目标水解产物单糖/氨基酸的热化学降解主要通过羰基和氨基之间的美拉德副反应实现，而焦糖化反应或脱氨基作用导致的直接热分解影响较小。⑤提高水热水解强度并延长产氢发酵时间可提升生物质水解液酸化程度与氢气得率。⑥在上述实验研究基础上构建了微藻及餐厨垃圾厌氧氢烷联产系统，全生命周期评价发现系统净能比为 0.24，总温室气体排放量为 173.15gCO_2e/MJ，可实现温室气体减排 49.01gCO_2e/MJ。微藻培养、餐厨垃圾预处理及氢烷燃气提纯对系统能量收支与环境效应起决定作用，系统输出对微藻生长速率、桨轮运行效率及总燃气得率的改变具有显著敏感性。此外，能量回收再利用与发酵废水回流补充营养物对微藻能源项目至关重要，上述过程的缺失将导致系统净能比增加 1.75～1.88 倍。

董卫果[54]以国家重点研发计划项目的子课题"多源城市有机固废制氢技术经济评价"为依托，针对有机固体废弃物制氢技术的物质流与能量流转化效率评价、碳排放与碳减排评价、经济性评价、经济风险性分析等科学问题开展了深入、系统的研究。本文主要创新点是：①建立了有机固体废弃物制氢物质流与能量流分析模型，揭示了通量物质流、元素物质流、能量流迁移转化途径；构建了基于物质流、能量流的有机固体废弃物制氢技术评价指标体系，评价了有机固体废弃物制氢技术的物质与能量转化效率。②确定了有机固体废弃物制氢系统碳排放核算边界、排放因子与排放清单，构建了有机固体废弃物制氢系统基准排放模型、项目活动排放模型与碳减排模型，测算了二氧化碳作为产品、地质封存、直接排放三种情形下，有机固体废弃物制氢技术的碳减排量。③构建了有机固体废弃物制氢系统动力学技术经济评价仿真模型，解析了有机固体废弃物制氢的物质流、能量流到价值流的传递过程，实现了技术性评价与经济性评价的耦合，模拟测算了碳交易价格对有机固体废弃物制氢技术的经济可行性影响。④建立了技术经济风险分析的 SRM 组合模型，提出了有机固体废弃物制氢技术经济评价主要参数的区间计量，解决了传统技术经济评价模型参数难以进行概率风险分析的难题；测算了有机固体废弃物制氢系统主要经济风险因素对技术经济指标不确定性的影响。

文献[55]报道了不同含固率条件下餐厨垃圾厌氧干发酵制氢的情况，研究表明干发酵的最佳含固率为 22%；餐厨垃圾中碳水化合物优先被降解，各组的降解率为 51.17% ～ 69.24%，其中含固率 22% 组的碳水化合物降解率最高；当含固率＞27% 时，反应体系对蛋白质和溶解性化学需氧量（soluble chemical oxygen demand，SCOD）的降解能力下降，出现溶解性蛋白质和 SCOD 累积现象；各组的挥发性脂肪酸主要成分为乙酸和丁酸，为丁酸型发酵；向反应体系内添加活性炭能够提高干发酵产氢率，其中活性炭添加量为 0.20%（质量分数）时产氢量最高，达到 26.94mL/g TS（TS，总固体）。

基于烘焙是一种极具前景的厨余提质预处理手段，能显著提升后续气化合成气品质，但其技术经济可行性尚待评估，华中科技大学煤燃烧与低碳利用全国重点实验室赵常希等[56]提出一种厨余烘焙-气化制氢工艺，并与直接气化制氢工艺比较，对两种工艺进行热力学分析和经济分析，评估其可行性。利用 Aspen Plus 研究了气化温度和水碳比（η）对厨余直接气化和烘焙-气化两种工艺制氢能力的影响。研究发现，温度和 η 提高了两种工艺的制氢能力，温度 950℃，η 为 1.5～2.0 时为厨余直接气化和烘焙-气化工艺较理想的操作参数。通过分析㶲效率和经济效益，对 5.5 万吨/年含水率 55% 的厨余烘焙-气化制氢工艺进行综合评价，以探究该工艺的可行性。结果表明：引入烘焙预处理，总㶲损增加 813.2kW，占整个工艺的 10.5%。直接气化系统的㶲效率为 56.7%，烘焙-气化系统效率较直接气化提升 2.8%。从经济角度分析，烘焙-气化设备总投资成本为 512 万美元，年运行成本为 297 万美元，最低 H₂ 销售价格为 2.94 美元/千克，直接气化工艺最低 H₂ 销售价格则升高 9.5%。因此，厨余的烘焙-气化工艺制氢无论在热效率还是经济成本上相比直接气化更具优势。

综合文献查阅情况可见，一是垃圾制氢的基础研究开展时间较短，大致在 2000 年之后。二是随着氢能的发展，人们开始注意开发垃圾制氢，因而近年来发表的研究文献也快速增加。

（2）国内垃圾制氢工业示范

国内垃圾制氢工业示范项目有不小进展。

2022 年 8 月 15 日，中国五环工程有限公司固废高温气化技术科研专项项目通过验收。2021 年 11 月，该公司依托上述技术成功建成北京房山高温垃圾气化制氢油及氢能产业示范项目，并稳定运行。

城康氢碳新材料宣布在湖北省襄阳市投建"垃圾制氢＋碳资源化"绿氢绿碳工厂，采用城市垃圾资源化制沼气、沼气资源化制氢固碳的两阶段反应方式，设计年处理城市固废 30 万吨，减少碳排放 35 万吨，年产高纯度绿氢 550 吨、炭黑 1650 吨，预计年内建成[57]。

据报道[58]瀚蓝环境宣布年内将在佛山市南海区建设餐厨垃圾制氢项目，以餐厨垃圾和渗滤液产生的沼气以及绿色工业服务中心铝灰处理项目中的富氢气体作为原料气，设计年处理沼气 2400 吨，产氢气 2200 吨，减少碳排放量 100 万吨。

7.4　垃圾制氢前景及建议

我国垃圾产量巨大。据全国人大相关报告[59]指出，2020 年全国城市生活垃圾清运量为 2.35 亿吨，如果未来全部用于制氢，按照每吨城市生活垃圾产氢 40 千克计算，每年可生产氢气 940 万吨，约为 2019 年我国氢气总产量的 28%。利用垃圾制氢，实现废物变能量的转化，不仅可以减轻能源和环境的双重压力，减少化石燃料的使用，还能对城市生活垃圾进行资源化利用，有利于我国实现"碳达峰"与"碳中和"的目标。

不少作者对我国垃圾制氢提出建议[44]，也都有道理。本书作者的建议为：

① 垃圾制氢是新动向，要予以关注。

② 作为科技工作者要充分认识"垃圾"的特性，才能利用好垃圾。我们提倡垃圾分类，但是不能完全指望垃圾分类。一要研究垃圾制氢的"预处理"，使用于制氢的垃圾符合我们使用的要求；二是要研究能力强大、冗余大的处理工艺和设备，能处理杂乱的垃圾。

也要认识垃圾的宏观特点。大型垃圾场都依附于大城市或特大城市。垃圾量大，可以每天 24h 稳定地为电厂或制氢工厂提供原料，不会像风电、光伏那样时有间断。当地对电和氢气的需求量都很大。垃圾发电或制氢，产品都有足够的市场，既不需要大规模储存，也不需要远距离输送。

要注意氢电协同，已有的垃圾发电不宜盲目追求氢。要遵循宜电则电、宜氢则氢的基本原则。

③ 政府要有支持政策。垃圾制氢是新动向，可以为我国"碳达峰""碳中和"做出贡献。政府支持垃圾制氢的基础研究和工程示范，更要做好项目验收，垃圾制氢，应全盘考虑，做好综合技术经济评估，谋后而动。

④ 做好国际交流。由于地缘政治的变化，尽管国外有一股"脱钩"的势力，但是在防止世界气候变化领域的交流还算通畅。要抓住机遇，了解国际新动向、新技术和新进展，促进我国垃圾制氢走向产业化。

参 考 文 献

[1] Choksi S. The Basel Convention on the control of transboundary movements of hazardous wastes and their disposal：1999 Protocol on Liability and Compensation [J]. Ecology LQ，2001，28：509.

[2] 中国人大网. 全国人民代表大会常务委员会执法检查组关于检查《中华人民共和国固体废物污染环境防治法》实施情况的报告 [EB/OL]. (2019-10-25). http：//www. npc. gov. cn/npc/c30834/202110/20dcb8233e69453a988eb86a281a2db1. shtml

[3] 韦伯咨询. 2022 年中国垃圾分类及处理行业专题调研与深度分析报告 [R]，2022. https：//www. sohu. com/a/528180196_100180709.

[4] 贺茂云. 纳米镍基催化剂的制备及其对城市生活垃圾裂解气化制氢的催化性能研究 [D]. 武汉：华中科技大学，2009.

[5] Eklund B，Anderson E P，Walker B L，et al. Characterization of landfill gas composition at the fresh kills municipal solid-waste landfill [J]. Environmental Science & Technology，1998，32 (15)：2233-2237.

[6] 陈炜鸣，辜哲培，何晨，等. 垃圾渗滤液浓缩液中溶解性有机物在热活化过硫酸盐体系的转化特性 [J/OL]. 环境科学学报，2023.

[7]　Ziyang L，Youcai Z，Tao Y，et al. Natural attenuation and characterization of contaminants composition in landfill leachate under different disposing ages [J]. Science of the Total Environment，2009，407（10）：3385-3391.

[8]　Lombardi L，Carnevale E，Corti A. A review of technologies and performances of thermal treatment systems for energy recovery from waste [J]. Waste management，2015，37：26-44.

[9]　徐东海，王树众，张钦明，等 . 生物质超临界水气化制氢技术的研究现状 [J]. 现代化工，2007（S1）：88-92.

[10]　Cherad R，Onwudili J A，Biller P，et al. Hydrogen production from the catalytic supercritical water gasification of process water generated from hydrothermal liquefaction of microalgae [J]. Fuel，2016，166：24-28.

[11]　Guan Q，Huang X，Liu J，et al. Supercritical water gasification of phenol using a Ru/CeO$_2$ catalyst [J]. Chemical Engineering Journal，2016，283：358-365.

[12]　Nanda S，Isen J，Dalai A K，et al. Gasification of fruit wastes and agro-food residues in supercritical water [J]. Energy Conversion and Management，2016，110：296-306.

[13]　Su X，Jin H，Guo S，et al. Numerical study on biomass model compound gasification in a supercritical water fluidized bed reactor [J]. Chemical Engineering Science，2015，134：737-745.

[14]　Gong M，Zhu W，Xu Z R，et al. Influence of sludge properties on the direct gasification of dewatered sewage sludge in supercritical water [J]. Renewable Energy，2014，66：605-611.

[15]　Gong M，Nanda S，Romero M J，et al. Subcritical and supercritical water gasification of humic acid as a model compound of humic substances in sewage sludge [J]. The Journal of Supercritical Fluids，2017，119：130-138.

[16]　李宾宾 . 垃圾填埋场渗滤液催化超临界水气化制氢技术研究 [D]. 中原工学院，2018.

[17]　龚为进，李方，奚旦立 . 丙烯酸废水超临界水氧化动力学研究 [J]. 环境工程学报，2008（05）：643-646.

[18]　郝小红，郭烈锦，吕友军，等 . 生物质超临界水气化制氢反应动力学分析 [J]. 西安交通大学学报，2005（07）：681-684+705.

[19]　毛桃秀，田森林，陈秋玲，等 . 纤维素和木质素超临界水气化原理的研究进展 [J]. 化工新型材料，2015，43（07）：14-17.

[20]　邹道安 . 基于超临界水氧化的生活垃圾渗滤液和焚烧飞灰协同无害化处理研究 [D]. 杭州：浙江大学，2014.

[21]　Sealock L J，Elliott D C，Baker E G，et al. Chemical processing in high-pressure aqueous environments. 5. New processing concepts [J]. Industrial & engineering chemistry research，1996，35（11）：4111-4118.

[22]　Antal Jr M J，Allen S G，Schulman D，et al. Biomass gasification in supercritical water [J]. Industrial & Engineering Chemistry Research，2000，39（11）：4040-4053.

[23]　詹良通，王勇，刘凯，等 . 生活垃圾填埋场黄土覆盖层的甲烷氧化能力现场测试和评估 [J/OL]. 中国环境科学，2023.

[24]　张轶润，周保华，郭斌，等 . 垃圾填埋气产气模型的研究 [C] //中华人民共和国生态环境部，中国社会科学院 . 第四届环境与发展中国（国际）论坛论文集 . 现代教育出版社，2008：7.

[25]　周俊，王梦瑶，王改红，等 . 餐厨垃圾资源化利用技术研究现状及展望 [J]. 生物资源，2020，42（01）：87-96. DOI：10.14188/j.ajsh.2020.01.012.

[26]　刘德江，侯凤兰，李瑜，等 . 餐厨垃圾中的不同组分厌氧消化特性研究 [J]. 中国沼气，2018，36（06）：41-44.

[27]　戚峰 . 生物质高效水解及发酵产氢的机理研究 [D]. 杭州：浙江大学，2007.

[28]　孙驰贺 . 生物质水热水解及厌氧发酵制氢烷过程转化特性与强化方法 [D]. 重庆：重庆大学，2020.

[29]　Chaudhry Arslan. 餐厨垃圾厌氧消化的生物制氢研究 [D]. 南京：南京农业大学，2016.

[30]　杨力 . 餐厨垃圾厌氧发酵生物制氢试验研究 [D]. 长沙：湖南大学，2013.

[31]　余瑞彰 . 餐厨垃圾厌氧暗发酵产氢研究：添加剂和初始条件的影响 [D]. 上海：华东师范大学，2010.

[32]　孟飞琴 . 餐厨垃圾厌氧暗发酵产氢研究：添加金属离子的作用 [D]. 上海：华东师范大学，2010.

[33]　赵丹 . 餐厨垃圾制氢体系产氢菌分离及微生物群落结构研究 [D]. 上海：华东师范大学，2009.

[34]　赵修涛 . 利用餐厨垃圾生物制氢的实验研究及仿真模拟 [D]. 哈尔滨：哈尔滨工程大学，2009.

[35]　宋庆彬 . 厨余与污泥联合厌氧发酵制氢研究 [D]. 大连：大连理工大学，2008.

[36]　郭强 . 餐厨垃圾滚筒式发酵制氢反应器设计及运行参数调控 [D]. 上海：同济大学，2007.

[37]　袁玉玉 . 餐厨垃圾厌氧发酵制氢添加剂作用研究 [D]. 上海：同济大学，2007.

[38]　林艺芸 . 预处理污泥与餐厨垃圾联合产氢试验研究 [D]. 福州：福建师范大学，2008.

[39]　杨占春 . 餐厨垃圾生物法制高浓度氢气的研究 [D]. 南京：南京工业大学，2006.

[40]　赵明星，高常卉，李娟，等 . 餐厨垃圾厌氧干发酵制氢及其强化研究 [J]. 食品与发酵工业，2021，47（22）：

157-161.

[41] 董国华 . Ni-BN/Al$_2$O$_3$ 催化餐厨垃圾亚临界水热制氢的研究 [D]. 南京：南京农业大学，2020.

[42] 郭振飞 . 城市生活垃圾等离子体气化制备富氢气体的实验研究 [D]. 天津：天津大学，2019.

[43] United Kingdom Government. Government launches new scheme for technologies producing hydrogen from biomass [EB/OL]. (2022-01-12) https：//www. gov. uk/government/news/government-launches-new-scheme-fortechnologies-producing-hydrogen-from-biomass.

[44] 李坤，李欢 . 垃圾制氢技术研发与产业化进展 [J]. 工业技术创新，2022，9（03）：73-82.

[45] Ways2H Inc. Ways2H Japan blue energy launch Tokyo renewable H$_2$ production site [EB/OL]. (2021-03-30). https：// ways2h. com/ways2h-japan-blue-energy-launchtokyo-renewable-h2-production-site.

[46] 钟蕊 . 垃圾制氢项目全球渐热 [J]. 中国石油和化工产业观察，2021（10）：20-21.

[47] 钱小青 . 泔脚废物厌氧两相发酵工艺及其矿化垃圾协同生物产氢过程研究 [D]. 上海：同济大学，2006.

[48] 戚峰 . 生物质高效水解及发酵产氢的机理研究 [D]. 杭州：浙江大学，2007 年 .

[49] 贺茂云 . 纳米镍基催化剂的制备及其对城市生活垃圾裂解气化制氢的催化性能研究 [D]. 武汉：华中科技大学，2009.

[50] 赵亚 . CO 厌氧发酵制氢工艺基础及反应器性能研究 [D]. 大连：大连理工大学，2011.

[51] 王晶博 . 城市生活垃圾原位水蒸气催化气化制备富氢燃气 [D]. 武汉：华中科技大学，2013.

[52] Chaudhry Arslan. 餐厨垃圾厌氧消化的生物制氢研究 [D]. 南京：南京农业大学，2016.

[53] 孙驰贺 . 生物质水热水解及厌氧发酵制氢烷过程转化特性与强化方法 [D]. 重庆：重庆大学，2020.

[54] 董卫果 . 有机固体废弃物制氢技术经济评价研究 [D]. 北京：中国矿业大学（北京），2022.

[55] 赵明星，高常卉，李娟，等 . 餐厨垃圾厌氧干发酵制氢及其强化研究 [J]. 食品与发酵工业，2021，47（22）：157-16.

[56] 赵常希，谢迪，黄经春，等 . 厨余垃圾烘焙-气化制氢模拟研究与和技术经济分析 [J]. 洁净煤技术：2023，29（9），117-126.

[57] 北极星氢能网 . 全球首个"垃圾制氢＋碳资源化"绿氢绿炭工厂落地襄阳 [EB/OL]. (2022-04-06). https：// news. bjx. com. cn/html/20220406/1215507. shtml.

[58] 程晖 ."固废＋能源"协同制氢，瀚蓝环境打造氢气制、加、用一体化示范模式 [N/OL]. 中国经济导报 . (2022-03-10). https：//finance. sina. com. cn/jjxw/2022-03-10/docimcwipih7662894. shtml.

[59] 中国人大网 . 全国人民代表大会常务委员会执法检查组关于检查《中华人民共和国固体废物污染环境防治法》实施情况的报告 [EB/OL]. (2019-10-25). http：//www. npc. gov. cn/npc/c30834/202110/20dcb8233e69453a988eb86a281a2db1. shtml.

第**8**章
生物质发酵制氢技术

在"双碳"背景下，生物质制氢技术被认为是目前发展潜力巨大的环保制氢技术。据国际能源组织预测，生物质在一次能源利用中的占比将在 2035 年达到 10%，在 2050 年达到 27%[1]。

8.1 生物质制氢技术概述

生物质制氢法主要是指生物质经过不同预处理后，利用气化或微生物催化脱氧的方法制氢。关于生物质制氢的主要技术路线见图 8-1。

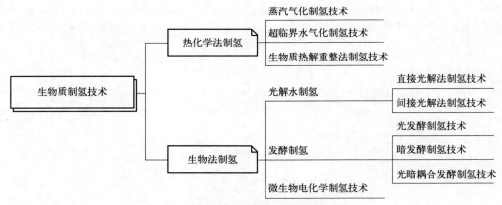

图 8-1 生物质制氢主要技术路线

8.1.1 生物质热化学制氢技术

热化学制氢技术是指通过热化学处理，将生物质转化成富氢可燃气后通过分离得到纯氢的方法[2]。

下文将介绍图 8-1 中的相关技术。

（1）蒸汽气化制氢技术

该技术的原理是利用蒸汽作为气化剂对生物质原料进行气化，最终转化为富氢燃料的过程[2]。

该技术的原理如图 8-2 所示。气化过程中生物质原料经过干燥、热解、还原和燃烧阶段，其中干燥产物和热解产物会在还原阶段释放水分并且去除 CO、CO_2、轻质碳氢化合物和焦油，最终在燃烧阶段生物质中碳分解产生更多气态产物[2-7]。

图 8-2　生物质蒸汽气化制氢原理[2]

（2）超临界水气化制氢技术

超临界水气化是指生物质在超临界水中通过热解、水解、冷凝和脱氢分解产生 H_2、CO、CO_2、CH_4 和其他气体[2]。

该技术的反应过程包括：

$$C + H_2O \longrightarrow H_2 + CO$$
$$CO + H_2O \longrightarrow H_2 + CO_2$$
$$CH_4 + H_2O \longrightarrow 3H_2 + CO$$
$$C_aH_b + aH_2O \longrightarrow aCO + (a + b/2)H_2$$

其原理如图 8-3 所示。

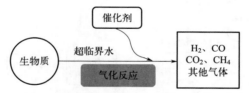

图 8-3　超临界水气化制氢技术原理[2,6,8]

（3）生物质热解重整制氢技术

其原理如图 8-4 所示。

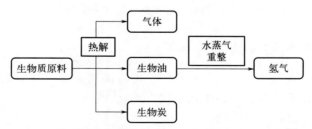

图 8-4　生物质快速热解生物油水蒸气重整制氢过程[1]

热解是处理固体生物质废弃物较好的工艺之一，温度一般在 $300 \sim 1300℃$，有慢速热解、快速热解和闪速热解 3 种[9]。生物质热解制氢是指生物质在反应器中完全缺氧或只提供有限氧的条件下，热分解制取氢气的技术[2]。生物油催化重整技术是在水蒸气和催化剂共同作用下，利用高温条件制备氢气的过程，该过程中主要包括两种反应，分别为水蒸气重整及水煤气变换（WGS）反应[1]。

水蒸气重整反应 $C_nH_mO_p+(n-p)H_2O\longrightarrow nCO+\left(n-p+\dfrac{m}{2}\right)H_2$

WGS 反应 $CO+H_2O\longrightarrow CO_2+H_2$

总反应 $C_nH_mO_p+(2n-p)H_2O\longrightarrow nCO_2+\left(2n-p+\dfrac{m}{2}\right)H_2$

除主要反应外，还有一系列副反应进行，如甲烷化反应、甲烷重整以及 Boudouard 反应，其中 Boudouard 反应是催化剂积炭形成的关键原因[1]。

甲烷化反应：

$$CO+3H_2\longrightarrow CH_4+H_2O$$

$$CO_2+4H_2\longrightarrow CH_4+H_2O+H_2O$$

甲烷蒸汽重整：

$$CH_4+H_2O\longrightarrow CO+3H_2$$

Boudouard 反应：

$$2CO\longrightarrow C+CO_2$$

目前，将上述两种技术结合在一起形成生物质热解重整制氢技术，目的是解决两个问题，一是热解制氢技术的产物含有焦油，导致设备易出现堵塞问题，二是酸、醇、酚、酮等含氧化合物的存在，降低所得生物燃料的品质[2,10]。

两种技术结合的制氢原理图如图 8-5 所示。

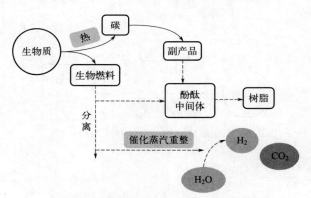

图 8-5   生物质热解重整法制氢原理[2,6,8]

8.1.2   生物质微生物制氢技术

根据微生物、含氢底物和产氢机理的不同，可将该制氢方法分为四大类：①光解产氢；②光发酵产氢；③暗发酵产氢；④微生物电化学产氢[8]。

下文将对上述技术进行机理介绍。

（1）直接光解法制氢技术

直接光解法制氢过程发生在藻类或植物细胞中，微生物通过光合作用将水分子分解为氢离子和氧气，产生的氢离子通过氢化酶转化为氢气[2]。

制氢原理如图 8-6 所示，光系统 I 参与二氧化碳还原反应，光系统 II 将水分子分解为氢和氧，生物质光解结束时，水分子中释放 2 个质子，氢气通过氢化酶或光系统 I 的 CO_2 还原形成。当植物缺乏氢化酶时，光系统 I 参与二氧化碳的还原[2]。

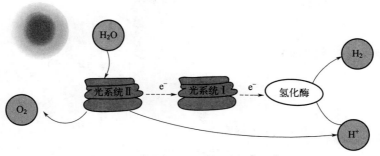

图 8-6　直接光解法制氢原理[2,6,8]

（2）间接光解法制氢技术

间接光解法制氢技术是利用蓝藻或微藻从淀粉或糖原产生氢气的过程。

原理如图 8-7 所示，光合作用形成碳水化合物后，在黑暗条件下通过植物细胞代谢产生氢气，代谢过程中产生的还原性辅酶Ⅱ转移到质体醌池和光系统Ⅱ。有氧条件下电子传递链一直存在，氧气耗尽后细胞转为厌氧状态，通过诱导氢化酶将可用电子转移至光系统Ⅰ，产生氢气[2,8]。

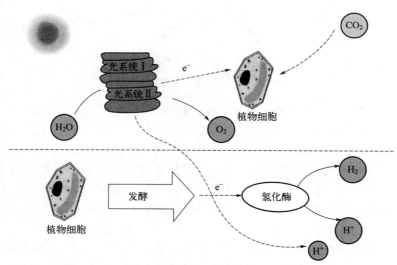

图 8-7　间接光解制氢原理[2,6,8]

（3）光发酵制氢技术

光发酵制氢技术利用厌氧光合微生物将有机底物转化产生氢气，原理如图 8-8 所示。反应中电子通过光系统Ⅱ进行光化学氧化，因此光发酵能够利用多种基质完成[2,8]。

（4）暗发酵制氢技术

暗发酵过程是在没有光照的情况下，通过厌氧微生物将有机化合物转化为生物氢，同时生成各种有机酸或醇类副产物[11]。其原理如图 8-9。

（5）光发酵、暗发酵耦合制氢技术

光发酵技术与暗发酵技术耦合后，有机酸能够被光发酵技术中的微生物转化为氢气，防止系统中有机酸的积累，提高制氢产量[2,7]。

耦合方式有 2 种：一种将暗发酵过程中产生的有机酸用于光发酵过程；二将暗发酵与光

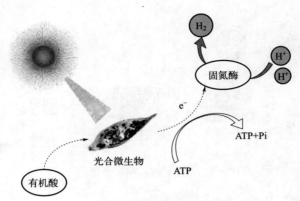

图 8-8　光发酵制氢原理[2,6,8]

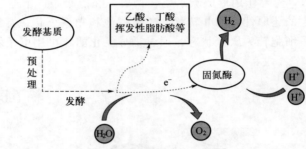

图 8-9　暗发酵制氢原理[2]

发酵过程在包含 2 种类型微生物群落的单个反应器中完成[2]。

（6）微生物电解池制氢

微生物电解池（MEC）是一种新型生物制氢技术，此技术可以利用废水中的有机物制氢。MEC 以质子交换膜为电解质隔膜，阳极含有致电菌，致电菌分解水中的有机物，同时释放电子；MEC 阴极保持厌氧环境，氢质子在阴极与电子结合生成氢气[12]。如果在阴极采用可进行发酵制氢的菌种（如螺旋藻），则在 MEC 的阴阳极均可以产生氢气，此时的制氢装置称为电化学光生物反应器（EPBR）。

EPBR 的阴阳极均能产生氢气，阳极由微生物发酵产生（生物氢），阴极则由质子和电子结合产生（电化学氢），其制氢效率高于传统的 MEC，是一种更加高效的制氢方式[12]。

8.2　生物质发酵基本原理

暗发酵生化途径如图 8-10，以葡萄糖为例，在通过糖酵解途径转化为丙酮酸时，产生三磷酸腺苷（adenosine triphosphate，ATP）和还原态烟酰胺腺嘌呤二核苷酸（nicotinamide adenine dinucleotide，NADH）。丙酮酸进一步可通过两条途径转化为乙酰辅酶 A。一种途径是通过严格厌氧菌（*Clostridium* 属）代谢，同时产生还原铁氧还蛋白（reduced ferredoxin，Fd_{red}）。另一种是通过兼性厌氧菌（*Enterobacter*，*Klebsiella*）代谢，同时产生甲酸[13-15]。乙酰辅酶 A 在不同的微生物和环境条件下最终被转化为乙酸、丙酸、乳酸、丁酸等挥发性脂肪酸（volatile fatty acid，VFA）和乙醇、丁醇等醇类[16]。

从表 8-1 中化学计量方程来看 1mol 葡萄糖可以产生 12mol 氢气，如公式（8-1）[13]，然

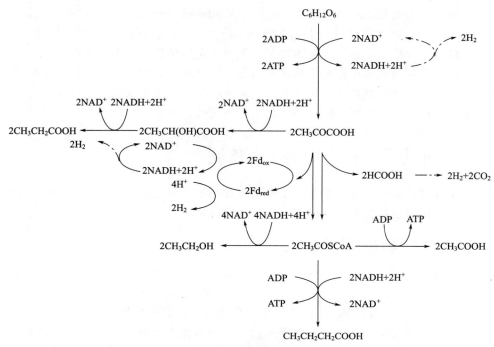

图 8-10　葡萄糖的暗发酵产氢代谢途径[13-15]

而此反应整个过程中自由能为正,在没有能量输入的情况下不能进行。1mol 葡萄糖可以生成 4mol 氢气与 2mol 乙酸[式(8-2)][17]。乙酸进一步分解产生氢气需要外部的能量输入,如光能(光发酵)、电能(燃料电池)等[17]。如式(8-2)～式(8-4)所示,在碳水化合物的产氢发酵过程中,最常见的发酵产物是乙酸、丁酸和乙醇[14]。氢气产率与乙酸、丁酸的生成呈正相关的关系,而乙醇的产生将降低氢气产率。当发酵产物为乳酸[式(8-5)]时氢气产率可忽略不计[18]。同型产乙酸[式(8-7)]、耗氢产甲烷[式(8-8)]以及产丙酸[式(8-6)]的代谢途径将消耗产氢过程产生的氢气。根据化学方程式,氢气理论产率 $M_{H_2,理}$ 可以通过下式计算[19]:

$$M_{H_2,理} = 2M_{But} + 2M_{Ac} - M_{Prop}$$

式中,M_{But}、M_{Ac} 和 M_{Prop} 分别代表丁酸、乙酸和丙酸的摩尔产率。

表 8-1　暗发酵产氢过程中不同发酵终产物情况下的化学方程式以及自由能

反应方程	$\Delta G^{\ominus}/(kJ/mol)$	反应式编号
$C_6H_{12}O_6 + 6H_2O \longrightarrow 12H_2 + 6CO_2$	+2.0	(8-1)
$C_6H_{12}O_6 + 2H_2O \longrightarrow 2CH_3COOH + 4H_2 + 2CO_2$	−206.0	(8-2)
$C_6H_{12}O_6 \longrightarrow CH_3CH_2CH_2COOH + 2H_2 + 2CO_2$	−254.0	(8-3)
$C_6H_{12}O_6 \longrightarrow 2CH_3CH_2OH + 2CO_2$	−164.8	(8-4)
$C_6H_{12}O_6 \longrightarrow 2CH_3CH(OH)COOH$	−225.4	(8-5)
$C_6H_{12}O_6 + 2H_2 \longrightarrow 2CH_3CH_2COOH + 2H_2O$	−279.4	(8-6)
$4H_2 + 2CO_2 \longrightarrow CH_3COOH + 2H_2O$	−104.0	(8-7)
$4H_2 + CO_2 \longrightarrow CH_4 + 2H_2O$	−135.0	(8-8)

实际的氢气产率要低于计算所得数值[14]。文献中报道的氢气产率的最高值低于 3mol H_2/mol 葡萄糖[15]。而在中温条件下，氢气产率约为 2mol H_2/mol 葡萄糖[13]。这主要是由于：①葡萄糖在实际代谢过程中可能通过不产氢的生化途径进行，例如产乳酸等；②一部分的葡萄糖通过同化作用合成微生物的菌体被消耗；③计量学方程中的氢气产率是在均衡条件下得到的，实际上在接近理论值时，产氢反应速率将极大地降低从而使得后续的反应难以进行；④产生的氢气还可能被耗氢反应消耗，例如产丙酸、同型产乙酸、产甲烷反应等。

8.3　生物质发酵制氢研究进展

目前对暗发酵产氢的研究主要集中于产氢接种物选择及处理方式、发酵 pH、水力停留时间、温度、原料和反应器构型等因素对产氢过程的影响。

8.3.1　接种物的选择以及处理方式

产氢的微生物包括严格厌氧菌（*Clostridiaceae*），兼型厌氧菌（*Enterobacericeae*、*Klebsiella*）和好氧菌（*Bacillus*、*Aeromonons*、*Pseudomonos* 和 *Vibrio*）[20-22]。其中，*Clostridium* 和 *Enterobacter* 在暗发酵产氢中应用最为广泛的微生物[21]。

尽管纯菌被广泛用于暗发酵产氢的研究，然而混合菌种在实际中更为容易获得。此外，混合微生物种群间的相互协作使得其在处理复杂的生物质原料时更有活力[16,23]。以兼性厌氧菌 *Streptococcus* 和 *Klebsiella* 为例，可消耗环境中氧气从而为严格厌氧产氢菌 *Clostridium* 的生存创造更为适宜的环境[23]。图 8-11，为混合菌种富集得到的以 *Clostridium* 杆状微生物为主的产氢微生物群落形态。

Streptococcus 菌还可以在颗粒污泥中与产氢菌 *Clostridium* 形成网状结构，从而起到强化颗粒污泥结构的作用[24]。而另外一些微生物可协助降解纤维素等复杂的原料，提高氢气产率[25]。混合菌种的来源丰富，包括消化污泥、活性污泥和环境中取得的土壤等。在一些情况下，原料本身就含有产氢微生物，无需外接接种[26]。

环境中得到的混合菌种作为接种物还需要进行处理。处理手段设定的依据主要是围绕着产氢菌 *Clostridium* 可形成芽孢这一特性进行的，通过接种物处理可使得代谢途径向产氢方向进行，从而提高氢气产率[27]。主要的接种物处理手段包括：热处理、酸处理、碱处理、化学处理、冻融处理、超声处理以及以上方式的结合。各种与处理方法也被进行了比较。Wang 等分别以酸处理、碱处理、热处理、曝气处理和化学处理（氯仿）后的消化污泥作为接种物进行了产氢批式试验，结果表明热处理在产氢潜力、产氢速率、基质降解速率各方面均最高[28]。Penteado 等研究了热处理（90℃，10min）、酸处理（pH 3，24h）对连续暗发酵产氢效果的影响，结果表明热处理后的氢气产率最高，而酸处理有助于获得稳定的产氢过程[23,29]。Cheong 等对比了热处理（105℃，2h）、酸处理（pH 2，4h）、化学处理（溴乙基磺酸钠）对产氢的影响，结果表明酸处理能够获得最大的氢气产率[30]。在 Argun 等的研究中也证明了热处理相对于化学处理（氯仿），在氢气产率和产氢速率方面的优势[25,31]。Rossi 等对比了酸处理、碱处理、热处理和冻融处理，结果表明热处理在提升产氢表现方面效果最好[32]。Pendyala 等对比了不同接种物来源、不同处理方法（热处理、酸处理、碱处理、化学处理）对产氢的影响，结果表明相比处理方法，接种物来源对产氢效果影响更显著[33]。综上，热处理和酸处理热处理具有效果好、方法简单可行等特点，是最为常用的处理手段。然而，大量的研究结果证明仅仅接种物处理并不能完全抑制耗氢类微生物[14,34-36]，部分耗氢类微生物也可以形成芽孢从处理的过程中生存下来，例如产丙酸和乳酸微生物（*Propionibacterium*，*Sporolactobacillus*）[37]。Si 等发现以热处理厌氧污泥接种后的 UASB 和 PBR 中也有大量产乳酸微生物存在[38]。

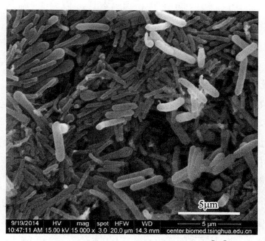

图 8-11　产氢颗粒污泥 SEM 图片[38]

8.3.2　反应 pH

适合的 pH 将极大地提升产氢表现，低 pH 值可抑制耗氢的产甲烷活动。pH 的控制会影响代谢途径的改变[39-40]，例如在 pH 为 4 时，主要产物是丁酸，而当 pH 为中性时代谢产物则主要为乳酸和丙酸[13]。最佳的产氢 pH 范围通常认为是在 5～6.5 之间。Chen 等使用厌氧批式反应器研究了 pH（4.9、5.5、6.1、6.7）对产氢效果的影响，结果表明产氢最适宜的 pH 值是 4.9[41]。Fang 等的研究结果则表明在 pH 4～7 之间（0.5 为间隔），氢气产率最高的 pH 为 5.5[42]。然而部分的产氢批式试验是在中性 pH 下进行的[28,30]。这可能与 pH 控制的方法有关，即初始 pH 和反应过程中的 pH 是不同的控制指标。Lee 等认为氢气产率并不是由初始 pH 控制的，而是由产氢反应最终的 pH 值决定的[13]。此外，最佳 pH 值的差异还与原料有关，碳水化合物产氢的最佳 pH 为 4.5～6，而蛋白质产氢的最佳 pH 为 8.5～10[43]。产氢适宜的 pH 还与 OLR 相关。Skonieczny 等验证了基质浓度（1～3g COD/L）和初始 pH（5.7～6.5）对产氢过程影响之间的关联性[44]。Ginkel 等研究了基质浓度（1.5～44.8g COD/L）和初始 pH（4.5～7.5）对产氢过程的影响，结果证明在 pH 为 5.5，基质浓度为 7.5g COD/L 的情况下产氢效果最好[20]。

8.3.3　温度

暗发酵产氢按照发酵温度的差别，可分为环境温度（20～25℃）、中温（35～39℃）、高温（40～60℃）以及超高温（>60℃）发酵。Tang 等以 0.5℃ 为间隔研究了 30～50℃ 之间温度变化对牛场废水产氢的影响，结果以 45℃ 的温度最佳[45]。Wang 等的研究结果较为相似，在 20～55℃ 的区间内 40℃ 为产氢的最佳温度[46]。在更高的温度区间内（37～70℃）以木薯酒糟为原料的产氢批式试验证明 60℃ 为最佳温度[47]。Gadow 等在以纤维素为原料的连续试验中发现与中温（37℃）发酵相比，超高温（80℃）和高温（55℃）条件可抑制发酵过程中的产甲烷活动，从而提高氢气产率[48]。Valdez-Vazquez 发现高温发酵（55℃）时的氢气浓度和氢气产率均高于中温发酵（35℃）[49]。以上研究都阐释了高温发酵时产氢表现要优于中温发酵，然而 Shi 等以海带为原料的批式发酵结果表明中温发酵的氢气产率［35℃，(61.3±2.0)mL/g TS］要优于高温发酵［50℃，(49.7±2.8)mL/g TS］以及超高温发酵［65℃，(48.1±2.5)mL/g TS][50]。而在实际工程中，以环境温度发酵最为经济可行。Lin 等在环境温度下实现了暗发酵产氢稳定连续的运行[51]。

8.3.4 原料

暗发酵产氢原料广泛，包括制糖业垃圾、污泥、生活垃圾、市政垃圾、厨余垃圾、畜禽粪污和农作物秸秆等。Kobayashi 等研究了不同成分的市政垃圾的发酵产氢情况，结果表明碳水化合物含量高的原料产氢效果要优于蛋白质和脂质含量高的[52]。碳水化合物是主要的产氢来源，因此碳水化合物含量较高的原料，例如厨余垃圾、食品加工企业的废弃垃圾等，产氢过程中氢气浓度高，产氢速率快，氢气产率高[46,53]。原料中的 C/N 比也对发酵产氢有重要的影响。Argun 等认为发酵产氢最优的 C/N 比为 100/0.5[47,54]，这与 Lima 等给出的 140 的最优 C/N 比接近[55]。然而根据 Lin 等的研究，以蔗糖为原料进行产氢发酵时，最佳 C/N 比为 47[56]。Sreethawong 等则得出的最 C/N 比的值为 17[57]。因此，对于产氢过程最佳 C/N 比没有较为统一的结论，这可能与各试验中采取的接种物、原料以及 pH 值之间的差异有关。磷在产氢过程中也起到了非常重要的作用，Lin 等推荐使用磷酸盐代替碳酸盐作为缓冲剂以提升暗发酵产氢效果[58]。微量元素 Mg、Na、Zn、Fe 对发酵产氢有重要的影响[59]。适当补充 Ca 离子可以提高产氢颗粒污泥系统中的微生物浓度，提升产氢速率[60]。

8.3.5 反应器

目前已有多种反应器用于暗发酵产氢，包括连续搅拌反应器（CSTR）、滤床反应器（LBR）、连续旋转鼓式反应器（CRD）、厌氧序批式反应器（ASBR）、上流式厌氧污泥床反应器（UASB）、填充床反应器（PBR）、载体颗粒污泥床反应器（CIGSB）以及厌氧流化床反应器（AFBR）。

在 CSTR 中，污泥的停留时间与 HRT 相同，微生物均匀地悬浮在反应器内部，随着原料的流出而流出，因此当 HRT 较低时微生物将出现流失的情况从而导致反应器的崩溃。此外，在 CSTR 中，微生物浓度较低，因此反应速率受到限制[28]。尽管存在着反应速率较低的问题，但 CSTR 也适用于高固体浓度的原料发酵。CRD 反应器则由于外部旋转的方式使得反应器内部原料能够充分混合，因此处理高固体浓度原料时优点突出。当原料总固体（total solid，TS）、挥发性固体（volatile solid，VS）浓度较低时，可使用厌氧高效反应器如 UASB、AFBR、PBR 和 GIGSB 等。这类反应器在反应器内部以生物膜或者颗粒污泥的形式富集了大量微生物，因此反应器效率较高。Zhang 等使用 AFBR 进行连续发酵产氢，HRT 可缩短至 0.125~3h，最高氢气产率可达 7.6L/(L・h)[61]。Chang 采用了 0.5~2h HRT 运行 PBR 产氢，最大的产氢速率可达 1.32L/(L・h)[62]。Ueno 等使用 UASB 对制糖废水进行了产氢试验，在 HRT 为 12h 时获得了 2.52mol H_2/mol 葡萄糖的氢气产率[56,63]。Si 等的研究结果表明，相比于 PBR，UASB 反应器的产氢效果更好[64]，这主要是对于不同的高效反应器，由于其不同的微生物富集模式，反应器内部的传质差异，其产氢也会出现显著的差异。

8.4　生物质两阶段发酵联产氢气和甲烷（生物氢烷）

8.4.1　氢烷及其重要性

自 20 世纪 80 年代以来，氢烷作为车用燃料受到了广泛关注[65]。氢和甲烷的特性见表 8-2，与汽油或柴油相比，甲烷（CNG）被认为是一种清洁的车用燃料。然而，由于其可燃性范围窄、燃烧速度缓慢、高点火温度（表 8-2），导致燃烧效率低并且点火耗能大[65]。有趣的是，氢气的加入可以完美抵消甲烷（CNG）的弱点：①通过添加氢气提高 H/C 比率，从而减少温室气体的排放；②加入氢气，可以扩大甲烷的可燃性范围，从而提高燃料效率；③加入氢气可以大大提高甲烷的燃烧速度，最终缩短燃烧时间，提高热效率；④通过加入氢气可以缩短甲烷的猝灭距离，使发动机在输入能量较少的情况下也容易点火成功[65]。

因此，从技术上讲，氢烷结合了氢和甲烷的优势，已经被开发为高价值的车用气体燃料。尽管氢烷才注册商标，但自 20 世纪 80 年代以来，人们已经开始对氢气和甲烷的混合物进行研究。研究的聚焦点是燃烧性能、温室气体排放和点火性能，目的是优化作为车辆燃料的氢烷的燃料效率。在传统的乙烷生产和车用燃料产业链中，氢烷加气站是将氢气和甲烷转化为车用燃料氢烷的重要环节。

表 8-2　氢和甲烷的性质

燃料名称	氢气（H_2）	甲烷（CH_4）
分子量	2	16
密度（标准状况下）/(kg/m³)	0.0899	0.714
空气中可燃界限（体积分数）/%	4-75	5-15
空气中可燃界限（相对化学计量比）	0.068-1.27	0.46-1.64
最小点火能量/mJ	0.02	0.2
着火温度（化学计量比）/K	858	918
绝热火焰温度（空气中化学计量比）/K	2318	2148
燃烧速度/(cm/s)	270	37
质量低热值（MJ/kg）	120	50
体积低热值（MJ/m³）	10.81	35.37
辛烷值	＞130	107.5
理论空燃比（体积）	2.38	9.53
绝热指数	1.142	1.315
最小淬熄距离/cm	0.06	0.2

然而，利用化石燃料生产氢气和甲烷的过程是一次性的，而且是能源密集型的。与基于化石的过程相比，发酵从可再生生物质中生产氢气和甲烷的过程，具有可持续发展的独特优势。此外，生物产氢和产甲烷可集成在一个系统中，形成甲烷的最佳组成，从而使生物制氢成为化石制氢技术的替代方案。

8.4.2　两阶段发酵联产生物氢烷的过程及特点

氢烷的最终用途非常简单，有一个清晰的商业模式。在控制 H_2/CH_4 比率浓度的前提下，通过两段暗发酵法从废弃生物质中制取生物氢烷。传统的厌氧甲烷发酵通常包括 4 个步骤：水解、产酸、醋酸和产甲烷。将具有不同功能的微生物组合在一起，建立复合微生物群制取甲烷的合成路线。特别地，有两种细菌参与甲烷生成过程：一种用于将乙酸转化为甲烷，另一种用于将二氧化碳和氢气转化为甲烷。为了从整个过程中获得氢气，必须阻断氢转化为甲烷的路径。因此，需要通过控制微生物反应过程，建立一个两段发酵生产生物氢和生物甲烷的反应器。

与常规的甲烷发酵相比，两阶段发酵具有独特的优势。第一，改善基于热力学计算的能量回收。氢和甲烷的联合生产可使总能量回收率分别提高 100% 和 30%，高于单级制氢和单级制甲烷。与单级氢或甲烷发酵相比，两级工艺还有利于根据能量输入（比如预处理、基质加热）和能量输出（产生的气体生物燃料）计算的净能量平衡。第二，联合生产过程的特点是显著缩短发酵时间。两段制氢的停留时间比产甲烷的停留时间短，这使得两段制氢的反应器负荷率比单一的甲烷发酵更高，运行更稳定。这最终将有利于实际生产中的大规模制取过程。第三，在一级制氢过程中，可以同时实现高固含量废弃生物质的增溶和发酵。第一阶段制氢，可以促进玉米秸秆等复杂生物质的发酵，并从玉米秸秆中获得有利于甲烷发酵的挥发性脂肪酸。第四，将产甲烷与暗发酵的其他生物过程分离，有利于控制不同功能的微生物群落。因此，两段工艺适合于氢气和甲烷发酵过程的独立优化。在高温条件下可以有效地分离甲烷发酵产氢和高产氢率，而在中温条件下可以稳定地维持甲烷发酵。第五，通过微生物群的过程控制工艺灵活控制 H_2/CH_4 比值，从而提供自调节 H_2/CH_4 比率的生物甲烷产品。

8.4.3　微生物种群影响

为了生产理想的 H_2/CH_4 比率的生物甲烷，两阶段发酵的基本特点是控制微生物群，为生产氢气和甲烷提供不同的功能。第一阶段氢发酵和第二阶段甲烷发酵的主要区别是维持不同微生物群落所需的 pH 条件。对于第一阶段，合适的 pH 可以是 5.5~6.5，而 7.0~7.5 适用于第二阶段。根据待发酵的底物的复杂程度，涉及各种微生物菌群，导致不同的 H_2/CH_4 比率。当使用富含糖的原料时，水解并不占主导地位。限制步骤是制氢，在合适的条件下控制制氢联合体来改善，最终获得更高的 H_2/CH_4 比率。当使用复杂的底物（例如作物残留物）时，限制步骤是水解。虽然一些细菌，如热细胞梭状芽孢杆菌和柯达卡拉氏热球菌，被证明具有降解纤维素分解底物并同时产生氢气的能力，但机理并不完全清楚，反应速率相对较低。因此，产氢产量受到限制，并导致更高的 CH_4/H_2 比例。另一个重要的问题是避免第一个氢反应堆中消耗氢的微生物的参与。在酸性条件下，富氢产甲烷菌可能仍然活跃，一种可能的控制方法是保持嗜热条件下的氢发酵。除上述因素之外，两段发酵过程中微生物群落的长期稳定性是影响生物氢烷产量的重要因素。氢气和甲烷发酵的物理分离可能会对产氢微生物与产甲烷微生物之间的氢转移和合成联系产生负面影响。因此，考虑到特定的微生物生理学和热力学，需要为两阶段过程建立新的平衡。

8.4.4　过程集成

有趣的是，氢解和产甲烷可以分为两个阶段来合成生物甲烷，这使得优化独立生产氢气和甲烷成为可能。然而，氢气和甲烷发酵反应器必须有效地集成从而实现连续操作。在已发表的两阶段发酵过程的论文中，几乎三分之一的发酵是在分批模式下进行的。此外，到目前为止，还没有关于用广泛的不同废纤维生物质进料的两阶段系统的连续操作的报道，这可能是由于基质的复杂性和浆液输送的困难。图 8-12（另见书后彩图）根据原料浓度说明了两级反应器集成的可能策略。这与文献中的信息几乎一致。根据原料的总固体含量（TS），将反应器集成策略分为三种类型。对于生物质固体含量高（TS>15%）的原料，浸出床反应器干式发酵适用于第一级制氢。渗滤液可在 UASB、UAPB 和膨胀颗粒污泥床（EGSB）等高速率反应器中高效地用于第二级甲烷生产。对于 TS 在 2%～12% 之间的生物质原料，CSTR 是第一阶段的合适解决方案，而第二阶段配置的选择取决于从第一阶段输送的基质的种类。无论能量效率如何，CSTR 都适用于任何底物类型，而像 UASB 这样的高速率反应堆只适用于液体底物。对于大多数液体原料（TS<2%），H_2 UASB-CH_4 UASB 等配置将更有效。

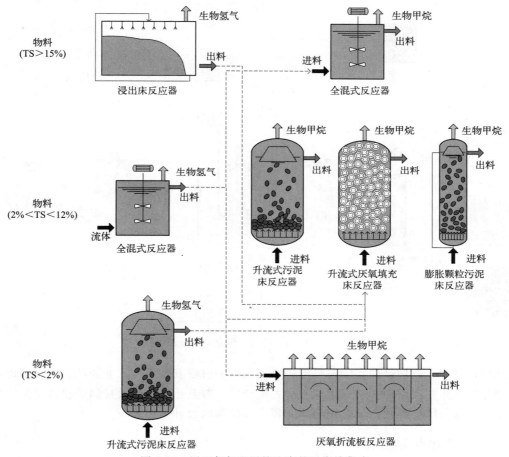

图 8-12　用于氢气和甲烷生产的反应堆集成

除了反应器集成外，浆料的输送也需要一体化。有两个方面需要考虑。首先，是从第一阶段输送浆料。浆料可以直接输送到第二阶段甲烷反应器，或在沉淀池之后。安装在两个阶段之间的沉淀池的优点包括将微生物生物质返回到第一阶段并将 pH 调节到适合甲烷生产的值；缺点是设计更加复杂，并且增加了建造和操作的成本。第二，是从第二阶段输送浆料。浆料可以释放或再循环到甲烷反应器或氢气反应器，再循环到甲烷反应器将保护甲烷过程免受 pH 急剧下降或有机过载的影响，然后循环到氢气反应器将提供 pH 缓冲剂并供应更多的产氢团；然而，再循环将同时引入不需要消耗氢的甲烷菌。因此，浆料再循环的设计对于从生物质中连续稳定地生产生物氢烷具有重要意义。图 8-13 展示了用于连续生产具有可控

H₂/CH₄ 比率的生物氢烷连续一体化的两阶段系统示例。在第一阶段 CSTR 中，将废弃的生物质（例如玉米秸秆）水解并发酵为氢气，而在第二阶段 UASB 反应器中，将发酵液（含有 VFA、醇类）进一步转化为甲烷。还开发了一种气体生物燃料监测和控制系统（GBMC），用于实时数据采集，自动控制和系统不平衡预警，同时考虑了两阶段一体化。例如，如果忽略第一级制氢，则可以通过开发级联控制器来控制 UASB 反应器的进料流速，以实现最大的生物甲烷生产率，该级联控制器同时考虑 pH 的更快变化和生物甲烷流速的较慢变化。

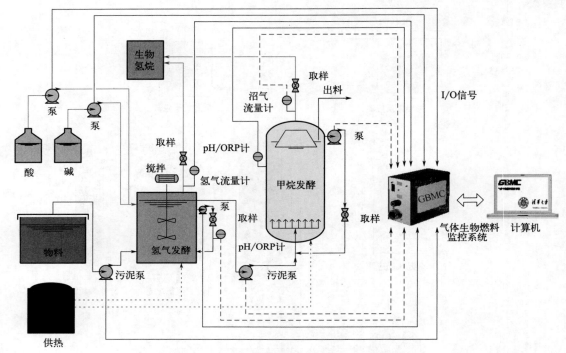

图 8-13　生物氢烷连续一体化的两阶段系统

　　然而，UASB 反应器的实际进料流速也受到第一阶段发酵条件的非线性影响。因此，目标改变为实现生物氢烷而不是仅甲烷的最大生产率，并且还需要通过控制进料流量来考虑生物氢流量，这最终将导致两级系统的智能集成和控制的设计更加复杂。

8.4.5　生物电化学监测

　　借助升流式微生物燃料电池（up-flow microbial fuel cell，UMFC）与反应器结合，监测不同有机负荷条件下两阶段氢烷发酵系统的动态运行情况。

　　以下是具体监测步骤。

8.4.5.1　微生物电化学传感器装置搭建与启动

　　UMFC 传感器主体为有机玻璃空心圆柱体，直径 3.5cm，高度 12cm，侧面均匀穿孔（孔径为 3mm），孔的总面积为 6.6cm²，阳极由碳刷（直径 3.5cm，长度 10cm）和钛丝（直径 1.5mm）制成，垂直放置在圆柱体的中心，UMFC 有效体积约为 55cm³。阴极由包括支撑层和扩散层的碳布（WIS1005）制成，其上涂覆有 20% 的 Pt/C 作为催化剂层，见图 8-14[66]。

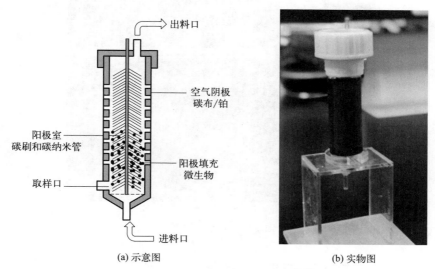

(a) 示意图

(b) 实物图

图 8-14 升流式微生物燃料电池[66]

8.4.5.2 氢烷在线监测系统搭建

将驯化好的 UMFC 传感器连接到联合产氢烷反应器上。UMFC 传感器、pH、气体流速均通过可编程逻辑控制器（programmable logic controller，PLC）采集和存储到电脑端，实现在线监测[66]（图 8-15，另见书后彩图）。

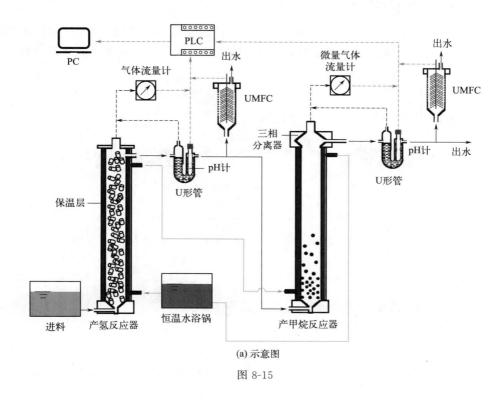

(a) 示意图

图 8-15

(b) 系统图

图 8-15   氢烷发酵反应器及检测系统[66]

8.4.5.3   发酵过程气体检测系统搭建

在接入在线监测系统前发酵系统产生的气体由不同型号的气袋收集，并使用排水法测试气体体积，接入在线监测系统后，使用微量气体流量计（μFlow，bioprocess，Sweden）在线监测，由气相色谱仪（SP-6890，山东鲁南瑞虹化工仪器有限公司，中国）分析气体成分（H_2、CH_4），仪器配有热导仪检测器（thermal conductivity detector，TCD），氮气作为载气，气压 0.3MPa，柱室、检测器、汽化温度分别为 80℃、120℃、120℃。

8.4.5.4   传感器系统对氢烷发酵系统响应分析

在线监测系统应用于监测不同 OLR 的两阶段氢烷发酵系统，图 8-16 为气体产率和传感器电信号的关系图，气体产率可以直观地反应厌氧发酵系统的运行状态，图中可以看到甲烷

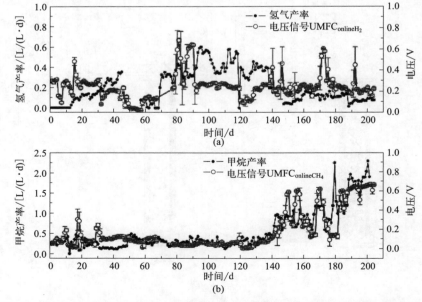

图 8-16   产氢（a）和产甲烷（b）反应器气体产率和 UMFC 监测电压随时间的变化图

的产率与传感器的电压信号呈现高度一致性，在 0～140d 呈现平稳状态，在 120～205d 甲烷产气产率和传感器电压均呈现阶段性上升，而氢气产率和传感器的电压信号相关性较弱，分析原因是产氢反应器出水 pH 较低，浓度较高，对 UMFC 传感器有抑制作用，被磷酸缓冲液稀释后进入 $UMFC_{onlineH_2}$，稀释比例在运行过程中存在变化，因此削弱了一致性，不过在稀释比例未调整的一段时间里也可以看到在第 120～140 天图线呈现明显相似趋势，150 天之后呈现较为平稳的状态。

反应器整体运行时间较长，故节选在氢烷发酵系统稳定运行 80d 之后即 120～205d 的数据进行整体分析，这段数据包含了三种有机负荷状态下的氢烷发酵系统，空气温度维持在 29.1℃±1.1℃。氢烷反应器在有机负荷为 6g/(L·d) 时运行稳定，产氢和产甲烷速率分别为(0.433±0.076)L/(L·d)和(0.527±0.120)L/(L·d)，BOD 去除率分别为 21.3%±6.6% 和 90.1%±5.6%。第 139 天是将有机负荷提升至 10g/(L·d) 后，产氢气呈阶段性下降，而后直接降为 0，可能是提升有机负荷后引起产氢产酸阶段有机酸的积累，降低了 pH 值，影响了产乙酸菌、乙酸氧化菌等功能细菌的环境 pH，进而影响了产气，从图 8-17、图 8-18 产氢、产甲烷反应器

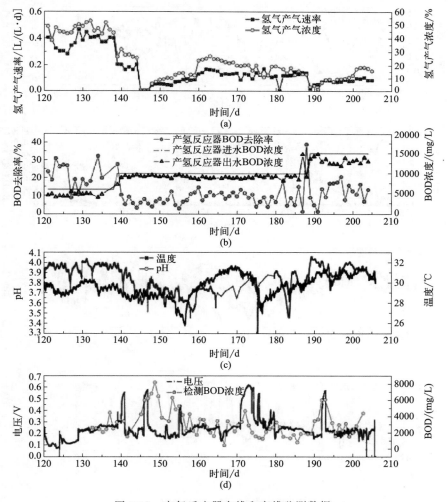

图 8-17　产氢反应器在线和离线监测数据
（a）氢气产气速率和产气浓度；（b）产氢反应器 BOD 去除率、进水 BOD 浓度和出水 BOD 浓度；
（c）温度和 pH；（d）电压和检测 BOD 浓度

在线和离线监测数据中可以看到，提升有机负荷后，pH 和 BOD 去除率明显下降，而产甲烷反应器则在有机负荷提升后各项指标逐步上升，甲烷产率逐步上升，BOD 去除率也略上升至95％左右，UMFC 传感器呈现出逐步上升趋势。但在长期的运行过程中，pH 呈现出逐渐下降趋势，可能是产甲烷反应器的负荷提升后也在慢慢积累有机酸，当有机酸浓度上升到一定阶段后产甲烷反应器发生了轻微的失稳，即在第 156 天时，BOD 去除率从 90％以上突降到 84.1％，甲烷产气浓度也由 60％左右突降到 33.68％，此时 UMFC 也呈现明显下降趋势，因此在产甲烷反应器失稳的这一节点所有的指标都检测出异常。在第 184 天时将氢烷反应器的有机负荷提升至 15g/(L·d)，产氢反应器产气速率呈现类似趋势，先陡然下降至 0 后逐步上升，BOD 去除率波动较为明显，经过一段波动期后趋于稳定，UMFC 则在调整有机负荷后出现了陡然上升和下降的应激状态。有趣的是，在第一次调整有机负荷时 UMFC 也出现了一段陡然上升的状态，可能原因是产氢出水的 BOD 上升，因此在较短时间产生较高电流。产甲烷反应器产气速率则持续保持逐步上升的状态，UMFC 呈现相同上升趋势，但反应器的 BOD 去除率波动较前阶段较高，同时 UMFC 也呈现类似波动趋势。

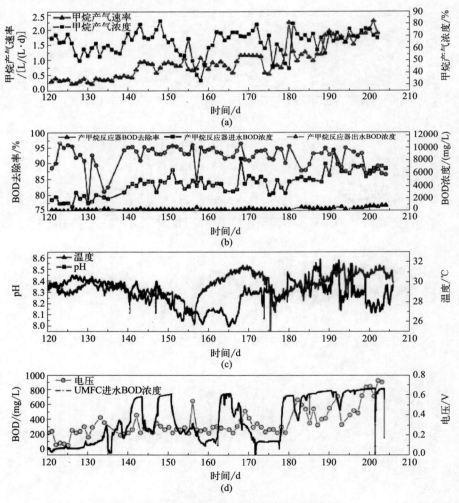

图 8-18　产甲烷反应器在线和离线监测数据

（a）氢气产气速率和产气浓度；（b）产氢反应器 BOD 去除率、进水 BOD 浓度和出水 BOD 浓度；

（c）温度和 pH；（d）电压和检测 BOD 浓度

　　结合线上的 pH 和产气体积指标以及线下的 BOD 和气体成分指标，产氢反应器在第 139、145、183、189 天呈现产气速率或 BOD 去除率的明显波动状态，产甲烷反应器在第 139、157、183 天呈现明显波动状态，对生物电化学传感器的标准偏差进行分析，如图 8-19 所示，可以看到对应波动的时间节点 MFC 均有较为明显的应激，因此可以判断该 UMFC 传感器对氢烷发酵系统有过程监测和预警的效果。

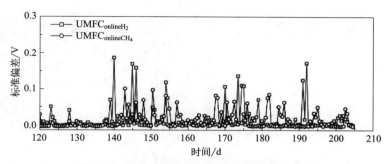

图 8-19　生物电化学传感器监测过程标准偏差

　　氢烷发酵系统始终处于动态变化的状态，因此对其监测有必要考虑监测指标本身的变化状态，因此对气体产率、pH 值和传感器信号的变化值进行分析，得到如图 8-20 所示的结果，电压变化量与气体体积的变化量呈较强的线性关系，单位电压变化的速度快于气体体积和 pH 的变化速度，因此 UMFC 传感器具备更高的灵敏度，可以更快地对反应器的动态变化做出响应。

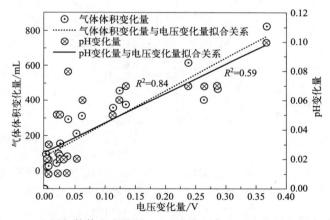

图 8-20　监测气体体积变化量、pH 变化量与电压变化量的拟合关系

　　但是当电压变化量为 0 时，气体体积变化量和 pH 变化量已有一定数值，这意味着在发酵系统出水浓度变化较低时，气体体积和 pH 能先做出响应。而生物电化学传感器响应的检出限更高，需要反应器出水 BOD 变化量大于一定浓度后才能出现信号响应。

8.4.5.5　传感器长期监测氢烷发酵过程能效和稳定性分析

　　传感器的稳定性是指传感器使用一段时间之后其性能保持不变的能力，由上文中对电化学信号的分析，可以判断生物电化学传感器随着运行的时间逐步在产生变化，按照氢烷发酵系统有机负荷条件改变的时间对传感器的电化学性能和底物降解情况进行测试，分析从启动到线上运行过程中传感器的稳定性。从功率密度曲线图 8-21 中可以看出，监测产氢反应器的 UMFC 功率密度从 3.7W/m³（a）到 8.5W/m³，监测产甲烷反应器的 UMFC 功率密度从 4.6W/m³（b）到 28.7W/m³（d），经过了一段时间的线上运行，传感器的功率密度均大幅提升，说明线上运行后传感器微生物富集效果较好，长时间的运行可以提升 UMFC 的产电效率。

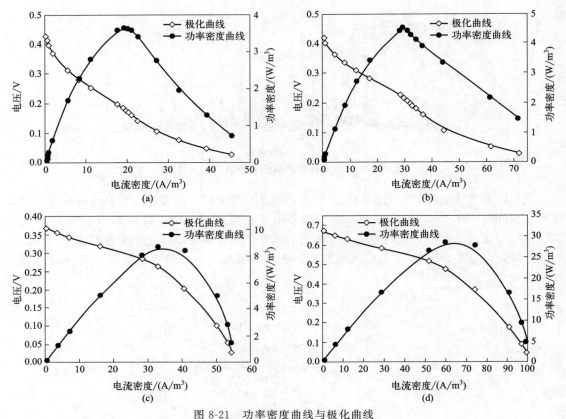

图 8-21   功率密度曲线与极化曲线
（a）UMFC$_{\text{offline H}_2}$；（b）UMFC$_{\text{offline CH}_4}$；（c）UMFC$_{\text{online H}_2}$；（d）UMFC$_{\text{online CH}_4}$

由于 MFC 的监测过程本身也是生物转化的过程，因此有必要分析 UMFC 线下驯化和线上运行时的 BOD 出水和 BOD 去除率。发现在线下驯化时，如图 8-22 所示，随着以葡萄糖为底物的碳源浓度逐渐增加，UMFC$_{\text{offline H}_2}$ 和 UMFC$_{\text{offline CH}_4}$ 均在有机物 BOD 超过 1000mg/L 时有所下降，在 BOD 低于 1000mg/L 时一直保持着 78% 左右的 BOD 去除率，但随着 BOD 浓度的逐渐提升，UMFC 阳极微生物中可以进行电子传递过程的酶是有限的，影响了有机物传输和扩散的速率，因此达到了阳极微生物的最大承受能力。类似的研究也表明有应用升流式构型的 MFC 去除人工配置废水中的 BOD，在 BOD 达到 2000mg/L 时功率密度受到限制，其他相关研究也证明在 BOD 浓度为 100～600mg/L 时，设置不同的温度和 pH 条件，BOD 去除率在 59%～90% 间浮动。

当将 UMFC 接入在线监测系统时，BOD 去除率的情况完全不同，由于发酵出水是动态变化的，变化的 BOD 处理还未达到稳定时可能进料的 BOD 再次发生变化，两台 UMFC 接入在线系统后的 BOD 去除率和出水情况如图 8-23 所示。有趣的是，虽然两台传感器的进出

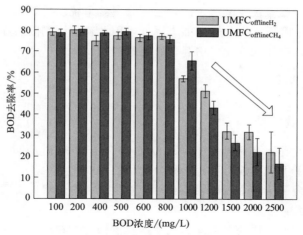

图 8-22 线下驯化时的 BOD 去除率图

水浓度差异较大，但 $UMFC_{online\ H_2}$ 和 $UMFC_{online\ CH_4}$ 的 BOD 去除率相近，分别为 53.60%
±8.84% 和 51.60%±8.49%，可知在线监测的 BOD 去除率比线下监测时略低，但 UMFC
的阳极微生物仍能随着监测对象的动态变化而保持自身的生化性能在一定范围内不变，因此
UMFC 传感器对于监测不同有机负荷的厌氧发酵水环境中的 BOD 具有较强的适应性，并且
长期在线监测过程中稳定性较好。

基于上述对传感器拟合后的传感器性能、电化学性能和生化性能的分析，表明随着将传

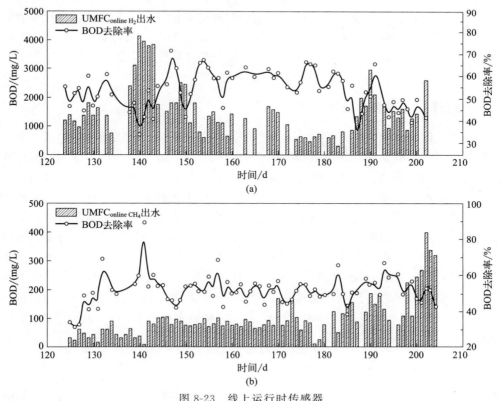

图 8-23 线上运行时传感器

（a）$UMFC_{online\ H_2}$；（b）$UMFC_{online\ CH_4}$ 的 BOD 去除率

感器置于线上监测两阶段氢烷发酵体系后，监测产甲烷系统的传感器灵敏度大幅增大，检测范围减小，电活性内阻降低，生化降解能力降低，因此初步推测附着在阳极的微生物产生演化，进而引发功能代谢途径的变化，引起传感器性能的变化。

8.4.6　放大技术挑战

8.4.6.1　微生物种群及工程

传统的厌氧甲烷发酵通常结合具有不同功能的微生物来建立协同微生物联合体。特别是，有两种细菌参与了甲烷生成过程：一种负责将乙酸转化为甲烷，另一种负责将二氧化碳和氢气反应为甲烷。为了从整个过程中收获氢气并生成生物甲烷，必须抑制氢气到甲烷的途径。三个方面影响最大：

① 微生物生理特性。产甲烷菌以外的大多数产氢微生物在胁迫下都能产生孢子。可以采用不同的预处理方法来筛选产氢剂。一般来说，最常见的预处理是热处理和 pH 休克。然而，一些研究报告了这种预处理的无效性，因为并非所有产氢细菌都与形成内孢子的能力直接相关。此外，也有许多消耗氢的细菌可以形成孢子，如乙酰原、某些丙酸盐和乳酸的生产者；

② pH 控制。pH 控制是生物氢系统连续运行的重要策略，其中 pH 取决于微生物种类和活性、原料特性、有机负载、反应器结构、温度等。pH 的差异是由于涉及各种微生物反应，而 pH 影响各自代谢产物的分布。低 pH 是抑制甲烷生成活性的最关键策略之一。建议的生物氢生产的最佳 pH 范围为 5.0～6.5，而中性 pH 有利于甲烷生成；

③ 微生物的生长速率。从热力学的角度来看，氢产生过程中吉布斯自由能的变化远大于甲烷生成。这意味着生物氢发酵中微生物生长的速度更快。基于此特性，可以控制许多生物工艺参数，例如水力停留时间（HRT）、温度、氧化还原电位（ORP），以使微生物氢过程在连续操作中是可行的。例如，缩短 HRT 经常用于在生物氢阶段冲刷甲烷生产者，进一步促进了两阶段分离。

8.4.6.2　生物制氢反应器功能化

从微生物代谢的角度来看，生物氢是生物甲烷化的中间体，只能通过抑制或灭活氢营养型产甲烷菌生成来获取。生物氢发酵阶段的性能直接影响生物甲烷的产生和发酵残留物的形成。原料类型和微生物种类对生物氢反应器的功能化贡献最大。例如，考虑到生物氢的代谢途径，富含糖的底物是制氢的理想选择。相比之下，由于氢供体有限，富含蛋白质的生物废弃物（如动物粪便）不太理想。纤维素原料也很困难，因为它对微生物转化很顽固。共消化策略可能很有希望，但需要进一步的现场验证。同时糖化和生物氢生成是一种新的策略，据报道通过微生物种群工程从玉米秸秆生产生物氢。使用纯培养物生产生物氢进行了大量的基础研究。例如，通过控制 NADH 或甲酸途径，已广泛研究了已知产氢的产气肠杆菌的代谢工程。它仍然是一个巨大的挑战，如长期生产稳定的使用低品位的复杂原料（如木质纤维素生物废物等）。使用从自然界富集的微生物种群可能对从实际的生物废物生产生物甲烷更具竞争力。

8.4.6.3　能量回收效率

已知生物氢烷生产比沼气生产具有更高的基于原料化学能的理论能量回收率。然而，与仅使用一个反应器（在大多数情况下）的沼气生产相比，生物氢烷通常需要两个反应器来生产生物氢和随后的生物甲烷。加热生物氢烷反应器需要额外的能量负荷。能量损失发生在厌氧发酵过程中，通过阶段转移，并释放产物。大型生物制取氢烷系统的能量平衡尚未得到充分评估。

8.4.7　生物氢烷及综合利用

在一个净化步骤中进行升级后，可以将生物氢烷开发为绿色高效的车辆燃料。从生物氨中去除二氧化碳是成熟的技术，已验证了作为运输燃料的氨烷。生物氢烷也可以用作通过代谢工程进行化学生产的 C_1 原料。生物氢烷利用的挑战是其加油站的下游网络尚未开发，并且缺乏实施标准。同时，必须考虑在生物氢烷工艺中如何利用副产物。沼液是主要的副产物，使其价值化是一个挑战。原则上，发酵液可以用作液体肥料，也可以作为 TSAF 的养分循环使用。养分再利用的挑战是土地的限制。回收到 TASF 的挑战是甲烷生成对生物氢烷长期运行的负面影响。释放出的含有木质素或纤维素的固体残留物可以开发用于植物培养，或用作生物化学物质。

8.5　生物质发酵制备生物氢烷案例介绍

8.5.1　北京郊区农场案例

北京郊县农场利用废弃物厌氧发酵制取生物氢烷的中试工艺示意图如图 8-24 所示。该中试工程包含以下设备：一个搅拌罐、两台浆液泵、一个 CSTR、一个相分离器、一个浆液储罐、一个 UASB、一个沼液储罐、一个生物甲烷测量和处理装置、一个空气压缩装置、一个气柜和一个监控系统。使用玉米秸秆作为原料，进行两阶段厌氧发酵制氢。

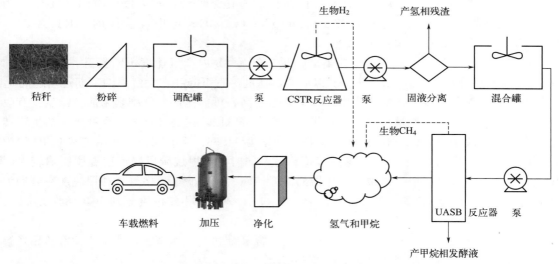

图 8-24　秸秆联产氢烷工艺流程图

在两阶段厌氧发酵前首先对玉米秸秆等农业废弃物进行预处理，即玉米秸秆经收集后进行粉碎；经粉碎处理后的秸秆在调配罐中与厌氧污泥混合，并进入连续搅拌反应器（CSTR）中进行厌氧发酵产氢气；产氢结束后物料经过固液分离存储于混合罐中，同时由泵输送至升流式厌氧污泥床（UASB）进行厌氧发酵产甲烷。通过两阶段厌氧发酵获得生物氢烷，经收集后进行净化脱硫及加压储存于气柜中，后续可用于车载燃料或其他用途。同时，该过程产生的废弃物处理方式如下，固体废弃物（主要是产氢阶段结束后的残渣）将与蛭石、珍珠岩（按 2∶1∶1 比例）混合作为无土栽培基质；对于液体废弃物（主要是产甲烷阶段结束后的发酵液），部分发酵液将经泵流向调配罐用作污泥与秸秆混合，同时还有部分发酵液将在产甲烷相中循环，最后剩余的部分将作为液态肥料返回。

现场中试工程装置如图 8-25（另见书后彩图）所示。其中，CSTR 反应器有效容积为 1m³，高径比为 1.26∶1，主体为焊接钢罐，内加聚氨酯涂层防腐，并采用循环水供热，热水源为一个容积 100L 加热功率 3kW 的水罐，利用管道循环泵推动水热交换。UASB 反应器有效容积为 0.5m³，高径比为 8∶1，主体与 CSTR 反应器一致，内加聚氨酯涂层防腐，并采用电热带加热方法，电热带螺旋缠绕发酵罐，外敷保温层。

图 8-25　秸秆联产氢烷中试现场布置图

该过程总共运行了 30 天。生物氢发酵阶段的操作条件为：水力停留时间（HRT）为 48h，有机负荷率（OLR）为（17.67±0.36）gTS/(L·d)；产甲烷阶段的 HRT 为 24h，OLR 为（8.67±0.35）g COD/(L·d)。

以 CSTR 反应器作为产氢相反应器时，反应开始 8h 内产氢速度不断提升，并在 8h 前达到产氢速度的峰值，约 12m³/d，8h 以后产氢速度一直下降并在发酵周期末期逐渐趋向 0。产氢前后物料对比发现，产氢残渣中纤维素含量更高，可能是部分纤维素未能被微生物有效降解；因此要提高氢气产量可以考虑强化原料的水解阶段，提高纤维素和半纤维素的生物转化效率。产甲烷阶段，UASB 反应器 COD 去除率为 94.66%±0.44%，初始进水 COD 约为 12g/L，每批次产甲烷过程中产气速度峰值相近。同时，产甲烷阶段受反应温度影响较为明显，因此在产甲烷过程中应该做好反应器的保温措施。在实验过程中氢气和甲烷产率分别为（25.20±1.03）L/kg TS 和（95.98±3.53）L/kg TS；氢气和甲烷浓度分别为 40.8%±2.4% 和 79.7%±4.0%。

实验的累计氢气体积和产气速率、产氢量、含氢量和产氢速率、出水 pH 值和 VS 降解速率、生物氢发酵后代谢产物分析如图 8-26 所示。

图 8-26(a) 和 (b) 所示，在每次循环中，从 2h 到 10h 产氢率快速上升，这是由于在生物氢发酵过程中，与可溶性物质相比，纤维素组分向氢的生物转化相对较慢。从 (c) 中可知，产氢量和产氢速率（HPR）分别为 （25.02±0.90）L/kg TS 和 （0.46±0.02）L/(L·d)。就产量而言，在生物氢发酵过程中，生物氢含量为 39.13%±1.62%，这一数值与实验室规模中使用木质素生物质作为原料的报告相似，通常在 35%～45% 的范围内[67-70]。图 (d) 所示，

生物氢发酵 pH 值始终在 5.53±0.20 范围内，而生物氢发酵的最佳 pH 值在 5.0～6.5 之间[71-72]，这证实了生物氢发酵的稳定性，即使这一参数是延时检测的结果。VS 降解率则在 25.93%±2.7%，这一结果直接证明了此项研究的 HPR 值和产氢率较低。观察图（e）可知，在生物氢发酵过程中，主要检测到的可溶性代谢产物（SMPs）为乙酸、丙酸和丁酸，而乳酸和甲酸由于浓度太低而无法检测到。

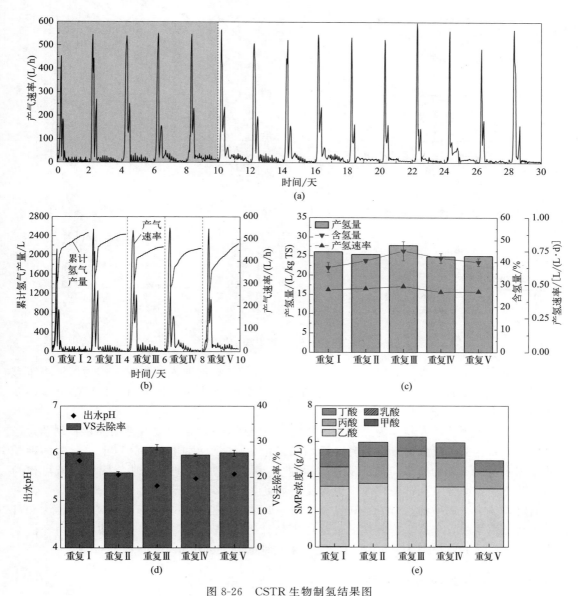

图 8-26　CSTR 生物制氢结果图

（a）、（b）为产气速率和累计氢气产量；（c）为产氢量、含氢量和产氢速率；

（d）为出水 pH 值和 VS 去除率；（e）为生物氢发酵后的代谢产物分析

一阶段生物氢发酵出水为二阶段生物甲烷发酵的进水。结果如图 8-27 所示，其中，UASB 的有机负荷率为（8.67±0.35）g COD/（L·d）；甲烷含量范围为 71.6%～78.2%，CH_4 产率为（95.38±3.48）L/kg TS；UASB 进水 pH 为 5.53±0.20，出水 pH 为中性；

SMPs 含量几乎没有，表明所有可溶性代谢产物都被消耗掉了。

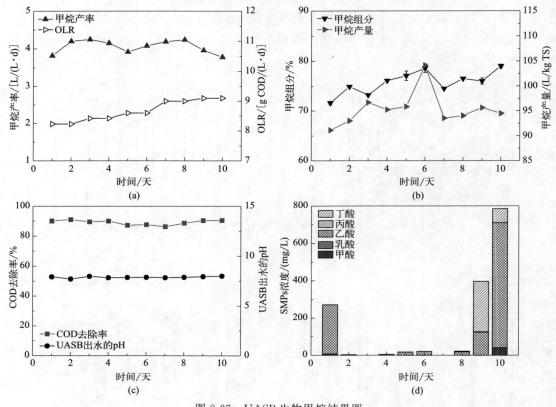

图 8-27 UASB 生物甲烷结果图

该案例中，生物氢和生物甲烷的比值约为 18.47%。根据前人的研究，作为清洁汽车燃料，氢烷中氢含量必须在 10%～25% 的范围内[73]。此外，生物氢烷的可靠性已经通过印度汽车燃料的商业开发证明。

该案例中的固体废弃物作为土壤栽培基质，主要研究了在芸薹属和菠菜属植物幼苗生产中的应用效果。芸薹属大部分在播种 8 天后萌发，累计发芽率均在 80% 以上；菠菜的种子发芽率则表现出不同的结果，最低发芽率达到了 26.7%。这一研究表明，固体残渣可作为基质组分之一，部分或全部替代泥炭作为复合基质生产叶类蔬菜苗木。

通过评估本案例中的运行成本和收益，进一步展示了生物氢烷用于工业应用的潜力和可能性。在此情景中，生产生物氢烷的最终成本估计为 39.73 元/100kg 玉米秸秆，净经济余额为 38.98 元/100kg 玉米秸秆，即每千克玉米秸秆的利润约为 0.39 元。

8.5.2 西北农业废弃物案例

位于西北的农业农村废弃物案例中，使用玉米秸秆和畜禽粪污进行两阶段厌氧发酵制取生物氢烷。该中试工程中包含以下设备：一个调节罐、三台螺杆泵、两个 CSTR、一个沼液池、两个气体流量计、一个气水分离器、一个脱硫塔、一个气柜和一个监控系统。本案例的现场布置图如图 8-28（另见书后彩图）所示。

本案例中，调节罐、产氢反应器和产甲烷反应器均在发酵间内，plc 控制系统（见图 8-29，另见书后彩图）设置在发酵间一侧的小屋内，而气柜以及沼液池则设置在室外。产甲烷反应

图 8-28　西北农业废弃物生物氢烷中试现场图

器及产氢反应器均为 CSTR，其中产甲烷反应器的容积为 $20m^3$，产氢反应器则为 $3m^3$。本案例中使用的加热方式为水浴加热，在反应器内部设有循环加热管道。两个反应器既可单独运行，也可联动。单独运行时，产氢反应器中产生的氢气与产甲烷反应器中产生的甲烷都将排向气柜中，产生的沼渣和沼液都排向沼液池中，两个反应器之间没有物质输送和交换。当两个反应器联动时，产氢反应器中的发酵物可以输送至产甲烷反应器中，即两阶段厌氧发酵产甲烷的一阶段在产氢反应器中进行，二阶段在产甲烷反应器中进行。图 8-29 中监控系统可控制搅拌电机、螺杆泵、水浴加热等的开停。同时气体流量计和液位仪数据也可在监控系统中查看。

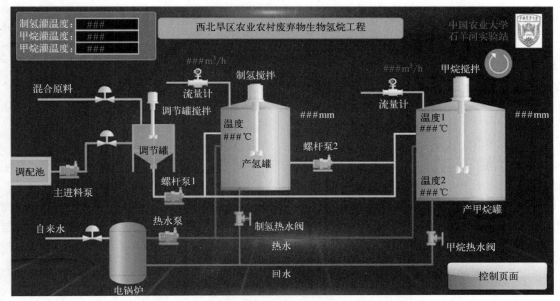

图 8-29　西北农业废弃物生物氢烷中试监控系统

在本案例中，使用玉米秸秆和猪粪作为原料，进行两阶段厌氧发酵制氢烷。在两阶段厌氧发酵前首先对玉米秸秆等农业废弃物进行预处理，即玉米秸秆经收集后进行粉碎；

经粉碎处理后的秸秆在调节罐中和厌氧污泥混合，并进入 CSTR1 中进行厌氧发酵产氢气；同时，将秸秆和猪粪混合加入 CSTR2 中进行厌氧发酵制备甲烷。通过两阶段厌氧发酵获得生物氢烷经收集后进行净化脱硫及加压储存于气柜中，后续可用于车载燃料或其他用途。

8.5.3   泰国棕榈油厂废水制取生物氢烷案例

该案例中使用的是泰国春武里省棕榈油有限公司的棕榈油工厂冷却槽中收集的棕榈油厂废水为原料。棕榈油厂废水的特点为自身温度较高，化学需氧量（COD）高，pH 值较低。中试反应装置由原料罐、混合系统、氢反应器、甲烷反应器、气液分离器、甲烷出水再循环系统和自动控制系统组成，如图 8-30 所示。

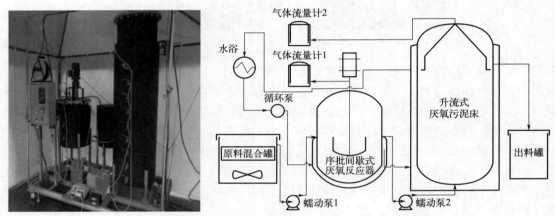

图 8-30   泰国棕榈油厂废水制取生物氢烷实景图和原理图

第一反应器为 ASBR，第二反应器为 UASB，两个反应器的体积比为 1∶5。反应器加热方式为水浴加热。ASBR 反应器以 17.5L/d 间歇式混合投料运行，每次循环 24h。一个循环包括 30min 的填充，22h 30min 的反应，30min 的沉降，20min 的抽出和 10min 的闲置。反应器运行温度为 55℃±1℃，pH 为 5.5±0.2，HRT 为 2d，OLR 为 27.5g COD/(L·d)。UASB 反应器运行温度为 55℃±1℃，pH 为 7～8，HRT 为 10d，OLR 为 5.5gCOD/(L·d)。试验连续运行了 60 天。每日监测两个反应器的碱度、挥发性脂肪酸（VFA）和 COD。

通过对实验结果分析，发现生物氢烷的产率为 1.93L H_2/L，并且产气中 H_2 含量为 11%，CO_2 含量为 37%，CH_4 含量为 52%。在中试规模下实现了 36.65L 生物氢烷每升棕榈油厂废水的生产。从中试规模中获得的 H_2/CH_4 比值为 0.13～0.18。而建议车用燃料 H_2/CH_4 比值为 0.1～0.25。在中试规模的 POME 生物甲烷生产中，氢和甲烷产量达到 73mL H_2/g COD 和 342mL CH_4/g COD。由于第二阶段 CO_2 主要由醋酸碎屑甲烷菌产生，部分被氢营养型产甲烷菌消耗，产生更多的 CH_4，从而导致 CH_4 含量较高。CH_4 含量越高，现场使用的燃料价值越高，消化效率也越高，因此回收的 CH_4 越多。

8.5.4   中试规模生物氢烷案例比较和分析

下面是一些中试规模利用生物质制取氢烷的案例比较，分别列出了所利用的原材料、反应器类型等数据，详见表 8-3。

表 8-3　不同中试规模利用生物质制取氢烷的案例比较

原材料	预处理	一阶段						二阶段						氢气/生物氢烷/%
		反应器	工作容积/L	HRT/h	温度/℃	HP/[L/(L·d)]	氢含量/%	反应器	工作容积/L	HRT/h	温度/℃	MPR/[L/(L·d)]	甲烷含量/%	—
食物垃圾	热处理	酸化发酵罐	500	21	33	3.88	60	UASB	2300	93.6	36	4.58~5.41	81.00~83.00	13.40~15.55
食物垃圾	机械预处理	CSTR	200	79.2	55	1	38.5	CSTR	760	302.4	55	1.81	67	12.6
食物垃圾	—	CSTR	200	480	55			CSTR	760	480	55	1.61	62	
食品工业废水	—	UASB	400	9	35	2.97	—	UASB	2500	67	35	0.86	—	
垃圾浆液	—	CSTR	200	28.8	60	5.4	50.00~60.00	IRPR	500	163.2	55	6.1	63	26.15
市政生物质废弃物	—	CSTR	200	79.2	55	0.83	37	CSTR	760	302.4	55	1.755	65	11.07
棕榈油厂废水	—	ASBR	35	48	55	0.86	42	UASB	175	240	55	1.04~1.14	55.00~60.00	13.11~14.19
玉米秸秆	—	CSTR	1000	48	37	0.46	41.02	UASB	500	24	37	1.14~4.06	77.18	18.47
玉米秸秆和畜禽粪污	—	CSTR	3000		37			CSTR	20000		37			

通过比较分析表 8-3 中案例，不难看出以下结论：①由于原料和反应器的差异，会导致需求的反应温度不同；②相同的原料，预处理的方式不一样，水力停留时间差异较大；③同一案例中，一阶段和二阶段的反应时间一般要求一致；④同一案例中甲烷的产量一般要高于氢气的产量，且氢气在氢烷中的占比一般不超过 30%。

8.6　生物质发酵技术经济小结

在"双碳"背景下，利用生物质暗发酵生产生物氢烷潜力巨大。考虑到通过发酵可获得 4mol/mol（葡萄糖）的产氢量，产氢的理论能量回收率（41%）是所有生物燃料过程中最低的。事实上，由于代谢通量有限，目前的产氢量通常低于 2mol/mol（葡萄糖）。在 6.5 节中北京农场案例中，利用玉米秸秆生产生物氢烷的每千克玉米秸秆的利润约为 0.39 元。根据初步分析生物质发酵的经济性可以得知其存在的巨大潜力，下面具体分析生物质发酵的优点及其面临的挑战。

生物质发酵产氢的优点有以下几点：

① 反应速率快、无需太阳能等的输入。与生物质光发酵制氢相比，暗发酵过程中厌氧微生物的生长速度更快，这导致了其效率高于光发酵技术。光发酵过程需要阳光照射促进厌氧光合微生物的生长繁殖，而暗发酵过程可不间断进行，受天气等自然因素的影响比光发酵过程小。

② 原料来源广泛。生物质发酵的原料主要是农作物秸秆、畜禽粪污等农业废弃物，而这些农业废弃物具有储量丰富、可再生等优点。据统计，我国每年产出的畜禽粪污和秸秆类生物质总量超过 45 亿吨，相当于 20.7 亿吨标准煤[74-76]。

③ 工艺简单。在生物质发酵制氢工艺过程中，需要控制的条件为 pH、温度等。并且发酵所需的温度范围多在 100℃ 以下，大部分通过水浴加热的方式就能实现。

然而，生物质发酵却也面临着如下诸多挑战：

① 微生物群落的控制。控制微生物群落，能够间接控制 H_2/CH_4 的比例。通过合理地控制产氢阶段的微生物和产甲烷阶段的微生物，就能够获得理想的 H_2/CH_4。然而，相关的研究较少，未来的工作需要研究清楚相关微生物群落的机制。

② 有机酸等产物的处理。生物质发酵过程中，会产生乙酸、丙酸等多种有机酸，这些有机酸在一定程度上会抑制菌属的生长发育，并且发酵产物中的有机酸还需要经过一定的处理才能返还大自然。

③ 技术放大的挑战。众所周知，基于原料的化学能，生物甲烷生产比沼气生产具有更高的理论能量回收率。然而，与仅使用一个反应器（在大多数情况下）生产沼气相比，生物氢烷通常需要两个反应器来进行生物氢和后续的生物甲烷生产。大规模生物甲烷系统的能量平衡还没有得到充分的评价。通过 TSAF 利用废弃生物质的生物氢烷是一种比沼气更有前途的能源回收和更清洁的运输生物燃料技术。然而，在大规模利用生物质发酵生产生物氢烷之前，生物氢反应器的稳定性、TSAF 的控制与集成以及生物甲烷系统的整体能源效率等技术问题都需要解决。

可见，利用生物质发酵制取氢气在技术上和经济上都有比较强的优势，潜力巨大。然而，想要让这一技术更好地服务于人类，仍然有许多问题需要相关工作者解决和完善。

参 考 文 献

[1] 方书起，王毓谦，李攀，等. 生物油催化重整制氢研究进展 [J]. 化工进展，2022，41（03）：1330-1339.

[2] 尹正宇，符传略，韩奎华，等. 生物质制氢技术研究综述 [J]. 热力发电，2022（11）：37-48.

[3] Wang Y，Jing Y，Lu C，Kongjan P，et al. A syntrophic co-fermentation model for bio-hydrogen production [J]. J Clean Prod，2021，317：128288.

[4] Sivaramakrishnan R，Shanmugam S，Sekar M，et al. Insights on biological hydrogen production routes and potential microorganisms for high hydrogen yield [J]. Fuel（Lond），2021，291：120136.

[5] Ge S，Yek P N Y，Cheng Y W，et al. Progress in microwave pyrolysis conversion of agricultural waste to value-added biofuels：A batch to continuous approach [J]. Renewable and Sustainable Energy Reviews，2021，135：110148.

[6] Yue T，Jiang D，Zhang Z，et al. Recycling of shrub landscaping waste：Exploration of bio-hydrogen production potential and optimization of photo-fermentation bio-hydrogen production process [J]. Bioresour Technol，2021，331：125048.

[7] Dahiya S，Chatterjee S，Sarkar O，et al. Renewable hydrogen production by dark-fermentation：Current status，challenges and perspectives [J]. Bioresour Technol，2021，321：124354.

[8]　Zhao L，Wang Z，Ren H，et al. Residue cornstalk derived biochar promotes direct bio-hydrogen production from anaerobic fermentation of cornstalk [J]．Bioresour Technol，2021，320：124338.

[9]　毛志明．可再生能源制氢技术、实践与应用初探 [C] //国际清洁能源论坛门．国际清洁能源论坛（澳门），2017.

[10]　Estrada-Arriaga E B，Hernández-Romano J，Mijaylova-Nacheva P，et al. Assessment of a novel single-stage integrated dark fermentation-microbial fuel cell system coupled to proton-exchange membrane fuel cell to generate bio-hydrogen and recover electricity from wastewater [J]．Biomass and Bioenergy，2021，147：106016.

[11]　孙茹茹，姜霁珊，徐叶，等．暗发酵制氢代谢途径研究进展 [J]．上海师范大学学报（自然科学版），2020，49 (06)：614-621.

[12]　曹军文，张文强，李一枫，等．中国制氢技术的发展现状 [J]．化学进展，2021，33 (12)：2215-2244.

[13]　Lee H，Salerno M B，Rittmann B E. Thermodynamic evaluation on H_2 production in glucose fermentation [J]．Environmental Science and Technology，2008，42 (7)：2401-2407.

[14]　Li C，Fang H H P. Fermentative hydrogen production from wastewater and solid wastes by mixed cultures [J]．Critical Reviews in Environmental Science and Technology，2007，37 (1)：1-39.

[15]　Cai G，Jin B，Monis P，et al. Metabolic flux network and analysis of fermentative hydrogen production [J]．Biotechnol Adv，2011，29 (4)：375-387.

[16]　Venetsaneas N，Antonopoulou G，Stamatelatou K，et al. Using cheese whey for hydrogen and methane generation in a two-stage continuous process with alternative pH controlling approaches [J]．Bioresour Technol，2009，100 (15)：3713-3717.

[17]　Thauer R K，Jungermann K A，Decker K. Energy conservation in chemotrophic anaerobic bacteria [J]．Bacteriological Reviews，1977，41 (1)：100-180.

[18]　Kim S，Shin H. Effects of base-pretreatment on continuous enriched culture for hydrogen production from food waste [J]．Int J Hydrogen Energy，2008，33 (19)：5266-5274.

[19]　Arooj M F，Han S，Kim S，et al. Continuous biohydrogen production in a CSTR using starch as a substrate [J]．Int J Hydrogen Energy，2008，33 (13)：3289-3294.

[20]　Ginkel S V，Sung S，Lay J J. Biohydrogen production as a function of pH and substrate concentration [J]．Environmental Science and Technology，2001，35 (24)：4726-4730.

[21]　Wang J，Wan W. Factors influencing fermentative hydrogen production：A review [J]．Int J Hydrogen Energy，2009，34 (2)：799-811.

[22]　Lee D，Show K，Su A. Dark fermentation on biohydrogen production：Pure culture [J]．Bioresour Technol，2011，102 (18)：8393-8402.

[23]　Hung C H，Chang Y T，Chang Y J. Roles of microorganisms other than *Clostridium* and *Enterobacter* in anaerobic fermentative biohydrogen production systems- A review [J]．Bioresour Technol，2011，102 (18)：8437-8444.

[24]　Hung C，Cheng C，Guan D，et al. Interactions between *Clostridium* sp. and other facultative anaerobes in a self-formed granular sludge hydrogen-producing bioreactor [J]．Int J Hydrogen Energy，2011，36 (14)：8704-8711.

[25]　Elsharnouby O，Hafez H，Nakhla G，et al. A critical literature review on biohydrogen production by pure cultures [J]．Int J Hydrogen Energy，2013，38 (12)：4945-4966.

[26]　Wang X，Zhao Y. A bench scale study of fermentative hydrogen and methane production from food waste in integrated two-stage process [J]．Int J Hydrogen Energy，2009，34 (1)：245-254.

[27]　de Sá L R V，de Oliveira M A L，Cammarota M C，et al. Simultaneous analysis of carbohydrates and volatile fatty acids by HPLC for monitoring fermentative biohydrogen production [J]．Int J Hydrogen Energy，2011，36 (23)：15177-15186.

[28]　Wang J，Wan W. Comparison of different pretreatment methods for enriching hydrogen-producing bacteria from digested sludge [J]．Int J Hydrogen Energy，2008，33 (12)：2934-2941.

[29]　Penteado E D，Lazaro C Z，Sakamoto I K，et al. Influence of seed sludge and pretreatment method on hydrogen production in packed-bed anaerobic reactors [J]．Int J Hydrogen Energy，2013，38 (14)：6137-6145.

[30]　Cheong D，Hansen C. Bacterial stress enrichment enhances anaerobic hydrogen production in cattle manure sludge [J]．Appl Microbiol Biotechnol，2006，72 (4)：635-643.

[31]　Argun H，Kargi F. Effects of sludge pre-treatment method on bio-hydrogen production by dark fermentation of waste ground wheat [J]．Int J Hydrogen Energy，2009，34 (20)：8543-8548.

［32］ Rossi D M，Costa J B D，de Souza E A，et al. Comparison of different pretreatment methods for hydrogen production using environmental microbial consortia on residual glycerol from biodiesel ［J］. Int J Hydrogen Energy，2011，36（8）：4814-4819.

［33］ Pendyala B，Chaganti S R，Lalman J A，et al. Pretreating mixed anaerobic communities from different sources：Correlating the hydrogen yield with hydrogenase activity and microbial diversity ［J］. Int J Hydrogen Energy，2012，37（17）：12175.

［34］ Liu D，Liu D，Zeng R J，et al. Hydrogen and methane production from household solid waste in the two-stage fermentation process ［J］. Water Res，2006，40（11）：2230-2236.

［35］ Lee D，Ebie Y，Xu K，Li Y，et al. Continuous H_2 and CH_4 production from high-solid food waste in the two-stage thermophilic fermentation process with the recirculation of digester sludge ［J］. Bioresour Technol，2010，101（1，Supplement）：S42-S47.

［36］ Saady N M C. Homoacetogenesis during hydrogen production by mixed cultures dark fermentation：Unresolved challenge ［J］. Int J Hydrogen Energy，2013，38（30）：13172-13191.

［37］ Chu C，Ebie Y，Xu K，et al. Characterization of microbial community in the two-stage process for hydrogen and methane production from food waste ［J］. Int J Hydrogen Energy，2010，35（15）：8253-8261.

［38］ Si B，Li J，Li B，et al. The role of hydraulic retention time on controlling methanogenesis and homoacetogenesis in biohydrogen production using upflow anaerobic sludge blanket（UASB）reactor and packed bed reactor（PBR）［J］. Int J Hydrogen Energy，2015，40：11414-11421.

［39］ Kim I S，Hwang M H，Jang N J，et al. Effect of low pH on the activity of hydrogen utilizing methanogen in bio-hydrogen process ［J］. Int J Hydrogen Energy，2004，29（11）：1133-1140.

［40］ Carrillo-Reyes J，Celis L B，Alatriste-Mondragón F，et al. Decreasing methane production in hydrogenogenic UASB reactors fed with cheese whey ［J］. Biomass and Bioenergy，2014，63：101-108.

［41］ Chen W，Sung S，Chen S. Biological hydrogen production in an anaerobic sequencing batch reactor：pH and cyclic duration effects ［J］. Int J Hydrogen Energy，2009，34（1）：227-234.

［42］ Fang H H P，Liu H. Effect of pH on hydrogen production from glucose by a mixed culture ［J］. Bioresour Technol，2002，82（1）：87-93.

［43］ Xiao B，Han Y，Liu J. Evaluation of biohydrogen production from glucose and protein at neutral initial pH ［J］. Int J Hydrogen Energy，2010，35（12）：6152-6160.

［44］ Skonieczny M T，Yargeau V. Biohydrogen production from wastewater by *Clostridium* beijerinckii：Effect of pH and substrate concentration ［J］. Int J Hydrogen Energy，2009，34（8）：3288-3294.

［45］ Tang G L，Huang J，Sun Z J，et al. Biohydrogen production from cattle wastewater by enriched anaerobic mixed consortia：Influence of fermentation temperature and pH ［J］. Journal of Bioscience and Bioengineering，2008，106（1）：80-87.

［46］ Wang J，Wan W. Effect of temperature on fermentative hydrogen production by mixed cultures ［J］. Int J Hydrogen Energy，2008，33（20）：5392-5397.

［47］ Luo G，Xie L，Zou Z，et al. Fermentative hydrogen production from cassava stillage by mixed anaerobic microflora：Effects of temperature and pH ［J］. Appl Energy，2010，87（12）：3710-3717.

［48］ Gadow S I，Li Y Y，Liu Y Y. Effect of temperature on continuous hydrogen production of cellulose ［J］. Int J Hydrogen Energy，2012，37（20）：15465-15472.

［49］ Valdez-Vazquez I，Ríos-Leal E，Esparza-García F，et al. Semi-continuous solid substrate anaerobic reactors for H_2 production from organic waste：Mesophilic versus thermophilic regime ［J］. Int J Hydrogen Energy，2005，30（13-14）：1383-1391.

［50］ Shi X，Kim D，Shin H，et al. Effect of temperature on continuous fermentative hydrogen production from *Laminaria japonica* by anaerobic mixed cultures ［J］. Bioresour Technol，2013，144（3）：225-231.

［51］ Lin C，Chang R. Fermentative hydrogen production at ambient temperature ［J］. Int J Hydrogen Energy，2004，29（7）：715-720.

［52］ Kobayashi T，Xu K，Li Y，et al. Evaluation of hydrogen and methane production from municipal solid wastes with different compositions of fat，protein，cellulosic materials and the other carbohydrates ［J］. Int J Hydrogen Energy，2012，37（20）：15711-15718.

［53］ Yasin N H M，Mumtaz T，Hassan M A，et al. Food waste and food processing waste for biohydrogen production：A review ［J］. J Environ Manage，2013，130：375-385.

［54］ Argun H，Kargi F，Kapdan I K，et al. Biohydrogen production by dark fermentation of wheat powder solution：Effects of C/N and C/P ratio on hydrogen yield and formation rate ［J］. Int J Hydrogen Energy，2008，33 （7）：1813-1819.

［55］ Lima D M F，Zaiat M. The influence of the degree of back-mixing on hydrogen production in an anaerobic fixed-bed reactor ［J］. Int J Hydrogen Energy，2012，37 （12）：9630-9635.

［56］ Lin C Y，Lay C H. Carbon/nitrogen-ratio effect on fermentative hydrogen production by mixed microflora ［J］. Int J Hydrogen Energy，2004，29 （1）：41-45.

［57］ Sreethawong T，Chatsiriwatana S，Rangsunvigit P，et al. Hydrogen production from cassava wastewater using an anaerobic sequencing batch reactor：Effects of operational parameters，COD：N ratio，and organic acid composition ［J］. Int J Hydrogen Energy，2010，35 （9）：4092-4102.

［58］ Lin C Y，Lay C H. Effects of carbonate and phosphate concentrations on hydrogen production using anaerobic sewage sludge microflora ［J］. Int J Hydrogen Energy，2004，29 （3）：275-281.

［59］ Lin C Y. A nutrient formulation for fermentative hydrogen production using anaerobic sewage sludge microflora ［J］. Internationnal Journal of Hydrogen Energy，2005，30 （3）：285-292.

［60］ Lee K S，Lo Y S，Lo Y C，et al. Operation strategies for biohydrogen production with a high-rate anaerobic granular sludge bed bioreactor ［J］. Enzyme Microb Technol，2004，35 （6-7）：605-612.

［61］ Zhang Z，Show K，Tay J，et al. Biohydrogen production with anaerobic fluidized bed reactors—A comparison of bio-film-based and granule-based systems ［J］. Int J Hydrogen Energy，2008，33 （5）：1559-1564.

［62］ Chang J，Lee K，Lin P. Biohydrogen production with fixed-bed bioreactors ［J］. Int J Hydrogen Energy，2002，27 （11-12）：1167-1174.

［63］ Ueno Y，Otsuka S，Morimoto M. Hydrogen production from industrial wastewater by anaerobic microflora in chemostat culture ［J］. Journal of Fermentation and Bioengineering，1996，82 （2）：194-197.

［64］ Si B，Liu Z，Zhang Y，et al. Effect of reaction mode on biohydrogen production and its microbial diversity ［J］. Int J Hydrogen Energy，2015，40 （8）：3191-3200.

［65］ Liu Z，Zhang C，Lu Y，et al. States and challenges for high-value biohythane production from waste biomass by dark fermentation technology ［J］. Bioresour Technol，2013，135：292-303.

［66］ Huang S，Shen M，Ren Z J，et al. Long-term in situ bioelectrochemical monitoring of biohythane process：Metabolic interactions and microbial evolution ［J］. Bioresour Technol，2021，332：125119.

［67］ Liu Z，Buchun S，Jiaming L，et al. Bioprocess engineering for biohythane production from low-grade waste biomass：technical challenges towards scale up ［J］. Current Opinion in Biotechnology，2017，50：25-31.

［68］ Martin P C B，Schlienz M，Greger M. Production of bio-hydrogen and methane during semi continuous digestion of maize silage in a two-stage system ［J］. Int J Hydrogen Energ，2017；42：5768-5779.

［69］ Lu Y，Lai Q，Zhang C，et al. Characteristics of hydrogen and methane production from cornstalks by an augmented two-or three-stage anaerobic fermentation process ［J］. Bioresource Technol，2009；100：2889-2895.

［70］ Guo Y，Dai Y，Bai Y，et al. Co-producing hydrogen and methane from higher concentration of corn stalk by combining hydrogen fermentation and anaerobic digestion ［J］. Int J Hydrogen Energ，2014；39：14204-14211.

［71］ Chen W，Sung S，Chen S. Biological hydrogen production in an anaerobic sequencing batch reactor：pH and cyclic duration effects ［J］. Int J Hydrogen Energ，2009；34：227-234.

［72］ Xiao B，Han Y，Liu J. Evaluation of biohydrogen production from glucose and protein at neutral initial pH ［J］. Int J Hydrogen Energ，2010；35：6152-6160.

［73］ Liu Z，Zhang C，Lu Y，et al. States and challenges for high-value biohythane production from waste biomass by dark fermentation technology ［J］. Bioresource Technol，2013；135：292-303.

［74］ 张海成，张婷婷，郭燕，等. 中国农业废弃物沼气化资源潜力评价 ［J］. 干旱地区农业研究，2012，30 （6）：194-199.

［75］ 朱大雁. 中国农业废弃物资源化利用现状及展望 ［J］. 农家科技，2019 （12）：229-235.

［76］ 杨佩林. 中国农业废弃物资源化利用的现状及展望 ［J］. 种子科技，2019，37 （14）：131-132.

H₂

第9章
生物质热化学制氢

9.1　生物质简介

　　光合作用每年将 2000 亿吨的碳固定在生物质中，产生 3×10^{15} GJ 生物质能，是重要的可再生可持续性资源。根据来源可以将常见的生物质分为农林生物质资源、水生生物质资源等；一些城乡工业和生活有机废弃资源尽管成分不同于生物质，也不具有再生性，但由于其可回收利用的特点，有时也将其作为一种类似生物质的资源考虑。除了这些以固态和液态形式存在的生物质，来源于生物质的有机物在低温条件下通过厌氧微生物发酵分解而生成的气态物质也可视作生物质资源加以利用（表 9-1）。

表 9-1　常见生物质资源

生物质分类	生物质种类
农林生物质资源	农作物残渣和秸秆,森林生长和林业生产过程产生的生物质资源(秸秆、稻壳、锯末面等)
畜禽粪便资源	禽畜排泄物的总称(粪便、尿与垫草的混合物)
水生生物质资源	水生藻类、浮萍等各种水生植物
城乡工业和生活有机废弃资源	城乡生活以及工业化生产产生的富含有机物的污水及固体废弃物等(含酸、酚类等有机废水,污泥,废弃轮胎,废弃塑料等)
生物成因气	来源于生物质的有机物在低温条件下通过厌氧微生物发酵分解而生成的气态物质(生物天然气、沼气等)

　　生物质主要由碳、氢、氧、氮、磷、硫等元素组成，其中平均氢元素占比约为 6%，可视为一种氢的载体。这相当于每千克生物质可生产 0.673m³ 的氢气，占生物质能 40% 以上[1]。此外，生物质资源分布广泛，储量丰富，生物质利用的整个生命周期零排放二氧化碳，故以生物质为源头制备氢气是一种典型的绿色可持续工艺技术。

　　生物质资源可以通过热化学法、生物法转化为氢气，本章主要介绍生物质的热化学制氢技术。生物质来源多样，形态复杂。依据处理对象为固态生物质原料，或将难以直接利用的生物质转化为液态原料，或以气态的生物成因气为原料，制氢的工艺技术也有所不同。本章将分别介绍以固态生物质、液态生物油、生物成因气为原料的生物质热化学制氢技术。其中前两者在现有文献资料中已经有较全面的介绍，在本书中仅做略述，感兴趣的读者可以参考作者编写的《制氢工艺与技术》一书第 7 章[2]。

9.2　生物质热解制氢

生物质热解是指生物质在完全缺氧或者有限氧供给的条件下，通过热能切断木质纤维素等生物质大分子中碳氢化合物的化学键，使之转化成低分子物质的过程。这种热解过程可得到：液体生物油、可燃气体（CO、CH_4、H_2 等）和固体生物质炭。可用 Uddin 等[3] 给出的热解反应方程对生物质热解产物分布进行粗略描述：

$$生物质(100kg) \xrightarrow{449\sim499℃} 生物油(60kg)+焦炭(20kg)+不凝性气体(20kg)$$

生物质热解产物分布可根据生物质种类和热裂解工艺条件进行调节。根据反应温度和加热速率的不同，生物质热裂解可分为干馏、慢速热解、常规热解、快速热解和闪速热解，如表 9-2 所示：

表 9-2　生物质热裂解技术分类

类型	温度/℃	加热速率	停留时间	主要产物
干馏	400	极低	数天	焦炭
慢速热解	400~600	低	数小时	焦炭,生物油
常规热解	600	低(0.1~1℃/s)	5~30min	焦炭,生物油,气体
快速热解	400~650	高(10~200℃/s)	0.1~2s	生物油,气体
闪速热解	<650	非常高(>1000℃/s)	<1s	生物油,气体

影响生物质热解制氢效果的因素很多，其中生物质组成、含水量、颗粒大小、加热速率、热解温度、载气流量、催化剂等对氢气产率影响尤其显著。各类生物质原料的组成各异。现有的研究结果表明，半纤维素和纤维素主要由糖环连接而成，在受热情况下容易分解得到轻烃等气体产物；而木质素的高芳环含量使其易于成焦。因此纤维素和半纤维素较木质素更容易产生富氢气体。生物质中含 Si、Ca、Mg、K、Al、Fe 等矿物质灰分，含量（质量分数）范围很宽（0.05%~41.34%）。灰分会催化生物质降解反应，降低液体收率，增加焦炭收率，提高总气体收率，但高含量灰分也会给热解反应器的运行带来不利影响。进入热解工艺的生物质需经过干燥等预处理使其达到合适的含水量。对于木质生物质热解，原料含水量一般为 15%~20%。一定的含水量对于热解制氢反应是有利的[4]。但过高的水含量将降低热解系统的效率。使用较小粒径的生物质颗粒有利于快速供给热解反应所需的热量，从而影响其热解产物的分布。但应指出生物质原料颗粒往往形状不规则，其长度较其厚度和宽度相差数倍，颗粒尺寸对热解产物的影响十分复杂。有报道表明大颗粒有利于二次裂解反应，使得气体和焦炭的产率提高；细颗粒通常可以得到更多的液体产物。但小粒径生物质的热解更接近反应动力学控制，降低了颗粒内部聚合副反应的发生，促进了颗粒表面的初级裂解产物的原位重整、变换等反应，也可能有利于氢气的产生。

在热解的工艺条件方面，通常高温、适中的加热速率、较长的停留时间有利于气态产物的收率。负载型金属催化剂、金属氧化物、碳酸盐等多种催化剂均有利于提高热解氢气产率。但由于固体催化剂与固态生物质颗粒、液态和气态热解产物间复杂的接触情况，生物质催化热解的机制和催化剂理性设计还需要深入研究。

生物质热解制氢技术具有工艺简单、能源利用效率高等优点，但是富氢燃料气的产率较低。图 9-1 比较了目前的各种热解技术的产物分布。目前生物质热解技术主要用于制备焦含量相对较少的液体产物生物油，然后再将生物油进行处理得到富氢燃料气。

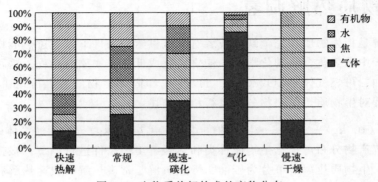

图 9-1　生物质热解技术的产物分布

9.3　生物质气化制氢

生物质催化气化制氢是指将预处理过的生物质原料，在空气、氧气、水蒸气等气化介质中加热到 700℃以上，使生物质分解转化为富氢气体，同时生成焦油、焦炭等。主要的流程如图 9-2 所示。

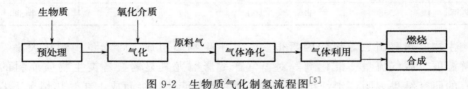

图 9-2　生物质气化制氢流程图[5]

生物质气化多在移动床、鼓泡流化床和循环流化床中进行。气化的介质可以是氧气/空气或水蒸气等。以氧气作为气化剂时气化温度较高，一般为 1000～1400℃；而以空气为气化剂时温度一般为 900～1100℃。以空气或者氧气作为气化剂，燃料气中的氢气纯度相对较低，给后续气体分离步骤带来了较大的困难。以水蒸气为气化介质可促进含碳物种的重整反应和水煤气变换反应，可有效提高产氢率。Ashwani K. Gupta 等[6]分别采用空气和水蒸气作为气化介质对城市污泥进行气化制氢，结果表明采用水蒸气作为气化剂时氢气的产量是空气作为气化剂时的 3 倍。虽然水蒸气气化有利于产氢，但是由于蒸汽重整反应吸热，整个系统的能量效率可能反而降低。水在 22.1MPa 和 374℃以上进入超临界状态，此时水可作为氧化剂与生物质反应，即超临界水气化制氢技术。超临界水气化技术可以直接采取含水量很高的生物质（水葫芦等）为原料，不需要经过预处理等操作。但生物质超临界水气化制氢需在高温高压下进行，工艺难度较大，用于制氢成本较高，目前还没有商业化的运营。

生物质气化技术的关键之一在于消除对反应器长时间运行和下游应用（如燃料电池等）不利的焦油。在气化炉中增设催化过滤器可以有效去除焦油和颗粒物，得到干净的产品气。催化焦油裂解的催化剂主要有：镍基催化剂、铁基催化剂、天然矿石（石灰石、白云石、橄榄石等）和贵金属等。中国科学院广州能源所[7]采用白云石和镍基催化剂，使得合成气中氢气的含量提高了近 10％。Rapagnà 等[8]在中试规模气化炉中用 10％（质量分数）Fe-橄榄石为催化剂，相较天然橄榄石，气体收率增加 40％，氢气收率增加 88％，甲烷含量降低 16％，焦油产量每千克干燥无灰基生物质降低 46％。在流化床气化炉中加入煅烧的白云石可将干基焦油含量降到 $1\sim2g/m^3$；而使用煅烧的橄榄石则可降到 $5\sim7g/m^3$。

除焦油外，生物质气化过程中还产生 H_2S、HCl、碱金属、重金属等对产品气品质不利的微量杂质，也需要加以处理。通常在反应器中加入吸附剂以降低这些杂质在产品气中的含量。常用钙基吸附剂处理 H_2S[9]，铝硅酸盐可用于吸附 KCl[10]。

9.4　生物油制氢技术

生物油是生物质热解得到的暗红褐色到棕褐色的有色液体，其化学组分包括酸、醛、醇、酯、酮、糖、苯酚、邻甲基苯酚、丁香醇、呋喃、木质素衍生取代酚等，也包含大量的水和少量固体颗粒（表 9-3）。

表 9-3　生物油的典型理化性质[11]

成分含量或性质	数值	成分含量或性质	数值
C（质量分数）/％	54～58	密度/（kg/L）	1.2
H（质量分数）/％	5.5～7.0	pH	2.5
O（质量分数）/％	35～40	热值/（MJ/kg）	16～19
N（质量分数）/％	0～0.2	黏度（500℃）/（mPa·s）	40～100
灰分（质量分数）/％	0～0.2	固体含量/％	0.2～1.0
含水量/％	15～30	蒸馏残渣/％	可达 50

生物油含水量高，酸性强，对设备有一定的腐蚀性；在较低温度（约 80℃）时生物油易发生聚合反应。美国国家可再生能源实验室（NREL）[12]在 20 世纪 90 年代首先提出了生物油重整制氢的概念，以乙酸为生物油模型化合物、镍为催化剂进行了蒸汽重整制氢的研究。生物油的成分复杂，蒸汽重整过程中大量发生分解反应、缩聚反应和积碳反应，易使催化剂失活。

Ni 催化剂具有较强的 C—C 键断裂能力，是生物油蒸汽重整使用最广泛的催化剂。美国国家可再生能源实验室在固定床反应器中开展了生物油蒸汽重整制氢[12]，最高氢气产率可以达到理论值的 85％。反应之后用水蒸气对催化剂表面沉积的碳进行气化再生。华东理工大学蓝平等[13]采用流化床反应器对生物油的轻质组分及其模拟化合物进行了蒸汽重整制氢的研究，用商品镍基催化剂，在温度为 650℃，WHSV＝0.7h^{-1}，S/C＝11 的条件下，氢气的产率可以达到 89.3％。表 9-4 总结了生物油蒸汽重整制氢的典型结果。总的来看，生物油重整制氢的长期运行稳定性不高，制氢的效率有待提高。采用吸附增强蒸汽重整等技术可以强化生物油及其模型化合物的制氢效果[14]。

表 9-4　生物油蒸汽重整制氢常用催化剂及操作条件（常压）

生物油种类或原料	催化剂	活性组分含量/％	载体	温度/℃	水碳比	空速/h^{-1}	氢气选择性/％	反应器	稳定性①	文献
模拟生物油②	Ni	7.2	MgO	450～850	1～10	0.8	85	固定床	8	[15]

生物油种类或原料	催化剂	活性组分含量/%	载体	温度/℃	水碳比	空速/h⁻¹	氢气选择性/%	反应器	稳定性①	文献
模拟生物油③	Ni	7.2	MgO	450~850	1~10	0.8	85	固定床	10	[15]
模拟生物油④	Ni	42.66	橄榄石	575	7	3.8	约100%	固定床	20~50h	[16]
模拟生物油⑤	Ni	9.61	La₂Zr₂O₂	650	4.5	41000	选择性:72%产率:88%	固定床	12h	[17]
锯末面	Ni	20	白云石	600~800	2~10	1.5	74	流化床	5	[18]
锯末面	Ni	7.2	MgO	700~900	1~16	1.5	80	固定床⑥	—	[15]
锯末面	Ni	15	CNT	350~550	2~6.1	12000	92.5	固定床	6	[19]
Aq. 白杨木	Ni	15	Al₂O₃	825~875	5~11	62300~126000	87	固定床	0.5	[20]
Aq. 松木	Ni⑦	—	Al₂O₃	800~850	7~9	770~1000	89	流化床	90	[21]
硬木	Ni⑧	—	—	850	5.8	—	80	流化床	16	[22]
Aq. 山毛榉	Ni⑦	—	—	300~1000	8.2	300~600	90	固定床	5	[23]
Aq. 松木	Ni	28.5	Ca/MgAl	650	7.6	5400~11800	—	流化床	2	[24]
松木	Pt	1	Ce₀.₅Zr₀.₅O₂	700~780	2.5~10	0.6~2.5	70	整体式	—	[25]
松木	Rh	1	Ce₀.₅Zr₀.₅O₂	700~780	2.5~10		52	整体式	—	[25]
松木	Pt	1	Al₂O₃	860	10.8	3090	40	固定床	—	[26]
松木	Rh	1	Al₂O₃	860	10.8	3090	60	固定床	—	[26]
松木	Pt	1	CeZrO₂	740~860	10.8	3090	70	固定床	>9⑨	[26]
松木	Rh	1	CeZrO₂	860	10.8	3090	75	固定床	—	[26]
松木屑	Ni	9.92	La₂O₃-αAl₂O₃	700	12	8100	70%	流化床	20h	[27]
稻壳	Ni	18	Al₂O₃	700~800	15~20	0.5~1.0	产率:75.88%	流化床	1h	[28]
橡树、白杨木和松木	Pt	0.5	Al₂O₃	800~850	2.8~4.0	2000	产率⑩:9~11	固定床	4h	[29]

续表

生物油种类或原料	催化剂	活性组分含量/%	载体	温度/℃	水碳比	空速/h⁻¹	氢气选择性/%	反应器	稳定性[1]	文献
海藻	Ni	17.1	$SrTiO_3$	800	15.8	1	55.8%	固定床	20h	[30]
海藻	$Ni_x Cu_{1.5-x}$	—	$Mg_{1.5}Al_{1.0}$	750	10	1	76%~78%	固定床	5h	[31]
玉米芯	Ce-Ni/Co	Ce(3.62) Ni(6.85) Co(3.59)	Al_2O_3	750~800	12	0.15	产率:85%	固定床	—	[32]
生物油（公司）[11]	Ni	14.1	Al_2O_3	950	5	13	产率:73%	固定床	—	[33]
生物油（实验室）[12]	Ni	15	CNT	550	6.1	12000	产率:92.5%	固定床	10h	[19]

注：Aq 指生物质处理得到生物油的液相组分。

① 稳定性以转化率或氢气的选择性下降 10% 为判据。
② 模拟生物油由等量甲醇、乙醇、乙酸和丙酮混合。
③ 模拟生物油由等量糠醛、苯酚、邻苯二酚和间甲酚混合。
④ 乙酸、丙酮、苯酚、糠醛、1-丁醇混合物。
⑤ 乙醇、乙酸、丙酮混合物。
⑥ 二段反应器。
⑦ NREL 催化剂。
⑧ C_{11}-NK 催化剂。
⑨ 自热反应。
⑩ 产率单位为 g 氢气/100g 生物油。
⑪ 荷兰生物质技术有限公司提供。
⑫ 生物质清洁能源安徽省重点实验室提供。

9.5　生物气制氢技术

9.5.1　生物气的来源与性质

9.5.1.1　生物气的来源

生物气，又名生物成因气，是指有机物在低温条件下通过厌氧微生物发酵分解有机分子而生成的，以甲烷为主，含部分二氧化碳及少量氮气和其他微量气体的混合气体[34]。广义的生物气指在微生物作用下生成的所有天然气体，根据有机质种类和埋藏周期的不同可分为以下两类：

① 由古生物遗骸长期埋藏于地下，经生物化学等过程缓慢转变而产生的气态碳氢化合物，其主要成分为甲烷（约占 85% 以上），同时含有乙烷、丙烷、二氧化碳、一氧化碳、氮气和氢气等，通常伴随着煤层和原油开采时获得[35]，被称为生物天然气。通常情况下，该类生物气的形成受甲烷菌的生存条件所控制，低温下甲烷菌的活性较低，生物气产率较低，而在较高温度下会导致微生物难以存活。微生物甲烷菌的适应温度范围为 25~75℃[36]，而以地温梯度为 3.66℃/100m 和地面温度为 20℃ 来判断[37]，该类生物气通常贮藏在距地表 1500m 内的地表浅层中。

② 以农作物秸秆、畜禽粪污、餐厨垃圾、农副产品加工废水等各类城乡有机废弃物为原料，经厌氧发酵和净化提纯产生的绿色低碳清洁可再生的生物气，也称为沼气；同时厌氧发酵过程中产生的沼渣、沼液可用于生产有机肥。其主要成分为 CH_4（35%～75%）、CO_2（25%～55%），还有其他少量 N_2、H_2、O_2 与 H_2S 和 H_2O 等[38]。这是目前生物气研究的重点，被认为是未来生物气的主要来源。

用于生产生物气的有机质十分丰富，但从有机质到生物气的形成过程非常复杂，其形成途径一般可认为经过如下过程：有机物被细菌和其他微生物分解成产甲烷菌能利用的底物，如氢和二氧化碳、甲酸盐、乙酸盐、甲醇、甲氨等，然后产甲烷菌通过乙酸发酵和 CO_2 还原形成甲烷[39]：

乙酸发酵：$CH_3COOH \longrightarrow CO_2 + CH_4$

二氧化碳还原：$CO_2 + 4H_2 \longrightarrow CH_4 + 2H_2O$

9.5.1.2 生物气的性质

生物气的组成与其来源和形成条件密切相关。表 9-5 展示了几种典型生物气的组分含量[40]。总的来说，生物气的主要成分为 CH_4 和 CO_2，但含量变动范围较大，导致生物气的品质难以保障，这也给生物气的利用带来了较大困难。另外，生物气中通常还含有 N_2、O_2、H_2、H_2S、NH_3 和轻质烃，并可能含有少量的有机硫、VOC 等多种杂质。

生物气储量占世界天然气储量的 20% 以上，甚至可达到 25%～30%。意大利、哥伦比亚、加拿大、墨西哥湾、美国、俄罗斯等国家和地区都广泛分布着大量的生物气田[41]。世界著名的生物气藏分布区有墨西哥湾、阿拉斯加库克湾、西西伯利亚盆地、波兰的喀尔巴阡山前渊、意大利亚平宁山前渊、中国的柴达木盆地等。杨松岭等人[42]通过对全球主要的生物气藏发育区可采储量进行统计，发现总储量高达 1715TCF（万亿立方英尺，1 立方英尺＝28.3168 立方分米）。2018 年，全球主要地区的生物气产量（百万吨油当量）大致为：欧洲为 18.2，中国为 7.3，美国为 3.8，世界其他地区为 4.0。另外，随着生物质资源利用的快速发展，来源于各种生物质或者生物质废弃物的生物气也快速增加。我国国家发展改革委等有关部门印发《关于促进生物天然气产业化发展的指导意见》提出，到 2025 年，我国生物天然气年产量超过 150 亿立方米，到 2030 年，生物天然气年产量超过 300 亿立方米。而据粗略估计目前我国生物质天然气资源量 2000 亿立方米，到 2050 年将超过 3000 亿立方米，发展潜力巨大。

表 9-5　几种典型生物气的组成

组成	厌氧发酵的生物气	填埋场的生物气	天然气
CH_4（体积分数）/%	53～70	30～65	81～89
CO_2（体积分数）/%	30～50	25～47	0.67～1
N_2（体积分数）/%	2～6	<1～17	0.28～14
O_2（体积分数）/%	0～5	<1～3	0
H_2（体积分数）/%	NA	0～3	NA
轻质烃（体积分数）/%	NA	NA	3.5～9.4
H_2S/(μL/L)	0～2000	30～500	0～2.9
NH_3/(μL/L)	<100	0～5	NA
总氯量/(mg/m³)	<0.25	<0.225	NA
硅氧烷（干基）/(μg/g)	<0.08～0.5	<0.3～36	NA

9.5.1.3 生物气目前的应用现状

长期以来，人们认为虽然生物气容易在浅层沉积物中生成，但易于散失、难以大量聚集成藏，故未引起人们对其利用的足够重视。直到 20 世纪 70～80 年代，石油价格的不断上升和勘探技术的提高，生物气藏的勘探开发和利用开始进入人们视野，并逐渐引起人们的重视。另一方面，生物质资源的大规模开发利用也带来了大量的生物气。以我国的生活垃圾为例，2015 年我国生活垃圾处理量达到 1.80 亿吨，其中卫生填埋量为 1.15 亿吨，占生活垃圾处理的 64%，每年填埋产生的沼气数量就高达 14.3 亿立方米[43]。这些都促使我们对生物气的合理利用展开研究。

生物气中 90% 以上的组分是 CH_4 和 CO_2。其中，CH_4 的温室效应是 CO_2 的 21 倍，这两种温室气体若直接排放会加剧温室效应；而且甲烷是一种易燃气体，直接排放存在安全隐患。另一方面，生物气中富含甲烷，可以作为燃料气进行使用，热值根据甲烷含量不同而变化，可达 $21.5MJ/m^3$[44]。目前生物气的资源化利用主要分为两个方面：一是利用生物气中甲烷的热值，主要包括热电联产和燃气化技术（管道燃气、车用天然气和液化天然气）[45]；二是利用生物气作为原料来生产氢气或者合成气，以进一步利用。因为工艺简单以及操作方便，目前以利用甲烷热值的技术为主要的生物气利用途径，已经具有工业化基础，尤其是以生物气作为燃料燃烧供电的热电联产过程。但是生物气中的甲烷含量不高，导致其热电转化效率较低（18%～25%），并不是理想的发电用能源；并且生物气中还包含了大量的 CO_2 以及其他微量元素，不仅会降低生物气的热值，而且其少量的 H_2S 还可能会腐蚀设备。将生物气中的杂质进行分离可以得到 CH_4 含量较高的生物甲烷，从而对接现有的天然气相关工业。但生物气的分离涉及众多工艺：水洗、化学洗涤、物理洗涤、变压吸附和膜分离[46]，脱碳成本高。如通过物理分离的方法仅仅移除其中高含量的 CO_2 就会导致相关工厂的能源效率降低 5%～15%[47]，且收集的 CO_2 面临一个再处理问题。

目前，全球的制氢工艺还是以甲烷蒸汽重整制氢为主。然而这一工艺过程提供的氢气属于"灰氢"，其生产过程伴随着大量的 CO_2 排放。而生物气作为来源于可再生生物质的原料，以其作为反应物来生产氢气，是一种生产"绿氢"的有效工艺，正受到越来越多研究者的关注[48]。利用生物气作为原料重整生产氢气，然后进一步用于燃料电池，也可以重整制得合成气用来生产其他液体燃料，如甲醇、二甲醚等。生物气中产氢的有效成分为甲烷，故大部分甲烷重整制氢方法均适用于生物气重整制氢技术。根据不同的制氢原理，常见的重整制氢技术包括干重整、氧化重整、蒸汽重整、吸附强化重整技术等：

① 生物气干重整技术可以同时利用生物气中含有的 CH_4 和 CO_2 生产合成气，该技术源于甲烷干重整技术，不但能获得目标产物 H_2，还能有效减少 CO_2 的排放；

② 生物气氧化重整技术是利用生物气中的 CH_4 组分与 O_2 发生氧化生产 H_2 和 CO，同时氧化过程释放的热量也能够补充重整反应所需的热量，一般与干重整或者蒸汽重整进行结合；

③ 生物气蒸汽重整技术是利用生物气中的 CH_4 与水蒸气发生重整反应生产氢气。该技术源于 CH_4 或者天然气的蒸汽重整，因为得到的氢气可以部分来自于水蒸气，蒸汽重整法能够获得更高的氢气产率，是目前制氢领域最常用的技术；

④ 生物气吸附强化重整技术将 CO_2 原位捕获和重整反应耦合一步完成制取高纯 H_2，该技术利用 CO_2 吸附剂（如 CaO）捕获生物气源和重整反应过程中产生的 CO_2，形成固相

碳酸盐（$CaCO_3$），从而在反应过程中实现原位移除 CO_2，促使反应朝生成 H_2 的方向进行，并显著提高氢气的纯度，是制取高纯氢气的理想途径。

除上述提及的生物气重整制氢技术之外，还有自热重整、三重整、等离子重整等技术。生物气重整制氢技术是利用生物气中含有的 CH_4 来制氢，但是其中高含量的 CO_2 会对制氢技术的效果产生严重影响，这也是生物气制氢技术所面临的关键问题。总的来说，极其丰富的生物气来源为生物气制氢技术提供了广阔的前景，而其"绿氢"的本质保障了能源生产的可持续性和环境友好性，因此生物气制氢技术具有十分重要的现实意义。

9.5.2 生物气干重整制氢技术

生物气的主要成分为 CH_4 和 CO_2，且其中的 CO_2 含量可高达 50%。尽管通过分离后得到的 CH_4 进行重整制氢能够有效利用目前成熟的天然气重整制氢技术，但高浓度 CO_2 的分离会大幅增加过程的能耗。鉴于其高的 CO_2 含量，生物气干重整技术是较为合适的选择，即直接利用生物气中的 CH_4 和 CO_2 进行重整反应[式(9-1)]，生产氢气或合成气：

$$\text{干重整反应：} CO_2 + CH_4 \longrightarrow 2H_2 + 2CO \quad \Delta H_{r,25℃} = 247.0 \text{kJ/mol} \tag{9-1}$$

如果目标气是氢气，则可以进一步通过水煤气变换反应[式(9-2)]将合成气中的 CO 转化为 H_2：

$$\text{水煤气变换反应：} H_2O + CO \longrightarrow H_2 + CO_2 \quad \Delta H_{r,25℃} = -41 \text{kJ/mol} \tag{9-2}$$

该技术能够避免分离生物气中高含量 CO_2 带来的能耗问题，同时该反应可转化利用两种主要温室气体，并通过改变反应条件调节 H_2 的产率和选择性。生物气干重整制氢技术不仅有利于减少温室气体的排放，从而实现"双碳"目标，而且可灵活适应于不同 CH_4/CO_2 比的体系，这对于生物气重整过程尤为重要，因此成为生物气制氢领域的研究重点。

生物气干重整制氢技术的实质是甲烷干重整过程（dry reforming of methane reaction，DRM），区别在于重整过程中的 CH_4 与 CO_2 的比例可能不同。甲烷干重整中 CH_4 与 CO_2 的摩尔比为 1:1，而生物气干重整中 CH_4 与 CO_2 的摩尔比随生物气中 CO_2 含量的变化而变化，但通常大于 1:1。反应物中组分的不同也带来了操作过程的差异。另外，与甲烷干重整需要 CO_2 和 CH_4 两路进气并均匀混合，对于生物气干重整系统而言，因为生物气中本身就包含 CH_4 与 CO_2 的混合气体，在进行干重整反应时可不必再经历反应气体混合过程，在应用上更为便利。但需要注意的是，在实际研究或者应用过程中，为了保证操作过程的稳定性，往往需要通过补充部分 CO_2 来调节反应气中 CH_4 与 CO_2 的比例。

9.5.2.1 生物气干重整反应的过程与热力学分析

生物气干重整反应的主反应是 CH_4 与 CO_2 的重整反应，该反应生成合成气，后续还需要经过水煤气变换反应将 CO 转化为 H_2。而在发生重整反应[式(9-1)]的同时，逆水煤气变换、积碳等副反应同步发生：

$$\text{甲烷裂解} \qquad CH_4 \longrightarrow C + 2H_2 \quad \Delta H_{r,25℃} = 74.9 \text{kJ/mol} \tag{9-3}$$

$$\text{CO 歧化} \qquad 2CO \longrightarrow C + CO_2 \quad \Delta H_{r,25℃} = -172.4 \text{kJ/mol} \tag{9-4}$$

$$\text{逆水煤气变换} \qquad CO_2 + H_2 \longrightarrow CO + H_2O \quad \Delta H_{r,25℃} = 41 \text{kJ/mol} \tag{9-5}$$

生物气干重整过程的主反应为强吸热、体积增大的反应，高温低压利于反应正向进行，因此生物气干重整反应的操作温度通常较高，以提高 CH_4 和 CO_2 的转化率，从而生产更多的 H_2，故该技术的能耗较高。反应后所得合成气 H_2/CO 理论摩尔比为 1，但实际反应平衡受逆水气反应[RWGS，式(9-5)]的影响，部分 H_2 被 CO_2 消耗，使得 H_2/CO 比值小于 1

且 CO_2 转化率高于 CH_4，这不利于产氢的目标。从产氢的角度来看，要抑制逆水煤气变换反应对 H_2 的消耗。积碳是生物气干重整反应面临的主要问题，严重的积碳会覆盖住活性位或者造成催化剂结构坍塌，导致催化剂失活，从而引起干重整性能的快速衰减。另外，若积碳未及时移出反应体系会导致反应器堵塞，造成反应器入口处压力快速上升，使反应中止，在 Sonali Das 的研究中发现当超过 3.5bar 时，反应就被迫停止[49]。积碳可能来源于反应过程中的任何含碳物种。CH_4 裂解［反应式（9-4）］是直接解离 CH_4 形成积碳和 H_2 的过程，因为 CH_4 的解离在活性金属表面更易发生，因此该过程形成的积碳通常会覆盖住催化剂的活性组分，并且该过程是吸热反应，高温更有利其发生。因为干重整过程生成大量的 CO，CO 歧化反应，也称 Boudouard 反应，是积碳的重要来源。由于该过程是放热反应，因此低温利于其发生。除此之外，CO_2［反应式（9-6）］和 CO［反应式（9-7）］的加氢过程也可能直接生成积碳。

$$CO_2 + 2H_2 \longrightarrow C + 2H_2O \qquad \Delta H_{r,25℃} = -90kJ/mol \qquad (9-6)$$

$$CO + H_2 \longrightarrow C + H_2O \qquad \Delta H_{r,25℃} = -131.3kJ/mol \qquad (9-7)$$

Vita 等[50]基于 Gibbs 最小自由能对生物气干重整过程的热力学平衡过程进行了分析，考察 CH_4/CO_2 摩尔比（1、1.5、2.3）、温度（400～900℃）对 CH_4 和 CO_2 转化率、H_2/CO 比值以及积碳的影响。结果表明，甲烷转化率随着 CH_4/CO_2 比的降低和温度的升高（图 9-4）而增加，在 800℃以上时转化率可接近 98%，而 CO_2 转化率在 400～600℃间较低；当温度超过 600℃后，CO_2 的转化率快速上升。这是因为干重整是吸热反应，高温下其活性较高，同时逆水煤气变换反应也会消耗大量的 CO_2。H_2/CO 比值随着温度的升高而降低，因为温度大于 600℃时有利于逆水煤气变换，将 CO_2 转化为 CO，同时消耗 H_2。需要指出的是尽管高温下逆水煤气变换反应会消耗部分氢气，但是因为高温下干重整的活性更高，所以氢气的产率和浓度仍然会上升，只是温度高于 800℃后，提升幅度较小。另外，更高的 CH_4/CO_2 摩尔比有利于提升氢气的浓度。在整个评价温度区间内都会有积碳生成，且在 600℃下的积碳更明显，这与 600℃下 CO 歧化反应活性高有关。从图 9-3 可以看出，温度升高后，积碳量会变少，因此提高反应温度可以减少干重整过程中的积碳。但是更高的反应温度意味着高能耗，并且对于负载型金属催化剂参与的干重整反应来说，活性金属和载体

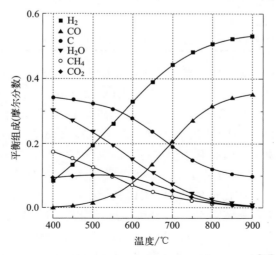

图 9-3　温度对生物气干重整反应平衡组成的影响[50]

在高温下发生不可逆的烧结的倾向更大，催化剂面临的失活问题更严重。

Wang 等[51]基于 Gibbs 最小自由能对干重整过程的操作温度进行了详细的热力学分析。图 9-4 表明温度的升高有利于干重整反应和 CH_4 裂解反应，而逆水煤气变换反应和 CO 歧化反应在低温下更易发生。进一步以 $\Delta G = 0$ 来判断干重整反应过程中各个主要反应自发进行的上、下限温度，结果见表 9-6。当反应温度超过 640℃时，CO_2 与 CH_4 重整的主反应可自动发生，并同时伴有甲烷裂解反应；当温度超过 820℃时逆水煤气变换和 CO 歧化反应均被抑制，不能自动发生；而在 557~700℃的温度范围内，通过甲烷裂解或 CO 歧化反应均能生成积碳。另外，在进料相同的条件下，积碳生成的极限温度随压力增加而增加。如在 1atm 时，极限温度为 870℃，当压力提升到 10atm 时，极限温度提升到了 1030℃，因此压力增加会导致积碳的增加。积碳的极限温度随着 CO_2 与 CH_4 摩尔比的增加而降低，说明反应气中的过量 CO_2 能够抑制积碳的形成。

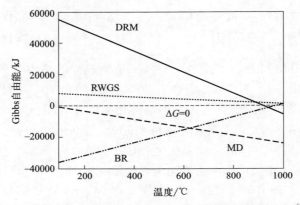

图 9-4　干重整过程中各反应的 Gibbs 自由能随温度的变化[51]

DRM—干重整；RWGS—逆水煤气变换；BR—CO 歧化；MD—甲烷裂解

表 9-6　DRM 中不同反应的限制温度[51]

反应	上/下限	温度/℃
干重整反应	下	640
甲烷裂解反应	下	557
CO 歧化反应	上	700
逆水煤气变换反应	上	820

Reina 等[52]在 1atm 和反应气总流量为 100mL/min 的条件下，以 Ni-Sn/CeO_2-Al_2O_3 为催化剂，研究了温度（550~850℃）和 CH_4/CO_2 摩尔比（1、1.25、1.5 和 1.85）对生物气干重整反应性能的影响。发现干重整反应活性均随温度的升高而增加，在 850℃和 CH_4/CO_2=1 时性能最好，CH_4 转化率高达 93%，CO_2 转化率达 98%。同时，氢气的产率也随温度升高而增加，说明高温有利于生产更多的氢气，这与干重整的吸热特性有关，即在高温下平衡转化率更高。当温度低于 850℃时会发生 RWGS 反应，因此 CO_2 转化率大于 CH_4 转化率。随着 CH_4/CO_2 比值的增加，CH_4 转化率会降低，这可能是因为 CH_4 过量，催化剂不能提供足够的位点来解离 CH_4，也可能是过量的 CH_4 裂解产生了更多的积碳，造成催化剂的快速失活。CH_4/CO_2 比对产物气中 H_2/CO 比的影响更为复杂：在较低反应温度下（550~600℃），高的 CH_4/CO_2 比对应较高的 H_2/CO 比，这与 CH_4 裂解提供更多的

H_2 有关；而在 700℃ 以上时，CH_4/CO_2 进料比为 1 时，H_2/CO 比值最大，这是因为高温下干重整是生物气重整过程的主要反应而 CH_4 裂解的贡献较小，同时 RWGS 反应也被有效抑制。需要指出的是，在整个温度评价范围内（550～850℃），CH_4/CO_2 进料比为 1 时，氢气产量都为最高。

Suelves 等[53] 研究了 CO_2 和 CH_4 的分压对生物气干重整反应性能的影响。CO_2 分压的影响实验中，将 CH_4 分压固定在 0.25atm，改变 CO_2 分压（0.1～0.45atm，1atm＝101325Pa），并用 N_2 调节平衡以使总压维持在 1atm，反应温度为 600℃。研究发现，在 CO_2 分压（p_{CO_2}）较低时，甲烷的消耗速率（$-r_{CH_4}$）随着 p_{CO_2} 增加而增大；$p_{CO_2}＝$ 0.25atm 时达到最大值［约为 85mmol/($g_{催化剂}$·min)］；进一步提高 CO_2 分压，$-r_{CH_4}$ 值几乎保持不变。这是因为当 $p_{CO_2}≥$ 0.25atm 时，CO_2 分解产生的活性 O^* 足以氧化 CH_4 分解反应形成的全部 C^*；然而，当 $p_{CO_2}<$ 0.25atm 时，CO_2 分解产生的活性 O^* 不足将 CH_4 分解产生的 C^* 氧化，因此会导致碳物种的积聚从而形成积碳。CH_4 分压的影响实验中，CO_2 分压固定在 0.15atm，改变 CH_4 分压（0.1～0.45atm），结果表明当 $p_{CH_4}≥$ 0.15atm 后，CO_2 的消耗速率（$-r_{CO_2}$）不随 p_{CH_4} 的变化而变化，证明了干重整过程的速控步骤是甲烷的裂解。

9.5.2.2　生物气干重整制氢催化剂

生物气干重整制氢反应中，催化剂起着关键作用。通常使用的催化剂是负载型金属催化剂，分为贵金属催化剂和非贵金属催化剂。Hou 等[54] 对比研究了不同负载型贵金属催化剂（Ru、Rh、Pt、Pd、Ir）的干重整性能，他们将 5%（质量分数，下同）的贵金属负载在 α-Al_2O_3 上，并选择了 CO_2/CH_4 摩尔比为 1∶1 的生物气，结果显示它们的催化活性遵循如下规律：Rh＞Ru＞Pd＞Ir＞Pt（反应 30min）和 Rh＞Ru＞Ir＞Pd＞Pt（反应 240min），说明了 Pd/α-Al_2O_3 的稳定性要比 Ir/α-Al_2O_3 低，这与 Pd/α-Al_2O_3 催化剂上生成了积碳有关，而其他贵金属催化剂没有积碳形成。Shariatinia 等[55] 制备了 Ru/ZnLaAlO$_4$ 和 Pt/ZnLaAlO$_4$ 两种贵金属催化剂，结果表明两者均表现出高的催化活性和稳定性，基本没有生成积碳，并且在 800℃ 时，Ru/ZnLaAlO$_4$ 上的 CH_4 转化率可达 89.2%。

贵金属催化剂在生物气干重整反应中具有非常优异的抗积碳性能，并且具有非常高的催化活性，但贵金属的价格以及储量等问题限制了其工业应用。非贵金属催化剂（Ni、Co 和 Fe）在生物气干重整反应中也有较好的活性，尤其是 Ni 基催化剂具有较好的生物气干重整催化性能。O. Omoregbe 等[56] 以 10% Ni/SBA-15 作为催化剂，在 750℃ 和 CO_2 与 CH_4 的分压均为 20kPa 的条件下，CH_4 和 CO_2 的转化率分别可达到 91% 和 94%。Charisiou 等[57] 将 Ni 负载量为 8% 的 Ni/Al_2O_3 催化剂用于 CO_2/CH_4 摩尔比为 1∶1.5 的生物气干重整反应，在 850℃ 下，CH_4 转化率为 72%，CO_2 转化率为 92%。E. Akbari 等[58] 研究了 Ni 负载量对 Ni-MgO-Al_2O_3 催化剂干重整性能的影响。结果表明，在 2.5%～15.0%（质量分数）范围内，CH_4 和 CO_2 的转化率均随 Ni 含量的增加而增加。尽管 Ni 催化剂具有较高的生物气干重整活性，但经常面临严重的积碳问题。在 Ni 基催化剂中掺入少量的贵金属组分，能够提升催化剂在生物气干重整反应中的抗积碳性能和抗中毒性能，并且也能在一定程度上提高活性。Chein 等[59] 将 Pd 引入 Ni-Al_2O_3 催化剂中，探究其在含有 100μL/L H_2S 的生物气（$CH_4/CO_2＝$ 1∶0.5）中的干重整反应性能，发现随反应温度的升高，Ni-Al_2O_3 与 Pd-Ni-Al_2O_3 的催化性能均受硫中毒影响，活性会有所下降，但 Pd-Ni-Al_2O_3 活性始终远高于

Ni-Al$_2$O$_3$。在 600~650℃区间，Pd-Ni-Al$_2$O$_3$ 所得产物比 Ni-Al$_2$O$_3$ 的产物 H$_2$/CO 摩尔比高 1.8 倍左右，且 H$_2$ 产量更高。因此，引入贵金属成分能够有效改善 Ni 基催化剂的生物气干重整性能。

对负载型金属催化剂来说，除活性金属外，载体也会对催化剂的生物气干重整性能产生较大影响。Jiang 等[60]研究了不同载体（Al$_2$O$_3$、SiO$_2$、MgO、CeO$_2$ 和 ZnO）对 Ni 基催化剂的生物气干重整反应性能的影响。Ni-Al$_2$O$_3$ 催化剂具有最高的 CH$_4$ 转化活性，在 750℃时，CH$_4$ 转化率为 82.7%，这与该催化剂具有更小的 Ni 颗粒以及强的金属载体相互作用有关。但是 Ni-Al$_2$O$_3$ 催化剂的稳定性差，在反应 170min 时就会因为积碳严重堵塞反应管。Ni-MgO 催化剂虽然活性稍差，在 750℃时，CH$_4$ 转化率为 68.8%，但是其表现出非常好的稳定性：在 12h 稳定性测试后，甲烷转化率仍然可以保持在 64%。Ni/ZnO、Ni/CeO$_2$ 和 Ni/SiO$_2$ 的活性都较差。对积碳的研究表明，Ni/Al$_2$O$_3$ 上会出现非常严重的积碳，且积碳为丝状和石墨碳物种；Ni/CeO$_2$ 上有少量的丝状积碳；而 Ni/ZnO、Ni/MgO 和 Ni/SiO$_2$ 上基本不积碳。综合考虑活性、稳定性和抗积碳性能，MgO 是最好的载体。最近，Yavuz 等[61]提出了单晶边缘负载纳米催化剂这一新的稳定性策略来设计高稳定性的 Ni/MgO 催化剂，他们利用单晶氧化镁载体的边缘来稳定钼掺杂的镍纳米催化剂（Ni-Mo/MgO），在甲烷干重整反应中可高效转化 CH$_4$ 和 CO$_2$，并且连续运行 850h 以上仍未失活，具有十分优异的抗结焦和抗烧结性能。

积碳是影响生物气干重整反应长期稳定进行的关键。虽然积碳的来源是 CH$_4$ 和 CO$_2$，但是两者谁是主要的积碳源因反应体系的不同而差异明显。Wang 等[51]认为 CH$_4$ 和 CO$_2$ 在 Ni 催化剂上都会生成积碳，但是引起催化剂失活的积碳主要是由 CO$_2$ 产生的积碳，因为甲烷裂解产生的积碳活性较高，能被 CO$_2$ 通过逆 CO 歧化反应快速氧化生成 CO 而消除。Schuurman 等[62]研究了 Pt/ZrO$_2$ 和 Pt/Al$_2$O$_3$ 两种催化剂上的干重整反应，发现 99% 的积碳均来自于 CH$_4$。不同的是 Pt/ZrO$_2$ 上 CO$_2$ 的解离不需要 CH$_4$ 的参与，而 Pt/Al$_2$O$_3$ 上 CO$_2$ 的解离必须要在 CH$_4$ 解离形成的活性 H 的协助下才能完成。为了提高催化剂的抗积碳性能，既可以减少反应过程中的积碳生成，也可以将生成的积碳在反应过程中原位快速移除。CeO$_2$ 因其优异的氧化还原特性和高的储氧能力被广泛用于提高干重整反应中催化剂的抗积碳性能。Kawi 等[63]设计了一种三明治核壳结构的 Ni-SiO$_2$@CeO$_2$ 催化剂，首先 Ni 颗粒通过强金属-载体相互作用（SMSI）锚定在 SiO$_2$ 载体表面上，然后在其表面涂覆一层 CeO$_2$ 来包覆 Ni 颗粒。将其用于 CH$_4$/CO$_2$ 摩尔比为 3:2 的生物气干重整反应中，在反应温度为 600℃时，发现未涂覆 CeO$_2$ 的 Ni-SiO$_2$ 催化剂的反应活性随反应的进行而逐渐下降，并最终因为积碳严重导致反应器入口压力过大终止反应；而 Ni-SiO$_2$@CeO$_2$ 在长达 72h 的反应中抗积碳性能良好。热重分析结果显示反应后 Ni-SiO$_2$@CeO$_2$ 仅有约 4.5%（质量分数，下同）的失重，而 Ni-SiO$_2$ 失重达 58.2%。这得益于反应过程中双层限制结构有效减少了积碳在 Ni 上的沉积，另一方面是由于表层 CeO$_2$ 释放的晶格氧能够原位气化生成的积碳，实现自清洁过程。

9.5.2.3   生物气干重整反应的机理分析

生物气干重整反应伴随着众多副反应的发生，故不同的催化剂体系和反应条件下，中间体形成的难易程度和转化机理差异显著。虽然目前对于生物气干重整过程的反应机理还没有形成统一认识，但普遍认为干重整过程的关键步骤是 CH$_4$ 在催化剂表面的吸附与解离。因为生物气干重整的主要反应就是甲烷干重整，因此生物气干重整反应的机理分析基本是按照甲烷干重整的机理进行分析。

张国杰等[64]根据反应分子的活化位点数将其分为两大机理：单功能（位点）机理和双功能（位点）机理。

① 单功能机理：该机理认为 CO_2 和 CH_4 的活化发生在同一金属位点，CH_4 在活性金属表面上吸附然后解离生成 H_2 和碳氢化合物 CH_x，CO_2 在金属表面上吸附并解离生成吸附态的 CO 和 O。随后吸附态的 O 和吸附态的 CH_x 在金属位点上进行反应，生成 CO 和 H；同时，吸附态的 O 和吸附态的 H 反应生成羟基，进而羟基移动到载体上或与 H 结合形成水分子。

② 双功能机理：该机理认为 CH_4 和 CO_2 的活化发生在不同的位点上，CH_4 是在金属活性位上被活化，而 CO_2 在载体上被活化。在金属表面上，CH_4 被直接或中间物种辅助下间接解离形成亚甲基或甲酰基中间体，其中的氧物种来源于载体中的晶格氧。CO_2 在载体上发生吸附并解离生成吸附态 CO 和 O，随后吸附态的 CO 脱附生成 CO，吸附态的 O 补充载体消耗的晶格氧，这一机理在还原性载体如 CeO_2 和 TiO_2 等参与的干重整反应中比较受认可。

Kawi 等[63]选择 CH_4 与 CO_2 摩尔比为 3∶2 的生物气，进行生物气干重整性能探究，并考察了 $Ni-SiO_2$ 和 $Ni-SiO_2@CeO_2$ 催化剂上生物气干重整反应机理。他们发现生物气干重整反应在 $Ni-SiO_2$ 催化剂上遵循单功能机理（图 9-5），CH_4 和 CO_2 均在金属 Ni 上被活化。CH_4 先在 Ni 位点上解离吸附，随后直接裂解或通过 CH_x 等中间物种生成 H_2 和表面吸附碳物种（以 Ni—C 形式存在）；CO_2 同样在 Ni 颗粒的表面吸附，随后解离生成 CO 和吸附态的 O（以 Ni—O 形式存在）。接着 Ni 表面的吸附态的 O 与甲烷分解产生的吸附碳物种（Ni—C）反应生成 CO 分子。在这个过程中惰性氧化物 SiO_2 没有直接参与反应，其机理过程见图 9-5(a)。而在 $Ni-SiO_2@CeO_2$ 催化剂上，即在 Ni 颗粒表面覆盖一层 CeO_2 后，发现甲烷仍然在金属 Ni 表面吸附并解离生成 H_2 和碳物种，而 CO_2 则主要在 CeO_2 上解离生成 CO 和氧原子。生成的氧原子并不是直接和 CH_4 解离生成的 C 物种反应，而是补充 CeO_2 中消耗的晶格氧，CeO_2 中的晶格氧迁移至 Ni 表面与表面吸附的碳物种反应生成 CO，其机理过程见图 9-5(b)。作者进一步指出碳酸盐作为中间物种的 CO_2 活化路径在本实验中处于次要地位。

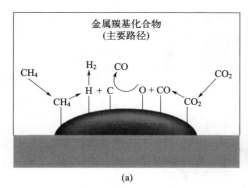
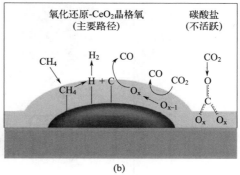

(a)　　　　　　　　　　(b)

图 9-5　生物气干重整在 $Ni-SiO_2$（a）和 $Ni-SiO_2@CeO_2$（b）催化剂上反应机理图[63]

除了上述两种机理解释外，另有研究者发现，在反应转化过程中可能出现单、双功能的结合现象：CH_4 和 CO_2 两者先在同一金属位点上解离吸附，然后再迁移到金属-载体表面通过甲酸盐路径完成生成 CO 和 H_2。Bobadilla 等[65]研究了 $Rh/MgAl_2O_4$ 催化剂上生物气干重整反应，作者认为该体系是先经一步金属解离吸附，再在金属-载体界面位点完成 CO 和 H_2 的生成。首先，CH_4 在金属 Rh 表面位点上解离吸附成 CH_x 和 H 物种，CO_2 也在 Rh 颗粒表面解离吸附形成 CO 和 O，在这个阶段载体的作用较小；第二步，吸附的氧物种与 CH_x 反应生成 CH_xO 物种；最后 CH_xO 快速解离成 CO 和 H_2。另外，作者还提出在第一步形成 H 后会出现两个活性中心即双功能机理的现象，这两个活性中心分别是载体提供的碱位点和金属颗粒提供的金属位点，此时载体在反应过程中就起关键作用。CO_2 在载体表面的碱性位点上吸附形成碳酸盐或者碳酸氢盐，随后碳酸盐或者碳酸氢盐通过甲酸盐中间物种生成 CO 和 H_2O，甲酸盐物种是通过金属表面吸附 H 辅助活化碳酸盐形成的。考虑到 H 和碳酸盐靠近有利于生成甲酸盐，因此金属-载体界面处是形成甲酸盐的主要位点。

9.5.2.4 生物气干重整制氢的新工艺

近年来出现了一些适用于生物气干重整制氢的创新工艺技术。生物气干重整反应中大量 CO_2 会通过 RWGS 反应消耗部分氢气，使产物气中的 H_2/CO 小于 1，这不利于产氢目标。同时，产物气中 H_2 和 CO 的混合也给后续分离带来了困难。Tian 等[66]基于 Ca 循环思路将生物气干重整反应分为吸附-重整两个独立的步骤（图 9-6）进行。反应器床层由上层的 Ca 基吸附剂层和下层的催化剂层构成，反应被分为两个步骤，首先生物气进入反应器中，CO_2 被 CaO 以 $CaCO_3$ 形式捕获从而与 CH_4 分离开，剩余的 CH_4 继续流经催化剂层，在金属表面发生 CH_4 解离反应，生成积碳和富氢气体；CaO 吸附饱和后停止通入生物气，升温到 800℃并以 N_2 吹扫，$CaCO_3$ 分解释放出的 CO_2 流经催化剂层时，与形成的积碳发生逆 Boudouard 反应生成富 CO 气体，同时 CaO 吸附剂和催化剂回到初始状态，进行循环过程。结果表明，氢气的产率为 175.4mmol H_2/g Ni，CO 的产率为 155.4mmol CO/g Ni，并且富氢产物气中的 H_2/CO 可高达 5.6。该过程能够有效提高氢气的浓度，实现了高纯 H_2 和高纯 CO 的生产。

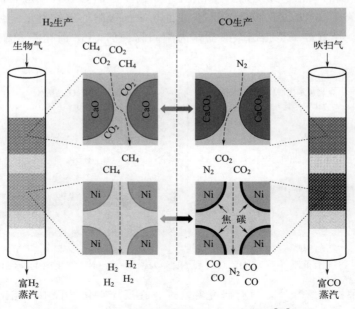

图 9-6　钙循环生物气干重整技术原理图[66]

　　熔融态金属或者合金在 CH_4 裂解反应中具有非常好的催化性能，并且因为催化剂处于熔融态避免了烧结问题，同时形成的固体碳能够与熔融态金属或合金有效分离，因此也避免了积碳问题。McFarland 等[67]将熔融态金属进一步应用在甲烷干重整反应中（图 9-7），他们在鼓泡塔反应器中使用熔融金属合金催化剂（Ni/In 摩尔比为 65∶35），随后通入一定比例的 CH_4 和 CO_2 混合气以同时进行甲烷的热解和干重整反应，该过程可以将 CH_4 和 CO_2 高效地转化为合成气和固体碳。需要指出的是该过程中如果使用 CH_4∶CO_2 的进料比大于1∶1，得到的合成气中的 H_2 与 CO 的比率可以突破传统干重整反应的 1∶1 限制，产生的固态碳作为副产物可与熔融金属高效分离。作者认为该过程中的干重整反应是以还原-氧化耦合循环进行，其中 CO_2 通过液态金属物质（例如 In）被还原，而甲烷被金属氧化物中间体（例如 In_2O_3）部分氧化成合成气，从而再生金属。该技术可以灵活地适用于不同 CH_4 与 CO_2 进料比，这对 CH_4 与 CO_2 比例处于变化的生物气制氢技术尤为重要。

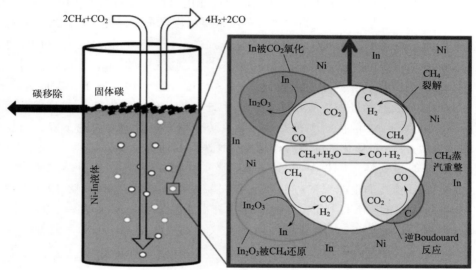

图 9-7　熔融 Ni-In 合金催化甲烷干重整过程[67]

9.5.3　生物气蒸汽重整制氢技术

　　生物气干重整反应面临的积碳问题也可以通过引入水蒸气的方式加以抑制。同时水蒸气的引入，能够提供更多氢的来源，从而提高氢气产率。在生物气重整反应过程中引入水蒸气的反应称为生物气蒸汽重整反应。尽管该反应主要是生物气中的 CH_4 发生蒸汽重整反应，但是因为其 CO_2 量高，其与甲烷蒸汽重整反应有较大区别。生物气蒸汽重整过程除了生物气干重整过程中的主要反应外，还涉及如下的水蒸气参与的反应：

甲烷蒸汽重整反应：

$$CH_4 + H_2O \Longrightarrow CO + 3H_2 \qquad \Delta H_{r,25℃} = +206kJ/mol \qquad (9\text{-}8)$$

$$CH_4 + 2H_2O \Longrightarrow CO_2 + 4H_2 \qquad \Delta H_{r,25℃} = +165kJ/mol \qquad (9\text{-}9)$$

水煤气变换反应：

$$CO + H_2O \Longrightarrow CO_2 + H_2 \qquad \Delta H_{r,25℃} = -41.2kJ/mol$$

积碳气化反应：

$$C + H_2O \Longrightarrow CO + H_2 \qquad \Delta H_{r,25℃} = +131kJ/mol \qquad (9\text{-}10)$$

Ashrafi 等[68]基于 Gibbs 最小自由能对生物气蒸汽重整反应进行了热力学分析。较高 S/C 比（H_2O 与 CH_4 的摩尔比）能够有效提高甲烷的转化率，同时抑制 CO_2 转化，在 700℃和 S/C 比为 4 时，CH_4 的转化可达 99%。在低温下 S/C 比对 CH_4 转化影响更为明显。另外，由于 S/C 的增加促进了 WGS 反应，会消耗部分 CO 生成 H_2 和 CO_2，因此，高 S/C 比下，CO_2 的转化率降低。这既可理解为 H_2O 的存在与干重整反应竞争从而抑制了干重整反应，也可能是 WGS 反应生成了较多 CO_2。H_2 的收率随着 S/C 的提升而变大。作者认为 S/C 比在 3~4 间较为合适，既能够提供较高的 CH_4 转化率和氢气收率，也能产生蒸汽的能耗不至于过高。蒸汽重整反应中，高温有利于提高 CH_4 的转化率，但是当温度高于 750℃，CH_4 转化率基本不再变化；而当反应温度低于 700℃时，CH_4 的转化率显著下降且出现较严重的积碳。氢气产率在 650~700℃间取得最大值，因此对生物气蒸汽重整反应来说，700℃是合适的反应温度。

生物气中通常会含有少量的 H_2S。含硫物种对催化剂有明显的毒害作用。Ashrafi 等[69]使用 CH_4/CO_2 摩尔比为 1.5 的生物气进行蒸汽重整反应，重点讨论了生物气中含有的 H_2S 对催化剂活性的影响。作者首先研究了 H_2S 含量（15×10^{-6}~145×10^{-6}）对 Ni 催化剂的生物气蒸汽重整性能的影响。结果如图 9-8 所示，当生物气中的 H_2S 浓度较高时，生物气中的甲烷转化率呈指数下降；即使在较低的 H_2S 浓度（31×10^{-6}）下，反应仅进行 12h，活性也下降了 86%。作者进一步研究反应温度对 H_2S 毒化作用的影响。在 H_2S 浓度较低时（31×10^{-6}），700℃下 Ni 催化剂快速失活，甲烷转化率在短时间内快速下降；当反应温度升高到 800℃时，H_2S 对催化剂的毒害作用会有所减弱；而进一步提高到 900℃，Ni 催化剂表现出了非常好的稳定性，CH_4 转化率仅有轻微的下降，即使将 H_2S 浓度提升到 108×10^{-6}，900℃下 Ni 催化剂也能维持初始活性的 86%。硫中毒后的催化剂在脱硫生物气蒸汽重整反应中，低温性能能够得到部分恢复，而在高温下性能可以完全恢复。在实际过程中，可以通过预脱硫过程来去除生物气中的硫物种。

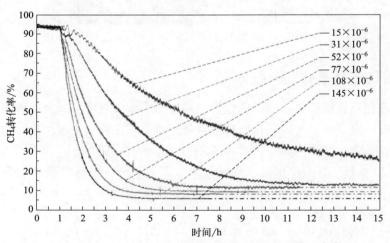

图 9-8　H_2S 浓度对生物气蒸汽重整反应性能的影响[69]

Effendi 等[70]考察了 S/C 比、温度以及空速对生物气蒸汽重整制氢性能的影响。以 Ni/Al_2O_3 为催化剂，生物气中 CH_4/CO_2 摩尔比为 1.5 的情况下，过量的蒸汽对积碳的生成有强烈抑制作用。在低 S/C 比（0.3）下，积碳量高达 15%（质量分数，下同），而当 S/C 高于 0.67 时，几乎不产生积碳（积碳量不到 0.1%）。在 850℃的反应温度下，蒸汽重整的活性非常高，即使在 S/C 较低时，CH_4 转化率也接近 90％，适当提高 S/C 比，CH_4 可接近完全转化。提高 S/C 会导致 CO_2 转化率快速下降，这可能是蒸汽重整反应与干重整反应发生竞争引起或者与高 WGS 活性生成 CO_2 有关。另外，高 S/C 比对于产物气中氢气的浓度也有一定的提升作用。

生物气重整过程中的 CH_4 蒸汽重整与干重整间存在竞争关系。Guilhaume 等[71]研究了生物气重整过程中的 CO_2 与 H_2O 的竞争吸附问题，他们以 $Ni-Rh/MgAl_2O_4$ 为催化剂，研究了进料组成和反应温度对生物气（66％ CH_4＋34％ CO_2）重整制氢性能的影响。结果表明，在生物气蒸汽重整反应中，CH_4 优先与 H_2O 发生重整反应，即在水蒸气存在的条件下，干重整反应被抑制。CO_2、H_2O 和两者的共吸附实验结果揭示了在催化剂的表面上 H_2O 分子的吸附量总是比吸附的 CO_2 多得多。基于 Temkin 的准平衡吸附数据模型结果显示，在中等温度下，催化剂表面存在与 CO_2 和 H_2O 相关的两种不同的强吸附物种；但在反应的温度区间内（600～800℃），只存在与 H_2O 分子相关的强吸附物种。另外，还发现 H_2O 分子能够置换催化剂表面吸附的 CO_2 分子，意味着 H_2O 与 CO_2 分子至少会竞争催化剂表面的部分位点。高温下催化剂上的表面覆盖物种中，与 H_2O 分子有关的强吸附物种占据主导地位。因此，对生物气蒸汽重整反应来说，通过调控反应条件和选择合适的催化剂，可以调变 CH_4 蒸汽重整和干重整间竞争行为，从而实现合成气或者氢气的选择性生产。

高温下，生物气蒸汽重整反应活性很高，有利于产氢，同时也能有效抑制积碳，但是催化剂的烧结和高温度梯度可能引起的热点是高温重整反应需要面对的问题。整体式的催化剂为解决这些问题提供了有效的策略。Benito 等[72]通过电沉积涂覆法制备了 Rh 和 Ru 包覆的 NiCrAl 泡沫状整体型催化剂，并在低 S/C 比下，研究了其在生物气蒸汽重整反应中的稳定性，整个性能评价实验是在接近实际应用条件（5bar 和高 GHSV）下进行的。在 24h 内 Rh 整体型催化剂反应上 CH_4 转化率仅在前 5h 内出现轻微下降，随后稳定在 75％，CO_2 转化率在 40％左右。即使在高温、高 GHSV 和低 S/C 下，整体型催化剂也具有较高的活性和良好的稳定性。

尽管高温对于生物气蒸汽重整反应热力学有利，但是低温下反应具有能耗和催化剂稳定性优势，因此目前部分生物气蒸汽重整反应在较低温度下进行。在较低操作温度下进行蒸汽重整反应面临的一个关键问题就是严重的积碳。Turchetti 等[73]研究了 CH_4-CO_2-H_2O 混合物体系（CO_2/CH_4 摩尔比为 1）形成积碳的条件。图 9-9（另见书后彩图）展示了不同压强下积碳温度和 S/C 间的关系，显然温度越低，积碳的趋势越明显，抑制积碳所需的 S/C 比越高，也就是说在低温下如果 S/C 也较低的话，生物气蒸汽重整过程就要面对严重的积碳问题。他们以 Ni、Pt 和 Rh 为活性组分，CeO_2、ZrO_2、La_2O_3 或者它们的混合物为载体，在 500℃下，进行 CO_2 与 CH_4 摩尔比为 1∶1 的生物气蒸汽重整反应。结果显示，在 S/C 比为 3 时，以 La_2O_3 和 ZrO_2 的混合物（90％ZrO_2 和 10％La_2O_3，均为质量分数）为载体时，Rh/ZrLaO 催化剂在反应过程中的活性会逐渐下降，经过 50h 后，氢气浓度从 37％（体积分数）降到 32％。而 Ni/ZrLaO 催化剂的失活更为明显，反应 35h 后，氢气浓度就会下降 30％。Rh/ZrLaO 与 Ni/ZrLaO 催化剂的失活都与积碳有关。在载体中引入 CeO_2［78％（质量分数）ZrO_2、17％CeO_2 和 5％La_2O_3］，可提高 Ni 和 Rh 催化剂的稳定性。仅用 CeO_2 作载体的所有催化剂样品也都表现出非常好的稳定性，即使操作在低 S/C 比（S/C＝2.5）下，也没有表现出失活现象。这些结果均表明 CeO_2 在催化剂稳定性中起重要作用。作者将其归因于 CeO_2 良好的储存和释放氧从而有效气化积碳的能力。

总的来说，生物气蒸汽重整技术因为水蒸气参与供氢，有利于以产氢为目标的重整过

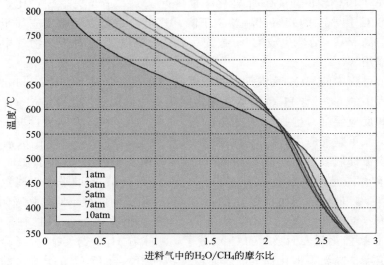

图 9-9　CH_4-CO_2-H_2O 混合物（CO_2/CH_4 摩尔比为 1）
体系形成积碳的条件（阴影区域对应着积碳部分）[73]

程。通过选择优化的反应条件（高温、低空速、较高 S/C 比）或者提升催化剂的稳定性（引入第二金属组分或者制成整体型催化剂），可以实现生物气高效制氢。并且，水蒸气的存在对于积碳能够起到抑制作用，减轻了生物气重整反应面临的严重积碳问题。但因为蒸汽引入带来的能耗增加和操作过程更复杂需要关注。

9.5.4　生物气部分氧化重整制氢技术

尽管干重整反应能将生物气中的 CH_4 和 CO_2 一步转化制取 H_2，但其强吸热性质要求操作温度在 700℃ 以上以达到高 CH_4 转化率和 H_2 选择性。在此过程中甲烷裂解［反应式(9-3)］和 CO 歧化［反应式(9-4)］反应产生大量积碳附着在活性组分上导致催化剂失活。尽管添加第二组分或者改变载体性质可以提升催化剂的抗积碳性能，但是仍然难以有效解决积碳问题。引入水蒸气的生物气蒸汽重整反应能够在一定程度上抑制积碳的生成，但是高温蒸汽的能耗降低了该过程的吸引力。从反应条件出发来减少或者消除积碳，以实现长期稳定生产 H_2，为生物气重整产氢技术提供了另外的思路。

甲烷的部分氧化重整制氢技术（partial oxidation reforming，POR）方程式为式(9-11)，该反应属于温和放热型反应，具有反应快、能耗低等优点，而且制得的 H_2/CO 理论值是 2，适合后续甲醇和 F-T 合成[74]。另外，如果增加供氧量，以使 CH_4 完全氧化［反应式(9-12)］，能够释放大量的热，从而减少重整过程所需的热量，并且 O_2 的存在能够有效抑制或者消除积碳［反应式(9-13)］。鉴于生物气中含有大量 CH_4，引入 O_2 也能与 CH_4 发生氧化反应，从而减少能耗或者改善积碳问题。但是对于生物气而言，大量 CO_2 的存在使其部分氧化重整反应与甲烷的部分氧化重整反应呈现出较大区别。生物气氧化重整中会发生干重整反应［反应式(9-1)］，CO_2 作为弱氧化剂减少了甲烷部分氧化重整反应对氧化剂的需求量。因此，生物气氧化重整制氢技术是甲烷干重整和甲烷部分氧化重整技术的结合[75]。如果是在生物气蒸汽重整反应［反应式(9-8)］过程引入 O_2，进行生物气部分氧化蒸汽重整反应，反应更加复杂，就可能涉及干重整、蒸汽重整以及部分氧化反应：

$$CH_4 + 1/2O_2 \longrightarrow CO + 2H_2 \qquad \Delta H_{r,25℃} = -35.6kJ/mol \qquad (9-11)$$

$$CH_4 + 2O_2 \longrightarrow CO_2 + 2H_2O \qquad \Delta H_{r,25℃} = -803kJ/mol \qquad (9-12)$$

$$CH_4 + CO_2 \longrightarrow 2CO + 2H_2 \qquad \Delta H_{r,25℃} = 247.3kJ/mol$$

$$CH_4 \longrightarrow C + 2H_2 \qquad \Delta H_{r,25℃} = 74.9kJ/mol$$

$$2CO \longrightarrow C + CO_2 \qquad \Delta H_{r,25℃} = -172.4kJ/mol$$

$$C + 1/2O_2 \longrightarrow CO \qquad \Delta H_{r,25℃ K} = -110kJ/mol \qquad (9-13)$$

$$CH_4 + H_2O \longrightarrow CO + 3H_2 \qquad \Delta H_{r,25℃} = +206kJ/mol$$

9.5.4.1　生物气部分氧化重整制氢

Jiang 等[76]采用 ASPEN Plus 软件基于吉布斯最小自由能法对生物气部分氧化重整过程进行了详细的分析。如图 9-10（另见书后彩图）所示，不同含氧量下，提高温度对 CH_4 和 CO_2 的转化都有促进作用，且在低温区的促进作用更为明显。温度对产物气中 H_2/CO 摩尔比的影响受 O_2 含量的影响。无氧条件下，H_2/CO 随温度的升高而上升，这与升温对 RWGS 反应的抑制有关；但是当引入氧含量超过 10% 后，H_2/CO 摩尔比随温度升高先下降再在高温区趋于稳定，这是因为在低温下会发生甲烷部分氧化重整反应式(9-1)使 H_2 的选择性得到显著性提升（H_2/CO_2 摩尔比>1）。由于甲烷部分氧化是放热反应，升温后受到抑制；而升温促进了干重整反应，所以 H_2/CO 比会下降。水的生成也随温度升高呈现先升后降的趋势，这与 CH_4 完全氧化生成水在低温下受促进而在高温受抑制有关。在整个温度评

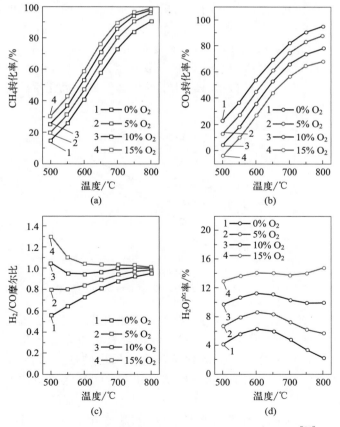

图 9-10　温度和含氧量对生物气部分氧化过程的影响[76]

价区间，氧含量的增加总是促进 CH_4 的转化，而对 CO_2 的转化则起抑制作用。低温下，氧含量的增加能明显提升 H_2/CO 摩尔比，但高温下氧含量带来的促进作用则较小。另外，氧含量的增加会显著增加水的生成，消耗氢原子，不利于产氢反应。

Rosha 等[77]选择了 CH_4/CO_2 摩尔比为 1.5 的生物气，在 650～900℃ 温度范围内研究无氧和有氧（O_2/CH_4=0.07～0.37）条件下生物气干重整反应的比耗能（specific energy consumption，SEC）和反应积碳量。干重整反应强烈依赖于温度和 O_2/CH_4 比值，无氧条件下所需比耗能远大于有氧操作。随着氧气占比的增加所需比耗能减少。在 650℃ 时，无氧干重整（O_2/CH_4 摩尔比为 0）的 SEC 为 26.0kJ/NmL H_2，而加氧条件（O_2/CH_4 摩尔比为 0.17）下 SEC 为 15.2kJ/NmL H_2，同比减少了 41.3%。但当进一步增加含氧量（O_2/CH_4 摩尔比为 0.37），SEC 反而升至 18.3kJ/NmL H_2，这是因为富 O_2 条件下甲烷容易完全燃烧生成 H_2O 而非 H_2，减少了氢气的产率。在 900℃ 时，SEC（O_2/CH_4 摩尔比为 0.17）为 7.3kJ/NmL H_2，比 650℃ 时的无氧重整低 71.6%，这是因为高温有利于重整反应，提高了氢气的产率。因此，高温和高 O_2/CH_4 比都可以降低 SEC。对 900℃ 下反应后催化剂分析发现，无氧条件下干重整反应后 Ni 基催化剂上的积碳量为 0.40%（质量分数），而加氧条件下积碳量仅为 0.003%（质量分数）。

$$SEC 的定义：SEC(kJ/NmLH_2) = \frac{所需最低能量(kJ/min)}{H_2 产量(NmL/min)}$$

Tsolakis 等[78]探究了反应温度（400～900℃）和 O_2/CH_4 摩尔比（0、0.16、0.25、0.57）对生物气重整制氢 H_2 浓度的影响。结果（图 9-11）表明，当温度低于 500℃ 时，H_2 浓度与 O_2 加入量正相关。反应温度为 400℃ 时，没有 O_2 参与的生物气干重整反应的 H_2 浓度接近 0%；而 O_2/CH_4 为 0.16 时，H_2 浓度提升至 10%（体积分数）；进一步提高 O_2/CH_4 比为 0.57，H_2 浓度可达 30%（体积分数）。随着温度的升高，O_2 含量对 H_2 浓度的影响逐渐减小。在 900℃，不同 O_2/CH_4 比下的生物气部分氧化重整得到产物气中的氢气含量都在 40%（体积分数）左右。

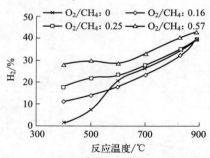

图 9-11 O_2/CH_4 比对产物气中氢气浓度的影响[78]

生物气蒸汽重整反应中引入氧气进行生物气部分氧化蒸汽重整反应也能实现高效产氢。Pino 等[79]采用 La/Ni 摩尔比为 2 的 Ni/Ce-La-O 混合氧化物为催化剂，评估了 Ni 负载量、O_2/CH_4 和 CH_4/CO_2 比对生物气部分氧化蒸汽重整反应的催化活性和稳定性的影响。在 CH_4：CO_2：H_2O=1：0.46：0.46 的进料摩尔比和 O_2/CH_4 为 0.05 的条件下，Ni 含量较低时（$Ce_{0.70}La_{0.20}Ni_{0.10}O_{2-\delta}$）$CH_4$ 转化率为 94%，并且提高 O_2/CH_4 比可以增加到 97%。随着 O_2 浓度的增大，三种催化剂的 CO_2 转化率都在降低。这是因为氧气促进了

CH_4 的部分氧化转化过程，从而对干重整过程有抑制作用，因此减少了对 CO_2 的消耗。作者把性能测试期间的碳平衡和压降（沿催化床测量）作为积碳的初步指标，结果发现即使反应物中的 CH_4 浓度很高，所用催化剂也没有出现明显的积碳现象，这可能是积碳生成和消除保持动态平衡的结果。作者进一步考察了 CH_4/CO_2 摩尔比对催化性能的影响。CH_4/CO_2 比较低时，$Ce_{0.70}La_{0.20}Ni_{0.10}O_{2-\delta}$ 样品表现出非常好的稳定性。提高 CH_4/CO_2 比后，催化剂会出现一定程度的失活，这与高 CH_4/CO_2 比下的积碳有关，表现为 H_2/CO 比上升和催化剂床层压降的升高。长时间的稳定性测试结果表明，经历初始阶段（约 6h）后，催化剂表现出非常好的稳定性，CH_4 转化率为 1.56mmol/(s·gNi)，CO_2 转化率为 0.56mmol/(s·gNi)，相应的 H_2/CO 比在反应 150h 内达到 1.57。

9.5.4.2　生物气自热重整制氢

自热重整技术（autothermal reforming，ATR）也可用于生物气重整制氢过程。向系统中平行加入蒸汽和氧气，耦合弱放热的甲烷部分氧化重整反应（PO）或强放热的甲烷完全氧化反应与吸热性的蒸汽重整反应（SR），通过系统优化达到热中性平衡，自供热完成反应，既限制了反应器内的最高温度又避免了外界的能量输入。与独立 POR 和 SR 相比，生物气自热重整反应可实现系统的能量最优化。生物气自热重整反应总方程式为式(9-14)，是生物气干重整、甲烷部分氧化以及甲烷蒸汽重整三个反应的耦合。Song 等[80] 在研究垃圾填埋生物气的转化中，将自热重整（ATR）与干重整（DR）和蒸汽重整（SR）比较，发现 ATR 生产单位合成气（$H_2：CO=2$）产生的 CO_2 最少，与 DR 和 SR 相比，ATR 的能耗分别减少了 45.8% 和 19.7%，产生的 CO_2 分别减少 92.8% 和 67.5%。

$$CH_4 + \frac{x}{2}O_2 + yCO_2 + (1-x-y)H_2O \longrightarrow (y+1)CO + (3-x-y)H_2 \quad \Delta H_{r,25℃} \approx 0kJ/mol$$

(9-14)

Li 等[81] 以 $n(CH_4)：n(CO_2)：n(H_2O)：n(O_2)=50：12.5：12.5：25$ 的混合气为进料，根据 Ni/Al_2O_3 催化剂床层的温度分布将自热重整反应划分为富氧区、贫氧区和无氧区来揭示反应进程。在催化剂层的入口为富氧环境，CH_4 在这个阶段进行燃烧反应，释放大量热，使入口附近的温度达到最大值，且该阶段 Ni 被氧化为 NiO 作为催化剂的活性组分。该阶段反应进行的时间较短，进入催化剂床层后，沿催化床层轴向 O_2 含量逐渐下降，完全氧化反应所需的含氧量不足，同时 NiO 被部分还原为 Ni，进而作为活性组分催化放热的部分氧化重整反应和吸热的蒸汽重整反应加速发生，实现自热重整。当 O_2 被完全消耗后，仅能发生 CH_4 干重整或者蒸汽重整反应，这个时候的供热需要加热炉来实现。图 9-12 给出了

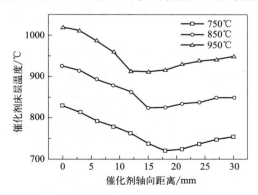

图 9-12　不同炉温下催化剂床层轴向温度分布[81]

催化剂床层温度随催化剂轴向的变化，很显然，初始的完全氧化释放大量的热导致床层温度达到最大值，随后自热重整反应实现，反应温度低于反应炉的温度，最后由反应炉供热，催化剂床层温度与反应炉温度一致。

Araki 等[82]考察了生物气自热重整反应中水蒸气和 CH_4 的摩尔比（S/C）和 O_2 与 CH_4 的摩尔比（O_2/C）对反应的影响。发现 CH_4 的转化率比使用反应气出口温度计算的平衡转化率要高，这是因为自热重整反应过程中的供热是由部分氧化重整反应释放的热量实现。CH_4 的转化率随 O_2/C 比的增加而增大，在 O_2/C=0.55 时，CH_4 转化率可达到 100% 左右。在 O_2/C 比较低时，气相产物中 H_2 浓度随着 O_2/C 比的增加而增大，但当 O_2/C>0.45 时，H_2 会被反应气中过量的 O_2 氧化生成水，从而使氢气的浓度下降。另外，随着 S/C 比的增加，H_2 和 CO_2 浓度增加，CO 浓度降低。通过调控 O_2/C 或者 S/C 比可以实现 CH_4 转化率超过 90%，H_2/CO 比控制在 2～3.5 的范围内。为了得到高浓度的 H_2 且实现高 CH_4 转化率，适宜的 O_2/C 值为 0.45～0.55、S/C 为 1.5～2.5。

生物气的自热重整反应通常在固定床反应器中进行，温度为 700～950℃，压力为 1bar，CH_4/CO_2、CH_4/H_2O 和 CH_4/O_2 的比值通常分别在 1～5、0.3～5 和 2～15 之间，CH_4 转化率一般>72%，CO_2 转化率在 22%～100% 之间，生成的 H_2/CO 比通常为 1.0～2.3[83]。除了反应的工艺条件外，催化剂性质也极大影响着生物气自热重整反应过程的反应物转化率和 H_2 产量。

Vita 等[84]制备了不同 Ni 负载量（1.8%～31.0%，质量分数，下同）的 Ni/CeO_2 催化剂，应用于 60% CH_4 和 40% CO_2 的生物气自热重整反应。当 Ni 负载量在 1.8%～17.6% 的范围内时，CH_4 和 CO_2 的转化率均随 Ni 负载量的增加而增大；当 Ni 负载量为 17.6% 时，CH_4 和 CO_2 的转化率分别可达 99.61% 和 90.54% 时，H_2 产率高达 96.32%，H_2/CO 比为 1.39；进一步提升 Ni 负载量到 31.0%，CH_4 和 CO_2 的转化率会有轻微的下降，H_2 产率和 H_2/CO 比则会继续提升。Ni 负载量较低时，提高 Ni 负载量能够提供更多的活性位点，但高负载量时，Ni 颗粒会变大导致分散度下降，活性位点数可能下降。在 150h 的稳定性实验中发现积碳量会随着 Ni 负载量的增加而增大。在 Ni 含量为 31.0% 时，积碳量高达 0.6mg/（mg·h^{-1}），其活性在稳定性实验中会有所下降；而负载量为 1.8% 的催化剂上几乎检测不到积碳，同时活性在整个 150h 稳定性测试中基本保持不变。另外，产物气中的 H_2/CO 摩尔比可以通过氧气和水蒸气的含量进行灵活调节以满足下游工艺的要求。Garcia-Vargas 等[85]还通过调节 Ni 前驱体（硝酸镍、乙酸镍、氯化镍、柠檬酸镍）来改变 Ni 颗粒的大小，发现硝酸镍和乙酸镍制备的 Ni/β-SiC 催化剂的 Ni 颗粒尺寸为 50nm 左右，而其他 Ni 前体制备的催化剂的 Ni 颗粒为 70nm 左右，性能结果表明以硝酸镍和乙酸镍为前驱体的催化剂的 CH_4 转化率更高，稳定性更好。

载体对于生物气自热重整反应性能也会产生影响。Song 等[80]在 CeO_2、ZrO_2、MgO、Al_2O_3 以及 Ce 和 Zr 的混合氧化物等载体上负载 Ni，探究载体对自热重整反应的影响［反应条件：700～850℃，CH_4：CO_2：H_2O：O_2=1：0.48：0.54：0.1（摩尔比）］，发现 CO_2 转化率的趋势为：Ni/MgO>Ni/MgO/CeZrO>Ni/CeO_2≈Ni/ZrO_2>Ni/CeZrO。Ni/MgO 和 Ni/MgO/CeZrO 具有更高 CO_2 转化率的原因是 CO_2 与 MgO 有更强的相互作用且源于 NiO/MgO 固溶体的 Ni 和 MgO 间存在更多的界面。Antonio 等[84]发现 Ni^{2+} 掺入 Ce^{4+} 晶格中形成 Ce-Ni-O 固溶体，晶格中的 Ni 也作为 CH_x 和 O 的吸附位点，在金属-载体表面发生平行反应（$Ce_{2-x}O_2 + H_2O \longrightarrow CeO_2 + H_2$；$Ce_{2-x}O_2 + CO_2 \longrightarrow CeO_2 + CO$）促

进 CO_2 和 H_2O 的转化。

　　自热重整反应的特点之一是高空速运行，要求催化剂有良好的传质性能。同时放热反应的热量需要快速转移到吸热反应处，这就要求催化剂具有良好的导热性。具有高比表面积的整体型催化剂，如堇青石、氧化铝开孔泡沫和陶瓷蜂窝等被用作粉末催化剂的涂敷模板或骨架，能极大增强反应的传质和传热性能。Araki 等[86]将 Ni 涂敷在堇青石上制备成整体型催化剂进行生物气自热重整反应研究，选择的生物气为日本京都小型生物气工厂通过生物质厌氧发酵生产经过脱附处理的实际生物气。表 9-7 给出了自热重整反应过程中的生物气组成和反应后的产物组成。热力学平衡值是以进气口的生物气组成和出口气的温度为条件进行计算。结果表明，在生物气自热重整反应中，CH_4 基本能够实现完全转化，氢气的浓度可达 50%（体积分数），并且反应后气体的组成也接近热力学计算值。对过程的 S/CH_4 和 O_2/CH_4 进行优化，发现 S/CH_4 摩尔比在 0～2.0 和 O_2/CH_4 摩尔比在 0.5～0.6 间对催化剂的性能基本没有影响，但是当 S/CH_4 大于 3.0 后，催化剂活性出现下降，这是因为在高水汽含量下金属 Ni 被氧化为 NiO 后进一步生成了 Ni_2O_3 导致失活。进一步作者在平均 S/CH_4 为 1.86 和 O_2/CH_4 为 0.5 的条件下进行了长达 250h 的稳定性测试，发现尽管分离纯化后的实际生物气中还含有有机杂质，但对稳定性测试中的性能没有造成影响。

表 9-7　生物气自热重整的进出气体组成和 CH_4 转化率[86]

项目		进口反应气	出口气体	
		实际气体	实际气体	平衡值
温度/K		1052	980	980
气体浓度(干基)/%	H_2	—	50.8	51.5
	O_2	22.2	0.043	—
	CO	—	21.2	20.1
	CH_4	39.9	0.213	0.187
	CO_2	37.5	27.1	28.2
CH_4 转化率/%		—	99.2	99.3

9.5.5　生物气吸收强化重整制氢技术

　　尽管蒸汽重整（SR）反应是生物气制氢的有效方法，但是由于 CH_4 分子的高稳定性，生物气蒸汽重整 [BSR，反应式(9-8)] 通常需要在高温（如高于 700℃）下进行以实现 CH_4 的高转化率。然而，高温容易引起干重整 [反应式(9-1)] 和 BSR 之间的竞争行为，特别是在生物气中 CO_2 含量高的情况下，这一问题更为突出。另外，高温干重整过程引起的严重积碳会导致催化剂快速失活，进而严重影响 BSR 反应的效率。此外，BSR 过程得到的 H_2 含量不超过 70%；在干重整竞争严重的情况下，得到的氢气纯度更低。为了生产高纯度氢气，必须将形成的 CO 和未转化的 CH_4 和 CO_2 从反应系统中分离出来。氢气净化一般需要两个温度段的水煤气变换 [WGS，反应式(9-3)] 反应器和多步分离单元，这会显著地增加操作过程的成本和复杂性。

$$H_2O + CH_4 \longrightarrow 3H_2 + CO \qquad \Delta H_{r,25℃} = 206.2 kJ/mol$$

$$CO_2 + CH_4 \longrightarrow 2H_2 + 2CO \qquad \Delta H_{r,25℃} = 247.0 kJ/mol$$

$$H_2O + CO \longrightarrow H_2 + CO_2 \qquad \Delta H_{r,25℃} = -41.2 kJ/mol$$

近年来，吸收增强重整制氢（sorption enhanced steam reforming，SESR）引起了研究者们的极大关注。该工艺将 CO_2 原位分离和重整反应进行耦合，通过将 CO_2 从反应体系中原位移除，改变平衡浓度，促进 H_2 的产生，以得到高纯的 H_2。这一技术在处理高含量 CO_2 的生物气时，优势明显。具体来讲，当将生物气重整和 CO_2 原位吸收进行耦合，生物气中含有的 CO_2 和重整制氢过程中产生的 CO_2 被捕获：

$$CO_2 + CaO \longrightarrow CaCO_3 \qquad \Delta H_{r,25℃} = -178.8kJ/mol \qquad (9-15)$$

推动平衡向有利于生成氢气的方向移动，提高了氢气收率和生物气的转化率。并且 CO_2 的吸收过程释放出的热量还能降低反应的能耗。这个将 CO_2 原位捕获和生物气重整耦合的过程称生物气吸收增强重整（SESRB）制氢过程：

$$2H_2O + CH_4 + CaO \longrightarrow 4H_2 + CaCO_3 \qquad \Delta H_{r,25℃} = -13.8kJ/mol \qquad (9-16)$$

该过程将重整[式(9-8)]、水煤气变换反应[式(9-2)]和 CO_2 吸收[式(9-15)]进行耦合一步完成，从而打破热力学平衡限制，促进重整及水煤气变换反应完全进行，提高氢气产率，同时又能原位地去除掉 CO_2，避免 CO_2 的排放导致温室效应。在反应完成后，通过煅烧过程将 CO_2 释放出来，使得过程可以循环进行：

$$CaCO_3 \longrightarrow CO_2 + CaO \qquad \Delta H_{r,25℃} = 178.8kJ/mol \qquad (9-17)$$

SEBSR 技术最为明显的优势在于可以一步得到高纯的氢气，简化工艺过程；其次原位 CO_2 捕获也有效避免了高含量 CO_2 对重整反应的影响，并且将生物气中含有的 CO_2 和重整产生的 CO_2 都进行了富集处理，有利于减排。

Saebea 等[87]从热力学的角度分析了 CO_2 移除率对生物气重整制氢性能的影响（图 9-13）。结果表明，氢气的产率随着 CO_2 移除率的增加呈现上升的趋势，说明 CO_2 的移除有利于提高生物气重整过程中的氢气收率。另外，CO 的含量也随着 CO_2 的移除显著减少。因为 CO_2 的移除和 CH_4 的高转化率，产物气中基本只有 H_2 和 H_2O，冷却后即可得到高纯度的氢气。

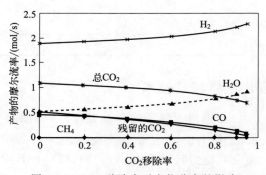

图 9-13 CO_2 移除率对产物分布的影响

Gil 等[88]基于 Gibbs 最小自由能对生物气吸收强化制氢过程进行了详细的热力学研究，考察了温度（550～800℃）、水与 CH_4 的摩尔比（S/C，2～6）和空速[GHSV，492～3937mL CH_4/(g·h)]的影响。当 S/C 从 2 提升到 4 时，氢气的纯度从 88.5%（体积分数）提高到了 96.1%，同时氢气的收率从 71.5%提高到 87.5%，表明高的 S/C 有利于氢气纯度和产率的提高，这与高 S/C 下高的 CH_4 转化率有关。另外，高 S/C 也促进了水煤气变换反应的进行，导致 CO 含量的减少。温度对于 SESRB 性能影响明显，在 550～650℃，氢气的产率随着温度的升高而增加，在 650℃取得最大值 92.7%。氢气的纯度在 550～600℃

范围内可达 98.4％，但是当温度超过 600℃后，氢气的浓度会下降。对生物气中 CO_2 含量（5％～50％）的影响分析表明，在评价的 CO_2 含量范围内，CO_2 都能被有效移除，氢气的纯度不受影响[89]。并且他们指出在 SESRB 的水汽存在和相对低温条件下不会发生干重整过程。

典型的生物气吸收强化制氢过程如图 9-14 所示。根据 CO_2 的捕获情况分为三个反应阶段：预突破阶段（pre-breakthrough stage）、突破阶段（breakthrough stage）和突破后阶段（post-breakthrough stage）。这与 CO_2 捕获行为的变化有关。在预突破阶段，CO_2 被 CaO 快速原位吸收，产物气中的 CO_2 含量小于 1.0％（体积分数），远低于生物气中的 CO_2 含量（40％），表明 SESRB 工艺可以有效处理生物气中高含量的 CO_2。另外，原位捕获 CO_2 也促进重整反应和水煤气变换反应的平衡向产氢方向移动，得到的氢气纯度可达约 94.5％，明显高于生物气重整制氢过程的热力学值（66.3％），表明原位捕获 CO_2 大大提高了氢气纯度。随着 SESRB 反应的进行，CaO 逐渐转化为 $CaCO_3$，导致吸收增强效应减弱，其特征是 H_2 纯度降低，CO_2 浓度增加。这与形成的 $CaCO_3$ 层包覆住 CaO 后导致吸收剂或催化剂内部的 CaO 难以被利用从而引起 CO_2 捕获速率降低有关。最后，当 CaO 吸收饱和后，氢气的纯度降低到 60.1％，反应的行为与 BSR 类似。SESRB 技术将 CH_4 转化率从 63.8％（突破后）提高到 95.9％（预突破），突破前后之间 H_2 纯度（94.5％与 60.1％）、CO_2 浓度（1.0％与 16.2％）和 CH_4 转化率（95.9％与 63.8％）的明显差异表明 SESRB 反应是从生物气中生产高纯度 H_2 的有利手段。

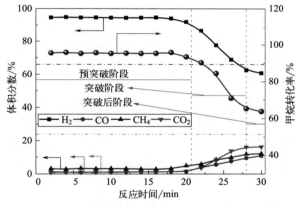

图 9-14　生物气吸收强化重整制氢过程的性能图

Gil 等[88]采用源于水滑石结构的 Pd/Ni-Co 为催化剂和煅烧的白云石为 CO_2 吸收剂开展研究。他们将 10g 吸收剂和 2g 催化剂通过物理法（研磨或者搅拌）混合均匀后，在大气压和温度范围 550～700℃下进行了生物气吸收增强重整反应。结果显示：在 600℃和 S/C 为 6 时，SESRB 过程得到的氢气纯度在 98％以上，CH_4 的转化率接近 99％，H_2 的收率为 89％。进一步提高反应温度虽然能够提升氢气的收率（如在 650℃，氢气收率可达 92.7％），但氢气纯度降低，CO 和 CO_2 含量上升。这是因为水煤气变换反应放热，高温不利于该过程，因此 CO 含量会有所上升。另外，高温下 CaO 的 CO_2 平衡吸收浓度会有所提升导致 CO_2 吸收效率的降低。因此，最佳的反应温度需要在氢气纯度与收率之间进行权衡。

以上生物气吸收增强重整的实践中，吸收剂与催化剂以物理混合的方式置于反应器中参与 SESRB 反应。物理混合的方式对于吸收剂或者催化剂的制备来说较为简单，但容易出现催化剂与吸收剂颗粒间的接触不充分导致活性和效率下降。在催化剂和吸收剂颗粒较大的情况下，这一问题尤为突出。为了克服机械混合操作中存在的困难，目前研究者们普遍采用将吸收剂与催化剂结合到一个颗粒中的材料制备策略，得到的双功能催化剂（bifunctional catalyst）具有远高于物理混合的效率和性能。图 9-15 简要说明了 CO_2 在双功能催化剂中的扩散优势[90]。相对于物理混合过程而言，CO_2 在双功能催化剂催化位点与吸收位点间的扩散效率更高。并且，双功能催化剂的使用也有利于减少反应器所需的体积。

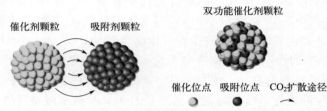

图 9-15 CO_2 在物理混合与双功能催化剂模型中的扩散示意图[90]

最简单的双功能催化剂是将活性金属组分直接负载在吸收剂上，如 Ni/CaO 双功能催化剂。Assabumrungrat 等[91]通过湿法浸渍制备了 Ni-CaO 双功能催化剂，并考察了其生物气吸收强化重整制氢性能。在水碳比为 3、600℃和 CO_2 含量为 40%（体积分数）时，SESRB反应可以得到 93%的氢气；而仅使用 Ni/Al_2O_3 作为催化剂，氢气的纯度为 67%。这证明了吸收剂捕获 CO_2 能够极大提高 H_2 的纯度。但是 Ni-CaO 双功能催化剂在反应过程中会因为高温出现严重烧结导致吸收强化性能大幅度下降[92]。这一情况目前主要通过引入高温惰性材料，如 $Ca_{12}Al_{14}O_{33}$、$Ca_5Al_6O_{14}$、$Ca_9Al_6O_{18}$、ZrO_2、$CaZrO_3$ 来加以改善[93]。Assabumrungrat 等[91]制备了 Ni-CaO-$Ca_{12}Al_{14}O_{33}$ 双功能催化剂，其中 Ni 作为活性组分起催化作用，CaO 作为吸收剂组分起 CO_2 捕获作用，$Ca_{12}Al_{14}O_{33}$ 作为惰性相起物理分隔作用。在 5 圈 SESRB 反应-脱附循环过程中，氢气浓度和 CH_4 的转化率基本不变，分别维持在94%和 90%，展示了较好的稳定性。引入 ZrO_2、CeO_2 和 La_2O_3 也可提升 Ni-CaO 双功能催化剂的稳定性[94]。10 圈 CO_2 吸收-脱附循环实验结果表明，ZrO_2 与 CeO_2 引入后，CaO的 CO_2 吸收性能在多次循环中基本不变，而 La-CaO 的 CO_2 吸收性能下降了 16%。这是因为 ZrO_2 与 CeO_2 在低温下具有储氧能力，提升了晶格氧的移动能力，从而有利于 CO_2 从吸收剂的表面向体相的扩散。

高温惰性材料能够有效地分割 CaO 颗粒，阻止烧结，但通常大量的高温惰性材料（>50%）才能有效提高稳定性。惰性材料既不起催化作用也不起吸收作用，却会占据大量体积，导致复合催化剂整体效率的大幅降低。与引入高温惰性材料相比，从材料设计的角度出发构建孔结构丰富的双功能催化剂是更为高效地提升稳定性的途径。党成雄组在利用双功能催化剂进行生物气吸收增强重整制氢方面开展了系列的工作。他们以碱修饰的碳球作为模板剂，制备得到中空多孔结构的 Ni-CaO-MgO 双功能催化剂，其中 Ni 作为催化剂活性组分，CaO-MgO 不仅作为载体也作为 CO_2 吸收剂。中空多孔结构不仅有利于反应物快速扩散到活性位点进行反应，同时也有利于再生过程中的 CO_2 快速脱附。另外，中空多孔结构还为吸收强化过程中 CaO 与 $CaCO_3$ 间转变引起的强烈体积变化（$CaCO_3$ 的摩尔体积是CaO 的 2.2 倍）提供所需的空间。该双功能催化剂用于 SESRB 过程，得到了 92.5%的氢气，甲烷的转化率为 92.0%。并且循环 10 圈后，氢气浓度基本不变，稳定在 92.3%，吸收强化性能也维持在初始的 62%[95]。

更进一步，他们以共沉淀法制备得到的 Ni-CaO-$Ca_{12}Al_{14}O_{33}$ 作为双功能催化剂，探究

了生物气中 CO_2 含量（0%~60%，体积分数）对 SESRB 性能的影响[96]。结果表明，CO_2 含量对氢气的浓度基本没有影响，在 600℃ 和 S/C 为 3 的条件下，均约为 94.0%，展示了 SESRB 技术在处理生物气中高含量 CO_2 方面的优势。另外，作者引入贵金属 Pd 强化 SESRB 催化性能，将 CH_4 转化率从 95.9% 提升到 98.3%；氢气的纯度从 94.5% 提升到 98.1%。这是因为 CH_4 作为气相反应物，如果反应不完全会存在于产物气中，从而稀释产物中的氢气。另外，在 800℃ 的脱附条件下循环 30 圈，预突破阶段的氢气纯度和甲烷转化率分别稳定在 98.0% 和 97.8%。作者指出在 SESRB 反应期间形成的少量积碳在脱附再生过程中会被释放的 CO_2 所氧化，从而被有效地消除，因此 SESRB 循环过程中基本不产生积碳。

生物气吸收强化重整制氢中需要煅烧过程来再生吸收剂或双功能催化剂以进行下一轮的 SESRB 反应。目前基本是以惰性气体，如 N_2 和 Ar，作载气在高温下脱附 CO_2 来完成再生[97,98]。在这些脱附过程中，再生释放出来的 CO_2 将被载气稀释，增加了后续对这些 CO_2 处理的难度。生物气吸收强化重整制氢可以与 CO_2 转化过程进行耦合以实现捕获 CO_2 的作用，如将 SESRB 与 CH_4 重整反应[式（9-18）]进行过程集成（图 9-16）。首先在 SESRB 阶段，双功能催化剂捕获 CO_2 得到高纯度的氢气，在再生阶段引入 CH_4 取代当前的 CO_2、N_2 等惰性分子，直接与吸收剂捕获的 CO_2（如存在于 $CaCO_3$ 中的 CO_2）进行转化反应，以 CO_2 转化的一步过程取代 CO_2 解吸-储存或 CO_2 解吸-储存-转化的多步操作过程，实现 SESRB 技术同时生产高纯氢和转化利用 CO_2 的目的。除了 CH_4 外，其他小分子的碳氢化合物，如 C_2H_6 和 C_3H_8 重整，也可以考虑与 SESRB 过程进行耦合。

$$CaCO_3 + CH_4 \longrightarrow CaO + 2CO + 2H_2 \qquad \Delta H_{r,25℃} = 425.2 kJ/mol \qquad (9\text{-}18)$$

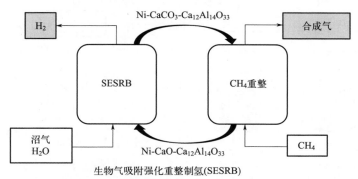

CH₄重整反应
$CH_4 + Ni\text{-}CaCO_3\text{-}Ca_{12}Al_{14}O_{33} \longrightarrow Ni\text{-}CaO\text{-}Ca_{12}Al_{14}O_{33} + 合成气$

生物气吸附强化重整制氢(SESRB)
$CH_4 + CO_2 + H_2O + Ni\text{-}CaO\text{-}Ca_{12}Al_{14}O_{33} \longrightarrow H_2 + Ni\text{-}CaCO_3\text{-}Ca_{12}Al_{14}O_{33}$

图 9-16　生物气吸收强化重整制氢与甲烷干重整的耦合过程

和其他生物气重整制氢技术（蒸汽重整、氧化重整、干重整）相比，生物气吸收增强重整制氢有明显优势。它不需要单独的水煤气变换装置和多级的气体分离纯化工艺，通过一步反应，就能得到高纯的氢气。但目前生物气吸收增强重整技术在其应用中仍面临着诸多的挑战。合适的催化剂和吸收剂、相关反应条件的优化以及反应装置的开发，都需要进一步的实验探索。长时间稳定性的产氢性能、生物气中存在的各类杂质气体的影响以及过程集成相关方面还缺乏研究。并且目前的研究都集中在固定床反应器上，为了实现连续产氢，流化床相关的研究也需要开展。

9.5.6　生物气化学链重整制氢技术

生物气氧化重整反应过程能够有效避免生物气重整过程中的积碳行为，并且氧化过程能提供重整所需要的反应热，但是控制氧化的程度较为困难。若选用空气作为氧化剂，其中的氮气会稀释产物气；选用氧气作为氧化剂，则需要高耗能的深冷空分过程。生物气化学链重整制氢过程（chemical looping reforming of biogas，CLRB）能够有效解决氧化重整面临的问题。化学链重整是基于化学链燃烧（chemical looping combustion，CLC）技术概念提出来的一种新工艺过程，被广泛认为是最具发展潜力的低能耗 CO_2 捕集技术之一。该过程通过载氧体在氧化-还原反应器间连续循环，将空气中的氧传递给燃料，避免空气和燃料的直接接触。

生物气化学链重整制氢过程的反应器系统由空气反应器（air reactor，AR）和燃料反应器（fuel reactor，FR）组成（图 9-17），载氧体则在两个反应器之间循环，实现连续不断的氧传输。在空气反应器中，低价态载氧体（M_xO_{y-1}）被空气中的氧气氧化，生成高价态载氧体（M_xO_y），同时 C 被氧化为 CO_2 并伴随着大量热量释放：

$$4M_xO_{y-1}+2O_2 \longrightarrow 4M_xO_y \tag{9-19}$$
$$C+O_2 \longrightarrow CO_2 \tag{9-20}$$

空气反应器出口气为 N_2。在燃料反应器中，生物气中的 CH_4 被载氧体氧化生成 CO_2、CO 和 H_2O，同时载氧体从高价态还原成低价态：

$$CH_4+M_xO_y \longrightarrow CO+2H_2+M_xO_{y-1} \tag{9-21}$$
$$CH_4+4M_xO_y \longrightarrow CO_2+2H_2O+4M_xO_{y-1} \tag{9-22}$$

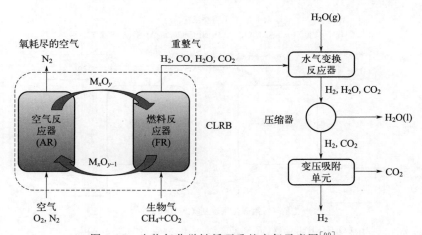

图 9-17　生物气化学链循环重整产氢示意图[99]

燃料反应器中还发生了式（9-1）、式（9-3）所示的反应，故其出口尾气主要含有 H_2、CO_2、CO 和 H_2O。通过水煤气变换反应、冷凝和变压吸附去除 CO、H_2O 和 CO_2 后，就可以获得高纯度的 H_2。低价态载氧体则再次回到空气反应器中进行氧化反应。与富氧燃烧过程中采用深冷分离法制取 O_2 不同，化学链重整本质上是基于 O_2、N_2 与载氧体反应活性不同，通过化学反应手段实现在重整过程中制取高浓度氧。同时，积碳也很容易在空气反应器中去除。反应过程气相氧无须与甲烷直接反应，降低了生物气被深度氧化的可能性，有利于提高氢气的收率；同时省去了制备纯氧的装置和费用，避免了生物气与空气直接接触爆炸的危险。

　　Cabello 等[99]在移动床装置中评价了生物气化学链连续重整制氢性能。其中载氧体选择的是负载在商业 γ-Al_2O_3 上的 CuO，操作温度为 900℃，生物气组成为 60%CH_4＋40% CO_2（体积分数）。结果显示：甲烷的转化率可达 90%，同时氢气的收率为 2.33molH_2/molCH_4（氢气收率定义为产物气中的 H_2 和 CO 摩尔流率之和与进料的 CH_4 摩尔流率之比）。并且，在空气反应炉中没有检测到 CO_2，证明燃料反应器中没有积碳。作者进一步指出，提高载氧体在装置中的循环速率，对生物气中的 CH_4 转化和氢气收率都有所提升。这与循环速率的提升能够高效供氧有关。但过快的循环速率会导致载氧体中的氧在单次反应中的利用效率变低，操作费用增加。另一方面，低的氧与燃料比（O_{CuO}/CH_4）有利于提升 H_2 的收率，减少因为过度氧化产生的 CO_2，但是低 O_{CuO}/CH_4 操作条件下需要向燃料反应器输入能量。

　　生物气中含有的少量 H_2S 通常会对其重整制氢性能产生较大影响。Mei 等[100]在生物气中加入 2000×10^{-6} 的 H_2S，研究了生物气中的 S 对其化学链重整制氢性能的影响。他们选择 NiO 作为载氧体，性能评价是在流动床反应器中进行。结果显示：H_2S 的存在会降低载氧体的活性，这是因为 H_2S 会与载氧体反应生成 NiS_2 等物质。但是，在几圈没有 H_2S 参与的循环反应后，H_2S 带来的影响会被消除，重整性能恢复到初始状态。另外，提高还原过程中的温度，如到 850～950℃，能够减弱 H_2S 带来的影响，这归因于高温条件下 S 与载氧体间的反应受到抑制。

　　另一类生物气化学链重整制氢的过程（图 9-18）是将生物气作为还原气，先利用生物气将载氧体还原为金属单质或低价态的金属氧化物：

$$CoFe_2O_4 + CH_4 \longrightarrow Co + 2Fe + CO_2 + 2H_2O \qquad (9-23)$$

$$CoFe_2O_4 + 4H_2 \longrightarrow Co + 2Fe + 4H_2O \qquad (9-24)$$

$$CoFe_2O_4 + 4CO \longrightarrow Co + 2Fe + 4CO_2 \qquad (9-25)$$

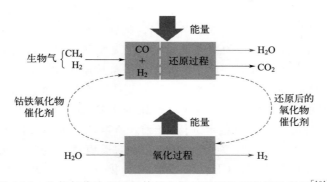

图 9-18　生物气作为还原气体的化学链循环重整产氢示意图[101]

随后金属单质或低价态的金属氧化物被蒸汽所氧化，从而生成氢气：

$$Fe + H_2O \longrightarrow H_2 + FeO \qquad (9-26)$$

$$3FeO + H_2O \longrightarrow H_2 + Fe_3O_4 \qquad (9-27)$$

$$Co + H_2O \longrightarrow H_2 + CoO \qquad (9-28)$$

这一过程最显著的特征是生产的氢气并不是来源于生物气的氢而是水蒸气中的氢，而且该过程容易得到纯氢。Herguido 等[101]以钴铁氧化物（$Al_{0.53}Co_{0.8}Fe_{1.6}O_4$）作为载氧体，在固定床反应器中进行生物气作为还原气体的化学链重整反应。首先，在还原温度范围为 800～1000℃内，评价载氧体被还原的情况。还原分为两个阶段：首先生物气还原载氧体，产生大

量的 CO_2 和 H_2O，CO 和 H_2 含量较低，随着反应的进行，载氧体中的氧逐渐被消耗，CO 和 H_2 的量逐渐增加；载氧体中的氧基本耗尽后，主要发生干重整反应，产物气中主要是 CO 和 H_2，这是因为还原生成的 Co 作为催化剂催化生物气中的 CH_4 与 CO_2 反应。随后，在氧化温度为 600℃，还原温度为 900℃，水汽的流量为 2.8mmol/min 下，进行产氢实验。另外，引入少量的 $NiAl_2O_4$ 明显提升了产氢过程的性能：在优化的条件下，氢气的产率从 $0.5gH_2/100g$ 钴铁氧化物提升到了 $2.6gH_2/100g$ 钴铁氧化物，这与氧化镍作为催化剂强化该过程有关。但是过高的氧化和还原温度会导致产氢的循环性能下降。降低还原温度和氧化温度分别为 700℃ 和 500℃，尽管产氢量会有所减少，但是得到的氢气纯度和钴铁载氧体的循环稳定性都有所提升。

9.5.7　生物气重整制氢的耦合技术

生物气中含有大量的 CO_2，除了生物气吸附强化重整技术外，在生物气制氢过程中都会生成大量的 CO。从产氢的角度看，希望将产物气中的 CO 通过水煤气变换反应转化为 H_2。Effendi 等[70]耦合了生物气蒸汽重整与水煤气变换反应以实现生物气产氢过程的优化。该过程的设计思想是在重整反应后通过高低温水煤气变换反应实现 CO 到 H_2 的转化。首先，在流化床反应器中进行生物气蒸汽重整反应，催化剂为 11.5%（质量分数）Ni/Al_2O_3，生物气中的 CH_4 与 CO_2 摩尔比为 1.5，反应温度为 850℃。在优化的反应条件下，生物气中的 CH_4 接近完全转化，H_2 的收率可达 60%。随后，以 60%H_2、29%CO 和 11%CO_2 为原料，以商业 Cu/Fe/Cr 作为催化剂，反应温度为 380℃，进行高温水煤气变换反应，在优化的反应条件下，H_2 的浓度可以提升到 68%，同时，CO 的转化率大于 95%。最后，以商业 Cu/Zn 为催化剂，反应温度为 200℃，通过低温水煤气变换反应可以将 CO 的浓度降到 $2000×10^{-6}$。

目前多数的生物气产氢技术中生物气的生产和产氢过程是分开进行的，这样的处理方式对中小型的生物气处理厂无法实现成本效益，因为运输、储存等成本过高。Jeong 等[102]进行了生物气生产与制氢一体化过程的探究。他们将厌氧发酵过程与蒸汽重整过程结合，实现食品垃圾到氢气生产的过程。首先，食品垃圾与自来水按质量比 1:1 混合，随后在厌氧发酵系统中经过水解、产酸和产甲烷反应器的处理来生产生物气。该系统在经历一个稳定阶段后，每千克食品垃圾可产生 84L 的生物气，得到的生物气中 CH_4 和 CO_2 的含量分别为 61% 和 39%。该厌氧发酵系统可以稳定进行 60 天。所得到的生物气进入蒸汽重整反应器进行产氢，重整过程选择 Ni-$CeZrO_2$ 为催化剂，优化的反应条件为反应温度 700℃ 和 H_2O/CH_4 比率为 1.0。在这些条件下，CH_4 和 CO_2 的转化率分别为 92% 和 36%，H_2 收率为 89%，并且生物气蒸汽重整反应能够稳定运行 25h 而不会发生显著的失活和波动。最终，该处理系统可实现每千克食品垃圾生产 151L 的氢气。对该系统过程中的催化剂进行优化可以提升系统的产氢性能，Jeong 等[103]引入 La_2O_3、CaO 和 MgO 对 Ni-$CeZrO_2$ 进行了调控，发现 La_2O_3 修饰的 Ni-$CeZrO_2$ 具有最好的初始活性，但是很快会烧结失活；而 MgO 修饰的 Ni-$CeZrO_2$ 表现出 40h 的稳定性。最终，该系统能够从每千克源于食品垃圾的挥发性固体中生产 1216L 氢气，远高于生物法的 113～170L。

9.5.8　生物气重整制氢反应器

除了操作条件对生物气重整制氢性能的影响外，反应器的合理选择也是影响生物气制氢效果的关键因素。目前，广泛采用和研究的反应器类型主要有固定床反应器、移动床和流化床反应器。近年来，一些新型反应器，如膜反应器和等离子反应器等的出现加速了生物气重整制氢技术的发展。

9.5.8.1　固定床反应器

固体催化剂颗粒堆积起来所形成的固定床层静止不动，气体反应物流过床层进行反应的装置称作固定床反应器。实验室研究用的生物气重整制氢固定床反应器一般包含三个部分：进样部分、反应部分和产物分析部分。进样部分含进气管路和液体进料系统，反应部分包含反应装置和加热系统，产物分析部分包含冷凝分离装置和产物检测系统。党成雄等[95]利用固定床反应系统进行生物气吸附强化重整制氢性能的研究，其中重整所需的水蒸气是利用高压注射泵通过一根毛细管（内径 0.3mm）打入反应器中，催化剂为粉末催化剂，在 S/C 为 4 和 600℃反应条件下，从生物气可得到纯度约为 94.0%（体积分数）的氢气。为了避免粉末催化剂引起的压降过大和气流不均匀等问题，一般会对催化剂颗粒进行造粒，然后通过过筛选择一定尺寸范围的催化剂颗粒来进行反应。Ahmed 等[104]对合成的 $Rh/La\text{-}Al_2O_3$ 进行粉碎和过筛后，选择了 $150\sim250\mu m$ 的催化剂颗粒，并填装在固定床反应器中进行生物气蒸汽重整性能评价，在 $CO_2/CH_4=0.98$、S/C（水分子与碳原子摩尔比）$=3.87$、S/M（水分子与甲烷摩尔比）$=7.64$、O/C（氧原子与碳原子摩尔比）$=4.85$、$GHSV=19600h^{-1}$ 和 650℃下，生物气中的 CH_4 转化率为 99%，并且生物气中的每摩尔 CH_4 能够生产 $2.5\sim2.8mol$ 氢气。

由于固定床中的催化剂颗粒通常是紧密的堆积填装，容易出现局部热点，这在氧化重整等放热较为明显的反应中更为突出。热点的出现会导致催化剂活性金属组分的烧结，从而引起催化剂失活。引入惰性物质如石英砂或者 SiC 等来分散催化剂可以提高传热效率，减少热点的产生。Armbruster 等[105]引入 2g 石英砂来分散与稀释 50mg 催化剂，随后在固定床反应器中进行生物气干重整反应，在优化的催化剂和反应条件下，CH_4 和 CO_2 的转化率分别可以达到 49% 和 95%，每克催化剂上氢气的产率可达 94L/h，并且经过 100h 反应后，仅有 4%（质量分数）的积碳。Bimbela 等[106]选择了高纯的商业 $\alpha\text{-}Al_2O_3$ 作为惰性填料来稀释颗粒尺寸在 $100\sim200\mu m$ 的 $Rh/\gamma\text{-}Al_2O_3$ 催化剂，随后进行生物气部分氧化重整反应性能评价，在 O_2 与 CH_4 的摩尔比为 0.45 和 700℃下，CH_4 的转化率可达 82%，氢气的产率为 $1.4molH_2/molCH_4$。并且在长达 120h 的稳定性评价中，性能基本保持不变。

粉末或颗粒状催化剂存在着一些缺点，如催化剂床层压降大、反应物在催化剂颗粒表面分布不均以及催化剂床层各点温度梯度大等。构件化催化剂（structured catalysts）或者整体式催化剂（monolithic catalysts）能克服上述不足，还能强化反应过程，形成更为紧凑、清洁和节能的新工艺，成为生物气重整制氢领域中较具发展潜力的研究方向之一。Italiano 等[107]以堇青石和氧化铝开孔泡沫作为基底材料制备整体式催化剂（图 9-19），催化剂涂敷组分为 Ni/CeO_2 和 $Ni\text{-}Rh/CeO_2$，在设定温度为 800℃、$WSV=350000mL/(g_{cat}\cdot h)$ 下，以 $Ni\text{-}Rh/CeO_2$ 涂敷的氧化铝开孔泡沫为催化剂，生物气蒸汽重整反应中 CH_4 的转化率可达 100%，产物气中的氢气浓度为 64.4%（体积分数）。泡沫型氧化铝比堇青石作为整体式催化剂的载体效果更好，这是因为泡沫载体具有的随机多孔网络能够实现更高效地传热和传质。金属作为骨架的泡沫金属在生物气重整过程中也有应用。Kim 等[108]将 Pd-Rh/($CeZrO_2\text{-}Al_2O_3$）涂敷在 Fe-Al-Ni-Cr 合金泡沫上进行生物气蒸汽重整反应，在 $GHSV=10000h^{-1}$ 和优化的 S/C（1.5）与操作温度（750℃）下，CH_4 和 CO_2 的转化率分别为 94.0% 和 5.0%，所得产物气中 H_2 与 CO 的摩尔比为 3.16，且仅有 4.3%（质量分数）的

图 9-19   Ni/CeO$_2$（a、b）与 Ni-Rh/CeO$_2$（c、d）涂敷的氧化铝开孔泡沫（a、c）
和董青石整体式催化剂（b、d）[107]

积碳，在高 GHSV（20000h^{-1}）下进行长达 200h 的稳定性测试，催化剂性能基本没有变化，且展现出非常好的稳定性。

9.5.8.2   流化床和移动床反应器

流化床反应器具有远高于固定床反应器的传热效率，反应器内的温度和浓度均匀性好，能有效避免热点的产生。另外，流化床中也可以采用细粉颗粒催化剂，增大生物气与催化剂的接触面积，从而提升催化性能。Mei 等[100]利用间歇流化床反应器进行生物气化学链重整制氢过程的研究。该系统通过交替通入空气和反应气来实现氧化和还原过程，选择的载氧体为 NiO。在 950℃的重整温度下，得到的产物气中氢气的浓度约为 15%（体积分数），进一步调节引入水汽的量，氢气的浓度可以提升到约 55%。

对于需要变换操作气氛的生物气吸附强化技术和生物气化学链重整技术，为了实现连续操作，移动床反应器是更为合适的选择。Cabello 等[99]设计了图 9-20 的移动床反应器来进行生物气的化学链重整制氢过程。该移动床反应系统由两个流化床反应器组成，分别为燃料反应器 1 和空气反应器 3，并通过 U 形的环形密封反应器（回料系统 2）进行连接。燃料和空气反应器都操作在沸腾状态下。空气反应器之后是高度为 1m 和内径为 0.02m 的提升管 4，它将空气反应器中的固体通过高效旋风分离器 5 分离后输送到燃料反应器中。还原和氧化处理后的样品可随时从系统中提取出来进行分析。还原的样品（经过燃料反应器的样品）收集在位于连接燃料反应器和回料系统的固体管线中的小容器内 11。氧化的样品（经过空气反应器的样品）收集在位于旋风分离器下面的另一个小容器 11 中。利用该移动床反应系统，在优化的操作条件下，生物气中的 CH$_4$ 转化率可达 94%，每摩尔生物气中的 CH$_4$ 能够得到约 1.2mol 氢气，同时产物气中的 H$_2$ 浓度约为 50%（体积分数）。

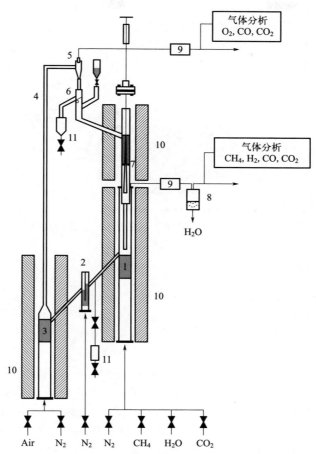

图 9-20　生物气化学链重整移动床连续反应示意图[99]

1—燃料反应器；2—回料系统；3—空气反应器；4—提升管；5—旋风分离器；6—固体分流阀；
7—固体控制阀；8—水冷凝器；9—过滤器；10—反应炉；11—取样分析处

9.5.8.3　膜反应器

在膜分离用于生物气重整制氢过程的研究初期，反应和分离两种功能的结合仅仅是通过膜分离器代替变压吸附法（pressure swing adsorption，PSA），将膜分离作为氢气的后续提纯步骤，把反应器和膜分离两种设备单元进行简单的串联而实现。可以更进一步地将反应器设备和膜分离器设备结合成为一个单元设备，构成膜反应器。膜反应器具有明显的优势，包括紧凑的设备以及由于去除了中间步骤而带来的投资和操作费用的降低，而且当分离和反应过程被合并到一个单元设备里时，膜不仅具有分离功能，而且能够及时移除产物从而强化反应过程以提高反应转化率和产品收率。Sumrunronnasak 等[109]研究了 $Pd_{76}Ag_{19}Cu_5$ 合金为膜和 $5\%Ni/Ce_{0.6}Zr_{0.4}O_2$ 作为重整催化剂的膜反应器的生物气（CH_4 和 CO_2 的摩尔比为 1∶1）重整制氢性能。结果表明，与传统的固定床反应器相比，膜反应器中的 CH_4 和 CO_2 的转化率分别提升了 3.5 倍和 1.5 倍，氢气的收率提升了 10%～35%，氢气的选择性从 47% 提升到 53%。这归因于膜的存在原位移除了部分氢气从而推动干重整向产氢方向移动，另外移除氢后造成的缺氢环境也能够抑制逆水煤气变换反应对氢气的消耗。Soria 等[110]基于吉布斯最小自由能对膜反应器中（图9-21）的生物气重整制氢性能进行热力学平衡研究。结果显示，传统的反应器（无膜参与）适合用来生产合成气，因为它允许重整反应在高温下操作；而膜反应器对于生产氢气更有利，在膜反应器中每100mol生物气可得到73mol的高纯氢，对应着每小时生产131kg氢气。

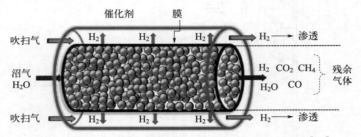

图 9-21　生物气蒸汽重整制氢过程的膜反应器示意图[110]

9.5.8.4　等离子反应器

生物气等离子体重整制氢技术尚处于发展阶段，该技术能够在温和条件下实现快速制氢，对小规模制氢具有指导意义。Park 等[111]设计了图9-22所示的等离子体反应器用于生物气氧化重整反应。该等离子体利用交流脉冲滑动弧放电来实现，由两个不锈钢电极和一个陶瓷绝缘环组成。内部电极是直径为12mm的电极棒，外部的电极是由带有锥形出口（上下直径分别为20mm和6mm）和四个切向入口（内径为1mm）的反应器主体组成。从内部电极顶部到出口的距离固定为24mm。陶瓷环用于分隔两个电极，最窄的间隙为4mm。陶瓷喷嘴连接到反应器的出口，以稳定电弧运动并产生火炬状的滑动电弧。当比能耗为25kJ/mol、O_2/CH_4 摩尔比为0.6和CO_2/CH_4 摩尔比为0.33时，生物气等离子重整过程中的 CH_4 转化率可达80%，CO_2 的转化率为25%，氢气的选择性达55%。

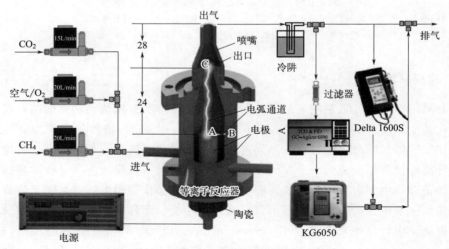

图 9-22　生物气等离子体重整反应装置[111]

为提高生物气制氢效果，部分学者将等离子体重整与催化重整耦合用于生物气制氢过程，利用两者的协同作用提高生物气重整制氢过程的反应性能。Li 等[112]在旋转滑动弧放电反应器中引入 $Ni/\gamma\text{-}Al_2O_3$ 催化剂，探究生物气等离子催化重整的性能。结果表明，在 CH_4

与 CO_2 的摩尔比为 3：7 和总流速为 6L/min 的条件下，填充催化剂后，CH_4 的转化率可从 52.6% 提升到 58.5%，并且氢气的收率提升了 17.6%。Tu 等[113] 发现在 $Ni/\gamma\text{-}Al_2O_3$ 作为催化剂的等离子体催化体系中，反应 150min 后，会形成 3.8%（质量分数）的积碳；使用其他载体（MgO、SiO_2 和 TiO_2）的催化剂积碳会更严重。因此，尽管等离子催化重整能够提高生物气重整过程的反应性能，但仍存在催化剂碳沉积的问题，需要不断探索优化以应用于大规模工业制氢生产。

9.5.9　生物气蒸汽重整制氢技术的经济与生态分析

9.5.9.1　生物气蒸汽重整制氢技术的经济性分析

Braga 等[114] 对生物气蒸汽重整制氢过程进行了经济与生态分析。经济分析基于 Silveira 等人[115] 开发的方法，通过分析投资、运营和维护成本以及所获得商业化产品的预期年收入，可以评估生物气蒸汽重整工艺的吸引力。

（1）制氢成本

制氢成本包括投资成本（锅炉、重整器和辅助设备）以及运营和维护成本。可用下式计算生产氢气的价格：

$$C_{H_2} = \frac{Inv_{REF} \times f}{HE_{H_2}} + C_{op} + C_{MAN}$$

式中，Inv_{REF} 为制氢工艺投资成本，美元；f 为年金系数，1/a；H 为等效运行周期，h/a；E_{H_2} 为氢气有效功，kW；C_{op} 为运营成本，美元/(kW·h)；C_{MAN} 为维护成本，美元/(kW·h)。

重整器产氢的有效功计算如下：

$$E_{H_2} = \dot{m}_{H_2} \times LHV_{H_2}$$

式中，$\dot{m}_{H_2}$ 为氢气质量，kg；LHV_{H_2} 为氢气低位热值，kJ/kg。

（2）运营成本

操作成本取决于热源和重整过程中使用的燃料。在所研究的案例中，生物气被认为是一种燃料。运营成本可由以下公式进行计算。

$$C_{op} = \frac{E_{FUEL} C_{FUEL}}{E_{H_2}} + \frac{E_{BIOGAS} C_{BIOGAS}}{E_{H_2}}$$

$$E_{BIOGAS} = \dot{m}_{BIOGAS} \times LHV_{BIOGAS}$$

$$E_{FUEL} = \dot{m}_{FUEL} \times LHV_{FUEL}$$

式中，E_{FUEL} 为燃料有效功，kW；C_{FUEL} 为燃料成本，美元/(kW·h)；E_{BIOGAS} 为生物气有效功，kW；C_{BIOGAS} 为生物气成本，美元/(kW·h)；$\dot{m}_{BIOGAS}$ 为生物气质量，kg；LHV_{BIOGAS} 为生物气低位热值，kJ/kg；$\dot{m}_{FUEL}$ 为燃料质量，kg；LHV_{FUEL} 为燃料低位热值，kJ/kg。

Kothari 等[116] 将重整工艺的维护成本视为投资成本的 3%，如下式所示。

$$C_{MAN} = 0.03 \frac{Inv_{REF} \times f}{H.E_{H_2}}$$

（3）年金系数

年金系数通过以下公式计算。

$$f = \frac{q^k(q-1)}{q^k-1}$$

$$q = 1 + \frac{r}{100}$$

式中，r 为年利率，%；k 为投资回收期，年。

该研究假定：

• 根据实验数据将重整工艺的投资成本定为 15000 美元。

• 年利率为 20%。

• 根据一天 12h、14h 和 16h 以及一年 365 天，则等效运行周期分别为 5110h/a、5840h/a 和 6570h/a。

• 氢气、甲烷、生物气的低位热值（LHV）分别为 119742.48kJ/kg、49934.28kJ/kg 和 37850kJ/kg。

• 将生物气发电成本定为 0.0518 美元/（kW·h）。

• 锅炉效率假定为 80%，重整工艺的能耗用下式来计算：

$$E_{FUEL} \times \eta_{Boiler} = E_{STEAM}$$

式中，E_{STEAM} 为蒸汽有效功，kW；η_{Boiler} 为锅炉效率，%。

考虑到 80% 的生物气重整效率和锅炉效率，生产 1m³/h 氢气，锅炉所需的生物气流量为 0.008kg/h，重整器所需的生物气流量为 0.34kg/h。通过生物气重整生产 1m³/h 氢气的成本如图 9-23 所示。运行周期为 6750h/a 的制氢成本相对较低，表明较高的运行周期可降低制氢成本。

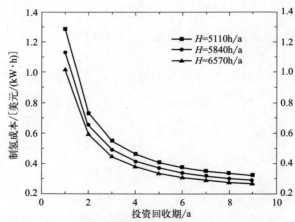

图 9-23　制氢成本与投资回收期变化关系曲线

（4）灵敏度分析

在所研究的案例中，主要变量是投资、运营和维护，均随着时间的推移而变化。图 9-24 显示了生物气重整工艺的制氢成本中主要变量的敏感性分析。在 8 年的投资回收期内，对主要变量的变化幅度在 ±30% 的变化范围内进行了分析。等效运行周期为 6570h/a，5840h/a 和 5110h/a 的制氢成本范围分别为 0.2~0.35 美元/（kW·h），0.21~0.50 美元/（kW·h）和 0.24~0.43 美元/（kW·h）。

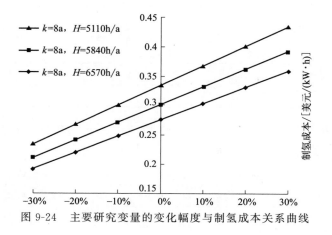

图 9-24　主要研究变量的变化幅度与制氢成本关系曲线

9.5.9.2　生物气蒸汽重整制氢技术的生态学分析

生态分析评估生物气蒸汽重整技术中的污染情况。这一分析基于当量二氧化碳、污染物指标和生态效率的概念。

（1）二氧化碳当量

二氧化碳当量（CO_2）$_e$ 由下式所示的假定污染物浓度系数所组成。通过将 CO_2 浓度的最大值除以相应的 CO、CH_4、NO_x、SO_2 和颗粒物（PM）的空气质量标准来计算该系数。
$$(CO_2)_e = CO_2 + 21CH_4 + 80SO_2 + 50NO_x + 67PM$$

（2）污染物指标

从生态角度来看，最好的燃料是产生较低（CO_2）$_e$ 排放的燃料。为了量化这种环境影响，污染物指数（π_g，kg/MJ）可由下式定义。
$$\pi_g = \frac{(CO_2)_e}{Q_i}$$

式中，Q_i 为燃料低位热值，MJ/kg。

（3）生态效率

生态效率根据污染物排放量来进行计算。将总污染物排放当量（CO_2）$_e$ 与现有空气质量标准进行比较来评估系统性能。换算系数被视为单位排放量的决定性因素，可由下式计算生态效率：
$$\varepsilon = \left[\frac{0.204\eta_{system} \ln(135 - \pi_g)}{\eta_{system} + \pi_g} \right]$$

其中，用单个系数 ε 定义对环境的影响，其范围在 0～100% 之间。$\varepsilon = 0$ 时，表示从生态角度上不可行，$\varepsilon = 100\%$ 时则表示理想情况。

（4）方法与结果

生物气蒸汽重整的理论研究认为，该过程所消耗的所有能量都来自于由生物气供给的锅炉，还假设生物气在纯化之后进行燃烧，如下式所示：
$$0.754CH_4 + 0.243CO_2 + x(\beta O_2 + 3.7\beta N_2) \longrightarrow CO_2 + 1.51H_2O + 3.7x\beta N_2 + x(\beta - 1)O_2$$

式中，$\beta = 1.20$（在锅炉中用 20% 的过量空气燃烧生物气）。

为了研究该系统对环境的影响，除了与锅炉相关的排放外，还计算了与蒸汽重整相关的排放。蒸汽重整的化学计量反应如下式所示：

$$CH_4 + 2H_2O \Longrightarrow 4H_2 + CO_2$$

两个过程的排放量如表 9-8 所示。

表 9-8　生物气重整工艺的排放量

元素	生物气燃烧/(kg/kg 生物气)	蒸汽重整/(kg/kg 生物气)
$(CO_2)_e$	1.93	1.43

这些排放量，可用于计算二氧化碳当量 $(CO_2)_e$、污染物指标 (π_g)，考虑重整工艺的整体效率，也可以计算出生态效率 (ε)，如表 9-9 所示。

表 9-9　生物气蒸汽重整制氢过程的 $(CO_2)_e$、π_g、ε 的值

项目	数值
$(CO_2)_e$/(kg 污染物/kg 燃料)	3.36
π_g/(MJ/kg 燃料)	0.089
ε/%	94.95

注意到，生态效率为 94.95%，这是一个较好的值。如果计算进一步考虑该工艺过程减少的生物气排放量，该值可能会更高，因为生物气直接排放到环境中对环境造成污染，而不是转化为氢气。

在天然气和生物气的重整工艺中，两者排放量的主要区别在于，天然气重整产生的 CO_2 排放会导致全球变暖，而生物气重整产生的 CO_2 排放却不会。可以通过以下事实来解释：生物气中的 CO_2 来源于存活的植物（即使用作动物饲料），它是 CO_2 循环的一部分——燃烧生物气产生的二氧化碳会被将来提供生物气的植物吸收；此外，动物粪便会向大气中释放甲烷，根据一项调查，美国约 10% 的甲烷排放来自动物，而甲烷是一种比二氧化碳更强的温室气体，所以利用生物气产氢消耗其中的甲烷而不是直接排放是个好方案。

9.6　生物质热化学制氢的工程案例

利用典型的农林生物质制氢已有应用。但是目前工程案例中，这类生物质无论是气化还是热解技术，都较少以产氢为目的，主要还是以生产化学品如甲醇和氨为主或者与热电联产。欧盟开发了木料气化制甲醇技术，已建立 4 个示范工厂，气化规模为 4.8～12t（干木）/天，气化炉均为流化床气化炉，气化剂为水蒸气、氧气或者空气。生物质气化合成甲醇的技术目前已达到可商业化应用的阶段，但其产品的经济性尚不能与石油化工和煤化工竞争。芬兰已建成一座生物质气化合成氨示范工厂，此厂是世界上第一个以泥炭为原料，采用气化合成氨的方法来生产化肥的厂家。该厂还用泥炭与木屑的混合物作原料进行气化实验，也获得了成功。随着氢气生产相关产业的快速发展，农林生物质制氢领域也出现了新变化。丰田汽车（Toyota Motor）将与泰国正大集团（Charoen Pokphand Group）合作，开展一个将农业废弃物转化为氢动力汽车燃料的项目。他们将致力于利用农业废弃物中的沼气生产氢气。这些氢气将被用于新运输卡车的燃料电池，正大计划将其引入旗下车队以减少排放。

以产氢为目的的生物质热化学制氢技术，以垃圾为原料进行制氢（图 9-25），受到重视。成本优势是垃圾制氢广受欢迎的主要因素。总部位于卢森堡的 Boson Energy 科技公司开发了一种等离子体辅助气化过程，该过程利用等离子体产生的极高温度将垃圾等废物直接分解成氢、二氧化碳和熔化的泥浆，这些泥浆会凝固成蓝色/灰色的玻璃状岩石。这一过程将创造几个收入来源：氢气作为主要产品出售，"绿色二氧化碳"可作为各行业使用的一种重要原料，玻璃岩可用作水泥、混凝土和道路建设的工业原料，同时该公司还将从地方当局和回收公司获得处理垃圾的费用，以及避免垃圾填埋场甲烷排放的碳信用额。在欧洲，垃圾处理公司每处理一吨废物能赚取 15～20 欧元。如果从焚烧转向这套垃圾制氢工艺，将带来每吨 20～200 欧元的利润。

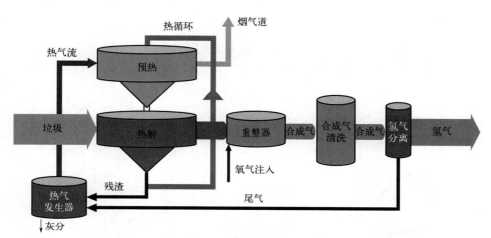

图 9-25　垃圾热解-重整两阶段制氢工艺

美国生物科技集团推出全新计划，在洛杉矶北部城市兰开斯特创建世界最大规模的垃圾制氢厂。该厂每天可以制造 11000kg 绿氢，每生产 1t 氢气可减少 23～31t 碳排放，其成本已经可与天然气制氢媲美。该制氢厂还将帮助兰开斯特每年省下 210 万～320 万美元垃圾处理费用。可再生氢系统制造商 Ways2H Inc.2021 年在日本东京湾附近兴建一座垃圾制氢工厂，每天可处理 1t 干污泥，生产 40～50kg 氢气，足以为 10 辆乘用车提供燃料。目前，该工厂建设部分已经完工。除废水、污泥外，该工厂还可处理塑料、纸张、城市固体垃圾和其他垃圾。

韩国政府决定研制海洋垃圾制氢船以加快新一代绿色环保船舶技术开发，从而抢占氢能船舶市场的制高点。他们规划了"海洋浮游垃圾回收处理环保船舶建造及实证事业"的项目，预计在 2026 年春完成船舶建造，然后经过 1 年左右的示范运行和实证阶段，从 2027 年开始投入运营。该船是全球首次尝试建造从海上回收垃圾然后在船上进行一站式处理的特种船。该船可将从海上收集的垃圾在船上碎成粉末，然后将其作为热分解工程原料使用制氢，所制氢能用于氢燃料电池的氢源，再生成船舶所需的电力。其核心技术是，利用船用 LNG 燃料拥有的 -163℃ 的冷能，将回收的垃圾冷冻并粉碎。

中国企业也成为了垃圾制氢领域的"先行者"。由城康氢碳新材料科技有限公司投建的全球首个"垃圾制氢+碳资源化"绿氢绿炭工厂 2022 年在湖北襄阳市建成。该项目成功将污泥与餐厨合并处置，先制沼气，进而沼气制氢，制氢过程中同步生产炭黑、石墨、石墨烯，最终实现绿氢服务于氢燃料电池车等三个产业（垃圾固废无害化、碳资源化、制氢加氢一体化），形成可复制的基于城市垃圾的绿氢制、加、用一体化联产联供的全产业链模式。瀚蓝环境股份有限公司拓展餐厨垃圾制氢项目，公司于 2022 年在佛山市南海区建设年产约 2200t 氢气的制氢项目（年需沼气 2400t），该项目利用南海区固废处理环保产业园内餐厨垃圾、渗滤液产生的沼气以及绿色工业服务中心铝灰处理项目中的富氢气体作为原料气，项目投资额为 9200 万元，预计建成后将给公司带来 5000 万元/年以上的经营收入。中国五环工程有限公司（图 9-26）利用固废高温气化技术，将城市日常生活垃圾和工业垃圾等固废进行高温气化后，产生清洁能源氢气，相比传统固废处理方式更环保，以固废高温气化 400t 装置项目为例，一天生产约 12.5t 氢气，可替代约 1000 辆燃油大巴车使用，同时，每天可减少约 143t 二氧化碳排放。2021 年 11 月，该公司依托上述技术成功建成北京房山高温垃圾气化制氢油及氢能产业示范项目，并稳定运行至今。

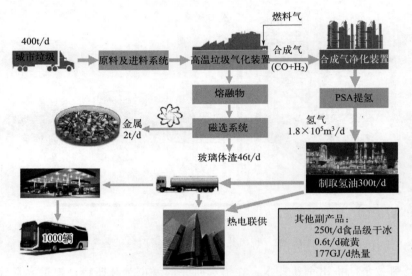

图 9-26　五环公司垃圾制氢项目示意图

　　虽然垃圾制氢的优势突出，但不论是农林废弃的生物质原材料，还是城市固废或废水，在高温热解制氢中都会产生大量的二氧化碳。要让垃圾制氢变得真正环保低碳，合理的气体处理提纯工艺和二氧化碳捕捉与封存设备都不可或缺。为此，二氧化碳捕捉与封存设备的应用已成为了垃圾制氢项目中的关键一环。美国初创公司 Mote 在 2021 年 12 月宣布，将在 2024 年前建成一座利用木质废料、配备有碳捕捉与封存装置的制氢工厂。木制废料在缺氧的环境中加热到 815℃以上有效转化为气体，随后经过反应、分离和提纯，就能够收集到可使用的氢气，产生的 CO_2 被捕获与封存，剩余的残渣则可用作肥料。木制废料在生长过程中能够吸收大量的二氧化碳，而这些二氧化碳被捕捉与封存装置所固定，也即该技术将实现从大气中吸收二氧化碳，从而建成"负碳"绿氢工厂。

参 考 文 献

[1] Yan G H, Li S, Xu M. Comparison on several methods of hydrogen production from biomass [J]. Energy Engineering, 2004, 4: 38-41.

[2] 毛宗强, 毛志明, 余皓, 等. 制氢工艺与技术 [M]. 北京: 化学工业出版社, 2018.

[3] Nasir Uddin M, Daud W M A W, Abbas H F. Potential hydrogen and non-condensable gases production from biomass pyrolysis: Insights into the process variables [J]. Renewable and Sustainable Energy Reviews, 2013, 27: 204-224.

[4] Furness D T, Hoggett L A, Judd S J. Thermochemical treatment of sewage sludge [J]. Water and Environment Journal, 2000, 14: 57-65.

[5] Kaushal P, Tyagi R. Steam assisted biomass gasification-an overview [J]. The Canadian Journal of Chemical Engineering, 2012, 90: 1043-1058.

[6] Nipattummakul N, Ahmed I I, Kerdsuwan S, et al. Hydrogen and syngas production from sewage sludge via steam gasification [J]. Int. J. Hydrogen Energy, 2010, 35: 11738-11745.

［7］ 吕鹏梅，常杰，付严 . 生物质流化床催化气化制取富氢燃气［J］. 太阳能学报，2004，25（6）：769-775.

［8］ Rapagnà S，Virginie M，Gallucci K，et al. Fe/olivine catalyst for biomass steam gasification：Preparation，characterization and testing at real process conditions［J］. Catalysis Today，2011，176：163-168.

［9］ Stemmler M，Tamburro A，Müller M. Laboratory investigations on chemical hot gas cleaning of inorganic trace elements for the "UNIQUE" process［J］. Fuel，2013，108：31-36.

［10］ Wolf K J，Müller M，Hilpert K，et al. Alkali sorption in second-generation pressurized fluidized-bed combustion［J］. Energy & Fuels，2004，18：1841-1850.

［11］ Mohan D，Pittman C U Jr，Steele P H. Pyrolysis of wood/biomass for bio-oil：A critical review［J］. Energy & Fuels，2006，20：848-889.

［12］ Wang D，Czernik S，Chornet E. Production of hydrogen from biomass by catalytic steam reforming of fast pyrolysis oils［J］. Energy Fuels，1998，12：19-24.

［13］ 许庆利，蓝平，周明 . 在流化床反应器中生物油轻组分模拟物催化重整制氢［J］. 石油化工，2010，39（7）：961-965.

［14］ Gil M V，Fermoso J，Rubiera F，et al. H_2 production by sorption enhanced steam reforming of biomass-derived bio-oil in a fluidized bed reactor：An assessment of the effect of operation variables using response surface methodology［J］. Catal. Today，2015，242：19-34.

［15］ Wu C，Huang Q，Sui M，et al. Hydrogen production via catalytic steam reforming of fast pyrolysis bio-oil in a two-stage fixed bed reactor system［J］. Fuel Processing Technology，2008，89：1306-1316.

［16］ Acha E，Chen D，Cambra J F. Comparison of novel olivine supported catalysts for high purity hydrogen production by CO_2 sorption enhanced steam reforming［J］. Journal of CO_2 Utilization 2020，42：101295.

［17］ Musso M，Veiga S，Perdomo F，et al. Hydrogen production via steam reforming of small organic compounds present in the aqueous fraction of bio-oil over Ni-La-Me catalysts（Me＝Ce，Ti，Zr）［J］. Biomass Conversion and Biorefinery，2022.

［18］ Li H，Xu Q，Xue H，et al. Catalytic reforming of the aqueous phase derived from fast-pyrolysis of biomass［J］. Renewable Energy，2009，34：2872-2877.

［19］ Hou T，Yuan L，Ye T，et al. Hydrogen production by low-temperature reforming of organic compounds in bio-oil over a CNT-promoting Ni catalyst［J］. International Journal of Hydrogen Energy 2009，34：9095-9107.

［20］ Garcia L，French R，Czernik S，et al. Catalytic steam reforming of bio-oils for the production of hydrogen：effects of catalyst composition［J］. Applied Catalysis A：General，2000，201：225-239.

［21］ Czernik S，French R，Feik C，et al. Hydrogen by catalytic steam reforming of liquid byproducts from biomass thermoconversion processes［J］. Ind Eng Chem Res，2002，41：4209-4215.

［22］ Czernik S，Evans R，French R. Hydrogen from biomass-production by steam reforming of biomass pyrolysis oil［J］. Catal Today，2007，129：265-268.

［23］ Kechagiopoulos P N，Voutetakis S S，Lemonidou A A，et al. Hydrogen production via steam reforming of the aqueous phase of bio-oil in a fixed bed reactor［J］. Energy Fuels，2006，20：2155-2163.

［24］ Medrano J A，Oliva M，Ruiz J，et al. Hydrogen from aqueous fraction of biomass pyrolysis liquids by catalytic steam reforming in fluidized bed［J］. Energy，2011，36：2215-2224.

［25］ Domine M E，Iojoiu E E，Davidian T，et al. Hydrogen production from biomass-derived oil over monolithic Pt- and Rh-based catalysts using steam reforming and sequential cracking processes［J］. Catal. Today，2008，133-135：565-573.

［26］ Rioche C，Kulkarni S，Meunier F C，et al. Steam reforming of model compounds and fast pyrolysis bio-oil on supported noble metal catalysts［J］. Appl Catal B，2005，61：130-139.

［27］ Valle B，Remiro A，Aguayo A T，et al. Catalysts of Ni/α-Al_2O_3 and Ni/La_2O_3-αAl_2O_3 for hydrogen production by steam reforming of bio-oil aqueous fraction with pyrolytic lignin retention［J］. International Journal of Hydrogen Energy，2013，38：1307-1318.

［28］ Lan P，Xu Q，Zhou M，et al. Catalytic steam reforming of fast pyrolysis bio-oil in fixed bed and fluidized bed reactors［J］. Chemical Engineering & Technology，2010，33：2021-2028.

［29］ Czernik S，French R. Distributed production of hydrogen by auto-thermal reforming of fast pyrolysis bio-oil［J］. International Journal of Hydrogen Energy，2014，39：744-750.

[30] Park Y B，Choi J H，Lee S C，et al. Boosting hydrogen production by reducible oxygen species over Ni/MTixOy catalysts for the steam reforming of liquefied oil from Saccharina japonica [J]. Fuel Processing Technology，2022，238：107486.

[31] Lee S C，Choi J H，Lee C W，et al. H_2 production by steam reforming of Saccharina japonica-derived liquefied oils on NixCuy hydrotalcite-derived catalysts [J]. Renewable Energy，2022，191：418-427.

[32] Xie H，Yu Q，Zuo Z，et al. Hydrogen production via sorption-enhanced catalytic steam reforming of bio-oil [J]. Int J Hydrogen Energy，2016，41：2345-2353.

[33] Seyedeyn Azad F，Salehi E，Abedi J，et al. Biomass to hydrogen via catalytic steam reforming of bio-oil over Ni-supported alumina catalysts [J]. Fuel Processing Technology，2011，92：563-569.

[34] Claypool D D R G E. Generation，Accumulation，and Resource Potential of Biogenic Gas [J]. AAPG BulletinSearch Dropdown Menu，1981.

[35] 邵培，王爱宽，王文峰. 中低煤阶煤的生物气生成特征 [J]. 煤炭科学技术，2016 (44)：65-69.

[36] 关德师，戚厚发，钱贻伯，等. 生物气的生成演化模式 [J]. 石油学报，1997：33-38.

[37] 罗槐章. 陆良盆地上第三系未熟烃源岩特征及生物气成因分析 [J]. 天然气工业，1999：21-26.

[38] Gao Y，Jiang J，Meng Y，et al. A review of recent developments in hydrogen production via biogas dry reforming [J]. In Energy Conversion and Management，2018，171：133-155.

[39] 张水昌，赵文智，李先奇，等. 生物气研究新进展与勘探策略 [J]. 石油勘探与开发，2005：90-96.

[40] Nahar G，Mote D，Dupont V. Hydrogen production from reforming of biogas：Review of technological advances and an Indian perspective [J]. Renewable & Sustainable Energy Reviews，2017，76：1032-1052.

[41] 郭泽清，李本亮，曾富英，等. 生物气分布特征和成藏条件 [J]. 天然气地球科学，2006：407-413.

[42] 杨松岭，张科，陈景阳，等. 全球生物气藏分布特征及成藏条件 [J]. 天然气工业，2019，39：10-24.

[43] Chen L，Li X，Wen W，et al. The status，predicament and countermeasures of biomass secondary energy production in China [J]. Renewable & Sustainable Energy Reviews，2012，16：6212-6219.

[44] Aguilar-Virgen Q，Taboada-Gonzalez P，Ojeda-Benitez S，et al. Power generation with biogas from municipal solid waste：Prediction of gas generation with in situ parameters [J]. Renewable & Sustainable Energy Reviews，2014，30：412-419.

[45] Gvozdenac D，Urosevic B G，Menke C，et al. High efficiency cogeneration：CHP and non-CHP energy [J]. Energy，2017，135：269-278.

[46] Baena-Moreno F M，le Sache E，Pastor-Perez L，et al. Membrane-based technologies for biogas upgrading：a review [J]. Environmental Chemistry Letters，2020，18：1649-1658.

[47] Hajizadeh A，Mohamadi-Baghmolaei M，Cata Saady N M，et al. Hydrogen production from biomass through integration of anaerobic digestion and biogas dry reforming [J]. Appl Energy，2022，309：118442.

[48] Izquierdo U，Barrio V L，Requies J，et al. Tri-reforming：A new biogas process for synthesis gas and hydrogen production [J]. International Journal of Hydrogen Energy，2013，38：7623-7631.

[49] Das S，Lim K H，Gani T Z H，et al. Bi-functional CeO_2 coated NiCo-MgAl core-shell catalyst with high activity and resistance to coke and H_2S poisoning in methane dry reforming [J]. Applied Catalysis B：Environmental，2023，323：122141.

[50] Vita A，Italiano C，Previtali D，et al. Methanol synthesis from biogas：A thermodynamic analysis [J]. Renewable Energy，2018，118：673-684.

[51] Wang S，Lu G Q，Millar G J. Carbon dioxide reforming of methane to produce synthesis gas over metal-supported catalysts：state of the art [J]. Energy & Fuels，1996，10：896-904.

[52] le Sache E，Johnson S，Pastor-Perez L，et al. Biogas upgrading via dry reforming over a Ni-Sn/CeO_2-Al_2O_3 catalyst：influence of the biogas source [J]. Energies，2019，12：1007.

[53] de Llobet S，Pinilla J L，Lazaro M J，et al. CH_4 and CO_2 partial pressures influence and deactivation study on the Catalytic Decomposition of Biogas over a Ni catalyst [J]. Fuel，2013，111：778-783.

[54] Hou Z，Chen P，Fang H，et al. Production of synthesis gas via methane reforming with CO_2 on noble metals and small amount of noble- [Rh-] promoted Ni catalysts [J]. Int J Hydrogen Energy，2006，31：555-561.

[55] Khani Y，Shariatinia Z，Bahadoran F. High catalytic activity and stability of $ZnLaAlO_4$ supported Ni，Pt and Ru nanocatalysts applied in the dry，steam and combined dry-steam reforming of methane [J]. Chem Eng J，2016，

299：353-366.

[56]　Omoregbe O，Danh H T，Nguyen-Huy C，et al. Syngas production from methane dry reforming over Ni/SBA-15 catalyst：Effect of operating parameters [J]. Int J Hydrogen Energy，2017，42：11283-11294.

[57]　Charisiou N D，Baklavaridis A，Papadakis V G，et al. Synthesis gas production via the biogas reforming reaction over Ni/MgO-Al$_2$O$_3$ and Ni/CaO-Al$_2$O$_3$ Catalysts [J]. Waste and Biomass Valorization，2016，7：725-736.

[58]　Akbari E，Alavi S M，Rezaei M. Synthesis gas production over highly active and stable nanostructured NiMgOAl$_2$O$_3$ catalysts in dry reforming of methane：Effects of Ni contents [J]. Fuel，2017，194：171-179.

[59]　Chein R，Yang Z W. H$_2$S effect on dry reforming of biogas for syngas production [J]. International Journal of Energy Research，2019，43：3330-3345.

[60]　Gao Y C，Aihemaiti A，Jiang J G，et al. Inspection over carbon deposition features of various nickel catalysts during simulated biogas dry reforming [J]. Journal of Cleaner Production，2020，260：120944.

[61]　Song Y，Ozdemir E，Ramesh S，et al. Dry reforming of methane by stable Ni-Mo nanocatalysts on single-crystalline MgO [J]. Science，2020，367：777-781.

[62]　O'Connor A M，Schuurman Y，Ross J R H，et al. Transient studies of carbon dioxide reforming of methane over Pt/ZrO$_2$ and Pt/Al$_2$O$_3$ [J]. Catal Today，2006，115：191-198.

[63]　Das S，Ashok J，Bian Z，et al. Silica-Ceria sandwiched Ni core-shell catalyst for low temperature dry reforming of biogas：Coke resistance and mechanistic insights [J]. Applied Catalysis B-Environmental，2018，230：220-236.

[64]　张云飞，张晓娣，王影，等. 镍基 CH$_4$-CO$_2$ 重整催化剂研究综述 [J]. 洁净煤技术，2022，28：29-50.

[65]　Bobadilla L F，Garcilaso V，Centeno M A，et al. Monitoring the reaction mechanism in model biogas reforming by inSitu transient and steady-state DRIFTS Measurements [J]. Chemsuschem，2017，10：1193-1201.

[66]　Tian S，Yang X，Chen X，et al. Catalytic calcium-looping reforming of biogas：A novel strategy to produce syngas with improved H$_2$/CO molar ratios [J]. Journal of Cleaner Production，2020，270.

[67]　Palmer C，Upham D C，Smart S，et al. Dry reforming of methane catalysed by molten metal alloys [J]. Nature Catalysis，2020，3：83-89.

[68]　Ashrafi M，Pröll T，Pfeifer C，et al. Experimental study of model biogas catalytic steam reforming：1. Thermodynamic Optimization [J]. Energy & Fuels，2008，22：4182-4189.

[69]　Ashrafi M，Pfeifer C，Pröll T，et al. Experimental study of model biogas catalytic steam reforming：2. impact of sulfur on the deactivation and regeneration of Ni-based catalysts [J]. Energy & Fuels，2008，22：4190-4195.

[70]　Effendi A，Hellgardt K，Zhang Z G，et al. Optimising H$_2$ production from model biogas via combined steam reforming and CO shift reactions [J]. Fuel，2005，84：869-874.

[71]　Guilhaume N，Bianchi D，Wandawa R A，et al. Study of CO$_2$ and H$_2$O adsorption competition in the combined dry/steam reforming of biogas [J]. Catal Today，2021，375：282-289.

[72]　Tarifa P，Schiaroli N，Ho P H，et al. Steam reforming of clean biogas over Rh and Ru open-cell metallic foam structured catalysts [J]. Catal Today，2022，383：74-83.

[73]　Turchetti L，Monteleone G，Giaconia A，et al. Time-on-stream stability of new catalysts for low-temperature steam reforming of biogas [J]. Chemical Engineering Transactions，2013，35：685-690.

[74]　Li L，He S，Song Y，et al. Fine-tunable Ni@porous silica core-shell nanocatalysts：Synthesis, characterization, and catalytic properties in partial oxidation of methane to syngas [J]. Journal of Catalysis，2012，288：54-64.

[75]　Murphy D M，Richards A E，Colclasure A，et al. Biogas fuel reforming for solid oxide fuel cells [J]. Journal of Renewable and Sustainable Energy，2012，4：023106.

[76]　Chen X J，Jiang J G，Li K M，et al. Energy-efficient biogas reforming process to produce syngas：The enhanced methane conversion by O$_2$ [J]. Applied Energy，2017，185：687-697.

[77]　Rosha P，Mohapatra S K，Mahla S K，et al. Hydrogen enrichment of biogas via dry and autothermal-dry reforming with pure nickel（Ni）nanoparticle [J]. Energy，2019，172：733-739.

[78]　Lau C S，Tsolakis A，Wyszynski M L. Biogas upgrade to syn-gas [H$_2$-CO] via dry and oxidative reforming [J]. International Journal of Hydrogen Energy，2011，36：397-404.

[79]　Pino L，Vita A，Laganà M，et al. Hydrogen from biogas：Catalytic tri-reforming process with Ni/LaCeO mixed oxides [J]. Applied Catalysis B：Environmental，2014，148-149：91-105.

[80]　Song C S，Wei P. Tri-reforming of methane：a novel concept for catalytic production of industrially useful synthesis

gas with desired H_2/CO ratios [J]. Catalysis Today, 2004, 98: 463-484.

[81] Jiang H-t, Li H-q, Zhang Y. Tri-reforming of methane to syngas over Ni/Al_2O_3—Thermal distribution in the catalyst bed [J]. Journal of Fuel Chemistry and Technology, 2007, 35: 72-78.

[82] Araki S, Hino N, Mori T, et al. Autothermal reforming of biogas over a monolithic catalyst [J]. Journal of Natural Gas Chemistry, 2010, 19: 477-481.

[83] Zhao X, Joseph B, Kuhn J, et al. Biogas reforming to syngas: a review [J]. Iscience, 2020, 23: 101082.

[84] Vita A, Pino L, Cipiti F, et al. Biogas as renewable raw material for syngas production by tri-reforming process over NiCeO_2 catalysts: Optimal operative condition and effect of nickel content [J]. Fuel Processing Technology, 2014, 127: 47-58.

[85] Garcia-Vargas J M, Valverde J L, de Lucas-Consuegra A, et al. Precursor influence and catalytic behaviour of Ni/CeO_2 and Ni/SiC catalysts for the tri-reforming process [J]. Applied Catalysis a-General, 2012, 431: 49-56.

[86] Araki S, Hino N, Mori T, et al. Durability of a Ni based monolithic catalyst in the autothermal reforming of biogas [J]. International Journal of Hydrogen Energy, 2009, 34: 4727-4734.

[87] Saebea D, Authayanun S, Patcharavorachot Y, et al. Thermodynamic analysis of hydrogen production from the adsorption-enhanced steam reforming of biogas [J]. Energy Procedia, 2014, 61: 2254-2257.

[88] García R, Gil M V, Rubiera F, et al. Renewable hydrogen production from biogas by sorption enhanced steam reforming [SESR]: A parametric study [J]. Energy, 2021, 218: 119491.

[89] Capa A, Garcia R, Chen D, et al. On the effect of biogas composition on the H_2 production by sorption enhanced steam reforming (SESR) [J]. Renewable Energy, 2020, 160: 575-583.

[90] Ji G, Yao J G, Clough P T, et al. Enhanced hydrogen production from thermochemical processes [J]. Energy Environ Sci, 2018, 11: 2647-2672.

[91] Phromprasit J, Powell J, Wongsakulphasatch S, et al. Activity and stability performance of multifunctional catalyst [Ni/CaO and Ni/$Ca_{12}Al_{14}O_{33}$CaO] for bio-hydrogen production from sorption enhanced biogas steam reforming [J]. Int J Hydrogen Energy, 2016, 41: 7318-7331.

[92] Broda M, Kierzkowska A M, Baudouin D, et al. Sorbent-enhanced methane reforming over a Ni-Ca-based, bifunctional catalyst sorbent [J]. ACS Catal, 2012, 2: 1635-1646.

[93] Naeem M A, Armutlulu A, Imtiaz Q, et al. Optimization of the structural characteristics of CaO and its effective stabilization yield high-capacity CO_2 sorbents [J]. Nature Communications, 2018, 9: 2408.

[94] Phromprasit J, Powell J, Wongsakulphasatch S, et al. H_2 production from sorption enhanced steam reforming of biogas using multifunctional catalysts of Ni over Zr-, Ce- and La-modified CaO sorbents [J]. Chemical Engineering Journal 2017, 313: 1415-1425.

[95] Li Z, Cai W, Dang, C. Sorption-enhanced steam reforming of CH_4/CO_2 synthetic mixture representing biogas over porous Ni-CaO-MgO microsphere via a surface modified carbon template [J]. International Journal of Hydrogen Energy, 2022, 47: 32776-32786.

[96] Dang C, Xia H, Yuan S, et al. Green hydrogen production from sorption-enhanced steam reforming of biogas over a Pd/Ni-CaO-mayenite multifunctional catalyst [J]. Renewable Energy, 2022, 201: 314-322.

[97] Dang C, Wu S, Cao Y, et al. Co-production of high quality hydrogen and synthesis gas via sorption-enhanced steam reforming of glycerol coupled with methane reforming of carbonates [J]. Chem Eng J, 2019, 360: 47-53.

[98] Dang C, Long J, Li H, et al. Pd-promoted Ni-Ca-Al bi-functional catalyst for integrated sorption-enhanced steam reforming of glycerol and methane reforming of carbonate [J]. Chem Eng Sci, 2021, 230: 116226.

[99] Cabello A, Mendiara T, Abad A, et al. Production of hydrogen by chemical looping reforming of methane and biogas using a reactive and durable Cu-based oxygen carrier [J]. Fuel, 2022, 322: 124250.

[100] Zheng T, Li M, Mei D, et al. Effect of H_2S presence on chemical looping reforming (CLR) of biogas with a firebrick supported NiO oxygen carrier [J]. Fuel Process Technol, 2022, 226: 107088.

[101] Lachén J, Durán P, Peña J A, et al. High purity hydrogen from coupled dry reforming and steam iron process with cobalt ferrites as oxygen carrier: Process improvement with the addition of NiAl_2O_4 catalyst [J]. Catal Today, 2017, 296: 163-169.

[102] Park M-J, Kim J-H, Lee Y-H, et al. System optimization for effective hydrogen production via anaerobic digestion and biogas steam reforming [J]. Int J Hydrogen Energy, 2020, 45: 30188-30200.

[103] Park M-J, Kim H-M, Lee Y-H, et al. Optimization of a renewable hydrogen production system from food waste: A combination of anaerobic digestion and biogas reforming [J]. Waste Manage (Oxford), 2022, 144: 272-284.

[104] Ahmed S, Lee S H D, Ferrandon M, S. Catalytic steam reforming of biogas-Effects of feed composition and operating conditions [J]. Int J Hydrogen Energy, 2015, 40: 1005-1015.

[105] Ha Q L M, Atia H, Kreyenschulte C, et al. Effects of modifier (Gd, Sc, La) addition on the stability of low Ni content catalyst for dry reforming of model biogas [J]. Fuel, 2022, 312: 122823.

[106] Moral A, Reyero I, Alfaro C, et al. Syngas production by means of biogas catalytic partial oxidation and dry reforming using Rh-based catalysts [J]. Catal Today, 2018, 299: 280-288.

[107] Italiano C, Balzarotti R, Vita A, et al. Preparation of structured catalysts with Ni and Ni-Rh/CeO$_2$ catalytic layers for syngas production by biogas reforming processes [J]. Catal Today, 2016, 273: 3-11.

[108] Roy P S, Raju A S K, Kim K. Influence of S/C ratio and temperature on steam reforming of model biogas over a metal-foam-coated Pd-Rh/ (CeZrO$_2$-Al$_2$O$_3$) catalyst [J]. Fuel 2015, 139: 314-320.

[109] Sumrunronnasak S, Tantayanon S, Kiatgamolchai S, et al. Improved hydrogen production from dry reforming reaction using a catalytic packed-bed membrane reactor with Ni-based catalyst and dense PdAgCu alloy membrane [J]. Int J Hydrogen Energy. 2016, 41: 2621-2630.

[110] Parente M, Soria M A, Madeira L M. Hydrogen and/or syngas production through combined dry and steam reforming of biogas in a membrane reactor: A thermodynamic study [J]. Renewable Energy, 2020, 157: 1254-1264.

[111] Liu J-L, Park H-W, Chung W-J, et al. Simulated biogas oxidative reforming in AC-pulsed gliding arc discharge [J]. Chemical Engineering Journal, 2016, 285: 243-251.

[112] Zhu F, Zhang H, Yan X, et al. Plasma-catalytic reforming of CO$_2$-rich biogas over Ni/γ-Al$_2$O$_3$ catalysts in a rotating gliding arc reactor [J]. Fuel, 2017, 199: 430-437.

[113] Mei D, Ashford B, He Y-L, et al. Plasma-catalytic reforming of biogas over supported Ni catalysts in a dielectric barrier discharge reactor: Effect of catalyst supports [J]. Plasma Processes and Polymers, 2017, 14.

[114] Braga L B, Silveira J L, da Silva M E, et al. Hydrogen production by biogas steam reforming: A technical, economic and ecological analysis [J]. Renewable and Sustainable Energy Reviews, 2013, 28: 166-173.

[115] Silveira J L, Gomes L a. Fuel cell cogeneration system: a case of technoeconomic analysis [J]. Renewable and Sustainable Energy Reviews, 1999, 3: 233-242.

[116] Kothari R, Buddhi D, Sawhney R L. Comparison of environmental and economic aspects of various hydrogen production methods [J]. Renewable and Sustainable Energy Reviews, 2008, 12: 553-563.

第10章
醇类制氢

液态的醇类化合物易于储存和输运，且具有较高的储氢量；大部分醇类无毒，安全性和环境友好性均较高，适合用作制取氢气的原料。液态醇类可作为分布式的小型制氢单元的原料，微型化的甲醇、乙醇制氢机还可能直接为燃料电池供氢，发展燃料电池车等技术。文献[1]详细介绍甲醇、乙醇和以甘油为代表的多元醇制氢技术，有兴趣的读者可参阅。

10.1　甲醇制氢

甲醇是最简单的饱和一元醇，其结构式是 CH_3OH，分子量为 32.04，物化性质如表 10-1。

表 10-1　甲醇物化性质

项目	数值	项目	数值
闪点	12.22℃	熔点	−97.8℃
沸点	64.5℃	蒸气压	13.33kPa(100mmHg,21.2℃)
相对密度	0.792(20℃/4℃)	溶解性	与水、乙醇、乙醚、苯、酮等混溶
颜色	无色透明	气味	略有酒精气味
状态	液态	危险标识	7（易燃液体）
自燃点	463.89℃	挥发性	易挥发

甲醇是重要的化学工业基础原料，其在有机化工行业中使用量仅次于苯、乙烯以及丙烯，是制造甲胺、甲醛、醋酸等多种有机化工产品的原料[2]。另外，近几年甲醇燃料、甲醇制烯烃、甲醇制芳烃、甲醇制汽油、甲醇制聚甲氧基二甲醚等技术的兴起与发展[3]，也进一步提升了市场对甲醇的需求量。

最近，国内外大量投资绿色甲醇项目。丹麦可再生能源开发商欧洲能源公司（European energy）近期从丹麦绿色投资基金（DGIF）获得 5300 万欧元，用于在丹麦 Kassø 建造的 Power-to-X（PtX）装置。该装置将成为世界上最大的绿色甲醇生产装置。该装置生产绿色甲醇的最终用户将是航运公司马士基（Maersk）和燃料零售商 Circle K 等。项目计划于 2023 年下半年开始商业甲醇生产，将为世界上第一艘使用甲醇的集装箱船提供燃料[4]。我国已有数家开始绿色甲醇示范项目，有数十家甲醇制氢设备厂家，甲醇站内制氢加氢的撬装站已经在张家口为 2022 年北京冬奥会投运[5]。

10.1.1　甲醇蒸汽重整制氢

甲醇可以通过蒸汽重整反应（甲醇蒸汽重整，methanol steam reforming，MSR）制氢，也可通过放热的氧化重整反应制氢。

MSR：
$$CH_3OH + H_2O \longrightarrow CO_2 + 3H_2 \qquad \Delta H_{298}^{\ominus} = 51kJ/mol \qquad (10\text{-}1)$$

一般认为该反应如下步骤进行：

分解
$$CH_3OH \Longrightarrow CO + 2H_2 \qquad \Delta H_{298}^{\ominus} = 92kJ/mol \qquad (10\text{-}2)$$

水煤气变换
$$CO + H_2O \Longrightarrow CO_2 + H_2 \qquad \Delta H_{298}^{\ominus} = -41kJ/mol \qquad (10\text{-}3)$$

MSR 具有反应温度低、氢气选择性好、CO 浓度低等优点[6]，是为燃料电池汽车供氢的较理想方法。但此反应是一个强的吸热反应，反应过程中需要额外的热源为其供热。甲醇自热重整（autothermal reforming of methanol，ARM）或者部分氧化（partial oxidation of methanol，POM）可解决此问题：

部分氧化：
$$CH_3OH + 0.5O_2 \longrightarrow CO_2 + 2H_2 \qquad \Delta H_{298}^{\ominus} = -192.2kJ/mol \qquad (10\text{-}4)$$

甲醇燃烧：
$$CH_3OH + 1.5O_2 \longrightarrow CO_2 + 2H_2O \qquad \Delta H_{298}^{\ominus} = -730.8kJ/mol \qquad (10\text{-}5)$$

自热重整：
$$CH_3OH + (1-2\delta)H_2O + \delta O_2 \longrightarrow CO_2 + (3-2\delta)H_2 \qquad \Delta H_{298}^{\ominus} = -71.4kJ/mol$$
$$(\delta = 0.25) \qquad (10\text{-}6)$$

POM 和 ARM 通常使用空气为氧化剂，反应为放热反应，转化率高，对原料变化的响应时间也比较短。但由于空气的引入，尾气中 H_2 的浓度降低，CO 的浓度较高。

甲醇蒸汽重整制氢反应通常发生在中低温（423～573K），因此对催化剂的活性要求较高。主流的甲醇制氢催化剂是 Cu 基催化剂和贵金属催化剂。

贵金属催化剂 Pd、Pt、Ru、Ir 等都有催化甲醇重整制氢活性，其中以 Pd 的活性最高。

10.1.2　甲醇水相重整制氢

甲醇蒸汽重整制氢通常发生在较高温（200～350℃），需要额外的供热系统来气化反应物，不利于其在要求简单紧凑的车载和手提式 PEMFC 的应用。水相甲醇重整制氢（APRM）被认为是一种理想的应用在车载和手提式 PEMFC 的技术。这一技术目前主要的限制在于缺乏高效的 APRM 催化剂。

10.2　乙醇制氢

乙醇结构式是 C_2H_5OH，分子量为 46，其物化性质如表 10-2。

表 10-2　乙醇物化性质

项目	数值	项目	数值
闪点	21.1℃	熔点	−117.3℃
沸点	78.4℃	折射率 n_D^t	1.3614

项目	数值	项目	数值
相对密度(20℃/20℃)	0.7893	溶解性	易溶于水、甲醇、氯仿乙醚
颜色	无色透明	气味	特殊香味
状态	液态	危险标识	7(易燃液体)
黏度(20℃)	1.17/(mPa·s)	挥发性	易挥发

在所有的液态生物质燃料产品中，乙醇是目前全球公认的最为成熟的汽油代替燃料之一。作为一种可再生的生物液体燃料，乙醇在缓解大气污染、减少温室气体排放、降低对石油的依赖甚至于激活农村经济和提高农民收入等方面都有十分显著的作用，因而在全球的多个国家和地区得到了推广使用，已经成为国际上最受关注的可再生能源之一。

10.2.1　乙醇直接裂解制氢

单个乙醇分子含有3分子的氢气，这为乙醇直接得到氢气提供了可能。乙醇经高温催化分解为氢和碳，该反应吸热，反应的主产物是氢气，副产物为CO、纯碳、甲烷。尽管该工艺具有流程短和操作单元简单的优点，但是，随着积碳的生成催化剂快速失活，制氢效率下降，氢气的选择性也下降[7]。

总的说来，该工艺难以连续稳定操作，在制氢上前途不大，但该过程可以作为一条得到碳材料的路线。

乙醇裂解可能的反应式：

$$C_2H_5OH \longrightarrow CO+CH_4+H_2 \qquad \Delta H^\ominus = 49.8kJ/mol \qquad (10-7)$$

$$C_2H_5OH \longrightarrow CO+C+3H_2 \qquad \Delta H^\ominus = 124.6kJ/mol \qquad (10-8)$$

10.2.2　乙醇蒸汽重整制氢

蒸汽重整反应是乙醇重整制氢的研究重点，也是目前最常用的乙醇制氢方法。这与燃料乙醇的工业制备方法有关：工业乙醇主要是由粮食、玉米等生物质发酵法制得，粗产品为含10%~13%（体积分数）乙醇的水溶液，可不经精馏直接用作蒸汽重整的原料。另一方面，蒸汽重整得到的氢气不仅来自于碳氢燃料，而且还可来自于水，具有较高的氢产率。

乙醇蒸汽重整制氢反应可用下式表示：

$$C_2H_5OH+3H_2O \longrightarrow 2CO_2+6H_2 \qquad \Delta H^\ominus = 174.2kJ/mol \qquad (10-9)$$

$$C_2H_5OH+H_2O \longrightarrow 2CO+4H_2 \qquad \Delta H^\ominus = 256.8kJ/mol \qquad (10-10)$$

乙醇蒸汽重整制氢反应为强吸热反应。在蒸汽重整过程中引入氧可以对反应热进行调控，根据引入的氧量不同又可分为部分氧化蒸汽重整和自热重整。

部分氧化蒸汽重整：

$$C_2H_5OH+(3-2x)H_2O+xO_2 \longrightarrow 2CO_2+(6-2x)H_2$$

$$\Delta H^\ominus = \left[\left(\frac{3-2x}{3}\right)\times 173-\left(\frac{x}{1.5}\right)\times 545\right]kJ/mol \qquad (10-11)$$

乙醇的部分氧化反应（POE）：

$$C_2H_5OH+0.5O_2 \longrightarrow 2CO+3H_2 \qquad \Delta H^\ominus = 14.1kJ/mol \qquad (10-12)$$

$$C_2H_5OH+1.5O_2 \longrightarrow 2CO_2+3H_2 \qquad \Delta H^\ominus = -545.0kJ/mol \qquad (10-13)$$

部分氧化蒸汽重整反应可以看作是蒸汽重整反应和部分氧化反应的耦合，放热的氧化反应释放的热量可以供吸热的蒸汽重整反应使用，从而可以通过原料计量比来调节反应温度。在这一类型反应中，原料中 O_2 与乙醇的比例非常关键：一方面，由于 O_2 的引入，对原料及一些中间产物有活化的作用，提高反应速率，并抑制积碳；但是过多的 O_2 会降低 H_2 产率，也会引起催化剂活性组分的氧化，从而加速活性金属的烧结。此外，如果采用纯氧，成本较高；如果采用空气，产物中氢气的浓度下降，提高了后续分离成本。

10.2.3　乙醇二氧化碳重整制氢

乙醇二氧化碳重整过程主要是发生以下反应：

$$C_2H_5OH + CO_2 \longrightarrow 3CO + 3H_2 \qquad \Delta H^{\ominus} = 296.7 \text{kJ/mol} \qquad (10\text{-}14)$$

乙醇蒸汽重整产物中 H_2/CO 比高，不适合直接作为 FT 合成和含氧有机物的原料。鉴于此，王文举[8]以 CO_2 代替 H_2O 进行重整反应，降低了反应的成本，更为重要的是得到的 H_2/CO 比可直接用于 FT 合成和含氧有机物的原料的反应。在全球对碳排放问题关注度日益增加的情况下，乙醇二氧化碳重整制合成气，可以缓和温室效应，改善人类生活环境，具有重大的战略意义，是一条有潜力的利用途径。

10.2.4　电催化强化乙醇制氢

当金属丝通电，表面的热电子对反应物有活化作用。把催化剂和电炉丝一同置入反应器当中，接通电炉丝的外接电源，当有电流通过电炉丝表面时，称之为电催化。

10.2.5　等离子强化乙醇制氢

坎特伯雷（Canterbury）大学与新西兰工业研究有限公司的研究团队于 2012 年公布了在非热等离子体反应器中通过蒸汽重整从乙醇生产氢气的技术。他们将乙醇和蒸汽的混合物送入等离子反应器中，在此通过电离气体的区域，电离气体采用高电压（7kV）、低电流场在电极之间产生。经等离子体反应器单次通过的乙醇转化率为 14% 左右，产品气体混合物中含有 60%～70%（摩尔分数）H_2。该过程的氢气选择性是很有前景的，后期的重点在于反应器和工艺条件的进一步优化，以提高乙醇转化率。

10.2.6　乙醇制氢催化剂

按活性组分可将乙醇制氢催化剂分为非贵金属催化剂（Fe、Co、Ni 和 Cu 等）和贵金属催化剂（Rh、Pd、Ru、Pt 和 Ir 等）两大类。这些催化剂的载体和助剂等还常常涉及第Ⅰ、Ⅱ、Ⅲ主族元素（如 Na、K、Mg、Al 等）和镧系元素（La、Ce 等）。

镍基催化剂是经济而优良的贱金属催化剂，对 C—C 键的断裂、WGS 和甲烷重整反应都具有良好的活性。在乙醇重整反应中，Ni 不仅是 ESR，也是部分氧化蒸汽重整和自热重整常见的活性组分。

10.3　多元醇制氢技术：甘油制氢

10.3.1　甘油及甘油性质

甘油是含有三个羟基的醇，又叫丙三醇，具有一般醇类的化学反应性，同时又具有多元醇特性。甘油是生物柴油生产中的主要副产物，生物柴油来源于可再生生物质，是极具潜力的传统化石能源替代品。近年来，生物柴油作为一种日益重要的可再生能源，其产量在几大主要的消费市场一直保持着快速增长[9]。我国生物柴油产量 2021 年约 150 万吨，同比增长 16.8%，出口量约 130 万吨，同比增长 45%，几乎全部出口到欧洲。

甘油通过热解和气化过程转化成更高品质的能源载体，如氢或合成气，是甘油较好的利用途径之一。在全球减排的背景下，甘油制氢过程中产生的二氧化碳可以通过植物的光合作用固定下来，而固定的二氧化碳转化成的生物质又可作为生物柴油的生产原料，形成了一个碳的循环，整个生产工艺实现了碳的零排放。

甘油（$CH_2OH—CHOH—CH_2OH$），又叫丙三醇，是无色透明的黏稠液体，有甜味并能从空气中吸收潮气。从 1900 年起就有关于甘油物理化学性质方面的报道，现将其汇总于表 10-3。

表 10-3　甘油物化性质汇总表[10]

项目	数值	项目	数值
热膨胀系数（15~30℃）	$6.22\times10^{-4}℃^{-1}$	折射率 n_D^t	1.47
扩散系数（水）	$0\sim70\%,1.0\times10^{-5}\,cm^2/s$ $90\%,3.0\times10^{-5}\,cm^2/s$	表面张力（25℃）	$62.5/(\times10^{-5}\,N/cm)$
凝固点	18.17℃	溶解性	易溶于水、甲醇、乙醇、丙醇、异丙醇、丁醇、戊醇、乙二醇、1,2-丙二醇、1,3-丙二醇、酚等中，可溶解在丙酮（4%）、醋酸（9%）中，二噁烷、乙醚中几乎不溶解，不溶于高级醇、油脂、氯仿、苯和己烷中
溶解热	47.9cal/g 或 4.41×10^{-3} cal/mol		
蒸发热	2.11×10^{-4} cal/mol（55℃） 1.99×10^{-4} cal/mol（105℃）		
闪点	177℃（99%）		
燃烧点	204℃		
常压燃烧热（15℃）	3.96×10^{-2} kcal/mol	介电常数（25℃）	42.488
生成热	1.60×10^{-2} kcal/mol	黏度（20℃）	$1.50\times10^{-3}/mPa\cdot s$
溶解热（水）	1.38×10^{-3} kcal/mol	离解常数	7×10^{-15}
蒸气压（290℃）	760mmHg	相对密度（20℃/20℃）	1.26362

注：1cal=4.1868J；1mmHg=133.322Pa。

10.3.2　甘油蒸汽重整制氢

余皓[1]详细地介绍了各种甘油制氢工艺和设备。甘油蒸汽重整反应是甘油分子在高温和蒸汽存在下，经历脱氢、脱水、碳碳键断裂生成小分子的含氧碳氢化合物，并通过碳碳键重排、蒸汽重整、水煤气变换（WGS）等反应，最后生成氢气、一氧化碳、二氧化碳、甲烷、乙烯、乙醛、乙酸、丙酮、丙烯醛、乙醇、甲醇、水和碳等复杂产物的过程。甘油蒸汽重整制氢根据投料以及供能方式的不同可以进一步细分，用一个总的通式表示为：

$$C_3H_8O_3+H_2O+O_2\longrightarrow H_2+CO+CO_2+H_2O+CH_4 \tag{10-15}$$

这些反应包括：甘油蒸汽重整（steam reforming of glycerol，SRG）、甘油氧化蒸汽重整（oxidative steam reforming of glycerol，OSRG）、甘油部分氧化（partial oxidation of glycerol，POG）。

SRG：　　$C_3H_8O_3+3H_2O\longrightarrow 3CO_2+7H_2$　　$\Delta H_{r,25℃}=128kJ/mol$　　(10-16)

POG：　　$C_3H_8O_3+3/2O_2\longrightarrow 3CO_2+4H_2$　　$\Delta H_{r,25℃}=-603kJ/mol$　　(10-17)

$$OSRG: \quad C_3H_8O_3 + 3/2H_2O + 3/4O_2 \longrightarrow 3CO_2 + 11/2H_2 \qquad \Delta H_{r,25℃} = -240kJ/mol$$

$$\tag{10-18}$$

$$C_3H_8O_3 + (3-2d)H_2O + dO_2 \longrightarrow 3CO_2 + (7-2d)H_2 \qquad \Delta H_{r,25℃} = 0kJ/mol$$

$$\tag{10-19}$$

甘油蒸汽重整的产氢效率最高，在理想情况下每摩尔甘油能产生 7mol 氢气，但是该反应强吸热，需要外界供能以维持反应的进行；甘油的部分氧化实质上是用氧气直接实现甘油碳碳键的断裂从而使其分解产氢，该反应强放热，但是产氢效率较低；甘油氧化蒸汽重整结合两者的优点，氧气不仅可以促进甘油分子的分解，还能够降低热效应，通过适当的调节碳氧比可以实现 $\Delta H^{\ominus} = 0$，即自热重整反应（autothermal reforming of glycerol，ATRG）。通过吸热反应与放热反应的耦合使得反应器在无需外界热源的维持下继续工作，可以省去外部加热设备而有利于紧凑式、便携式微型制氢反应器的设计。氧气的引入还能够有效地把沉积在催化剂表面的积碳烧掉，提高催化剂的使用寿命。

甘油黏度大，热稳定性差，加热到 300℃易发生裂解，对反应过程中的催化剂提出了较高的要求。Pd、Pt、Ru、Rh、Ir 等是常用的贵金属催化剂，通常它们催化活性高，抗积碳能力强，稳定性好，在加氢、脱氢以及氢解等涉氢反应中研究广泛，也可应用于甘油重整制氢。常见的贱金属重整催化剂主要有：Fe、Co、Ni、Cu 等。其中，Ni 基和 Co 基催化剂由于其高的断裂 C—C 键的能力和水煤气变换能力，是最常用的重整催化剂，许多研究者都对甘油制氢催化剂进行了研究或综述[11-19]。

10.3.3　甘油水相重整制氢

甘油气相重整制氢往往需要较高的温度，而水相重整法（APR）在较低温度（200～270℃）和高压（25～30MPa）下进行，可以节约制氢的能耗。碳材料的水热稳定性较好，是水相重整的理想催化剂载体[1]。

10.3.4　甘油干重整制氢

甘油也可以通过与 CO_2 重整制得合成气，即甘油的干重整反应。此反应得到的合成气是费托反应的原料，不仅可以对甘油实现有效利用，而且消耗了 CO_2，并为将其转化成为其他有价值的化工产品提供了可能[1]。

10.3.5　甘油高温热解法重整制氢

一分子甘油中含有四分子的氢气，这为直接裂解甘油制得氢气提供了可能性。这一裂解过程通常都在较高温度下进行。Valliyappan 等[20]在常压和 650～800℃的高温条件下，在石英、碳化硅和沙子等填料上热解甘油，主要的气相产物为 CO、H_2、CO_2、CH_4 和 C_2H_4，同时会形成大量的液相副产物以及积碳。反应温度、载气流速、进样速度以及填料的种类都对甘油的转化率和产物的分布有显著的影响[1]。

10.3.6　甘油超临界重整制氢

超临界过程也可以被应用在甘油制氢过程中，Ederer 和 Kruse 等[21]使用不同浓度的甘油水溶液在超临界水中进行重整反应，在 622～748K，25～45MPa 下，可得到甲醇、乙醛、丙醛、丙烯醛、烯丙醇、乙醇、二氧化碳、一氧化碳和氢气等产物，同时反应路径与过程中的压力息息相关，水在其中起到了溶解和提供质子、氢氧基团的双重作用。超临界过程对设备的要求苛刻，且氢气的产率也不高，故该技术目前研究得较少[1]。

10.4　醇类重整制氢反应器

近年来，一些新型反应器的出现加速了醇类重整制氢技术的发展。对于甲醇和乙醇，由于其均为液体原料进样，反应器的设计有许多共通之处。表 10-4 列举了具有代表性的乙醇重整制氢催化剂、反应形式、反应器及其性能。本节简述用于甲醇和乙醇重整制氢的主要反应器技术。

表 10-4　乙醇重整制氢催化剂、反应形式、反应器及其性能[22]

催化剂	反应形式①	反应器②	反应条件		乙醇转化	产品分布/%
			T/K	$O_2/H_2O/$乙醇	含量/%	$H_2/CO_2/CO/CH_4$
Rh/CeO$_2$	SR	FBR	723	0/8/1	100	69.1/19.2/3.5/8.2
Ni-Rh/CeO$_2$	OSR	FBR	873	0.4/4/1	100	55.8/25.6/10/8.6
Pd/ZnO	SR	FBR	723	0/13/1	100	73.1/15/0/0.6
	OSR			0.5/13/1	100	60.9/22/0.1/3.1
Pd/SiO$_2$	SR			0/13/1	95.7	39.2/0.9/33/27
	OSR			0.5/13/1	48.7	34.7/0.3/30.6/33
Rh/Al$_2$O$_3$	SR	micro-R	873	0/4/1	100	70/14.5/7.5/8
Rh-Ni/Al$_2$O$_3$					99.6	70.8/14.8/7.5/6.9
Rh-Ni-Ce/Al$_2$O$_3$					99.7	68.9/14.8/6.7/9.6
Co/ZnO	OSR	micro-R	733	过量/6/1	100	66.5/22.2/9.3/2
Rh/SiO$_2$	SR	FBR	873	0/5/1	100	61.6/15.4/9.6/13.4
		Pt-SKMR			100	75.2/9.4.2/9.6/4
		FBR	723		83	30.6/0/37/32.4
		Pt-SKMR			100	54.1/21/5.1/19.8
Co$_3$O$_4$/ZnO	SR	MSMR	773	0/3/1	82.6	67.3/15.3/13.7/3.7
				0/6/1	90.7	73.4/23.2/0/3.4

　① SR：steam reforming（蒸汽重整）；OSR：oxidative steam reforming（氧化蒸汽重整）。
　② FBR：fixed bed reator（固定床反应器）；micro-R：microchannel reactor（微通道反应器）；Pt-SKMR：Pt-impregnated stainless steel-supported Knudsen membrane reactor（铂浸渍的克努森膜反应器）；MSMR：macroporous silicon membrane reactor（大孔二氧化硅膜反应器）。

10.4.1　固定床反应器

传统固定床反应器被广泛应用于实验室中的醇重整制氢催化剂的性能评价，但由于催化剂的颗粒间的紧密堆积，容易出现局部的热点，导致催化剂活性金属的烧结，引起活性下降和积炭的生成，导致催化剂失活。在实验室中通常可采用引入石英砂来分散催化剂，降低局部热点生成[1]。

10.4.2　微通道反应器

20 世纪 90 年代以来，化学工程学发展的一个重要趋势是向微型化迈进，而微通道反应器作为微化工技术的核心设备受到广泛的关注[23]。与传统反应器相比，微通道反应器具有较大的比表面积、狭窄的微通道和非常小的反应空间，这些几何特征可以加强微反应器单位面积的传质和传热能力，显著地提高化学反应的选择性和转化率。在醇类重整制氢过程中，微通道反应器表现出能耗低、效率高、催化剂使用寿命长、体积小、易操作、可扩展等优良性能，对于小型便携式燃料电池的开发具有重要价值。

典型的微通道直径在 $50 \sim 1000 \mu m$ 之间，长度在 $20 \sim 100 mm$ 之间，每一个反应器单元可拥有数十上千条这样的通道。催化剂涂镀在此微通道的槽中。在如此小的反应通道中，反应物在反应器中呈滞流，气体的径向扩散时间在微秒量级，轴向返混得到有效降低，反应的传质传热效率可以极大地改善[1]。

10.4.3 微结构反应器

将粉末性催化剂制成的浆料、催化剂前驱体溶液等涂镀于能够提供亚毫米级流动通道的材料上制成的微型反应器称为微结构反应器。常见的微结构反应器包括独石（monolith）型反应器、泡沫型反应器、线型反应器等[1]。

10.4.4 膜反应器

利用膜的分离作用可将反应产物中的 H_2 或 CO_2 从反应区移出，从而打破化学平衡的限制，提高低温下重整制氢反应的转化率和选择性。

钯原子对氢分子具有非常强的吸附能力，并且很容易将其解离成氢原子，这些解离的氢溶解于钯膜中沿着梯度方向扩散并在膜的另一侧聚合为 H_2，而其他不能转变成氢原子的气体则不能通过钯膜。利用这一特性，钯及钯合金复合膜可用于 H_2 的分离[1]。

10.5 醇类制氢技术的特点

10.5.1 甲醇、乙醇制氢的技术经济性

甲醇和乙醇重整制氢技术经过多年的研发，在技术上已经十分成熟，一些企业已经可以提供完整的技术解决方案。如 Haldor Topsoe 可以提供包括甲醇蒸汽重整、自热重整等技术的催化剂和解决方案。一个典型的工业化重整制氢方案包括预重整、蒸汽重整、高低温变换（HTS+LTS）等单元，如需进一步纯化得到 CO 含量在 10^{-6} 量级的高纯氢，则可增加 PSA 单元。西班牙 Repsol 公司则提出了以乙醇为原料的类似工艺 Ethanol-to-shift[24]。该技术使用 Clariant 提供的 Reformax100 Ni 基重整催化剂，可稳定运行 500h 以上。

甲醇和乙醇制氢技术的工业应用主要面临成本高的问题。以乙醇为例，在乙醇蒸汽重整+变换的工艺中，所得到的氢气成本大约为 2.7 欧元/kg（3.2 美元/kg），而同等工艺要求下甲烷重整产氢成本仅为 1.55 欧元/kg[24]；如采用乙醇自热重整+变换+PSA 的工艺，氢气成本估计高达 14.1 美元/kg[25]。未来如能采用更低成本的生物乙醇有望降低制氢的成本。

10.5.2 甲醇、乙醇制氢的 CO_2 排放

依文献中介绍的方法[26]可估算甲醇和乙醇制氢的 CO_2 排放当量：甲醇蒸汽重整制氢技术的 CO_2 排放量为 $0.3 \sim 0.4 m^3 / m^3 \ H_2$，氧化蒸汽重整的 CO_2 排放指数一般略高于蒸汽重

整，为 $0.38\sim0.4\text{m}^3/\text{m}^3\text{ H}_2$，水相重整则多在 $0.34\text{m}^3/\text{m}^3\text{ H}_2$，但是水相重整会出现初始以甲醇脱氢为主的反应，这时 CO_2 排放指数有可能会小于 $0.05\text{m}^3/\text{m}^3\text{ H}_2$。

乙醇蒸汽重整制氢技术的 CO_2 排放量为 $0.5\sim0.7\text{m}^3/\text{m}^3\text{ H}_2$，氧化蒸汽重整的 CO_2 排放指数为 $0.8\sim1.0\text{m}^3/\text{m}^3\text{ H}_2$，自热重整则为 $1.0\sim1.2\text{m}^3/\text{m}^3\text{ H}_2$。事实上，若制氢过程中加热、分离、运输等的 CO_2 排放，该排放量会更高。然而，由于乙醇可以来源于生物质，即其所排放的 CO_2 有可能在植物生长的过程中被重新固定到生物质中去，从生物乙醇制造到制氢的整个过程在理论上对生态是碳中性的，这是乙醇制氢过程的重要优势之一。

10.5.3　甘油制氢的 CO_2 排放及经济性

作为典型的生物质资源，甘油与生物乙醇理论上都具有实现碳中性制氢的可能。在现有技术水平下，依照与生物乙醇相同的评价方法，甘油水蒸气重整制氢技术的 CO_2 排放量为 $0.8\sim1.1\text{m}^3/\text{m}^3\text{ H}_2$，氧化蒸汽重整的 CO_2 排放量为 $1.2\sim1.5\text{m}^3/\text{m}^3\text{ H}_2$，液相重整则为 $0.9\sim1.2\text{m}^3/\text{m}^3\text{ H}_2$。在甘油干重整制氢中，$CO_2$ 作为反应物参与制氢过程，因此其不仅不产生 CO_2，还要消耗掉部分 CO_2。甘油吸附增强重整制氢过程中，由于产生的 CO_2 都被原位捕获了，因此，如果不考虑脱附过程中的 CO_2 排放问题，其基本不产生 CO_2。但如果考虑脱附过程，其 CO_2 排放量接近理论值 $0.429\text{m}^3\text{CO}_2/\text{m}^3\text{ H}_2$[1]。

甘油制氢技术应用的关键是其经济可行性。2010 年美国阿贡国家实验室[27]对甘油制氢工艺进行了经济可行性分析。技术经济分析表明甘油重整得到的氢气的价格为 4.86 美元/kg H_2（不含税），氢气的目标价格为 3.80 美元/kg H_2 高出了 27%。甘油制氢的氢气价格中，原料成本占比最大（44%），其次为基建投入占 37%。甘油制氢技术可以得到以下看法：甘油是可再生的，同时也可以有效地转化为氢气；氢气的价格对原料的价格高度敏感，预计随再生原料粗甘油的价格持续下降，使甘油制氢在技术经济上具有可行性。

10.5.4　制氢与燃料电池耦合系统

以甲醇、乙醇为代表的液体醇类易于储存和输运，非常适合于分布式、可移动的小型制氢装置，在用于与燃料电池匹配构成完整的分布式能源系统方面有特殊的优势。

甲醇制氢+燃料电池系统目前存在两种设计，即外部重整和内部重整。

典型的外部重整系统包含燃烧炉、气化室、重整室和 CO 转化炉：小部分燃料通过燃烧提供热量来对甲醇和水的混合溶液进行气化；接着气化后的样品进入重整室进行重整反应；随后，在 CO 转化炉中除掉产物气中的 CO；最后，通过变压吸附的方式或者金属膜分离的方式纯化氢气，用于燃料电池。AixCellSys 公司[28]开发了外部甲醇重整制氢与 HT-PEMFC 结合的系统，结果表明，该系统能最大提供 $0.2\text{W}/\text{cm}^2$ 的电力，是利用纯氢过程一半的效率。

内部重整过程将甲醇重整制氢过程和燃料电池部分高效结合在一起，主要涉及它们两者间的热量和物质的交换。

许多研究组提供了完整的小型乙醇制氢-燃料电池方案，德国美因兹微技术研究所在。

然而，当以燃料电池为应用目标时，全系统的能量效率是值得分析的。余皓等[29]用一个简化的模型分析了甲醇、乙醇等 10 种典型的含氧燃料的蒸汽重整制氢过程。比较甲醇、乙醇、正丙醇、正丁醇、正己醇、乙二醇、丙三醇、葡萄糖、乙酸和丙酮等燃料可知：甲醇有着最高的能量效率和最大的水碳比操作区间；多元醇如乙二醇和丙三醇也有着较高的效率；乙醇次之；乙酸和葡萄糖的操作区间和效率较低，不适宜通过 SR-PEMFC 系统制氢。

参 考 文 献

[1] 毛宗强，毛志明，余皓，等．制氢工艺及技术［M］．北京：化学工业出版社，2018.

[2] 梁思远．甲醇的生产工艺及其发展现状［J］．能源技术与管理，2017：156-157.

[3] 薛金召，杨荣，肖雪洋，等．中国甲醇产业链现状分析及发展趋势［J］．现代化工，2016，36（09）：1-7.

[4] 吴显法．绿色甲醇用作远洋船舶航运燃料的应用研究［J］．天津航海，2022-12-30.

[5] 王贺武，欧阳明高，李建秋，等．中国氢燃料电池汽车技术路线选择与实践进展［J］．汽车安全与节能学报，2022-06-15.

[6] Shishido T，Yamamoto Y，Morioka H，et al. Production of hydrogen from methanol over Cu/ZnO and Cu/ZnO/ Al_2O_3 catalysts prepared by homogeneous precipitation：Steam reforming and oxidative steam reforming［J］．Journal of Molecular Catalysis A：Chemical，2007，268：185-194.

[7] 王卫平，吕功煊．Co/Fe 催化剂乙醇裂解和部分氧化制氢研究［J］．分子催化，2002（06）：433-437.

[8] 王文举．Ni 催化剂催化乙醇重整制氢的研究［D］．天津：天津大学，2009.

[9] Schwengber C A，Alves H J，Schaffner R A，et al. Overview of glycerol reforming for hydrogen production［J］．Renewable & Sustainable Energy Reviews，2016，58：259-266.

[10] 张金廷，胡培强，施永诚，等．甘油［D］．北京：化学工业出版社，2008.

[11] Hu Y，He Q，Xu C. Catalytic conversion of glycerol into hydrogen and value-added chemicals：Recent research advances［J］．Catalysts，2021，11（12）：1455.

[12] Ayodele B V，Abdullah T A R B T，Alsaffar M A，et al. Recent advances in renewable hydrogen production by thermo-catalytic conversion of biomass-derived glycerol：Overview of prospects and challenges［J］．International Journal of Hydrogen Energy，2020，45（36）：18160-18185.

[13] Roslan N A，Abidin S Z，Ideris A，et al. A review on glycerol reforming processes over Ni-based catalyst for hydrogen and syngas productions［J］．International Journal of Hydrogen Energy，2020，45（36）：18466-18489.

[14] 冯鹏．甘油水蒸气重整制氢催化剂研究［D］．上海：华东理工大学，2020.

[15] 贾郁．双金属基微纳多孔电催化剂制备及其电解水性能研究［D］．杭州：浙江大学，2020.

[16] 蒋博．化学链重整制氢镍基高性能载氧体合成及性能研究［D］．大连：大连理工大学，2019.

[17] 张家乐．甘油蒸汽重整制氢高效镍基催化剂的制备改性研究［D］．南京：南京理工大学，2019.

[18] 党成雄．用于甘油吸附增强重整制氢的双功能催化剂的设计与调控［D］．广州：华南理工大学，2018.

[19] 王一双．镍基凹凸棒石催化剂催化蒸汽重整生物油模型物制氢研究［D］．淮南：安徽理工大学，2018.

[20] Valliyappan T. Hydrogen or syn gas production from glycerol using pyrolysis and steam gasification processes［J］．University of Saskatchewan，2004.

[21] Bühler W，Dinjus E，Ederer H J，et al. Ionic reactions and pyrolysis of glycerol as competing reaction pathways in near-and supercritical water［J］．The Journal of supercritical fluids，2002，22（1）：37-53.

[22] 张超，郎林，阴秀丽，等．生物乙醇重整制氢反应器［J］．化学进展，2011，23（04）：810-818.

[23] Younes-Metzler O，Svagin J，Jensen S，et al. Microfabricated high-temperature reactor for catalytic partial oxidation of methane［J］．Applied Catalysis A：General，2005，284（1-2）：5-10.

[24] Roldán R. Technical and economic feasibility of adapting an industrial steam reforming unit for production of hydrogen from renewable ethanol［J］．International Journal of Hydrogen Energy，2015，40（4）：2035-2046.

[25] Lopes D G，Da Silva E P，Pinto C S，et al. Technical and economic analysis of a power supplysystem based on ethanol reforming and PEMFC［J］．Renewable energy，2012，45：205-212.

[26] Silveira J L，de Queiroz Lamas W，Tuna C E，et al. Ecological efficiency and thermoeconomic analysis of a cogeneration system at a hospital［J］．Renewable and Sustainable Energy Reviews，2012，16（5）：2894-2906.

[27] Ahmed S，Papadias D，Farmer R. Hydrogen from glycerol：A feasibility study［J］．2010 Annual Merit Review and Peer Evaluation Report，DOE Hydrogen Program，June，2010：7-11.

[28] Wichmann D，Engelhardt P，Wruck R，et al. Development of a highly integrated micro fuel processor based on methanol steam reforming for a HT-PEM fuel cell with an electric power output of 30 W［J］．ECS Transactions，2010，26（1）：505.

[29] Li J，Yu H，Yang G，et al. Steam reforming of oxygenate fuels for hydrogen production：a thermodynamic study［J］．Energy & fuels，2011，25（6）：2643-2650.

H_2

第**11**章
烃类裂解制氢

11.1 烃的定义及制氢方法

烃是碳氢化合物的统称。碳原子与氢原子各为四价及一价，所以碳原子可以和多个氢原子结合成分子。根据烃分子中氢的饱和程度来区分，烃有三大分支：烷烃、烯烃和炔烃。

① 烷烃是饱和的烃类，其通式为 $C_n H_{2n+2}$ ($n=1,2,3\cdots$)，常见的烃有甲烷、乙烷、丙烷和丁烷等。

② 烯烃是少了一分子氢的烃，其通式为 $C_n H_{2n}$ ($n=2,3\cdots$)，常见的烯有乙烯 [合成纤维、合成橡胶、合成塑料（聚乙烯及聚氯乙烯）、合成乙醇（酒精）的基本化工原料]、丙烯（主要用于生产聚丙烯、丙烯腈、异丙醇、丙酮和环氧丙烷等）和丁烯（有四种异构体，主要用于制备丁二烯）等。

③ 炔烃是比烯更缺氢的烃，其通式为 $C_n H_{2n-2}$ ($n=2,3\cdots$)，常见的炔有乙炔（电石）。

传统的烃类制氢的主要方法是重整法。文献[1]详细介绍了天然气水蒸气重整制氢，天然气部分氧化重整制氢，天然气水蒸气重整与部分氧化联合制氢等。本文不多做描述，有兴趣的读者可以阅读原文。应当指出，为了获得更多的氢气，现在常用的烃类转化制氢法，相当于烃类和水反应，从而使烃类的炭置换出了水中的氢气，放出 CO_2，可用下式表示：

$$C_n H_m + 2n H_2 O \longrightarrow n CO_2 + (m/2 + 2n) H_2 \qquad (11\text{-}1)$$

本文聚焦于热分解烃类分子生成氢气和固体炭黑的方法。其化学反应，如下式：

$$C_n H_m \longrightarrow n C + (m/2) H_2 \qquad (11\text{-}2)$$

由此可见，按以上的过程制取了氢气，没有排入大气的二氧化碳，而是留在地面上的炭黑。得到的炭黑可用作着色剂、防紫外线老化剂和抗静电剂；在印刷业做黑色染料，做静电复印色粉等等。重要的是避免了二氧化碳的排放。

由式(11-1) 和式(11-2) 比较可以看出，式(11-1) 中水的加入使氢气的收率增加了，同时产生了二氧化碳。

11.2 烃类分解制取氢气和炭黑方法

目前，主要有两种方法用于烃类分解制取氢气和炭黑，即热裂解法和等离子体法。

11.2.1 热裂解法

烃类的热裂解法本来是为炭黑的生产而开发的[2]，是很成熟和比较常用的生产炭黑的方法。随着纳米碳的兴起，越来越多的人认为作为制氢的方法也是可行的。其基本原理是：将烃类原料在无氧（隔绝空气）、无火焰的条件下，热分解为氢气和炭黑。生产装置中可设置两台裂解炉，炉内衬耐火材料并用耐火砖砌成花格构成方形通道。生产时，先通入空气和燃料气在炉内燃烧并加热格子砖，然后停止通空气和燃料气，用格子砖蓄存的热量裂解通入原料气，生成氢气和炭黑。两台炉子轮流进行蓄热-裂解，周而复始循环操作。将炭黑与气相分离后，气体经提纯后可得纯氢，其中的氢含量依原料不同而不同，如原料为天然气其氢含量可达 85% 以上。

11.2.2 等离子体法

等离子体的高温以及化学活性粒子作用使得在无催化剂情况下，天然气可以高转化率裂解。

挪威的 Kverrner 油气公司开发了所谓的"CB&H"工艺，即等离子体法分解烃类制氢气和炭黑的工艺[3]。该公司于 1990 年开始该技术研究，1992 年进行了中试实验，据称现在已经建成工业制氢装置。CB&H 的工艺过程为：等离子体反应器提供能量使原料发生热分解，等离子气是氢气，可以在过程中循环使用，因此，除了原料和产生等离子体所需的电源外，过程的能量可以自给。用高温热预热原料，使其达到规定的要求，进入等离子体反应器得到炭黑和氢气。

挪威的 CB&H 工艺就是基于天然气热等离子体裂解制氢的代表工艺，并且已经率先工业化。CB&H 工艺的等离子体功率可达 6MW，天然气在 2000K 的高温下热解，可接近完全转化，目前每立方米氢气的能耗为 $1.1kW \cdot h$。CB&H 工艺产物包括不含 CO 的氢气以及纯炭黑。

几乎所有的烃类都可作为制氢原料，不同的原料，最终产品中的氢气和炭黑的比例不同。据 Kverrner 油气公司称，利用该技术建成的装置规模最大为每年 3.6 亿立方米（标氢气）。

天然气热等离子体裂解工艺与传统工艺相比具有原料利用率高、操作简单、无催化剂、投资少、反应速率快、转化率高等优点，可生产不含 CO 的氢气以用于燃料电池，同时无 CO_2 温室气体排放，是一种清洁的制氢工艺。

11.3 天然气热裂解制氢

甲烷是天然气的主要成分，国家标准《天然气》（GB 17820—2018）规定了天然气的质量要求、试验方法和检验规则。适用于经过处理的、通过管道输送的商品天然气主要由甲烷（85%）和少量乙烷（9%）、丙烷（3%）、氮（2%）和丁烷（1%）组成。

甲烷热裂解技术因具有以下优点，使得该技术在近年来受到广泛关注：①产物只有氢气和固体碳生成，无直接 CO_2 排放，有利于我国 2030 年"碳达峰"、2060 年"碳中和"的目标；②甲烷热裂解过程生成 1mol H_2 只需 37.43kJ 的能量，远低于甲烷蒸汽重整（SMR）制氢过程的 63.25kJ/mol H_2 和电解水制氢过程的 285.8kJ/mol H_2[4]；③甲烷裂解反应（$CH_4 \longrightarrow C+2H_2$ $\Delta H^{\ominus}=74.8kJ/mol\ CH_4$），无需高压反应系统，进而降低生产成本；④裂解过程生成的高附加值碳材料提高本技术的经济效益。

当前，天然气热裂解制氢技术又可细分为：高温热裂解法、催化裂解法、等离子体裂解法、熔融金属裂解法等。

11.3.1　天然气高温热裂解制氢

甲烷可以直接热裂解生成氢气和固体碳产品。文献[5,6]给出理论上甲烷直接热裂解反应温度对其转化率的影响，如图 11-1。由图 11-1 可知，欲使甲烷分子达到 90% 以上的转化率，理论上的最低温度约为 1073K。

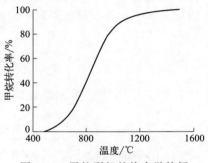

图 11-1　甲烷裂解的热力学特征

Keipi 等[7]研究了甲烷直接高温热裂解的反应性能，反应所需的热量来源于燃烧额外供给的天然气，流程如图 11-2 所示。

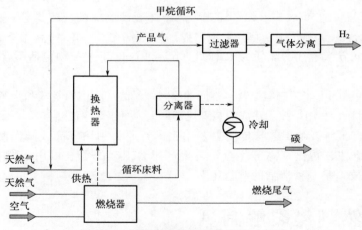

图 11-2　甲烷高温裂解制氢流程示意图

首先将天然气和空气按完全燃烧比例混合，同时进入炉内燃烧，使温度逐渐上升，至 1300℃时，停止供给空气，只供应天然气，使之在高温下进行热分解生成炭黑和氢气。由于天然气裂解吸收热量使炉温降至 1000~1200℃时，再通入空气使原料气完全燃烧升高温度后，又再停止供给空气进行炭黑生产，如此往复间歇进行。该反应在炭黑、颜料与印刷工业已有多年的历史，反应在常压固定床中进行。该方法技术较简单，经济上也还合适，但是氢气的成本仍然不低。

化石燃料供能会导致系统排放 CO_2，不利于"碳达峰"和"碳中和"。如直接使用可再生能源，则没有 CO_2 排放。因此有研究人员直接使用太阳热。Dahl 等[8]利用太阳能为甲烷裂解反应过程提供所需热量，发现在反应温度为 2133K、甲烷平均停留时间为 0.01s 的条件下，其甲烷转化率约为 90%，生成炭黑的粒径在 20～40nm 之间。Abanades 等[9]试验高温喷嘴式太阳能化学反应器，发现进入反应器的甲烷气体流速与其转化率成反比。在使用直径为 2m 的垂直太阳能炉时，生成炭黑和氢气，甲烷的转化率可达 99%，氢气产率超过 90%。

11.3.2 天然气催化热裂解制造氢气

高温裂解甲烷会增大系统能耗和生产成本。研究发明，通过加入催化剂可以有效活化 C—H 键，降低键能进而降低裂解过程需要达到的反应温度。甲烷催化裂解流程示意图如图 11-3。

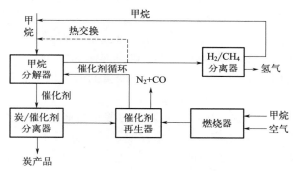

图 11-3　甲烷催化裂解流程示意图

天然气催化热裂解制造氢气和炭黑是一种以气态烃为原料让燃烧和裂解分别进行的一种间歇式方法。CH_4 可以在一定条件下发生如下裂解反应：

$$CH_4 \xrightarrow{\text{催化剂}} C + 2H_2 \quad (\Delta H_{298}^{\ominus} = +75kJ/mol) \tag{11-3}$$

催化剂在 CH_4 裂解反应中降低反应活化能，加快反应速率的作用。如 Avdeeva 等[10]发现在催化剂 Co（60%）/Al_2O_3 上，随着温度升高，CH_4 的转化率增大，但催化剂的碳容量和寿命下降。Goodman 等[11]在催化剂 Ni（88%）/ZrO_2 上发现高温有利于 CH_4 的裂解。典型的催化热裂解工艺流程框图见图 11-4。

烃类分解制氢及其相关研究已得到国内外研究者的普遍关注。甲烷催化裂解制氢技术的催化剂研究主要关注碳基催化剂和金属型催化剂。

近年来，不少研究者对天然气分解产生氢气和炭黑的反应以及在催化剂表面生成炭黑的作用机理进行了研究[12,13]，认为烃类催化分解制氢和炭黑较传统的烃类热解制氢和炭黑有较大的提高。

Lázaro 等[14]以活性炭作为甲烷裂解催化剂，在反应温度 850℃、气体流速 0.75L/（g·h）的条件下，甲烷转化率约为 62%，显示出了较高的活性。Wang 等[15]研究不同碳基催化剂的催化性能，发现甲烷初始转化率与催化剂的化学结构密切相关，其中以碳纳米管作催化剂，甲烷初始转化率为 10%，而有序介孔碳（微观上具有有序结构的介孔碳材料）可达

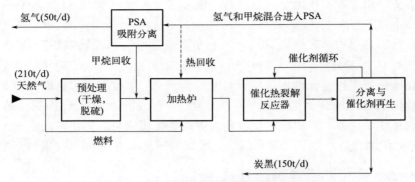

图 11-4　典型的催化热裂解工艺流程框图

28%。随着反应的进行，生成的碳颗粒粉末将沉积在催化剂活性位点，使得催化性能显著降低，甲烷转化率降低为 4%。Muradov 等[16]发现类似的结果。

相较于甲烷裂解领域的碳基材料催化剂，金属催化剂由于具有较优的催化性能而得到广泛应用特别是第八族的过渡金属及贵金属元素[17]。

Koerts 等[18]研究不同金属的催化效果。发现金属催化剂对甲烷热裂解催化活性的排列顺序为：Ni、Ru、Co、Rh>Pt、Re、Ir>Pd、Cu、W、Fe、Mo。Li 等[19]考查了 Co 和 Ni 催化剂的催化性能，在相同的反应条件下，Ni 基催化剂的反应活性明显高于 Co 基催化剂，且 Ni 基催化剂的失活速率显著低于 Co 基催化剂。

Cunha 等[20]对比了单金属 Ni 与 Ni-Cu 合金的催化性能，结果表明，Cu 的加入明显增强了 Ni 催化剂在甲烷催化裂解反应中的稳定性能，从而减少了积炭。Takenaka 等[21]研究 SiO_2 和 TiO_2 载体对 Ni 基催化剂性能的影响，发现载体的加入有助于提高 Ni 基催化剂的机械稳定性和耐高温性，进而扩展了其使用的适宜范围，提高了催化剂的活性。

11.3.3　天然气等离子裂解制氢

毛宗强等在文献[22]中专门列出"等离子制氢"一章，介绍了等离子体制氢的研究情况。文献[23]介绍了为避免传统催化裂解催化剂因碳沉积失活的问题采用高能量等离子体打断 C—H 键。等离子体裂解法具备随关随停的特性，减少了加热到系统反应所需温度的时间耗损。与催化裂解过程不同，等离子体法的活性物质是高能电子和自由基。当气体不断从外部吸收能量电离生成正、负离子及电子后，就形成了等离子体，按照粒子温度及整体能量状态可分为高温等离子体和低温等离子体。甲烷等离子裂解法通常在低温等离子体中进行，其主要由电弧放电产生 103～105℃ 的热等离子体。

文献[23]给出的离子体法甲烷裂解制氢工艺主要由等离子体发生器、反应器、热交换器、碳材料收集器以及氢纯化器等部件组成。等离子体裂解制氢工艺的流程示意图见图 11-5。工作气体进入等离子体发生器形成等离子体，然后原料气甲烷与等离子体撞击发生裂解反应，经热交换器回收热量后，进入过滤器进行碳材料的收集，生成的混合气经分离提纯后将甲烷循环使用，氢气用于反应过程供能或循环作为工作气体。

Khalifeh 等[24]研究了利用介质阻挡放电生成等离子体并进行甲烷裂解制氢反应，研究发现电极长度和电压的增加以及脉冲电压频率的升高，会显著提高甲烷转化率，实验中甲烷最高转化率为 87.2%，但在反应器内部观察到少量固体碳。Kundu 等[25]的研究也发现类似的结果。

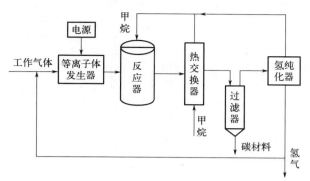

图 11-5 等离子体裂解制氢法流程示意图

张浩等[26,27]探究了甲烷在滑动电弧放电等离子体中的裂解制氢反应,发现随着进气流量和 CH_4/Ar 体积比的增大,甲烷的转化率均降低,实验中甲烷转化率可达 22.1%～70.2%。

张浩还发现与微波放电、介质阻挡放电、射频放电相比,旋转滑动电弧放电可以得到较高的甲烷转化率、较低的能量消耗以及较大的气体处理量。Mašlani 等[28]和 Hu 等[29]的研究也发现类似结果。

工业应用方面,挪威科技工业研究院于 1992 年建造了一个 3MW 级别的甲烷等离子体法制氢和炭黑的示范工程[30],整个工程天然气消耗量为 $1000m^3/h$、消耗电量为 2.1MW,产出炭黑 5000kg/h,氢气 $2000m^3/h$,通过废热锅炉可以回收 1MW 的蒸汽热能。1998 年,挪威克瓦纳集团在加拿大建造了一个商业规模的等离子体法天然气制炭黑厂。2020 年,美国 Monolith Materials 公司在内布拉斯加州建成并投产了等离子体法制氢和炭黑工厂(Olive Creek Ⅰ)[31],操作温度约 2000℃,氢气产能为 1250t/a,炭黑产能为 $1.4×10^4t/a$,耗电量为 0.8MW,预计 Olive Creek Ⅱ 厂建成后,炭黑总产能将上升至 $19.4×10^4t/a$。

等离子体裂解制氢工艺同时也存在设备积碳现象,尤其是电极上的积碳会加速电极的消耗;而积碳问题是制约等离子体裂解制氢工艺发展的重要因素。

11.3.4 熔融金属天然气热裂解制氢

为了解决天然气直接高温热裂解工艺的高能耗,解决天然气催化裂解工艺过程中催化剂失活的缺陷,有研究学者提出了利用熔融态金属作为天然气热裂解的催化剂和传热介质。

该熔融金属法天然气裂解工艺流程如图 11-6 所示,天然气气体从反应器底部输入,在多孔分布器的作用下,输入天然气气体变为一个个气体小泡,并在其上浮的过程中发生裂解,生成氢气和固体碳颗粒。由于生成的碳颗粒密度与熔融金属存在显著的差异,因而密度低的碳材料会自动上浮至熔融金属表面,便于后续分离。

Serban 等[32]以金属锡为反应液相介质,在反应温度 750℃下,甲烷转化率达到 51%,生成的碳材料主要为石墨。随后研究人员陆续分析了金属 Mg、Cu、Ga 等熔融金属的催化性能发现 Ni-Bi 合金和 Cu-Bi 合金具有较优的性能[33,34],能实现较高的甲烷转化率和氢气产率。

德国卡尔斯鲁厄理工学院与先进可持续性研究院共同设计并搭建了一个基于熔融金属的反应器。2012 年底到 2015 年春期间,研究人员评估了不同的参数和选项,如温度、建筑材料和停留时间。最终的设计是一个 1.2m 高、由石英和不锈钢制成的设施,使用纯锡和由石英组成的填充床结构。在 2015 年 4 月最近的实验中,反应器连续操作两周,产出氢气,在 1200℃下转化率达 78%。创新的反应器可抗腐蚀和避免堵塞,产生的微粒炭粉可以很容易

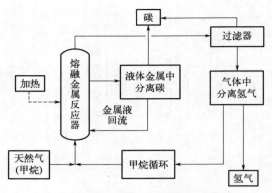

图 11-6 熔融金属法裂解甲烷示意图

地进行分离，从而可满足工业规模反应器连续操作所需的技术条件。随后，卡尔斯鲁厄理工学院与欧洲油气公司 WintershallDea 合作开展熔融金属法甲烷裂解制氢和碳材料技术研究。该合作项目耦合了光电、风电以及储能技术，实现了整个甲烷裂解制氢工艺零碳排放，目前，该项目已进入中试阶段。2019 年，美国 Mcfarland 研究团队成立 C-Zero 公司，将熔融金属甲烷裂解制氢研究成果商业化，目前已获得 1485 万美元投资，并计划于 2022 年建成制氢量达 250kg/d 的示范装置。

李雅欣等[23] 的新反应器可使用液态金属技术。他将分散的天然气小气泡在充满熔融锡的反应器底部注入。天然气气泡上升到液态金属的表面时发生裂解反应，生成的炭和氢气在液态金属表面分离，炭最终沉积在反应器底部。

11.4 热分解制氢气和炭黑与传统方法的比较

11.4.1 分解天然气的能耗

Muradov[35] 分析了化石燃料的蒸汽重整和热分解两种工艺。以甲烷为例，其水蒸气重整和热分解分别可以用下面的式子表示：

$$CH_4 + 2H_2O \Longrightarrow CO_2 + 4H_2 \quad \Delta H^\ominus = -163kJ/mol \tag{11-4}$$

$$CH_4 \Longrightarrow C + 2H_2 \quad \Delta H^\ominus = -75.6kJ/mol \tag{11-5}$$

由此可见，甲醇水蒸气重整的吸热量是热分解的 2 倍多，也就是说转化同样量的甲烷，蒸汽转化法的耗能将是热分解法的 2 倍多。

11.4.2 氢气产品的能耗与原料消耗

从反应式(11-4) 和式(11-5) 看生成氢气的耗能，蒸汽重整法为 40.75kJ/mol，热分解法为 37.8kJ/mol，两种方法能耗相当，热分解法的略低些。

大多数的烃蒸汽转化制氢工艺，原料烃同时也是燃料，要提供过程所需的热量。因此，两种方法的单位摩尔氢气的原料耗量相当。

11.4.3 排放 CO₂ 比较

据文献[35]报道，在蒸汽转化法中，为了提供转化过程所需的热量，原料烃中有一半用于燃烧而不是制氢；即每转化 1mol 的甲烷，就要有 2mol 的二氧化碳排放。而热分解过程在生成氢气时零排放二氧化碳，而是生成了炭黑。

11.4.4　能量利用比较

烃类原料中的碳生成二氧化碳排入大气是消耗能量的过程。二氧化碳排入大气的过程，实际上是把一定质量的物质射入空间。文献[36]指出将1g的物质射入太空需63kJ的能量。而生成的炭黑留在地面则不再耗能。

炭黑燃烧生成二氧化碳会放出一定的热量，如下式：

$$C+O_2 \Longrightarrow CO_2 \quad \Delta H^{\ominus} = +406.3 \text{kJ/mol} \tag{11-6}$$

由式(11-6)可知，每生成1g的二氧化碳只能释放出9.23kJ的热量。由以上分析可知，作为制氢方法，烃类生成炭黑和氢气比蒸汽转化生成二氧化碳和氢气，不仅仅是减少了二氧化碳的排放，在能耗物耗方面也是合理的。

不少研究者[37,38]对甲烷分解产生氢气和炭黑的反应以及在催化剂表面生成炭黑的作用机理进行了研究。尽管该工艺尚在研究开发中，应该是有良好前景的制氢途径。

参 考 文 献

[1]　毛宗强，毛志明. 氢气生产及热化学利用 [M]. 北京：化学工业出版社，2015.

[2]　李丙炎主编. 炭黑的生产与应用手册 [M]. 北京：化学工业出版社，2000.

[3]　Gaudernack B，Lynum S. Hydrogen from natural gas without release of CO_2 to the atmosphere [J]. International Journal of Hydrogen Energy，1998，23（12）：1087-1093.

[4]　Abánades A，Rubbia C，Salmieri D. Thermal cracking of methane into Hydrogen for a CO_2-free utilization of natural gas [J]. International Journal of Hydrogen Energy，2013，38（20）：8491-8496.

[5]　Avdeeva L B，Kochubey D I. Cobalt catalysts of methanedecomposition：accumulation of the filamentous carbon [J]. Appl Catal A：General，1999，177：43-51.

[6]　毛宗强，毛志明，余皓. 制氢工艺与技术 [M]. 北京：化学工业出版社，2018：53-54.

[7]　Keipi T，Tolvanen H，Konttinen J. Economic analysis of hydrogen production by methane thermal decomposition：Comparison to competing technologies [J]. Energy Conversion and Management，2018，159：264-273.

[8]　Dahl J K，Buechler K J，Weimer A W，et al. Solar-thermal dissociation of methane in a fluid-wall aerosol flow reactor [J]. International Journal of Hydrogen Energy，2004，29（7）：725-736.

[9]　Abanades S，Flamant G. Hydrogen production from solar thermal dissociation of methane in a high-temperature fluid-wall chemical reactor [J]. Chemical engineering and processing：Process Intensification，2008，47（3）：490-498.

[10]　Avdeeva L B，Kochubey D I. Cobalt catalysts of methanedecomposition：accumulation of the filamentous carbon [J]. Appl Catal A：General，1999，177：43-51.

[11]　Choudhary T V，Goodman D W. CO-free production of hydrogen via stepwise steam reforming of methane [J]. Journal of catalysis，2000，192（2）：316-321.

[12]　李言浩，马沛生，郝树仁. 减少二氧化碳排放的烃类制氢方法 [J]. 化工进展，2002，21（2）：147-149.

[13]　贺德华，马兰，刘金尧. 烃类/醇类重整制氢的研究进展 [J]. 石油化工，2008，37（4）：315-322.

[14]　Lázaro M J，Pinilla J L，Utrilla R，et al. H_2-CH_4 mixtures produced by carbon-catalyzed methane decomposition as a fuel for internal combustion engines [J]. Energy & fuels，2010，24（6）：3340-3345.

[15]　Wang H Y，Lua A C. Hydrogen production by thermocatalytic methane decomposition [J]. Heat transfer engineering，2013，34（11-12）：896-903.

[16]　Muradov N. Catalysis of methane decomposition over elemental carbon [J]. Catalysis communications，2001，2（3-4）：89-94.

[17]　梁威. 甲烷催化裂解制氢催化剂的制备与再生性能研究 [D]. 青岛：中国石油大学（华东），2015.

[18]　Koerts T，Deelen M J A G，Van Santen R A. Hydrocarbon formation from methane by a low-temperature two-step reaction sequence [J]. Journal of catalysis，1992，138（1）：101-114.

[19]　Li J，Smith K J. Methane decomposition and catalyst regeneration in a cyclic mode over supported Co and Ni catalysts

[J]. Applied Catalysis A：General，2008，349（1-2）：116-124.

[20]　Cunha A F，Órfão J J M，Figueiredo J L. Methane decomposition on Ni-Cu alloyed Raney-type catalysts [J]. International Journal of hydrogen energy，2009，34（11）：4763-4772.

[21]　Takenaka S，Ogihara H，Yamanaka I，et al. Decomposition of methane over supported-Ni catalysts：effects of the supports on the catalytic lifetime [J]. Applied Catalysis A：General，2001，217（1-2）：101-110.

[22]　毛宗强，毛志明，余皓. 制氢工艺与技术 [M]. 北京：化学工业出版社，2018.

[23]　李雅欣，何阳东，刘韬，等. 甲烷裂解制氢工艺研究进展及 技术经济性对比分析 [J]. 石油与天然气化工，2023.

[24]　Khalifeh O，Mosallanejad A，Taghvaei H，et al. Decomposition of methane to hydrogen using nanosecond pulsed plasma reactor with different active volumes，voltages and frequencies [J]. Applied energy，2016，169：585-596.

[25]　Kundu S K，Kennedy E M，Gaikwad V V，et al. Experimental investigation of alumina and quartz as dielectrics for a cylindrical double dielectric barrier discharge reactor in argon diluted methane plasma [J]. Chemical Engineering Journal，2012，180：178-189.

[26]　张浩，朱凤森，李晓东，等. 旋转滑动弧氩等离子体裂解甲烷制氢 [J]. 燃料化学学报，2016，44（2）：192-200.

[27]　张浩，朱凤森，李晓东，等. 滑动弧放电等离子体重整甲烷关键技术分析 [J]. 高电压技术，2015，41（9）：2930-2942.

[28]　Mašláni A，Hrabovský M，Křenek P，et al. Pyrolysis of methane via thermal steam plasma for the production of hydrogen and carbon black [J]. International Journal of Hydrogen Energy，2021，46（2）：1605-1614.

[29]　Hu S，Wang B，Lv Y，et al. Conversion of methane to C_2 hydrocarbons and hydrogen using a gliding arc reactor [J]. Plasma Science and Technology，2013，15（6）：555.

[30]　Bakken J A，Jensen R，Monsen B，et al. Thermal plasma process development in Norway [J]. Pure and applied Chemistry，1998，70（6）：1223-1228.

[31]　Hardman N J，Taylor R W，Hoermann A F，et al. Carbon black from natural gas：U. S. Patent 10，808，097 [P]. 2020-10-20.

[32]　Serban M，Lewis M A，Marshall C L，et al. Hydrogen production by direct contact pyrolysis of natural gas [J]. Energy & fuels，2003，17（3）：705-713.

[33]　Upham D C，Agarwal V，Khechfe A，et al. Catalytic molten metals for the direct conversion of methane to hydrogen and separable carbon [J]. Science，2017，358（6365）：917-921.

[34]　Palmer C，Tarazkar M，Kristoffersen H H，et al. Methane pyrolysis with a molten Cu-Bi alloy catalyst [J]. Acs Catalysis，2019，9（9）：8337-8345.

[35]　Muradov N Z. How to produce hydrogen from fossil fuels without CO_2 emission [J]. International Journal of Hydrogen Energy，1993，18（3）：211-215.

[36]　Seifritz W. Methanol as the energy vector of a new climate-neutral energy system [J]. International Journal of Hydrogen Energy，1989，14（10）：717-726.

[37]　Shah N，Panjala D，Huffman G P. Hydrogen Productionby Catalytic Decomposition of Methane [J]. Energy Fuels，2001，15（6）：1528-1534.

[38]　Choudhary T V，Sivadinarayana C，Chusuei C C，et al. Hydrogen production via catalytic decomposition of methane [J]. Journal of catalysis，2001，199（1）：9-18.

第12章

氨气制氢

12.1 氨气性质及用途

氨气（NH_3），是一种无机化合物，是一种无色、有强烈刺激气味的气体。氨气能使湿润的红色石蕊试纸变蓝，能在水中产生少量氢氧根离子，呈弱碱性。在常温下加压即可使其液化，也易被固化成雪状固体。溶于水、乙醇和乙醚。在高温时会分解成氮气和氢气，有还原作用。有催化剂存在时氨气可被氧化成一氧化氮。氨气常用于制液氮、氨水、硝酸、铵盐和胺类等。氨气可由氮和氢直接合成而制得。氨气能灼伤皮肤、眼睛、呼吸器官的黏膜，人吸入过多，能引起肺肿胀，以至死亡[1]。

12.1.1 氨气能源特性

氨的特性[2]如表12-1、表12-2所示。

表 12-1 氨的性质

项目	数值
分子式	NH_3
常温常压下性状	刺激性无色气体
分子量	17.031
熔点(101.325kPa)	$-77.7℃$
沸点(101.325kPa)	$-33.4℃$
液体密度($-73.15℃$,8.666kPa)	729kg/m^3
气体密度(0℃,101.325kPa)	0.7708kg/m^3
气体相对密度(相对空气,1.25℃,101.325kPa)	0.597
比体积(21.1℃,101.325kPa)	1.4109m^3/kg
气液容积比(15℃,100kPa)	947L/L
临界温度	132.4℃

续表

项目		数值
临界压力		11277kPa
临界密度		235kg/m³
熔化热(-77.74℃,6.677kPa)		331.59kJ/kg
汽化热(-33.41℃,101.325kPa)		1371.18kJ/kg
比热容(101.33kPa,300K)		$C_p=2159.97J/(kg \cdot K)$
比热容比(气体,46.8℃,101.325kPa)		$C_p/C_V=1.307$
蒸气压	-20℃	186.4kPa
	0℃	410.4kPa
	20℃	829.9kPa
黏度	气体,20℃,101.325kPa	0.00982mPa·s
	液体,-33.5℃	0.255mPa·s
表面张力(20℃)		21.2mN/m
热导率	气体,100kPa,300K	0.02470W/(m·K)
	液体,>614.89kPa 10℃	0.501W/(m·K)
折射率	气体,0℃,101.325kPa	1.000383
	气体,25℃,101.325kPa	1.0003442
空气中可燃范围(20℃,101.325kPa)		15%~27%
空气中最低自燃点(101.325kPa)		690℃
氧气中可燃范围(20℃,101.325kPa)		14%~79%
氧气中化学当量燃烧热		17354kJ/m³(高)
		14361kJ/m³(低)
毒性级别		2级(液氨:3级)
易燃性级别		1
易爆性级别		0
火灾危险性		乙类

表 12-2   氨气的压缩系数

压力/kPa	压缩系数			
	300K	380K	420K	580K
101.33	0.9906	0.9966	0.9978	0.9997
506.63	0.9463	0.9785	0.9851	0.9954
1013.25	0.8860	0.9573	0.9703	0.9911

12.1.2　氨的用途

全球氨年产量约为 1.5 亿吨,是继硫酸之后消费量第二的化工基础原料[3]。

合成氨主要用于制造氮肥和复合肥料,例如尿素、硝酸铵、磷酸铵、氯化铵以及各种含氮复合肥，都是以氨为原料。全球 80％的氨用于制备化肥[4]，基本解决世界人口面临着粮食短缺。

（1）氨在化工中的应用

氨的工业用途约占整个氨合成的 15％。实际上，工业生产化合物中的每一个氮原子都直接或间接来源于合成氨。氨氮化合物的重要用途是生产塑料和纤维，如聚酰胺、脲醛酚醛树脂、三聚氰胺基树脂、聚氨酯和聚丙烯腈。

（2）氨用于热处理

氨在钢铁工业中广泛应用于各种热处理工艺。通过无水氨的热裂解产生 75％氢和 25％氮的还原性气体[5]给最终用户。氨热处理对象通常包括低碳钢、不锈钢和铜基合金的退火、烧结和钎焊。另外，也有的将纯氨用于氮化工艺即在高温下将氮直接接触钢合金的表面，发生氮化和碳氮共渗[6]。

（3）氨可作为燃料

虽然氨是难以燃烧的气体，但氨作为燃料近年来受到关注[7]。不含碳的氨及其性质使得氨成为具有新吸引力的能源以及能源载体。

无碳能源载体氨可作为燃料用于燃料电池[8]、燃煤锅炉[9,10]、所有类型的内燃机及燃气轮机[11,12]研究，用氨作为氢源的燃料电池项目逐渐增多[8]。

1968 年，Cairns 等[13]研究了 50～200℃条件下，氨用于 KOH 电解液的碱性燃料电池（AFC）。

1976 年，武汉大学与邮电部武汉邮电科学研究院试制了使用非贵金属催化剂的 200W 间接氨-空气 AFC 的电池系统[14]。

2000 年以来，Wojcik 等首次尝试将氨作为直接燃料用于以 Pt 作为电极和以氧化钇稳定的氧化锆（YSZ）作为电解质层的 SOFC，并得到此燃料电池在 800℃条件下输出的最大功率密度为 $50mW/cm^2$[15]。

日本京都大学研究所工学研究系的江口浩一教授 2013 年获得日本科学技术振兴机构（JST）的资助研发氨燃料电池。研究用氨制氢供给质子交换膜燃料电池（PEMFC）和固体氧化物燃料电池（SOFC）。实际的目标是实现在高温环境下工作的固体氧化物型氨燃料电池[16]。

2007 年，我国张丽敏等[17]采用阳极支撑型管状 SOFC 分别以氢气和氨气作为燃料，发现两者的功率密度相差不大，这表明氨可以作为 SOFC 的替代燃料。

氨燃料电池的研究尚处于起步阶段，面临着不少困难。本书作者认为直接氨固体氧化物燃料电池极有前途，其可以用于船舶动力，也可以用于分布式电站，应是发展方向之一。

氨作为燃料，可用于燃煤锅炉。

2017 年，日本水岛发电厂向 155MW 燃煤锅炉中添加 0.6％～0.8％（质量分数）NH_3，首次实现了 NH_3/煤共燃，热效率和 NO_x 排放没有受到影响，CO_2 排放降低，受到国内外广泛关注[18]。

最近，国家能源集团下属的龙源电力在 40MW 燃煤锅炉实现了 35％NH_3/煤共燃，标志我国 NH_3/煤共燃的工程应用已取得较大进展[9]。

氨作为燃料用于各种燃烧器[19]，不少学者研究了 NH_3 燃料燃气轮机发电系统[20,21]。

12.1.3　氨是理想的氢载体

氨是理想的氢载体，其理由如下。

① 氨供应体系完善。已有成熟的工业合成氨的方法——哈伯法和便利的原材料供给。绿氢由可再生能源电解水制得，绿色氮气由绿电维持的空分设备提供，所以，绿氨工厂的选址就很自由，可建设在任何有绿氢的地方。

② 氨能量密度高，易储存。氨在 20℃、0.8MPa 下就可以被液化，而液氢需要－253℃的超低温。液氨的体积能量密度为 11.5MJ/L，比液氢（8.491MJ/L）高，比 700bar 高压氢（4.5MJ/L）更高。

③ 储氢质量分数高。氨的储氢质量分数高达 17.6%（质量分数），比甲醇（12.5%）要高。

④ 氨分解后不会产生 CO_2，是零碳过程，用液氨作为氢源有利于企业减少碳排放。

⑤ 氨的储存比较安全。氨气比空气轻，泄漏后扩散快，不易积聚；且氨具有强烈的刺激性气味，一旦发生泄漏很容易被发现。

⑥ 氨储存成本低。由于储氢成本是氨储存成本的 3 倍，故氨在未来有望成为重要的氢载体[22]。

12.2   氨制氢原理

如上所述，氨是一种极好的储氢载体，开始得到人们广泛的关注[23-25]。近年来，伴随着燃料电池技术的飞速发展，"碳中和"目标的提出，氨分解制氢技术正在逐渐成为催化研究的热点[26-28]。

12.2.1   氨分解制氢热力学

氨分解制氢是一个比较简单的反应体系，其反应方程式如下：

$$NH_3 \rightleftharpoons 0.5N_2 + 1.5H_2 \quad \Delta H(298K) = 47.3kJ/mol \tag{12-1}$$

该平衡体系仅涉及 NH_3、N_2 和 H_2 三种物质。由于该反应弱吸热且为体积增大反应，所以高温、低压的条件有利于氨分解反应的进行。根据氨分解反应的热力学常数可以计算出不同温度、压力下氨分解反应的转化率，结果如表 12-1 所示。可以看出，常压下，400℃时氨的平衡转化率即可高于 99%，这表明在较低温度下实现氨的高转化率是可能的。继续提高反应温度后氨转化率变化较小，当温度高于 600℃时，氨的平衡转化率高于 99.9%，接近完全转化。表 12-3 一个标准大气压下氨分解制氢的转化率[29]。

表 12-3   不同温度、压力下氨分解反应的转化率

温度/K	523	573	623	643	673	693	723	743	773
转化率/%	89.21	95.69	98.12	98.61	99.11	99.31	99.53	99.63	99.74

12.2.2   氨分解制氢动力学

大量研究从合成氨的可逆反应-氨分解反应来研究合成氨机理并发现反应原料 N_2 在催化剂表面的解离吸附是氨合成过程的速率控制步骤。然而，单纯以制氢为目的的氨分解机理研究比氨合成过程更复杂，其与反应路径、催化剂种类及反应条件等因素息息相关[30]。到目前为止，学者们普遍认为 NH_3 在催化剂表面分解主要是由一系列逐级脱氢过程组成，见反应式(12-2)～式(12-7)，气相 NH_3 分子逐级脱 H 需要的能量见表 12-4。

$$2NH_{3,g} \Longleftrightarrow 2NH_{3,ad} \qquad 吸附能(E_{ad}) \tag{12-2}$$

$$2NH_{3,ad} \Longleftrightarrow 2NH_{2,ad}+2H_{ad} \qquad 第一解离能(E_1) \tag{12-3}$$

$$2NH_{2,ad} \Longleftrightarrow 2NH_{ad}+2H_{ad} \qquad 第二解离能(E_2) \tag{12-4}$$

$$2NH_{ad} \Longleftrightarrow 2N_{ad}+2H_{ad} \qquad 第三解离能(E_3) \tag{12-5}$$

$$6H_{ad} \Longleftrightarrow 3H_{2,ad} \Longleftrightarrow 3H_{2,g} \qquad 脱附(H_2) \tag{12-6}$$

$$2N_{ad} \longrightarrow N_{2,ad} \longrightarrow N_{2,g} \qquad 脱附(N_2) \tag{12-7}$$

注："g"代表"气态"，"ad"代表"吸附态"。

表 12-4　N-H 键的解离能[30]

化合物	断裂键	键的解离能		
		/(kcal/mol)	/(kJ/mol)	/eV
NH_3	$H—NH_2$	107.6 ± 0.1	450.2 ± 0.4	4.7
	$H—NH$	93.0	389.4	4.0
	$H—N$	78.4 ± 3.7	328.0 ± 15.4	3.4
N_2H_4	$H—NHNH_2$	87.5	366.1	3.8

目前关于氨分解机理的研究主要集中在速率控制步骤上，而速率控制步骤分为 NH_3 的 N—H 第一次解离生成 NH_2＋H 或催化剂表面吸附态产物氮原子的重组脱附生成 N_2 两种情况。以 Pd 和 Ni 催化剂为代表，通过实验和密度泛函理论计算来研究氨分解过程中的速率控制步骤，分别研究了 NH_3 在 Pd 和 Ni 催化剂表面的吸附能（E_{ad}）、扩散能和 NH_3 分子的第一解离能（E_1），发现 NH_3 分子优先吸附在催化剂 Pd(111) 或 Ni(111) 晶面的顶位上，并发生解离脱掉一个 H 原子生成 NH_2，NH_2 从顶位等离子体催化氨分解制氢的协同效应研究迁移至最近的空位上，但 NH_2 在 Pd(111) 上的扩散能垒远高于 Ni(111)；NH_3 分子在 Ni(111) 晶面上的第一解离能（E_1）比其吸附能（E_{ad}）高 0.23eV，说明在此面上 NH_3 容易发生脱附而不是解离；而在 Ni(211) 面上 E_1 和 E_{ad} 几乎是相等的，即 NH_3 的解离主要发生在 Ni(211)。

而 NH_3 在 Pt(211) 上解离能远大于 Ni(211)，并且 Pd(211) 面上 NH_3 的解离能远大于吸附能，意味着吸附态的 NH_3 大多数在 Pt(211) 面发生脱附而不是解离。这些发现与 NH_3 在 Pd 催化剂上的分解速率远小于 Ni 催化剂的实验结论一致，表明 Pd 催化剂上 NH_3 的第一解离过程控制了氨分解速率。简言之，判断 NH_3 分解过程中的速率控制步骤首先要看 NH_3 在催化剂表面的吸附能（E_{ad}）和第一解离能（E_1）间的关系，若 $E_1/E_{ad}>1$，意味着 NH_3 在发生解离之前就从催化剂表面脱除，说明 NH_3 中第一个 N—H 键的断裂是速率控制步骤；若 $E_1/E_{ad}<1$，说明催化剂表面强吸附的 N 原子的重组脱附是速率控制步骤。

催化剂是氨分解反应的核心，目前氨分解的效率很大程度上依赖于催化剂。Ganley 等[31]研究了 13 种不同金属的氨分解反应，发现各金属的活性由高到低的顺序如下：Ru＞Ni＞Rh＞Co＞Ir＞Fe＞Pt＞Cr＞Pd＞Cu≫Te、Se、Pb。虽然 Ru 基催化剂具有较高的活性，但成本高，不利于大规模推广应用。除 Ru 等贵金属之外，Ni、Co、Fe 等非贵金属也具有较好的氨分解活性。但对廉价过渡金属（Fe、Co 及 Ni 等）催化剂来说，吸附态 N 原子重组脱附速率较慢，成为了氨分解制氢的瓶颈，而如何找到解决这一难题的方法成为学者们普遍关注的问题。大多数学者认为贵金属（Ru、Ir、Pd 及 Pt）和 Cu 催化剂的 N—H 断裂是氧分解的速率控制步骤而廉价金属催化剂（Fe、Co、Ni）则是催化剂表面吸附态 N 原子重组脱附是速率控制步骤[32]。

由于具有相对较高的活性和低廉的价格，Ni 基催化剂是近年来研究最为广泛的非贵金属催化剂，表 12-5～表 12-8 列出了近年来 Ni 基催化剂、Co 基催化剂、Fe 基催化剂、双金属催化剂和氮化物/碳化物催化剂的主要研究进展[33]。

表 12-5　Ni 基催化剂上氨分解活性

Ni 占比 /%	载体	温度 /℃	GHSV/ [mL NH₃/(g_cat·h)]	x/%	$q(H_2)$/ [mmol/(g_cat·min)]	E_a/ (kJ/mol)
43.8	Al_2O_3-CeO_2	600	90000	85.0	85.4	118
15.0	Mg-Al 水滑石	550	30000	48.0	16.1	—
15.0	Mg-Al 水滑石	500	3000	59.0	2.0	—
5.0	ZSM-5	500	30000	41.0	13.7	88.1
5.2	海泡石	550	2000	81.9	1.7	79.1
5.2	海泡石	600	31000	41.1	13.0	79.1
8.0	Al-$Ce_{0.8}Zr_{0.2}O_2$	500	900①	58.0	5.89	66.8
80.1	Al(合金)	500	30000	43.0	14.4	—
20.0	Ba-Al-O	500	6000	54.1	3.6	76.5
23.6	氢钙铝酸盐	550	30000	55.0	18.4	—
40.0	MgO-La_2O_3	550	30000	82.0	27.5	—
5.0	MgO-La_2O_3	550	30000	54.0	18.1	53.4
10.0	La_2O_3	550	30000	59.0	19.87	53.9
25.0	Al_2O_3	450	24000	29.2	7.8	—
25.0	Al_2O_3	600	24000	93.9	25.2	—

① GHSV=9000h⁻¹，GHSV 为气体空速。

表 12-6　Co 基和 Fe 基催化剂上氨分解活性

活性金属	质量分数① /%	载体	温度 /℃	GHSV/ [mL NH₃/(g_cat·h)]	x/%	$q(H_2)$/ [mmol/(g_cat·min)]	E_a/ (kJ/mol)
Co	5.0	La_2O_3-MgO	550	6000②	87		—
Co	20.0	La_2O_3-MgO	500	22000	93.7	23.0	167.3
Co	20.0	La_2O_3-MgO	550	124000	65.8	91.0	167.3
Co	5.0	CeO_2-3DOM	500	6000	62.0	4.2	64.7
Co	7.6	Al_2O_3-碳水化合物	550	6000	99.0	6.6	105.3
Fe	5.0	ZSM-5	500	30000	23.0	7.7	—
Fe	2.5	CNFs	600	18000	38.8	7.8	—
Fe	1.3	石墨化碳	600	6000	71.0	4.8	—
Fe	9.6	石墨化碳	600	15000	65.0	8.4	—
Fe	5.0	云母纳米片	600	30000	47.0	15.7	144.8
Fe	34.0	碳化 Fe-BTC	500	6000	73.8	4.9	74.9

① 活性金属的质量分数。

② GHSV=6000h⁻¹。

表 12-7　双金属催化剂上氨分解活性

w(金属)/%	摩尔比	载体	温度/℃	GHSV/[mL NH₃ /(g_cat·h)]	x/%	q(H₂)/[mmol /(g_cat·min)]	E_a/ (kJ/mol)
10.0	$n(Ni)/n(Co)=1/9$	$Ce_{0.6}Zr_{0.3}Y_{0.1}O_2$	600	48000	63.7	34.1	41.1
10.0	$n(Ni)/n(Co)=5/5$	气相 SiO_2	550	30000	76.8	25.7	54.0
2.8	$n(Ni)/n(Ru)=10.6/1.0$	CeO_2	450	6818	88.7	6.7	107.0
100.0	$n(Co)/n(Re)=1.0/1.6$	无负载	490	6000	90.0	6.0	85.0
13.6	$n(Co)/n(Fe)=0.87/2.13$	SiO_2	600	60000	88.0	58.9	126.4

表 12-8　催化剂氮化物/碳化物上氨分解活性

活性成分	载体	温度/℃	GHSV/[mL NH₃ /(g_cat·h)]	x/%	q(H₂)/ [mmol/(g_cat·min)]	E_a/ (kJ/mol)
Mo_2C	无负载	600	36000	70	28.1	—
MoN	C	600	15000	90	15.1	123.8
Ni_2Mo_3N	无负载	600	3000①	98	—	66.1
W_2C	无负载	600	6000②	90	—	—
Mo_2N	SBA-15/rGO	550	30000	95	31.8	96.8

① $GHSV=30000h^{-1}$。
② $GHSV=6000h^{-1}$。

　　有关催化剂及其进展，龚绍峰等[33]做了非常详细的介绍，有兴趣的读者可以查阅。
　　氨气制氢的纯化可以采用变压吸附或膜分离，这和前面的煤、天然气制氢的纯化相同。主要差别是氨分解气只有氢气、氮气和量未分解的氨气，故要比前者容易分离。

12.3　氨气制氢方法

　　氨气制氢方法主要有热催化法、等离子体催化法、高温热分解法及光化学法等。其中热催化法是已经产业化，其他均在研究中。

12.3.1　热催化法

　　这是目前工业界的主流方法。
　　氨分解反应主要采用高温催化裂解，转化过程如式(12-1)所示。
　　根据热力学理论计算结果可知，常压、500℃时氨的平衡转化率可达 99.75%。但是，由于该反应为动力学控制的可逆反应，再加上产物氢在催化剂活性中心的吸附抢占了氨的吸附位，产生"氢抑制"，从而导致氨的表面覆盖度（θ_{NH_3}）下降，表现为较低的转化率。目前，国内外市场上的氨分解装置大多采用提高操作温度（700～900℃）的方法来获得较高的氨分解率，这就在很大程度上提高了运行成本，降低了市场竞争力。
　　在氨分解研究进行的 80 余年里，学者们设计了形式多样的氨分解催化剂。有关这些催化剂的小结可参阅本章"氨分解制氢动力学"部分。
　　尽管催化剂的配方种类繁多，但是长期以来缺乏本质上的重大突破，主要表现为催化剂的操作温度过高，始终无法实现氨的低温高效分解。如 Johnson Matthey、United Catalyst、Grace Davison 等著名催化剂生产商开发的商业镍基和钌基催化剂在 700℃ 以上才能实现较高的氨转化率[24]。

12. 3. 2   等离子体催化法

氨分解制氢极具吸引力的为燃料电池供氢的方法。文献[32]利用介质阻挡放电等离子体提高了非贵金属催化剂的低温催化活性，从而建立了基于非贵金属的等离子体催化氨分解制氢新方法，并取得以下结果和结论。

① 将介质阻挡放电等离子体和非贵金属催化剂耦合用于氨分解制氢反应中，获得了显著的协同效应。例如，在 10g 体相 Fe 基催化剂、NH_3 进料量为 40mL/min、410℃的条件下，氨气转化率由热催化法的 7.8% 提高至 99.9% （32.4W），氨气完全转化的温度比热催化法降低了 140℃；制氢能量效率由单纯等离子体法的 0.43mol/(kW·h) 提高至 4.96mol/(kW·h)。

② 催化剂在协同效应中占据主导地位。首先，催化剂能够回收利用等离子体放电电热而使反应物得到活化，提高制氢能量效率；其次，催化剂表面放电改善了等离子体放电效果，由不均匀的丝状放电转变为较均匀的微放电、增加放电区面积和放电电流，电子密度得到大幅度增加，使得反应物分子与电子发生非弹性碰撞而被活化的概率增加；此外，催化剂表面放电使得催化剂能够直接利用等离子体区的活性物种。

③ 等离子体在协同效应中起到重要的辅助作用。首先，用自行建立的等离子体脱附技术以及光谱仪（OES）、傅里叶变换红外（FTIR）和 $^{15}NH_3$ 同位素示踪研究发现：等离子体区的活性物种（NH_3^*、NH_2·、NH 等）与催化剂表面吸附态的含 N 物种的相互作用（Eley-Rideal 过程）能够促进产物 N 物种的脱附，解决催化剂被强吸附 N 原子毒化（金属氮化物）的问题；其次，反应物 NH_3 分子被放电活化成活性物种（以 NH_3^* 为主），且 NH_3^* 物种的浓度与氨分解活性有直接对应关系，由此判断 NH_3^* 物种易于在催化剂表面吸附活化。

④ 负载型催化剂的金属和载体种类对协同效应具有显著影响。首先，在 Fe、Co、Ni 和 Cu 四种金属催化剂中，Co 为最佳活性组分，其金属-氮键（M—N）强度适中，即易形成又易断裂，有利于催化循环，且催化剂表面中间态物种浓度及表面放电面积较大，有利于表面化学反应的发生；其次，在等离子体环境下，载体的相对介电常数显著影响其等离子体催化氨分解协同能力，是选择等离子体催化体系中催化剂载体的重要依据。

⑤ 改进催化剂制备工艺可使等离子体催化氨分解的转化率和制氢能效分别提高 40% 和 2 倍多；等离子体催化体系更适合高进料速度（约 200mL/min）；催化剂用量存在最佳值（体相 Fe 基催化剂 10g）；在等离子体环境下，助剂 KCl、KNO_3、$La(NO_3)_3$、$Ce(NO_3)_3$ 改性催化剂反而使其氨分解反应活性降低，有别于热催化研究。

12. 3. 3   其他氨分解制氢方法

自 2000 年以来（SCI 检索），直接以制高纯氢为目的的氨分解研究主要采用热催化法，另有极少数采用非催化法氨制氢的报道。其中，日本 Y. Kojima 等学者在室温、约 10MPa 的压力下，以 Pt 板为双电极、金属氨基（$LiNH_2$、$NaNH_2$ 或 KNH_2）为电解质，研究液氨电解制氢发现：NH_2^- 的浓度对液氨电解效率极为重要，其浓度越高对应的电解效率越高，在 2V 电池电压、1mol/L KNH_2 条件下，可获得 85% 的高电流效率[34,35]。

而 Berker 等学者采用微空心放电（MHCD）技术，在常压条件下，以 10%NH_3-Ar 混合气为原料来制取 H_2，获得最高的 NH_3 转化率约为 20%[36]。

此外，等离子体法[37-39]、高温热分解法及光化学法[40,41] 在一定条件下也能分解氨气，但这些研究的主要目的是氨合成及氨分解机理和微量氨的脱除。

其中，20 世纪 80 年代法国 A. Gicquel 等[42]的团队分别以放热和吸热两种典型的热催化反应为例来研究低气压等离子体条件下的热催化反应机理，其中吸热反应选取的是氨分解反应。研究发现在等离子体和固体界面处发生质量和能量的交换，能量交换发生在等离子体和固体材料之间。界面处能量处于非平衡态，主要体现在 N 原子的重组脱附产物 N_2 的能量分布以振动温度为主，而等离子体区引入不同固体材料对应的 N_2 的振动温度不一致，N_2 振动温度高对应的固体材料宏观温度低，但对应的氨分解转化率高。如，引入固体（W）材料与未引入 W 相比，NH_3 转化率由 40％增至 60％，N_2 的振动温度由 $T_v(gas)=3300K$ 提高至 $T_v(W)=4000K$，固体材料温度 $T_s(W)=400℃$，而引入 Si 材料，NH_3 转化率降至 30％，则对应 N_2 的振动温度也降低，$T_s(Si)=600℃$。通过对一系列材料（W、Mo、Co、Si）的等离子体催化氨分解研究得出：具有催化作用的材料在界面处对应高的 N_2 振动温度和低的热量，即重组脱附过程的能量大部分转移给产物，得到高振动激发态的脱附分子，只有少部分的能量转移给催化剂。另外，在氨分解开始阶段，金属表面形成新的氮化物活性位，它们通过 Eky-Rideal 过程与气相中的反应物分子进行化学反应，加速催化剂表面 N 原子的脱除。

韩国岭南大学等研究者 Ban 等[43]采用介质阻挡等离子体光催化（两段式结合方式：介质阻挡放电位于光催化反应的上游）方法脱除微量 NH_3（$1000×10^{-6}$），单纯 $V-TiO_2$ 光催化反应在 150min 后 NH_3 的转化率可达 98％，单纯等离子体放电在放电电压为 10.0kV、反应 400min 后 NH_3 的转化率达 90％，而当等离子体和光催化相结合的情况下 25min 后 NH_3 的转化率就可达 100％。

Collins 等[44]考察了钯/陶瓷复合膜反应器在煤气化尾气脱氨操作中的应用。在 600℃、1618KPa 下，膜反应器中氨的转化率为 94％，而传统固定床反应器中为 53％。温度降至 550℃时，膜反应器中的转化率为 79％，传统反应器中仅为 17％。然而，原料气中氨的质量分数低于 1.5％，与使用纯氨进行催化分解现场制氢的实际条件相距甚远。尽管如此，Collins 等人的研究结果表明，利用在钯膜反应器中进行氨分解反应具有提高转化率并进而突破热力学平衡限制的可能。

12.4　氨制氢的设备

我国有多家公司生产氨分解制氢设备，可以经由相关网站检索。现在市场上尚未发现滑动弧放电等离子体氨分解的工业化设备，工业化运用比较广泛的是催化剂氨分解法。其中，我国江苏省苏州市在氨分解设备制造方面走在前列。

例如，某公司的 HBAQ 系列氨分解气体发生装置就是以液氨为原料，在催化剂的作用下加热分解得到含氢 75％、含氮 25％的氢氮混合气体。通过本系列净化后，氢气纯度能够达到露点 -60℃，残氨量 $5\mu L/L$，适合各种使用氢气的情况。

产品的产气量（标准状况）有 5、10、15、20、30、40、50、和 $60m^3/h$ 等。

再如 AQ-20 型氨制氢机，产氢气量为 $20m^3/h$，消耗液氨 8kg/h。设备 1.8m×2m×2m，重量 1.2t。

目前氨分解制氢设备产氢气量小，主要用于热处理、粉末冶金、硬质合金、轴承、镀锌、铜带、铜管、黄铜管、紫铜管、带钢等行业。其设备特点在于：

① 氨分解性能可靠、使用寿命长：核心部件炉胆采用耐高温耐腐蚀 Cr25Ni20 不锈钢无缝管，保证了在高温与强腐蚀性的环境中有较长的使用寿命；加热元件采用在高温下力学性

能优良的镍铬合金，使整套系统保证了使用寿命；催化剂采用高温烧结型镍催化剂，对液氨的分解效果好，具有分解活性高、不易粉化等特性，且催化剂不容易失活。

② 氨分解省水省电：高纯氨分解不需要过程用水，有效节省水源，并利用分解气热能给氨气预热，达到省电目的。

③ 氨分解使用方便：工艺成熟，结构紧凑，整体撬装，占地小无需基建投资，操作简便，现场只需连接电源、气源即可制取氢气。

④ 氨分解运用范围广：能够满足大部分氢气使用的需求，特别在以金属热处理、粉末冶金、电子等主导领域中得到了广泛的应用。

⑤ 氨分解运行成本低：氨分解投资少，液氨原料便宜，能耗低，效率高，运行成本低，是氮氢混合保护气氛最经济的来源。

应该指出要重视氨分解制氢装置及运营的安全。杨文良[45]指出危险与可操作性分析是一种工艺过程风险分析方法，通过分析生产工艺状态参数的变动及操作控制中可能出现的偏差及导致的后果，找出出现变动与偏差的原因，明确装置或系统在工艺安全设计中存在的缺陷，并针对行动提出相应的安全整改措施。杨的文章就可操作性分析方法在氨分解制氢的应用进行探讨。

参 考 文 献

[1] 王箴. 化工辞典 [M]. 北京：化学工业出版社，2010.

[2] Connelly N，Connelly NG，Connelly N G. Nomenclature of inorganic chemistry iupac recommendations 2005 [J]. Chemistry International，2009，27.

[3] Ghavam S，Vahdati M，Wilson I A G，et al. Sustainable ammonia production processes [J]. Frontiers in Energy Research，2021，9：580808.

[4] Erisman J W，Sutton M A，Galloway J，et al. How a century of ammonia synthesis changed the world [J]. Nature Geoscience，2008，1 (10)：636-639.

[5] Schüth F，Palkovits R，Schlögl R，et al. Ammonia as a possible element in an energy infrastructure：catalysts for ammonia decomposition [J]. Energy & Environmental Science，2012，5 (4)：6278-6289.

[6] Lin S，Zhang C，Wang Z，et al. Molten-NaNH₂ Densified Graphene with In-Plane Nanopores and N-Doping for Compact Capacitive Energy Storage [J]. Advanced Energy Materials，2017，7 (20)：1700766.

[7] 陈磊，方世东，沈洁，等. 氨燃料发电研究进展 [J]. 工程热物理学报，2022，43 (08)：2212-2224.

[8] 郭朋彦，聂鑫鑫，张瑞珠，等. 氨燃料电池的研究现状及发展趋势 [J]. 电源技术，2019，43 (7)：1233-1236.

[9] 国家能源集团. 我国清洁低碳氨煤混燃技术取得世界性突破 [EB/OL]. [2022-2-1]. https：//app. cctv. com/special/m/livevod/index. html？vtype＝2&guid＝8f0a2b95f9e5410c9c75d8cd3af1eaa&vsetId＝C11356.

[10] Yoshizaki T. Test of the co-firing of ammonia and coal at Mizushima power station [J]. J Combust Japan，2019，61：309-312.

[11] Ryu K，Zacharakis-Jutz G E，Kong S C. Effects of gaseous ammonia direct injection on performance characteristics of a spark-ignition engine [J]. Applied energy，2014，116：206-215.

[12] Reiter A J，Kong S C. Demonstration of compression-ignition engine combustion using ammonia in reducing greenhouse gas emissions [J]. Energy & Fuels，2008，22 (5)：2963-2971.

[13] Cairns E J，Simons E L，Tevebaugh A D. Ammonia-oxygen fuel cell [J]. Nature，1968，217 (5130)：780-781.

[14] 智通，隋升，罗冬梅. 燃料电池及其应用 [M]. 北京：冶金工业出版社，2004.

[15] Wojcik A，Middleton H，Damopoulos I. Ammonia as a fuel in solid oxide fuel cells [J]. Journal of Power Sources，2003，118 (1-2)：342-348.

[16] 丸山正明. 日本开始研发氨燃料电池，目标是发电效率超过 45% [J]. 功能材料信息，2014 (1)：55-56.

[17] 张丽敏，丛铀，杨维慎，等. 直接氨固体氧化物燃料电池 [J]. 催化学报，2007，28 (9)：749-751.

[18] Yoshizaki T. Test of the co-firing of ammonia and coal at Mizushima power station [J]. J Combust Japan，2019，61：309-312.

[19] Yapicioglu A，Dincer I. A review on clean ammonia as a potential fuel for power generators [J]. Renewable and sus-

tainable energy reviews，2019，103：96-108.

[20]　Iki N，Kurata O，Matsunuma T，et al. Micro gas turbine firing kerosene and ammonia [C]//Turbo Expo：Power for Land，Sea，and Air. American Society of Mechanical Engineers，2015，56796：V008T23A023.

[21]　Kurata O，Iki N，Matsunuma T，et al. Performances and emission characteristics of NH_3-air and NH_3CH_4-air combustion gas-turbine power generations [J]. Proceedings of the Combustion Institute，2017，36（3）：3351-3359.

[22]　Klerke A，Christensen C H，Nørskov J K，et al. Ammonia for hydrogen storage：challenges and opportunities [J]. Journal of Materials Chemistry，2008，18（20）：2304-2310.

[23]　Bradford M C J，Fanning P E，Vannice M A. Kinetics of NH_3 decomposition over well dispersed Ru [J]. Journal of Catalysis，1998，175（1）：138.

[24]　Chellappa A S，Fischer C M，Thomson W J. Ammonia decomposition kinetics over Ni-Pt/Al_2O_3 for PEM fuel cell applications [J]. Applied Catalysis A：General，2002，227（1-2）：231-240.

[25]　Choudhary T V，Sivadinarayana C，Goodman D W. Catalytic ammonia decomposition：CO_x-free hydrogen production for fuel cell applications [J]. Catalysis Letters，2001，72（3）：197-201.

[26]　Yin S F，Xu B Q，Ng C F，et al. Nano Ru/CNTs：a highly active and stable catalyst for the generation of CO_x-free hydrogen in ammonia decomposition [J]. Applied Catalysis B：Environmental，2004，48（4）：237-241.

[27]　Yin S F，Zhang Q H，Xu B Q，et al. Investigation on the catalysis of CO_x-free hydrogen generation from ammonia [J]. Journal of Catalysis，2004，224（2）：384-396.

[28]　Schefer R W，Oefelein J. Reduced turbine emissions using hydrogen-enriched fuels [C]//Proceedings of the 2002 US DOE hydrogen program review，NREL/CP-610-32405. 2002：1-16.

[29]　余英智. Ni/Y_2O_3 催化氨分解制氢研究：载体的形貌及镍与载体相互作用对催化性能的影响 [D]. 南昌：南昌大学，2021.

[30]　Löffler D G，Schmidt L D. Kinetics of NH_3 decomposition on iron at high temperatures [J]. Journal of Catalysis，1976，44（2）：244-258.

[31]　Ganley J C，Thomas F S，Seebauer E G，et al. A priori catalytic activity correlations：the difficult case of hydrogen production from ammonia [J]. Catalysis Letters，2004，96（3）：117-122.

[32]　王丽. 等离子体催化氨分解制氢的协同效应研究 [D]. 大连：大连理工大学，2013.

[33]　龚绍峰，杜泽学，慕旭宏. 氨分解制氢催化剂的研究进展 [J/OL]. 石油学报（石油加工），2022，38（6）：1506-1519.

[34]　Dong B X，Ichikawa T，Hanada N，et al. Liquid ammonia electrolysis by platinum electrodes [J]. Journal of alloys and compounds，2011，509：S891-S894.

[35]　Hanada N，Hino S，Ichikawa T，et al. Hydrogen generation by electrolysis of liquid ammonia [J]. Chemical communications，2010，46（41）：7775-7777.

[36]　Qiu H，Martus K，Lee W Y，et al. Hydrogen generation in a microhollow cathode discharge in high-pressure ammonia-argon gas mixtures [J]. International Journal of Mass Spectrometry，2004，233（1-3）：19-24.

[37]　Navarro Yerga R M，Álvarez-Galván M C，Mota N，et al. Catalysts for hydrogen production from heavy hydrocarbons [J]. Chem Cat Chem，2011，3（3）：440-457.

[38]　Navarro R M，Pena M A，Fierro J L G. Hydrogen production reactions from carbon feedstocks：fossil fuels and biomass [J]. Chemical reviews，2007，107（10）：3952-3991.

[39]　Lukyanov B N. Catalytic production of hydrogen from methanol for mobile，stationary and portable fuel-cell power plants [J]. Russian Chemical Reviews，2008，77（11）：995.

[40]　Hause M L，Yoon Y H，Crim F F. Vibrationally mediated photodissociation of ammonia：The in fluence of N-H stretching vibrations on passage through conical intersections [J]. The Journal of Chemical Physics，2006，125（17）：174309.

[41]　Leach S，Jochims H W，Baumgärtel H. VUV Photodissociation of ammonia：a dispersed fluorescence excitation spectral study [J]. Physical Chemistry Chemical Physics，2005，7（5）：900-911.

[42]　Gicquel A，Cavadias S，Amouroux J. Heterogeneous catalysis in low-pressure plasmas [J]. Journal of Physics D：Applied Physics，1986，19（11）：2013.

[43]　Ban J Y，Kim H I，Choung S J，et al. NH_3 removal using the dielectric barrier discharge plasma-V-TiO_2 photocatalytic hybrid system [J]. Korean Journal of Chemical Engineering，2008，25（4）：780-786.

[44]　Collins J P，Way J D. Catalytic decomposition of ammonia in a membrane reactor [J]. Journal of Membrane Science，1994，96（3）：259-274.

[45]　杨文良. 氨分解制氢装置的 HAZOP 分析 [J]. 化工管理，2021（21）：66-67.

第13章
金属制氢

13.1 金属制氢的必要性

人类最早认识的氢气被称为"来自于金属的易燃气体"，就是由金属与酸反应得到的，1520 年首次记录了由帕拉塞尔苏斯（Paracelsus，1494—1541。瑞士医生、炼金术士、非宗教神学家和德国文艺复兴时期的哲学家）通过将金属（铁、锌和锡）溶解在硫酸中而观察到的氢[1]。现在中学化学课制氢经常用强酸与活泼金属反应，如锌颗粒与稀硫酸反应生成硫酸锌和氢气[2]。由于金属方便储存和运输，在一些特别的场合，可以用金属与水反应制氢。

Godart[3] 提出将自然灾害中的铝碎片转化为稳定的水反应燃料，可用于发电和紧急脱盐。大块铝可以通过镓和铟的最小表面处理使其具有水反应性，这一处理的作用是钝化氧化层，否则会抑制反应。当这个氧化层被破坏时，下面的大块铝能够与水发生放热反应，产生氢气和氢氧化铝，反应完成率很高（＞95％）。镓和铟在最初的反应中没有被消耗掉，它们可以被回收来生产更多的燃料。Godart[3] 还介绍了几种将这种反应的氢产物转化为电能的系统，以及一种利用铝-水反应中释放的热能驱动反渗透过程来淡化海水的装置。最后，对该系统在 10 个不同国家和地区的电、水和无机氧产出的价值进行了新的经济学分析。在每一种情况下，该价值都比铝的报废价格高出 600％，这为利用这种铝处理工艺作为灾后清理和随后的灾害准备提供了额外的经济激励。

香港大学机械工程系王慧智等[4] 对铝基工艺制氢和制电的能量进行了分析，认为铝能量转换过程的特点是无碳和可持续的。他们从整体能源效率和成本方面对典型的铝基能源工艺进行了评估。研究结果表明，铝的生产路线是决定效率和成本的关键因素。此外，与铝基制氢相比，铝空气电池（一种燃料电池，又称为金属空气燃料电池）提供了一种更节能的方式来转换储存在原铝和回收铝产品中的能量，而铝基制氢则提供了一种更节能的方式来利用储存在二次铝甚至废铝中的能量。

13.2 金属制氢能力

近年来，活性金属与水或水溶液的一些化学反应在氢能领域受到很大的关注。在这些反应中，利用氢源如 H_2O、盐水、碱水等，与金属反应生成氢。目前该制氢方法适用于特定的条件。

　　并不是所有的金属都具有置换氢这种"本领"。各种金属的活性可见表 13-1。

表 13-1　各种金属的活性[5]

金属	标准电极电势 φ_A/V	在空气中（298K）	燃烧	与水反应	与稀酸反应	与氧化性酸反应	与盐反应
K	-2.931	迅速反应		与冷水反应快	爆炸		
Na	-2.71						
Ca	-2.868						
Li	-3.045			与冷水反应慢			
Mg	-2.372		加热燃烧				
Al	-1.662				反应依次减慢		
Mn	-1.185	从上至下反应程度减小					
Zn	-0.762			在红热时与水蒸气反应		能反应	位于其前面的金属可以将后面的金属从其盐溶液中置换出来
Cr	-0.744						
Cd	-0.403						
Fe	-0.447						
Ni	-0.25			可逆	很慢		
Pb	-0.126						
Sn	-0.151						
H^+	0						
Cu	0.342		缓慢氧化				
Hg	0.851			不反应	不反应		
Ag	0.799	不反应					
Pt	1.2					仅与王水反应	
Au	1.691						

　　从表 13-1 可见，K、Na、Ca 可以与水剧烈反应，Mg 与水反应不剧烈，Al 可以与热水反应（要加热），Zn、Fe、Sn、Pb 活泼性依次减弱，但比氢活泼，能从酸（不是水）中置换出氢气。因此人们主要选定 Mg、Al、Zn 和 Fe 作为制氢的金属。部分金属燃料与水反应的能量密度如表 13-2 所示。

表 13-2　部分金属燃料与水反应的能量密度[6]

金属	密度/(g/cm³)	质量能量密度/(kJ/g)	体积能量密度/(kJ/cm³)
Be	1.85	37.26	68.93
Al	2.70	16.95	45.77
Zr	6.49	6.46	41.95
Mg	1.74	14.92	25.27
Ca	1.54	10.25	15.79
Li	0.53	29.23	15.49
Na	0.97	6.07	5.89
K	0.86	3.59	3.09

为什么铝被首先选中？因为铝具有以下突出的优点：

① Al 是地壳中含量最多的金属元素，原料来源广，价格低廉；

② 铝在空气中很安全；铝具有高密度的氢储存，11.1%（质量分数）的氢存储值；铝水解时，产氢量高达 1245mL/g，镁 951mL/g，锌 345mL/g，铁 356mL/g；

③ 反应过程不产生 CO_2；

④ 副产品氢氧化铝可回收再制成铝，或用于造纸、生产阻燃剂等。

13.3   铝-水制氢体系

13.3.1   Al/H₂O 反应制氢原理

金属 Al 与 H_2O 反应的方程式为：

$$2Al+6H_2O \longrightarrow 2Al(OH)_3+3H_2 \tag{13-1}$$

$$2Al+4H_2O \longrightarrow 2AlO(OH)+3H_2 \tag{13-2}$$

$$2Al+3H_2O \longrightarrow Al_2O_3+3H_2 \tag{13-3}$$

Digne[7] 运用第一性原理对 Al 的氢氧化物在不同温度时的吉布斯自由能进行了计算，其结果如图 13-1 所示。理论计算和实验结果证明：从室温到 280℃ 时，Al/H₂O 反应主要按反应式 (13-1) 进行；从 280 到 480℃ 之间温度，主要进行反应式 (13-2)；当反应温度高于 480℃ 时，主要进行反应式 (13-3)。上述反应的理论储氢密度分别为 3.7%、4.2% 和 5.3%（质量分数）。在通常情况下，Al/H₂O 反应的副产物主要是 $Al(OH)_3$，其材料理论储氢密度为 3.7%，若不考虑 H_2O 的用量，则其储氢密度可达 11.1%，正好相当于 H_2O 的储氢密度。

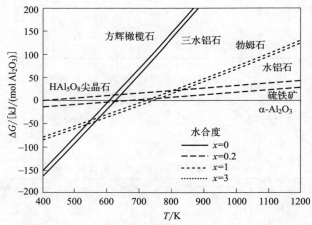

图 13-1   不同温度时，Al 的氢氧化物的吉布斯自由能（以 α-Al_2O_3 为标准）

Al 的氢氧化物都可以写成 $Al_2O_3 \cdot xH_2O$ 的形式，$x=0 \sim 3$[8]

此外，Al/H₂O 反应的分子动力学模拟[9] 表明，吸附于 Al 纳米簇表面上的单一 H_2O 分子的裂解需要很高的活化能，而在相邻未吸附 H_2O 分子的协助下，H_2O 分子的裂解在能量上更有利。同时，Al 团簇表面存在氧化膜时，氧化膜使表面反应活性位减少，从而阻止了 H_2O 分子的吸附和裂解。可见，Al/H_2O 反应在原理上可自发进行。然而，将 Al 块或 Al 粉投入温水甚至沸水中，通常观察不到气体的产生。这是因为在 Al 的表面有一层极薄（3～5nm）的致密氧化层，阻止了反应的进行。因此，在温和温度下，Al/H_2O 反应制氢的关键在于如何除去表面的氧化膜，并抑制氧化膜的再生，从而加速反应的进行，提高转化率，缩短诱导时间，实现即时制氢和快速制氢。

13.3.2 铝水制氢方法

因为铝是一种非常活泼的金属，表面极易生成氧化膜，阻止氧化剂与铝的接触，使铝水制氢化学反应无法进行，于是去除反应过程中铝表面氧化膜就成为技术关键。多年研究表明加入"促进剂"较为有效。促进剂既可以是化学品，也可以是其他金属，现分述如下。

13.3.2.1 用碱作为促进剂

采用碱（主要是 NaOH）为 Al/H_2O 反应的促进剂是一种最简单且常用的方法。在碱性介质中，Al/H_2O 反应本质上为电化学腐蚀过程[10]。首先，Al 表面固有的氧化膜（Al_2O_3）按反应式(13-4) 被碱化学溶解；然后，新鲜的 Al 按阳极反应式(13-5) 与 OH^- 结合生成铝酸根 $Al(OH)_4^-$ 并放出电子；水得到电子按阴极反应式(13-6) 被还原生成 H_2 和 OH^-。当 $Al(OH)_4^-$ 的浓度超出其饱和值时，它将按可逆反应式(13-7) 析出 $Al(OH)_3$ 和 OH^-。析出的 $Al(OH)_3$ 将原位沉积于未反应的 Al 表面，这层膜同样是致密的，将再次阻止 H_2O 分子与 Al 的接触。可见，NaOH 的浓度足够高时才能促使 Al/H_2O 反应连续进行。反应式(13-5)～式(13-7) 综合起来可用反应式(13-1) 表示。而在反应式(13-1) 中并未出现 NaOH，理论上它并没有消耗。NaOH 在 Al/H_2O 反应中具有双重作用：一是破坏 Al 表面的固有氧化膜（Al_2O_3）；二是阻止 Al 表面二次钝化膜 $Al(OH)_3$ 的再生。

$$Al_2O_3 + 3H_2O + 2OH^- \longrightarrow 2Al(OH)_4^- \tag{13-4}$$

$$Al + 4OH^- \longrightarrow Al(OH)_4^- + 3e^- \tag{13-5}$$

$$2H_2O + 2e^- \longrightarrow H_2 + 2OH^- \tag{13-6}$$

$$Al(OH)_4^- \rightleftharpoons Al(OH)_3 + OH^- \tag{13-7}$$

Belitskus 等[11]研究了 NaOH 的浓度和温度等条件对 Al 块、不同粒径 Al 粉和压片 Al 粉制氢的影响。结果表明，Al 粉粒径越小，制氢速率越快。计算表明：欲实现 Al/H_2O 反应可控制氢，且具有高的速率和产率，NaOH 和 Al 粉的质量比应大于 1.5。实验表明，此值不仅取决于 Al 粉的粒径，还取决于其他反应条件。

除采用 NaOH 作为 Al/H_2O 反应制氢的促进剂外，Soler 等[12]还研究了其他强碱在 Al/H_2O 反应中的作用。结果指出，KOH 与 NaOH 几乎具有相同的作用，但在空气中反应时，KOH 易与 CO_2 反应生成 $KHCO_3$，从而降低 H_2 的产生速率；同时，KOH 溶液的温度和浓度对氢气的产生具有协同作用。NaOH、KOH、$Ca(OH)_2$ 三种碱性条件下的对比实验发现，NaOH 溶液中 Al/H_2O 反应的速率最快。

综上所述，采用 NaOH 作为 Al/H_2O 反应制氢的促进剂是一种简单有效的方法，但需要高浓度 NaOH［＞10％（质量分数）］才能实现高的制氢产率和速率，这对制氢装置的材质选择提出了很高的要求。为降低碱对制氢设备的腐蚀，近年来提出了采用氧化物或盐等方法作为 Al/H$_2$O 反应制氢的促进剂以降低反应的 pH 值。

13.3.2.2　用氧化物作为促进剂

采用氧化物作为 Al/H$_2$O 反应的促进剂通常是用机械球磨法活化 Al 表面，从而使 Al 可在温和温度及中性环境下与 H$_2$O 反应。所用氧化物包括 γ-Al$_2$O$_3$、α-Al$_2$O$_3$、TiO$_2$、ZrO$_2$、MoO$_3$、CuO、Bi$_2$O$_3$ 和 MgO 等。这种方法也称为"改性"，具体过程为：将 Al 粉与金属氧化物粉末球磨混匀，然后真空烧结，其后再进行球磨。当用 γ-Al$_2$O$_3$ 制备改性 Al 粉时，Al 在室温下即可与 H$_2$O 反应产生 H$_2$。反应时，随着温度的升高，H$_2$ 产生速率增大。球磨过程中，Al 粉与 Al$_2$O$_3$ 粉末充分混合，一方面可破坏 Al 表面的氧化层，加速中性水溶液中 H$_2$ 的产生；另一方面可在 Al 表面形成一个高密度、弱机械性的 γ-Al$_2$O$_3$ 层，该 γ-Al$_2$O$_3$ 层与 H$_2$O 反应可生成羟基氧化铝 AlOOH，经过积累在某些位置 AlOOH 与内部的 Al 接触反应将产生 H$_2$ 冲破氧化层，使 Al/H$_2$O 反应进一步进行，其反应机理[13] 如图 13-2 所示。

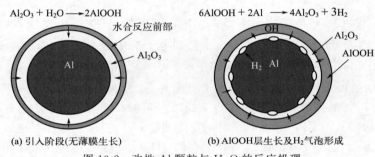

(a) 引入阶段(无薄膜生长)　　　(b) AlOOH层生长及H₂气泡形成

图 13-2　改性 Al 颗粒与 H$_2$O 的反应机理

该工艺制得的改性 Al 粉粒径小、纯度高。实验表明，当 Al 和 γ-Al$_2$O$_3$ 的体积比为 30％：70％时，可获得最高的制氢速率，Al 转化率达 100％[14]。然而，常温下 Al/H$_2$O 反应的动力学很慢。例如，22℃时，0.5g 改性 Al 粉与 H$_2$O 完全反应所用时间超过 20h，制氢速率仅为 1.3mL/（min·g Al）[14]。不同的氧化物改性后，Al/H$_2$O 反应的动力学行为不同。Bi$_2$O$_3$ 改性后，80℃时 Al/H$_2$O 平均制氢速率达 164.2mL/（min·g Al），产率接近 100％[15]。Dupiano 等[16]认为：用氧化物球磨后的改性 Al 粉与 H$_2$O 的反应主要经历了 3 个阶段，即诱导期、快反应和慢反应，且每个阶段的限速步不同，如图 13-3 所示。

总的说来，采用氧化物改性可使 Al 在中性条件下与 H$_2$O 反应，但反应需要较高的启动温度才能有较快的反应动力学。同时，大量氧化物的添加降低了系统的储氢密度，而且改性 Al 粉的制备工艺较复杂。

13.3.2.3　用盐作为促进剂

为了减少碱对制氢设备的影响，多种中性无机盐如 NaCl 和 KCl 等也可作为 Al/H$_2$O 反应的促进剂。Alinejad 等[17]采用不同比例的食盐与铝粉进行球磨制备活性铝粉，在此基础上又添加了 Bi 粉进行球磨，使 Al/H$_2$O 体系的制氢性能进一步得到提高。球磨时，NaCl 颗粒被粉碎成细小不规则的形状，在其作用下，Al 粉被分割成为纳米颗粒，同时，

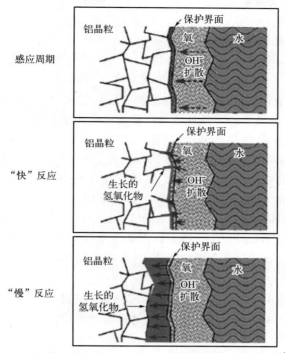

图 13-3　改性 Al 粉与 H_2O 反应三个阶段的限速步示意图[15]

NaCl 和 Bi 粉会嵌入新产生的 Al 粒，将破坏或抑制 Al 表面氧化膜的生成。此外，Al-Bi 构成了腐蚀原电池，加速了 Al/H_2O 反应。在温度为 700℃时，这种活性 Al 粉的制氢速率为 713mL/(min·g)，制氢产率可达到 100%。但是，采用此工艺制得的活性 Al 仅占 25%（质量分数），因此显著降低了系统的储氢密度。除了 NaCl 等中性盐外，强碱弱酸盐如 Na_2SnO_3、$NaAlO_2$、$NaBO_2$ 等也可促进 Al/H_2O 水反应制氢[18,19]，但是制氢产率较低。

13.3.2.4　Al 合金化

通过 Al 与其他金属的合金化可以有效抑制 Al 表面氧化膜的生成，促进 Al/H_2O 反应制氢。

Al 与其他金属的合金化是铝水制氢的重要研究方向。

Al 合金化所采用的工艺主要是熔炼和机械球磨，而所采用的元素主要是低熔点金属如 Ga、In、Sn、Bi、Sr 等。合金可以是二元、三元甚至四元。

铝合金化主要有以下优点：①有利于消除铝表面的氧化膜；②其他金属的加入促使电极电位的负移，如低熔点金属铋、锡、铟、镓等金属的加入，提高了铝（-1.663V）的电极电位；③低熔点金属与铝形成固溶体，破坏铝的晶体结构增大铝的晶格体积，降低铝表面强度；④低熔点金属与铝形成汞齐或者低熔点合金促进铝的水解反应。

范美强等[20]分析了改善铝水反应的几种途径，认为金属铝需在高温 1000℃左右与水蒸气反应，水蒸气的浓度对铝水反应影响不大，但在 20% 的水蒸气中，铝水反应温度最低，启动温度为 987℃。在铝粉中添加低熔点金属，有助于铝粉与水反应，尤其加入 Sn、Ga 金属，降低了铝粉与水反应的温度而形成多元合金，铝水反应性能改善，产氢量由 354mL/g

提高到 911mL/g；产氢速率由 5mL/(min·g) 提高到 15mL/(min·g)，启动温度由最初的 987℃高温降低至常温甚至 0℃。

罗辉[21] 球磨 8h 制备的 Al-20%（质量分数，下同）Ce 合金在 70℃纯水中反应 1h 的产氢量为 1036mL/g，产氢转化率为 89.54%。Liu[22] 利用气体雾化法制备了 Al-20%Bi、Al-20%Sn 铝合金。其中 Al-20%Bi 铝合金粉体形成了不完整的核壳结构，铋聚集在铝合金的表面；Al-20%Sn 铝合金粉体呈现共晶合金结构，锡均匀地分布在铝晶界处。在 30℃条件下这两者铝合金和蒸馏水剧烈反应，并且随着温度的升高能显著地缩短铝合金与蒸馏水反应的诱导时间，提高铝合金的产氢速率和产氢转化率。Al-20%Bi 铝合金在 30℃时 500min 产氢转化率达到了 98.2%，升高温度到 40℃和 50℃时分别在 250min 和 100min 时产氢率达到了 100%；Al-20% Sn 铝合金 30℃时 600min 产氢转化率达到了 100%，升高温度到 40℃和 50℃时分别在 400min 和 200min 产氢转化率达到了 100%。

Ziebarth[23] 通过熔炼方法制备了 Al-Ga 和 Al-Ga-In-Sn 合金，这些合金能迅速与 H_2O 反应产生 H_2。原因是：常温下 Al 与这些元素形成了低熔点共晶合金，约 27℃时有部分相呈液态，液相合金中的 Al 通过扩散迁移到界面而非通过第二相 $\beta-In_3Sn$ 转移到液相界面与 H_2O 反应产生 H_2。

Wang 等[24] 制备了 Al-3.8%Ga-1.5%In-0.7%Sn（质量分数）四元铝合金并指出一旦铝晶粒的尺寸减小到 $50\mu m$ 以下，铝合金的产氢速率急剧增加，并研究了 Al-Ga-In-Sn 铝合金的微观结构，发现铸造的铝合金由柱状 Al 和均匀分布在铝晶粒表面的 Ga-In-Sn 颗粒组成。氢气产生的速率随着铝晶粒的尺寸（$23\sim258\mu m$）的减小而增大，表明铝晶粒的细化会增加铝合金的产氢速率。当一定量的低熔点金属（Ga、In、Sn）被加到金属铝中，为了得到一个快速的产氢速率，在铝合金熔体中添加细化剂是一个行之有效的途径。含有晶粒细化剂的铝合金以快速冷却的速率凝固。

Quested 等[25] 指出虽然 Ga、In、Sn 在铝中的平衡溶解度很低，但是一些 Ga、In、Sn 仍会渗透进铝基体中。实际上除了铝晶粒的尺寸，Ga、In、Sn 相的数量和尺寸也会影响铝合金的产氢速率。

湖北工业大学朱勤标[26] 指出铝锶（Al-Sr）合金水解制氢也是有前景的方法。锶是一种比铝活泼的金属，这使得铝锶合金粉末具有高的化学活性。此外 $Sr(OH)_2$ 的溶度积常数为 3.2×10^{-4}，锶的水解产物 $Sr(OH)_2$ 易电离出 OH^-。因此，当该合金粉末与 OH^- 溶液的水解反应逐渐加大，这将有利于铝的水解，以提高产氢的速率。结果表明，当铝合金的质量分数达到 67%时，Sr 合金粉末迅速水解，生成氢时，制氢产率高达 100%。

朱勤标[27] 还采用改变 Zn、Sn、NaCl 含量的方式，借助机械球磨法制备了 Al、Zn、Sn 与 NaCl 有机结合的 Al-Zn-SnNaCl 材料，研究了 Zn、Sn、NaCl 掺杂对铝合金与水反应水解制氢的制氢速度的影响，并对其组织结构以及反应产物进行了探讨。结果表明，Zn、Sn 的加入有利于该系列合金化学活性的提高，尤其是 Al-7%Zn-7%Sn-20%NaCl（质量分数）材料，氢气产量为 336mL/g，产氢速率为 11.2mL/(min·g)。

李洋[28] 在实验中利用金属熔炼炉熔化 Al、Ga、In、Sn，制成四元合金板。发现这种合金样品产氢率最高可达 97%以上，产氢速率最快可达 478mL/(min·g)。

S. P. du Preez 等[29] 球磨制备了 Al-2%Sn-8%In（质量分数，下同）在室温下的反应诱导期为 280s，最终反应时间 1050s 的产氢转化率为 90.5%；Al-9.5%Sn-0.5%In 在反应 36min 后产氢转化率为 25%；Al-0.5%Sn-9.5%In 在与去离子水接触 30min 未展现出反应活性。并指出在 Al-Sn-In 铝合金中当 Sn/In 的摩尔比在 0.97～18.38 之间时金属间化合物

主要为 $In Sn_4$，当 Sn/In 的摩尔比小于 0.97 时金属间化合物主要为 $In Sn_3$。

汪洪波继续湖北工业大学的水解制氢用铝合金材料的研究[6]。研究了水的温度、细化剂的含量、合金元素的含量以及铝合金元素的组成等因素对铝合金产氢性能的影响，并分析铝的低熔点合金元素和细化剂对铝合金产氢性能机理的影响。汪洪波的结果如下。①利用熔铸方法制备了不同化学成分的 Al-Ga-Sn、Al-Ga-In 和 Al-Ga-In-Sn 体系铝合金锭，并进行了水解产氢性能测试。结果表明低熔点金属 Ga、In、Sn 在铝合金锭中能形成低熔点相共晶合金以及与 Al 形成微原电池。铝合金中低熔点相共晶合金的熔点以及铝合金开路电压的大小与铝合金的产氢性能密切相关。低熔点相共晶合金的熔点越低、铝合金的开路电压越低，则铝合金的水解产氢性能越好。另外，铝合金的水解产氢性能也与反应水的温度紧密相关，铝合金的产氢性能随着反应水温度的升高而增大。②为了进一步提高铝合金的产氢速率，利用细化铝晶粒（AlTi5B）研究发现在熔炼的过程中加入适量的 AlTi5B 后铝合金的产氢速率明显提高，反应时间大大缩短。加入 AlTi5B 后铝合金的晶粒由原来的柱状晶粒转变为等轴状晶粒，铝晶粒的尺寸从 $100\mu m$ 减小到 $30\mu m$。差示扫描量热仪（DSC）结果表明在添加适量的 Al-Ti5B 后，铝合金中的低熔点相发生了转变，变成了熔点更低的共晶相，低熔点相的存在不仅能保护铝晶粒不被氧化，而且为铝原子与水反应提供了反应通道，促进铝原子与水的水解反应。电化学测试结果表明在铝合金中添加 AlTi5B 后合金的开路电压下降，促进铝合金水解反应。另外，加入 Al Ti5B 铝合金的活化能（E_a）降低，铝合金水解产氢的速率增加。例如：在 20℃时，1g Al-3Ga-3In-3Sn 铝合金 280min 产生 980mL 氢气，产氢转化率为 79.3%；1g Al-3Ga-3In-3Sn-0.1%Al-Ti5B 铝合金 230min 产生 1200mL 氢气，产氢转化率为 97.1%。铝合金的产氢速率也与初始反应水的温度密切相关，温度越高，铝合金的水解产氢速率越快。例如：在 20℃时，1g Al-3Ga-3In-3Sn 铝合金 280min 产生 980mL 氢气，产氢转化率为 79.3%；在 60℃时，1g Al-3Ga-3In-3Sn 铝合金 50min 产生 1150mL 氢气，产氢转化率为 93.06%。

Fan[30]认为相比于熔炼，球磨法是一种能更好地制备铝合金的工艺。因为采用球磨对 Al 进行机械合金化可以避免合金熔炼过程中低熔点金属不必要的汽化损失和空气污染，也易产生更多的晶粒表面缺陷，提高 Al/H_2O 反应的活性。

Woodall 等[31]提出 Al-Ga-In-Sn 合金体系的水解机理为：在液态晶界相中的铝首先与水反应，然后其他铝晶粒通过 Ga-In-Sn 相分散到反应位置与水发生反应。

金属汞能够与铝形成汞齐（汞合金），能显著提高铝的水解特性。Huang[32]等指出铝表面吸附的汞能有效地降低铝金属键的强度，从而能与铝形成汞齐。汞齐形成后在铝表面形成腐蚀开裂，并且这些腐蚀开裂在诱导应力的作用下能迅速扩散破坏表面的氧化层。汞齐中的活性铝微粒能穿过汞齐通道，顺利与水反应产生氢气。李振亚[33]等对汞活化铝促进水解性能进行了解释，认为铝表面的液态金属汞有很好的流动性，所以能以单个或多个原子态进入氧化膜的缺陷或缝隙中与铝形成汞齐，从而起到分离氧化膜加速铝溶解的作用。沉积有金属单质汞的部位成为铝首先活化溶解的活性点，并且温度越高汞的流动性越大，进入氧化膜中的汞就越多，活化铝的作用就越强。应该指出：由于汞的剧毒性使得此方法不能被推荐。

总之，合金化可以有效地抑制 Al 表面氧化物的生成，使 Al/H_2O 反应可在中性条件下进行，但含活泼金属的 Al 合金的存储变得困难，只能在低温下储存，且所用的合金化元素一般价格昂贵，提高了制氢成本。应该指出，Al 合金化的方向应是添加廉价的合金元素，如 Fe、Cu、Zn、Sn 等并且需结合其他促进方法。

13.3.2.5 综合采用碱和氧化物或盐为促进剂

单一的促进方法各有不足之处，为了获得良好的促进效果，可综合采用几种促进方法。例如，可采用碱与氧化物或盐。其作用就是利用碱破坏铝表面固有的氧化膜，而氧化物或盐则可抑制氧化膜的再生。

Jung 等[34]的研究表明，将 NaOH 与 CaO 联合使用，可提高铝 Al/H_2O 反应制氢系统的性能。原因是：CaO 可与 Al(OH)$_3$ 结合生成微溶的 Ca$_2$Al(OH)$_7$ · 2H_2O 和 Ca$_3$Al$_2$(OH)$_{12}$，阻止钝化膜在 Al 表面的再次形成，从而保证连续产氢。此外，CaO 与水反应放热并生成的 Ca(OH)$_2$ 也可促进钝化膜的破坏。

Eom 等[35]采用含碱的 Na$_2$SnO$_3$ 水溶液作为 Al/H_2O 反应的促进剂，结果表明 Na$_2$SnO$_3$ 和 NaOH 混合促进剂可明显促进 Al/H_2O 反应制氢系统的性能，并显著降低碱的浓度。Al 在碱性介质中时，其表面的氧化膜首先被碱溶解，如不存在 Na$_2$SnO$_3$，析氢反应主要发生在 Al 表面；当存在 Na$_2$SnO$_3$ 时，由于发生置换反应导致金属 Sn 沉积在 Al 表面上，形成 Al-Sn 腐蚀原电池。此时，析氢反应主要发生在金属 Sn 上。在 Al 表面上原位沉积的 Sn 可抑制在制氢过程中再次原位形成的钝化膜，从而显著降低了反应所需碱的浓度。此外，Al-Sn 腐蚀原电池的形成将产生附加的腐蚀电流，也将加速 Al/H_2O 反应。

13.3.2.6 其他促进剂

桂林电子科技大学郭晓磊[36]针对铝基制氢材料存在的问题，采用球磨法、放电等离子体烧结法制备了 Al-Bi@C、Al-BiOCl/CNTs 和 Al-NaH-金属氧化物三种制氢材料来改善铝基制氢材料的产氢性能，并分别对其产氢性能和产氢机理进行了研究。研究结果表明：

① Bi@C 对 Al 水制氢具有催化作用；且放电等离子烧结（SPS）技术能显著改善 Al-Bi@C 的产氢性能。如烧结后，复合材料 Al-5％Bi@C 的产氢量从 463.8mL/g 上升到 1292.0mL/g。而且，得到的块体材料的抗氧化能力也显著提高，如在空气中放置 7 天，块体材料的产氢量为 1125.1mL/g，产氢保持率为 87.0％；放置 30 天后的产氢保持率仍可达到 75.5％；而粉体材料在空气放置中 7 天后的产氢保持率仅为 42.8％，证明了 SPS 烧结后的块体材料的抗氧化能力高于其粉体材料。机理研究表明：SPS 时，其脉冲电流可将块体材料的表面击碎，表现为金属铝晶粒的结晶度提高和碳材料的缺陷增加；而碳在烧结过程可阻止 Al 的团聚、增加 Al 表面的缺陷和提高反应中的电子传输的速度；烧结使具有很高活性的金属 Bi 从碳材料中暴露出来，通过 Al-Bi 腐蚀电池提高了 Al 的反应活性。可见，SPS 技术在铝基制氢材料中有很好的应用前景。

② BiOCl/CNTs 能改善铝水反应的产氢性能。在最佳制备条件下，Al-BiOCl/CNTs 的产氢量、产氢率及最大产氢速率达到为 1123.5mL/g、94.9％ 和 1127.0mL/(g·min)。产氢机理研究表明，复合材料球磨后形成了具有新鲜表面的铝粉、Al-AlCl$_3$、Al-Bi$_2$O$_3$、Al-Bi 和 Al-CNTs 五个活性位点；它们共同作用导致了 Al 与水反应的产氢性能显著提高。

③ 研究了 6 种金属氧化物对 Al-NaH 产氢性能的影响。研究结果表明 Bi$_2$O$_3$ 对 Al-NaH 具有最佳的活化作用。在最佳制备条件下得到的 Al-5％NaH-10％Bi$_2$O$_3$ 复合材料的产氢量为 1106.6mL/g、产氢率为 91.7％ 及最大产氢速率高达 11436.0mL/(g·min)。机理研究表明：由于 Bi$_2$O$_3$ 和 NaH 在球磨过程中起助磨剂作用，促进铝粉颗粒的减小；同时部分氧化铋被原位还原成金属单质 Bi，在水解过程中，形成 Al-Bi 腐蚀电池；NaH 有较强的水解能力，遇水产生氢气和 OH$^-$ 及释放热量。它们协同作用促进了材料产氢性能的提高。

以上介绍了 Al/H_2O 反应制氢的原理和主要方法。要使其具有实用价值，除需考虑燃料的制备、存储和成本外，主要考虑的是 Al/H_2O 体系的制氢性能，即制氢速率和产率。表 13-3 比较了采用不同促进方法的 Al/H_2O 体系的制氢速率和产率。可见，制氢反应的速率主要取决于反应温度、Al 粉粒径和促进剂等。

表 13-3 采用不同促进方法的 Al/H_2O 体系的制氢速率的对比[37]

样品	操作条件		最大产氢速率 /[mL/(min·g)]	产率 /%	参考文献
	介质	反应温度/℃			
$Al/\gamma\text{-}Al_2O_3$ 混合（3∶7,体积比）	H_2O	22	1.32	100	22
Al/Bi_2O_3 混合（6∶5,体积比）	H_2O	80	164.2	100	23
Al/NaCl/Bi 混合（18∶75∶7）	H_2O	70	713	100	26
Al-Ga-In-Sn-Zn 合金（90∶6∶2.5∶1∶0.5）	H_2O	25	44	91	34
Al-Bi-Ga-Zn-CaH_2 合金（80∶8∶2∶2∶8）	H_2O	25	460	95	32
Al-Ga-In-Sn 合金（94∶3.8∶1.5∶0.7）	H_2O	60	620	100	31
Al 粉（-325 目）	0.1mol/L Na_2SnO_3	75	1200	71	28
Al 粉（-325 目）	0.1mol/L NaOH	75	204	100	27
Al 粉（-325 目）	2mol/L $NaAlO_2$	75	337	100	27
Al 粉（100~200 目）	3.75mol/L NaOH	21~87①	1420	100	42
Al 粉（100~200 目）	1.25mol/L NaOH+0.04mol/L Na_2SnO_3	21~94①	2500	100	42

① 没有控制体系的温度，溶液进料速率为 5g/min。

13.3.3 铝水体系的特殊场景

除了常见的铝-水体系。还有研究人员考察了铝的其他体系。

浙江大学谢欣烁[38]对铝/水制氢-燃料电池发电的生命周期评价及基础实验开展研究。谢欣烁采用生命周期评价方法，构筑了从油井到车轮的铝能源氢能转化车用技术路线。基于能量的转化和利用途径，研究通过目标与系统边界搭建、清单收集、影响评价、结果解释等评价步骤，分析了铝能源氢能转化、纯电动、燃油三类车用能源应用技术路线的整体能耗和环境效益。结果表明，以金属铝为原料的车用技术路线在油井到车轮全部阶段的基础能耗适中，环境效益表现优秀。当制氢系统氢氧化钠的投入比例下降时，系统整体能耗和环境效益将进一步被优化。随着新型车用能源利用技术成熟和中国电力结构优化，未来纯电动车型以及其他新型车型，如基于铝能源转化的燃料电池车型，将有望替代传统燃油车，成为汽车产业的新一代主体车型之一。为研究铝/水制氢-燃料电池发电系统技术特性，验证理论设计路线应用可行性，研究发现制氢系统的氢气流量稳定，对发电性能影响较大，因此提升供氢稳定性是今后铝/水反应制氢努力的方向之一。

浙江大学张圣胜[39]以铝水反应的氢热联产系统为应用背景，研究了中温条件下铝水制氢反应器中的进汽方式与扩散动力学。作者利用自制的中温铝水反应制氢实验系统，实现了液下进汽方式下，6g 铝锂合金与水蒸气在 600℃启动温度下快速高效制氢和产热。作者首先通过实验研究了载气流量和给水量变化对反应器内动态产氢放热过程的影响。在 1.0mL/min 的给水量下，随着载气流量的增大，反应的产氢速率和反应效率有了明显的提高。但是反应温度较低，最高只达733℃。通过调节给水量，反应最高温度得到了有效提升，表现出随给水量增加先升高后降低的趋势。在载气流量700mL/min，给水量1.5mL/min时，反应器内最高温度可达999℃。通过分析反应过程中高温区的迁移规律，得到了反应器内反应核心区的迁移规律：在通入水蒸气后，进水口附近样品最先反应升温，随着进水口附近样品的消耗和水蒸气的扩散，反应核心区表现出从进水口处沿垂直方向向上和向下做迁移运动，且向上迁移速度要快于向下迁移速度。反应结束后，在冷态下对反应产物沿垂直方向进行分层取样，并通过SEM、EDS和XRD等手段检测，结果表明反应产物在颜色、成分和氧化程度等方面沿垂直方向都存在着明显的递变趋势。在进水口处，样品反应程度高，晶型规则。随着产物与进水口距离增加，反应的氧化程度及结晶度逐渐降低，并在反应器底部检测到有未反应完的Al和Al-Li成分出现。为了更好地认识水汽扩散对反应的影响，为进汽方案的设计提供指导依据，对比研究了液上、液中和液底进汽方式对反应产氢放热及扩散特性的影响。相对于液上和液中进汽而言，液底进汽方式下，铝水反应的产氢速率和效率有了明显提升，其瞬时产氢速率可达463.76mL/(min·g)，反应效率达85.9%。这主要是由于进汽口的下移，促进了底部样品与水蒸气的接触与反应，从而使得反应效率得以提升。同时，通过对温度变化的分析得出，液底进汽方式下，反应的向上传递速率要明显高于液上和液中进汽时的向下传递速率，这主要是由于气流的上升运动促进了水蒸气的扩散以及铝液与水蒸气的混合。

Kargi[40]在醋发酵废水中添加废铝颗粒和盐（NaCl），通过电水解废水有机物促进氢气生成。外加直流电压和废水初始COD分别恒定在4V和33.16g/L。废铝（1g/L）和NaCl（1g/L）在72h内累积生成氢气最高（2877mL），而未经处理的废水生成氢气最高（1925mL）。从加入Al和NaCl的水中生成氢气的量为302mL，而从原水中生成氢气的量为260mL。在废铝和NaCl的共同作用下，得到了最高的H_2生成率（952mL/d）、产率（1660mL/g）和最高的电流强度（163mA）。几乎纯氢气（99%）是利用原始废水生产的。废铝和盐的加入使原废水的初始电导率由1.80mS/cm提高到5.01mS/cm，最终电导率分别为4.0mS/cm和6.91mS/cm。只添加废铝可获得最高的能量转换效率（37.8%），而添加铝和盐可获得30.5%的能量转换效率。研究发现，添加NaCl和废Al颗粒对醋发酵废水电水解生成H_2气体非常有利。

13.4　铝制氢设备

铝制氢技术欲获得商业化的应用，需要高效制氢装置和可运行的系统。这方面的中外发明不少，本节介绍其中部分内容。应该指出，大部分专利只是一些设想，能否实用，还不好说。仅供读者开阔思路参考。

秦爱国等的实用新型专利[41]公布了一种铝粉喂料装置及铝水制氢设备，如图13-4。

殷坤等[42]的发明专利公布了一种铝碱反应可控的制氢系统。发明者声称其铝碱反应可控的制氢系统，包括通过管路依次连通的注水装置、反应装置和收集装置，反应装置包括机架、反应瓶和翻转机构，反应瓶通过翻转机构可安装于机架上，反应瓶内设有渗透隔板以将反应瓶内分隔成存储铝粉的左腔室和存储碱材料的右腔室，注水装置通过管路与右腔室连通，且收集装置通过管路与左腔室连通；产气作业时翻转机构驱动反应瓶呈竖立状态或者右腔室在上的非竖立状态；停止产气时翻转机构驱动反应瓶快速翻转呈左腔室在上的非竖立状态。本发明具有结构简单紧凑、集成度高、能耗低、制氢反应快、能对铝碱反应实现随时快速启停控制的铝碱反应可控的制氢系统的优点。

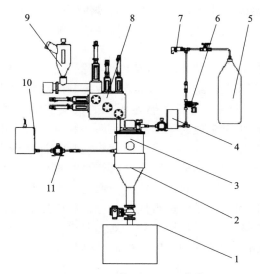

图 13-4　铝水制氢设备[40]

1—氢氧化铝溶液罐；2—冷却室；3—氢气发生器；4—干燥器；5—氢气储存器；6—流量传感器；
7—压力传感器；8—铝粉喂料装置；9—铝粉存储器；10—纯净水存储罐；11—液压泵

王昊辰等[43]提出一种铝水反应连续制氢装置及方法。其流程图如图 13-5。

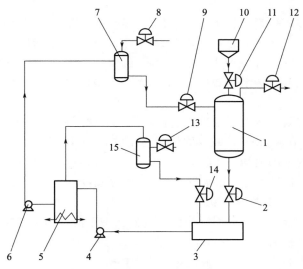

图 13-5　铝水反应连续制氢装置[43]

1—反应器；2,11～14—阀门；3—废液罐；4—泵；5—蒸发罐；
6—泵；7—碱液罐；8—阀门；9—阀门；10—铝粉仓；15—甲醇罐

此专利提供了一种铝水反应连续制氢装置及方法，连续制氢装置包括：铝粉仓、反应器、废液罐、碱液罐、甲醇罐和蒸发罐；铝粉仓底部经铝粉进料管线和阀门连接反应器顶部，反应器顶部又分别与碱液进料管线和氢气排出管线连接，反应器底部经管线和阀门连接废液罐顶部，废液罐下部经管线和泵连接蒸发罐的中上部，蒸发罐顶部经管线连接甲醇罐顶部，甲醇罐顶部又与新甲醇进料管线连接，甲醇罐底部经管线和阀门连接废液罐顶部，蒸发罐底部经管线和泵连接碱液罐的中上部，碱液罐底部经管线和阀门连接反应器顶部，碱液罐顶部连接新碱液进料管线。本发明装置特点是结构简单、能够稳定产氢、工作液可循环且节能降耗。

马广璐[44]介绍的装置包括燃料储罐、反应室、换热器、储氢缓冲罐、泵、阀和管路等。为实现装置的可控制氢，可利用系统的压力作为参数控制燃料泵的开启和关闭。当氢气被消耗后，系统压力降低，启动燃料泵向固体燃料所在的反应器输入液体燃料，引发 H_2 的制备；而当系统的压力升高超出设定值时，燃料泵关闭，制氢逐渐停止。另外，为了响应即时按需制氢的需求，要求可控制氢系统具有启动时间短、反应速率快和燃料转化率高等特性。这要求制氢装置能及时把反应副产物分离，否则副产物的累积将阻止反应连续进行。可应用膜分离技术中的膜应具有选择性，只允许气相分子通过，而液相或固相分子不允许通过。此外，还需对制氢系统的设计和操作条件进行优化，包括反应热的综合利用、燃料电池产生的水循环利用、液体燃料流速和系统操作压力等。刘光明[45]也介绍了一些铝制氢反应器。

目前国内外已有一些相关的设计和发明，然而，到目前为止，还没有相关商业上应用的报道。

13.5 废铝制氢

13.5.1 废铝制氢意义

中国的原铝产量多年位列世界第一位。2021 年全球原铝产量达 67343 千吨，中国原铝产量为 38920 千吨，占当年全球原铝产量 57.8%[46]。再生铝是指以废铝作为主要原料，经预处理、熔炼、精炼、铸锭等生产工序后得到铝合金。2019 年我国再生铝产量达到了 725 万吨。中国有色金属工业协会最新数据显示，2020 年中国再生铝产量为 740 万吨，同比增长 2.1%[47]。

根据《再生有色金属产业发展推进计划》测算，与原生铝生产相比，每吨再生铝相当于节能 3443kg 标准煤，节水 22m³，减少固体废物排放 20t。国家发改委发布《关于印发"十四五"循环经济发展规划的通知》，通知中指出，到 2025 年，主要资源产出率比 2020 年提高约 20%，单位 GDP 能源消耗、用水量比 2020 年分别降低 13.5%、16%左右，再生有色金属产量达到 2000 万吨，其中再生铝 1150 万吨[47]。

国际废铝的资源十分丰富。以铝罐为例，世界上每年消费的铝制饮料罐（包括啤酒、苏打水、运动饮料罐）大约有 1800 亿个，可以建造几十个到达月球的高塔[48]。因此废铝制氢，也是利用资源，有利我国实现"碳达峰""碳中和"的有效措施。

13.5.2 废铝制氢方法

许多研究者对废铝制氢进行了研究。

厦门大学陈信任在其硕士论文[49]的附录"废铝制氢粉体的制备及性能研究"中，详细介绍了其废铝制氢工作。陈共采用四种典型的废铝合金用以制备氢气材料，分别是废饮料罐、废铝门框、废铝轮毂和废锂电池盒，分别代表家居废物、建筑垃圾、汽车废料和工业废料。回收的废铝中含有许多污染物，这些材料先用自来水清洗，然后拆除不属于铝的部件。晾干后，在感应熔炼炉中及氩气气氛下熔化。此后，熔体被浇铸在模具中以提取出铝合金。

通过实验，得出如下结论：

① 废铝饮料罐、废铝门框和废铝电池盒提炼的废铝与 10%（质量分数）的 Bi、10%（质量分数）的 Sn 通过雾化制粉法制备的便携式制氢材料 S1、S2 和 S4 具有良好产氢性能。其与 50℃ 的蒸馏水反应的最终 Al/H_2 转化率为：S2（93.40%）＞ S4（89.08%）＞ S1（76.67%）。而由含 13.91%（质量分数）Si 废铝轮毂和 10%（质量分数）Bi 制备的 S3 制氢粉体表现出非常低的产气性。

② 提高反应温度和采用 3.5%NaCl 溶液可以促进产氢性能。

③ 采用定量加水法及连续加水法制氢时，由于水解反应放出的热量，使反应温度升高，提高了产氢性能。对于 S2 制氢粉体，1g 粉末/5mL 蒸馏水的组合具有最快的制氢过程，可用于需要快速产氢的场合。采用连续加水法可以获得高的 Al/H_2 转化率和稳定的氢气流，非常适合于给氢燃料电池供氢。

④ 通过拜耳法[49]，Bi、Sn 元素可以在反应后回收，回收率为 60%～80%。Bi、Sn 元素的重复使用降低了制备成本。通过拜耳法还可以有效地回收氧化铝，可用于纯铝的再生。

安徽工业大学张文浩等[50]采用回收易拉罐废铝制氢，将氢气通入 PEM 燃料电池中进行反应。研究得出了 65℃ 的水浴加热温度与 25% 的 NaOH 浓度下制取的氢气通入本燃料电池使用率最高的结论。

Kargi[40]在醋发酵废水中添加废铝颗粒和盐（NaCl），通过电解废水有机物促进氢气生成。

13.5.3　废铝制氢现状

麻省理工学院 Godart[3]介绍以回收铝为燃料的大功率燃料电池系统，通过氢燃料电池连续产生千瓦级的电力。文献介绍了两个成功示例系统的设计和实现。第一个是 3kW 的应急电源，第二个是一个集成到 BWM i3 电动汽车的 10kW 电源系统。

Prabu 等[51]提出用合成氢氧化铝催化剂从铝粉和水的反应中快速制氢，他们研究以铝酸钠 $NaAlO_2$、蒸馏水和乙醇为原料合成了氢氧化铝。乙醇/水的摩尔比和溶液中铝酸钠的浓度对 $Al(OH)_3$ 粉末的晶体结构、形貌和尺寸有显著影响。该 $Al(OH)_3$ 粉体同时含有三水铝石相和三羟铝石相，对 Al/水体系的制氢具有良好的催化性能。$Al(OH)_3$ 粉体的两个主要特性决定了其催化性能，即 $Al(OH)_3$ 的表面积和高能位。当乙醇/水的摩尔比在 0.3～0.6 之间，$NaAlO_2$ 的浓度大于 0.0167g/mL 时，合成的 $Al(OH)_3$ 粉体具有较强的三水铝石取向和板状结构。除上述条件外，形成了更倾向于拜耳岩的颗粒状结构。这种板状结构即使表面积不高，但由于其边缘存在高能位点，因此具有较强的催化能力。当颗粒状结构具有较高的表面积时，也可能具有较强的催化力。利用放热反应，用 3g 合成的 $Al(OH)_3$ 在 30s 内可由 1g Al/10g 水体系制得约 100% 的氢。利用这些有效的催化剂，废铝也能与水发生反应，在 8min 内产氢率可达 95%。

Hurtubise 等[52]实验室的工作集中于开发一种"备用"紧急制氢系统，金属铝可以通过氢氧化钠水解产生燃料电池所需的氢。本文综述了利用废铝原料生产可部署制氢装置的工程工作，该装置每天可生产 3.75kg 氢。

Olivares 等[53]提出利用废铝制氢发电的制冷系统的设计与开发。他们描述了一种廉价和多功能的碱性水解器的原型，它可以有效地从铝废料和氢氧化钠水溶液中产生氢气，产生的氢气可以通过燃烧直接用于动力，以氨-水原理工作的冰箱，在运行约 2h 后产生 -20℃ 的温度。

13.6   金属制氢技术展望

在相对温和条件下利用活性金属与 H_2O 反应制氢受到人们越来越多的重视。该方式是否可行，首先要考虑金属的活性顺序。目前主要是 Mg、Al、Zn、Fe 等金属。在实用性方面，金属制氢是否可行还要考虑原料制备、储存、副产物、使用环境、能耗、成本、安全性、环境效应，特别是氢气产生率和产生速率等诸多方面问题。若只是少量用氢，最方便的方法其实就是用金属与稀盐酸或稀硫酸等反应制取。

影响铝水氢气产量的主要矛盾是要持续破坏铝的表面保护层，为此，人们采用了多种方法，如在铝金属中掺杂多种金属。应该指出必须考虑掺杂金属的安全性和经济性。如汞虽然有效，但不环保，应予以禁止。金属铟虽然有效，但是太稀有，无法使用，也不必考虑。提高铝水制氢性能的另一种实用方法应该是减小铝晶粒的尺寸，这样能够增加反应物铝的总表面积。

方便快捷的金属与 H_2O 反应制氢，对废旧金属的回收利用有重要意义。提高资源的利用率，且对环境友好。其中，Al、Mg、Zn、Fe 等金属与 H_2O 反应制氢报道的最多，特别是 Al/H_2O 反应制氢体系。从反应条件、制氢量及产氢速度、原料来源及催化剂等方面，Al/H_2O 体系无疑是最有前途的制氢体系。

要真实把握技术的商业化运用等级，遵循事物发展规律，不能急于求成，揠苗助长。本来铝合金和水反应生成氢气，氢气驱动氢燃料电池汽车行驶，是有科学依据、行得通的技术路线，但是如果将样车说成产品，骗取政府支持，那就大错特错了，轰动全国的南阳"水氢发动机"就是这样的故事。2018 年 11 月 14 日，南阳市邓州市与青年汽车集团签订战略合作框架协议。2019 年，庞青年与南阳市高新区合作的氢能源整车项目，因为闹出"加水就能跑"的神话，而被舆论质疑以"水氢车"为噱头"骗取政府补贴"[54]。在大众强烈质疑之下，南阳"水氢发动机"事件中水制氢专利技术发明人之一称，"水氢发动机"的提法不准确，应为"车载水解制氢系统"，其核心是与水反应的车载制氢材料——一种铝基合金材料[54]。这样，一个原本有可能成功的铝水制氢项目，失败在准备不充分的技术细节和过度的商业炒作之中。

在制氢方面，目前，Al、Zn 反应制氢得到了较大的关注，Mg、Fe 等金属则差一些。但是，Al、Zn 反应制氢系统的广泛应用仍需解决一些技术难题。首先，与其他化学储氢/制氢系统如 $NaBH_4$ 和氨基硼烷等相比，Al、Zn 制氢系统的储氢密度较低；其次，Al、Zn 反应连续可控制氢的关键在于反应副产物需及时分离，该问题没有得到妥善解决。

Al、Zn 反应可控制氢的最大优点就是反应副产物的再生工艺成熟，因而制氢生产成本较低，可以考虑采用回收的废旧 Al、Zn 材作为原料。

对锌、镁、铁制氢感兴趣的读者可参阅相关文献[55]。

参 考 文 献

[1]   杨足仪. 略论帕拉塞尔苏斯的医化学体系 [J]. 医学与哲学，2002，23（4）：60-62.

[2]   毛宗强. 氢能-21 世纪的绿色能源 [M]. 北京：化学工业出版社，2005.

[3]   Godart P，Hart D. Aluminum-powered climate change resiliency：From aluminum debris to electricity and clean water [J]. Applied Energy，2020，275：115316.

[4]   Wang H Z，Leung Dennis Y C，Leung Michael K H. Energy analysis of hydrogen and electricity production from aluminum-based processes [J]. Applied Energy，2012，90（1）：100-105.

[5]　北京师范大学无机化学教研室．无机化学下册［M］.4 版．北京：高等教育出版社，2003：643.

[6]　汪洪波．水解制氢用铝合金材料的制备及产氢性能的研究［D］．武汉：湖北工业大学，2020.

[7]　Digne M，Sautet P，Raybaud P，et al. Structure and stability of aluminum hydroxides：a theoretical study［J］. The Journal of Physical Chemistry B，2002，106（20）：5155-5162.

[8]　范美强，徐芬，孙立贤．铝-碱溶液水解制氢技术研究［J］．电源技术，2009（6）：493-496.

[9]　Digne M，Sautet P，Raybaud P，et al. Structure and stability of aluminum hydroxides：a theoretical study［J］. The Journal of Physical Chemistry B，2002，106（20）：5155-5162.

[10]　Russo Jr M F，Li R，Mench M，et al. Molecular dynamic simulation of aluminum-water reactions using the ReaxFF reactive force field［J］. International Journal of Hydrogen Energy，2011，36（10）：5828-5835.

[11]　Belitskus D. Reaction of aluminum with sodium hydroxide solution as a source of hydrogen［J］. Journal of the Electrochemical Society，1970，117（8）：1097.

[12]　Soler L，Macanás J，Muñoz M，et al. Proceedings international hydrogen energy congress and exhibition IHEC［J］. Turkey：Istanbul，2005.

[13]　Soler L，Macanás J，Muñoz M，et al. Aluminum and aluminum alloys as sources of hydrogen for fuel cell applications［J］. Journal of power sources，2007，169（1）：144-149.

[14]　Deng Z Y，Ferreira J M F，Tanaka Y，et al. Physicochemical mechanism for the continuous reaction of γ-Al_2O_3-modified aluminum powder with water［J］. Journal of the American Ceramic Society，2007，90（5）：1521-1526.

[15]　Deng Z Y，Tang Y B，Zhu L L，et al. Effect of different modification agents on hydrogen-generation by the reaction of Al with water［J］. International Journal of Hydrogen Energy，2010，35（18）：9561-9568.

[16]　Dupiano P，Stamatis D，Dreizin E L. Hydrogen production by reacting water with mechanically milled composite aluminum-metal oxide powders［J］. International journal of hydrogen energy，2011，36（8）：4781-4791.

[17]　Alinejad B，Mahmoodi K. A novel method for generating hydrogen by hydrolysis of highly activated aluminum nanoparticles in pure water［J］. International Journal of Hydrogen Energy，2009，34（19）：7934-7938.

[18]　Mahmoodi K，Alinejad B. Enhancement of hydrogen generation rate in reaction of aluminum with water［J］. International Journal of Hydrogen Energy，2010，35（11）：5227-5232.

[19]　Soler L，Candela A M，Macanás J，et al. In situ generation of hydrogen from water by aluminum corrosion in solutions of sodium aluminate［J］. Journal of Power Sources，2009，192（1）：21-26.

[20]　范美强，孙立贤，徐芬，等，铝水反应制氢技术［J］．电源技术，2007，31（7）：556-558.

[21]　罗辉．铝基微/纳米复合水解制氢材料的制备及其性能的研究［D］.上海：上海师范大学，2012.

[22]　Liu Y H，Liu X J，Chen X R，et al. Hydrogen generation from hydrolysis of activated Al-Bi，Al-Sn powders prepared by gas atomization method［J］. International Journal of Hydrogen Energy，2017，42（16）：10943-10951.

[23]　Ziebarth J T，Woodall J M，Kramer R A，et al. Liquid phase-enabled reaction of Al-Ga and Al-Ga-In-Sn alloys with water［J］. International Journal of Hydrogen Energy，2011，36（9）：5271-5279.

[24]　Wang W，Chen D M，Yang K. Investigation on microstructure and hydrogen generation performance of Al-rich alloys［J］. International Journal of Hydrogen Energy，2010，35（21）：12011-12019.

[25]　Quested T E，Greer A L Grain refinement of Al alloys：Mechanisms determining as-cast grain size in directional solidification［J］. Acta Materialia，2005，53（17）：4643-4653.

[26]　朱勤标．水解制氢用铝合金材料研究［D］.武汉：湖北工业大学，2014.

[27]　朱勤标，常鹰，董仕节，等．水解制氢用 Al-Zn-Sn-NaCl 材料的制备及其性能研究［J］．材料导报，2014：311-313.

[28]　李洋．产氢用 Al-Ga-In-Sn 四元合金的制备［D］.长春：吉林大学，2015.

[29]　du Preez S P，Bessarabov D G. Hydrogen generation by the hydrolysis of mechanochemically activated aluminum-tin-indium composites in pure water［J］. International Journal of Hydrogen Energy，2018，43（46）：21398-21413.

[30]　Fan M，Sun L，Xu F. Feasibility study of hydrogen generation from the milled Al-based materials for micro fuel cell applications［J］. Energy & Fuels，2009，23（9）：4562-4566.

[31]　Woodall J M，Ziebarth J T，Charles R A，et al. Recent results on splitting water with aluminum alloys［J］. Ceram Trans，2009，202：121-127.

[32]　Huang X N，Lv C J Huang Y X，et al. Effects of amalgam on hydrogen generation by hydrolysis of aluminum with water［J］. International Journal of Hydrogen Energy，2011，36（23）：15119-15124.

[33] 李振亚，易玲，刘稚蕙，等 . 含镓、锡的铝合金在碱性溶液中的活化机理 [J]. 电化学，2001，7（3）：316-320.

[34] Jung C R，Kundu A，Ku B，et al. Hydrogen from aluminium in a flow reactor for fuel cell applications [J]. Journal of Power Sources，2008，175（1）：490-494.

[35] Eom K S，Kim M J，Oh S K，et al. Design of ternary Al-Sn-Fe alloy for fast on-board hydrogen production，and its application to PEM fuel cell [J]. international journal of hydrogen energy，2011，36（18）：11825-11831.

[36] 郭晓磊 . 铋基催化剂催化铝/水制氢的研究 [D]. 桂林：桂林电子科技大学，2020.

[37] 马广璐，庄大为，戴洪斌，等 . 铝/水反应可控制氢 [J]. 化学进展，2012，24：650-658.

[38] 谢欣烁 . 基于铝/水制氢-燃料电池发电的生命周期评价及基础实验研究 [D]. 杭州：浙江大学，2019.

[39] 张圣胜 . 中温铝水制氢反应器中的进汽方式与扩散动力学研究 [D]. 杭州：浙江大学，2018.

[40] Kargi Fikret，Arikan Sedef. Improved hydrogen gas production in electrohydrolysis of vinegar fermentation wastewater by scrap aluminum and salt addition [J]. International Journal of Hydrogen Energy，2013，38（11）：4389-4396.

[41] 秦爱国，樊汉琦，李俊霆，等 . 一种铝粉喂料装置及铝水制氢设备：CN202220687704000 [P]. 2022-03-28.

[42] 殷坤，宋家亮，刘振兴，等 . 一种铝碱反应可控的制氢系统：CN202011059950.3 [P]. 2020-09-30.

[43] 王昊辰，王海波 . 一种铝水反应连续制氢装置及方法：CN201610773552.5 [P]. 2016-08-31.

[44] 马广璐，庄大为，戴洪斌，等 . 铝/水反应可控制氢 [J]. 化学进展，2012，24：650-658.

[45] 刘光明 . 铝水反应制氢技术研发进展 [J]. 电源技术，2011，1（35）.

[46] 王祝堂 . 2020 年全球原铝产量 65267 kt [J]. 轻合金加工技术，2021，49（06）：46.

[47] 2025 年再生铝产量将达 1150 万吨 [J]. 铸造工程，2021，45（05）：11.

[48] Olivares-Ramírez J M，Castellanos R H，de Jesús Á M，et al. Design and development of a refrigeration system energized with hydrogen produced from scrap aluminum [J]. International Journal of hydrogen energy，2008，33（10）：2620-2626.

[49] 陈信任 . Al-(Bi，Sn) 基水汽制氢粉体的爆米花式形貌演变机理及其制氢性能研究 [D]. 厦门：厦门大学，2018.

[50] 张文浩，金凯，吴玉欣，等 . 废铝制氢联合燃料电池发电 [C]. 第十一届全国能源与热工学术年会论文集 . 2021.

[51] Prabu S，Hsu S C，Lin J S，et al. Rapid hydrogen generation from the reaction of aluminum powders and water using synthesized aluminum hydroxide catalysts. Topics in Catalysis，2018，61（15-17）：1633-1640.

[52] Hurtubise David W，Klosterman Donald A，Morgan Alexander B. Development and demonstration of a deployable apparatus for generating hydrogen from the hydrolysis of aluminum via sodium hydroxide [J]. International Journal of Hydrogen Energy，2018，43（14）：6777-6788.

[53] Olivares-Ramírez J M，Castellanos R H，Marroquín de Jesús Á，et al. Design and development of a refrigeration system energized with hydrogen produced from scrap aluminum [J]. International Journal of Hydrogen Energy，2008，33（10）：2620-2626.

[54] 张海平，陈德皓，李茂营 . 南阳水氢汽车的技术探寻 [J]. 科技视界，2020（04）：170-171.

[55] 毛宗强，毛志明，余皓，等 . 制氢工艺与技术 [M]. 北京：化学工业出版社，2018.

第 **14** 章
硫化氢分解制氢

硫化氢是制取氢气的原料。我国有丰富的硫化氢资源，四川省天然气资源总量位居全国之首，其中约有 70% 为高含硫气藏，如位于四川盆地的亚洲最大整装海相气田——普光气田，其 H_2S 平均含量达 14%～18%[1]。然而，因为 H_2S 的解离能（381kJ/mol）低于 H_2O（498kJ/mol）、NH_3（435kJ/mol）和 CH_4（430kJ/mol），使得直接分解硫化氢生成无碳的 H_2 和固体 S 可能的可行路径[2]。常见非金属氢化物的解离能见表 14-1。

表 14-1　常见非金属氢化物的解离能

反应式	解离能/(kJ/mol)
$H_2S \longrightarrow HS+H$	381
$H_2O \longrightarrow HO+H$	498
$NH_3 \longrightarrow NH_2+H$	435
$CH_4 \longrightarrow CH_3+H$	430

14.1　硫化氢分解反应基础知识

14.1.1　反应原理

硫化氢分解为氢气和硫的反应如下：
$$x H_2S \longrightarrow x H_2 + S_x \, (x=1,2,\cdots,8) \tag{14-1}$$
式中，S_x 代表元素 S 的同素异形体；x 值的大小则依赖于操作温度。

对该反应的研究主要包括对热力学、动力学及其反应机理的研究。

14.1.2　热力学分析

H_2S 分解反应为：
$$2H_2S \Longleftrightarrow 2H_2 + S_2 \tag{14-2}$$
标准态下反应的焓变化为：$\Delta H_f^{\ominus} = 171.59$kJ；熵变化为：$\Delta S^{\ominus} = 0.078$kJ/K；自由能

变化为：$\Delta G^{\ominus} = 148.3 \text{kJ}$。从宏观热力学上分析，常温常压下反应是不可能进行的，只有当温度相当高时才有 $\Delta G < 0$。转化率随温度升高而增大。在 $1700 \sim 1800K$ 温度范围内，能量消耗（约为 $2.0 \text{kW} \cdot \text{h/m}^3$）最为有利，这时硫化氢的转化率为 $70\% \sim 80\%$。[3]

为了使 H_2S 分解反应顺利进行，可以采用催化剂完成，或加入一个热力学上有利的反应等手段，即所谓闭式循环和开式循环。

① 闭式循环过程可简单描述为：

$$H_2S + M \longrightarrow MS + H_2 \tag{14-3}$$

式中，M 多为过渡金属硫化物，如 FeS、NiS、CoS 等。

② 开式循环在 H_2S 分解的同时，引入另一反应，如：

$$2H_2S + 2CO \longrightarrow 2H_2 + 2COS \tag{14-4}$$

$$2COS + SO_2 \longrightarrow 2CO_2 + 3/2S_2 \tag{14-5}$$

$$1/2S_2 + O_2 \longrightarrow SO_2 \tag{14-6}$$

总反应：

$$2H_2S \longrightarrow 2H_2 + S_2 \tag{14-7}$$

$$2CO + O_2 \longrightarrow 2CO_2 \text{（热力学有利的反应）} \tag{14-8}$$

14.1.3 动力学研究

近几年的研究主要集中于各动力学参数的确定，结果如表 14-2 所示。

表 14-2 部分动力学研究结果

催化剂	反应温度/K	反应级数	活化能 E_a/(kJ/mol)
Fe_2O_3/FS	$387 \sim 1073$	0.5	—
$\gamma\text{-}Al_2O_3$	$923 \sim 1073$	2.0	75.73
NiS, MoS_2	$923 \sim 1123$	2.0	69.04
CoS, MoS_2	$923 \sim 1123$	2.0	59.21
$5\% V_2O_5/Al_2O_3$	$773 \sim 873$	1.0	33.98
$5\% V_2S_5/Al_2O_3$	$773 \sim 873$	1.0	35.42
无催化剂	$873 \sim 1133$	—	495.62

对气相分解反应 $2H_2S \Longleftrightarrow 2H_2 + S_2$ 动力学的分析表明这是一个二级单相反应。反应的活化能为 280kJ/mol。指前因子为 $88 \times 10^{14} \text{cm}^3/(\text{mol} \cdot \text{s})$。这意味着在最佳温度 $1700 \sim 1800K$ 区域内，反应大约在 10^{-2}s 期间达到平衡。

由于上述反应是可逆的，因此在解离产物冷却（硬化）下保持在高温反应区所达到的转换度就显得很重要。计算表明，解离产物的完全硬化是在冷却速度不低于 10^6K/s 的情况下发生的。

14.1.4 动力学反应机理

硫化氢反应机理[4]的探索是动力学研究的重要组成部分之一。目前，所解释的 H_2S 的分解机理可分为非催化分解和催化分解两大类型。

① 非催化分解机理认为 H_2S 的热分解一般为自由基反应。

$$H_2S \Longleftrightarrow HS \cdot + H \cdot \tag{14-9}$$

$$H \cdot + H_2S \Longleftrightarrow H_2 + HS \cdot \tag{14-10}$$

$$2HS \cdot \Longleftrightarrow H_2S + S \cdot \qquad (14-11)$$

$$S \cdot + S \cdot \Longleftrightarrow S_2 \qquad (14-12)$$

② 催化机理可表述为：

$$H_2S + M \Longleftrightarrow H_2SM \qquad (14-13)$$

$$H_2S + M \Longleftrightarrow SM + H_2 \qquad (14-14)$$

$$SM \Longleftrightarrow S + M \qquad (14-15)$$

$$2S \Longleftrightarrow S_2 \qquad (14-16)$$

式中，M 代表催化剂活性中心。

14.2　硫化氢分解方法

　　文献报道的硫化氢分解方法较多，有热分解法[5]、电化学法[6]、光催化分解法[7]和等离子体法[8]等，还有以特殊能量分解 H_2S 的方法，如 X 射线、γ 射线、紫外线、电场、光能甚至微波能等，在实验室中均取得较好的效果。

14.2.1　热分解法

　　热分解法最初是采用传统的加热方法如电炉作为热源加热反应体系的，反应温度高达1000℃。随后，一些其他形式的热能如太阳能得到了利用。为了降低反应温度，以 γ-Al_2O_3、Ni-Mo 或 Co-Mo 的硫化物作催化剂，在温度不高于800℃、停留时间小于0.3s的条件下，得到的 H_2S 转化率仅为13%～14%。对于工业应用来讲，热分解法的转化率还较低。

14.2.1.1　直接热分解法[9-10]

　　直接高温热分解法是指在无催化剂存在的条件下，通过高温直接将 H_2S 热分解为氢气和硫黄。对于反应 $2H_2S(g) \longrightarrow 2H_2(g) + S_2(g)$ 而言，在标准状态下反应的 $\Delta H^{\ominus} = 171.6kJ/mol$，$\Delta S^{\ominus} = 0.078kJ/(mol \cdot K)$，$\Delta G^{\ominus} = 148.3kJ/mol > 0$，当无非体积功作用于反应体系时，该反应在常温常压下不能自发进行，而由热力学第二定律 $\Delta G^{\ominus} = \Delta H^{\ominus} - T\Delta S^{\ominus}$ 可知，在高温条件下可使 $\Delta G^{\ominus} < 0$，因此人们最初尝试使用高温热解法进行硫化氢的直接分解研究。Slimane 等[11]在研究纯 H_2S 高温热分解反应时发现，当温度低于850℃时，H_2S 几乎不发生分解反应，当温度分别为1000℃和1200℃时，H_2S 的转化率也分别只有20%和38%，当温度超过1375℃时，H_2S 的转化率才能达到50%以上。

　　采用直接高温热分解法，通过提高反应温度和降低 H_2S 分压可以提高 H_2S 转化率，但是该工艺需要供给大量热量、能耗高，并需要采用耐高温材料，所能处理的 H_2S 浓度太低，不利于应用。此外，由于大量 H_2S 需与 H_2 分离，在系统中循环，增加了能耗。因此，此法在经济上受到严重的制约。

14.2.1.2　催化热分解法[9]

　　催化热分解法是在热分解过程中加入催化剂进行热分解反应，加入催化剂虽然不能改变反应的热力学平衡，但可降低热分解反应的活化能，使 H_2S 在较低的温度下便可发生分解反应，加快化学反应速率，提高 H_2 收率。硫化氢的分解反应属于氧化还原反应，因此目前研究中常用的催化剂为 Fe、Al、V、Mo 等过渡金属的氧化物或硫化物。张谊华等[12,13]使用不同方法制备了几种 FeS 催化剂，并研究了其对 H_2S 分解制氢性能的影响。实验结果表明，以机械混合的超细粒子 $\alpha\text{-}Fe_2O_3$ 和 $\gamma\text{-}Al_2O_3$ 为催化剂先驱物硫化制得的催化剂 H_2S 分解反应性能最佳：反应温度为 300℃时，其氢气收可超过 10%。

Reshetenko 等[14]在 500～900℃温度范围内研究了 $\gamma\text{-}Al_2O_3$、$\alpha\text{-}Fe_2O_3$ 和 V_2O_5 催化剂对 H_2S 多相热催化分解反应的影响。结果表明，H_2S 在 $\gamma\text{-}Al_2O_3$ 和 V_2O_5 催化剂上的分解反应级数为 2.0，而在 $\alpha\text{-}Fe_2O_3$ 催化剂上的分解反应级数 2.6，反应的有效活化能分别为 72kJ/mol、94kJ/mol 和 103kJ/mol。研究还发现，在低温下 H_2S 与 $\gamma\text{-}Al_2O_3$ 相互作用先转化为 HS^- 和 S^{2-}，温度升高后再进一步转化生成各种形态的单质硫。而 H_2S 在 $\alpha\text{-}Fe_2O_3$ 和 V_2O_5 催化剂上的分解反应过程是将氧化物还原，同时形成 Fe^{2+} 和 V^{4+} 的硫化物。3 种催化剂中 $\alpha\text{-}Fe_2O_3$ 催化剂的 H_2S 分解效果最好，其在 900℃时氢气收率可达 31%左右。

Guldal 等[15]制备了 3 种钙钛矿结构催化剂，即 $LaSr_{0.5}Mo_{0.5}O_3$、$LaSr_{0.5}V_{0.5}O_3$、$LaMoO_3$，用于催化热分解 H_2S 产生氢气和硫黄，实验发现在 700～850℃温度范围内 3 种催化剂的催化活性从大到小的顺序为 $LaSr_{0.5}Mo_{0.5}O_3 > LaSr_{0.5}V_{0.5}O_3 > LaMoO_3$，而当温度提高至 850～900℃时催化活性从大到小的顺序为 $LaSr_{0.5}Mo_{0.5}O_3 > LaSr_{0.5}V_{0.5}O_3 > LaMoO_3$，在 950℃时使用 $LaSr_{0.5}V_{0.5}O_3$ 催化剂可获得最大 H_2S 转化率为 37.7%。

Ricardo 等[16]设计了一种膜式催化反应器用于 H_2S 分解制取氢气和硫黄，其方法是将 MoS_2 催化剂沉积在管状陶瓷多孔膜元件上，该元件不仅能将 H_2S 催化分解成氢气和硫黄，而且多孔陶瓷膜可以将产物氢选择性分离，从而引起化学平衡移动，促进分解反应的进行。在 400～700℃、50.5～101kPa（0.5～1atm）条件下，处理含 H_2S 为 4%的混合气体，H_2S 的转化率可达 56%，而在同样条件下仅用催化剂所获得的转化率只有 40%。催化剂可以降低反应的活化能，因而可以提高 H_2S 在低温下的热分解率，但催化剂的引入不能改变化学平衡，引入催化膜反应器可以在提高 H_2S 转化率的同时将产物氢分离，进而提高反应转化率。因此将催化剂与膜反应器或者其他促进分解反应平衡移动的装置相结合是今后研究的方向，然而该法的挑战在于更高效的催化剂制备和耐高温、低成本膜材料的研究开发。

另外，Startsev 等[17-19]在溶剂层中使用 Pt 负载 $SiO_2/Al_2O_3/Sibunit$ 及片状不锈钢作为催化剂进行了液固相低温催化分解 H_2S 的反应研究。实验研究表明，当 H_2S/Ar 混合物直接流过催化剂床层时，其转化率不超过 5%，而当催化剂置于溶剂中时其转化率则显著提高：以 $NaCO_3$ 溶液作为溶剂时其硫化氢转化率可达到 79.6%，当使用稀释的乙醇胺或肼作为溶剂时，硫化氢转化率则可达 98%以上。此方法可达到较高的硫化氢分解效率，但如何从溶剂中分离生成的硫黄将面临很大的技术挑战，溶剂处理困难将是其走向工业规模的限制因素。因此，寻找合适的溶剂来获得较高硫化氢分解效率将是解决这一问题的关键。

14.2.1.3 超绝热分解法[2]

超绝热分解法是在无外加热源和催化剂的条件下，利用 H_2S 在多孔介质中超绝热燃烧的方法实现 H_2S 分解，其分解所需热量来自自身的部分氧化反应，无需额外的热源供给，利用该方法可有效解决 H_2S 热分解过程能耗过高的问题。

Bingue[3]等利用一种惰性多孔陶瓷介质研究了 $H_2S\text{-}N_2\text{-}O_2$ 混合气体（H_2S 含量为 20%）中 H_2S 的分解情况。实验结果表明，当量比（实际供氧量与理论完全燃烧 1mol H_2S 需氧量）在 0.1～5.5 范围内时 H_2S 均可稳定燃烧，随着当量比的增加，H_2 收率呈现先增加后降低的趋势：当量比为 2 时，其燃烧温度接近 1400℃，此时 H_2 收率最大，接近 20%。

14.2.2 电化学法

一般采用三种电解法：直接法、间接法和其他方法。

在电解槽中发生如下反应产生氢气和硫：

阳极： $$S^{2-} = S + 2e^-$$ （14-17）

阴极： $$2H^+ + 2e^- = H_2$$ （14-18）

电化学法分解硫化氢的工作主要集中于开发直接或间接的 H_2S 分解方案以减小硫黄对电极的钝化作用。

在所谓的间接方案中，首先进行氧化反应，用氧化剂氧化 H_2S，被还原的氧化剂在阳极再生，同时在阴极析出氢气，由于硫是经氧化反应产生的，因而避免了阳极钝化。目前在日本已有中试装置，研究表明：Fe-Cl 体系对硫化氢吸收的吸收率为 99%、制氢电耗 2.0kW·h/m³ H_2（标）。该方法的经济性可望与克劳斯法相比，然而用该法得到的硫为弹性硫，需要进一步处理。另外，电解槽的电解电压高也使得能耗过高。

在直接电解过程中，针对阳极钝化的问题提出了许多方案。因任何一种机械方法都对此无效。

Bolmer[20] 提出利用有机蒸汽带走阳极表面硫黄的方法；也有向电解液中加入 S 溶剂的方法；另外，改变电解条件、电极材料或电解液组成等方法也都取得了一定的效果。

Shih 和 Lee[21] 提出用甲苯或苯作萃取剂来溶解电解产物硫，但得到的硫转化率低，电池电阻增加，产物纯度低，效果不好。

Z. Mao 等[22] 利用硫的溶解度随溶液 pH 值变化的特征，加入预中和及中和步骤调节 pH 值溶解 S，得到了较为满意的结果。

另外，H_2S 气体能有效地被碱性溶液（如 NaOH）吸收，电解该碱性溶液可在阳极得到晶态硫，阴极得到氢气，产物纯度较高。电解时的理论分解电压约 0.20V，是电解水制氢的理论分解电压 1.23V 的六分之一。

文献[10]将用于硫化氢电解的方法总结为表 14-3。

表 14-3 不同电化学分解法用于硫化氢分解[10]

电化学类型	条件	结果
直接法	以 NaOH 和 NaHS 水溶液为连续使用的解析液	消除了不必要的副反应,溶液中的硫沉淀能使电极钝化最小化,在 353K 时 H_2 和硫的收率均超过 95%
直接法	使有机蒸汽[C_6H_6、$C_6H_5CH_3$、环烷烃、CS_2、NH_3 或（$NH_4)_2$S]加入 H_2S 气流中,清除电极表面的硫积聚	电池电压为 0.3~0.7V,电极表面的电流密度为 50A/ft²① 时,效率高达 50%
直接法	连续搅拌槽式电化学反应器（CSTER）中添加甲苯或苯,为了去除电极表面的硫	在 293~333K 的温度下,10~66mL/h 的体积流量,外加电压 1.8~4.8V,得到 60% 的硫化氢转化率和 95% 的硫纯度
直接法	使用聚合物膜分离阳极和阴极室	NaHS 溶液在 358K、0.5V、100mA/cm² 的条件下生产高纯度硫,具有较高的法拉第效率,可用于 H_2 和 S 的生产。膜的有效性会随时间下降

续表

电化学类型	条件	结果
直接法	在含有硫化氢的碳酸钠溶液中,使用压滤电解器回收硫和氢气	在 348K 时,阳极产生硫,阴极产生氢,硫化物转化率达 85%
间接法	金属氧化物电偶在酸性条件下能够将硫化物氧化为元素硫	可实现 99.3% 的硫回收(净化后)和 H_2,并具有较高的电流密度和效率
间接法	金属氧化物电偶在酸性条件下能将硫化物氧化为元素硫	H_2S 吸附效率随浓度和温度的增加呈现稳定的状态(在 323K 时,达到 90% 吸附量),效率达到 97%。限制传质需要更好的反应装置设计
间接法	水溶液中的 $FeCl_3$ 用于 H_2S 的吸附,随后形成的 $FeCl_2$ 被认为是 H_2S 分解的原因。	在实验室测试 1000h,每天产生 3kg 的硫和 $2.1m^3$ 的氢
其他方法	煤或天然气中 H_2S 的电化学还原	H_2 在阴极生成,硫黄从陶瓷基体的熔融盐电解液被除去

① $1ft^2 = 0.09290304m^2$。

14.2.3 微波法

微波是波段介于无线电波和红外线之间的电磁波,波长在 0.1mm~1m 之间,频率为 300MHz~300GHz。由于微波对于化学反应有着特殊的作用,对于极性物质的作用尤为显著,国内外一些学者对微波应用进行了深入研究。文献[23-28]报道美国能源部阿贡国家实验室(ANL)利用特殊设计的微波反应器分解天然气和炼油工业中的废气,可以把 98% 的硫化氢转化为氢气和硫。张洵立等[29]利用微波对直接分解硫化氢进行了一系列研究。他们首先利用微波间歇操作分解硫化氢,结果表明,在 850W 的微波输入功率下反应 60s 时,硫化氢最大转化率可达 84%。接着报道了在 MoS_2/γ-Al_2O_3 催化剂上进行微波介电加热分解硫化氢制氢的实验,发现在微波介电加热模式下,硫化氢的最高转化率出现在 800℃(为 12%),而在常规反应模式下,800℃时硫化氢的转化率仅为 6.5%[30]。

马文等[31]利用间歇式微波反应器进行了硫化氢直接分解的研究,他们发现,当输入 850W 的微波功率作用 120s 时,FeS 催化剂上硫化氢的转化率最高可达 87.95%。

湘潭大学陈佳楠[10]提出微波催化高效直接分解 H_2S。其研究结论如下:①通过程序升温法制备了 Mo_2C 和 Mo_2C-TiO_2 催化剂,750℃时的 H_2S 转化率可高达 99.9%。此外,微波辐照下,Mo_2C 和 Mo_2C-TiO_2 微波催化剂表观活化能分别降低至 18.2kJ/mol 和 16.8kJ/mol。②制备了 Mo_2C-Co_2C/SiC@C 微波催化剂。发现 Mo_2C-Co_2C/SiC@C 催化剂具有高活性和稳定性。当温度为 750℃时,H_2S 的转化率高达到 90.3%。在 650℃时经过 300min 的测试,H_2S 的转化率没有出现明显的变化。在微波辐照下,Mo_2C-Co_2C/Si C@C 微波催化剂的表观活化能降低至 14.9kJ/mol。③制备了 Mo_2N-MoC@SiO_2 微波催化剂。在温度为 750℃时,H_2S 的转化率高达 96.5%。在 650℃时经过 6h 的测试,H_2S 的转化率没有出现明显的变化。在微波辐照下,Mo_2N-MoC@SiO_2 微波催化剂的表观活化能降低至 16.9kJ/mol。④微波辐照能够打破 H_2S 直接分解反应的平衡,表现出微波选择催化效应。此外,微波辐照能够降低反应的表观活化能,表现出微波直接催化效应。

14.2.4 光化学催化法

光催化分解硫化氢是指利用太阳光能激发半导体催化剂的价带电子跃迁至导带，形成的电子-空穴对迁移至表面，与吸附在表面的硫化氢分子发生氧化还原反应。催化机理如下[32]：

$$半导体催化剂 \xrightarrow{h\nu} h_{VB}^+ + e_{CB}^-$$

$$H_2S + 2h_{VB}^+ \longrightarrow 2H^+ + S$$

$$2H^+ + 2e_{CB}^- \longrightarrow H_2$$

目前 TiO_2、CdS、ZnS、CuS 等已经被广泛应用于光催化硫化氢直接分解反应中。Guo 等[33]构建了一个直接使用硫化氢作为鼓泡气体悬浮催化剂的流化床进行光催化反应。反应介质为 1.5mol/L 的 NaOH 和 0.25mol/L 的 Na_2SO_3，反应温度为 40℃，负载 0.4g 的 $Cd_{0.5}Zn_{0.5}S$ 的光催化剂，以入口 H_2S 气体流量 40mL/min±5mL/min 为最佳反应条件，在此反应条件下，H_2S 气泡可以很好地悬浮光催化剂，且不需要任何外力。

Naman 等人[34]报道了用硫化钒和氧化钒作催化剂光解 H_2S 的结果。Zhou 课题组[35-37]近些年对于光催化硫化氢直接分解反应也取得了一定的进展。他们首次采用温和的水热法合成了 $Cd_xIn_{1-x}S$ 光催化剂。与 CdS 和 β-In_2S_3 相比，$Cd_xIn_{1-x}S$ 展示出更优异的光催化分解硫化氢性能，产氢效率可达 16.35mmol/(g·h)，量子效率达到 26.7%[38]。Li 等人[39]发现硫化氢可以在负载贵金属的 CdS 半导体催化剂上经过光催化直接分解生成氢气和硫黄。当 CdS 负载 0.3% Pt 和 0.13% 的 PdS 时，光催化直接分解硫化氢产氢的量子效率最高可达 93%[40]。

综上所述硫化氢光催化分解法制氢反应条件温和，但是光利用率较低，反应较缓慢，离开工业化有较大距离。

14.2.5 等离子体法

低温等离子分解 H_2S 的主要反应见式(14-19)～式(14-26)[41]。

可以看出：H_2S 分子首先在放电区内各种激发态粒子 M 作用下裂解生成 H 自由基与 HS 自由基，H 自由基同 H_2S 分子、HS 自由基或 H 自由基发生反应生成 H_2，而 HS 自由基之间又可以相互作用得到 H_2 和 S_2，也可通过式(14-24) 和式(14-25) 两步反应生成产物 H_2 和 S_2；当放电区温度较低时，常常会发生 S_2 分子的聚合反应［式(14-26)］。

$$H_2S + M \longrightarrow \cdot H + \cdot HS + M \tag{14-19}$$

$$\cdot H + H_2S \longrightarrow H_2 + \cdot HS \tag{14-20}$$

$$\cdot H + HS \longrightarrow H_2 + \cdot S \tag{14-21}$$

$$\cdot H + \cdot H \longrightarrow H_2 \tag{14-22}$$

$$\cdot HS + \cdot HS \longrightarrow H_2 + S_2 \tag{14-23}$$

$$\cdot HS + \cdot HS \longrightarrow H_2S + S \cdot \tag{14-24}$$

$$H_2S + \cdot S \longrightarrow H_2 + S_2 \tag{14-25}$$

$$1/2S_2 \longrightarrow S_6, S_8 \longrightarrow S_{solid} \tag{14-26}$$

许多科学工作者研究了各种等离子体制氢，如电晕放电（corona discharge）方面，Helfritch[42]等用线管式脉冲电晕放电等离子体反应器。

辉光放电（glow discharge）方面，John[43]等利用常压下辉光放电等离子体。火花放电（spark discharge）、介质阻挡放电（dielectrical barrier discharge）、滑动弧放电（gliding arc discharge）、微波等离子体（microwave plasma）以及射频等离子体（radio-frequency plasma）。

美国和俄罗斯合作研究了利用微波能产生等离子体分解 H_2S。微波能由一个或数个微波发生器产生，经波导管对称地引入等离子体反应区，利用微波产生"泛"非平衡等离子体，其中包括 H_2S、H_2、$S_{(\beta)}$、$S_{(l)}$。将反应混合物引入换热器急冷即可分离出硫黄，同时也有效地减小了副反应的发生；H_2S/H_2 混合物通过膜分离器分离出 H_2。其微波发生器功率为 2kW，H_2S 分解率为 65%～80%。

试验用非热强介质等离子体反应器的工作原理如图 14-1 所示。

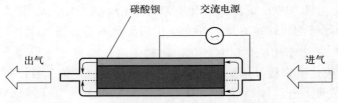

图 14-1　强介质等离子体反应器的工作原理

在一个长 100cm、直径 2.5cm 的圆柱形透明玻璃管内充满强介质钛酸钡颗粒，气体从一端进入反应器，从另一端排出。高压交流电源在反应器的两端施加高电压，电压可根据需要进行调节。当在两端电极施加交流电压时，钛酸钡颗粒即开始极化，在每个颗粒的接触点周围便产生强磁场，强磁场导致微放电，产生高能自由电子和原子团，其与通过的 H_2S 气体作用，使气体分解。

我国学者李秀金[44]做了不同分解电压、停留时间、初始浓度对硫化氢分解率的影响的研究。如图 14-2 所示，当停留时间为 0.23s 时，硫化氢的分解率在初始时变化不大，当电压升高到 6kV 后分解率迅速提高，当电压升高到 10kV 时分解率已达 100%；而在高电压时停留时间和初始浓度对分解率的影响均不大。

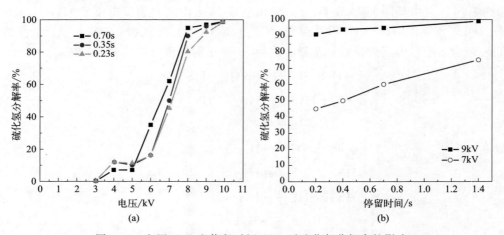

图 14-2　电压（a）和停留时间（b）对硫化氢分解率的影响

文献[9]列表总结了等离子体法分解 H_2S（表 14-4）。

表 14-4 等离子体法分解 H_2S

放电形式	反应物组成	特殊条件	H_2S 浓度 /%	反应物流量 /(mL·min)	H_2S 转化率 /%	制氢能耗 /(eV/H_2 分子)
辉光放电	H_2S-H_2/Ar	—	10～100	50～250	17～40	18
脉冲电晕放电	H_2S/H_2	—	0.125～2.0	—	20～95	75
	H_2S-Ar/ He/H_2/N_2	—	4～25	—	1～32	17
	H_2S-Ar/ N_2/Ar-N_2	—	8～12	—	7～45	4.9
介质阻挡放电	H_2S-H_2/Ar/N_2	—	20～100	50～100	0.5～12	50
	H_2S/Ar	—	25	12.5～165	15～90	1.6
	H_2S/Ar	—	5～25	50,100,150	3～45	1.6
介质阻挡放电＋	H_2S/Ar	$MoOx$/Al_2O_3	5～25	150	23～52	—
催化剂	H_2S/Ar	Al_2O_3, MoO_x/Al_2O_3, CoO_x/Al_2O_3, NiO/Al_2O_3	5	150	48	—
	H_2S/Ar	ZnS/Al_2O_3, CdS/Al_2O_3, $Zn_{0.4}Cd_{0.6}S$/ Al_2O_3	20	30	47～100	6.32
滑动电弧放电	H_2S/Ar	—	0～0.01	0～10^5	69～80	500
	H_2S	—	100	(2～14)×10^3	15～77	1.2
射频放电	H_2S	0.7～0.9kPa	—	(9～24)×10^3	约 100	1
微波放电	H_2S 或 H_2S-CO_2	30kPa	—	(1.67～7)×10^6	—	0.76
	H_2S/Ar		5～13	302～329	62.9～97.3	10
	H_2S-Ar/CO_2/ Ar-CO_2		10	1000	84～98.6	—

14.3 硫化氢分解的主要研究方向

综合分析国内外的研究现状，H_2S 分解制氢的研究工作主要集中在以下几个方面。

（1）不同的能量替代方式

在普通加热条件下，H_2S 分解反应速率较慢，转化率低，多用于研究反应特性。而太阳能、电场能、微波能的引入则大大改变了反应状况。尤其是微波能的利用，微波能直接作用于 H_2S 分子，能量利用率高，取得了较好的效果。此外，电子束、光能及各种射线等形式能量的应用研究亦取得了一定进展。

（2）提高反应速率

提高反应速率一般采用改变反应条件（如温度、压力）或加入催化剂。H_2S 分解反应温度通常较高，研究工作主要集中于催化剂的研制。所用的催化剂分为几大类：①金属类，如 Ni；②金属硫化物，如 FeS、CoS、NiS、MOS_2、V_2S_3、WS；③复合的金属硫化物如 Ni-Mo 的硫化物、Co-Mo 的硫化物等。在这些催化剂中，以 Al_2O_3 作载体的 Ni-Mo 硫化物及 Co-Mo 硫化物的催化性能较好。

目前，H_2S 分解催化剂的研制仍是该项研究的一个热点。

（3）反应产物的分离

H_2S 分解是一个可逆反应，转化率通常不高，需要及时将产品从混合物中提出，以提高反应速率。另外分离出 H_2S 返回反应器进行反应。

H_2S 分解产物的分离是一个大问题。将反应产物急冷，可较容易地分离出固体硫黄，而 H_2/H_2S 混合气的分离成为问题的焦点，效果较好的分离方法是膜分离法，所用选择性膜包括 SiO_2 膜、金属合金膜、微孔玻璃膜等，已有多项专利公布。

（4）反应机理

对 H_2S 在催化及非催化条件下的热分解的反应机理已有了较为一致的看法。对微波分解 H_2S 的作用机理，国内外尚处于摸索阶段。有人以微波对极性物质具有加热作用来解释，更多的学者倾向于微波对于化学分子甚至更小的结构（化学键）具有特殊作用。

参 考 文 献

[1] 李庆明. 普光高含硫气田安全环保管理 [J]. 海峡科技与产业，2016（07）：126-127.

[2] de Crisci A G, Moniri A, Xu Y. Hydrogen from hydrogen sulfide: towards a more sustainable hydrogen economy [J]. International Journal of Hydrogen Energy, 2019, 44 (3): 1299-1327.

[3] Bingue J P, Saveliev A V, Fridman A A, et al. Hydrogen production in ultra-rich filtration combustion of methane and hydrogen sulfide [J]. International Journal of Hydrogen Energy, 2002, 27 (6): 643-649.

[4] 凌忠钱. 多孔介质内超绝热燃烧及硫化氢高温裂解制氢的试验研究和数值模拟 [D]. 杭州：浙江大学，2008.

[5] Al-Shamma L M, Naman S A. The production and separation of hydrogen and sulfur from thermal decomposition of hydrogen sulfide over vanadium oxide/sulfide catalysts [J]. International Journal of Hydrogen Energy, 1990, 15 (1): 1-5.

[6] Mizuta S, Kondo W, Fujii K, et al. Hydrogen production from hydrogen sulfide by the iron-chlorine hybrid process [J]. Industrial & engineering chemistry research, 1991, 30 (7): 1601-1608.

[7] Kale B B, Baeg J O, Yoo J S, et al. Synthesis of a novel photocatalyst, $ZnBiVO_4$, for the photodecomposition of H_2S [J]. Canadian journal of chemistry, 2005, 83 (6-7): 527-532.

[8] Zhao G B, John S, Zhang J J, et al. Production of hydrogen and sulfur from hydrogen sulfide in a nonthermal-plasma pulsed corona discharge reactor [J]. Chemical Engineering Science, 2007, 62 (8): 2216-2227.

[9] 张婧，张铁，孙峰，等. 硫化氢直接分解制取氢气和硫黄研究进展 [J]. 化工进展，2017，36（04）：1448-1459.

[10] 陈佳楠. 微波催化高效直接分解 H_2S 制 H_2 和 S 及其微波催化效应研究 [D]. 湘潭大学，2020.

[11] Slimane R B, Lau F S, Dihu R J, et al. Production of hydrogen by superadiabatic decomposition of hydrogen sulfide [C]//proceedings of the Proc 14th World Hydrogen Energy Conference, US: NREL, 2002: 1-15.

[12] 张谊华，滕玉美，黄正宇，等. 硫化铁催化剂的制备，表征及对 H_2S 制 H_2 反应的研究 [J]. 华东理工大学学报，1995，21（6）：738-742.

[13] Zhang Y H, Teng Y M. The preparation and characterization of iron sulfide catalyst and it's reactivity for thermo-chemical decomposition of H_2S to H_2 [J]. Journal of East China University of Science and Technology, 1995, 21 (6): 738-742.

[14] Reshetenko T V, Khairulin S R, Ismagilov Z R, et al. Study of the reaction of high-temperature H_2S decomposition on metal oxides (γ-Al_2O_3, α-Fe_2O_3, V_2O_5) [J]. International Journal of Hydrogen Energy, 2002, 27 (4):

387-394.

[15] Guldal N O, Figen H E, Baykara S Z. New catalysts for hydrogen production from H_2S: preliminary results [J]. International Journal of Hydrogen Energy, 2015, 40 (24): 7452-7458.

[16] Ricardo B V. Catalytic membrane reactor that is used for the decomposition of hydrogen sulphide into hydrogen and sulphur and the separation of the products of said decomposition: EP 1411029 [P]. 2004-04-21.

[17] Startsev A N. Low-temperature catalytic decomposition of hydrogen sulfide into hydrogen and diatomic gaseous sulfur [J]. Kinetics and Catalysis, 2016, 57 (4): 511-522.

[18] Startsev A N, Kruglyakova O V, Chesalov Y A, et al. Low temperature catalytic decomposition of hydrogen sulfide into hydrogen and diatomic gaseous sulfur [J]. Topics in Catalysis, 2013, 56 (11): 969-980.

[19] Startsev A N, Kruglyakova O V. Diatomic gaseous sulfur obtained at low temperature catalytic decomposition of hydrogen sulfide [J]. Journal of Chemistry and Chemical Engineering, 2013, 7 (11): 1007.

[20] Bolmer P W. Removal of hydrogen sulfide from a hydrogen sulfide-hydrocarbon gas mixture by electrolysis: U S 3409520 [P]. 1968-11-5.

[21] Shih Y S, Lee J L. Continuous solvent extraction of sulfur from the electrochemical oxidation of a basic sulfide solution in the CSTER system [J]. Industrial & Engineering Chemistry Process Design and Development, 1986, 25 (3): 834-836.

[22] Anani A A, Mao Z, White R E, et al. Electrochemical production of hydrogen and sulfur by low-temperature decomposition of hydrogen sulfide in an aqueous alkaline solution [J]. Journal of the Electrochemical Society, 1990, 137 (9): 2703.

[23] Jie X, Gonzalez-Cortes S, Xiao T, et al. Rapid production of high-purity hydrogen fuel through microwave-promoted deep catalytic dehydrogenation of liquid alkanes with abundant metals [J]. Angewandte Chemie International Edition, 2017, 56 (34): 10170-10173.

[24] Xie Q, Li S, Gong R, et al. Microwave-assisted catalytic dehydration of glycerol for sustainable production of acrolein over a microwave absorbing catalyst [J]. Applied Catalysis B: Environmental, 2019, 243: 455-462.

[25] Gündüz S, Dogu T. Hydrogen by steam reforming of ethanol over Co-Mg incorporated novel mesoporous alumina catalysts in tubular and microwave reactors [J]. Applied Catalysis B: Environmental, 2015, 168: 497-508.

[26] 冯玉坤. 微波诱导金属放电催化降解挥发性有机物的试验及机理研究 [D]. 济南: 山东大学, 2020.

[27] 杨仲禹. 微波强化吸波材料吸-脱附/催化氧化气相甲苯研究 [D]. 北京: 北京科技大学, 2019.

[28] 林晶, 姜兆礼. 应用微波分解废气 [J]. 环境监测管理与技术, 1994, 1.

[29] 张洵立, 马宝岐. 天然气微波法脱硫实验研究 [J]. 西安石油学院学报, 1994, 9 (3): 70-71.

[30] Hayward D O. Apparent equilibrium shifts and hot-spot formation for catalytic reactions induced by microwave dielectric heating [J]. Chemical Communications, 1999 (11): 975-976.

[31] 马文, 王新强, 倪炳华. 微波催化法分解硫化氢的研究 [J]. 石油与天然气化工, 1997, 26 (1): 37-38.

[32] Shamim R O, Dincer I, Naterer G. Thermodynamic analysis of solar-based photocatalytic hydrogen sulphide dissociation for hydrogen production [J]. International Journal of Hydrogen Energy, 2014, 39 (28): 15342-15351.

[33] Jing D, Jing L, Liu H, et al. Photocatalytic hydrogen production from refinery gas over a fluidized-bed reactor I: numerical simulation [J]. Industrial & Engineering Chemistry Research, 2013, 52 (5): 1982-1991.

[34] Al-Shamma L M, Naman S A. The production and separation of hydrogen and sulfur from thermal decomposition of hydrogen sulfide over vanadium oxide/sulfide catalysts [J]. International Journal of Hydrogen Energy, 1990, 15 (1): 1-5.

[35] Dan M, Zhang Q, Yu S, et al. Noble-metal-free MnS/In_2S_3 composite as highly efficient visible light driven photocatalyst for H_2 production from H_2S [J]. Applied Catalysis B: Environmental, 2017, 217: 530-539.

[36] Prakash A, Dan M, Yu S, et al. In_2S_3/CuS nanosheet composite: an excellent visible light photocatalyst for H_2 production from H_2S [J]. Solar Energy Materials and Solar Cells, 2018, 180: 205-212.

[37] Li Y, Yu S, Doronkin D E, et al. Highly dispersed PdS preferably anchored on In_2S_3 of MnS/In_2S_3 composite for effective and stable hydrogen production from H_2S [J]. Journal of Catalysis, 2019, 373: 48-57.

[38] Dan M, Wei S, Doronkin D E, et al. Novel $MnS/(In_xCu_{1-x})_2S_3$ composite for robust solar hydrogen sulphide splitting via the synergy of solid solution and heterojunction [J]. Applied Catalysis B: Environmental, 2019, 243: 790-800.

［39］　Ma G，Yan H，Shi J，et al. Direct splitting of H_2S into H_2 and S on CdS-based photocatalyst under visible light irradiation［J］. Journal of Catalysis，2008，260（1）：134-140.

［40］　Yan H，Yang J，Ma G，et al. Visible-light-driven hydrogen production with extremely high quantum efficiency on Pt-PdS/CdS photocatalyst［J］. Journal of Catalysis，2009，266（2）：165-168.

［41］　赵璐，王瑶，李翔，等. 低温等离子体法直接分解硫化氢制氢的研究进展［J］. 化学反应工程与工艺，2012（4）：364-370.

［42］　Helfritch D J. Pulsed corona discharge for hydrogen sulfide decomposition［J］. IEEE Transactions on Industry Applications，1993，29（5）：882-886.

［43］　Zhao G B，John S，Zhang J J，et al. Production of hydrogen and sulfur from hydrogen sulfide in a nonthermal-plasma pulsed corona discharge reactor［J］. Chemical Engineering Science，2007，62（8）：2216-2227.

［44］　李秀金. 非热强介质等离子体反应器用于臭味气体的分解［J］. 化工环保，2002，22（3）：125-129.

第15章

制氢过程CO₂排放估算及化石能源零CO₂排放制氢技术

15.1 引言

15.1.1 制氢过程 CO_2 排放估算简述

作为经济快速发展的大国，中国正努力降低化石能源在能源消费结构中的比重，减少温室气体排放，树立良好的国家形象。2020 年 9 月 22 日，国家主席习近平在第七十五届联合国大会一般性辩论上发表的重要讲话中提出："中国将提高国家自主贡献力度，采取更加有力的政策和措施，二氧化碳排放力争于 2030 年前达到峰值，努力争取 2060 年前实现碳中和。"[1] 充分展示了我国的大国责任和强大决心。

我国 "碳中和" 的框架已设计出来，并已布局分 "四步走" 的减排路径。丁仲礼院士提出的初步路线图中的九个专题之一——"不可替代的化石能源预测" 的核心问题，是不可替代的化石能源必然会转化为不得不排放的 CO_2。对于这部分排放要有一个预测：来自何处？来自于什么行业？总量有多少?[2,3] 因此，估算制氢过程中不得不排放的 CO_2 就显得格外重要。

制氢过程中 CO_2 排放有以下估算方法。由于制氢技术种类的多样性以及各类制氢过程的复杂程度不同，其 CO_2 排放的估算方法也有不同。可以根据制氢过程的能源消耗量及其对应的碳排放系数计算；也可以在此基础上分部门考虑能源细分类别、单位热值含碳量、燃烧过程平均碳氧化率来计算；另外，还可以用质量平衡法、基于测量的实测法进行计算。有时甚至需要考虑碳排放对生态影响，抑或考虑制氢技术的全生命周期评价等。制氢过程 CO_2 排放估算方法的详细描述将在第 15.2 节展开，重点聚焦化石能源制氢技术中 CO_2 的排放估算方法，同时也结合生命周期评价，归纳总结出各制氢技术的能耗、能量转换效率、碳排放和制氢成本等。

15.1.2 化石能源零 CO_2 排放制氢技术简介

氢气根据生产来源划分，基本可划分为 "灰氢""蓝氢" 和 "绿氢" 三类。灰氢指的是通过化石燃料煤、石油和天然气制取的氢气，制氢成本较低，但碳排放量大，目前我国氢气主要来自灰氢；蓝氢指的是利用化石燃料制氢，同时配合碳捕捉和碳封存（CCUS）技术，碳排放强度相对较低，但捕集成本较高；绿氢指的是采用风电、太阳能、水电等可再生能源电解水制氢，在制氢过程中完全没有碳排放，但目前成本较高。

2020 年 12 月，中国氢能联盟提出的团体标准《低碳氢、清洁氢与可再生氢的标准与评价》正式发布，这是全球首次从正式标准角度对氢的碳排放进行量化。该标准运用生命周期评价方法将氢能指标客观量化，分为低碳氢、清洁氢和可再生氢，从源头出发推动氢能全产业链绿色发展，被业界广泛认可。

低碳氢是指生产过程中所产生的温室气体排放值低于 14.51kg CO_2e/kg H_2（CO_2e 指 CO_2 当量）的氢气；清洁氢是指生产过程中所产生的温室气体排放值低于 4.90kg CO_2e/kg H_2 的氢气；可再生氢生产过程中所产生的温室气体排放的限值与清洁氢相同，且氢气的生产所消耗的能源为可再生能源[4]。

我国未来氢气制备路线和氢能发展途径可分为近期（至 2025 年）、中期（至 2030 年）和远期（2050 年以后）三个阶段，虽然我国目前已经在大力开展基于新型清洁能源的电解水制氢以及基于清洁能源的太阳能光解水制氢、生物质制氢、热化学循环制氢等制氢新技术的研发和储备，但近期和中期仍然是以灰氢、蓝氢的制取为主，所采用的制氢技术仍将主要是化石能源制氢技术[5]。

化石能源制氢技术既包括基于煤炭、石油、天然气等化石燃料的制氢技术，也包含焦炉煤气、氯碱尾气、丙烷脱氢等为代表的工业副产氢技术等[6]，这些技术的最新进展特别是化石能源零 CO_2 排放制氢技术将在 15.3 节进行描述。

中国目前每年约 100 亿吨 CO_2 的排放主要来自何处？根据国家相关统计，中国目前的一次能源消费总量约为每年 50 亿吨标准煤，其中煤炭、石油、天然气的占比分别为 57.7%、18.9%、8.1%（共 84.7%），非碳能源的占比仅为 15.3%。100 亿吨 CO_2 的排放，发电（供热）占比 45%，建筑占比 5%，交通占比 10%，工业占比 39%，农业占比 1%。发电（供热）的主要终端消费者为工业（64.6%）和建筑（28%）。

从以上数据可以看出，CO_2 的终端排放源主要为工业（约占 68.1%）、建筑（约占 17.6%）和交通（约占 10.2%）。因此，实现碳中和工作的着力点也应该集中在这些领域。非碳能源技术发展是个迭代的过程，需要逐渐进步，但具体分几步来做是一个问题。大连化学所刘中民院士等专家提出分三步走：第一步是化石能源的清洁高效利用与耦合替代；第二步，可再生能源多能互补与规模应用；第三步，低碳能源智能化多能融合。具体怎么做，还需要进一步探讨。"技术为王"，因此，开发出更多的化石能源零 CO_2 排放制氢技术势在必行[2,3]。

化石能源零 CO_2 排放制氢技术能够在满足制氢技术能源需求的同时无温室气体排放，因为它制得的氢气是一种干净的燃料，其燃烧只产生水和热，所以能够洁净地进行能源转换。同时，将这样制取的氢气用于上述工业、建筑与交通等领域对实现碳中和具有重要的作用。因此，化石能源零 CO_2 排放制氢技术能够促进能源转型和碳减排、保持碳中和。虽然清洁能源（如太阳能、风能等）正在快速发展，但由于它们的波动性和不可控性，它们在一定程度上无法完全替代传统的化石能源。因此，在能源转型期间，使用化石能源零 CO_2 排放制氢技术能够更好地平衡能源供应和环境保护之间的关系，为实现低碳经济提供有力的支持。

氢气的需求快速增长的同时还要严格控制制氢过程中 CO_2 的排放，这就要求在氢气的制取方面既要从长远的观点开发和研制新的可再生氢制取技术，还要从近期和中期考虑利用好低碳氢的制取技术，特别是发展和创新好清洁氢的制取技术。由此可知，开发和完善好化石能源零 CO_2 排放的制氢技术尤为重要。

鉴于化石能源制氢技术种类的多样性以及各类化石能源制氢过程的复杂程度不同，其零 CO_2 排放制氢技术也有不同。15.3 节将首先简单介绍低碳或接近零排放的化石燃料制氢技术及其分类，然后对甲烷热解零排放制氢技术和液体化石燃料零排放制氢进行举例说明，最后介绍几种零 CO_2 排放制氢技术的新进展。

15.2　制氢过程 CO_2 排放估算

15.2.1　不同制氢技术评价

为了评价不同的制氢技术，我们将关注不同的制氢技术在环境、自然资源和社会方面的影响，具体来说就是评价它们的生命周期 CO_2 排放、电力需求和生产成本等方面。

"双碳"目标的实现需要能源结构的调整和能源类型的大规模改变，比如减少发电中的碳排放并将氢气作为工业领域 CO_2 排放问题的解决方案。制氢技术可以采用传统化石能源制氢加碳捕集利用与封存技术（carbon capture utilization and storage，CCUS），也可以通过水电解使用可再生能源制取氢气，特别是利用风力和太阳能发电后剩余的电力来生产和储存氢气就更好。此外，制氢还可以利用沼气、生物质等资源。但是，低碳制氢目前意味着生产成本较高，从可持续发展的角度来看，我们必须考虑到生产成本，还要考虑整个生命周期的碳排放问题。

本节从煤制氢、天然气制氢、工业副产氢、电解水制氢等方面进行技术评价。

（1）煤制氢

传统的煤制氢过程可以分为直接制氢和间接制氢。煤的直接制氢包括：①煤的焦化，在隔绝空气的条件下，在 900～1000℃制取焦炭，副产品焦炉煤气中含 H_2 55%～60%、甲烷 23%～27%、一氧化碳 6%～8%，以及少量其他气体，可作为城市煤气，亦是制取 H_2 的原料。②煤气化制氢是先将煤炭气化得到以 H_2 和一氧化碳为主要成分的气态产品，然后经过净化、CO 变换和分离、提纯等处理而获得一定纯度的产品氢，其主要工艺流程主要包括煤造气、净化、变换、变压吸附（pressure swing adsorption，PSA）等步骤。用煤制取 H_2 其关键核心技术是先将固体的煤转变为气态产品，即经过煤气化技术，然后进一步转换制取 H_2。

气化过程是煤炭的一个热化学加工。它是以煤或煤焦为原料，以氧气（空气、富氧或工业纯氧）、水蒸气作为气化剂，在高温高压下通过化学反应将煤或煤焦中的可燃部分转化为可燃性气体的过程，具有原料成本低、装置规模大、技术成熟度高等优点。然而，装置也存在占地面积大、需要配套设施、单位装置投资高、工艺流程较长、操作相对复杂等缺点。此外，碳排放量高、气体分离成本也较高。从元素利用角度来看，煤中的主要元素碳仅用于提供制氢热量，并没有得到充分利用，不符合目前提倡的"原子经济"。尽管如此，煤制氢综合成本仍然较低，因此在当前阶段仍然具有较大的应用规模[7,8]。

煤制氢技术发展已经有 200 余年，技术已相当成熟，是目前最经济的大规模制氢技术之一，尤其适合诸如中国等化石能源结构分布不均、多煤炭而少油气的国家。煤炭资源的丰富储量和低成本使得煤气化制氢工艺具有更好的经济优势。煤制氢流程图如图 15-1。

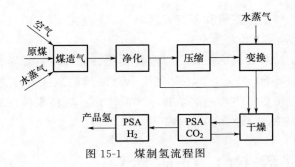

图 15-1　煤制氢流程图

（2）天然气制氢

天然气制氢是成熟的化石能源制氢技术，具有流程简单、装置可靠、单位投资成本低等优势，在全球氢气生产市场中占据了最大的份额，约占总氢气产量的 50%[9,10]。

天然气制氢主要有水蒸气重整制氢、部分氧化制氢和自热重整制氢等技术，后两种技术仍处于开发阶段。天然气水蒸气重整工艺流程如图 15-2 所示，主要包括脱硫、转化、变换和 PSA 等工艺单元，脱硫单元主要防止催化剂中毒。

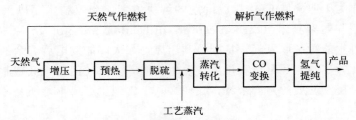

图 15-2　天然气水蒸气重整工艺流程

（3）工业副产氢

工业副产氢主要有 4 类，分别是钢铁行业的焦炉煤气副产氢，氯碱行业的电解氯化钠水溶液副产氢，丙烷脱氢、乙烷脱氢等轻质烷烃脱氢副产氢以及石油炼制行业的重整、石脑油裂解、乙苯脱氢、催化裂化干气等副产氢。中国每年工业副产氢规模在 9.0～10.0Mt 之间，其生产技术虽然各有不同，但是大规模提纯主要采用 PSA 技术，PSA 技术由于技术成熟，其提纯成本主要取决于副产氢原料气中气体组分和氢气含量，原料气中气体组分吸附能力差异越大，氢气含量越高，提纯成本也就越低，通常情况下，只有原料气中氢气含量超过 50%，提纯才有经济性[4]。

（4）电解水制氢

电解水制氢是指水分子在直流电作用下被分解生成氧气和氢气，并分别从电解槽阳极和阴极析出的技术。根据电解槽隔膜材料的不同，通常将电解水制氢分为碱性（ALK）水电解、质子交换膜（PEM）水电解、阴离子交换膜（AEM）水电解以及高温固体氧化物（SOEC）水电解。

目前商业化的主要为 ALK 水解和 PEM 水电解，ALK 水电解技术较为成熟，目前应用广泛，成本低，设备寿命长，但是制氢效率不高，其碱性溶液有腐蚀性，占地面积大并且由于阴阳两极压力必须均衡，电解槽关闭或启动速度慢，制氢速度难以快速调节。PEM 水电解体积小，操作弹性大，启动快，但是目前成本过高。

（5）综合评价

综上所述，对比各种制氢方法，天然气制氢技术较为成熟，工艺流程简单、装置稳定可靠，是全球最主要的制氢方式，但天然气价格极大地影响氢气成本。煤制氢与天然气制氢类似，工艺比较成熟，受资源禀赋影响，在我国具有较大的应用规模，但是工艺流程长、装置占地面积大、碳排放高。与天然气制氢不同的是，煤制氢成本中煤炭价格、氧气价格以及建设投资均占有重要比例。工业副产氢，由于是副产物，原料成本较低，不负担碳税成本，因此提纯成本直接决定了工业副产氢的成本，当前阶段作为蓝氢的工业副产氢最具市场竞争力。电解水制氢，目前已经商业化运行的主要是 ALK 水电解和 PEM 水电解两类，电解水制氢的成本与电价、装置规模、设备利用率等因素有关。随着碳减排任务的推进，大规模光伏、风电集中式制氢项目将会陆续出现。在氢能作为交通能源的初期阶段，廉价易得的副产氢和化石能源制氢可以迅速降低燃料电池汽车用氢成本，有利于快速建立氢能产业链、提升氢能产业技术水平、培养消费者用氢习惯，在后期阶段，绿电电解水制氢是未来氢气的主要供应方式[8]。

H. Catalin[11] 通过分析不同低碳制氢方法的价值链，以及对主要成本驱动因素的敏感性分析，基于案例分析，评估了上下游经济部分的影响，从而评估了不同低碳制氢工艺。通过引入更为全面的成本影响因子，对比了天然气制氢、水电解制氢和煤制氢这三种主流制氢路线及其在碳排放影响下的制氢成本构成。

巨大的氢气需求对氢能产业链中的制氢环节提出了当务之急要解决的两点问题：经济型和规模化。并且指出广义制氢成本是指将 CO_2 后处理考虑在内的制氢费用支出。在不同碳税征收条件下，各制氢方式成本波动较大。当不收取碳税时，煤制氢的成本最低，但煤制氢成本随碳税价格变化较为迅速，当碳税高于 170 元/t 时，采取煤制氢工艺路线的成本将高于天然气。

附加碳税后各制氢路线的成本如表 15-1 所示。

表 15-1　附加碳税后各制氢路线的成本[12]

制氢路线	氢气成本/（元/kg）	碳税/（元/kg）	总成本/（元/kg）
煤制氢	10	4.59	14.59
天然气制氢	13.44	1.05	14.49
火电（谷电）制氢	40.7	10.88	51.58
可再生电力（2020 中位值）制氢	82	0	82
可再生电力（2050 中位值）制氢	41	0	41

得出结论：我国的资源禀赋导致了煤制氢路线的成本优势，即使在附加碳税后，以煤制氢为主的化石燃料制氢路线依然占据着成本的绝对优势。同时也应该看到，可再生能源体量的迅速膨胀将带来可再生电力制氢的规模化放大和成本的大幅削减。

广义制氢成本是指将 CO_2 后处理考虑在内的制氢费用支出。不同碳税征收条件下，制氢成本波动较大，当不收取碳税时，煤制氢成本最低，但其成本随碳税价格的变动较为迅速，当碳税高于 170 元/t 时，采取煤制氢工艺路线的成本将高于天然气。

氢能产业的孵化和技术成熟有一个过程，在产业初期面对快速膨胀的市场需求，氢能产业迫切地需要一种高产稳定、价格低廉、品质纯净的氢源来支撑市场扩张的需要。煤制氢路线可满足迅速膨胀的市场规模，在可再生能源制氢路线完全成熟之前，为了保证产业链不断供、不断档的良性发展态势，必须保证有氢源供应，而以煤为主的化石能源配合 CO_2 资源利用方案制得的蓝氢将是氢能产业上升期最符合我国国情的主流供氢方式[12]。

由可再生能源供电的电解水制氢的高成本阻碍了氢的利用，但是电解槽的成本显著改善

了与可再生能源发电的价格持续下降，为将来低成本可再生能源制氢铺平道路，从化石燃料
到可再生能源制氢过渡的时机对于确保氢的脱碳潜力至关重要，化石燃料制氢比直接使用化
石燃料释放的能量更多，但是化石能源制氢始终不是最终方案，尽早地从高排放的化石能源
制氢过渡到低或零排放的氢是一个至关重要的问题，对影响过度时间的技术经济因素的预测
存在着相当大的不确定性。

考虑的三种制氢途径：甲烷蒸汽重整（SMR）制氢、ALK 或 PEM 电解槽电解水制氢，
后两者制得的氢属可再生氢，当前 ALK 占主导地位，但是 PEM 可能成为未来的首选技术，
因其有更高效、更耐用，并能更快地对电力供应的变化做出反应。

氢生产能力的发展取决于新产能的预期盈利能力，而新产能的盈利能力又取决于不同生
产技术的制氢平均成本，制氢平均成本仅包含生产成本，不包括液化、压缩、运输等成本，
只专注于生产技术之间的成本差异。

以澳大利亚为例，在没有碳价格的情况下，氢生产很可能由基于化石燃料的 SMR 制氢
技术主导，且预测由氢需求导致的碳排放将超过澳大利亚 2018 年报告的年度总排放量，因
此快速过渡到可再生氢对实现减排目标至关重要。F. Reza[13] 还确定了向可再生氢过渡最关
键的因素是容量因素、电解槽系统成本和原料价格。

15.2.2　制氢过程 CO_2 排放估算方法

前面各章节描述了各种绿色制氢技术，本章重点描述灰氢、蓝氢的制取过程及相应过程
的 CO_2 排放估算方法。

15.2.2.1　灰氢制取过程中的 CO_2 排放

制取灰氢所采用的化石原料主要是煤、石油和天然气。原油制氢制备效率低，有害气体
多，逐渐淘汰；现阶段主要采用天然气和煤制氢，大规模煤制氢在经济成本上相对于天然气
更具有优势。我国煤资源相对丰富的储藏现状，决定了煤气化制氢是未来的发展趋势。下面
分别以煤制氢、气体原料制氢和液体化石能源制氢来描述其 CO_2 排放情况。

（1）煤制氢

煤制氢过程主要包括三个过程：造气反应、水煤气变换反应、氢气提纯。CO_2 主要来
自 CO 的水煤气变换反应，少量碳与氧气进行完全氧化（燃烧）反应生成 CO_2。此部分为工
艺流程所带来的碳排放，同时还得考虑由于煤气化制氢装置能耗所带来的碳排放，也即能源
供应对应的间接隐含排放，如氢气生产阶段所需要消耗电力、热力（蒸汽、热水等）。

工艺过程 CO_2 排放量基于碳元素的质量守恒，假定所有损失的碳元素都转换为 CO_2 排
除，计算原料与产物的含碳量差值，如下式：

$$E_{\text{工艺排放}} = \left(\sum_r AD_r \times CC_r - \sum_p Q_p \times CC_p \right) \times \frac{44}{12} \tag{15-1}$$

式中，$E_{\text{工艺排放}}$ 为工艺过程 CO_2 排放量，t；r、p 分别表示原料、产物的种类；AD_r 为
第 r 种原料的投入量，t；CC_r 为第 r 种原料的平均含碳量，t/t；Q_p 为第 p 种产物的产出
量，t 或 m^3；CC_p 为第 p 种产物的平均含碳量，t/t 或 t/m^3。

$$E_{\text{能源隐含}} = E_{\text{电力}} + E_{\text{热力}} = AD_{\text{电力}} \times EF_{\text{电力}} + AD_{\text{热力}} \times EF_{\text{热力}} \tag{15-2}$$

式中，$E_{\text{能源隐含}}$ 为能源供应隐含 CO_2 排放量，t；$AD_{\text{电力}}$、$AD_{\text{热力}}$ 分别为电力、热力的净投
入量，MW·h，GJ；$EF_{\text{电力}}$、$EF_{\text{热力}}$ 分别为电力、热力的碳排放因子，t CO_2/(MW·h)、
t CO_2/GJ。

当热力的投入量为各类能耗工质的投入量时，可以先将能耗工质的净投入量折算为标准煤，再计算 CO_2 排放量，如下式所示：

$$E_{热力} = \sum_s AD_s \times CE_s \times EF_{标煤} \tag{15-3}$$

式中，$E_{热力}$ 为热力供应隐含 CO_2 排放量，t；s 表示能耗工质的种类；AD_s 为第 s 种能耗工质的净投入量，t；CE_s 为第 s 种能耗工质的折标准煤系数；$EF_{标煤}$ 为标准煤的碳排放因子，tCO_2/t 标煤。

由以上三个公式，可以估算出，某 $20 \times 10^4 m^3/h$ 标准煤制氢装置处理原料煤 $126.7 \times 10^4 t/a$，原料含碳量为 74.32%，能耗如表 15-2 所示，得到煤制氢气阶段的 CO_2 排放量为 $18.45t\ CO_2/t\ H_2$[14]。因此，煤制氢在分类上并不属于低碳氢。

表 15-2　能耗工质与消耗量[14]

能耗工质	消耗量
电力	131476548kW·h
新鲜水	433594t
循环水	72230756t
除盐水	3123544t
中压蒸汽(4.0MPa)	-439180t
低压蒸汽(1.3MPa)	-322560t
超低压蒸汽(0.55MPa)	-134527t

煤经过气化后得到粗煤气，也即 $CO + H_2$，在煤制氢中，原料煤组成、气化工艺和净化工艺不同，所得到的粗氢组成也不同，粗氢中的杂质主要为 CO、CO_2、H_2S 等，其他惰性组分有 CH_4、N、Ar 等。目前大型装置普遍采用低温甲醇洗气一步脱除 H_2S 和 CO_2。目前技术成熟且应用广泛的氢气提纯技术有：深冷分离法、膜分离法、PSA 法[15]。

制氢工艺考虑两个条件：制备的可获得性和成本的低廉性。现阶段主要采用天然气和煤制氢，大规模煤制氢在经济成本上相对于天然气更具有优势。我国煤资源储藏相对丰富，决定了煤气化制氢是现阶段优先选择的制氢解决方案。PSA 变压吸附提纯氢气的特点是除杂彻底、可靠性高、原料气可采用范围广、过程操作简单、成本消耗低，变压吸附剂是可以循环利用的。

要提高煤制氢的效率，考虑加大气化炉生产设备受到诸多条件的限制，因此只能提高制备温度和压力，为此需要在进料、自动控制和温度、压力控制模块进行优化。煤气化以后的气，还需经过低温甲醇清洗等步骤才能成为变压吸附的原料气，而不是直接进行变压吸附，变压吸附后，获得高压力的产物氢气。吸附剂要求吸附能力强、解压性能好、耐磨抗压[16]。

（2）天然气制氢

天然气制氢技术主要以天然气水蒸气重整为主导，Alhamdani 等[17]针对天然气制氢过程中产生的温室气体排放情况评估了由此产生的全球变暖潜能值（global warming potential，GWP）和排放造成的健康危险，并对氢气生产生命周期内的温室气体逸散排放与其他温室气体排放源进行了比较，在 100 年时间里，甲烷对全球变暖的贡献能力是二氧化碳的 21 倍。本研究中，甲烷的总逸逸排放量为 1117.55mg/s（4.023kg/h），而二氧化碳的逸逸排放量为 864.16mg/s（3.11kg/h）。假设工厂的 H_2 生产能力为 10000kmol/h（20150kg/h），每千克净生产氢气的甲烷和二氧化碳逸逸排放量分别为 0.198g 和 0.153g。

氢气生产厂在氢气生产的整个生命周期中排放的二氧化碳占总排放量的 83.7%，从而对环境负担做出了重大贡献。然而，就甲烷而言，工厂的贡献受到生命周期系统排放的 CH_4 总量的 0.33% 的限制。因此，仅 H_2 工厂就贡献了总 GWP 的 83.7%，这归因于从井中提取天然气到工厂生产高纯度氢的生命周期系统。在此研究中，GHG 逃逸排放量和相应的 GWP 主要归因于甲烷的排放。

（3）液体化石能源制氢

甲醇制氢以来源丰富的甲醇和脱水盐为原料，在一定的温度、压力下，通过催化剂作用，同时发生甲醇裂解反应和 CO 变换反应，产出的转化气经冷凝、水洗后，塔顶气进入提纯装置。

甲醇制氢过程中 CO_2 的排放主要来自甲醇的制取过程与甲醇制氢反应，若以煤制甲醇为原料，甲醇制取过程中 CO_2 排放主要来自于煤炭开采与洗选、煤炭运输，一般地，以 20×10^4 t/a 煤制甲醇为例，年投入煤 26×10^4 t，原料含碳量为 76.61%；消耗电力 6089×10^4 kW·h、新鲜水 164×10^4 t、脱盐水 79×10^4 t、中压蒸汽 63×10^4 t 的情况下，由煤制甲醇阶段 CO_2 排放量为 4.26t CO_2/t 甲醇。

以 2000m³/h 甲醇制氢项目为例[14]，年投入工业甲醇 4879t，消耗电力 195×10^4 kW·h、新鲜水 1.61×10^4 t。制氢阶段的 CO_2 排放量为 6.95t CO_2/H_2。

15.2.2.2　蓝氢制取过程的 CO_2 排放

受技术成熟度、制氢成本等诸多因素的影响，化石能源制氢近中期阶段仍是全球主流的制氢方式，约占全球氢能来源的 95% 以上。目前，大规模制氢仍以煤和天然气为主，全球氢气生产 92% 采用煤和天然气，约 7% 来自于工业副产物，只有 1% 来自电解水。

蓝氢的制取主要是以化石能源制氢为基础，结合 CCUS 技术获取。在蓝氢的工业生产技术中主要有煤气化法、甲烷蒸汽转化法、甲烷部分氧化法、重油部分氧化法、甲醇蒸汽转化法、水电解法、副产含氢气体回收法以及生物质气化制氢等。下面简要介绍煤、甲烷和甲醇的制氢技术。

煤气化制氢是工业大规模制氢的方式之一，其具体工艺过程是煤炭经过高温气化生成合成气（H_2＋CO）、CO 与水蒸气经变换转变为 H_2＋CO_2、脱除酸性气体（CO_2＋SO_2）、氢气提纯等工艺环节，可以得到不同纯度的氢气。但其气体分离成本高、产氢效率偏低、CO_2 排放量大。

天然气（甲烷）蒸汽转化制氢过程是将甲烷蒸汽转化成合成气后进入水煤气变换反应器，经过高低温变换反应将 CO 转化为 CO_2 并产生额外的氢气。

甲烷部分氧化法制氢可自热进行，无需外界供热，热效率较高，但需要配置空分装置或变压吸附制氧装置，投资较高。天然气催化裂解制氢反应过程从反应原理上看不产生任何 CO_2，在生产氢气的同时，主产物碳可加工为高端碳材料，该工艺与煤制氢和天然气蒸汽转化法制氢相比，其制氢成本和 CO_2 排放量均大幅降低。

甲醇制氢技术则是合成甲醇的逆过程，可用于现场制氢，解决目前高压和液态储氢技术存在的储氢密度低、压缩功耗高、输运成本高、安全性差等弊端。按工艺技术区分，甲醇制氢技术包括甲醇裂解制氢、甲醇蒸汽重整制氢和甲醇部分氧化制氢三种[17]。

甲醇裂解通常分为两部分，第一步是甲醇裂解反应，生成含有 H_2（74.5%）、CO_2（23%～24.5%）、CO（1%）与极少量 CH_4 的分解气。第二步是变压吸附，通过变压吸附得到合格的氢气产品[18]。

甲醇蒸汽重整制氢投资少，能耗低，反应温度仅需 260～300℃，反应产物有 H$_2$、CO、CO$_2$；通过提纯后可得到高纯度氢气与高纯度 CO$_2$，其中高纯度 CO$_2$ 可用于食品及其他行业。

甲醇部分氧化制氢同样可以实现自热进行。但其受催化剂影响较大，在催化剂选用合适的情况下该反应在 100℃ 下便可发生，但在 300℃ 左右达到产氢效率最优，反应产物有 H$_2$、CO、CO$_2$ 以及少量的 CH$_4$。

煤制氢 CCUS 技术改造的主要工艺流程包括：①煤炭经过气化生成合成气；②合成气经过耐硫水煤气变换后得到富氢和富碳气体；③进一步通过脱硫脱碳工艺得到纯度较高的氢气和 CO$_2$；④通过捕集设备所得的高浓度 CO$_2$ 用于利用或封存。

值得注意的是，CCUS 技术会引起额外能耗，并由此可能会增加 CO$_2$ 的排放。一般来说，CO$_2$ 浓度越高其捕集能耗越低。普通燃煤电厂烟气中 CO$_2$ 浓度为 8%～15%，而煤制氢尾气中 CO$_2$ 浓度则高达 80%～90%，故煤制氢 CO$_2$ 捕集能耗远低于燃煤电厂烟气 CO$_2$ 捕集能耗。

另外，基于过程分析的生命周期评估方法更加适合用于对煤制氢 CCUS 改造技术的碳足迹评估。利用生命周期评价方法评估了基于煤气化制氢技术的氢气生产碳足迹，评估结果约为 21.78kg CO$_2$/kg H$_2$，采用 CCUS 技术后煤制氢的全生命周期碳足迹降低了 81.72%。

国际能源署（IEA）评估结果表明，煤制氢技术的碳足迹约为 20kg CO$_2$/kg H$_2$，是天然气制氢技术碳足迹的 2 倍左右；结合 CCUS 技术的煤制氢过程碳排放显著降低，碳足迹仅为 2kg CO$_2$/kg H$_2$，约为天然气制氢碳足迹的五分之一。但从全流程碳足迹评估结果来看，煤制氢技术的碳足迹偏高，约为 17.47～29.78kg CO$_2$/kg H$_2$，影响煤制氢碳足迹的主要因素是煤制氢能源转化效率[17]。

天然气水蒸气重整制氢与 CCUS 技术结合，分别在天然气制氢过程中的三个阶段进行捕获，在甲烷水蒸气重整阶段、CO 水煤气变换后、变压吸附后各捕获一次。捕获率达到 90% 左右，捕获成本与 CO$_2$ 的浓度息息相关，在第一步中从浓缩的工艺蒸汽中捕获 CO$_2$ 的成本约占总减排的 60%。捕获的 CO$_2$ 将通过输送管道进入 CCUS 集成中心。最后，收集的 CO$_2$ 将被系统地储存，并最终被输送到 CO$_2$ 提高原油采收率（CO$_2$-EOR）、CO$_2$ 提高水采收率（CO$_2$-EWR）、CO$_2$ 提高煤层气采收率（CO$_2$-ECBM）、CO$_2$ 提高天然气采收率（CO$_2$-EGR）等项目中，以实现 CO$_2$ 的大规模利用。相同制氢规模下，天然气制氢结合 CCUS 技术的固定成本约为煤制氢 CCUS 技术的 46%，但总成本比煤高 45%。

15.2.2.3　制氢过程碳排放的五种估算方法

（1）估算方法一，简记为"排放因子法"

根据联合国政府间气候变化专门委员会（IPCC）提供的碳核算基本方程，可对二氧化碳排放进行如下计算：

$$E_{CO_2} = AD \times EF \tag{15-4}$$

式中，E_{CO_2} 表示 CO$_2$ 排放量，以万吨计；AD 表示活动水平数据即人类活动发生程度的信息，对制氢过程来说，AD 便表示制氢过程活动水平数据；EF 表示排放因子即单位活动所产生排放量的量化系数，对制氢过程来说，EF 便表示单位制氢过程活动所产生排放量的量化系数。排放因子来源于政府、行业组织、研究机构开展的行业研究统计结果，受技术水平、装备和产品差异、应用条件的不同而相异。

（2）估算方法二，简记为"单位热值法"

方法二是在估算方法一的基础上，分部门考虑能源细分类别、单位热值含碳量、燃烧过程平均碳氧化率进行计算：

$$E_{CO_2} = E \times CV \times AO \times \frac{44}{12} \tag{15-5}$$

式中，E 表示某一类型的能源消耗总量，以吨标准煤计，TJ；CV 表示单位热值含碳量，t C/TJ；AO 表示平均碳氧化率，%。

以上两种方法均是适用于宏观的核算层面，能够粗略地对碳排放有一个整体的把控。方法二的误差相对较小，但整体来说，两者都存在一定的误差和不确定性。其中，不确定性主要来自于不同地域煤种单位热值含碳量不同以及碳排放因子测量易出现较大偏差。

（3）估算方法三，简记为"质量平衡法"

在此种方法下，CO_2 排放由输入碳含量减去非 CO_2 的碳输出得到：

$$E_{CO_2} = (MI \times MC - PO \times PC - WO \times WC) \times \frac{44}{12} \tag{15-6}$$

式中，MI 表示原料投入量，t；MC 表示每吨原料含碳量，t/t；PO 表示产品产出量，t；PC 表示产品含碳量，t/t；WO 表示废物产出量，t；WC 表示废物含碳量，t/t；44 为 CO_2 的摩尔质量，g/mol；12 为 C 的摩尔质量，g/mol。

以炼厂制氢排放为例，可具体拓展出以下步骤。首先计算燃烧源排放，为此，先根据气体组成计算出每种燃料气的碳含量（即，碳质量分数），具体步骤如下[18]：

估算该气体的摩尔质量（MW）：

$$MW_{混} = \sum_i (M_i \times MW_i) \tag{15-7}$$

式中，$MW_{混}$ 为混合气体的摩尔质量，g/mol；M_i 为混合气体中第 i 种气体的摩尔分数；MW_i 为混合气体中第 i 种气体的摩尔质量，g/mol。

估算该气体中各组分的质量分数（w）：

$$w_i = M_i \times (MW_i / MW_{混}) \tag{15-8}$$

估算该气体的碳质量分数（w_C）：

$$w_C = \sum_i (w_i \times w_{C_i}) \tag{15-9}$$

得到碳质量分数后，便可进一步计算 CO_2 的排放量：

$$E_{CO_2} = F \times w_C \times \frac{44}{12} \tag{15-10}$$

式中，E_{CO_2} 为以质量计的二氧化碳年排放量，t/a；F 为气体燃料消耗量，t/a。

其次，是制氢装置 CO_2 排放与催化烧焦部分 CO_2 排放；在原料气体组成及氢产量已知的情况下，可用下式计算：

$$E_{CO_2} = R_{H_2} \times x_{CO_2} / (3x + 1) \times 44 \tag{15-11}$$

式中，R_{H_2} 是指氢产量，t/a；x 表示化学反应方程式中 CO_2 的化学计量数；$3x + 1$ 是化学反应方程式中 H_2 的化学计量数。

催化烧焦部分二氧化碳排放计算式为：

$$E_{CO_2} = CC \times CF \times (44/12) \tag{15-12}$$

式中，CC 为每年的焦炭燃烧量，t/a；CF 为焦炭中碳的比例；44 代表二氧化碳摩尔质量；12 代表碳的摩尔质量。

间接排放主要指外购电力排放，应用排放系数即可计算得到。

$$E_{CO_2} = I \times 0.8357 \tag{15-13}$$

其中，I 为外购电力，$MW \cdot h/a$；0.8357 为国家电网平均排放系数，$t/(MW \cdot h)$。
则该炼厂总排放即为燃烧源排放、工艺排放以及间接排放之和。

此种方法采用基于设施和工艺流程来计算，可以反映碳排放发生地的实际排放量，而且计算通过从原料中的碳含量推出二氧化碳含量的时候，除去了废渣等的碳（注：应当是固体碳部分，催化烧焦部分也参与了计算），计算结果相对更为精确。

（4）估算方法四，简记为"实测法"

实测法是基于排放源实测基础数据，汇总得到相关碳排放量，其中包括两种实测方法，即现场测量和非现场测量。现场测量一般是在烟气排放连续监测系统（CEMS）中搭载碳排放监测模块，通过连续监测浓度和流速直接测量其排放量；非现场测量是通过采集样品送到有关检测部门，利用专门的检测设备和技术进行定量分析，二者相比，由于非现场实测时采样气体会发生吸附反应、解离等问题，现场测量的准确性要明显高于非现场测量。

（5）估算方法五，简记为"生态影响评价法"

为了能够更清晰地展现制氢过程对环境的影响，Jonni 等[19]引入了 CO_2 排放当量 $[(CO_2)_e]$ 这一概念，通过换算系数将 CH_4、CO、NO_x、SO_2 和 PM 等污染物转化成等效量的 CO_2。

CO_2 当量 $[(CO_2)_e]$ 是由 CO_2 允许的最大浓度（$10000mg/m^3$）计算得到；是某些污染物的等效系数，以 kg/kg_{fuel} 为单位，称为全球变暖潜能值（GWP），计算公式为：

$$(CO_2)_e = CO_2 + 1.9(CO) + 25(CH_4) + 50(NO_x) + 80(SO_2) + 67(PM) \qquad (15-14)$$

其中各项的系数可以用 1h 内二氧化碳最大允许浓度（$10000mg/m^3$）的值除以 1h 内对应的污染物的空气质量标准来计算。空气质量准则值见表 15-3。

表 15-3　2021 大气污染物浓度的准则值

污染物	指标	AQG（空气质量准则值）
$PM_{2.5}/(\mu g/m^3)$	24h 平均	15
$PM_{10}/(\mu g/m^3)$	24h 平均	45
$O_3/(\mu g/m^3)$	日最大 8h 平均	100
$NO_2/(\mu g/m^3)$	24h 平均	25
	1h 平均	200
$SO_2/(\mu g/m^3)$	24h 平均	40
	10min 平均	500
$CO/(\mu g/m^3)$	24h 平均	4
$CH_4/(\mu g/m^3)$	1h 平均	400

为量化影响环境的指标，引入了污染因子，定义为燃料的二氧化碳当量与其低位热值之商。计算公式为：

$$\Pi_g = (CO_2)_e / Q_{ad} \qquad (15-15)$$

式中，Q_{ad} 为低位热值。

最后计算生态效率，通过将假设的综合污染物排放（CO_2 当量排放）与现有的空气质量标准进行比较，来表示该工艺污染气体排放对环境的影响。计算式如下

$$\varepsilon = \left[\frac{C\eta_{system} \ln(K - \Pi_g)}{\eta_{system} + \Pi_g} \right]^n \qquad (15-16)$$

式中，C、n 和 K 是无量纲系数；η 是系统的产氢效率；Π_g 是污染因子。无量纲系数

的值依赖于被分析的过程。例如，Mircea 和 Malvina[20]针对热、电或热电联供定义无量纲系数 C、K 和 n 分别为 0.204、135 和 0.5；在沼气蒸汽重整制氢过程中 C、K 和 n 分别是 0.25、51 和 0.023。

ε 的值与产氢效率 η 成正比，与污染因子 Π_g 成反比。ε 在 0～1 之间变化，从生态学角度来看，$\varepsilon=1$ 时为理想情况，说明该工艺对环境近乎无影响；$\varepsilon=0$ 时为最差情况，意味着该工艺环境友好性极差。

近年来，还出现了考虑全生命周期的评价方法，将在 15.2.4 中详细描述。

15.2.3   制氢过程 CO_2 排放估算举例

15.2.3.1   煤制氢 CO_2 排放估算

采用基于内在、核心煤质数据（简称"内核煤质数据"）的煤炭相关 CO_2 排放量估算方法，该方法充分考虑了我国煤炭品种对煤炭利用及 CO_2 排放的影响。以煤炭内核煤质数据干燥无灰基碳含量（C_{daf}）、水分（M_t）和干燥基灰分（A_d）为煤炭潜在碳排放因子的基础数据；以煤炭工业年鉴中分品种统计数据为活动水平数据的基础数据，根据煤炭分品种实际加工、利用情况，得到基于煤炭销售量的煤炭消费量数据。基于热值的活动水平数据（和潜在碳排放因子）是估算煤炭相关排放量的基础数据。欧美等国通常将以热量为计量基础的煤炭消费量作为活动水平数据，相对应地将单位热量含碳量作为潜在碳排放因子，这一方法比较符合欧美等国的实际情况，估算准确性较高。对于欧美等国的 CO_2 气体排放量可采用式(15-4) 和式(15-5) 进行估算。

朱汉雄[21]在详细分析各煤质指标数据基础上，构建了基于内核煤质数据的估算方法。从根本上研究煤炭煤质与煤炭利用、燃烧之间的关系，探索在现有煤炭统计体系基础上最合适的估算方法与最准确的基础数据。C_{daf} 是衡量煤炭相关碳排放量的最本质系数。基于现有煤炭化验体系，我们可以通过有代表性的各煤种煤炭的实测数据，计算得到分煤种的 C_{daf} 值，进而获得煤炭相关 CO_2 排放量 E_{CO_2}，公式为

$$E_{CO_2,j} = \sum_i SD_{ar,i} \times (1-M_{t,i}) \times (1-A_{d,i}) \times C_{daf,i} \times O_j \times R \qquad (15-17)$$

式中　　i——不同煤种；

　　　　　j——不同煤炭利用技术；

　$C_{daf,i}$——分煤种干燥无灰基煤炭中的碳含量占比，%；

　　　O_j——不同燃烧技术的碳氧化率，本研究中采用中国缺省值 95%；

$SD_{ar,i}$——分煤种收到基煤炭消费实物量，t；

　$M_{t,i}$——分煤种煤炭的全水分；

　$A_{d,i}$——分煤种干燥基煤炭中灰含量占比；

　　　R——质量系数（CO_2 的质量系数为 44/12）。

使用基于全水分（M_t）、干燥基灰分（A_d）、干燥无灰基含碳量（C_{daf}）等内核煤质数据，可以比较准确地估算得到各个层级的煤炭相关 CO_2 排放量。Dabo 等[22]采用 IPCC 推荐方法及排放因子的缺省值，分别引用国家能源统计年鉴中国家层面与省级层面的能源平衡表，计算出我国 CO_2 年排放量分别为 76.93 亿吨和 90.84 亿吨，相差达到 14 亿吨，不确定性达到 18%。在该估算过程中我国煤炭流通、消费方式粗放，消费煤炭的质量变化很大，且很少测量，使得我国煤炭的热值转化系数的不确定性很大，且煤炭统计数据和煤质数据也

有很大的不确定性。因此，基于内核煤质数据的煤炭相关 CO_2 排放量估算方法尤其适用于我国温室气体排放量的估计。通过系统比较国内煤炭不同统计口径的数据，将我国现有煤炭统计数据的不同统计口径区分开来，并且详细地分析了我国煤炭省间调入调出数据，同时基于我国现有煤炭统计数据及煤质检测体系，使得我国煤炭 CO_2 排放量的估算更加科学、更加贴近于实际。

基于上述估算方法并结合相关数据，朱汉雄计算得到 2010 年中国煤炭消费相关合计量 35.87 亿吨，包括去除水、灰的纯煤量 22.79 亿吨，总水量 4.30 亿吨，总灰量 8.77 亿吨。其中在所消费的纯煤中，碳元素的含量总计为 78.29 亿吨，这是潜在碳排放总量。然后采用 95％的燃煤设备平均碳氧化率和 44/12 的折算系数，得到 2010 年中国煤炭相关 CO_2 排放量为 63.71 亿吨。

以煤气化制氢为例，对该工艺排放进行估算。谢欣烁等人[23]对多团队的研究进行了综述，结果表明，煤气化制氢的能耗为 190～325MJ/kgH$_2$，温室气体释放当量为 5000～11300gCO$_2$/kgH$_2$。

由以上数据可知，煤气化制氢技术能耗高，对环境也不够友好。在煤气化制氢系统中，采用 CO_2 捕集设备可大大减少 CO_2 的直接排放，对系统的环保效益产生积极影响。但是，加入 CO_2 捕集装置无疑也会造成较大的能耗，降低了制氢系统的能源利用率。总体而言，追求低环境成本的煤制氢技术会获得高能耗、高成本。因此，开发低能耗、低成本的 CO_2 捕集技术才能为煤气化制氢技术的环保效益带来实质性推动。

15.2.3.2　石油制氢 CO_2 排放估算

油气化制氢技术主要由气化、变换、酸性气脱除、氢气提纯等多个单元构成，其中气化是最为关键的单元。根据能量回收方式的不同，可以分为废热锅炉和激冷两种类型。

在典型的废热锅炉流程中，高温脱油沥青经渣油泵加压至 6.5MPa 左右后，送至气化炉烧嘴，经过烧嘴的机械雾化后，在气化炉内与氧气、蒸汽发生部分氧化反应，生成含有效气体成分约为 95％的粗合成气，出气化炉 1300℃左右的高温合成气进入合成气冷却器冷却到 340℃左右，并副产高压或超高压饱和蒸汽，然后送入水洗塔脱除灰分、盐分等杂质后送下游变换装置。洗涤后黑水经过闪蒸冷却，回收能量并脱除灰分后循环使用。在典型的激冷流程中，渣油的进料方式和气化炉内反应过程与废热锅炉流程基本一致，区别在于产生的高温合成气经下降管进入气化炉下部的激冷室，与水直接接触冷却，大量水分蒸发后进入合成气中，合成气的水气比变高，然后合成气进入洗涤塔中经进一步洗涤除尘送至下游单元。

两种技术对油制氢装置的单元构成、技术选择、消耗和产出、装置投资、制氢成本等均有不同的影响。整体来看，这两种技术的原料消耗、制氢成本等基本相当。其中，废热锅炉型流程相对复杂，投资略高，可副产超高压蒸汽，操作和维护要求较高；激冷流程相对成熟，油品适用范围更广、流程简单、运行可靠、操作和维修简单。

从部分氧化（POX）装置产蒸汽和低位余热看，激冷型气化流程副产大量高压、中压和低压蒸汽，而比废热锅炉型气化流程副产超高压饱和蒸汽，两种技术副产蒸汽和低位余热总焓值差别不大；废热锅炉型气化适用于缺少超高压蒸汽的装置，激冷型气化更适用于低压蒸汽和低位余热利用率更高的。总体而言，激冷型流程与炼厂制氢匹配度更高[24]。

炼油厂 CO_2 的排放量与燃料类型、装置能耗以及加工深度等多种因素有关，不同炼厂的 CO_2 排放情况也不相同，但对同一排放源的估算方法是基本一致的。

以加工高硫原油的炼油厂为例，CO_2 排放分为三类：燃烧源排放、工艺排放与间接排放。该炼厂的全年原油加工量为 $1200 \times 10^4 t$，其燃烧排放源物耗见表 15-4，炼厂工艺排放源物耗见表 15-5。

表 15-4　炼厂燃烧排放源物耗

来源	装置数量	单位装置平均燃烧率/ (MJ/h)	装置工时/ (h/a)	有效数据/ (10^8 MJ/a)
电力锅炉(燃料油)	5	205400	8000	82.2
工艺加热炉(炼厂气)	30	50350	7500	113.3
FCC 装置锅炉(炼厂气)	1	134600	8700	11.7
内燃机(天然气)	5	126600	5600	3.5
燃气轮机(天然气)	2	205400	8500	34.9
火炬排放	—	—	—	13.3
焚化炉	4	10550	8600	3.6

表 15-5　炼厂工艺排放源物耗

来源	制氢装置Ⅰ	制氢装置Ⅱ	催化烧焦
物耗、能耗数据/ (t/a)	氢产量 23300	氢产量 11400	生焦量 270629

该炼油厂当中氢气是作为副产品产生。该炼厂当中 CO_2 排放分为三类：燃烧源排放、工艺排放以及间接排放[18]。

燃烧源排放可具体分为内部燃烧、外部燃烧、火炬燃烧和焚化炉燃烧。对于燃烧源排放的估算采用基于气体组成的质量平衡法，即上文中的估算方法三。应用式(15-7)~式(15-13)，代入表 15-4 和表 15-5 的数据进而计算各部分排放。可得该炼厂燃烧排放量为 1573580t/a，制氢工艺排放量为 219570t/a，催化烧焦排放量为 903000t/a，间接排放的排放量为 30500t/a；最终可得排放总量为 2726650t/a。

在该估算方法中，首先计算了合成气中的碳质量分数，然后将 CO_2 总排放量分成了燃烧源排放、炼厂工艺排放以及间接排放，进行分阶段计算。对燃烧源与炼厂工艺排放使用 15.2.2.3 中的质量平衡法，即使用式(15-6) 来估算 CO_2 排放量。由于间接排放的特殊性，可以直接采用排放因子法计算。

在最终计算结果当中，原油对应 CO_2 转化比例为 0.227。其中，燃料燃烧排放的 CO_2 数量最多，约占 55%；催化烧焦排放的数量其次，约占 33%；CO_2 的生成比例约为 3.34；制氢工艺排放的 CO_2 也较多，约占 8%；间接排放主要为外购电力排放，所占比例甚微。

15.2.3.3　天然气制氢 CO_2 排放估算

Alhamdani 等[17]对天然气蒸汽重整［甲烷蒸汽重整（SMR)］过程进行了模拟，如图 15-3，对该过程中一氧化碳（CO）和二氧化碳（CO_2）等排放进行了估算，并比较了氢气生产生命周期内的碳排放。研究中使用 Mimi 等[25]提出的方法估算 SMR 工艺设计阶段的碳排放量，该方法原理为将 SMR 的工艺流程图（PFD）划分为标准模块（如图 15-3，参见书后彩图），然后确定每个模块流中存在的化学物质，根据数据库给出的逃逸排放率（FE_i，mg/s)，进而计算特定化学物质的逸散排放，FE_i 值需要乘以该特定化学物质在特定流程中的质量分数，将同一化学物质（FE_i）在整个过程中来自不同流程的排放值相加，得到其总排放量。此研究建立了工艺模块（如吸附器、正重整炉、PSA、尾储气罐）的排放数据库，SMR 工艺在气相中运行，因此该工艺是用气体类型的排放值计算的，采用上述估算方法一，即排放因子法，计算各模块的逸散气体排放速率。

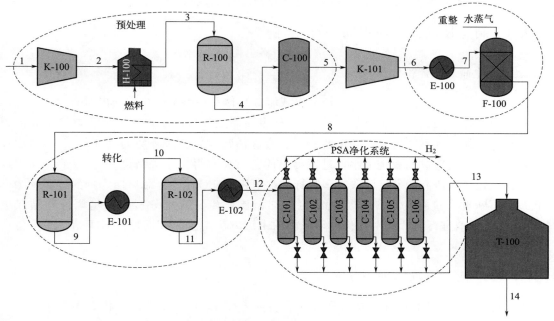

图 15-3　甲烷蒸汽重整过程（图中的编号含义参见表 15-6）

表 15-6　SMR 过程中的碳排放

流程模块	CO₂ 排放量/(mg/s)	CO 排放量/(mg/s)
压缩机(K-100)	7.44	
炉(H-100)	1.38	
反应器(R-100)	1.80	
吸附器(C-100)	5.52	
压缩机(K-101)	7.22	
热交换器(E-100)	2.69	
重整炉(F-100)	1.05	37.50
反应器(R-101)	14.19	8.30
热交换器(E-100)	28.50	7.61
反应器(R-102)	21.55	3.61
热交换器(E-102)	33.27	4.55
变压吸附器(C-101~C-106)	691.11	94.72
储气罐(T-100)	47.77	6.55
合计	863.49	162.84

　　SMR 过程中的碳排放如表 15-6 所示，CO₂ 和 CO 的总排放量分别为 863.49mg/s 和 162.84mg/s。表格第一列中列出的工艺模块根据 PFD（图 15-2）中的工艺流程自上而下排

列（从压缩机开始到储气罐结束）。该表显示，CO_2 的逃逸排放从预处理过程中（K-100）的 7.44mg/s 增加到尾气（T-100）中的 47.77mg/s。CO 的最高排放量归因于重整过程（37.50mg/s），而其最低排放量来自储存部分（6.55mg/s）。在此过程的后期，由于 CH_4 在重整过程中转化为 CO 和 H_2，导致 CO 排放增加，直到它在转移过程中转化为 CO_2 以提高 H_2 产量，这也解释了 CO_2 在整个过程的尾端排放增加的现象。

15.2.4　制氢技术的生命周期评价

15.2.4.1　生命周期评价理论

生命周期评价是汇总和评估一个产品（或服务）体系在整个寿命周期内所有投入、产出及其对环境直接造成或潜在影响的方法[26]。从生命周期评价的全局思路而言，它首先辨识和量化目标产品在其整个生命周期中的能耗、资源消耗量以及对环境的释放量[27]，然后评价这些消耗和释放造成的影响大小，进而提出改善意见，得出相关结论[28]。目前生命周期评价的方法还处在研究和发展阶段，国际标准化组织（ISO）将生命周期评价的过程分为互相联系、不断重复进行的 4 个步骤，即目的与范围确定、清单分析、影响评价和结果解释[29]。这是目前进行生命周期评价活动采用的主流方法。生命周期评价对于指导实际生产过程具有重大意义。

15.2.4.2　煤制氢生命周期成本分析

程婉静等[30]采用生命周期成本分析（life cycle cost，LCC）方法，核算煤气化制氢产业链和煤热解制氢产业链生命周期成本。结果表明：煤气化制氢工艺成本为 6.09 元/kg，明显低于其他制氢工艺成本，具有明显的经济性优势，若煤炭价格下降、外购电采用低谷电或可再生能源发电，会使煤气化制氢工艺成本进一步下降至 5 元/kg 左右的水平，经济性会更加凸显。

与煤气化制氢产业链生命周期内部成本相比，煤热解制氢若不考虑焦炉煤气外购价格，制氢成本可以下降至 3 元/kg 以下，明显具有更好的经济性；若考虑焦炉煤气外购成本或煤热解过程价值分摊，则焦炉煤气制氢工艺成本为 12～14 元/kg，明显高于煤气化制氢工艺成本。但无论如何，两种技术路线的煤制氢工艺相比其他制氢工艺，具有明显的成本优势。

中国"富煤、贫油、少气"的能源结构决定了在一定时期内以煤炭作为主要的氢能原料的地位不会改变。采用生命周期成本分析方法，研究以上游产业链的煤气化制氢、煤热解制氢为起点，结合中游产业链的气氢和液氢运输等不同储运方式，到下游产业链的加氢站，得到煤制氢产业链生命周期成本，通过比较可知，以煤为原料制氢具有明显的经济性优势，但生命周期环境影响所带来的外部成本也不容忽视。

Muhammad 等[31]回顾了现有的基于传统不可再生化石燃料和可再生能源的制氢技术，此外还讨论了阻碍氢商业化和扩大规模的各种技术的限制和挑战。虽然传统化石燃料（如煤炭和甲烷）的制氢已经商业化，但它们对环境的有害影响已经将研究重点转移到确定替代能源上。因此，近年来，研究人员和工业人士都在探索从可再生能源中合成绿色氢及其储存和运输的方法。尽管可再生能源制氢具有清洁制氢和氢供应网络模式等优势，但它对氢经济的商业化存在一定的局限性。其中的关键因素包括氢的储存和运输、较高的生产成本、投资风险、缺乏清洁氢生产的商业模式和价值链、缺乏国际标准以及易燃等。

15.2.4.3　生命周期环境生态效益分析

以不采用 CO_2 捕集装置的超临界水气化煤制氢技术为例。在 700℃ 的条件下，将褐煤置于超临界水当中进行气化制氢。气化反应完成后气体产物当中 CO 摩尔含量为 1.27%，CO_2 摩尔含量为 32.63%，CH_4 摩尔含量为 3.46%，H_2 摩尔含量为 62.64%；将摩尔含量乘以其各自的分子量即可换算得出各气体的质量分数。其中，CO 质量分数为 2.15%，CO_2 质量分数为 86.91%，CH_4 质量分数为 3.32%，H_2 质量分数为 7.58%。

将 1t 褐煤作为原料，通过质量分数计算得 CO 为 21.5kg，CO_2 为 869.1kg，CH_4 为 33.2kg。

由式(15-14) 可计算得 $(CO_2)_e$ 为 1739.95kg/kg 燃料；然后由式(15-15) 可计算得 Π_g 的值为 77.9582MJ/kg；根据二氧化碳当量与污染因子的结果，应用式(15-16)，取 C、K 和 n 的值为 0.204、135 和 0.5，计算得到生态效率 ε 的值约为 0.1031（注：如果取前面提到的 C，K 和 n 的值 0.25、51 和 0.023，生态效率 ε 的值无法计算，而目前还没有煤制氢的相应数据，我们正在尝试获取）。这里由于未采用任何温室气体处理设备，计算结果不甚理想。这一结果展示出在不采用任何 CO_2 捕集设备的情况下，目前所应用的大部分煤制氢工艺都会表现出较差的环境友好性。

15.2.4.4　全生命周期能耗和碳排放

从全生命周期能耗和碳排放角度来看制氢技术，对整个制氢过程有更深层次的认知。

制氢技术的生命周期评价，主体思路是评估从原料的开采、氢气制备到产出氢气成品过程的生命周期影响，其研究开展过程是通过汇总所有涉及制氢技术流程的清单数据，综合得出对应制氢技术的影响情况[32]。

从"原料→制氢→氢气"链多指标体系评价与对比分析，主要包括制氢技术全生命周期评价边界、清单核算。生命周期评价边界基本包括原料开采、原料运输和制氢过程，对于可再生能源制氢来说，其边界包括发电设备的制造、发电设备的运输、发电过程和电解水制氢。

清单核算中主要包括全生命周期能耗、能量转换效率和碳排放及成本，其每项数据都是以生产 1kg 氢气为基准所得。从清单核算中可以明确每种制氢方式的成本和碳排放量，从而对不同制氢方法进行比较。

首先，从煤矿中开采煤矿，每生产 1kg 氢气需要消耗 2.1MJ 煤炭，煤炭的 CO_2 排放因子为 1.9kg CO_2/kg 煤，1kg 标准煤的低位发热量为 29.27MJ，则每生产 1kg H_2 需要消耗约 0.072kg 标准煤，则本阶段 CO_2 排放量为 0.13kg CO_2。

其次，煤炭采用铁路运输，将煤炭运输到距离煤矿 200km 的煤气化制氢工厂，运输过程消耗柴油 0.17MJ，柴油的 CO_2 排放因子为 72600kg CO_2/TJ，本阶段 CO_2 排放量为 0.01kg (CO_2)。

再者，将运输来的煤炭经过输煤系统、棒磨机、煤浆泵等设备磨制成水煤浆，送入气化过程，本过程需消耗 223.9MJ 煤炭、3.8MJ 电力和 7.1MJ 燃料气，将 CO 气体引入转换单元，发生 CO 转换反应。

最后，CO 转换单元直接碳排放为 18.4kg CO_2。经过低温甲醇洗工艺分离出氢气中的酸性气体（CO_2、SO_2、H_2S），并通过应用 PSA 进行氢气提纯，得到高纯度的氢气，本过程需消耗 3.12kW·h(11.232MJ) 电，碳排放为 2.5kg CO_2；最后将氢气经过往复式压缩机压缩至 20MPa，在常温（25℃）状态下注入储氢瓶储存，本过程消耗 6.3kW·h（22.68MJ）电，碳排放为 5.1kg CO_2。

这样，由上述清单核算，应用煤制氢技术制取 1kg 氢气的总能耗是 268.782MJ，碳排放为 26.14kg CO_2，已不是低碳氢。

15.2.4.5 制氢技术的全生命周期评价举例

关于制氢全生命周期评价（life-cycle assessment，LCA）的研究，国内外已有不少成果。例如，Koroneos 等[33]运用 LCA 方法研究了不同制氢方法对环境的影响，结果表明，风能、水电和太阳能与天然气重整相比环境负荷较小。Cetinkaya 等[34]运用 LCA 方法研究了加拿大多伦多的制氢案例，发现煤制氢、天然气重整制氢的每日制氢量比可再生能源制氢大，但是碳排放却很高。Dincer[35]评估了 19 种制氢技术的能耗、效率、环境负荷（温室气体和酸化效应）、碳社会成本等指标，发现光伏发电制氢技术是最环保的制氢技术；但是光伏发电制氢技术并不成熟，能耗以及制氢成本指标较差。Safari[36]对七种制氢技术进行了评价比较，发现天然气重整制氢技术能效最高且成本最低，尽管其 GWP 指标较高，但依然是目前全球市场最主要的制氢方式；Safari 认为基于核的 Cu-Cl 热化学循环制氢技术更加清洁且可持续，具有大规模制氢的应用前景，但是目前该技术成本与天然气重整制氢相比不具有竞争力。陈轶嵩等[37]对天然气重整制氢技术、甲醇催化裂解技术、电解水法和氨裂解法进行了 LCA 评估，发现电（非绿色）解水法的化石能源资源消耗、环境负荷最大。

郑励行等[32]分别运用全生命周期方法核算了煤气化制氢、天然气重整制氢、丙烷脱氢副产氢的能耗、能量转换效率、碳排放和成本。

（1）煤气化制氢

程婉静等[30]从对煤气化制氢和煤热解制氢经济性研究中发现尽管煤制氢经济性上有优势，但是环境负荷带来的外部成本不可忽视。

当前，国内各省份都在积极推进氢能战略，广东省氢能产业发展在全国具领先地位。以广东为典型区域进行生命周期测算，再与全国其他省份进行对比，具有研究应用价值。通过对不同制氢技术的特点及利弊展开分析，有助于深入探讨如何因地制宜选择制氢路线。

1）评价边界

煤气化制氢的生命周期，包含煤的获取、煤的运输、氢气制备与收集、氢气的运输 4 个流程。在该评估过程中，其评价边界设置为煤炭开采、煤炭运输、煤气化制氢反应三个阶段。

2）核算清单

煤气化制氢的清单数据在 15.2.4.4 中已有较详细的描述。下面将以广东省为例进行煤气化制氢全生命周期制氢评估。表 15-7 展示了煤制氢全生命周期能耗、能量转换效率、碳排放及成本的核算清单。

表 15-7   三个阶段的清单

阶段	能耗/(MJ/kgH₂)	能量转换效率/%	碳排放/kg CO₂	成本/元
煤炭开采	2.1		0.13	0.08
煤炭运输	0.17	42	0.01	0.03
煤气化制氢反应	268.7	53.6	26	12.17
总计	271.0	53.1	26.1	12.3

3）成本核算

根据分品种能源消耗量统计，得到煤气化制氢全生命周期制氢成本估值式如下：

$$C_{h-p} = 7.7C_c + 0.2C_n + 10.5C_e \tag{15-18}$$

式中，C_{h-p} 是制氢生命周期成本，元/kg；C_c 是煤炭价格，元/kg；C_n 是天然气价格，元/m^3；C_e 电价，单位：元/(kW·h)。

广东省能源价格计算基数如表 15-8。

表 15-8　广东省能源价格计算基数

能源	煤炭 /(元/t)	天然气 /(元/m^3)	柴油 /(元/L)	甲醇 /(元/L)	电 /[元/(kW·h)]	LPG /(元/kg)
价格	1100	3.45	5.5	2.8	0.3	3.8

综上可计算出煤气化制氢全生命周期成本估值为 12.31 元/kg H_2。

从生命周期能耗和碳排放角度来看，煤气化制氢的成本在 7～12 元/kg H_2 范围，影响煤气化制氢成本的主要因素是煤炭价格和电价，相较于其他制氢方式，有显著的成本优势，其全过程综合碳排放参见表 15-7。

（2）天然气重整制氢

1）评价边界

天然气开采企业从纯气田中获得天然气[38]，每生产 1kg 氢气需要消耗 67.8MJ 柴油、0.2kg 甲醇（用于天然气水合物抑制剂）和 0.23MJ 电力，南方电网电力边际排放因子为 0.808t CO_2/(MW·h)[39]，本阶段 CO_2 排放量为 4.95kg CO_2。

采集后的天然气经运输管道运送至天然气重整制氢工厂，忽略天然气管道运输过程中逸散的天然气，本阶段只算输送动力耗电，每生产 1kg 氢气需要输送 4kg 天然气，消耗电力 2.05MJ，CO_2 排放量为 0.46kg CO_2。将天然气压缩至 2.5MPa 并送入预热炉预热至 360～380℃需消耗 2.1MJ 电力和 2.6MJ 瓦斯，CO_2 排放量为 0.47kg，重整反应消耗 19MJ 瓦斯，碳排放忽略（此处产生主要为 CO，CO_2 主要产生于水煤气变换反应），此处生成气经过换热器冷却至 350℃，发生水煤气变换反应，排放 5.9kgCO_2，PSA 工艺过程需消耗 3.2kW·h 电，碳排放为 2.5kgCO_2，最后将氢气压缩至 20MPa，注入储氢瓶，消耗 6.3kW·h，碳排放为 5.09kgCO_2。

2）清单数据

利用天然气水蒸气重整制氢这一过程主要包括天然气的开采、运输以及重整制氢这三个阶段。

天然气制氢能耗的 76% 发生在天然气重整制氢反应阶段，这是因为重整反应阶段需要 850℃ 的高温环境，且天然气压缩机、氢气压缩机以及 PSA 设备都需要消耗大量电能；碳排放的 72% 是由天然气重整制氢反应阶段产生的，CO 转化反应是造成 CO_2 排放的主要因素，天然气重整制氢反应阶段中电力含有的碳是间接因素；从成本构成来看，主要成本来自于天然气的开采与天然气制氢两阶段。其全生命周期能耗、能量转换效率、碳排放及成本清单如表 15-9。

表 15-9　天然气重整制氢全生命周期清单

阶段	能耗/(MJ/kgH_2)	能量转换效率/%	碳排放/kg CO_2	成本/元
天然气开采	78	N.A	4.95	10.9
天然气运输	2	N.A	0.46	0.17

阶段	能耗/(MJ/kgH$_2$)	能量转换效率/%	碳排放/kg CO$_2$	成本/元
天然气重整制氢反应	258	55.8	13.5	8.1
总计	338	42.6	18.9	19.2

3）成本核算

根据分品种能源消耗量统计，天然气重整制氢全生命周期制氢成本估值式如下：

$$C_{\text{h-p}} = 1.9C_{\text{d}} + 1.5C_{\text{n}} + 10.7C_{\text{e}} \tag{15-19}$$

式中，C_{d} 是柴油价格，元/L。

我国四川、宁夏属于中国天然气资源勘探及利用最丰富的地区，天然气资源更加丰富，比较适合发展天然气重整制氢工艺，我国天然气制氢全生命周期成本为 14～19 元/kg H$_2$。

（3）丙烷脱氢

1）评价边界

利用丙烷脱氢制氢包括液化石油气（liquefied petroleum gas，LPG）制取、运输、丙烷生产、丙烷运输、丙烷脱氢 5 个反应阶段。

炼油厂中将石油和燃料油加工为成品油，LPG 占成品油的 5.2%，每生产 1kg 氢气需要消耗燃料油 22.8MJ，燃料气 41.4MJ，电 12.2MJ，碳排放为 4kgCO$_2$，输运 LPG 至丙烷工厂，以运输 100km 为例，油耗为 17～20L，运输 10t LPG，以 1kgH$_2$ 为功能单位进行生命周期折算，得到消耗柴油 1.2MJ，碳排放为 0.1kgCO$_2$，使用柴油运输车将丙烷送至丙烷脱氢工厂，输运 10t 丙烷，运输过程使用 55kW 活塞式压缩机压缩丙烷，以 1kgH$_2$ 为功能单位进行生命周期折算，得到消耗柴油 1.9MJ，消耗电力 0.06MJ，碳排放为 0.2kgCO$_2$。

丙烷脱氢能耗主要来自脱氢反应和 LPG 制取阶段，碳排放最多的阶段为丙烷生产与 LPG 制取阶段，成本主要来自 LPG 制取，丙烷生产两个阶段。

2）清单数据

其全生命周期能耗、能量转换效率、碳排放及成本清单如表 15-10 所示。

表 15-10　丙烷脱氢全生命周期清单

阶段	能耗/(MJ/kg H$_2$)	能量转换效率/%	碳排放/kg CO$_2$	成本/元
LPG 制取	76	84.5	4	11.5
LPG 运输	1.2	42	0.1	0.2
丙烷生产	33.6	80	7.5	2.8
丙烷运输	1.9	42	0.2	0.3
丙烷脱氢反应	138.3	82.4	1.1	0.3
总计	251	57.4	12.9	15.1

3）成本核算

根据分品种能源消耗量统计，丙烷脱氢全生命周期制氢成本估值式如下：

$$C_{\text{h-p}} = 3C_1 + 10.3C_{\text{e}} \tag{15-20}$$

式中，C_1 是 LPG 价格，元/kg。

目前广东丙烷脱氢全生命周期成本在全国处于较高水平，在控制电价的基础上降低 LPG 的原料价格，能够进一步推动丙烷脱氢工艺的应用。

15.3　化石能源零 CO_2 排放制氢技术

化石能源制氢是我国氢能产业发展初期的现实资源选择，但其高碳排的缺点不符合未来"碳中和"发展理念。化石能源的零 CO_2 排放制氢技术是我国推进能源体系由高碳排到零碳排发展的重要过渡形式，是实现"碳达峰""碳中和"目标的必然选择。本节将首先对化石能源零 CO_2 排放制氢技术进行简介，然后举例说明，最后介绍零 CO_2 排放制氢技术的一些新进展。

15.3.1　化石能源零排放制氢技术简介

目前化石能源制氢仍是全球主流的制氢方式，约占全球氢能来源的 95% 以上，而中国的化石能源制氢占比为 72%[40]。所谓化石能源零排放制氢技术，指的是从化石燃料中获得低到接近零 CO_2 排放的主要技术，主要可以分为如下两大类：

a. 将碳氢化合物分解为氢和碳；

b. 将制氢过程与非碳能源集成[41]。

低碳制氢就当下来说也就意味着生产成本要高于普通制氢，从可持续发展的角度来看，不仅要考虑生产成本问题，还要考虑整个生命周期的碳排放问题。下面分别介绍化石能源零 CO_2 排放制氢技术。

（1）将碳氢化合物分解为氢和碳

碳氢化合物通常是由碳和氢组成的有机分子，可以通过热解等方式分解为碳和氢，下面分别以甲烷热解和甲醇重整为例进行简介，详细介绍将在 15.3.2 中举例说明。

① 甲烷热解　在化石燃料中，天然气是目前氢的主要来源（48%），其次是石油（30%）和煤炭（18%），而全球氢产量中只有 4% 来自可再生资源。甲烷热解是指甲烷热分解成氢和碳，甲烷热解与传统的甲烷蒸汽重整（SMR）和煤气化过程相比不产生 CO_2。下面以甲烷热解零 CO_2 排放制氢为例来进行详细介绍。

不同制氢技术的产品成本和二氧化碳足迹如图 15-4。

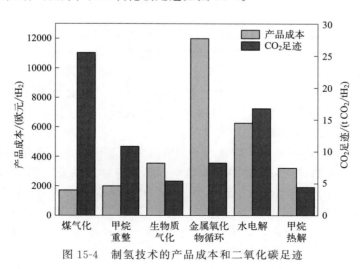

图 15-4　制氢技术的产品成本和二氧化碳足迹

从图 15-4 很明显地看出，甲烷热解制氢的产品成本略高，而 CO_2 足迹表现优异。不同制氢技术的能源效率及其使用了碳捕获和储存（carbon capture and storage，CCS）技术的能源效率如表 15-11 所示。

表 15-11　不同制氢技术的能源效率

制氢技术	能源效率/%	使用 CCS 的能源效率/%	温度/℃
煤气化	60	43	1300～1500
蒸汽甲烷重整	75	60	800～900
生物质气化	33～50		700～1200
热化学水分解	20～45		600～900
水电解	50～70		
甲烷裂解	58	58	800～1000

　　注：煤气化由于炉型不同，温度区间有所差异，此处选取了目前较成熟的德士古煤气化技术温度区间，水电解方式不同，温度差异很大，有低温有高温，不好统一，故此处没有写进去。

　　由表 15-11 可知，使用 CCS 技术的甲烷蒸汽重整（SMR）能源效率（60%）与甲烷裂解（58%）接近，而其他技术如生物质气化、热化学水分解、电解水因为能耗或者高温因素，一般不适合于工业规模化制氢。

　　对于 SMR 与甲烷裂解技术，根据标准反应焓，甲烷热解需要 37.7kJ 才能获得 1mol H_2，在考虑水蒸发吸热的 SMR 过程中生产 1mol H_2 需 63.4kJ 热量，故甲烷热解在能量输入要求方面更为有利。

　　尽管甲烷热解具有诸多优势，但其制氢技术尚不能与成熟的蒸汽重整技术相匹敌。根据预期的碳信用额，甲烷分解的估计产品成本从每吨氢气 2600 欧元到 3200 欧元不等。相比之下，用蒸汽重整生产 1t 氢气的成本为 2000 欧元。尽管目前甲烷热解在经济上无法与传统工艺竞争，但这项技术是一种合适的无 CO_2 制氢的临时替代方案，可以作为向可再生能源过渡时期的桥梁。

　　甲烷在不同金属（Ni、Co、Fe）和碳催化剂上的分解已被广泛研究。从工业的角度来看，只有使用铁和碳催化剂是可行的，因为它们无毒。对于金属催化反应速率的影响因素和机理研究仍需前进。对于甲烷热解，主要研究方向是研究天然气中除甲烷以外的成分在氢气生产中的作用和适当的反应堆配置。

　　② 甲醇重整　甲醇制氢反应温度低、能耗少、氢气产率高、生成物污染少，并且甲醇具有价廉、易得、运输存储方便、安全等优势。甲醇蒸汽重整技术（MSR）最适合应用于车载甲醇重整制氢反应器中。

　　相较于甲醇部分氧化和甲醇自热重整这两种制氢途径，MSR 的氢产率高，反应温度相对较低，产物当中一氧化碳含量低，无局部过热现象发生，而且目前 MSR 研究较为深入，具有实现商业化、规模化的可能。

　　在车载 MSR 制氢发电系统中，研究的突破方向是催化剂、催化剂载体板以及反应器。其中反应器是研究的难点，在诸多反应器中，膜反应器与微反应器最适合于车载应用。在催化剂方面，主要有 Ni 基催化剂、贵金属（Pd、Pt）催化剂以及 Cu 基催化剂；其中 Cu 基催化剂以低价格和优秀的低温性能等特点，有着较为广泛的应用。对于催化剂载体板来说，高孔隙率、高比表面积是良好的催化剂载体板所必须具备的，良好的催化剂载体板能够具备更强的催化剂负载能力，进而提高制氢速率和甲醇转化率[42]。

　　(2) 将制氢过程与非碳能源集成

　　因为化石燃料为基础的重整和气化过程吸热性高，氢气厂的很大一部分 CO_2 排放来自为工艺过程提供热输入的燃料的燃烧，所以，非碳能源为吸热氢气生产过程提供能量输入，可显示出大幅减少 CO_2 排放和保护宝贵的化石燃料资源的前景。

① 核热输入甲烷分解过程　根据所提出的概念[43]，在高温核反应堆提供高温热输入的情况下，将甲烷原料在含有低熔点金属（如 Pb、Sn 或其合金）的熔槽中起泡，温度范围为600~900℃。然而，由于所用金属的催化活性不足，甲烷的转化率相对较低，例如，在750℃时，甲烷的单次转化率仅为 9%，这需要将未转化的甲烷再循环回槽中。

该方案的主要好处是通过甲烷与熔融金属浴的有效接触增强了传热，并且易于从熔池中分离碳产品（由于密度的差异）。有利的是，甲烷分解过程与高温核反应堆的集成可能完全避免了 CO_2 的排放，因为系统的两个主要组成部分都不产生 CO_2。

② 太阳能用于化石燃料制氢过程　太阳能可以为化石燃料制氢过程提供能源输入。

a. 煤和固体燃料的太阳能气化。太阳能气化固体燃料（如煤、石油焦）与传统的氧吹气化炉相比有两个主要优势：不需要昂贵的氧气；几乎每单位煤可以获得 2 倍多的 H_2，因为该工艺不用煤燃烧来提供热量输入。

b. 甲烷的太阳能蒸汽重整。许多研究团队对不同类型的太阳能聚光器、太阳能接收器、重整反应器配置和重整催化剂进行了研究。

其中，德国航空航天中心（Deutsches zentrum für luft- und raumfahrt，DLR）和弗伦斯堡大学团队将创新的容积式反应器接收器（VRR）用于甲烷太阳能蒸汽重整过程[43]。在该项目中，集中的太阳辐射被 VRR 吸收，热量被转移到 SOLASYS 重整反应器中（SOLASYS 重整反应器是一种利用固体氧化物电解质上的催化剂在高温高压条件下进行水蒸气重整反应的反应器），蒸汽和甲烷的摩尔比为 1.5~3.0，在 900℃ 左右的温度下反应生成合成气，效率达到 87%。合成气被引导到水煤气变换（WGS）装置，然后在 PSA 装置中进行气体分离，随后进入 MDEA 洗涤器（MDEA 洗涤器是一种利用 2-甲基-二乙醇胺，又称MDEA，以此作为吸收剂，将天然气中的 CO_2 等酸性气体从气流中吸收的设备）。该工艺的成本分析表明，该工艺生产氢气的成本比传统的 SMR 制氢要高 20% 左右。

c. 太阳能分解甲烷。甲烷的热分解过程是一种高温吸热过程，与太阳能耦合可大幅减少能量消耗。瑞士保罗谢勒研究所（paul scherrer institute，PSI）的研究人员[43]使用位于15kW 太阳能炉焦点的反应器-接收器演示了太阳能甲烷分解。甲烷分解在石英反应器中进行，反应器中含有 Ni（90%）/Al_2O_3 催化剂颗粒的流化床，这些催化剂颗粒由太阳能聚光器直接照射。这样可以有效地将热量传递到反应区，并将反应区温度维持在 577℃。该研究报告称，在单次反应过程中，有 40% 的甲烷原料被转化为氢气和碳。

另外，有研究关于碳气溶胶（被称为太阳辐射的高效吸收剂）来刺激甲烷分解反应，通过太阳能分解甲烷和其他碳氢化合物来生产高价值形式的碳（例如碳纳米管）。

d. 碳氢化合物燃料的光重整制氢。太阳能驱动化石燃料到氢的转换，主要涉及利用由长波长光子组成的太阳光谱的红外成分的纯热系统。在这些系统中，短波高能量光子，如太阳光谱中的近紫外和可见光光子，通常会退化为热，基本上被浪费了，因此，降低了太阳能到氢气的整体能量转换效率。将碳氢化合物光转化为富氢气体的目标是直接利用高能（即紫外线和可见光）光子，这样该过程可以在接近环境条件下进行，从而避免昂贵的太阳能聚光系统。

由于碳氢化合物吸收的真空紫外光子，其波长 $\lambda < 200nm$，不存在于太阳光谱中，因此，通过直接的太阳光解碳氢化合物来生产氢是不可行的。为了使碳氢化合物光解转化为氢，必须利用特殊的介质——光催化剂。这些材料吸收光子，并将吸收的能量以电子激发

态、活性自由基等形式转移到基底上，从而启动化学转化，否则是不可能的。

15.3.2　化石能源零排放制氢技术举例

15.3.2.1　甲烷热解零排放制氢技术

（1）甲烷非催化热解

1976 年，Chen 等[41]在低温（＜830℃）实验中提出了详细的反应机理，该机制是基于 C—H 键的裂解和甲基自由基的形成。共分为两步，在第一步中，甲烷分裂成一个甲基自由基和一个氢原子，随后形成乙烷和氢分子。在第二步中，乙烷的生成速率逐渐趋于平稳，乙烷经自由基链脱氢作为二次产物得到乙烯。此外，在一定条件下，乙烷可以解离成两个甲基，而后续反应机理当时并未能得到明确的路线，后面的研究普遍认为是甲烷裂解为甲基自由基和氢原子这一步限制了反应速率，但也有人提出速率控制步骤可能与不同的温度有关，认为甲烷非催化热解的反应速率随温度升高而增加，因为高温条件下分子的热运动速度加快，碰撞概率增加，反应速率也随之增加。

（2）甲烷催化热解反应

1）甲烷催化热解反应机理　甲烷催化热解反应主要有分子吸附机制和解离吸附模型两种。分子吸附机制认为甲烷首先吸附在催化剂表面，然后经过一系列逐步的表面脱氢反应解离；解离吸附模型认为甲烷吸附在催化活性位点（催化活性位点是催化剂具有良好催化作用的重要组成部分）上发生解离，生成化学吸附的甲基自由基和氢原子。

分子吸附机理认为，从分子吸附的甲烷中提取第一个氢原子以形成一个吸附的甲基是甲烷分解的起始和限速步骤，另外从吸附的甲基碎片中去除第二个氢或在催化剂表面吸附甲烷也被认为是决定速率的步骤。

在解离吸附机理中，一些研究证实，甲烷的解离生成的一个甲基和一个氢原子控制着整个机制；而另一方面，根据碳纳米管形成动力学的各种工作，甲烷解离吸附从吸附的甲基中去除氢这一过程限制了甲烷的催化分解。

其他可能的机制来自于对碳氢化合物分解的研究，重点是通过化学气相沉积合成碳纳米结构。蒸汽-液体-固体（VLS）模型最初于 1964 年提出[44]，用于解释硅晶须的晶体生长。

部分人认为甲烷催化热解反应机理为 VLS 模型，这种机理被应用于在镍催化剂上用乙炔作为碳前驱体生长丝状碳。VLS 模型包括 4 个步骤[45,46]：首先，碳氢化合物吸附在催化剂颗粒表面并解离为单质碳；然后，碳被吸收到溶液中，通过金属颗粒扩散，并在催化剂颗粒的背面析出；然后，多余的碳积聚在暴露的催化剂面上，并通过表面扩散在催化剂颗粒周围运输，形成灯丝的外部部分堆积的碳沉积物迫使金属颗粒远离支撑，导致碳丝的形成，其中金属颗粒被扭曲和拉长，并且假定金属具有液体的性质。当金属颗粒与支撑分离时，由于碳没有足够的时间沉积在该区域，因此会出现一个初始的空心通道，形成碳纳米管；最后，颗粒完全被碳包裹，由于碳氢化合物和活性催化剂颗粒之间不再接触，灯丝生长停止。

体扩散或表面扩散的碳丝生长机制对应于尖端生长模型，在这个生长模型中，金属颗粒位于碳丝的尖端，因为碳积聚在催化剂颗粒的后部，导致其从支撑分离。碳丝的形成也可以遵循基底生长机制，其原理是碳在金属颗粒的顶端部分析出，尽可能远离支撑，并结晶为半球形圆顶，随后的碳氢化合物分解发生在颗粒的下表面，碳向上扩散，导致金属颗粒上方形成碳丝，金属颗粒仍然附着在支架上。碳纳米管的基底生长机制是由强的金属-载体相互作用所促进的，在纳米结构生长过程中也可能形成中间亚稳碳化物相。在这里，金属颗粒经历部分渗碳。这种金属首先转化为金属碳化物，随后在碳丝的合成过程中分解。

2）催化剂　甲烷催化热解主要有金属催化剂和碳催化剂。

① 金属催化剂　金属催化剂主要有镍、铁和钴，它们部分填充的 3d 轨道可以接受甲烷 C—H 键的电子，这有利于甲烷的分解。同时，过渡金属通过其晶体结构提供相对较高的溶解度和碳扩散能力。金属催化剂另一个优点是有可能获得有价值的碳纳米管作为副产物。镍、铁和钴在中等操作温度下的活性表现出以下趋势：Ni＞Co＞Fe，由于钴催化剂活性较低，价格高于镍，以及毒性问题，受到关注较少。

现有研究对 Fe 和 Ni 催化剂进行。对于在铁和镍催化剂上碳丝的生长，碳氢化合物分解在活性催化剂颗粒的表面形成亚稳类碳化物中间化合物，然后，中间碳化物的解离导致碳原子的形成，这些碳原子进入金属体，导致碳对金属的过饱和。当达到临界过饱和时，金属颗粒表面形成石墨相，碳丝开始生长。通过碳浓度梯度，碳原子从表面通过金属颗粒扩散到结晶、到石墨相的位置，分解的中间碳化物由于烃的持续解离而得到恢复。

对于镍催化剂，在催化反应中，中间碳化物会参与催化剂上形成碳纳米结构的过程。具体来说，镍催化剂在高温条件下，通过碳化反应生成 Ni_2C 或 Ni_3C 等中间碳化物，这些中间碳化物在催化反应中发挥关键作用。中间碳化物具有较高的活性位点密度和吸附能力，能够有效地吸附和催化反应物，从而促进反应的进行。在反应过程中，中间碳化物会逐渐被催化剂表面的氢气还原为纳米级别的碳颗粒，并逐渐堆积形成碳纳米结构。因此，中间碳化物在形成碳纳米结构的过程中起着至关重要的作用。

对于铁催化剂，中间碳化铁相的形成已被广泛报道，同时碳化铁（Fe_3C）将参与碳纳米管的生长。其过程为催化剂表面的甲烷分解导致表面形成碳和氢，碳通过催化剂颗粒扩散导致碳化物形成，催化剂表面金属碳化物形成石墨碳，表面石墨形成碳纳米管。但是基于环境透射电子显微镜（ETEM）和原位时间深度分辨 XPS 对铁和镍催化剂的研究表明，碳纳米管的生长不需要碳化物相的存在。

a. 镍催化剂。镍催化剂在金属催化剂中表现出最高的初始活性，但在 600℃ 以上，由于碳焦化和中毒，镍催化剂迅速失活。为了提高镍材料的稳定性，使用合适的载体和加入不同的掺杂剂这两种方法受到广泛研究。

镍颗粒在无载体的催化剂中容易热烧结，通过使用适当的载体可提高其稳定性。金属-载体相互作用影响金属颗粒的还原性和弥散性。强金属-载体相互作用阻碍了氧化镍的还原，但也降低了镍颗粒烧结和团聚的可能性，改善了它们在载体上的精细分散，并使小晶粒尺寸的形成成为可能。所以镍催化剂的性能要在金属-载体相互作用和金属颗粒的还原性和分散性之间选择。

金属催化剂中启动子的作用是使甲烷的解离速率和碳的扩散速率达到平衡，即调节甲烷的解离速率，增加碳的扩散速率。添加第二种金属作为促进剂，如钯或铜，使其可以在更高的温度下工作，而不会使催化剂快速失活。

b. 铁催化剂。虽然铁分解甲烷的活性不如镍，但铁催化剂在高温下更耐碳结焦和中毒，同时与钴基和镍基材料相比，铁催化剂价格低廉、无毒，此外，铁催化反应中的碳副产物不含有害金属，因此有可能被交易或安全储存。基于这些原因，铁催化剂是工业化甲烷热解过程的首选。

铁催化剂也可通过掺杂第二种金属作为促进剂，如在加入钴、铜、钯、钼和镍后具有较好的还原性。催化剂掺杂的另一个优点是表面积的增加，如在 Fe-Mo 和 Fe-Co 催化剂上。第二种金属（Ni，Co）的掺入也导致了更高的碳容量，并降低了活性位点上的碳沉积速率，这是由于碳原子形成、扩散和沉淀之间的平衡，因此，促进铁催化剂更稳定，表现出更长的催化剂寿命。

金属颗粒的分散性差以及金属和载体之间的固溶体的形成是在高金属负载的催化剂上甲烷转化率低的原因。选用合适载体可降低烧结效应，使催化剂的稳定性显著提高。铁催化剂最常见的载体是 Al_2O_3。

不同的有机金属化合物，如五羰基铁 [$Fe(CO)_5$] 和二茂铁 [$Fe(C_5H_5)_2$]，主要用于碳纳米管的生产。由于与五羰基铁相比二茂铁成本低、无害、无毒，所以二茂铁比五羰基铁应用更为广泛。

c. 金属催化剂的再生。金属催化剂的再生技术主要有用氧或空气燃烧催化剂表面的碳副产物和用蒸汽或二氧化碳气化。

在利用氧气或空气再生过程中，碳沉积物与氧气一起燃烧，在完全燃烧时产生 CO_2，但与新鲜催化剂相比，再生催化剂的失活速度要快得多，并且在氧化不完全时产生 CO，为了避免碳的燃烧涉及放热反应破坏催化剂，使用空气的再生过程应在流化床反应器中完成，碳氧化过程中释放的热量可用于维持甲烷分解的吸热反应。空气再生比蒸汽或二氧化碳再生快得多，但再生过程中初始金属镍在空气氧化转化为氧化镍，催化剂必须在下一个反应循环之前再次还原。

在蒸汽气化过程中，碳与水蒸气反应，得到由 CO_x 和 H_2 组成的气态混合物，避免了新的还原步骤，因为金属镍得以保留，此外，蒸汽气化可以生产额外的氢。然而，蒸汽再生需要很长的时间，并且不是所有的碳都能被去除。虽然蒸汽不能消除少量的积碳，但经过几个连续的分解-再生循环后，镍颗粒的结构没有发生变化，催化活性也没有显著下降。

现今，没有先进的方法能够满足废催化剂的再生要求，再活化技术应该节能环保、再生时间短且生成催化性能良好的催化剂。

② 碳催化剂　碳材料通常比金属催化剂活性低，需要更高的反应温度，通常在 800～1000℃之间。然而，碳催化剂更稳定，催化剂寿命更长，其在工业化过程中明显优于金属催化剂。

无定形炭（活性炭、炭黑、乙炔黑、煤焦）具有无序的结构，其表面有大量的高能位点（HES）。HES 包括位错、低配位、空位、自由价原子、不连续、边缘、缺陷和其他能量异常。一般认为 HES 是碳催化剂中活性位点的主要组成部分，因此 HES 的数量决定了其催化活性。由于这个原因，具有高缺陷浓度的无定形炭通常比有序材料更活跃。活性炭和炭黑因其高活性而成为最常用的材料。虽然活性炭最初比炭黑更有活性，但炭黑更稳定，催化剂寿命更长。

阈值温度是氢气开始产生的温度，被用作碳催化剂初始活性的衡量标准，阈值温度越低，也就意味着催化初始活性越高。

活性炭（介孔和微孔），炭黑（黑珍珠 2000 和 Vulcan XC72）和有序介孔碳作催化剂（CMK-3 和 CMK-5）表现出最低的阈值温度，即最高的初始活性。它们的高初始活性与石墨烯缺陷的大密度有关，这些缺陷是甲烷吸附和解离的优先位点，缺陷数量与阈值温度和初始反应速率之间存在直接的线性关系。

影响催化剂性能的主要因素常被认为是表面积，而表面积可以影响缺陷的数量，炭黑、乙炔黑等结构相近、表面积相同的碳也有同样的趋势，在这种情况下，炭黑较高的活性归因于大量的含氧表面基团。

a. 碳催化剂的稳定性与失活。碳催化剂的长期效率和稳定性通常是从其失活前的碳积累能力来评价的。其稳定性可能是由孔径分布和比表面积共同决定的，由于中孔碳具有较大的碳沉积能力，因此具有高表面积的中孔碳通常会导致更可持续的制氢。而微孔中碳容量较低，且存在较大的质量传输限制，微孔碳的催化活性衰减较快。

催化剂失活可能是由于比表面积的损失和随着反应时间的推移表面氧基的损失。甲烷热解过程产生的碳也具有催化活性，称为自催化效应，但这些碳产物活性位点的活性明显低于新鲜催化剂中的活性位点。

b. 碳催化剂的再生。再生技术包括氧气或空气燃烧和 CO$_2$ 或蒸汽气化。

碳催化剂的活性可以通过在氮气中使用高度稀释的氧气燃烧碳沉积物来部分恢复。然而，催化剂本身也可以与氧反应，因为它通常比碳的副产物更活泼，导致原有催化剂的一部分损失，几个反应再生循环后，碳催化剂主要由反应本身产生的碳组成，而最初的催化剂已经气化了。

而对于蒸汽气化过程，该方法显著增加了失活活性碳催化剂的表面积，使其活性几乎完全恢复，即使经过几个反应-再生循环，初始活性也可以通过蒸汽活化程序完全恢复。此外，在与蒸汽的再活化过程中产生了额外的氢，整体氢产量得到了提高，所以蒸汽气化是恢复碳催化剂初始催化活性合适的再生技术。

与镍和钴催化剂不同，碳材料更便宜且无毒，这是碳催化剂在工业化过程中的重要优势。

c. 共进料延长碳催化剂寿命。甲烷与少量其他碳氢化合物共同投料可以提高碳材料的催化活性，并部分克服失活问题。如甲烷与饱和丙烷共进气，甲烷的分解速率会加快；与不饱和乙炔、乙烯或乙醇碳氢化合物共进气能减少碳催化剂的失活，使催化活性稳定的时间更长。

d. 操作条件。在甲烷的催化分解中，任何增加甲烷分解速率而没有相应提高碳转移速率的因素都会促进催化活性的迅速丧失。

根据金属催化剂的类型，最佳工作温度范围也有差异，最佳工作温度范围如图 15-5 所示。

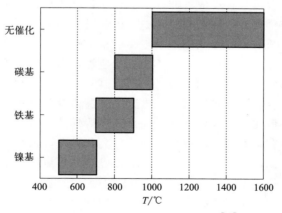

图 15-5　催化剂最佳工作温度范围[47]

较低的反应压力会使平衡转向氢的形成，从而产生具有更高氢摩尔浓度的气体产物。

高的气体时空速度（GHSV）有利于更好的气固接触，GHSV 的增加促进了甲烷和催化剂颗粒之间的混合。但是高 GHSV 导致气体分子与催化剂之间的停留时间短，接触效率低，使得甲烷吸附在催化活性位点上的量和甲烷转化率降低。高 GHSV 还会导致碳的形成速度和通过催化剂颗粒扩散的速度之间的不平衡，这有利于碳的积累并加速催化剂的失活。因此，必须在良好的混合和气泡形成之间找到一个折中方案。

3）甲烷催化热解产业化　在工业规模上实施甲烷热解，需要使用天然气作为原料气，而不是纯甲烷，所以，首先要研究的问题是天然气中的微量成分如何影响催化活性和稳定性。研究发现，烷烃的碳产物不会使碳催化剂失活，甲烷的热解也不会受到负面影响，乙烷和丙烷在此反应条件下已完全分解，无须进行额外的纯化后处理。另外，天然气中 H_2S 杂质的存在对碳催化剂可能是有利的，但金属催化剂在硫化合物的存在下会发生严重的失活，在反应之前对天然气进行净化处理是必不可少的。

① 工业应用过程　固定床反应器通常是实验室规模的首选方案，但其在长期实验中反应器中会充满碳产物，增加压降，最终阻塞气体流动，而流化床反应器克服了这一问题，在流化床反应器中可以连续地添加和提取催化剂颗粒，压降不会明显增加，可以长时间运行。此外，颗粒的剧烈运动允许气体和固体催化剂之间有效的热和质量传递，可以成功地控制温度，并为防止热点的形成提供了对工业运行至关重要的额外优势。

常见的工业用流化床反应器是具有催化剂再生单元的流化床反应器、并联反应器（以循环反应-再生模式工作）、移动床反应器和液体鼓泡塔反应器。

具有催化剂再生单元的流化床反应器在含有碳催化剂颗粒的反应器底部引入天然气，出口气体由未转化的甲烷和氢组成。首先通过旋风分离器去除可能夹带的碳颗粒。之后，气体产物流通过膜分离甲烷和氢，回收的甲烷被再循环，并与新鲜的天然气流一起反馈到反应堆。碳催化剂和碳沉积物被收集在反应堆底部，冷却并储存，一小部分碳产品可以通过再生方法在研磨和/或再活化后引入反应器。

并行反应器通过在两个反应器之间切换天然气原料和再生剂流（空气、蒸汽）以循环模式运行。两个反应器的操作在甲烷热解和催化剂再生之间交替进行，尽管催化剂再活化后取得了很好的效果，但现有的再生技术会导致不良的一氧化碳排放，应在工业上避免。

移动床反应堆是一个有趣的反应堆概念，在移动床反应器中，天然气和碳颗粒以逆流的方式流过整个反应器，天然气在反应堆的底部被输入，碳颗粒在顶部被输入。碳颗粒在反应区被加热，这些热量被释放并转移到原料气中，甲烷发生热解，反应产生的碳堆积在碳颗粒上，并在反应器底部不断被去除，气态产物与冷的新鲜碳接触后，在反应器顶部冷却下来。

近年来，研究较多的反应器设计是液体泡柱反应器，这种反应器使用熔融介质，如熔融金属（Ti、Pb、Sn、Ga）、熔融金属合金（Ni-Bi、Cu-Bi）或熔融盐（KBr、NaBr、NaCl、NaF、$MnCl_2$、KCl）。熔融金属和盐充当传热流体并避免沿反应器的温度损失，此外，它们还可以作为反应的潜在催化剂。液体泡柱反应器的主要优点是密度差异，碳在液体中的低挥发性和溶解度使其沉积在熔融介质的顶部，便于分离和处理，很容易从液体介质中分离碳副产物。与固体催化剂相比，熔融金属和盐既不会被碳产品污染，也不会使碳产品失活，但是熔融介质在所需的高工作温度（900~1000℃）下的稳定性有限，在此高温下的腐蚀，特别是在钢基材料反应堆中，限制了熔融金属和盐的适用性。

② 碳副产物展望　碳的特性取决于所使用的催化剂和反应条件。碳纳米管和纳米纤维的形成通常发生在金属催化剂上；在较高的操作温度下，碳纳米丝的直径减小，结晶度和石墨化度增大；碳材料上碳沉积物的形态取决于催化剂的性质。炭黑的形成发生在活性炭上，而炭黑产生无定形涡轮层结构。使用碳纳米管作为催化剂有利于其壁的生长，从而形成多壁碳纳米管。

炭黑多用于橡胶应用（约 90%），其余作为颜料和一些行业（如生产 SiC 的还原剂，在钢铁工业中用作碳添加剂/增碳剂）。碳纤维在如航空航天、汽车、碳增强复合材料和纺织品广泛应用，碳纳米纤维也被用作储氢材料，并在纳米电子器件、纳米线和纳米传感器中有应用。碳纳米管（单壁和多壁碳纳米管）在聚合物、电子、塑料和能源存储领域得到广泛应用，主要用于改善聚合物的热、电和力学性能，并且在锂离子电池和可再生能源存储中的应用受到了特别的关注。

甲烷热解所得碳产品，如炭黑、碳纤维、碳纳米管等，其市场容量和价格如表 15-12 所示[48]。

表 15-12　碳产品市场容量和价格

碳产品	全球市场/t	预期价格/(美元/t)
炭黑	12000000（2014） 16400000（2022）	400～2000
碳纤维	70000（2014） 100000（2022）	25000～11300
碳纳米管	5000（2014） 20000（2022）	100000～600000000

如果甲烷分解过程中产生 6000 万吨氢，那么将产生 1.8 亿吨副产物碳，为了使甲烷分解产生氢的工艺更具有经济性，则碳产品的新市场的出现是必要的，建筑和建筑材料可能就是这些市场之一，因为它们有可能吸收大量的碳产品。

这种数量的碳的唯一现实应用是它在土壤改良和环境修复领域的应用。土壤中添加碳质产物可以显著促进种子萌发、植物生长和作物产量，碳的使用提高了土壤的养分和保水能力以及微生物的丰度，碳可以储存土壤中的养分，并作为一种潜在的缓释肥料，可以减少土壤上的肥料施用量。

（3）总结与展望

目前全球大部分氢气生产来自煤炭气化和蒸汽甲烷重整，这两个过程都伴随着大量的 CO_2 排放。而甲烷热解是一种将天然气转化为氢气而不排放 CO_2 的合适技术。虽然由于天然气储量的枯竭，甲烷热解不是一个可持续的过程，但在可再生能源得到充分发展之前，可以作为过渡到基于可再生能源的可持续制氢的桥梁。

甲烷在不同金属（Ni、Co、Fe）和碳催化剂上的分解已被广泛研究。从工业的角度来看，只有使用铁和碳催化剂是可行的，因为它们无毒。对于金属催化反应速率的影响因素和机理的研究仍需继续。

如上所述，碳产品最广泛的应用前景可用于土壤改良和环境修复，不过还需要进一步的研究来验证其适用性。另外，日后必要的研究还有天然气杂质在氢气生产中的影响以及找到一个适当的反应堆配置等。

15.3.2.2　液体化石燃料零排放技术

近年来，氢能源车发展迅速，据氢能汇统计，2022 年年初，我国已经在 48 个城市，有 3154 辆氢能源电池公交车运行，而这个数据截至 2020 年，还只是在 22 个城市 800 辆氢燃料电池公交车推广运行。由于氢气运输和存储成本高昂，因此需要选择一种合适的液体化石燃料来降低氢气制取成本和解决氢气存储和运输的短板问题。甲醇制氢依靠反应温度低、能耗少、氢气产率高、生成物污染少以及其价廉、易得、运输存储方便安全等优势脱颖而出。而且甲醇是液体，能够最大程度地利用现有基础设施，如加油站及其配套设备。通过在线制氢，为氢能汽车供应氢气，进而实现液体化石燃料零 CO_2 排放制氢。

甲醇制氢主要有三种途径：除了前面提到的 MSR，还有甲醇部分氧化（POM）和甲醇自热重整（MAR）。相较于 POM 和 MAR 这两种制氢途径，MSR 具有氢产率高、反应温度低、一氧化碳含量少，且无局部过热现象发生。目前美国、英国、日本和澳大利亚等国家的 MSR 技术有着较多研究，我国研究 MSR 的单位主要有中国科学院、浙江大学、厦门大学、华南理工大学和佛山科学技术学院。相对于 POM 与 MAR 而言，MSR 技术较为深入，具有实现商业化、规模化的可能。

在车载 MSR 制氢发电系统中，研究的主要突破方向是催化剂、催化剂载体板以及反应器。

MSR 制氢催化剂主要包括 Cu 基催化剂、Ni 基催化剂和贵金属（Pd、Pt）催化剂。陈敏生等[42]综述了大量 MSR 制氢催化剂文献后发现，Cu 基催化剂具有对氢气的高选择性和高活性，同时还有价格低廉与低温性能好等特点。因此，Cu 基催化剂在 MSR 工艺当中得到了更广泛的应用。

良好的催化剂载体板能够具备更强的催化剂负载能力，进而提高制氢速率和甲醇转化率。催化剂载体板必须具有高孔隙率，高比表面积。采用烧结法制备载体板时，其孔形、孔径、比表面积和孔隙率均难以控制，后来 Tianqing 等[49]采用了激光增材制造的方式制备载体板，该方法使得载体板微通道结构可设计、可调控；同时提出了采用 3D 打印技术制备具有体心立方结构（BCCS）和面心立方结构（FCCS）的多孔不锈钢载体。结果表明，使用 3D 打印的 BCCS 和 FCCS 多孔不锈钢载体均具有较好的催化剂负载强度，适用于 MSR 制氢反应器。

反应器是研究的难点，在诸多反应器中，膜反应器与微反应器最适合于车载应用。

膜反应器指的是具有金属膜的一类 MSR 反应器，膜反应器主要由两个平行六面体形状的不锈钢隔室、密集的 $60\mu m$ 厚的 Pd-Ru 合金膜、铜垫圈和石墨垫圈组成，其中，膜反应器是密封的，且两个隔室由合金膜隔开。

微反应器指的是体积小并且重整室安装有多孔微通道结构催化剂载体板的反应器。微反应器主要包括柱状微反应器和板状微反应器。无论是柱状还是板状微反应器，其主要结构均分为蒸发室、重整室、加热棒、热电偶、进出口管以及催化剂载体板六部分。此外，研究出催化剂载体的多孔微通道结构参数（如孔形、孔径、比表面积和孔隙率等）与其制氢性能的对应关系对于 MSR 制氢技术的发展是至关重要的。

15.3.3　零 CO_2 排放制氢新进展

15.3.3.1　燃料电池电动垃圾制氢（WtH）系统

针对垃圾制氢技术，人们开发了发酵、气化和微生物电解槽（MEC）等不同的垃圾处理工艺。本小节将对这 3 种工艺进行介绍。

（1）垃圾发酵工艺制氢

发酵工艺制氢属于生物过程，多种微生物参与了这个过程。根据参与微生物对光的需求不同，可分为暗发酵与光发酵制氢。

① 暗发酵　微生物在厌氧和黑暗条件下产生氢气的过程即为暗发酵制氢过程。该工艺

底物通常为纯碳水化合物，如淀粉和葡萄糖。氢气的产生是质子被其他的碳源在降解过程中产生的电子还原。通常，有两种不同的氢化酶参与氢气的形成过程，［FeFe］-氢化酶和［NiFe］-氢化酶。理论上，1mol 葡萄糖应产生 12mol 氢气，然而，由于其他副产物的产生，例如乙酸、丁酸、丙酸等，因此，氢气产率总是低于理论值。基于目前文献，发现 3.47mol H_2/mol 葡萄糖是暗发酵过程中的最大氢气产率。暗发酵过程所涉及的反应方程式如下：

$$C_6H_{12}O_6 + 6H_2O \longrightarrow 6CO_2 + 12H_2$$
$$C_6H_{12}O_6 + 2H_2O \longrightarrow 2CH_3COOH + 2CO_2 + 4H_2$$
$$C_6H_{12}O_6 \longrightarrow CH_3CH_2CH_2COOH + 2CO_2 + 2H_2$$
$$C_6H_{12}O_6 \longrightarrow CH_3COOH + CH_3CH_2COOH + CO_2 + H_2$$

由于纯菌株的培养环境通常比较严格，需要特定的培养基和灭菌条件。因此，近年来研究并应用了具有更加多样化的微生物群落的混合培养物。混合培养物可从不同来源获得，例如厌氧消化器、动物堆肥、沉积物、渗滤液等；在将混合培养物用于产氢之前，通常需要对混合培养物进行不同的预处理，这样做是为了富集产氢细菌并排除氢消耗者。应用最广泛的预处理方法有加热、冻融、添加化学抑制剂、微波辐射、超声波处理等。

② 光发酵　光发酵是另一种发酵制氢过程。通过光合细菌，如紫色非硫细菌（PNSB），在无氮气氧气但具有光源和碳源的条件下进行光发酵反应。光源可以来自太阳能或不同的人工源；而碳源可以是简单的糖或不同的挥发性脂肪酸（VFA）。光发酵涉及的反应方程式如下：

$$C_6H_{12}O_6 + 6H_2O \xrightarrow{h\nu} 6CO_2 + 12H_2$$
$$CH_3COOH + 2H_2O \xrightarrow{h\nu} 2CO_2 + 4H_2$$
$$CH_3CH_2CH_2COOH + 6H_2O \xrightarrow{h\nu} 4CO_2 + 10H_2$$
$$N_2 + 8H^+ + 8e^- + 16ATP \xrightarrow{h} 2NH_3 + H_2 + 16ADP + 16Pi$$
$$8H^+ + 8e^- + 16ATP \xrightarrow{h} 4H_2 + 16ADP + 16Pi$$

这里，ATP 是腺嘌呤核苷三磷酸（简称三磷酸腺苷），分子式为 $C_{10}H_{16}N_5O_{13}P_3$，是一种不稳定的高能化合物，由 1 分子腺嘌呤（A）、1 分子核糖和 3 分子磷酸基团（Pi）组成；ADP 是二磷酸腺苷，分子式为 $C_{10}H_{15}N_5O_{10}P_2$，是由一分子腺苷与两个相连的磷酸基团组成的化合物。

当 1mol ATP 分子的磷酸根水解断裂时，会释放出 7.3kcal(1kcal = 4.1868kJ) 能量，反应方程：

$$ATP + H_2O \Longrightarrow ADP + Pi + 能量$$

与暗发酵降解糖类化合物相比，光合细菌对不同 VFA 的降解速率相对较慢。不同于暗发酵主要依靠氢化酶驱动产氢，光发酵是通过固氮酶产生氢。而且，由于光发酵过程中光照的必要性，光效率是评价系统能量转化率的重要指标。因此，光的强度与波长都是至关重要的，这使得光发酵反应器的设计和操作比暗发酵复杂得多。

单一暗发酵的氢气产率由于副产物 VFA 的产生而受到限制，但光发酵可以有效应用VFA。因此，将两种类型的发酵结合在一起提供了废物再利用的解决方案。顺序模式便应运而生，即首先将废料进料到黑暗发酵反应器中，然后将来自黑暗发酵的富含 VFA 的流出物用作光发酵的底物。在这一概念中，可以分别在两个分开的反应器中控制最佳条件，因此不仅可以增加底物的氢气产率，而且还能够改善相对于化学需氧量（COD）水平的最终产物质量。尽管连续的暗发酵和光发酵可以实现高的氢气产率，但是两个分离的反应器的必要性和不同的发酵条件使得系统复杂且昂贵。此外，暗发酵的流出物的性质通常不适合于直接光发酵，需要进行预处理。

（2）废弃物的气化制氢

废弃物的气化也可以制得氢气。气化是有机原料在高温和有时在高压下的部分氧化过程（即水热气化），目的是产生合成气（H_2、CO、CH_4 和 CO_2）。在该过程中还可以发现几种副产物，例如轻质烃、生物炭、焦油等。气化过程主要反应方程式如下：

$$2C+O_2 \longrightarrow 2CO$$
$$C+O_2 \longrightarrow CO_2$$
$$C+H_2O \longrightarrow CO+H_2$$
$$C+CO_2 \longrightarrow 2CO$$
$$C+2H_2 \longrightarrow CH_4$$
$$CO+H_2O \longrightarrow CO_2+H_2$$
$$CH_4+2H_2O \longrightarrow CO_2+4H_2$$

近些年来，热化学气化制氢也有着很大的进展，且气化类型多种多样，例如水热气化、空气气化、蒸汽气化和两级热解-气化系统。此外，还有以空气或水蒸气为气化剂的特定等离子体气化。

水热气化通常应用于高水分含量的有机废物。该工艺是一种热化学过程，其在临界或近临界条件（374.3℃和22.1MPa）下使用热和压缩水对生物质进行重整。空气气化通过应用空气或富氧空气进行部分氧化来实现，但由于大气中氮气的稀释，其生成气的产率和热值都较低。目前，蒸汽气化是较为推崇的一种工艺，原因是在该过程中蒸汽提供了额外氢元素以及它的低碳表现，能够高效率产生氢气。

等离子体气化与其他气化不同，因为热源（即等离子体）来自外部电源，且其可以产生高达15000℃的电弧和等离子体气体；采用的气化剂可以是空气、氧气或蒸汽。两级热解-气化系统更容易控制氢气的高产率，特别是来自塑料废物的氢气，因为热解过程产生的气体会在催化剂的作用下通过蒸汽气化进一步重整产生氢气。

（3）微生物电解槽（MEC）制氢

与发酵和气化相比，MEC是一种相对较新的制氢技术。MEC系统主要由两个电极组成：阳极和阴极。两个电极可以在相同的腔室中，即所谓的单腔室MEC，或者被分成两个腔室，即所谓的双腔室MEC。无论是单腔室还是双腔室，其主要工作原理都是相同的，即有机物在阳极被氧化并产生电子，电子经由阳极及外电源被传输到阴极，最后阴极中的质子与之结合产生氢气。在MEC的初始探索阶段，双室系统的研究较多，因为它可以获得高纯度的氢气，并且还避免了两个电极的干扰。此外，控制和优化制氢电极室（即阴极室）的工作条件也较单室室方便。双室系统中两个腔的分隔膜通常采用质子交换膜。除质子交换膜外，腔室的分离还可应用其他种类的膜，例如阴离子交换膜、电荷镶嵌膜和双极膜。

在双室MEC中，有机废水被送入阳极室，而阴极室内可填充磷酸盐、中度酸化水、盐溶液和碳酸氢盐等溶液。然而，由于膜的高成本和潜在的损失，MEC的结构在不断被优化，无膜单室MEC已经被提出，并且在这些年中被广泛应用。相较于另外两种工艺，MEC属于厌氧系统。以乙酸盐为例，在MEC中发生的主要化学反应如下方程式表示：

阳极： $$CH_3COOH+2H_2O \longrightarrow 2CO_2+8e^-+8H^+$$

阴极： $$8H^++8e^- \longrightarrow 4H_2$$

总反应：$\qquad$ $CH_3COOH + 2H_2O \longrightarrow 2CO_2 + 4H_2$

质子的还原是热力学非自发过程，因此需要外部动力来驱动反应，MEC 通常需要 0.2～0.8V 之间的较低电压。除了使用电池作为外部电源外，还可以使用其他可持续能源供电，如微生物燃料电池、太阳能和风能等，可持续能源的使用将使该系统更环保，更清洁。

Tian 等[50]综述文献后发现，在垃圾制氢系统的应用当中，自 2010 年以来，气化每年发表论文数量超过 60 篇，尤其是 16 年以后，发表数量超过 100 篇，其次是生物发酵技术，包括暗发酵和光发酵技术，自 16 年以来，暗发酵技术每年发表文献超 40 篇，且增长迅速，高于光发酵技术的 10 篇，说明暗发酵的受重视程度远高于光发酵，而 MEC 技术研究得最少，但仍高于光发酵技术。

15.3.3.2　生物质副产物甘油制氢

随着生物质能行业的发展以及其生产规模的逐年扩张，副产物甘油的产出不断增加，而甘油的氢能基质符合国家对于未来能源的要求，用甘油作为原料制氢符合我国能源生产标准，也符合世界能源的可再生要求。因此，甘油制氢成为了利用生物质能的一种有效的途径。

甘油制氢主要反应为甘油水相重整反应，反应方程见下式：

$$C_3H_8O_3 + 3H_2O \longrightarrow 3CO_2 + 7H_2$$

一般认为甘油水相重整包括 2 个主要的过程，首先是 C—C 键的断裂形成 CO：

$$C_3H_8O_3 \longrightarrow 3CO + 4H_2$$

其次是 CO 水煤气变换反应：

$$CO + H_2O \longrightarrow CO_2 + H_2$$

除去这 2 个反应之外，甘油水相重整过程中还有一些副反应，如费托合成反应、气相中发生的甲烷化反应和在液相中发生的加氢反应。这些副反应会消耗水相重整反应产生的氢气，导致氢气产率降低。

甘油制氢的主要流程为：先将常温常压下的质量分数 85% 的粗甘油和水在常温常压下进行混合，后加热升温，在计量反应器中进行反应，反应后进行冷却降温，接着在气液分离器中进行分离，分离后液体质量分数的 90% 经循环再次进行反应，剩下质量分数 10% 的油水混合物直接排出。而气液分离后的气体经压缩机进行气体压缩，再经加热，由于在反应器之中需要温度为 200℃ 的气体，所以设置加热产生水蒸气装置来减少成本。而后将高温水蒸气与混合气体放入反应器中进行反应，消除 CO，进一步提高氢气的纯度，接着使用分离器将氢气与其他气体进行分离，最终得到纯度较高的氢气。

作为典型的生物质资源，甘油与生物乙醇理论上都具有实现碳中性制氢的可能，在现有技术水平下，依照前面提到的生态影响评价法，甘油水蒸气重整制氢技术的 CO_2 排放量约为 $0.8～1.1m^3/m^3H_2$[7]。

刘可汉等[51]对甘油制氢进行过程模拟与技术经济分析后，总结出甘油制氢具有以下特点：

① 甘油制氢反应相对于煤制氢反应和天然气制氢气反应而言，甘油主要以生物质、餐

饮废油料以及植物作物为原料通过酯交换的工艺制备而来，故成本较低，较易获取，所以用甘油来制氢气具有良好的可行性。

② 从技术经济分析而言，生产 1.2t/h 的氢气的总投资为 4008 元/t，生产 3.0t/h 的装置投资为 2799 元，随着氢气产量的增加，设备的投资会逐步减少。产量 5.0t/h 的装置投资为 2282 元。但是相较于煤制氢的装置成本（2622 元/t）与天然气制氢的装置投资（1109 元/t）来说，1.5t/h 以下的甘油制氢装置依然不够理想。

③ 在 ASPEN 模拟过程中，最后的变换反应仍然需要大量水蒸气，但是蒸汽的成本过于高，则成本的需求量巨大，所以在整个的模拟过程中蒸汽成本制约总成本。

④ 在粗甘油制氢的模拟中，最大的能量消耗在变换反应过程中，应继续研究利用粗甘油的制氢路线，进而研究可否利用热集成解决能耗较大的问题。

15.3.3.3 "海蓝氢"和"白氢"的制取

"海蓝氢"是在碳催化剂存在下通过 CH_4 太阳能热解制成，而"白氢"则是利用集中太阳能通过太阳能催化热化学分解水制成。Boretti 等[52]提出用太阳能热化学热解甲烷同时使用碳催化剂，不需要 CCUS 技术，由聚光太阳能（CSE）驱动制取氢气，并与颜色"Aquamarine"（海蓝色）联系起来，命名为"Aquamarine H_2"，即"海蓝氢"，代表蓝氢的进一步演变；此外，还提出了由水分子的 CES 热催化化学分裂产生"White H_2"，即"白氢"。这里提出的两种途径，都是基于集中太阳能的使用而没有直接的 CO_2 排放，这两种方法的副产物分别为炭黑和氧气。

在海蓝氢的制取过程中使用碳作为催化剂是提供最佳前景的解决方案，海蓝氢最好在 1000℃的移动碳床中通过太阳能热化学热解甲烷，反应中碳催化剂低能量需求，在约 1000℃的可承受温度下工作良好，并且有副产品炭黑。

对于电解水制氢，如果电力是由太阳能光伏发电提供的，那么这一能量仅为接收到的太阳能约 15%，电解槽的效率即使假定为 80%，总效率也不过是 12%。相比光伏发电电解水技术，使用 CSE 通过热化学水分裂循环来分裂水分子，大约 90%的太阳能可以转化为高温热能，而热化学分解水，效率超过 50%，所以大约 45%的太阳能可以转化为氢燃料能量，在这方面看，CSE 热化学分解水技术很有前景。

对于白氢制取，反应为：$2H_2O \longrightarrow 2H_2 + O_2$，最小能源需求为 286kJ/mol H_2，与绿氢制取相同；而海蓝氢反应为 $CH_4 \longrightarrow 2H_2 + C$，最小能源需求为 37kJ/mol H_2，略小于灰氢和蓝氢。

通过对位于沙特阿拉伯王国东部省 Al Khobar 的阳光数据，估算了白色和海蓝氢的成本，在不包括水的成本、废热的回收和作为副产品的 O_2 收益的情况下，估计 2030~2059 年白氢成本为 0.9955~1.1261 美元/kgH_2。

用同样地区的阳光数据，假设 2030~2059 年甲烷的价格为 3 美元/ft^3，在不考虑天然气净化、废热回收和炭黑的使用情况下，海蓝氢的成本为 0.7756~0.7927 美元/kgH_2。

因此，在 3 美元/ft^3 的情况下，即使不考虑二氧化碳排放成本，白氢和海蓝氢的成本预计分别低于灰氢 36%~38% 和 10%~20%。

考虑到当前的商业可再生能源产品，用于间歇性和不可预测的可再生能源发电的光伏太阳能电池板以及电解槽，绿氢是有意义的，但它存在太多能量转换的基本可持续性缺陷，因此，白氢和海蓝氢具有更好的前景。与绿氢相比，它们可能具有更好的经济和环境成本。

15.4　零 CO_2 制氢技术展望

15.4.1　零 CO_2 制氢总结

本章首先对不同制氢技术做了介绍与评价，其中包括煤制氢、天然气制氢、工业副产氢、电解水制氢等。对比各种制氢方式，天然气制氢技术与煤制氢技术较为成熟，工业副产氢中的提纯成本决定了其应用，现阶段最具市场竞争力，电解水制氢成本过高，随着碳减排任务的推进，大规模应用将会陆续出现。最终，可再生能源制氢将在不久的未来提供洁净的氢气。

其次，分析了制氢过程中进行 CO_2 排放估算的重要性和必要性，详细描述了灰氢、蓝氢制取过程的 CO_2 排放，其中 CCUS 技术与制取过程的结合具备现阶段成本优势，但依然面临公众认可、可再生能源技术市场竞争以及未来碳中和战略需求的挑战。然后，在分析和总结碳排放的五种估算方法后，进行了估算举例，特别是对还处在研究和发展阶段的生命周期评价方法进行了简介，同时用于制氢技术的全生命周期评价并举例说明。

最后，对化石能源零 CO_2 排放制氢技术进行简介，并将化石能源零 CO_2 排放制氢技术分为"将碳氢化合物分解为氢和碳"及"将制氢过程与非碳能源集成"两类进行详细介绍，对甲烷热解零 CO_2 排放制氢技术以及液体化石燃料零 CO_2 排放制氢技术进行举例说明。关于零 CO_2 排放制氢技术新进展，介绍了燃料电池电动垃圾制氢（WtH）系统、生物质副产物甘油制氢以及海蓝氢和白氢的制取。

15.4.2　展望

环境中不断增加的温室气体排放已成为世界关注的焦点，各国都在努力限制气候变化对环境日益增长的影响。此外，由于技术进步、人口和经济增长，全球能源需求不断增加（到 2040 年每年增长 1.3%）。能源需求增加，要求依赖化石燃料，这是温室气体排放的主要来源，预计到 2050 年，化石燃料还将主导能源部门。抛开有害的环境影响不说，化石燃料供应的持续减少和石油价格的波动正在对工业部门和产品终端用户产生影响。

尽管如此，最近的 COVID-19 大流行对全球能源系统产生了重大影响，以至于 2020 年，全球能源需求减少了 5%，CO 下降了 7%，排放量减少了 18%，能源投资减少了 18%。相反，疫情对电力行业等可再生能源行业的影响最小，疫情的不确定性对能源的影响是一个值得关注的新动向。

最近，"欧洲议会批准了影响深远的气候保护法规"，德新社 2023 年 4 月 18 日报道称，欧洲议会当天在法国斯特拉斯堡以多数票通过了 3 项主要气候法案：碳排放交易体系改革（ETS）、碳边界调整机制（CBAM，又称"碳关税"）、价值高达 867 亿欧元的社会气候基金法（SCF）。据《华尔街日报》报道，CBAM 是欧盟碳市场全面改革的一部分，旨在减少排放，它适用于钢铁、水泥和铝、化肥、电力和氢气等产品。通俗来说，CBAM 意味着非欧盟生产商未来想要在欧盟销售商品，它们必须为 CO_2 排放付费。该计划将在 2026 年至 2034 年分阶段实施。

在全球范围内的氢气生产仍以天然气制氢为主，这其中 SMR 技术研究最详细，应用成熟，而甲烷热解是一个较有前景的方向，其中催化热解的研究方向未来应以研究催化剂和反应器为主。对我国"少气"的情况而言，天然气制氢的成本较高，貌似不是个好选择，但是考虑我国南海等地区存在丰富的可燃冰等甲烷载体，所以未来天然气制氢也许是我国一个有前景的方向。展望未来，为了"双碳"目标的实现，希望有更多更好的零 CO_2 排放制氢技术出现和广泛应用。

参 考 文 献

[1] 央视网. 习近平在第七十五届联合国大会一般性辩论上的讲话（全文）[EB/OL].（2020-9-22）[2023-4-12]. https：//news. cctv. com/2020/09/23/ARTI9sfz1CYASet Phio73zkk 200923. shtml.

[2] 丁仲礼. 碳中和对中国的挑战和机遇 [R]. 中国关键词，2022，1：16-23.

[3] 丁仲礼. 中国碳中和框架路线图研究 [J]. 中国工业和信息化，2021，8：54-61.

[4] 中国氢能联盟. 全球首个"绿氢"标准《低碳氢、清洁氢与可再生能源氢的标准与评价》发布 [J]. 氯碱工业，2021，57（01）：46.

[5] 曹军文，张文强，李一枫，等. 中国制氢技术的发展现状 [J]. 化学进展，2021，33（12）：2215-2244.

[6] 毛宗强. 氢能——21世纪的绿色能源 [M]. 北京：化学工业出版社，2005.

[7] 毛宗强，毛志明，余皓，等. 制氢工艺与技术 [M]. 北京：化学工业出版社，2018.

[8] 赵运林，曹田田，张成晓，等. 集中式制氢技术进展及成本分析 [J]. 石油炼制与化工，2022，53（10）：122-126.

[9] 王奕然，曾令志，娄舒洁，等. 天然气制氢技术研究进展 [J]. 石化技术与应用，2019，37（5）：361-366.

[10] 李子烨，劳力云，王谦. 制氢技术发展现状及新技术的应用进展 [J]. 现代化工，2021，41（7）：86-89，94.

[11] Catalin H. Analysis on the sustainability of different Low CO_2 emission hydrogen production technologies for transition towards a' Zero emission' economy [C]// Proceedings of the International Conference on Business Excellence. Sciendo，2022.

[12] 殷雨田，刘颖，章刚，等. 煤制氢在氢能产业中的地位及其低碳化道路 [J]. 煤炭加工与综合利用，2020（12）：56-58+5. DOI：10.16200/j. cnki. 11-2627/td. 2020. 12. 018.

[13] Reza F，Fiona J B，Matt S. Recognizing the role of uncertainties in the transition to renewable Hydrogen [J]. International Journal of Hydrogen Energy，2022，47（65）：27896-27910.

[14] 陈馨. 典型制氢工艺生命周期碳排放对比研究 [J]. 当代石油石化，2023，31（01）：19-25.

[15] 陶宇鹏. 不同氢气净化提纯技术在煤制氢中的经济性分析 [J]. 四川化工，2021，24（04）：13-16.

[16] 李金莎. 大型煤制氢变压吸附技术应用进展 [J]. 化学工程与装备，2021（02）：197-198.

[17] Alhamdani Y A，Hassim M H，Ng R T L，et al. The estimation of fugitive gas emissions from hydrogen production by natural gas steam reforming [J]. International Journal of Hydrogen Energy，2016，42（14）：9342-9351.

[18] 蒋庆哲，马敬昆，陈高松，等. 炼油厂二氧化碳排放估算与分析 [J]. 现代化工，2013，33（04）：1-4+6.

[19] Jonni G F M，Ronney A M B，Angel R S D，et al. Ecological analysis of hydrogen production via biogas steam reforming from cassava flour processing wastewater [J]. Journal of Cleaner Production，2017，162：709-716.

[20] Mircea C，Malvina B. Regarding a new variant methodology to estimate globally the ecologic impact of thermopower plants [J]. Energy Conversion and Management，1999，40（14）：1569-1575.

[21] 朱汉雄. 煤炭相关二氧化碳排放量的估算与分析 [D]. 上海：复旦大学，2013.

[22] Dabo G，Zhu L，Yong G，et al. The gigatonne gap in china's carbon dioxide inventories [J]. Nature Climate Change，2012，2（9）：672-675.

[23] 谢欣烁，杨卫娟，施伟，等. 制氢技术的生命周期评价研究进展 [J]. 化工进展，2018，37（06）：2147-2158.

[24] 孙志刚. 配套炼厂油气化制氢技术选择 [J]. 大氮肥，2022，45（04）：271-275.

[25] Mimi H H，Alberto L P，Markku H. Estimation of chemical concentration due to fugitive emissions during chemical process design [J]. Process Safety and Environmental Protection，2010，88（3）：173-184.

[26] 袁宝荣，聂祚仁，狄向华，等. 乙烯生产的生命周期评价（Ⅰ）——目标与范围的确定和清单分析 [J]. 化工进展，2006，25（3）：334-336.

[27] D S Khang，R R Tan，O M Uy，et al. Design of experiments for global sensitivity analysis in life cycle assessment：the case of biodiesel in vietnam [J]. Resources，Conservation & Recycling，2016，119：12-23.

[28] 王玉涛，王丰川，洪静兰，等. 中国生命周期评价理论与实践研究进展及对策分析 [J]. 生态学报，2016，36（22）：7179-7184.

[29] 莫淳，廖文杰，梁斌，等. 工业固废活化钾长石-CO_2 矿化提钾的生命周期碳排放与成本评价 [J]. 化工学报，2017，68（6）：2501-2509.

［30］　程婉静，李俊杰，刘欢，等.两种技术路线的煤制氢产业链生命周期成本分析［J］.煤炭经济研究，2020，40（03）：4-11. DOI：10. 13202/j. cnki. cer. 2020. 03. 002.

［31］　Muhammad A，Hamad H S，Anaiz G F，et al. Hydrogen production through renewable and non-renewable energy processes and their impact on climate change［J］. International Journal of Hydrogen Energy，2022，47（77）：33112-33134.

［32］　郑励行，赵黛青，漆小玲，等.基于全生命周期评价的中国制氢路线能效、碳排放及经济性研究［J］.工程热物理学报，2022，43（09）：2305-2317.

［33］　Koroneos C，Dompros A，Roumbas G，et al. Life Cycle Assessment of hydrogen fuel production process［J］. International Journal of Hydrogen Energy，2004，29（14）：1443-1450.

［34］　E Cetinkaya，I Dincer，G F Naterer. Life cycle assessment of various hydrogen production methods［J］. International Journal of Hydrogen Energy，2012，37（3）：2071-2080.

［35］　Dincer I，Acar C. Review and evaluation of hydrogen production methods for better sustainability［J］. International Journal of Hydrogen Energy，2015，40（34）：11094-11111.

［36］　Safari F，Dincer I. A review and comparative evaluation of thermochemical water splitting cycles for hydrogen production［J］. Energy Conversion and Management，2020，205：112182.

［37］　陈轶嵩，丁振森，王文君，等.氢燃料电池汽车不同制氢方案的全生命周期评价及情景模拟研究［J］.中国公路学报，2019，32（5）：172-180.

［38］　陕西省生态环境厅.长庆油田分公司第一采气厂 17.8 亿立方产能弥补工程［EB/OL］.［2020-12-7］.http：//www. yuyang. gov. cn/upload/2020/12/07/20201207 1542488104. pdf.

［39］　生态环境部.2019 年度中国区域电网二氧化碳基准线排放因子 OM.［EB/OL］.［2020-12-22］.http：//www. mee. gov. cn/ywgz/ydqhbh/wsqtkz/202012/W020201229610353816665. pdf.

［40］　刘尚泽，于青，管健.氢能利用与产业发展现状及展望［J］.能源与节能，2022（11）：18-21.

［41］　Chen C J，Back M H，Back R A. Mechanism of the thermal decomposition of methane［J］. ACS Symposium Series 1976，32：1-16.

［42］　陈敏生，刘杰，朱涛.车载甲醇水蒸气重整制氢技术研究进展［J］.现代化工，2021，41（S1）：36-41.

［43］　Muradov N. Low to near-zero CO₂ production of hydrogen from fossil fuels：status and perspectives［J］. Hydrogen Energy，2017，42（20）：14058-14088.

［44］　Wagner R S，Ellis W C. Vapor-liquid-solid mechanism of single crystal growth［J］. Appl Phys Lett. 1964，4（5）：89-90.

［45］　Baker R T K，Harris M A，Harris P S，et al. Nucleation and growth of carbon deposits from the nickel catalyzed decomposition of acetylene［J］. Catal，1972，26（1）：51-62.

［46］　Baker R T K. Catalytic growth of carbon filaments［J］. Carbon，1989，27（3）：315-323.

［47］　Sanchez-Bastardo N，Schloegl R，Ruland H. Methane pyrolysis for zero-emission hydrogen production：a potential bridge technology from fossil fuels to a renewable and sustainable hydrogen economy［J］. Industrial & Engineering Chemistry Research，2021，60（32）：11855-11881.

［48］　Dagle R A，Dagle V，Bearden M D，et al. An overview of natural gas conversion technologies for co-production of hydrogen and value-added solid carbon products［EB/OL］. USDOE Office of Energy Efficiency and Renewable Energy，Transportation Office. Fuel Cell Technologies Office，2017. https：//doi. org/10. 2172/1411934.

［49］　Tianqing Zh，Wei Zh，Da G，et al. Methanol steam reforming microreactor with novel 3D-printed porous stainless steel support as catalyst support［J］. International Journal of Hydrogen Energy，2020，45：14006-14016.

［50］　Tian H，Li J，Yan M，et al. Organic waste to biohydrogen：a critical review from technological development and environmental impact analysis perspective［J］. Applied Energy，2019，256：113961.

［51］　刘可汉，张桥.粗甘油制氢的过程模拟与技术经济分析［J］.化工生产与技术，2022，28（01）：1-4+7.

［52］　Boretti A. There are hydrogen production pathways with better than green hydrogen economic and environmental costs［J］. International Journal of Hydrogen Energy，2021，46（46）：23988-23995.

H₂

第16章
液氢

16.1 液氢及性质

氢气可以以气、液、固三种状态存在。气态氢最常见，资料也最多。本章主要介绍液氢。

16.1.1 液氢性质

在 101kPa 压强下，温度 $-252.87℃$ 时，气态氢可以变成无色的液态氢，两者缺一不可。液氢是高能低温物质，其常见性质见表 16-1。液氢、氢气与汽油比较见表 16-2。

表 16-1　标准条件下液氢性质（20℃，101.325kPa）

项目	数值	项目	数值
分子式	H_2	燃点	571℃（844K）
分子量	2.016	爆炸范围（空气中）	4.0%～74.2%
外观	无色液体	声速（气体中,27℃）	1310 m/s
密度	70.85 g/L	毒性	无毒
熔点	$-259.14℃$（14.01K）	危险性	易燃易爆
沸点	$-252.87℃$（20.28K）		

表 16-2　液氢、氢气与汽油比较[①]

性质	常规汽油	液氢	压缩储氢
燃料质量/kg	15	3.54	3.54
储罐质量/kg	3	18.2	87
燃料体积/L	20	50	131.38
质量密度/%	19.6	12.2	3.9
体积密度/(kg/m³)	144.5	44.3	20.8

注：以汽油为基准，折算液氢为高压气态氢的相关参数。

① 假设车用储氢的标准为：

a. 轿车的油耗为 5L/100km，续驶里程为 400km；

b. 质子交换膜燃料电池的氢气利用率 100%，行驶 400km 需要 3.54kg 氢气。采用压缩储氢方式，氢气压力为 30MPa。

从表 16-2 可见，液氢作为燃料，其燃料体积（50L）和储罐质量（18.2kg）都比汽油系统要大。但液态氢的体积只有气态氢的 1/800，随着燃料电池车和氢能的普及，氢气需求势必有所增加，液氢储运优势明显，利用液氢输送比氢气的效率要高 6~8 倍。

16.1.2 液氢外延产品

（1）凝胶液氢（胶氢）

为了提高密度，将液氢进一步冷冻，即得到液氢和固氢混合物，即泥氢（slush hydrogen）。若在液氢中加入胶凝剂，则得到凝胶液氢（gelling liquid hydrogen），即胶氢。胶氢像液氢一样呈流动状态，但又有较高的密度。胶氢的密度与其成形的条件有关。文献[1]给出甲烷就是很好的胶凝剂，不同氢气与甲烷质量比会使胶氢的密度有很大变化。他们给出数据如表 16-3。

表 16-3　胶氢 H_2/CH_4 混合比及其密度[1]

负载的 CH_4（质量分数）/%	混合比	密度/（kg/m³）	负载的 CH_4（质量分数）/%	混合比	密度/（kg/m³）
0.0	6.0	70.00	40.0	4.3	107.06
5.0	4.2	73.17	45.0	4.2	114.65
10.0	4.2	76.63	50.0	4.2	123.39
15.0	4.2	80.44	55.0	4.1	133.58
20.0	4.3	84.65	60.0	4.1	145.60
25.0	4.3	89.33	65.0	4.0	160.00
30.0	4.3	94.55	70.0	4.0	177.56
35.0	4.2	100.41			

和液氢相比，胶氢的优点如下：

① 液氢凝胶化以后黏度增加 1.5~3.7 倍，降低了泄漏带来的危险。

② 减少蒸发损失。液氢凝胶化以后，蒸发速率仅为液氢的 25%。

③ 减少液面晃动。液氢凝胶化以后，液面晃动减少了 20%~30%，有助于长期贮存，并可简化储罐结构。

④ 提高比冲（比冲是内燃机的术语，比冲也叫比推力，是发动机推力与每秒消耗推进剂重量的比值。比冲的单位是 N·s/kg），提高发射能力。

（2）深冷高压气体（cryo-compressed hydrogen，CcH）

深冷高压氢气的相图见图 16-1。

从图 16-1 可见，深冷高压氢气的温度范围从 20K 到 230K，其密度与压力、温度有关，压力升高，储氢密度增大。在 880Pa 压力时，可达到 90g/L。深冷高压氢气在 38K、350Pa的密度为 82g/L，为 700Pa 高压氢气的 2 倍。

德国宝马公司的深冷高压氢气储罐[2]已经应用在其氢燃料电池轿车上，110L 容积的350bar 深冷高压氢气储罐可储存 6kg 氢气，而丰田 122L 容积 700bar 储罐仅储存 5kg 氢气（图 16-2）。

文献[3]详细介绍了深冷高压气体储存的热力学、设计和操作原则的新概念。

文献[4]给出深冷高压气体储罐的资料。第 3 代储罐资料见表 16-4。

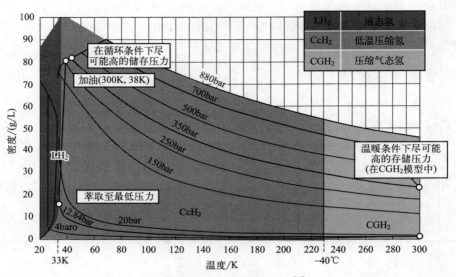

图 16-1　深冷高压氢气相图[2]

组合式超级绝热压力容器(Ⅲ型)		
最大可用容量	CcH₂：7.8kg(260kW·h)　CGH₂：2.5kg(83kW·h)	+ 主动罐压力控制
操作压力	≤350bar	+ 承载车身集成
排气压力	≥350bar	+ 发动机/燃料电池余热回收
加油压力	CcH₂：300bar　CGH₂：320bar	
加油时间	<5min	
系统体积	约235L	
系统重量(包括H₂)	约145kg	
氢气损失(泄漏、最大损耗率、红外驱动)	≤3g/d I　3~7g/h(CcH₂)I　<1%/a	

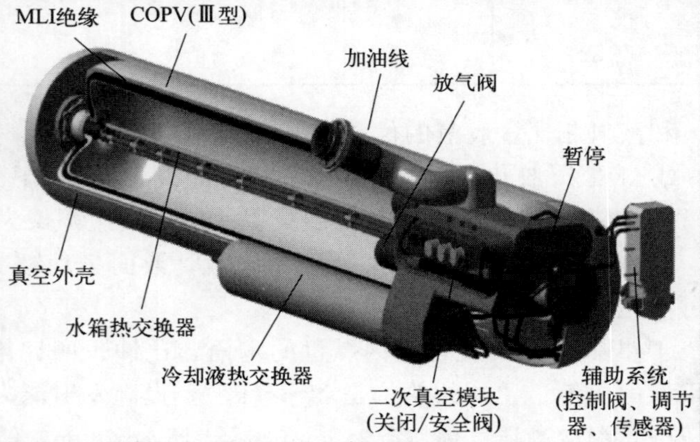

资料来源：BMW Hydrogen Storage, September 28th, 2012。

图 16-2　宝马公司用于氢燃料电池乘用车的深冷高压气体储罐[2]

表 16-4　深冷高压气体第 3 代储罐部分参数

序号	名称	数值
1	系统体积	235L
2	存储体积	151L
3	容器体积	224L
4	系统外附件体积	11L

序号	名称	数值
5	体积利用率	64.3%（=151/235）
6	系统重量	144.7kg
7	液氢存储	10.7kg
8	氢气存储	2.8kg
9	容器重量	122.7kg
10	系统外附件重量	22.0kg
11	系统质量分数	7.1%：2.3kW·h/kg
12	系统体积容量	44.5kg/m³：1.5kW·h/L
13	液氢密度	70.9kg/m³（20.3K,1atm）
14	氢气密度	18.8kg/m³（300K,272atm）

美国能源部的技术评估报告[5]肯定了深冷高压氢气系统的优点：运输氢气的次数会显著减少，储氢容量为 700bar 高压气氢的 2 倍。认为对开发氢燃料补给站是必需的。

16.2　液氢用途

液氢是氢的液体状态，凡是需要氢的场合如航天、航空、运输、电子、冶金、化工、食品、玻璃，甚至民用燃料部门都可以用液氢。

据文献[6]报道，北美对液氢的需求和生产最大，占全球液氢产品总量的 84%。在美国，33.5% 的液氢用于石油工业，18.6% 用于航空航天，仅 0.1% 用于燃料电池。

我国液氢目前的主要应用领域是航天。由于液氢特别高的储氢密度，1m³ 液氢相当800m³ 气氢，所以它特别适合用于氢的输运。预计随着氢能汽车的兴起，对氢气需求会剧增，那时，液氢地位就会进一步提高。

同济大学汽车学院氢能技术研究所马建新等[7]为 2010 年上海世博会准备氢气运输方案时，对氢气通过长管拖车、槽车及管道运输的运输成本、能源消耗及安全性进行深入研究。针对不同数量加氢站及运输距离，通过建立加氢站氢气运输成本模型进行运输成本分析，计算结果表明，上海大规模氢气运输的长管拖车运输成本为 2.3 元/kg，液氢运输成本为 0.4元/kg，管道运输成本为 6 元/kg。可见液氢运输成本只是气氢运输成本的六分之一！事实上液氢运输也大大减轻了城市的运输压力，减少了温室气体的排放。

16.3　液氢生产

氢气的液化和其他气体液化最大的区别就是氢分子存在着正、仲两种状态。制得的液氢会自发进行正、仲平衡并放出大量热量。所以，此处首先介绍正氢和仲氢。

16.3.1　正氢与仲氢

氢气是双原子分子。根据两个原子核绕轴自旋的相对方向，氢分子可分为正氢和仲氢。正氢（o-H_2）的两个原子核自旋方向相同［见图 16-3（a）］，仲氢（p-H_2）的两个原子核自旋方向相反［见图 16-3（b）］。氢气中正、仲态的平衡组成随温度而变，在不同温度下处于正、仲平衡组成状态的氢称为平衡氢（e-H_2）。

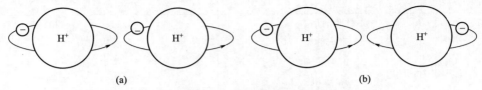

图 16-3　正氢原子（a）和仲氢原子（b）示意图

高温时，正-仲态的平衡组成不变；低于常温时，正-仲态的平衡组成将随温度而变。常温时，含 75％正氢和 25％仲氢的平衡氢，称为正常氢或标准氢。不同温度时，正常氢中正、仲氢的比例不同，见表 16-5。可见在液氢状态，其仲氢浓度高达 99.8％，而在 300K（27℃）时，仲氢只有 25.07％，期间，大部分仲氢会变为正氢。

表 16-5　不同温度下平衡氢中仲氢的浓度

温度/K	仲氢浓度/％	温度/K	仲氢浓度/％
20.39	99.8	120	32.96
30	97.02	200	25.97
40	88.73	250	25.26
70	55.88	300	25.07

在氢的液化过程中，必须进行正-仲催化转化，否则生产出的液氢会自发地发生正-仲态转化，最终达到相应温度下的平衡氢。注意，正氢-仲氢转化是一放热反应，自发地发生正-仲态转化，会放出大量热，导致液氢沸腾、失控。因为只有氢气才有正-仲态，所以氢气液化过程中，必须进行正-仲催化转化是与其他气体，如空气、氨气、氧气、氮气、氦气液化的根本区别！正常氢转化为平衡氢时的转化热与温度有关。

表 16-6　正常氢转化为平衡氢时的转化热

温度/K	转化热/(kJ/kg)	温度/K	转化热/(kJ/kg)
15	527	100	88.3
20.39	525	125	37.5
30	506	150	15.1
50	364	175	5.7
60	285	200	2.06
70	216	250	0.23
75	185		

由表 16-6 可见，在 20.39K 时，正氢-仲氢转化时放出的热量为 525kJ/kg，超过氢的汽化潜热 447kJ/kg。因此，即使将液态正常氢贮存在一个理想绝热的容器中，液氢同样会发生汽化；在开始的 24h 内，液氢大约要蒸发损失 18％，100h 后损失将超过 40％，不过这种自发转化的速率是很缓慢的，为了获得标准沸点下的平衡氢，即仲氢浓度为 99.8％的液氢，在氢的液化过程中，必须进行数级正-仲催化转化。

当偏离平衡浓度时，正氢和仲氢之间会自发地相互转化，但转化速度很慢，需要增设催化剂来促进其转化。常用过渡金属催化剂。

16.3.2　液氢生产工艺

1898 年，詹姆斯·杜瓦（James Dewar）发明了真空瓶、杜瓦瓶，之后才开始液氢生产[8]。液氢的制取即氢液化技术具有多种形式，可按照膨胀过程和热交换过程进行大致分类或结合。

目前常用的氢液化工艺流程可以分为利用 Joule-Thompson 效应（简称 J-T 效应）、节流膨胀的简易 Linde-Hampson 法以及在此基础上结合透平膨胀机降温的绝热膨胀法。在实际生产过程中根据液氢产量的大小绝热膨胀法又可划分为利用氦气作为介质膨胀制冷产生低温进而将高压气态氢冷却至液态的逆布雷顿法以及让氢气自身绝热膨胀降温的克劳德法[9]。

液氢主要有四种生产方法，分别介绍如下。

（1）节流液化循环（预冷型 Linde-Hampson 系统）

1895 年，德国林德（Linde）和英国汉普逊循环（Hampson）分别独立提出，是工业上最早采用的循环，所以也叫林德或汉普逊循环。该系统是先将氢气用液氮预冷至转换温度（204.6K）以下，然后通过 J-T 节流（J-T 节流就是焦耳-汤姆逊节流的缩写）实现液化。

采用节流循环液化氢时，必须借助外部冷源，如液氮进行预冷气氢经压缩机压缩后，经高温换热器、液氮槽、主换热器换热降温，节流后进入液氢槽，部分被液化的氢积存在液氢槽内，未液化的低压氢气返流复热后回压缩机。其生产工艺流程见图 16-4。

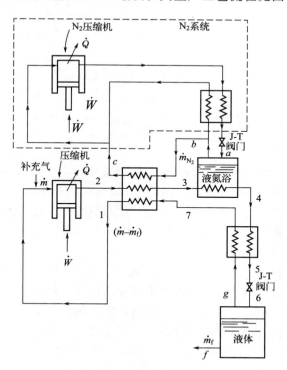

图 16-4　节流液化循环工艺

1—进入氢气压缩机的氢气；2—离开氢气压缩机的氢气；3—离开热交换器的氢气；4—离开液氮储罐的氢气；

5—进入 J-T 节流阀的氢气；6—离开 J-T 节流阀的氢气；7—进入热交换器的氢气；$\dot{m}$—质量；

a,b,c—液氮在工艺流程中的不同走向；f—输出的液氢；g—气态；$\dot{W}$—机械功；$\dot{Q}$—热量

（2）带膨胀机液化循环（预冷型 Claude 系统）

1902 年由克劳特（G. Claude）发明。通过气流对膨胀机做功来实现液化，所以带膨胀机的液化循环也叫克劳特液化循环。其中，一般中高压系统采用活塞式膨胀机（流量范围广，效率 75%～85%），低压系统采用透平膨胀机（<4300kW/d，效率 85%）。压缩气体通过膨胀机对外做功可比 J-T 节流获得更多的冷量，因此液氮预冷型 Claude 系统的㶲效率比 L-H 系统高 50%～70%，热力完善度为 50%～75%，远高于 L-H 系统。目前世界上运行的大型液化装置都采用此种液化流程。其生产工艺流程见图 16-5。

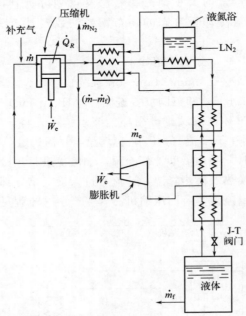

图 16-5　带膨胀机液化循环（预冷型 Claude 系统）工艺

（3）氦制冷液化循环

该工艺包括氢液化和氦制冷循环两部分。氦制冷循环为 Claude 循环系统，这一过程中氦气并不液化，但可达到比液氢更低的温度（20K）；在氢液化流程中，被压缩的氢气经液氮预冷后，在热交换器内被冷氦气冷凝为液体。此循环的压缩机和膨胀机内的流体为惰性的氦气，对防爆有利；且此法可全量液化供给的氢气，并容易得到过冷液氢，能够减少后续工艺的闪蒸损失。

氦制冷循环是一个封闭循环，气体氦经压缩机，增压到约 1.3MPa；通过粗油分离器，将大部分油分离出去；氦气在水冷热交换器中被冷却；氦中的微量残油由残油清除器和活性炭除油器彻底清除。干净的压缩氦气进入冷箱内的第一热交换器，在此被降温至 97K。通过液氮冷却的第二热交换器、低温吸附器和第三热交换器，氦气进一步降温到 52K。利用两台串联工作的透平膨胀机获得低温冷量。从透平膨胀机出来的温度为 25K（20K）、压力为 0.13MPa 的氦气，通过处于氢浴内、包围着最后一级正-仲氢转化器的冷凝盘管。从冷凝盘管出来的回流氦，依次流过各热交换器的低压通道，冷却高压氦和原料氢。复温后的氦气被压缩机吸入再压缩，进行下一循环。

来自纯化装置、压力大于 1.1MPa 的氢气，通过热交换器被冷却到 79K。以此温度，通过两个低温纯化器中的一个（一个工作的同时另一个再生），氢中的微量杂质将被吸附。离开纯化器以后，氢气进入沉浸在液氮槽中的第一正-仲氢转化器。转化器中，氢进一步降温并逐级进行正-仲氢转化，最后获得仲氢浓度>95%的液态氢产品。离开该转化器时，温度约为 79K，仲氢浓度为 48%左右。从其后的热交换器和从氢液化单位能耗来看，以液氮预冷带膨胀机的液化循环最低，节流循环最高，氦制冷氢液化循环居中。如以有液氮预冷带膨胀机的循环作为比较基础，节流循环单位能耗要高 50%，氦制冷氢液化循环高 25%。所以，从热力学观点来说，带膨胀机的循环效率最高，因而在大型氢液化装置上被广泛采用。节流循环，虽然效率不高，但流程简单，没有在低温下运转的部件，运行可靠，所以在小型氢液化装置中应用较多。氦制冷氢液化循环消除了处理高压氢的危险，运转安全可靠，但氦制冷系统设备复杂，制冷循环效率比有液氮预冷的循环低 25%。故在氢液化当中应用不多。其生产工艺流程见图 16-6。

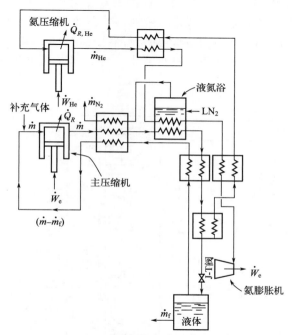

图 16-6 氦制冷液化循环工艺

（4）液氢生产难度

从上面前 3 个工艺看，液氢生产都比较复杂，其共同之处在于：

① 制冷温度低，制冷量大，单位能耗高。目前氢液化技术能耗为 15.2kW·h/kg（2012），高达液氢燃烧产热量 30%～40%，㶲效率普遍较低（20%～30%）。

② 氢的正-仲转换使得液化氢气所需的功远大于甲烷、氮、氨等气体，其中正-仲转化热占其理想液化功的 16%左右。

③ 剧烈的比热变化导致氢气的声速随着温度的增加而快速增大。当氢气压力为 0.25MPa，温度从 30K 变化到 300K 时，声速则从 437m/s 增加到 1311m/s。这种高声速使得氢膨胀机转子承受高应力，使得膨胀机设计和制造难度很大。

④ 在液氢温度下，除氦气以外的其他气体杂质均已固化（尤其是固氧），有可能堵塞管路而引起爆炸。因此原料氢必须严格纯化。

故此，人们考虑新的制冷方法，如磁制冷。

（5）磁制冷液化循环[10]

磁制冷即利用磁热效应制冷。磁热效应是指磁制冷工质在等温磁化时放出热量，而绝热去磁时温度降低，从外界吸收热量。效率可达卡诺循环的 30%～60%，而气体压缩-膨胀制冷循环一般仅为 5%～10%。同时，磁制冷无需低温压缩机，使用固体材料作为工质，结构简单、体积小、重量轻、无噪声、便于维修无污染。磁制冷液化氢的制取目前还没有商业化，将来应该很有前景。

16.3.3　液氢生产典型流程

液氢工业化生产已经有多年，下面介绍一些典型的工艺流程。

（1）因戈尔施塔特（Ingolstadt）氢液化生产装置

文献[6]介绍了位于德国因戈尔施塔特的林德氢液化生产装置。液氢生产对原料的纯度有很高的要求，含氢量 86% 的原料氢气来自炼油厂，在液化前先经过 PSA 纯化使其中杂质含量低于 4mg/kg，压力 2.1MPa。再在低温吸附器中进一步纯化，使其中杂质含量低于 1mg/kg，然后作为原料气送入液化系统进行液化。图 16-7 是因戈尔施塔特氢液化装置的工艺流程图。

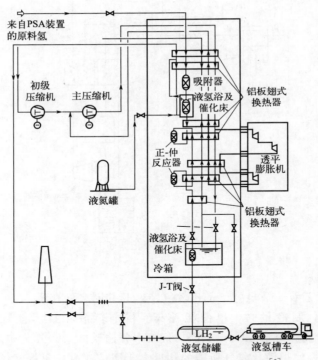

图 16-7　因戈尔施塔特氢液化装置液化流程[6]

该液化流程为改进的液氮预冷型 Claude 循环，氢液化需要的冷量来自三个温区：80K温区由液氮提供，80K～30K 温区由氢制冷系统经过膨胀机膨胀获得，30K～20K 温区通过J-T 阀节流膨胀获得。正-仲氢转换的催化剂选用经济的 Fe（OH）$_3$，分别放置在液氮温区、80K～30K 温区（2 台）以及液氢温区。

因戈尔施塔特氢液化工厂的技术参数，见表 16-7。

表 16-7　因戈尔施塔特氢液化工厂的技术参数

项目		数值	项目		数值
原料氢	压力	2.1MPa	主压缩机	体积流量	16000m³/h
	温度	<308K		电功	1500kW
	纯度	<4mg/kg	产品液氢	压力	0.13MPa
	仲氢浓度	25%		温度	21K
液氮	质量流量	1750kg/h		质量流量	180kg/h
初级压缩机	入口压力	0.1MPa		纯度	>1mg/kg
	出口压力	约0.3MPa		仲氢浓度	>95%
	电功	57kW		液化净耗功	13.6kW·h/kg（液化氢）
主压缩机	入口压力	0.3MPa			
	出口压力	约2.2MPa	㶲效率		21%

（2）洛伊纳（Leuna）氢液化流程

洛伊纳是德国小城市，洛伊纳氢液化系统工艺流程见图 16-8，与因戈尔施塔特的氢液化系统不同之处是：原料氢气的纯化过程全部在位于液氮温区的吸附器中完成；膨胀机的布置方式不同；正-仲氢转换用转换器全部置于换热器内部。

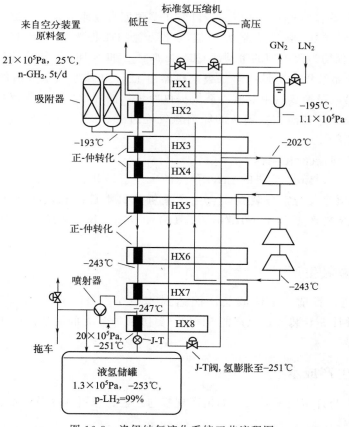

图 16-8　洛伊纳氢液化系统工艺流程图

（3）普莱克斯氢液化流程

其流程见图 16-9。

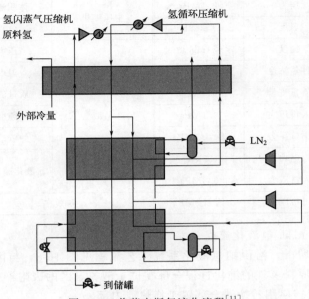

图 16-9　普莱克斯氢液化流程[11]

普莱克斯是北美第二大液氢供应商，目前在美国拥有 5 座液氢生产装置，生产能力最小为 18t/d，最大为 30t/d。普莱克斯大型氢液化装置的能耗为 12.5～15kW·h/kg（液化氢）[6]，其液化流程均为改进型的带预冷 Claude 循环，如图 16-5。第一级换热器由低温氮气和一套独立的制冷系统提供冷量；第二级换热器由 LN₂ 和从原料氢分流的循环氢经膨胀机膨胀产生冷量；第三级换热器由氢制冷系统提供冷量，循环氢先经过膨胀机膨胀降温，然后通过 J-T 节流膨胀部分被液化。剩余的原料氢气经过二、三级换热器进一步降温后，通过 J-T 节流膨胀而被液化。

（4）LNG 预冷的氢液化流程

Hydro Edge Co.，Ltd. 承建的 LNG 预冷的大型氢液化及空分装置于 2001 年 4 月 1 日投入运行。LNG 预冷及与空分装置联合生产液氢是日本首次利用该技术生产液氢。共两条液氢生产线，液氢产量为 3000L/h，液氧为 4000m³/h，液氮为 12100m³/h，液氩为 150m³/h[12]。

16.3.4　全球液氢生产

文献[13]报道，目前，全球液氢产能达到 485t/d。美国共计 18 套装置，总产能为 326t/d；加拿大共计 5 套装置，总产能 81t/d。美国和加拿大的液氢产能占据了全球液氢总产能的 80% 以上。

16.3.5　液氢生产成本

液氢生产成本与许多因素有关，如生产规模与工艺、原料纯度及成本、压缩机及热交换器的效率、电价等。

现将已经产业化的液氢生产工艺进行比较，如表 16-8。

表 16-8　产业化的液氢生产工艺比较

循环方式	节流液化循环（预冷型 Linde-Hampson 系统）	带膨胀机液化循环（预冷型 Claude 系统）	氦制冷液化循环工艺
单位能耗	1.5	1	1.25
工作压力	10～15MPa	约 4MPa	氢气：0.3～0.8MPa 氦气：1～1.5MPa
优点	流程简单，没有低温动部件，运行可靠	效率高	无操作高压氢的危险，成本低，安全可靠
缺点	效率低	设备简单	设备复杂
应用	小型装置<20L/h	大、中型装置>500L/h	法国 Air Liquide 公司最大可做到 1260L/d

从表中可见，带膨胀机液化循环（预冷型 Claude 系统）的单位能耗最低，据德国专家介绍，目前的生产液氢的能耗为 10.8～12.7kW/kg 液氢，将来可望到达 7.5～9.0kW/kg 液氢。

16.4　液氢的储存与运输

16.4.1　液氢储存

我国早就关注液氢储存[14-17]。液氢通常储存在绝热的密封储罐内。储罐分为大型站用储罐、中型运输储罐和车用液氢储罐。

（1）大型站用储罐

大型站用储罐基本构建图见图 16-10。实际使用中，储罐的外形可以是球形，也可以是柱形。

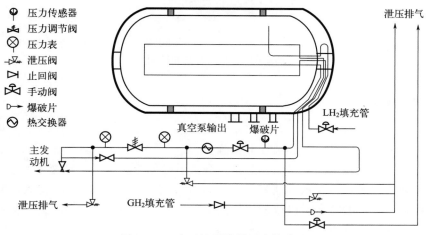

图 16-10　大型站用储罐基本构建图

美国 DOE 在内华达州的航天试验基地建有一个 $1893m^3$ 的大型液氢球罐；法国圭亚那火箭发射场使用 5 个 $360m^3$ 的卧式可移动液氢储罐，由美国 Chart 生产；俄罗斯 JSC 生产多种规格的储罐，1400m³（球罐）和250m³（卧式储罐），并向中国出口100m³运输车。

文献[18]报道，20世纪60年代美国NASA使用容积为3800m³的球型大罐来贮存液氢，日蒸发率为0.05%。同一时期俄罗斯在Baykonur低温中心建立了总贮存容积达到5600m³的贮罐系统，单个1400m³的液氢球罐，其日蒸发率为0.13%～2.2%。日本种子岛航天中心的液氢贮罐容积为540m³，日蒸发率小于0.18%[19]。

（2）中型运输储罐

运输用液氢储罐与固定式大型站用储罐结构类似。

我国已经可以制造300m³可移动式液氢贮罐[20]，由张家港中集圣达因低温装备有限公司制造，一次可储运氢气20余吨。中国自行设计制造的大型卧式可移动液氢储罐集中在海南文昌火箭发射场及配套液氢工厂，有5个300m³液氢罐为中集圣达因生产，还有2个300m³和1个120m³分别为南京航天晨光和四川空分集团提供。

（3）车用液氢储罐

车用液氢储罐不仅仅有储存液氢的功能，同时具备将液氢汽化、为车辆提供氢气的功能，因此结构要比单纯储存液氢的储罐要复杂得多。

典型的车用液氢储罐见图16-11。

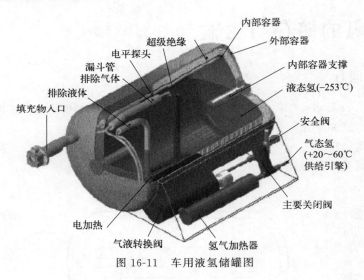

图16-11　车用液氢储罐图

16.4.2　液氢运输

液氢的储运方式可以分为两类：即采用容器储运和采用管道输运。其中，容器储运在储存结构形式上一般采用球形储罐和圆柱形储罐。

在运输形式上采用液氢拖车、氢铁路槽车和液氢槽船等。考虑常规液体运输过程中所涉及的冲击和震动等因素，由于液氢沸点低（20.3K）、潜热小、易蒸发的特点，储运环节必须采用严格的减小漏热的技术手段或采用无损储运方式[21]使液氢的汽化程度降到最低或零，否则会引起储罐升压导致超压风险或放空损失。

从技术途径角度，储运主要采用减小热传导的被动绝热技术和在此基础上叠加的主动制冷技术以减小漏热或产生额外冷量。

（1）利用液氢储罐运输

液氢生产厂距用户较远时，一般可以把液氢装在专用低温绝热罐内，再将液氢储罐放在卡车、机车或船舶上运输。

利用低温铁路槽车长距离运输液氢是一种既能满足较大的输氢量又能比较快速、经济的运氢方法。这种铁路槽车常用水平放置的圆筒形低温绝热槽罐，其储存液氢的容量可以达到 100m³。特殊大容量的铁路槽车甚至可运输 120～200m³ 的液氢。图 16-12 是液氢低温汽车槽罐车。

图 16-12　液氢低温汽车槽罐车

在美国，NASA 还建造有输送液氢用的大型驳船。驳船上装载有容量很大的储存液氢的容器。这种驳船可以把液氢通过海路从路易斯安那州运送到佛罗里达州的肯尼迪空间发射中心。驳船上的低温绝热罐的液氢储存容量可达 1000m³ 左右。

显然，这种大容量液氢的海上运输要比陆上的铁路或高速公路上运输来得经济，同时也更加安全。图 16-13 为展示输送液氢的大型重驳船。

图 16-13　输送液氢的大型船只

日本军工企业川崎重工利用在 LNG 船的设计和建造的丰富经验，以此为基础，研发液化氢储存系统，计划建造两艘装载量为 2500m³ 的液氢运输船，其运输量可供 3.5 万辆燃料电池车使用 1 年。2500m³ 液氢运输船采用两个 1250m³ 的真空绝热 C 型独立液货舱，并将氢罐的蒸发率控制在 0.09％/d 左右。到 2030 年扩大业务规模时，该公司将一举拓展规模，拟建造 2 艘 $16×10^4 m^3$ 规模的运输船，采用 B 型独立液货舱。

（2）液氢的管道输送

液氢一般采用车船或船舶运输，也可用专门的液氢管道输送，由于液氢是一种低温（-250℃）的液体，其储存的容器及输液管道都需有高度的绝热性能绝热构造并会有一定的冷量损耗，因此管道容器的绝热结构就比较复杂。液氢管道一般只适用于短距离输送。目前，液氢输送管道主要用在火箭发射场内。

在空间飞行器发射场内，常需从液氢生产场所或大型储氢容器罐输液氢给发动机，此时就必须借助于液氢管道来进行输配。这里介绍的是美国肯尼迪航天中心用于输送液氢的真空多层绝热管路。美国航天飞机液氢加注量 1432m³。液氢由液氢库输送到 400m 外的发射点，39A 发射场的 254mm 真空多层绝热管路，其技术特性如下：反射屏铝箔厚度 0.00001mm、20 层，隔热材料为玻璃纤维纸，厚度 0.00016mm。管路分段制造，每节管段长 13.7m，在现场以焊接连接。每节管段夹层中装有 5A 分子筛吸附剂和氧化钯吸氢剂，单位真空夹层容积的 5A 分子筛量为 4.33g/L。管路设计使用寿命为 5 年，在此期间内，输送液氢时的夹层真空度优于 133×10^{-4} Pa。39B 发射场的 254mm 真空多层绝热液氢管路结构及技术特性与 39A 发射场的基本相同，其不同点是：反射屏材料为镀铝聚酯薄膜，厚度 0.00001mm；真空夹层中装填的吸附剂是活性炭，单位夹层容积装入 4116g/L；未采用一氧化钯吸氢剂。在液氢温度下，压力为 133×10^{-4} Pa，5A 分子筛对氢的吸附容量可达 160cm³（标准状态）/g 以上，而活性炭可达 200cm³（标准状态）/g。影响夹层真空度的主要因素是残留的氢气、氖气。为此，在夹层抽真空过程中用干燥氮气多次吹洗置换。分析表明，夹层残留气体中主要是氢，其最高含量可达 95%，其次为 N_2、O_2、H_2O、CO_2、He。5A 分子筛在低温低压下对水仍有极强的吸附能力，所以采用 5A 分子筛作为吸附剂以吸附氧化钯吸氢后放出的水。5A 分子筛吸水量超过 2% 时，其吸附能力将明显下降。

我国科技工作者[22]讨论了液氢在长距离管道输送中存在着最佳流速，并分析了实际液氢输送过程中的输送状态。一批中国文献[23-29]从 20 世纪 80 年代到现在不断探讨液氢管道的数学模拟、设计、冷却等。可见我国对液氢管道的关注度甚高。与我国液氢同行交流，得知我国也有类似用途的液氢管道，不过尚没有公开文献报道。

自从我国提出"碳中和"目标以后，人们格外关心产品的碳足迹，刘洪茹等[30]以从挪威到中国和欧洲两条路线为例，以能量效率和碳排放强度为研究参数，以液氢和氨两种氢能储运方式为研究对象，选取合理的数据进行理论计算并搭建运输链，绘制出各条运输链的能流图，对两种运输方式进行了比较。结果表明，氨（不裂解）运输链运输到欧洲和中国的能量效率分别是 41.6% 和 33.6%，高于液氢运输链的 37.65% 和 33.38%，而氨（裂解）运输链的能量效率最低，为 30.39% 和 24.83%。在碳排放强度方面，与液氢运输链 [238.86kg CO_2/(MW·h) 和 214.8kg CO_2/(MW·h)] 和氨（裂解）运输链 [216.94kg CO_2/(MW·h) 和 183.33kg CO_2/(MW·h)] 相比，氨（不裂解）运输链 [135.87kg CO_2/(MW·h) 和 110.76kg CO_2/(MW·h)] 的碳排放强度最低。

16.5 液氢加注系统

液氢储氢型加氢站是目前美国、欧洲和日本主要采用的加氢站模式。

普遍做法是液氢用罐车运输至加氢站转注至站内储罐，但转注过程中存在约 10% 的汽化损失；也有将液氢罐车放置在加氢站内直接利用的做法。

加注的方法：包括使用汽化器汽化后再压缩机加压后加注（卡克拉门托采用）；使用液氢泵加压后汽化，不使用压缩机而直接加注（芝加哥等地采用）；或是利用液氢储罐和车载氢罐之间的压差或液氢泵压送的方法直接加注液氢。

16.5.1　液氢加注系统

典型的液氢加注系统如图 16-14 所示。

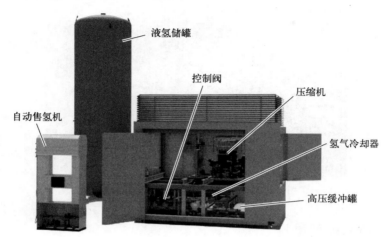

图 16-14　典型的液氢加注系统

使用时，液氢加注流量应该有一个调节范围，为满足这个要求，液氢的加注可以通过调节挤压压力或者挤压压力调节和节流阀相结合的组合调节方式。大流量加注时，采用单纯挤压方式使液氢在单相流状态下正常加注，小流量加注时，采用挤压压力调节和节流阀相结合的组合调节方式调节流量，使加注流量稳定并使节流阀前的管路处于单相流状态下工作。

2017 年 2 月 26 日作者有幸参观日本福冈的一座加氢站，如图 16-15。该站储存 3000kg 的液氢。值得指出的是该站与现有的加气站共建在一起，距离很小。

图 16-15　日本福冈加氢站（毛宗强　摄）

我国已经建成液氢加氢站[31]浙江石油虹光（樱花）综合供能服务站位于平湖经济技术开发区新兴一路与虹光路交叉口西北，于 2020 年 10 月开始动工，设有一座 14m³ 的液氢储罐，两台 90MPa 的高压储氢瓶，一台 35MPa 加氢机为氢燃料电池汽车加注氢气，并配套建设一台 120kW 充电桩整流柜及两个充电车位。该加氢站可以提供压缩氢能源，满足多辆氢燃料电池汽车的能源补充需求，每天的加氢量最多可超过 1000kg。2021 年全国首座液氢油电综合供能服务站在浙江省平湖市建成，见图 16-16。

图 16-16   浙江平湖液氢油电综合供能服务站

16.5.2   防止两相流的措施

液氢在管路中流动易汽化形成两相流，使得管路有效过流面积减小，流动阻力增大，加注流量降低且不稳定，使流量调节发生困难。航天工业总公司一院十五所章洁平[32]介绍了新型液氢加注系统，为防止两相流，对原系统做了重大改进。根据试验结果，从理论上简要分析了这些改进的机理和效果。

防止产生两相流的充分与必要条件是：

$$P_{vp} < P \tag{16-1}$$

式中，P_{vp} 为液氢的饱和蒸气压；P 为管路中液氢静压。

① 提高管路的绝热性能和降低管路流阻，减少液氢的温度升高（降低 P_{vp}）；

② 适当提高挤压压力，以便使 $P > P_{vp}$；

③ 用过冷器对液氢进行过冷，使得其饱和蒸气压 P_{vp} 降低。

液氢在中国目前仅航天领域有成熟应用，有完整成套的技术标准和相应的制取、储运和加注设施。但中国液氢市场数据目前还难以收集。

目前液氢的制取需消耗其本身具有热值的 1/3 左右；储存温度与室温间有 280℃的温差，因此储罐制造难度高，汽化损失大；液氢的小规模应用难度较大，车载瓶蒸发率每天高达 1%～2%；但加大储罐容量可有效减小汽化率。

民用领域的液氢技术还处于准备阶段，产业化需要时间。

16.6   液氢安全

国际对液氢安全非常重视。美国国家航空航天局（NASA）和美国火灾科学国家重点实验室针对液氢以及氢气的泄漏研究比较全面。NASA 在 20 世纪 50 年代在墨西哥沙滩开展了液氢大规模扩散受风速和风向的影响试验[33]。1981 年，NASA 进行了一系列大规模液氢泄漏实验[34,35]他们将低温氢气充入液氢储罐，将储罐内的液氢通过一条长 30.5m 的液氢管输送到指定的地点，液氢通过溢流阀倾倒到钢板上，然后在压实的沙地上自由扩散与蒸发。该实验基地在不同方位布置了 9 座监测塔，每一座监测塔上分布有多支气体取样瓶、氢气浓度监测器、风速扰流指示器、温度传感器等，便于实时监控和记录实验数据。图 16-17 是液氢泄漏源附近传感器的排布示意图。在系列实验中，最具有代表性的实验 6 在 38s 内匀速倾倒了 5.11m³ 的液氢，当时环境的风速为 2.20m/s，空气温度为 288.65K，垂直方向上的温度梯度为 −0.0179K/m，空气湿度为 29.3%，露点温度为 271.49K。实验结果表明，从开始倾倒到液氢蒸发结束，液氧的蒸发时间约 43s，可见持续时间约 90s，可燃氢气在下风向的最远距离为 160m，可燃氢气在高度方向上的最远距离达 64m。

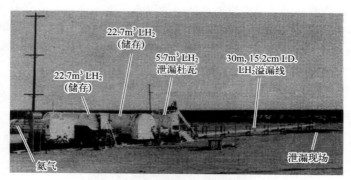

图 16-17　液氢泄漏源附近传感器的排布

1988 年，美国火灾科学国家重点实验室 Shebeko 等对封闭空间氢气的泄漏扩散做了实验研究，并分析了射流动能是影响氢气扩散的主要因素[36]。

2010 年，英国健康和安全实验室（HSL）进行了运输车上的液氢储罐在大空间泄漏后的点火实验[37-39]。液氢出口流量为 60L/min，液氢流出时间持续 2min，液氢泄漏系统如图 16-18 所示。实验过程中发现，由于液氢的低温使得空气中的水蒸气、氧气以及氮气都有不同程度的凝固，在地面上形成明显的固态沉积物。研究人员还进行了多次点火实验，点火在液氢泄漏稳定之后进行，点火地点位于距离氢源 9m、高 1m 处。点火后，空气中先发出

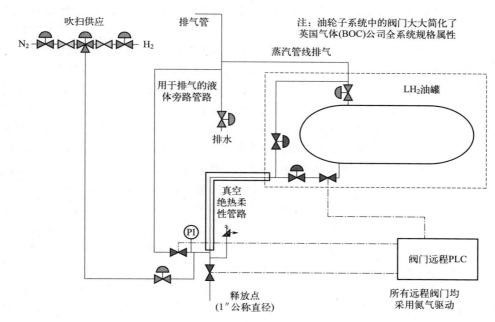

图 16-18　液氢泄漏系统

一些低沉的响声，然后火焰开始拉升，火焰的上升速度大约为 30m/s。实验结果表明，氢气燃爆浓度最远到达的距离为 9m，由于液态蒸气云的存在，即使在氢气的可燃爆浓度范围内，泄漏产生的氢气也不是非常容易燃爆。在所进行的实验之中，某次实验在点燃了 4 次 1kJ 的化学可燃物之后依然没有引起氢气的燃爆。

我国对液氢的安全极为重视，也做了大量工作。北京航天试验技术研究所凡双玉[40]等报道了我国这方面的工作。2011 年，北京航天试验技术研究所进行了 18L 液氢蒸发扩散试验。科研人员利用广口杜瓦瓶装盛液氢，将液氢瞬时倾倒入水泥池（长×宽×高为 0.5m×0.2m×0.2m），测量液氢在户外试验环境下的行为。改变液氢容器泄漏量、气象条件来分别考察各种因素对蒸发的影响。试验场地为 30m² 正方形，泄漏源是直径 1.6m，高 2m 的广口杜瓦瓶液氢储罐。如图 16-19 所示。

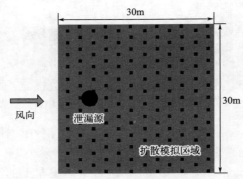

图 16-19   18L 液氢蒸发扩散试验平面布置图

将 18L 液氢泄漏在 0.1m² 水泥池中，50s 全部蒸发完，环境温度 27℃，湿度 55%，在风速 2.6m/s 的池上方 1m 处采样分析。通过改变液氢扩散的风速、环境温度和泄漏量，用 ALOHA 软件进行扩散模拟。最后，得出如下结论：

① 环境风速对氢气扩散范围影响显著，泄漏扩散距离随着风速的增大而变小，风速越大，泄漏扩散范围越小。

② 泄漏扩散距离随着环境温度的升高而变大，温度越高，泄漏扩散范围越大。

③ 泄漏扩散距离随着泄漏量的增加而变大，泄漏越大，泄漏扩散范围越大。

与现实试验结果相比：对于液氢蒸发试验，软件模拟与试验结果的相对误差小于 11%；对于氢气扩散试验，软件模拟与试验结果的相对误差小于 17%。二者均在可接受范围内。

数值模拟方面，美国国家科学研究中心利用数值模拟软件分析了，液氢泄漏后泄漏源类型和来自地面的热量是影响液氢蒸发扩散的主要影响因素[41]；美国 Prankul Middha 等针对 1980 年 NASA 关于液氢泄漏的实验开展了相关的数值模拟研究，验证了数值模拟方法的可行性[42,43]。国内对液氢泄漏与扩散的研究大多集中在数值模拟的理论研究阶段，国内张起源、吴光中、李茂等对氢排放扩散进行了相关的数值模拟研究，取得了一些研究成果[44,45]。

吴梦茜等[46]进行了数值模拟。通过 CFD 软件 FLUENT 进行数值仿真，深入探究液氢泄漏和扩散过程的处理，建立了低温氢泄漏的三维瞬态数值计算模型来分析液氢的蒸发和气态氢的扩散过程，并评估在开放环境中液氢泄漏的安全问题。

我国对液氢安全十分重视，文献[47]综述了国内外液氢泄漏扩散行为和液氢泄漏安全防范措施的研究现状，并对液氢安全预防技术及未来研究的重点提出了建议。《氢安全》专著[48]特别列出液氢生产安全章节，对液氢生产、储存、运输和液氢装卸进行了全面讨论。

16.7　液氢标准

液氢用于宇航领域已有数十年历史，但是有关液氢的专门的标准却不多，液氢多数被包含在氢和氢系统标准中。在美国这些标准通常由美国压缩气体协会（CGA）、美国消防协会（NFPA）、美国国家航空航天局（NASA）、美国航空航天学会（AIAA）和美国国防部（DOD）等所有。国际标准化组织（ISO）只有两个液氢标准，见表 16-9，ISO/TR 代表技术报告。

表 16-9　国际标准化组织（ISO）液氢标准

标准号	标准名称	备注
ISO13985:2006	Liquid hydrogen-land vehicle fuel tanks	液氢—道路车辆燃料罐
ISO13984:1999	Liquid hydrogen-land vehicle fuelling system interface	液氢—道路车辆加注系统接口
ISO/TR 15916—2015	Basic considerations for the safety of hydrogen systems	氢系统安全标准

国际标准化组织氢能标准化技术委员会（ISO/TC 197），成立于 1990 年，主要负责制氢、氢储运、氢相关检测、氢能利用等方面的国际标准制修订工作。全国氢能标准化技术委员会（SAC/TC 309），成立于 2008 年，负责对口 ISO/TC 197 的氢能国际标准化工作。据文献[49]报道，2020 年 12 月 9 日召开的国际标准化组织氢能技术委员会（ISO/TC 197）第 29 次全体会议上，讨论并通过了液氢标准预案 PWI 24077（LH_2 use in non-industrial settings），该预案主要涉及液氢的使用安全。

全国氢能标准化技术委员会（SAC/TC 309）对液氢非常重视，到目前为止，已经出台 4 项液氢国家标准，见表 16-10。

表 16-10　我国部分液氢标准一览

年份	编号	名称	适用范围	来源
2014	GB/T 30719—2014	液氢车辆燃料加注系统接口	车用液氢燃料加注	采用国际标准 ISO 13984
2021	GB/T 40045—2021	氢能汽车用燃料液氢	车用液氢燃料使用	以我国航天工业液氢标准为基础
2021	GB/T 40060—2021	液氢贮存和运输技术要求	液氢贮存、运输	
2021	GB/T 40061—2021	液氢生产系统技术规范	液氢生产	

2014 年就以采标的形式，采用 1999 年 ISO 13984 的液氢道路车辆加注系统接口的国际标准。意在由此推动国内液氢进展。由于氢能发展的节奏，近年来，液氢才受到重视，因此以航天部门的原有液氢标准为基础，经过认真总结、研讨和修订而上升为国家标准。参加的单位由以企业、研究院所为主，方便标准的贯彻执行。本作者相信，随着氢能的广泛应用，液氢的作用和影响不断加强，新的液氢标准一定会逐步出台。

16.8　中国液氢产业

早期文献[50]介绍了我国液氢初期的情况。

航天工业总公司中国北京航天试验技术研究所于 1966 年建成投产的 100L/h 氢液化装置的流程与上述流程的不同之处有两点：一是为了降低液氮槽内的液氮蒸发温度，在氮蒸汽管道上设置了真空泵；二是在液氮槽内和液氢槽内设置了两个装有四氧化三铁催化剂的正-仲氢转化器。在氢气压力为 13～15MPa，液氮蒸发温度为 66K 左右时，生产正常氢的液化率可达 25％（100L/h），生产液态仲氢（仲氢浓度大于 95％）时，液化率将下降 30％，即每小时生产 70L 液态仲氢。该装置自 1966 年建成投产到 80 年代末退役之前，所生产的液氢基本上满足了我国第一代氢-氧发动机研制试验的需要。

2008 年左右，我国仅有陕西兴平化肥厂的液氢生产装置和中国北京航天试验技术研究所新建液氢生产装置可生产。兴平装置名义产量可达 1200L/h，但开工生产率不足 10％，因为产品仅供航天发射和氢发动机研制试验用。而且工艺流程落后、生产设备陈旧，液氢价格异常昂贵，用户一次购买量超过 100m³ 售价为 2000 元/m³，不足 20m³ 时，价格竟高达 50000 元/m³。而且，每辆液氢铁路槽车要外加 10 万元的预冷费。

我国科技工作者，一直在进行液氢的开发，发表了许多文章[51-55]。

中国数据报道，目前在北京、西昌、文昌等地建有液氢工厂，均服务于航天火箭发射及相关试验研究，最大的液氢工厂在海南文昌，2014 年底正式投产，最大容量 2.5t/d[56]。民用液氢工厂应用市场空白。

法国液化空气公司（air liquide）分别为中国北京航天试验技术研究所和海南蓝星液氢工厂提供了三套液化装置，其中北京 101 所两套装置的液化能力为 600L/h，海南蓝星工厂的最大液化能力为 1500L/h（2.5t/d），其流程均为带液氮预冷的氦制冷循环，能耗约为 15kW/kg。压缩氢气经过三级换热降温后，在冷凝器中被氦制冷循环提供的冷量液化；循环氦制冷系统中，压缩氦气经过三级换热降温后进入透平膨胀机，达到 20K 以下的低温，然后去冷凝器内液化氢气；第一级换热器由低温氦气提供冷量；第二级换热器由液氮提供冷量；第三级换热器由低温氢气或氦气提供冷量。

据报道[55]，我国在民用液氢领域，由中国北京航天试验技术研究所承建的国内首座民用市场液氢工厂产能为 0.5t/d，研发的具有自主知识产权基于氦膨胀制冷循环的国产吨级氢液化工厂产能为 2t/d，已分别于 2020 年 4 月和 2021 年 9 月成功实施。将我国的液氢产能提升至 6t/d。但距离发达国家的液氢产能规模仍有较大差距。

目前液氢的制取需消耗其本身具有热值的 1/3 左右；储存温度与室温间有 280℃的温差，因此储罐制造难度高，汽化损失大；液氢的小规模应用难度较大，车载瓶蒸发率每天高达 1％～2％；但加大储罐容量可有效减小汽化率，因此只要用量大，储存密度高，其巨大的燃烧值以及简单的保冷容器与同汽油类似的加注设备使其在储存和应用上均有一定优势。

由于成本、技术等因素，液氢在中国目前仅航天领域有成熟应用，有完整成套的技术标准和相应的制取、储运和加注设施。由于刚开始民用化，其氢液化装置的利用率不高，液氢市场准确数据目前还难以获得。

2021 年 11 月 1 日，市场监管总局（国家标准委）批准发布的三项液氢国家标准：GB/T 40045—2021《氢能汽车用燃料液氢》、GB/T 40060—2021《液氢贮存和运输技术要求》、GB/T 40061—2021《液氢生产系统技术规范》正式实施。这是液氢民用的重大利好。

相信随着氢能应用越来越广泛，对液氢的需求也已显现，液氢产业前景看好。

参 考 文 献

[1] Palaszewski B. Gelled Liquid Hydrogen：A White Paper [J]. NASA Lewis Research Center，Cleveland，OH，1997.

[2] Klaas K，Kircher O. Cryo-compressed hydrogen storage [M]. Cryogenic Cluster Day，2012.

[3] Stolten D，Samsun R C，Garland N. Fuel Cells：Data，Facts and Figures [M]. Wiley-VCH Verlag GmbH &

Co. KGaA，2016.

[4] Ahluwalia R K，Peng J K，Hua T Q. Cryo-compressed hydrogen storage performance and cost review [C]. 2011.

[5] DOE. Technical Assessment：Cryo-Compressed Hydrogen Storage for Vehicular Applications，2006.

[6] Songwut Krasae-in，Jacob H Stang，Petter Neksa. Development of large-scale hydrogen liquefaction processes from 1898 to 2009 [J]. International Journal of Hydrogen Energy，2010，35（10）：4524-4533.

[7] 马建新，刘绍军，周伟，等. 加氢站氢气运输方案比选 [J]. 同济大学学报（自然科学版），2008.

[8] 唐璐，邱利民，姚蕾，等. 氢液化系统的研究进展与展望 [J]. 制冷学报，2011.

[9] 冯庆祥. 固氧在液氢中的行为特性及液氢生产的安全问题 [J]. 低温与特气，1998.

[10] 孙立佳，孙淑凤，王玉莲，等. 磁制冷研究现状 [J]. 低温与超导，2008.

[11] Drnevich R. Hydrogen delivery - liquefaction and compression [EB/OL].（2003-7-5）. http：//www1. eere. energy. gov/ hydrogenandfuelcells/pdfs/liquefaction_comp_pres_praxair. pdf.

[12] 李洁. 简议氢气液化工艺技术的发展 [J]. 低温与特气，2022.

[13] 张振扬，解辉. 液氢的制、储、运技术现状及分析 [J]. 可再生能源，2023.

[14] 毛一飞，刘泽万. 液氢贮存及使用中安全监测技术的研究 [J]. 低温工程，2002.

[15] 梁玉，李光文. 大量液氢的安全贮运 [J]. 低温与特气，1995.

[16] 冯庆祥. 固氧在液氢中的行为特性及液氢生产的安全问题 [J]. 低温与特气，1998.

[17] Roger E Lo，符锡理. 液氢的贮存、输送、检测和安全 [J]. 国外航天运载与导弹技术，1986.

[18] 杨晓阳，李士军. 液氢贮存、运输的现状 [J]. 化学推进剂与高分子材料，2022，20（04）：40-47.

[19] 扬帆，张超，张博超，等. 大型液氢储罐内罐材料研究与应用进展 [J/OL]. 太阳能学报，2022：1-8.

[20] 国内首台 300m³ 可移动式液氢贮罐通过鉴定 [J]. 深冷技术，2011.

[21] 史俊茹，邱利民. 液氢无损储存系统的最新研究进展 [J]. 低温工程，2006（6）：53-57.

[22] 梁怀喜，赵耀中，刘玉涛. 液氢长距离管道输送探讨 [J]. 低温工程，2009.

[23] 栾晓，马昕晖，陈景鹏，等. 液氢加注系统低温管道中的两相流仿真与分析 [J]. 低温与超导，2011.

[24] 赵志翔，厉彦忠，王磊，等. 微弱漏气对液氢管道插拔式法兰漏热的影响 [J]. 西安交通大学学报，2014，13：15.

[25] 马昕晖，徐腊萍，陈景鹏，等. 液氢加注系统竖直管道内 Taylor 气泡的行为特性 [J]. 低温工程，2011.

[26] 韩战秀，王海峰，李艳侠. 液氢加注管道设计研究 [J]. 航天器环境工程，2009.

[27] Commander C，Schwartz M H，湘言. 大直径液氢和液氧管道的冷却 [J]. 国外导弹技术，1981.

[28] 符锡理. 液氢、液氧输送管道的二氧化碳冷凝真空绝热 [J]. 国外导弹与宇航，1984.

[29] 符锡理. 美国肯尼迪航天中心 39A、39B 发射场的液氢液氧加注管道 [J]. 国外导弹与宇航，1983.

[30] 刘洪茹，林文胜. 基于液氢和氨的氢运输链能效和碳排放分析 [J/OL]. 化工进展，2023，42（3）：1-8.

[31] 仲蕊. 液氢规模化商用条件尚未成熟 [N]. 中国能源报，2021-11-16.

[32] 章洁平. 液氢加注系统 [J]. 低温工程，1995（04）.

[33] Witcofski R D. Dispersion of flammable clouds resulting from large spills of liquid hydrogen [C]. National Aernautics and Space Administration，NASA Teschnical Memorandom，United States，1981：284-298.

[34] Witcofski R D，Chirivella J E. Experimental and analytical analyses of the mechanisms governing the dispersion of flammable clouds formed by liquid hydrogen spills [J]. International Journal of Hydrogen Energy，1984，9（5）：425-435.

[35] Chirivella J E，Witcofski R D. Experimental results from fast 1500-gallon LH$_2$ spills [C]//Am Inst Chem Eng Symp Ser. 1986，82（251）：120-140.

[36] Angal R，Dewan A，Subraman K A. Computational study of turbulent hydrogen dispersion hazards in a closed space [J]. IUP Journal of Mechanical Engineering，2012，5（2）：28-42.

[37] Hooker P，Willoughby D，Royle M. Experimental releases of liquid hydrogen [J]. 2011.

[38] Venetsanos A G，Papanikolaou E，Bartzis J G. The ADREA-HF CFD code for consequence assessment of hydrogen applications [J]. International Journal of Hydrogen Energy，2010，35（8）：3908-3918.

[39] Hedley D，Hawksworth S J，Rattigan W，et al. Large scale passive ventilation trials of hydrogen [J]. International Journal of Hydrogen Energy，2014，39（35）：20325-20330.

[40] 凡双玉，何田田，安刚，等. 液氢泄漏扩散数值模拟研究 [J]. 低温工程，2016（06）.

[41] Venetsanos A G，Bartzis J G. CFD modeling of largescale LH$_2$ spills in open environment [J]. International Journal

of Hydrogen Energy，2007，32（13）：2171-2177.

［42］ Shebeko Y N，Keller V D，Yemenko OY，et al. Regularities of formation and combustion of local hydrogenair mixtures in a large volume［J］. Chemical Industry，1988，21（24）：728.

［43］ Hallgarth A，Zayer A，Gatward A，et al. Hydrogen vehicle leak model-ing in indoor ventilated environments［C］. COMSOL Conference，2009：165-186.

［44］ 吴光中，李久龙，高婉丽. 大流量氢气的排放与扩散研究［J］. 导弹与航天运载技术，2010（1）：51-55.

［45］ 李茂，孙万民，刘瑞敏. 低温氢气排放过程数值模拟［J］. 火箭推进，2013（4）：74-79.

［46］ 吴梦茜. 大规模液氢泄漏扩散的数值模拟与影响因素分析［D］. 杭州：浙江大学，2017.

［47］ 耿银良，应强，李建立，等. 液氢泄漏扩散及安全预防研究进展［J/OL］. 真空与低温，2023，29（2）：153-162.

［48］ 毛宗强. 氢安全［M］. 北京：化学工业出版社，2020.

［49］ 陈晓露，刘小敏，王娟，等. 液氢储运技术及标准化［J］. 化工进展，2021，40（09）：4806-4814.

［50］ 郑祥林. 液氢的生产及应用［J］. 今日科苑，2008（06）.

［51］ 栾骁，马昕晖，陈景鹏，等. 液氢加注系统低温管道中的两相流仿真与分析［J］. 低温与超导，2011.

［52］ 赵志翔，厉彦忠，王磊，等. 微弱漏气对液氢管道插拔式法兰漏热的影响［J］. 西安交通大学学报，2014，13：15.

［53］ 毛一飞，刘泽万. 液氢贮存及使用中安全监测技术的研究［J］. 低温工程，2002.

［54］ 符冠云，龚娟，赵吉诗，等. 2021年我国氢能发展形势回顾与2022年展望 氢能产业版图出现重大变革［J］. 中国能源，2022（34）：44-48.

［55］ 孙潇，朱光涛，裴爱国. 氢液化装置产业化与研究进展［J］. 化工进展，2023，42（3）：1103-1117.

［56］ 冯庆祥. 固氧在液氢中的行为特性及液氢生产的安全问题［J］. 低温与特气，1998.

![H₂ logo]

第**17**章
工业副产氢气纯化

在国家提出碳达峰、碳中和目标后，氢能成为能源技术革命和产业发展的重要方向，我国工业门类齐全，工业副产氢是我国重要的氢源之一。炼焦企业、钢铁企业和氯碱工业每年会副产数百万吨的氢气。我国是全球最大的焦炭生产国，每生产 1t 焦炭的同时可产生 350～450m^3 焦炉煤气，焦炉煤气中氢气含量占 54%～59%；氯碱工业每生产 1 t 烧碱大约能副产 0.025 t 氢气。此外，甲醇、合成氨及丙烷脱氢（HPD）项目的合成气中均含有 60%～95% 的氢气，甲醇每年的弛放气达上百亿立方米，含氢量高达数十亿立方米，合成氨工业的年产量为 1.5 亿吨，每吨氨产生弛放气 150～250m^3，每年可回收的氢气总量约为 100 万吨，已建和在建的 17 个 HPD 项目的副产氢量约为 37 万吨/年。我国工业副产氢的年产量合计保持在 900 万～1000 万吨之间。不过，工业副产氢虽然数量巨大，但是其中带有大量杂质气体，如 CH_4、CO、CO_2、SO_2 等（如表 17-1），如能采取适当的措施进行氢气的分离回收，每年可得到数亿立方米的氢气。这是一项可观的资源[1-3]。

表 17-1　一般工业副产氢气成分表

项目	含量/%								压力/MPa
	H_2	CH_4	CO	CO_2	N_2	H_2S	O_2	Cl_2	
厨用煤气	55～60	23～27	6～9	—	2～5	0.5～3.0	—	—	约 0.03
甲醇废气	50～60	20～25	5～10	10～15	—	—	—	—	5～7
合成氨尾气	50～60	15～20	—	—	15～20	—	—	—	10～30
氯碱工业尾气	约 98	2×10^{-6}	$<29 \times 10^{-6}$	700×10^{-6}	195×10^{-6}	—	1.34	$(10～20) \times 10^{-6}$	0.1～0.6

氢的纯化有多种方法，主要的工业方法包括变压吸附、膜分离和低温分离。每一种方法都有其优势，也有其局限性。将目前世界上这几种方法在原料气要求、产品纯度、回收率、生产规模所能达到的水平归纳如表 17-2。

表17-2 氢的工业纯化方法比较

方法	原理	典型原料气	氢气纯度 /%	回收率 /%	使用 规模	备注
变压吸附法	选择性吸附气流中的杂质	任何富氢原料气	99.999	70～85	大规模	清洗过程中损失氢气,回收率低
有机膜法	气体通过渗透薄膜的扩散速率不同	炼油厂废气和氨吹扫气	92～98	85	小至大规模	氨、二氧化碳和水也可能渗透过薄膜
无机膜分离	氢通过钯合金薄膜的选择性扩散	任何含氢气体	99.9999	99	小至中等规模	硫化物和不饱和烃可降低渗透性
低温吸附	液氮温度下吸附剂对氢源中杂质的选择吸附	氢含量为99.5%的工业氢	99.9999	约95	小至中等规模	先采用冷凝干燥除水,再经催化脱氧
低温分离法	低温条件下,气体混合物中部分气体冷凝	石油化工和炼油厂废气	90～98	95	大规模	为除去二氧化碳、硫化氢和水,需要预先纯化

几种工业副产氢净化工艺技术经济特点见表17-3。

表17-3 工业副产氢净化工艺技术经济特点

项目	低温分离	有机膜分离
范围(标准条件下)/(m³/h)	5000～100000	100～64900
运行压力/MPa	1.0～8.0	10.0～15.0
进料压力/MPa	1.0	0.2～0.5
最小原气氢含量/%	30	30
预处理要求	移除 H_2O、CO_2、H_2S	移除 H_2S
纯化氢(体积分数)/%	90～95	80～99
氢回收/%	98	95
相对投资费用/元	20000～30000	10000
操作弹性/%	30～50	30～100
扩展困难	相当困难	相当简单

17.1 变压吸附法

变压吸附法（PSA）是利用固体吸附剂对不同气体的选择性吸附以及气体在吸附剂上的吸附量随压力变化而变化的特性，通过周期性地改变吸附床层的压力，调控不同组分在吸附剂上的吸附量，来实现氢气分离的方法，是目前工业中采用最多、技术较为成熟的一种氢气分离方法。PSA技术要求处理的原料气是富氢气体，氢的体积含量至少要高于20%。

17.1.1 变压吸附制氢工艺

早在一百多年以前人们就发现了吸附现象，但是由于缺乏合适的吸附剂和吸附分离工艺，直到20世纪60年代初对吸附的直接开发和应用还仅仅局限于空气的净化方面。由于空气的深冷分离过程的复杂性而且只有生产能力达到一定规模才具有很好的经济效益，因此人们一直努力开发一种新型的空气分离工艺。20 世纪 30 年代末，Barrer 发现氮比氧在沸石上优先被吸附。1959 年美国联合碳化物公司的 Milton 合成了沸石分子筛，所有这些都刺激了人们对吸附分离工艺的探索。与此同时联碳公司开始开发一种新工艺将这种新型的吸附剂又应用到空气的分离领域。工业用气需求的持续增长和新型吸附剂的开发促进了吸附分离工艺的发展。

变压吸附（pressure swing adsorption，PSA）分离技术是利用固体吸附剂对气体组分在不同压力下吸附量的差异以及对不同组分的选择性吸附，通过周期性的变化吸附床层的压力来实现气体组分分离的目的。它最初是由 Skarstrom[4] 和 Guerin de Montgareuil 和 Domine[5] 分别在各自的专利中提出的，二者的差别在于吸附床的再生方式不同：Skarstrom 循环在床层吸附饱和后，用部分低压的轻产品组分冲洗解吸，Guerin-Domine 循环却采用抽真空的方法解吸。随着新型吸附材料不断涌现，变压吸附分离技术得到了迅速发展，逐渐成为空气干燥、氢气纯化、正构烷烃的脱除和中小规模空气分离的主要技术。

17.1.1.1　基本原理

变压吸附是循环区吸附或参数泵吸附分离中的一种，和变温吸附不同的是，通常的固定床吸附操作在常温下吸附，加热升温解吸再生，这种变温吸附过程，因吸附剂的传热系数较大，升温降温需要较长的时间，并需要较大的换热面积。而无热源的（变压）吸附是利用被吸附气体的压力周期性的变化，压力下吸附，在低压或真空下解吸，吸附剂同时再生。为了减少变压吸附使用的吸附剂量，在降压解吸的同时，升温加热冲洗气体，使吸附剂的解吸再生加快。例如对空气脱湿干燥，变压吸附法不需要加热设备，在常压常温下操作，设备简单，又能同时脱防各种气体杂质，如 CO、CO_2 等杂质气体，可省去预处理设备，简化了流程，取得纯度较高的气体产品。

变压吸附法用于气体的脱水干燥，是从空气中制氮的中小型装置，适用于环境保护处理污水和中小型需要富氧的工艺。变压吸附操作是吸附分离，是在垂直于常温吸附等温线和高温等温线之间垂线进行，而变压吸附操作由于吸附剂的热导率较小，吸附热和解吸热引起床层温度的变化不大，可以看成等温过程，工作状况近似地沿着常温吸附等温曲线进行，在较高的分压 P_2 下吸附，在较低的分压 P_1 下解吸（图 17-1）。所采用的压力变化可以是以下几种：①常压下吸附，真空下解吸；②加压下吸附，常压下解吸；③加压下吸附，真空下解吸。

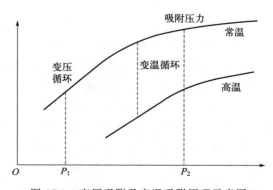

图 17-1　变压吸附及变温吸附原理示意图

17. 1. 1. 2   基本步骤

随着吸附剂种类的不同和分离任务的差异，现在工业上常用的变压吸附工艺和最初的 Skarstrom 循环相比，无论是设备的生产能力还是工艺流程都发生了很大的变化，但是它们的基本操作步骤都相同。变压吸附工艺通常包括 4 个步骤：高压吸附、低压解吸、减压冲洗和升压复原。图 17-2 描述了变压吸附中一个吸附塔所经历的基本操作步骤。

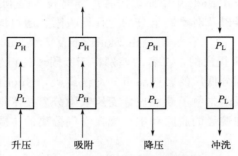

图 17-2   变压吸附基本操作步骤

① 升压：将具有一定压力的气体从吸附塔的一端引入吸附塔（吸附塔的另一端关闭），使吸附塔内的压力达到预定的吸附压力。升压过程中所使用的气体可以是原料气，也可以是产品气，或者是其他在降压阶段放出的气体，只是升压时的气流方向因升压所用气体组成的不同而有所改变。

② 吸附：原料气在预定的吸附压力下进入吸附塔，开始吸附操作。由于易吸附组分从塔的进口端即开始被吸附，因此吸附塔出口端所流出的产品气为不易吸附组分的纯气体。在吸附塔中的气相组成在吸附塔轴向距离上随着已吸附组分浓度波峰面的移动变化明显，当吸附进行到预定的操作时间时（即床层中关键组分的浓度分布前沿到达床层中的某一预定位置），停止吸附，进入降压阶段。

③ 降压：在吸附阶段部分吸附剂因吸附易吸附组分而饱和。为了使变压吸附循环正常进行，需要对吸附剂进行再生。通常是降低吸附床的压力从而降低易吸附组分的分压使其从吸附剂上脱附下来。如果易吸附组分有经济价值，则将降压排出的解吸气当作一种产品气收集，否则作为废气处理。

④ 冲洗：冲洗的目的是把降压后残余在吸附床内的杂质（产品气以外的其他组分）排出吸附塔，使吸附剂尽可能地得以再生。

变压吸附工艺在 Skarstrom 和 Guerin-Domine 循环发明之后的第一个主要的改进是在吸附阶段末引入顺向放压[6]步骤。美国联合碳化物公司在 1961 年最先将这一改进应用于分离正异构烃类的 Isosiv 过程[7]。在常用变压吸附工艺的吸附阶段，吸附床中易吸附组分的浓度峰面远未到达吸附床的出口端时关闭吸附床的进料阀，停止吸附步骤，随后进行顺向放压步骤。在顺向放压过程中，吸附床顺着吸附步骤中的气流方向进行降压，吸附床中的流出气一般用于另一吸附床的升压或冲洗。顺向放压过程中，随着吸附床压力的降低，吸附床中的易吸附组分的浓度峰面进一步向吸附床产品气出口端推进，使得吸附床中的不易吸附组分的含量进一步降低，从而提高了产品气的回收率。另一方面，在常用变压吸附工艺的吸附步骤末需要保留一段"清洁"的吸附床层，以保证在顺向放压过程中吸附床流出气中的不易吸附组分的纯度，因此顺向放压步骤的引入缩短了吸附步骤的操作时间，降低了变压吸附工艺的生产能力。

继顺向放压之后，变压吸附工艺的重要改进是压力均衡步骤的引入[8]。压力均衡是指将处在特定的不同操作状态的两个吸附塔直接相连接使它们的压力达到平衡。压力均衡的主要目的是回收吸附塔内保存在高压气体中的机械能用，以为完成冲洗阶段或处于相对低压的吸附塔进行升压，减少了吸附塔升压用气，从而提高了产品气的回收率。由于在变压吸附循环过程中不需要额外机械能的输入，因此尽可能地回收这一部分机械能对提高变压吸附的回收率显得尤为重要。但是并非均压次数越多越好，因为随着均压次数的增加产品回收率提高的幅度越来越小，而均压次数的增加意味着要增加相应的管道和控制阀门，增加设备的投资。压力均衡步骤的数目并不是任意的，它与吸附分离的工况条件以及吸附塔的数量等因素有关。黄家鹄[9]对多塔流程的时序排布进行了详细的研究，给出了吸附床数目、吸附阶段同时进料的吸附塔数以及均压次数之间的关系，并且给出了几个多塔多均压次数的变压吸附循环操作时序排布实例，但是由于在时序排布中借助了很多隔离步骤来实现吸附塔耦合步骤的匹配，致使在循环过程中吸附塔的利用率降低。为完成压力均衡，处在特定操作状态下的两个吸附塔相互连接，因而当其中的一个吸附塔发生故障时必然会导致与之相关联的其他吸附塔也被迫停止操作[10]，从而限制了变压吸附操作的灵活性。由于耦合步骤的存在，在工艺实现过程中可行的时序排布就会受到限制，如四塔变压吸附工艺中就只有一次均压和不连续两次均压两种操作时序，其他的操作时序则很难实现。同时由于耦合步骤的限制，在循环过程中各个操作步骤的时间长度很难独立进行优化。因此有必要对变压吸附的压力均衡步骤进行进一步的研究。

17.1.1.3　吸附剂

吸附剂的选取是决定气体分离成功与否的关键因素。吸附剂的特性要求：首先，工业吸附剂要求有较大的静活性，即在一定温度及被吸附物质在蒸气混合物中的浓度也一定的情况下，单位重量（体积）的吸附剂在达到平衡时所能吸附物质的最大量；其次，工业吸附剂还必须对不同溶质具有选择性的吸附作用。吸附剂最重要的物理特征包括孔容积、孔径分布、表面积和表面性质等。不同的吸附剂有不同的孔隙大小分布、不同的比表面积和不同的表面性质，因而对混合气体中的各组分具有不同的吸附能力和吸附容量。工业变压吸附制氢所选用的吸附剂都是具有较大比表面积的固体颗粒。因所选用的吸附剂具有吸附杂质组分的能力远强于吸附氢气能力的特性，因此可以将混合气体中的氢气提纯。吸附剂对各种气体的吸附性能主要是通过测定的吸附等温线来评价的。优良的吸附性能和较大的吸附容量是实现吸附分离的基本条件。此外，在吸附过程中，由于吸附床压力是不断变化的，因而吸附剂还应有足够的强度和抗磨性。

变压吸附在氢气分离中常用的吸附剂有活性氧化铝类、硅胶类、活性炭类与分子筛类等。活性氧化铝类属于对水有强亲和力的固体，一般采用三合水铝或三水铝矿的热脱水或热活化法制备，主要用于气体干燥。硅胶类吸附剂属于一种合成的无定形 SiO_2，它是胶态球形粒子的刚性连续网络，是由硅酸钠溶液和无机酸经胶凝、洗涤、干燥及烘焙而成，硅胶不仅对水有强的亲和力，而且对烃类和 CO_2 等组分也有较强的吸附能力。活性炭类吸附剂的特点是：其表面所具有的氧化物基团和无机物杂质使表面性质表现为弱极性或无极性，加上活性炭所具有的特别大的内表面积，使得活性炭成为一种能大量吸附多种弱极性和非极性有机分子的广谱耐水型吸附剂。沸石分子筛类吸附剂是一种含碱土元素的结晶态偏硅铝酸盐，属于强极性吸附剂，有着非常一致的孔径结构和极强的吸附选择性。对于组成复杂的气源，在实际应用中常常需要多种吸附剂，按吸附性能依次分层装填组成复合吸附床，才能达到分离所需产品组分的目的[11]。

由于原料变化及变压吸附（PSA）能力限制，中国石油天然气股份有限公司大庆石化分公司（大庆石化）炼油厂制氢装置实际的产氢能力达不到用氢需求，在油品升级国Ⅳ、国Ⅴ时存在氢气缺口，根据大庆石化氢气平衡情况，为保证炼油厂油品升级的顺利完成，需要将制氢装置 PSA 提纯系统能力提高到 $44\mathrm{dam}^3/\mathrm{h}$（$44\times10^3\mathrm{m}^3/\mathrm{h}$），以解决由于制氢装置中变气 PSA 能力不足带来的油品升级困难。2015 年 7 月，对大庆石化炼油厂制氢装置进行了扩能改造，采用了 HX5A-10H、HXNA-CO/10 新型吸附剂，此种吸附剂相对传统的吸附剂具有强度高、吸附容量大、堆密度大等特点，使 PSA 装置吸附剂的装填比例更加优化，吸附剂动态吸附容量提高，同时进一步减小了吸附塔死空间，提高了 PSA 装置氢气收率及氢气产量，中变气 PSA 装置出口氢气纯度能够达到 99.9%，氢气收率达到 90% 以上，为炼油厂油品升级提供了稳定的氢气保障。HXNA-CO/10、HX5A-10H 新型吸附剂的性能如表 17-4、表 17-5 所示。

表 17-4　HXNA-CO/10 指标要求及检测结果

项目	企业标准	入厂检测结果
外观	米黄色、灰色、土红色	
	球形颗粒或条形	土红色球形颗粒
规格/mm	1.6～2.5	1.6～2.5
堆密度/(g/mL)	0.76±0.2	0.72
w(水)/%	≤1.5	0.06
抗压强度/(N/颗)	≥45	57.9
磨损率/%	≤0.2	0.16
粒度合格率/%	≥97	99.63
静态水吸附量/%	≥26	26.04

表 17-5　HX5A-10H 指标要求及检测结果[12]

项目	企业标准	入厂检测结果
外观	米白色、灰色、土红色	
	球形颗粒或条形	土红色球形颗粒
堆密度/(g/mL)	≥0.74	0.94
w(水)/%	≤1.5	0.48
抗压强度/(N/颗)	≥40	53.53
磨损率/%	≤0.3	0.12
粒度合格率/%	≥97	99.61
静态水吸附量/%	≥25	25.34

常用吸附剂再生方法有以下 5 种：

① 升温解吸：利用升高温度将易吸附组分解吸出来。由于一般吸附床热导率比较低，再生和冷却时间就比较长（往往需要几个小时），所以吸附剂的床层比较大，而且还需要配

备一套相应的热源和冷源，投资很大。此外，吸附剂温度的大幅度周期性变化往往影响它的寿命。尽管有这些缺点，由于升温解吸法在大多数体系中都能适用，而且产品损失也小，提取率比较高，所以目前仍不失为应用最广泛的一种方法。

② 降压解吸：把吸附床由较高压力降到较低压力，使被吸附组分的分压相应降低，也可收到一定的再生效果。这个方法的最大优点是它的步骤简单；但由于死空间气体中产品组分常因不能回收而损失，同时吸附剂的再生纯度也常达不到要求，所以一般不单独使用，而要同其他方法配合。

③ 冲洗解吸：此法用纯产品气或其他适当气体冲洗需要再生的吸附剂。吸附剂再生纯度决定于冲洗气用量和其中杂质组分含量。

④ 真空解吸：在吸附床压力降到大气压后，为了进一步减小杂质组分的分压，可用抽真空的方法来降低吸附床总压力，以得到更好的再生效果。但这个方法能量耗费比较大，而且对易燃易爆气体容易造成事故，不过由于冲洗气用量可大大减少，所以用这个方法提取率可以高些。冲洗和真空解吸法只能用于杂质组分吸附力不太强的场合，亦即在操作条件下它的吸附容量与压力成正比的场合。

⑤ 置换解吸：对于难解吸的吸附质，可以用一种吸附力比它略强或略弱的组分（解吸介质）把它从吸附剂上置换下来。因为被吸附物质是同解吸介质一起流出的，所以要求他们之间某一方面的性质（如沸点等）差别比较大以便于分离。常用的解吸介质吸附力比吸附质略弱，这样在重新吸附时吸附质可以把解吸介质从吸附剂上冲洗下来。这种方法适用于产品组分吸附能力强而杂质组分吸附能力较弱的情况，例如用在从非直链烃中分离直链烃[13]和从裂解气中分离烯烃。

17.1.2　变压吸附在氢气分离中的应用与发展

变压吸附气体分离技术作为化工操作单元，正在迅速发展成为一门独立的学科，称为吸附分离工程。它在石油、化工、冶金、电子、国防、轻工、农业、医药、食品及环境保护方面得到了越来越广泛的应用。实践已经证明，变压吸附技术是一种有效的气体分离提纯方法。

变压吸附（pressure swing adsorption，PSA）是吸附分离技术中一项用于分离气体混合物的高新技术，在 20 世纪 60 年代世界处于能源危机的情况下，美国联合碳化物公司（UCC）首先采用变压吸附技术从含氢工业废气中回收高纯氢，1966 年第一套 PSA 回收氢气的工业装置投入运行[14]。到 1999 年为止，全世界至少已有上千套 PSA 制氢装置在运行，装置产氢能力为 $20\sim100000m^3$（标）/h 不等。变压吸附制氢工艺是使用最为广泛的氢气分离提纯工艺，在多年的发展应用过程中，变压吸附制氢工艺不断发展和完善，现在已经成为一个重要的化工单元操作在气体分离领域起着重要的作用。

中国西南化工研究设计院于 1972 年开始从事变压吸附气体分离技术的研究工作，1982年在上海建成第一套从氨厂弛放气中回收纯氢的变压吸附工业装置。多年来，随着吸附剂、工艺过程、仪表控制及工程实施等方面研究的不断深入，变压吸附技术在气体分离和纯化领域中的应用范围日益扩大。现在已经开发成功的变压吸附气体分离技术已从合成氨弛放气回收氢气拓展到从含一氧化碳混合气中提纯一氧化碳、合成氨变换气脱碳、天然气净化、空气分离制富氧、空气分离制纯氮、煤矿瓦斯气浓缩甲烷、从富含乙烯的混合气中浓缩乙烯、从二氧化碳混合气中提纯二氧化碳等领域。中国西南化工研究设计院成为与 UOP 公司、林德公司并列为世界上专业化研究开发变压吸附系统工程技术的三大研究机构。2008 年，神华

鄂尔多斯建成 $28 \times 10^4 \, \text{m}^3/\text{h}$ 特大型 PSA 制氢装置，神化集团正在开发产氢规模最大可达 $50 \times 10^4 \, \text{m}^3/\text{h}$ 的 PSA 装置，操作压力为 5.0MPa 的制氢装置已经正常运行，6.0MPa 的制氢装置正在建设。值得指出的是 2008 年批准成立的中国氢能标准技术委员会（SAC/TC309）在我国氢能和变压吸附的相关单位和专家的大力支持下，主导完成有关变压吸附的国际标准：ISO/TS 19883—2017 氢分离和净化的变压吸附系统安全[15]。这是中国氢能标准技术委员会主导完成的第一个国际氢能标准，反映出中国氢能开始走向国际舞台。期待我国后续贡献更多国际标准成果。

变压吸附法在氢气分离中的发展前景——联合工艺的开发应用

由于分离任务的多种多样以及原料气组成的千差万别，使得有时仅仅使用一种分离工艺不能充分利用已有资源甚至难以达到既定的分离目标，因此有必要将不同的分离工艺进行合理的结合，使它们扬长避短，从而有可能达到更好的分离效果。

（1）膜分离＋PSA[16]

由于膜分离工艺的推动力是膜两侧之间的压力差，因此对于氢气含量低（20%～40%），但压力较高的气源在通过膜分离之后，产品气的压力有所下降而且其中的氢气含量也被提高，将此产品气送入变压吸附装置中即可生产出高纯度的氢气，这样既可以实现高的氢气回收率又可以得到高纯氢气。上海焦化有限公司已经建立的 $120 \, \text{m}^3/\text{h}$ 燃料电池供氢装置就是利用将变压吸附技术和膜分离技术两种气体分离与净化技术相结合[17]，这种联合工艺既发挥了膜分离技术的工艺简单、投资费用少的优点，又利用变压吸附制氢产品纯度高的长处，而且由于膜分离工艺除去了大量的杂质，减小了变压吸附工艺的负荷，从而可以降低变压吸附的投资。

（2）深冷分离＋PSA

深冷分离工艺所得产品氢的纯度低，但它对原料气中的氢气的含量要求不高而且氢气的回收率很高，而且可以将原料气分离成多股物流，因此对于那些含氢量很低的气源（5%～20%），可以先用深冷分离工艺把原料气进行分离提纯，产品气中的含氢气流再用变压吸附工艺分离提纯，制得高纯度的氢气。由于含氢气流中的杂质较少，因此变压吸附的规模可以相应减小，节省设备投资。但是深冷分离工艺投资大，因此只有当贫氢气源量非常大而且有需要高纯氢时采用这种联合工艺才会产生较好的经济效益。

（3）TSA＋PSA

变温吸附（TSA）是利用气体组分在固体材料上吸附性能的差异以及吸附容量在不同温度下的变化实现分离，其尤其适合在常温状态下强吸附组分不能良好解吸的分离。中石油大连石化分公司装置富氢尾气中含有不少 C_5 及 C_5 以上的组分，单独使用 PSA 工艺会使吸附剂很快失活，为此采用 TSA＋PSA 联合工艺，原料气先进入 TSA 单元，在常温下脱除原料气中 C_5 及 C_5 以上组分，同时利用加热的 PSA 解析气作为 TSA 单元的再生冲洗气。在该联合工艺中，TSA 可以有效地脱除原料气中饱和水和 C_5 等杂质，保证后续 PSA 塔吸附剂的寿命，并对原料气组分的变化起缓冲作用。该装置自投产 6 年多来，运行一直很稳定，吸附剂没有更换，对原料气适应能力强，H_2 回收率达到 90.5%，产品 H_2 浓度达到 99.5%。

另外，TSA 单元还可以置于 PSA 单元之后，用于脱除 PSA 产品氢气中微量杂质如 N_2、Ar 等，进一步纯化氢气。纯化后氢气纯度可达 99.999% 以上[17]，高于电解氢气的纯度，可用于需高纯氢气的特殊场所。

17.2 膜分离法

气体膜分离技术具有经济、便捷、高效、洁净的特点，被认为是继深冷分离和 PSA 之后的最具发展前景的第三代新型气体分离技术。气体膜分离技术主要采用有机膜和无机膜。

17.2.1 有机膜分离

17.2.1.1 氢气膜分离技术原理

膜分离的机理有多种[18-20]，一般分为 Knudsen 扩散、分子筛效应、表面扩散、溶解扩散。当微孔直径比气体分子的平均自由程小时，气体分子与孔壁之间的碰撞远多于分子之间的碰撞，此时发生 Knudsen 扩散。如果膜孔径与分子尺度相当，膜的表面可以看成具有无数的微孔，能够像筛子一样根据分子的大小实现气体分离，这就是分子筛效应。气体分子吸附在膜表面，膜空壁上的吸附分子通过浓度梯度在表面扩散，吸附组分的扩散速度比非吸附组分快，这就导致了渗透率的差异，从而达到分离的目的，这就是表面扩散。溶解扩散是基于气体在膜的上游侧表面吸附溶解，在浓度差的作用下通过膜，然后在下游侧解吸，达到分离。把分离膜按照分离原理的不同进行分类，大概可以分为以下三类。

（1）单一溶解-扩散膜

这类膜通过以下方式传递物质：上游气相中的气体分子首先溶解于膜，然后通过扩散过程透过膜，最后在下游气相中解吸出膜。这类膜又可以进一步分类为三种：聚合物溶解-扩散[21]、分子筛[22]和选择表面流[23]。

聚合物溶解-扩散膜为玻璃态聚合物或橡胶态聚合物。玻璃态聚合物优先渗透小的非可凝性气体如 H_2、N_2 和 CH_4，橡胶态聚合物优先渗透大的可凝性气体，如丙烷和丁烷。根据不同聚合物材料的选择性吸附特性，选择合适的有机材料，并制成氢分离膜，应用于特定工艺，可以起到很好的分离效果。但是，聚合物膜材料的主要问题是在高温、高压和存在高吸附性的组分时，会影响膜的稳定性。除此之外，分子筛材料也是另一个可选材料。分子筛材料主要借分子大小的差别来完成分离。这类膜具有非常小的排斥某些分子的微孔，但是又允许另外一些分子通过，因此结合分离气体的分子大小，在实验室设计分子筛的孔径大小，可以得到非常好的分离效果。但是这类膜的缺点是难以加工，而且脆弱易碎，制造条件苛刻，费用昂贵。

在有些情况下，表面选择流膜可以让较大分子渗透，而截留较小分子。这类膜的工作原理是，在膜内有纳米孔，表面上有较强吸附能力的组分被选择性吸附，接着吸附组分通过孔表面扩散，吸附分子在膜孔内没有空隙，对较小的非吸附组分的传递产生阻力，从而分子较大的吸附组分可以通过膜，但是非吸附组分被截留，达到分离的目的。

（2）复杂溶解-扩散膜

这类膜从原理上类似于单一溶解-扩散模型，但是它们在单一溶解-扩散机理的基础上还包含某些其他反应，例如可逆络合反应。这类膜的特点是高选择性，而且在低的浓度推动力下具有高的渗透性能，缺点是缺乏稳定性，至今无工业化应用。钯膜和钯-有机/无机材料复合膜对氢有很好的选择性。氢通过钯膜的渗透包括氢分子在钯膜表面的吸附解离，形成有部分共价键的钯杂化物。在膜内部，氢原子扩散通过膜，在膜下游，原子氢结合为分子。但是钯基膜的缺点在于制备成大规模应用的膜组件，对制模技术要求太高，而且成本太高，具有相当大的困难。

（3）离子导体膜

这类膜是由离子导体材料制成，最重要的是固体氧化物膜和质子交换膜。固体氧化物膜主要的功能是渗透氧离子，这包括氧在膜表面的电化学反应和氧离子通过固体氧化物的传递。但是这类膜需要在高温 700℃下密封，以及这类膜对温度变化具有较高的灵敏性，也可能会导致膜破裂。

17.2.1.2　有机膜氢气分离机理

溶解扩散机理是有机膜氢分离的主要机理[24]。如图 17-3 所示，第一步发生 H₂ 在上游边界的吸附溶解，然后这些气体分子扩散通过膜并且最终在下游处解吸。上游的气压高于下游，这种压差在膜的两侧产生了化学势，这也是氢气膜分离的动力。

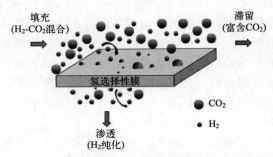

图 17-3　有机膜氢分离溶解-扩散原理示意图

膜对于 H₂ 的渗透通量定义如下[24]：

$$J = NL/(P_2 - P_1)$$

式中，N 是稳定状态下通过膜的气体流量；P_1 和 P_2 分别是 H₂ 在下游和上游的分压；L 是膜的厚度。基于上述溶解扩散模型，氢气穿过膜的渗透通量 $J = SD$[25]，其中，S 为溶解度；D 为扩散度。

如果以膜的分离系数表征聚合物膜对 2 种气体的分离能力，定义为 2 种气体的渗透率 P_a 和 P_b 的比：

$$\alpha_{a/b} = P_a/P_b = (D_a/D_b)(S_a/S_b)$$

在这个公式里，前者主要取决于：①被分离气体的尺寸和形状；②高分子的内聚能密度；③高分子链的活动性；④高分子链之间的平均距离。而后者主要受如下因素影响：①被分离气体的冷凝温度；②被分离气体和高分子间的相互作用；③高分子膜的自由体积含量。因此，综上分析，有机膜氢分离的分离系数是扩散选择系数和溶解选择系数共同作用的结果。

17.2.1.3　氢气膜分离有机膜现状

最早使用中空纤维膜分离氢气的是杜邦公司，他们在 60 年代使用聚酯中空纤维膜分离器来分离氢气。由于膜的壁较厚，强度不高，分离器的结构也有缺陷等原因，该装置在工业上未能应用。Monsanto 公司于 1979 年推出了 Prism 中空纤维膜分离器。它广泛地应用于合成氨弛放气或从甲醇弛放气中回收氢气用于增产氨或甲醇，从炼厂气中回收和提浓氢气用于油品加氢以及用它来调节 H₂/CO 比例，生产乙醇、甲醇等产品。美国的 Airproducts 公司

1988 年为 Esso 公司在英国的 Fawlay 炼厂建立了一套 Separex 膜分离装置,用于从加氢裂化为其中回收氢气,处理能力为 $64900m^3/h$,氢气回收率达到 90%,氢气浓度 95% 以上。表 17-6 列出了目前市场上比较常用的几种国外氢气膜分离器的性能比较。

表 17-6　国外几种氢气膜分离器性能比较

分离器商品名	Medal	Prism	Separex	Ubilex	—
公司	Du-Pont/L' Air Liquide	Air Product/ Permea	Air Product	Ube	深冷机械
膜材质	聚酰胺	聚砜	醋酸纤维	聚酰亚胺	聚乙烯三甲基硅烷
组件形式	中空纤维	中空纤维	螺旋卷式	中空纤维	平板
使用温度/℃		100	60	150	40
使用压力/MPa	15	15	15	15	5
耐压差/MPa		11.6	8.4	14.0	4
选择性 $\alpha_{N_2}^{H_2}$	200	30~60	45~55	200~250	12

从 1982 年开始,中国科学院大连化物所经过努力研制出中空纤维氮氢膜分离器。该分离器材质采用的也是聚砜,其性能已经达到第 1 代 Prism 膜分离器的水平。

目前,除了膜分离器之外,将有机膜分离技术直接应用到化工工艺过程,从含有氮气、一氧化碳和碳氢化合物的混合物中分离氢气已经工业化,得到了广泛的应用,许多研究结果表明,聚酰亚胺等含氮芳杂环聚合物同时具有高透气性和高选择性,是气体膜分离的理想材料。聚砜是一种力学性能优良、耐热性好、耐微生物降解、价廉易得的膜材料。由聚砜制成的膜具有薄膜内层孔隙率高且微孔规则等特点,因而常用来作为气体分离膜的基本材料。研究表明,在聚砜的分子结构上引入其他基团,可以制成性能更好、应用范围更广的膜材料。目前应用的氢分离有机膜的材料主要是聚砜、聚碳酸酯、醋酸纤维和聚酰亚胺[26-32]。

表 17-7 列出了目前工业上常用的高分子膜对 H_2、N_2 选择性吸附特性[31,33]。

表 17-7　常用高分子膜的 H_2、N_2 选择性吸附特性

膜材质	气体渗透系数 $p \times 10^{10}/(cm^3 \cdot cm/cm^2 \cdot s \cdot cmHg)$		分离系数 $\alpha_{N_2}^{H_2}$
	H_2	N_2	
二甲基硅氧烷	390	181	2.15
聚苯醚	113	3.8	29.6
天然橡胶	49	9.5	5.2
聚砜	44	0.088	50
聚碳酸酯	12	0.3	40.0
醋酸纤维	3.8	0.14	27.1
聚酸亚胺	5.6	0.028	200

从表 17-7 中可以看出,聚砜、聚碳酸酯、醋酸纤维和聚酰亚胺对于 H_2/N_2 分离具有良好的选择性,对于氢气分离有很高的膜透过性能。此外,目前科研工作者也在 H_2/CO、H_2/CH_4、H_2/CO_2[34,35] 分离膜方面做了大量研究,并已经研究出选择性良好的分离膜,在

此不做详细说明。

17. 2. 1. 4　氢气有机膜分离技术在工业上的应用

（1）气体有机膜氢气分离参数

表 17-8 列出了石油炼制和化工过程中含氢气体的类型和组成，在这些含氢气体中，氢的含量和气体压力都比较高，这都为有机膜分离提供了上下游的压差，提供了分离的动力。

表 17-8　石油炼制和化工过程含氢气体的类型组成（摩尔分数）[①]　　　　　　单位：%

组分	加氢裂化尾气	催化重整副产尾气	加氢精制尾气	催化裂化干气	甲苯脱烷基化尾气	乙烯脱甲烷塔尾气
H_2	66.2	60.0	77.5	60.6	60.9	61.1
N_2				21.7		0.4
CH_4	23.4	17.0	15.9	10.2	37.5	36.7
C_2H_6	1.7	11.3	3.7	3.0	1.0	0.7
C_3H_8	2.9	7.3	2.9	0.8	0.2	
C_4^+	5.8	4.4			0.4	
CO				1.3		1.1
CO_2				1.0		
H_2O				0.4		

① 董子丰．用膜分离从炼厂气中回收氢气．低温与特气，1997（3）。

由第三节对有机膜氢气分离技术原理的介绍可以得知，膜两侧的分压差、膜面积及膜的选择分离性构成了膜分离的三要素。依照气体渗透膜的速度快慢，可以把气体分成快气和慢气。常见气体中，H_2O、H_2、He、H_2S、CO_2 为快气；CH_4 及其他烃类、N_2、CO、Ar 等为慢气。膜分离技术在工业上一般是将富氢混合气分离成两股气：一股是具有较高氢气分压的富氢渗透气体，另一股是氢气分压低于渗透气，含有少量未回收 H_2 的渗余气，从而达到提纯和分离氢气的目的。

工业上一般通过调节渗透气测压力和膜组件的数量调节氢气回收率，膜组件数量越多，渗透侧气体压力越低，氢气回收率越高。

（2）有机膜氢气分离工艺流程

1）从合成氨弛放气中回收氢气

合成氨的工艺流程即是在高温、高压和催化剂的作用下，让氢气和氮气合成氨，但是受化学反应平衡的限制，合成氨反应的转化率只有 1/3 左右。为了提高回收率，必须把未反应的气体进行循环。在循环过程中，不参与反应的惰性气体会逐渐累积，因此需要在工艺过程中排放一部分循环气来降低惰性气的含量。合成氨工业排放的循环气的氢含量达到 50%，因此回收这部分氢气具有极大的经济价值。大连化物所研发了从合成氨工厂放空气中回收 H_2 的流程。经过统计表明，该流程不但使氨增产 3%～4%，而且使 1t 氨电耗下降了 50kW·h 以上，经过两次提浓后的 H_2 纯度可达 99%，为进一步生产高附加值的加氢产品（双氧水、糖醇等）提供了可靠的原料。图 17-4 给出了合成氨放空气有机膜分离氢气的流程图[36]。

2）从甲醇弛放气回收氢气

在合成甲醇时，也要排出一些惰性组分（如 N_2、CH_4、Ar 等）。由于它们积聚在循环气中会降低反应物的分压和转化率，因此需要定时排放这种含有大量氢气的混合气，这种排

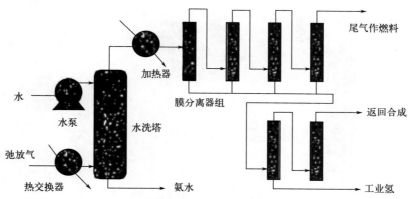

图 17-4　合成氨放空气有机膜分离氢气的流程图

放也会造成大量的 H_2 损失。在甲醇弛放气回收氢气工艺中，实现的是 H_2/CO 分离，其工艺流程如图 17-5 所示[36]。

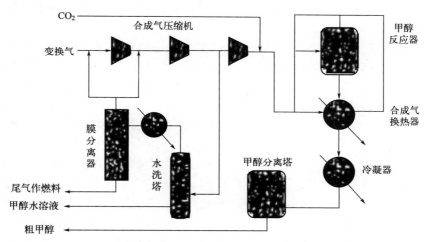

图 17-5　甲醇弛放气氢气分离流程图

　　1979 年，美国率先把膜分离技术应用于甲醇弛放气回收氢气。以天然气为原料，年产 $3×10^5$ t 甲醇的厂家，弛放气为 $7500m^3/h$，投用后使甲醇增产 2.5%，天然气费用节省 23%。

　　3）催化重整尾气回收氢气

　　目前石油加工过程中，在油品的催化重整中，烃类会发生氢转移反应，副产物为大量的富氢气体（$H_2>80\%$），因此从催化重整尾气中分离和提纯氢气，成为一种发展趋势。其流程工艺如图 17-6[37] 所示。

17.2.1.5　结论及展望

　　有机膜氢分离技术以其操作简单、占地面积小、投资小、无污染等优势，在石化领域和其他化工领域已经得到广泛应用。针对不同的用途，科研工作者也已经开发出多种膜材料和氢分离工艺，推动了整个制氢行业的发展和氢能源成本的降低。但是要想在有机膜氢分离方面有更大突破，还需要在以下几个方面做出努力：

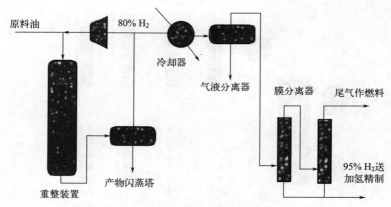

图 17-6　催化重整尾气氢分离示意图

① 开发出热力学性能更好的氢分离有机膜。从改性膜材料和提高制膜工艺水平方面入手，如果能够进一步提高氢分离有机膜的热稳定性，则分离过程可以在更高的温度下进行，一方面可以节省原料气冷凝的水耗和能耗，另一方面可以改善目前的高分子膜的热稳定性不佳的缺点，在较高的操作温度下提高分离效率。

② 提高氢气分离有机膜的力学性能。这样氢分离可以在更高操作压力下进行而且能够保证膜结构的完整不破裂。因为石化行业的尾气几乎都带有压力，如果能提高有机膜的力学性能，这样会大大增加氢分离膜的适用范围，同时提高分离速率，并且下游渗透气的压力也随之增加，对后续压力要求较高的反应有积极影响。

③ 通过改性或者有机-无机复合，来进一步增强对 H_2 的选择吸附性，这样会提高氢气的回收率，降低能耗。

④ 开发有机膜氢分离与其他化工工艺结合联用的制氢工艺。通过改进氢分离装置，结合化工工艺自身装置特点，如果能够开发出压力、温度等工艺参数相吻合的联用装置，会大大降低整个氢分离工艺的运行成本，增加氢分离工艺的适应性。

总之，要开发制备容易、方便操作、成本低、使用寿命长且操作温度和压力范围大的有机氢分离膜。在此基础上，开发出适用于各种化工工艺的氢分离工艺，降低投资成本和能耗，并且提高系统的运行稳定性，是将来氢有机膜分离工艺的研究热点，也会在更大程度上推动氢能的发展。

17. 2. 2　无机膜分离

无机膜材料的化学稳定性和热稳定性较好，能够在高温、强酸等苛刻环境下工作，是一类极具潜力的膜分离材料。常见的用于氢气分离的无机膜有二氧化硅膜[36]、沸石膜[37]和金属膜[38]。

17. 2. 2. 1　无机膜分离特点

要得到超高纯的氢（99.9999％以上）只有采用无机膜分离技术中的钯合金膜扩散法。已经有许多作者进行或正在进行这方面的研究[39-42]。无机膜在高温下分离气体非常有效。相比有机高分子膜用于气体分离，无机膜对气体的选择渗透性及在高温下的热膨胀性、强度、抗弯强度、破裂拉伸强度等方面都有优势。同时，对于混合气体中某一种气体的单一选择性渗透吸附，无机膜也有很高的选择渗透性。

17.2.2.2　氢在钯膜中的渗透

钯或钯银合金膜对氢分子的渗透机制为原子扩散，其步骤如下：

① 氢分子与膜接触；

② 氢分子在膜表面吸附并被催化裂解为氢原子；

③ 氢原子通过膜表面向膜内部渗透；

④ 氢原子在膜中溶解而产生的浓度梯度使其在膜内垂直扩散到膜的另一侧，此过程一直处于非平衡状态；直至膜中溶解的氢原子浓度梯度沿膜表面垂直方向变成直线，才达到稳定状态；

⑤ 氢原子从膜的另一表面穿透出去并吸附在其表面上；

⑥ 氢原子在其表面上又重新结合成氢分子并脱附离开膜。

常用的膜材料包括钯膜及钯合金膜、镀钯氧化铝膜、镀钯玻璃膜及镀钯陶瓷膜等等。钯具有优良性质，如难氧化、抗高温、抗熔解，其表面不易被 CO，$H_2O(g)$，烃类中毒，在常温下具有最大吸氢能力，可达到其自身体积的 600 倍，钯对氢的高度选择性和高速氢渗透传输性，使钯在氢气提纯领域具有重要的地位。图 17-7 为几种金属对氢的渗透性与温度之间的关系。其中，钯的渗氢率远高于铁、304 型不锈钢、铜、铂、铝等，而低于锆、铌、钽、钒等难熔金属。钯、铁、304 不锈钢、铜、铂、铝等金属的渗氢率随温度的升高而升高；而锆、铌、钽、钒等难熔金属则随温度的下降而升高，这一反常现象的机理有待研究认识。

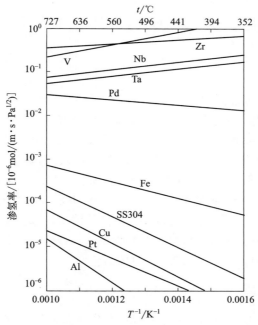

图 17-7　几种金属渗氢率与温度的关系

在对钯金属膜的实验研究中发现，钯膜在连续升温、降温、吸放氢过程中极易脆化破裂，导致膜失效，使用寿命缩短。通过对膜破裂前后的金相分析发现：在温度低于 310℃、压力小于 2.533MPa 时，升高氢浓度能够使 α 相钯氢化物转化为 β 相钯氢化物。与 α 相钯氢化物相比，β 相钯氢化物引起钯更大的晶格膨胀。对于 H：Pd 浓度比为 0.5 的体系，β 相钯氢化物的形成使原相体积增大 10%。β 相在 α 相中成核与生长，在材料中产生严重的应力，导致位移增加、材料变形、硬化，使膜经历数次氢化 P 脱氢循环后过早破裂。要克服钯作为膜材料的限制，就必须抑制其 α 相钯氢化物向 β 相钯氢化物的转变。经过许多科学家的努力，20 世纪 50 年代末在钯中加入其他元素，才解决了吸氢后钯的 α 相到 β 相的相变问题，并提高了氢的渗透能力。

研究表明，只有银的加入使得钯合金膜的渗氢率即渗氢系数有所提高。

钯银合金的银含量、温度、压力与渗氢率有关系，在各压力点下，随着银含量的增加，渗氢率逐渐增大，当银含量超过 23% 时，渗氢率急剧下降，所以银含量应控制在 20%～25% 以内。对于银含量为 23% 的钯银合金，在各压力点下，随着温度的增加，渗氢率迅速增高，当温度达到约 400℃时，渗氢率的升高速度缓慢。因此，当温度达到 400℃后，即使再升高温度，在渗氢率的提高上也不会有什么大的变化了。

Pd-Ag 合金是目前唯一商业化的金属膜。20 世纪 60 年代初，国外就开发出了 Pd-Ag（Pd 77%，Ag 23%，质量分数）合金膜管作为高纯氢独立生产单元成功实现中试，最高产氢量达 56m³/h，杂质含量小于 0.1×10^{-6}[42]。钯合金材料全为贵金属，成本高昂，限制了其大规模应用。现代商用钯银合金膜一般为厚度几十微米 Pd-Ag 23%～25% 膜。虽然它在一定程度上能够用于氢的纯化，但仍不能满足实际所需的高纯氢的纯化与分离要求，主要是其单位时间的渗透速率不够高，力学性能差，造价昂贵，膜使用寿命短等。贵金属钯本身质地较软，要保证在高压下具有一定的强度，膜就具有较大的厚度。膜太厚则降低了渗氢速率，同时，又加大了贵金属钯的用量，增高了制造成本；膜太薄又不能满足强度要求。因此需要开发新一代选择渗氢膜，一种具有高氢选择性、高氢渗透性、高稳定性的廉价复合膜。

17.2.2.3   发展方向

无机膜中钯膜的几个方面发展是：

① 金属基选择渗氢膜。如钯稀土合金、钯铜、钯硼膜等，以钯钇 6%～10%（摩尔百分数）合金为代表，其渗透率是钯银合金的 2～2.5 倍，强度也有所改善。

② 银合金膜，多孔支撑体一般为不锈钢、铝、玻璃、陶瓷等材料，其上的微孔孔径为微米数量级。以多孔不锈钢为支撑的钯银合金膜是对含氢同位素混合气进行纯化处理的一种高效分离膜。目前已制备出渗氢率为 27.6mL（STP）/（cm² · min）（300℃时，前压 0.2MPa，后压 0.1MPa）的以多孔不锈钢为支撑体的镀 Pd-Ag 合金层的选择渗氢膜。

③ 难熔金属膜。难熔金属为膜材料，对其加以表面改性。这种膜具有很高的渗氢系数，是一种非常有发展前途和应用前景的选择渗氢膜。

17.2.3   液态金属分离

上节介绍近些年正在开发的大多数氢分离膜使用贵金属钯，其具有非常高的氢溶解度和渗透性（这意味着氢容易溶解并穿过金属，而排除其他气体）。但钯是昂贵的，具有脆性。因此，科学工作者长期以来一直寻求使用钯氢替代氢气分离膜，但到目前为止，还没有合适的替代品出现。美国伍斯特理工学院（WPI）化学工程教授 Ravindra Datta 领导的开创性研究可能已经确定了长期以来的钯金替代品：液态金属[40]。

在蒸汽重整系统内发现的标准工作温度（约 500℃）下，大量的金属和合金是液体的，其中大部分远比钯便宜得多。此外，用液态金属制成的膜很难产生可能使钯膜不能使用的缺陷和裂纹。

Ravi Datta 及其团队用这个实验室仪器测试了一个原型液态金属膜。镓层仅允许氢气通过。WPI 的这项研究发表在美国化学工程师学会杂志上[41]。他们的实验结果显示在将纯氢与其他气体分离时，液态金属膜似乎比钯更有效，分离得到的氢气可用于质子交换膜燃料电池车辆。

不过，如果钯膜太薄，它可能变得脆弱或产生微孔、裂纹，则产品就不合格，需要重新开始。

Datta 和他的学生考虑到液态金属是否可能克服一些钯的局限性，特别是成本和脆弱性，同时也有可能提供优异的氢溶度和渗透性。Datta 认为液态金属在原子之间比固体金属有更多的空间，因此它们的溶解度和扩散性应该更高。他们决定用镓，一种无毒的金属，其熔点为 $29.8℃$，在室温下是液体。

他们进行了大量基础研究工作，显示镓是一个很好的替代品，研究表明镓在高温下比钯显示更高的氢渗透性。相似的条件下，渗透实验表明，在 500° 时，CGa/SiC 液态金属膜（SLiMM）的渗透率为 $2.75×10^{-7}$，是钯渗透率的 35 倍。事实上，该团队进行的实验室研究和理论模拟表明，在较高温度下液体的许多金属可能具有比钯更好的氢渗透性。

通过建模和实验，Datta 列出了一系列材料，包括碳基材料，如石墨和碳化硅，不与液态镓发生化学反应，但也可以被液态金属润湿，这意味着金属将扩散形成支撑材料上的薄膜。

意识到液态金属的表面张力可能随着温度的变化和它们所暴露的气体组成而发生变化，从而潜在地产生泄漏，Datta 决定将金属插入两层支撑材料之间以产生夹层液体金属膜或 SLiMM。在实验室中构建由碳化硅层和石墨层之间的薄液晶镓层（2～10mm）组成的膜，并测试其稳定性和氢渗透性。

将膜在 480～550℃ 的温度范围内暴露于氢气氛中两周。结果表明，夹层膜液态镓膜比钯膜的氢气渗透性高 35 倍。测试还显示膜是选择性的，只允许氢气通过。

Datta 的测试证实了液态金属可能是氢分离膜的候选者。这些材料最终可能替代钯材料，但还有许多问题需要解决。例如，在实验室中的小膜是否可以放大，以及膜是否能抵抗已知的重整气体（包括一氧化碳和硫）中存在的使钯膜中毒的物质。

本书编者认为：Datta 的研究通过展示夹层液态金属膜的可行性，已经开启了一个非常有希望的氢能研究新领域，因为除了镓之外，还有许多其他金属和合金，在 500℃ 都是液态的。就可能使用的材料而言，它是一个广阔的开放领域。

17.3　深冷分离法

深冷分离（低温分离）法可分为低温吸附法、低温冷凝法和工业化低温分离。

17.3.1　低温吸附法

不少作者都研究过低温吸附提纯氢气[42-47]，在低温条件下（通常是在液氮温度下）利用吸附剂对氢气源中杂质的选择吸附作用可制取纯度达 99.9999% 以上的超高纯氢气。为了实现连续生产，一般使用两台吸附器，一台在使用，而另一台处于再生阶段。吸附剂通常选用活性炭、分子筛、硅胶等，这要视气源中杂质组分和含量而定。以电解氢为原料时，由于电解氢中主要杂质是水、氧和氮，可先采用冷凝干燥除水，再经催化脱氧，然后进入低温吸附系统脱除。

例如工业上为将 $50m^3/h$ 的原料氢（氢含量为99.5％的工业氢）纯化到99.9999％的超纯氢气，以及确保纯氢压力稳定。整套系统由稳压汇流排、常温吸附净化及超低温吸附净化三部分组成。

稳压汇流排的作用是将原料氢气降压、稳压。它将14MPa左右的原料氢气瓶压力减压稳定在 $0.3\sim0.4$ MPa 的工作压力下。

常温吸附净化系统作用是对氢气，将99.5％的工业氢吸附净化到含氧量为 $(1\sim5)\times10^{-6}$、露点为 $-70℃$ 左右的纯氢。在常温吸附净化系统中，采用多级吸附装置。先经过一级吸附罐对原料氢中的水、碳氢化合物等进行初级吸附，再经过脱氧罐使氢气中的氧在催化剂的作用下转化生成水，再经过二级吸附罐对脱氧罐生成的水、原氢中的微量水和微量碳氢化合物等进行吸附，最后经过脱氮罐对氢气中的微量氮气进行吸附。

超低温吸附净化是在液氮状态下，利用特定吸附剂对水、氧、氮、碳氢化合物等的超强吸附性能，将含氧量为 $(1\sim5)\times10^{-6}$、露点为 $-70℃$ 左右的纯氢先经过深度脱氧罐，使纯氢中的微量氧在催化剂的作用下转化生成水，再经过超低温吸附净化系统，对纯氢中的超微量水、氧、氮和碳氢化合物等进行超强吸附，最后，获得含氢量大于99.9999％的超纯氢气。其工作原理如图17-8所示。

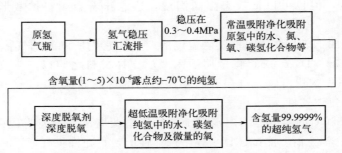

图17-8　超低温吸附提纯大流量超纯氢气的工作原理

17.3.2　低温冷凝法

低温冷凝法是利用合成气不同组分挥发度的相对差异，通过气体膨胀制冷、精馏等操作实现氢气提浓的深冷分离方法。氢气的临界温度为20K，受其临界温度的影响，当原料气中氢气含量较高时，混合物的临界温度过低，液化难度增大。一般只有氢气为30％～80％（体积分数）、CH_4 和 C_3H_6 为40％（体积分数）左右的混合气才适用于低温冷凝法分离。

17.3.3　工业化低温分离

低温分离能够在较大氢浓度范围内操作，其含氢量可在30％～80％，但它局限于气体组成中含有那些在低温下选择性冷凝的气体组分。和低温吸附的最大区别在于本方法是粗放型的，生产量大，但纯度低，成本也低。

多个作者研究了深冷与膜结合分离氢气工艺[45-47]等根据乙烯装置深冷分离的需求，提出了混合冷剂制冷和纯工质冷剂复叠制冷组合的系统，降低了换热过程中不可逆的损失，节省了14.7％的制冷能耗，提高了经济效益。

参 考 文 献

[1]　氢能联盟.中国氢能源及燃料电池产业白皮书 [R].2019.

[2]　曹军文,张文强,李一枫,等.中国制氢技术的发展现状 [J].化学进展,2021,33 (12):2215-2244.

[3]　李佩佩,翟燕萍,王先鹏,等.浅谈氢气提纯方法的选取 [J].天然气化工 (C1 化学与化工),2020,45 (03):115-119.

[4]　Skarstrom C W. Method and apparatus for fractionating gaseous mixtures by adsorption [P]. US2944627,1960.

[5]　Yang R T. Gas separation by adsorption processes [J]. Butterworths:Boston,1987.

[6]　Cassidy R T,Holmes E S. Twenty-five years of progress in "Adiabatic" adsorption processes [J]. AIChE Symp Ser,1984,80 (233):68-75.

[7]　Marsh W D,Pramuk F S,Hoke R C,et al. Pressure equalization depressuring in heatless adsorption [P]. US. 3142547,1964.

[8]　沈圆辉.真空变压吸附沼气升级及二氧化碳捕集过程研究 [D].天津:天津大学,2020.

[9]　黄家鹄.提高变压吸附过程中均压次数的方法 [P].CN1085119A,1994.

[10]　费恩柱.新型 PSA 吸附剂在制氢装置上的应用 [J].炼油技术与工程,2017 (02).

[11]　武卫东,王闯,孟晓伟,等.含添加剂沸石分子筛混合吸附剂物理特性及其制冷应用性能 [J].化工进展,2016,35 (03):692-699.

[12]　席怡宏.膜分离-变压吸附联合工艺生产燃料电池氢气 [J].上海化工,2006,31 (1):26-28.

[13]　S·W·索恩,S·库尔普拉蒂帕尼加,J·E·雷考斯克.单甲基链烷烃吸附分离方法 [P].美国:CN1303188C,2007-03-07.

[14]　毛宗强.做好氢能标准 确保绿氢助力实现"双碳"目标 [C]//2022 全球能源转型高层论坛.北京:未来科学城,2022.

[15]　Stewart H A,Heck J L. Pressure swing adsorption [J]. Chemical Engineering Progress,1969,65 (9):78-83.

[16]　Koros W J,Fleming G K. Membrane-based gas separation [J]. Journal of Membrane Science,1993,83:1-80.

[17]　Coker D T,Prabhakar R,Freeman B D. Tools for teaching gas separation using polymers [J]. Chemical Engineering Education,1995,31:61-67.

[18]　Freeman B D,Pinnau I. Gas and liquid separations using memberanes:An overview in advanced materials for membrane separations [J]. ACS Symposium Series 876,American Chemical Society,Washington,DC,2004,1-21.

[19]　Merinderson G W,Kuczynskyi M. Implementing membrane technology in the process industry:Problems and opportunities [J]. Journal of membrane science,1996,113:285-292.

[20]　Morooka S,Kusakabe K. Microporous inorganic membranes for gas separation [J]. MRS Bulletin,1999,24:25-29.

[21]　Rao M B,Sircar S. Nanoporous carbon membrane for gas separation of gas mixtures by selective surface flow [J]. Journal of Membrane Science,1993,85:253-264.

[22]　Ghosal K,Freeman B D. Gas separation using polymer membrane:an overview [J]. Polymer Advance Technology,1994,5:673-697.

[23]　Kroschwitz J I. Encyclopaedia of polymer science and engineering [J]. New York:John Wiley&Sons,1990.

[24]　Shao L,Chung T S,Goh S H,et al. The effects of 1,3cyclohexanebis (methylamine) modification on gas transport and plasticization resistance of polyimide membranes [J]. Journal of Membrane Science,2005,267:78-89.

[25]　Shao L,Chung T S,Goh S H,et al. Transport properties of cross-linked polyimide membranes induced by different generations of diaminobutane (DAB) dendrimers [J]. Journal of Membrane Science,2004,238:153-163.

[26]　Liu Y,Wang R,Chung T S. Chemical cross-linking modification of polyimide membranes for gas separation [J]. Journal of Membrane Science,2001,189:231-239.

[27]　Liu Y,Chung T S,Wang R,et al. Chemical cross-linking modification of polyimide/poly (ether sulfone) dual layer hollow fiber membranes for gas separation [J]. Industrial and Engineering Chemistry Research,2003,42:1190-1195.

[28]　Cao C,Chung T S,Liu Y,et al. Chemical cross-linking modification of 6FDA-2,6-DAT hollow fiber membranes for natural gas separation [J]. Journal of Membrane Science,2003,216:257-268.

［29］ Nathan W O，Tina M N. Membranes for hydrogen separation ［J］. Chemical Review，2007，107：4078-4110.

［30］ Pandey P，Chauhan R S. Membranes for gas separation ［J］. Progress in Polymer Science，2001，26：853-893.

［31］ 董子丰．氢气膜分离技术的现状，特点和应用 ［J］. 工厂动力，2000，11：25-35.

［32］ Hiroki I，Masakoto K，Hiroki N，et al. Tailoring a thermally stable amorphous SiOC structure for the separation of large molecules：the effect of calcination temperature on SiOC structures and gas permeation properties ［J］. Acs Omega，2018，3（6）：6369-6377. DOI：10.1021/acsomega.8b00632.

［33］ 李星国．氢与氢能 ［M］. 北京：科学工业出版社，2022.

［34］ 张恒飞，刘为，雷姣姣，等．Pd 掺杂量对有机无机杂化 SiO_2 膜 H_2/CO_2 分离性能和水热稳定性能的影响 ［J］. 无机材料学报，2018，33（12）：1316-1322.

［35］ 陈日志．纳米催化无机膜集成技术的研究与应用 ［D］. 南京：南京工业大学，2004.

［36］ 蒋柏泉．钯-银合金膜分离氢气的研究 ［J］. 化学工程，1996，24（3）：48-52.

［37］ 杨启鹏．新型金属有机骨架/多孔氧化铝复合膜的制备、结构表征和氢气、甲烷分离性能研究 ［D］. 青岛：中国海洋大学，2013.

［38］ 刘松军．用于氢气生产的钯膜自热式反应器的设计、分析、比较和优化 ［D］. 天津：天津大学，2013.

［39］ 李雪．光催化法制备超薄钯膜及钯银合金膜的研究 ［D］. 南京：南京工业大学，2006.

［40］ Yen，Pei-Shan，Datta，Ravindra. Combined Pauling Bond Valence-Modified Morse Potential（PBV-MMP）model for metals：thermophysical properties of liquid metals ［J］. Physics and Chemistry of Liquids，2017：1-22.

［41］ Yen，Pei-Shan，Deveau，et al. Sandwiched liquid metal membrane（SLiMM）for hydrogen purification ［J］. AIChE Journal，2017，63（5）：1483-1488.

［42］ 褚效中，赵宜江，阚玉和，等．低温吸附法分离氢同位素 ［J］. 化学工程，2008，36（9）：12-14.

［43］ 覃中华．低温吸附法生产高纯氢浅析 ［J］. 低温与特气，2005，23（2）：34-35.

［44］ 张良聪．天然气提氦膜深冷耦合工艺研究 ［D］. 大连：大连理工大学，2013.

［45］ 柴永峰．膜—压缩冷凝耦合回收 GTL 尾气中轻烃的研究 ［D］. 大连：大连理工大学，2009.

［46］ 谢娜．乙烯深冷分离中混合工质制冷系统研究 ［D］. 广州：华南理工大学，2014.

［47］ 谢娜，刘金平，许雄文，等．乙烯深冷分离中变温冷却过程制冷系统的设计与优化 ［J］. 化工学报，2013（10）：3590-3598.

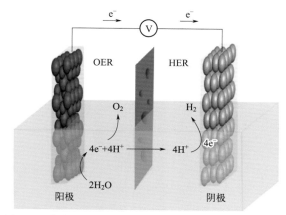

图 2-1　水在电化学分解过程中的析氢反应和析氧反应

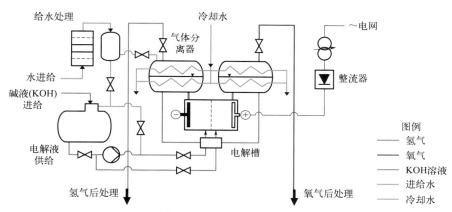

图 2-4　碱性制氢工业系统

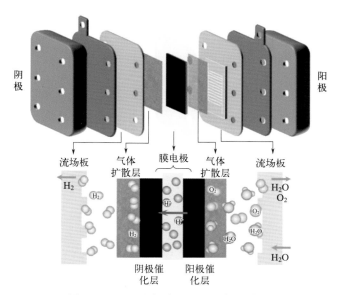

图 2-7　PEM 电解水原理和组件示意图

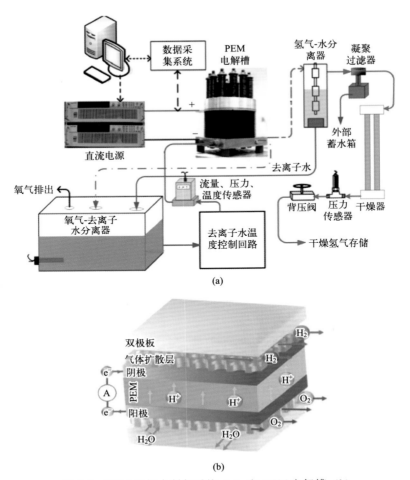

图 2-8　PEM 电解水制氢系统（a）和 PEM 电解槽（b）

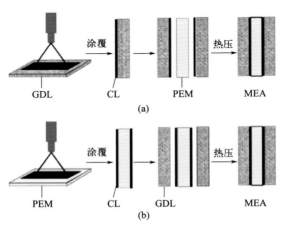

图 2-11　膜电极制备方法

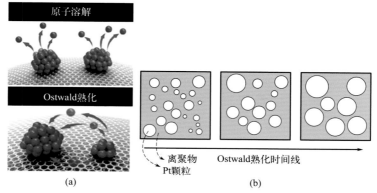

图 2-14　催化剂溶解 (a) 和 Ostwald 熟化 (b)

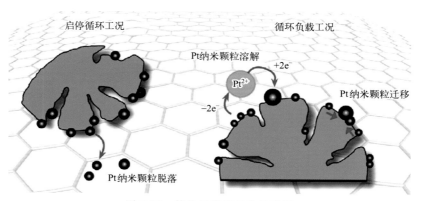

图 2-15　催化剂溶解老化示意图

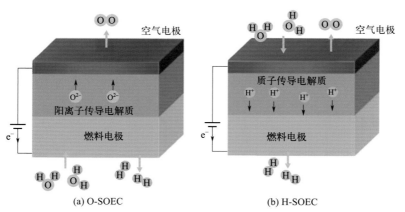

(a) O-SOEC

(b) H-SOEC

图 2-16　SOEC 进行水蒸气电解的工作原理示意图

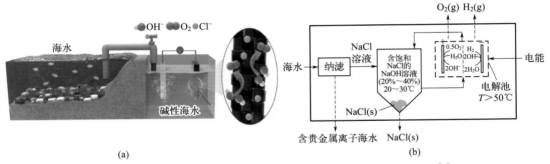

图 3-2　直接海水制氢示意图（a）[3] 和间接海水制氢示意图（b）[4]

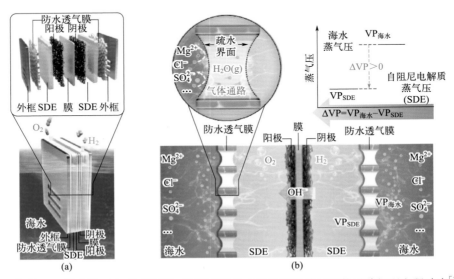

图 3-5　典型 SES 示意图（a）和基于液-气-液相变的水净化和迁移过程的迁移机理和驱动力[12]（b）

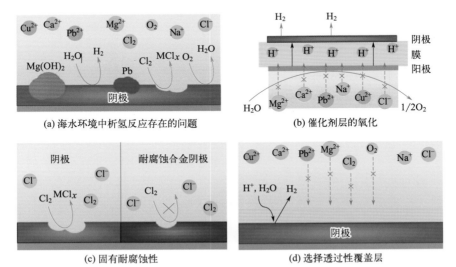

(a) 海水环境中析氢反应存在的问题　　　(b) 催化剂层的氧化

(c) 固有耐腐蚀性　　　(d) 选择透过性覆盖层

图 3-6　低品位水电解析氢催化剂面临的挑战（a）、选用合适的离子膜或通过反应器设计
将催化剂与水源分离（b）、开发具有本征耐腐蚀性或选择性表面化学的催化剂（c）
以及在催化剂或在离子膜上构筑离子/分子选择性隔层[33]（d）

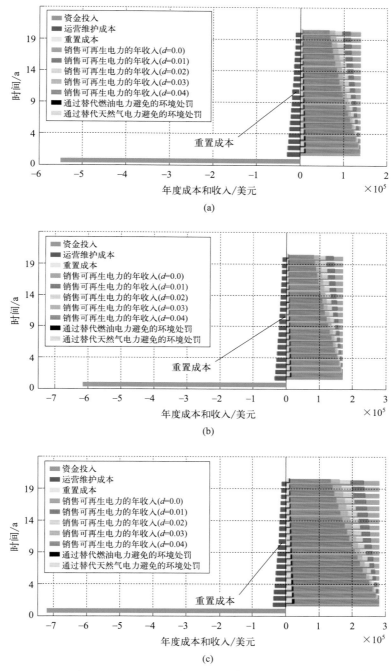

图 3-9 Gamesa G47/660（a）、AWE 52/750（b）和 EWT 52/900（c）三种风力涡轮机
产生的五个 d 值的电力后，项目寿命期内产生的所有成本和收入

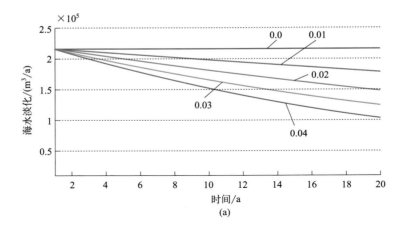

(a)

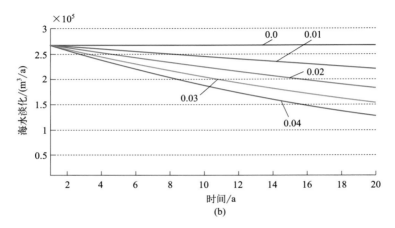

(b)

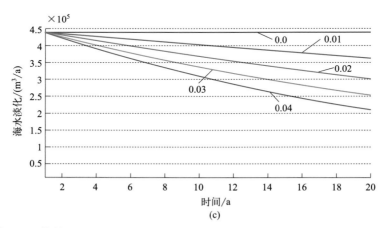

(c)

图 3-10　使用 Gamesa G47/660（a）、AWE 52/750（b）和 EWT 52/900（c）
三种风力涡轮机进行 5 个 d 值的海水淡化

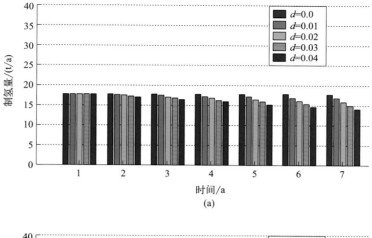

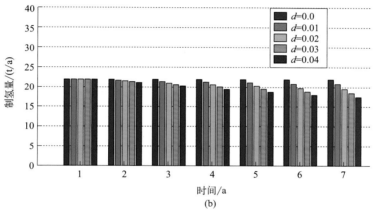

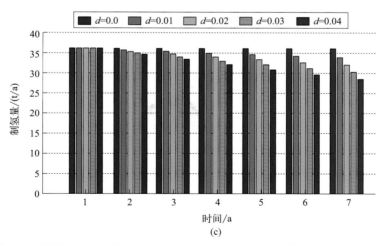

图 3-11 使用 Gamesa G47/660（a）、AWE 52/750（b）和 EWT 52/900（c）
风力涡轮机进行 5 个 d 值的制氢

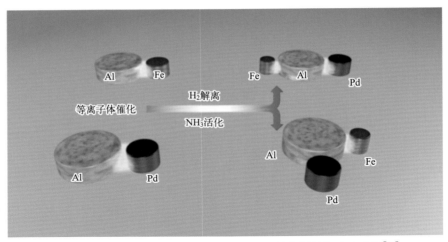

图 4-8 Al-Fe-Pd 的等离子体纳米反应器光催化剂的构造示意图[89]

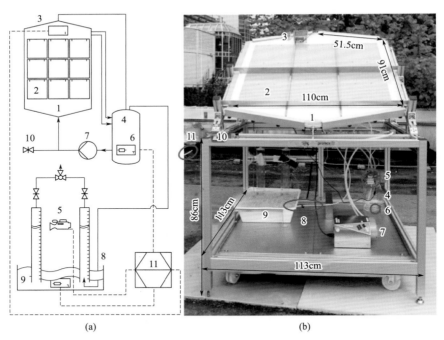

图 4-15 一种基于非移动光催化剂的规模化产氢平板式光催化反应器[128]

1—反应器入口；2—反应器；3—光传感器；4—储氢罐；5—摄像头；6—热电偶；7—蠕动泵；
8—气管；9—体积定量系统；10—用于吹扫的双向阀；11—记录数据的计算机

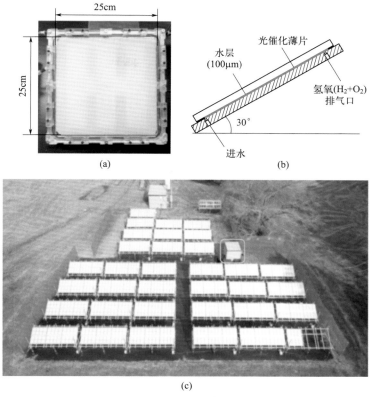

图 4-16　东京大学 Kakioka 研究机构建立的 $100m^2$ 规模的室外太阳能光催化制氢系统[5]

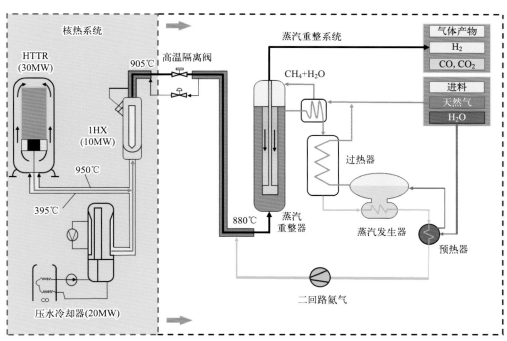

图 5-3　核能经蒸汽重整制氢流程示意图
HTTR—高温试验反应堆

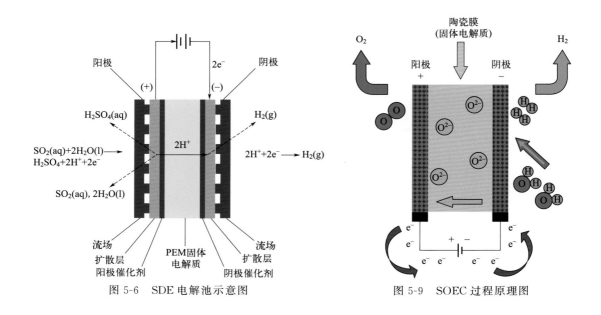

图 5-6　SDE 电解池示意图

图 5-9　SOEC 过程原理图

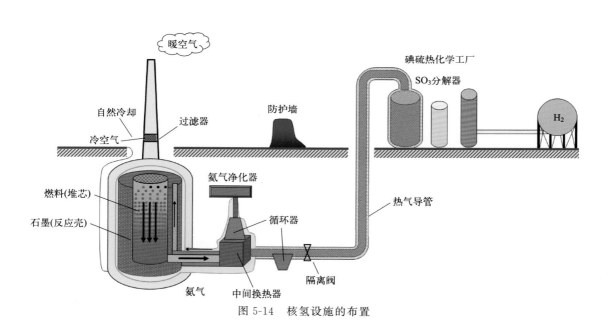

图 5-14　核氢设施的布置

图 5-15　美国和法国合作建立的板块式碘硫循环台架

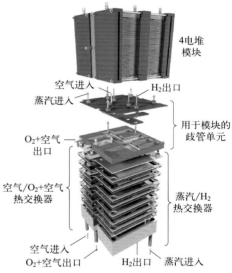

4电堆模块

空气进入　　H₂出口

蒸汽进入

用于模块的歧管单元

O₂+空气出口

空气/O₂+空气热交换器

蒸汽/H₂热交换器

空气进入

O₂+空气出口　　H₂出口　　蒸汽进入

图 5-16　美国 Idaho 国家实验室高温蒸汽电解制氢设施

图 5-17　日本建成的碘硫循环台架

第2单元(5bar)　　　　　　第1单元　　　　　　第3单元(5bar)

图 5-18　韩国碘硫循环台架

1bar＝0.1MPa

图 5-19　清华大学建成的集成实验室规模碘硫循环台架

图 5-21　高温蒸汽电解实验设施

XII

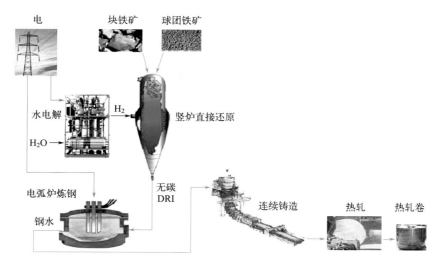

图 5-22　氢气直接还原炼铁示意图

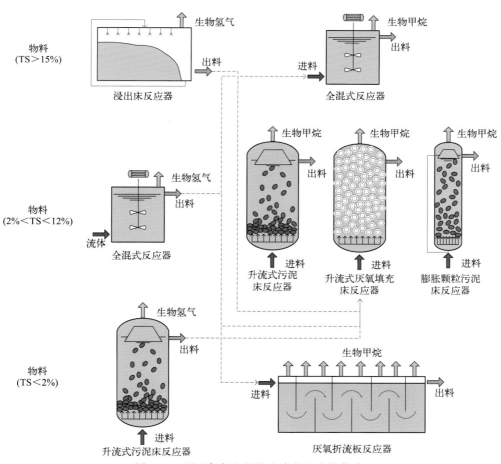

图 8-12　用于氢气和甲烷生产的反应堆集成

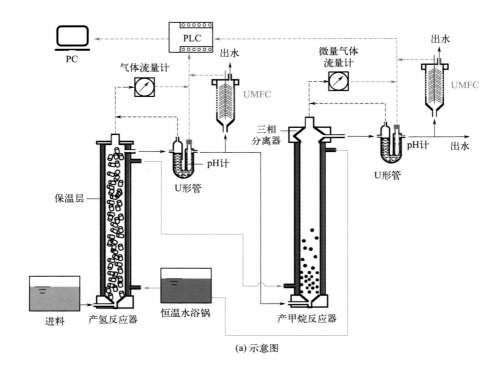

(a) 示意图

(b) 系统图

图 8-15 氢烷发酵反应器及检测系统[66]

图 8-25 秸秆联产氢烷中试现场布置图

图 8-28 西北农业废弃物生物氢烷中试现场图

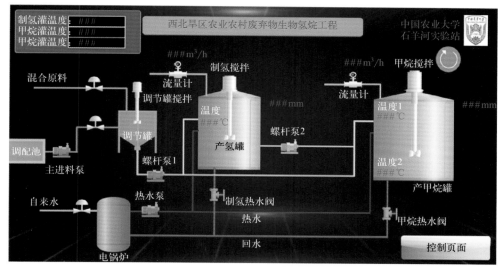

图 8-29 西北农业废弃物生物氢烷中试监控系统

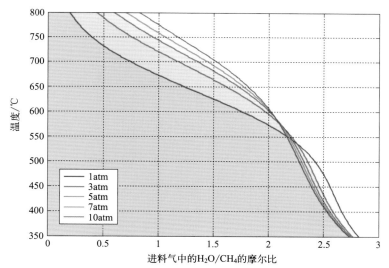

图 9-9 CH_4-CO_2-H_2O 混合物（CO_2/CH_4 摩尔比为 1）体系形成积碳的条件

（阴影区域对应着积碳部分）[73]

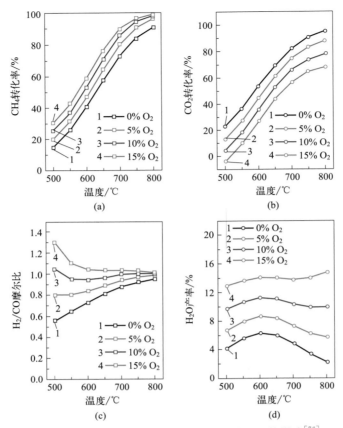

图 9-10　温度和含氧量对生物气部分氧化过程的影响[76]

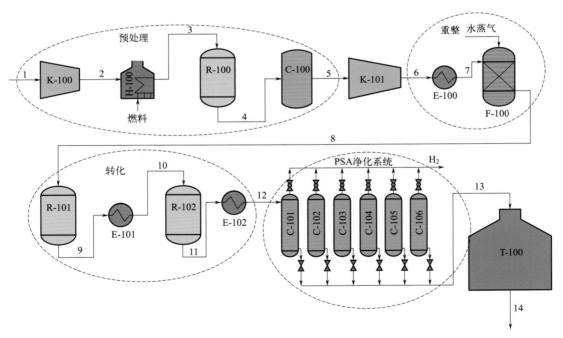

图 15-3　甲烷蒸汽重整过程（图中的编号含义参见表 15-6）